Rudolf Stammler

FESTGABE

für

RUDOLF STAMMLER

ZUM 70. GEBURTSTAGE

am 19. Februar 1926

*

Herausgegeben von

Edgar Tatarin-Tarnheyden

Alles was die Menschen eint, ist das Gute und Schöne, — alles was sie trennt, das Böse und Häßliche.
(Leo Tolstoi an Romain Rolland, d. 4. 10. 1887.)

Berlin und Leipzig 1926

Walter de Gruyter & Co.

vormals G. J. Göschen'sche Verlagshandlung — J. Guttentag, Verlagsbuchhandlung — Georg Reimer — Karl J. Trübner — Veit & Comp.

RUDOLF STAMMLER,

dem tiefen wissenschaftlichen Denker und glänzenden Systematiker, dem Bahnbrecher für eine Überwindung des materialistischen Denkens und des nackten Rechtspositivismus, dem Aufzeiger der Rechtsidee als des Leitsterns für eine Bewertung und Fortbildung bestehenden Rechts, entbieten wir zu seinem 70. Geburtstage in Dankbarkeit für alles, was wir von ihm empfingen, verehrungsvolle Grüße. Es sind unter uns solche, die als Schüler in ehrfürchtiger Bewunderung dem großzügigen Lehrer gelauscht und aus diesen Stunden Werte für ihre Wissenschaft und für ihr Leben mitgenommen haben. Es sind unter uns solche, die für ihn durch seine Schriften und seine Vorträge Bewunderung gewonnen haben, und solche, die ihn als Kollegen lieben und schätzen gelernt haben. Es sind unter uns endlich solche, die vor allem Stammler, dem Menschen und dem Freunde ihre Huldigung darbringen wollen.

Dr. A. Affolter, Bundesrichter, Lausanne.

Dr. Paul Althaus, o. Professor der systemat. Theologie, Erlangen.

Dr. jur., Dr. rer. pol. h. c. Gerhard Anschütz, Geh. Justizrat, o. Professor des Staats- und Verwaltungsrechts, Heidelberg.

Dr. Elemér Balogh, o. Professor der Rechte, Univ. Kaunas (Kowno, Litauen), Generalsekretär der Académie Internationale de droit comparé.

Dr. José Ramon Perez Bances, Publizist, Madrid.

Dr. Bruno Bauch, o. Professor der Philosophie, Jena.

Dr. Wilh. Eduard Biermann, o. Professor der Nationalökonomie, Greifswald.

Dr. Wilhelm v. Blume, o. Professor der Rechte, Tübingen.

Dr. Gabriel Bonilla Marin, o. Professor des Prozeßrechts, Univ. Granada.

Dr. jur. et phil. Bovensiepen, Oberlandesgerichtsrat, Kiel.

Dr. G. J. van Brakel, Amtsrichter, Rotterdam.

Dr. Juan A. Bravo, Publizist, Madrid.

Dr. Walther Burckhardt, o. Professor des Staats- und Völkerrechts, Bern.

Dr. Karl Bürke, Professor, d. Z. Rektor der Handels-Hochschule, St. Gallen.

Dr. Fritz van Calker, Geh. Justizrat, o. Professor des Strafrechts, München.

Dr. Laureano Diez Canseco, o. Professor der Rechtsgeschichte, Madrid.

Dr. José Castillejo Duarte, o. Professor des röm. Rechts, Madrid.

Dr. José Alvarez Cienfoegos, o. Professor der polit. Ökonomie, Univ. La Laguna, Spanien.

Dr. J. B. Cohen, o. Professor der Rechte, Groningen.

Dr. Eugenio Di Carlo, o. Professor der Rechtsphilosophie, Univ. von Camerino, Palermo.

Dr. Karl Diehl, Geh. Hofrat, o. Professor der Nationalökonomie, Freiburg i. Br.

Dr. Alexander Graf zu Dohna, o. Professor der Rechte, Heidelberg.

Dr. Joseph Horace Drake, Professor der Rechte, University of Michigan, Ann Arbor (Ver. Staaten v. Amerika).

Dr. Alexander Elster, Verlagsdirektor, Walter de Gruyter & Co., Berlin.

D. Dr. Ludwig Elster, Wirkl. Geh. Ober-Regierungsrat, o. Professor der Nationalökonomie, z. Zt. Jena.

Dr. jur. et phil. Carl Aug. Emge, ao. Professor der Philosophie und Soziologie, Jena.

Dr. Hans Fehr, o. Professor der Rechtsgeschichte und des Handelsrechts, Bern.

Dr. Hans Erich Feine, o. Professor der Rechte, Rostock.

Dr. August Finger, Geh. Justizrat, o. Professor der Rechte, Halle a. S.

Dr. Fritz Fleiner, o. Professor der Rechte, Zürich.

Dr. Antonio Flores de Lemus, o. Professor der Volkswirtschaftslehre, Madrid.

Dr. Gabriel Franco Y Lopez, o. Professor der polit. Ökonomie, Univ. Murcia, Spanien.

Dr. Heinrich Gerland, o. Professor der Rechte, d. Z. Rektor der Universität Jena.

Dr. H. G. Haenel, Privatdozent der Nationalökonomie, Greifswald.

Dr. Ernst Hafter, o. Professor an der rechts- und staatsw. Fakultät, Zürich.

Dr. Franz Haymann, o. Professor des röm. und bürg. Rechts und der Rechtsphilosophie, Köln a. Rh.

Dr. Albert Hensel, ao. ö. Professor der Rechte, Bonn a. Rh.

Dr. jur. et phil. Albert Hesse, o. Professor der Nationalökonomie, Breslau.

Dr. Ernst Heymann, Geh. Justizrat, o. Professor der Rechte, Berlin.

D. Emanuel Hirsch, o. Professor der Kirchengeschichte, Göttingen.

D. Dr. Karl Holl, Geh. Konsistorialrat, o. Professor der Kirchengeschichte, Berlin.

Dr. jur. et phil. Rud. Joerges, Professor der Rechte, Halle a. S.

Dr. Theodor Kipp, Geh. Justizrat, o. Professor der Rechte, Berlin.

Dr. Fritz Klingmüller, o. Professor der Rechte, Greifswald.

Burchard v. Klot, Bezirksrichter, Riga.

Dr. jur. et rer. pol. Kracht, Landrat, Heide i. Holstein.

Otto Lautz, Gerichtsassessor a. D., jur. Beirat der Loeser und Wolff G. m. b. H., Berlin.

Dr. Arthur Liebert, Professor, Dozent der Philosophie, Kultur- und Kunstgeschichte an der Handels-Hochschule, stellv. Geschäftsführer der Kant-Gesellschaft, Berlin.

Dr. jur. et phil. Moritz Liepmann, o. Professor der Rechte, Hamburg.

Dr. F. Litten, o. Professor der Rechte, d. Z. Rektor der Universität Königsberg.

D. Friedrich Mahling, Geh. Konsistorialrat, o. Professor der praktischen Theologie, Berlin.

Dr. Alfred Manigk, Geh. Justizrat, o. Professor der Rechte, d. Z. Rektor der Universität Breslau.

Dr. Fritz Freiherr Marschall von Bieberstein, o. Professor der Rechte, Freiburg i. Br.

Dr. Enrique Martinez Paz, Professor der Rechtsphilosophie und der vergleichenden Wissenschaft des Zivilrechts, Univ. Córdoba (Argentinien) und Mitglied des Tribunal Superio de la Provincia.

Dr. Fritz Medicus, o. Professor der Philosophie an der Techn. Hochschule Zürich.

Dr. v. Oppen, Oberregierungsrat, Düsseldorf.

Dr. Albert Pagel, Berlin-Halensee.

Dr. H. F. Pfenninger, Staatsanwalt und Privatdozent, Zürich.

Dr. jur. et philos. h. c. Leo Polak, Professor der Rechtsphilosophie, Leiden.

Dr. Leo Raape, o. Professor der Rechte, Hamburg.

Dr. Paul Rehme, Geh. Justizrat, o. Professor der Rechte, Leipzig.

Dr. jur. et phil. Hans Reichel, o. Professor der Rechte, Hamburg.

Dr. Max v. Rümelin, Staatsrat, o. Professor der Rechte, Kanzler der Universität Tübingen.

Dr. W. Roces, o. Professor des röm. Rechts, Univ. Salamanca.

Dr. Alberto J. Rodriguez, o. Professor der Rechte, Univ. Buenos Aires.

Dr. Enrique Rodriguez Mata, o. Professor der polit. Ökonomie, Univ. Salamanca.

Dr. J. M. J. Schepper, Professor der Rechtsphilosophie und des Strafrechts an der Hochschule Batavia, Java.

Mr. Gerbert Scholten, Richter in der Arondissements-Rechtsbank, 's Gravenhage (Holland).

Mr. Paul Scholten, o. Professor der Rechte, Amsterdam.

Dr. P. A. Schulz-Wilmersdorf, Schriftsteller, Vorsitzender der Rechtsphilosophischen Gesellschaft, Berlin.

D. Dr. Hermann Schwarz, Geh. Regierungsrat, o. Prof. der Philosophie, Greifswald.

D. Dr. jur., med., phil. h. c. Reinhold Seeberg, Geh. Konsistorialrat, o. Professor der Theologie, Berlin.

Dr. Allan Serlachius, o. Professor der Rechte, Helsingfors.

Wladimir G. Simkhovitch, Professor der Nationalökonomie an der Columbia-Universität, New York.

D. D. phil. h. c. Carl Stange, o. Professor der Dogmatik, Ethik, Religionsphilosophie, Göttingen.

Dr. h. c. Stolzmann, Senatspräsident a. D., Berlin.

D. Dr. jur., Dr. phil. h. c. Ulrich Stutz, Geh. Justizrat, o. Professor des Deutschen und des Kirchenrechts, Berlin.

Dr. Edgar Tatarin-Tarnheyden, o. Professor des Staats-, Verwaltungs- und Völkerrechts, Rostock.

Dr. Ramon Carande Tovar, o. Professor der polit. Ökonomie, Univ. Sevilla.

Dr. jur. et scient. polit. Heinrich Triepel, Geh. Justizrat, o. Professor der Rechte, Berlin.

Dr. Augustin Vinuales Pardo, o. Professor der polit. Ökonomie, Univ. Granada.

Dr. W. van der Vlugt, ehem. Professor der Rechtsphilosophie an der Universität Leiden, Oegstgeest (Holl.)

Dr. Arthur Wegner, Privatdozent des Strafrechts, Hamburg.

Dr. John C. H. Wu, Professor an der Comparative Law School of China, Shanghai.

VORREDE

Es ist meist nicht üblich, Festschriften eine Vorrede vorauszuschicken. Wenn in diesem Falle von dem Üblichen abgewichen wird, so sind die Gründe hierfür in den besonderen Verhältnissen zu erblicken, unter denen diese Festschrift zustande gekommen ist.

Sie wäre nicht möglich gewesen ohne großherzige Opfer von dritter Seite. Abgesehen von der entgegenkommenden Bereitwilligkeit zu solchen vonseiten des Verlages Walter de Gruyter & Co., Berlin, haben die Notgemeinschaft der Deutschen Wissenschaft und ein dem Jubilar befreundeter Gönner, Kommerzienrat Hermann Stoltz in Hamburg für das Zustandekommen der Festschrift nennenswerte Mittel zur Verfügung gestellt. Es ist mir als Herausgeber eine angenehme Pflicht, allen dreien an dieser Stelle meinen wärmsten Dank auszusprechen.

Aber noch ein weiteres muß gesagt werden. Es hätte der Weltgeltung der Stammlerschen Lehre entsprochen, diese Festschrift über den Rahmen eines deutschen Mitarbeiterkreises hinaus zu erstrecken. Die Schwierigkeiten ihres Zustandekommens gestatteten mir aber erst verhältnismäßig spät mich mit dem Auslande in Verbindung zu setzen, und da war es nicht mehr möglich zur Lieferung von wissenschaftlichen Beiträgen aufzufordern, ganz abgesehen davon, daß auch mehrere Inländer, die, wie sich später ergab, gern an der Festschrift mitgewirkt hätten, infolge des beschränkten Raumes zu derselben nicht mehr herangezogen werden konnten. Aber wenigstens ist in der die Festschrift einleitenden Begrüßung einem verhältnismäßig großen Kreise von Stammlerschülern und -freunden des In- und Auslandes die Möglichkeit geboten worden, dem hochverehrten Jubilar auf diese Weise ihr treues Gedenken zu bezeugen. Manche vielleicht werden ihren Namen auch an dieser Stelle schmerzlich vermissen. Aber leider ließ sich das nicht vermeiden — ist doch die Zahl der Schüler, Verehrer und Freunde Rudolf Stammlers in allen Ländern und Erdteilen eine unübersehbare. Manche, an die ich mich gewandt habe, hätten wenigstens gern einen eigenen begrüßenden Text in der Festschrift gesehen. Auch das verbot sich durch den zur Verfügung stehenden Raum.

Es sei mir aber doch nicht versagt, aus dem Kreise der zahlreich an mich aus diesem Anlaß gerichteten Zuschriften zwei besonders hervorzuheben, die mir charakteristisch zu sein scheinen für die Saat, die mein hochverehrter Lehrer Rudolf Stammler weit über das Antlitz dieser Erde gestreut hat und deren reiches Aufgehen ihm nun noch in Frische zu erleben vergönnt ist. Es hat auf mich tiefen Eindruck gemacht, als mir der Professor an der Comparative Law School of China in Shanghai Dr. John C. H. Wu auf mein Schreiben, in dem ich Rudolf Stammler als „den berühmtesten unter den deutschen Rechtsphilosophen" bezeichnet hatte, antwortete:

> „Der berühmteste nicht nur unter den deutschen Rechtsphilosophen, sondern unter den Rechtsphilosophen der ganzen Welt. Ich habe öfters erklärt, daß Deutschland mein zweites Vaterland ist! Warum? Weil ich geistig deutsch gebildet bin. Ich kann nie meinen lieben Meister vergessen. Der König der Rechtsphilosophie soll hoch leben!"

Und nicht weniger bewegte es mich, als ich an der Spitze der Ausführungen, die der Generalsekretär der Académie internationale de droit comparé Professor Dr. Elemér Balogh seinem Lehrer gern als persönliche Huldigung im Rahmen der Festschrift dargebracht hätte, das schöne Zitat des Seneca las:

Aliquis vir bonus nobis eligendus est ac semper ante

oculos habendus, ut sic tanquam illo spectante vivamus et omnia tanquam illo vidente faciamus.

Wer solche Anerkennung erntet, hat nicht umsonst gelebt. Er hat der Welt gedient und damit — vor allem auch — seinem deutschen Vaterlande.

Rostock i. M. im Januar 1926.

Der Herausgeber.

INHALT

DIE IDEE DES NATURRECHTS.

Von

ALFRED MANIGK.

> „Das Naturrecht, das die Aufgabe eines Richtmaßes und eines vorbildlichen Zieles übernimmt, kann allerdings neben dem geltenden Recht bestehen; es schmälert dessen formale Geltung gar nicht. Seine Geltung ist eine Geltung anderer Art, als diejenige des positiven Rechts, mit der sie keineswegs unverträglich ist."
>
> Stammler, Wirtschaft und Recht. II. Aufl. 1906. S. 170.

I.

Trotz aller darauf verwandten Bemühungen sind weder Rechtswissenschaft noch Rechtsphilosophie mit dem Problem des Naturrechts fertig geworden. Trotz Savignys Schulenkampf gegen das Naturrecht mußte Bergbohm es 1892 beklagen, daß das Naturrecht immer noch lebendig sei, und es ist trotz dessen radikalen Vernichtungsversuches und trotz der herrschenden Rechtsauffassung heute lebendiger denn je. Die gegenwärtige Naturrechtsstimmung wird einerseits durch den Freirechtsmodernismus genährt, anderseits durch eine seit dem Ende des Weltkrieges erwachsene gesetzesfeindliche Einstellung des Volkstums. Diese hatte sich schon während des Krieges infolge vielfacher Mißgriffe der dem Einzelnen zuviel zumutenden Wirtschaftsgesetzgebung eingestellt. Sie mußte ferner als Reaktion auf die Tatsache der Staatsumwälzung in weiten Kreisen des Volkes die Grundstimmung beherrschen. Die vielberufenen Ermächtigungsgesetze schienen die Idee des Rechtsstaates zu erschüttern. Jüngst vollends sprach James Goldschmidt[1])

[1]) Jur. Wochenschr. 1924. S. 245.

gar von „Gesetzesdämmerung". Es war neuartig, daß die Richter des Reichsgerichts gegenüber dem von der Reichsregierung angekündigten gesetzlichen Verbote der Aufwertung ihre richterliche Opposition in Aussicht stellten, indem sie ein solches Gesetz als mit Treu und Glauben nicht vereinbar erklärten. Eine Reihe von gesetzlichen Maßnahmen, insbesondere die Abgeltungsverordnung vom 24. Oktober 1923, waren in den letzten Jahren in Entscheidungen höherer Gerichte für rechtsungültig erklärt worden. Die seit dem 16. Jahrhundert neu begründete, im griechischen Altertum wurzelnde Lehre vom Widerstandsrecht des Volkes wird mobil gemacht. Das Richterkönigtum wird als Waffe gegen den Gesetzesabsolutismus aufgerufen. Wenn es solchem Kampfesruf gegenüber auch nicht an besonnenen Stimmen fehlt [1]), so kann nicht geleugnet werden, daß das Naturrechtsproblem zu einer höchst praktischen Frage der Rechtsmethodik geworden ist. Das Pandektenjahrhundert wird durch das Jahrhundert einer philosophischen Jurisprudenz abgelöst werden.

Nach den auf Rudolf Stammlers Lehre aufbauenden Vorarbeiten kann es heute keinem Zweifel mehr unterliegen, daß die Frage des Verhältnisses des Naturrechts zum positiven Recht in dem Problem der Geltung wurzelt. In dem als Motto vorangestellten Satze stellt Stammler zwei Arten der Geltung gegenüber und spricht — ähnlich wie Aristoteles — von dem Bestehen des Naturrechts neben dem positiven Recht. Dieser Satz in Verbindung mit späteren in der „Lehre vom richtigen Recht" auftretenden Gesichtspunkten [2]) hat ihn dem Vorwurf ausgesetzt, daß er den Rationalismus restauriere. Indessen in diesem Vorwurf wirkten erhebliche Mißverständnisse. Stammler hat dagegen auch darauf hingewiesen, daß Plato sein Naturrecht des

[1]) Beachtenswert jüngst H. Stoll, Rechtsstaatsidee und Privatrechtslehre, in Iher. Jahrb. 76, 134 ff., insbes. 139 Anm. 1, S. 187 f., 202 mit weiterer Literatur. Gegen die Freirechtsbewegung auch Binder, Philosophie des Rechts (1925). S. 987 ff.

[2]) Gegen Kantorowicz' Kritik der L. v. richt. R. jetzt treffend Binder, Philosophie des Rechts S. 777 ff.

Staates und Kant sein rationalistisches Rechtssystem in durchaus anderem Sinne und Geltungsanspruch verkündet hätten als dies bei den meisten Naturrechtlern des 18. Jahrhunderts geschehen sei[1]). Die empirische Methode der historisch-positiven Jurisprudenz hätte mit der Widerlegung des absolutistischen Naturrechts Rousseaus oder Grotius' dasjenige Platos und Kants nicht widerlegt[2]). Haben diese nur ein Maßstabsrecht empfohlen, während jene, wie es das ganze Mittelalter getan, für ihre Systeme wirkliche, und zwar sogar absolute Rechtsgeltung heischten? Auch der „Vater des Naturrechts", dessen Hauptwerk vor 300 Jahren erschien, nahm für sein ius belli ac pacis wirkliche Rechtsgeltung in Anspruch und zwar aus zwei verschiedenen Gründen, weil er das Völkerrecht teils als positives, geschichtlich erwachsenes, in den einzelnen Ländern verschieden ausgestaltetes Recht ansah, teils als natürliches und als solches überall gleiches[3]). Indessen wird es mangels klarem Bewußtsein der Fragestellung bei den Naturrechtlern oft gar nicht deutlich, welchen Geltungsanspruch sie erheben. Wenn aber Kant, bevor er sein Rechtssystem ausbreitet, nochmals hervorhebt, daß das Naturrecht auf lauter Prinzipien a priori beruhe[4]), so nimmt er damit die Allgemeingültigkeit des Naturrechts in Anspruch, und es unterliegt keinem Zweifel, daß er auch in seinem Rechtssystem im einzelnen diesen Anspruch erhebt[5]).

---

1) Stammler, Wirtschaft und Recht § 31. L. v. richtigen Recht 1902). S. 97, 104. Lehrb. d. Rechtsphilosophie. §§ 9 ff.

2) Franz Haymann, Ztschr. f. Rsphil. I, 251.

3) Hugo Grotius, de iure b. ac p. (1625) Proleg. 30: „ea quae ex constituto veniunt a naturalibus recte separentur, nam naturalia, cum semper eadem sint, facile possunt in artem colligi: illa autem, quae ex constituto veniunt, cum et mutentur saepe et alibi alia sint, extra artem posita sunt ..." Vgl. auch c. 46 und I. § 10.

4) Einleitung i. d. Rechtslehre B. 1 (Philos. Bibl. Meiner, Bd. 42, S. 43.)

5) Vgl. etwa die Deduktion des Besitzbegriffes ebenda Rechtslehre I, 1. § 6 (a. a. O. S. 57). Vgl. auch § 36 (S. 116). § 9 (S. 65): „Naturrecht im Zustande einer bürgerlichen Verfassung (d. i. dasjenige, was für die letztere aus Principien a priori abgeleitet werden kann) kann durch die statutarischen Gesetze der letzteren nicht Abbruch leiden."

Mochte inhaltlich gefülltes Recht als lex aeterna aus göttlicher Offenbarung abgeleitet oder seine Allgemeingültigkeit auf seiner aprioristischen Natur aufgebaut werden, immer mußte sich die Forderung der Superiorität des Naturrechts über dem positiven ergeben. Seine Überlegenheit schien in seiner zeitlichen und räumlichen Indifferenz zu liegen. Wie sie sich gegenüber dem positiven Recht auswirkte, war eine Frage, deren Beantwortung graduelle Verschiedenheiten zuließ. Solche scheinen die naturrechtlichen Systeme in der Tat widerzuspiegeln. Je stärker die Überzeugung des Autors sich für die Richtigkeit seiner ratio einsetzte, desto mehr steigerte sich der Geltungsanspruch und andrerseits die Negation entgegenstehenden positiven Rechts.

Es muß gerade dem Naturrechtszeitalter zugestanden werden, daß es mehr als andere nach der Gesetzgebung gerufen hat. Der damals geschichtlich auftretende Rationalismus sah, am Ende seines Werkes stehend, statt der in Anspruch genommenen ratio eine unübersehbare Vielheit von rationes. Statt eines absoluten und dadurch sich rechtfertigenden Rechtssystems war eine Bibliothek literarischen Rechts entstanden, und die bange Frage an der Wende des 18. und 19. Jahrhunderts war: Welches Recht ist das richtige?

Das 18. Jahrhundert hatte aus dem Nährboden des Naturrechts wertvollste schöpferische Rechtsgedanken zur Geltung gebracht; aber es rief schließlich doch nach der staatlichen Gesetzgebung, damit sie jene Frage entscheide. Darin lag trotz all seines Reichtums an Gedankenstoff doch die eigene Bankerotterklärung des Naturrechts als Rechtsquelle. Man begann historisch zu fühlen, daß es sich um zwei verschiedenartige Geltungsansprüche handele.

Alle Naturrechtler, gleich ob sie in der Antike, im Mittelalter oder in der Gegenwart wurzeln, stützen den Geltungsanspruch des Naturrechts auf dessen Absolutheit. Das δίκαιον φυσικόν gilt nach Aristoteles als νόμος κοινός unabhängig von menschlicher Erkenntnis, Anerkennung oder Satzung. Das ius naturale ist selbst der römischen Reichsgesetzgebung nach J. 1, 2 pr und § 1 und D. 1, 1, 3 das aus der naturalis ratio fließende, allen Lebewesen gemeinsame Recht. Die Theologen und Juristen des Mittelalters stehen im großen Ganzen auf dem Standpunkt, daß in der menschlichen ratio Gottes Stimme vernehmbar werde und dieses aus göttlichem Willen entspringende Recht die allem positiven Recht übergeordnete lex aeterna sei. Das Corpus iuris canonici definierte in dist. 1 c. 7: *ius naturale est ius commune omnium nationum eo quod ubique instincta naturae, non constitutione aliqua habetur,* und es schließt dafür Beispiele an, die an Justinians Gesetzgebung erinnern. Der gegenwärtig geltende Codex iuris canonici schreibt in can. 6, 6 § 1 vor: *Si qua ex ceteris disciplinaribus legibus, quae usque adhuc viguerunt, nec explicite nec implicite in Codice contineatur, ea vim omnem amisisse dicenda est, nisi in probatis liturgicis libris reperiatur, aut lex sit iuris divini sive positivi sive naturalis.* Und nach c. 27, 1068 § 1, 1509 Z. 1 u. a. bleibt das ius naturale neben dem positiven Recht in Geltung.

Cathrein[1]) definiert dementsprechend das Naturrecht als „Summe von solchen bindenden Normen, die für die ganze Menschheit durch die Natur selbst und nicht erst infolge positiver Satzung, sei es von seiten Gottes oder von seiten der Menschen, gelten." Er verteidigt die Geltung des Naturrechts, gegen Bergbohm, als eines nicht nur seinsollenden, sondern wirklichen, geltenden, seienden Rechts. Ihm ist das Naturrecht trotz alles dessen, was einerseits seit Savigny, anderseits seit Kant dagegen eingewendet worden ist, auch heute noch das universelle, notwendige Vernunftrecht, aus dem sich alle positiven Gesetze ableiteten[2]).

Indessen liefert das Naturrecht des 17. und 18. Jahrhunderts durch seine eigenen literarischen Ergebnisse zunächst selbst den Beweis des Mangels seiner Absolut-

---

[1]) Cathrein, Recht, Naturrecht und positives Recht. 2. Aufl. (1909). S. 222 ff.

[2]) a. a. O. S. 224 f. Vgl. ferner auch Jos. Mausbach, Naturrecht und Völkerrecht (1918), S. 65 ff., 81, 83, 85 („Naturrecht wirkliches Recht").

heit. Die letztere wäre nur durch Kongruenz der von den verschiedenen literarischen Rechtssatzschöpfern aufgestellten Normen evident geworden. Von einander divergierende Vernunftrechtssätze enthielten in ihrer Gesamtheit einen Widerspruch zu dem vom Einzelnen erhobenen Anspruch der Absolutheit. Man stimmte weder in den Prinzipien überein, noch kam man, wo wenigstens Kongruenz der Prinzipien gegeben war, zu denselben angeblich notwendigen Schlüssen.

Den zweiten Gegenbeweis gegen die zeitliche und räumliche Absolutheit des Naturrechts lieferte die historische Rechtsschule, wenn auch die Beweiskräftigkeit von deren Werk vielfach bestritten wird. Weil Savigny an die Stelle der ratio als Rechtsquelle den Volksgeist setzte, wird seine Rechtsauffassung oft und nicht ohne den Ton der Geringschätzung als romantisch bezeichnet. War etwa der vor der Zeit von Savignys Programmschrift in den Naturwissenschaften lebendig gewordene Evolutionismus auch romantisch? Savigny stand viel weniger unter dem Einfluß der romantischen Dichterschule als unter dem zeitgeistigen Bann jener naturwissenschaftlichen Bewegung[1]). Im Einklang mit ihr nahm er das Gesetz der Entwicklung auch für die Erzeugnisse der menschlichen Kultur in Anspruch, die auch nicht rational gemacht sei, sondern unbewußt wachse, und zwar aus dem Geist des Volkes heraus. Das 20. Jahrhundert dürfte die Erheblichkeit irrationaler Elemente in der Entwicklung von Kultur und Gesellschaft noch weiter aufdecken, als es gegenwärtig schon der Fall ist. Überheblicher Rationalismus, die Berufskrankheit des Wissenschaftlers, pflegt bisweilen als mystisch abzutun, was tieferer Erkenntnis sich

---

[1]) Soeben betont Staffel, Recht und Weltanschauung, bei Gruchot, Bd. 68, S. 2, daß die Entwicklungslehre geisteswissenschaften Ursprungs, und daß sie über Herders „Ideen" von der historischen Rechtsschule übernommen sei. Auch diese Abhandlung eines anerkannten Praktikers des Reichsgerichts zeigt, daß unsere Kennzeichnung des 20. Jahrhunderts als das einer philosophischen Jurisprudenz nicht auf einem wirklichkeitsfremden Wunsch beruht. Vgl. ferner Brodmann (1921), Recht und Gewalt, insbes. S. 23, 71 und 80.

als das eigentlich Wirksame offenbart. Das Jahrhundert einer philosophisch-soziologischen Jurisprudenz dürfte, ganz entsprechend den Zusammenhängen von Savigny mit der damaligen naturwissenschaftlichen Entwicklungs- und Deszendenzlehre, auf der Grundlage biologischer Forschungsergebnisse vielleicht Veranlassung gewinnen, den „Volksgeist“ Savignys weiter als erhebliches Agens sozialen Geschehens anzusprechen und über sein Wirken neues Licht zu verbreiten. Absolutistischer Überheblichkeit des Rationalismus setzte Savigny die bescheidene, aber tiefbegründete Forderung entgegen, die Vernunft in der Geschichte zu erkennen, wo sie sich allein objektiviere und dadurch erst sozialen Wert gewinne. Der Historismus befestigte den seit dem Römerrecht tatsächlich und geschichtlich geltenden Objektivismus der Rechtsquellenlehre, weil der rationale Subjektivismus methodisch bereits gescheitert war.

Der dritte Gegenbeweis erstand als erkenntnistheoretischer auf dem Boden der Kritik Kants, ohne daß ihn übrigens Kant selbst bewußt geführt hat, denn sonst hätte er in seiner Rechtslehre nicht wieder ein inhaltlich gefülltes, durchaus rationales Rechtssystem zu liefern unternehmen und in das Naturrecht zurückfallen können. Allgemeingültige Urteile können nur a priori gewonnen werden. Hierher gehört z. B. der von Naturrechtlern bis heute immer wieder für die Absolutheit des Naturrechts ins Feld geführte Satz: „Jedem das Seine“, der geschichtlich gemäß D. 1,1,10,1 von Ulpian stammt. Der Satz besteht aber in einem analytischen, im Begriff des Rechts liegenden Urteil und ist eben deswegen nicht fähig, als Rechtssatz das Leben inhaltlich zu ordnen. Er enthält nur den Ordnungsgedanken selbst, kein inhaltliches Ordnungsprinzip. Wie ich an anderer Stelle darzulegen suche[1]), kann man zwar außer jenem Satze Ulpians „Suum cuique“ noch andere Sätze analytisch aus dem Rechtsbegriff gewinnen; aber es muß von vornherein mit einem dem inhaltlich reichen positiven Recht

[1]) Breslauer Rektoratsrede: „Wie stehen wir heute zum Naturrecht?“ Berlin 1926. — Gegen Cathrein auch Stammler, L. d. Rechtsphilosophie, S. 8, Anm. 5.

gegenübergestellten Naturrecht schlecht stehen, wenn dieses aus einigen allgemeinsten Sätzen bestünde, die außer dem im Rechtsbegriff gedanklich beschlossenen Inhalt keine Position enthalten: „Du sollst nicht Unrecht tun", „Du sollst der Obrigkeit gehorchen" u. a. Die Rechts**ordnung** muß mehr sein und mehr enthalten als die zwar ihre Überschrift bildende Idee des Rechts. Das wirkliche Leben verlangt von der Rechtsordnung, daß sie ein normierendes Werturteil darüber abgebe, was cuique suum sei, und wann einem jeden etwas zukäme. Diese Aufgabe der Rechtsordnung führt zur Einrichtung subjektiver Rechte dinglicher, schuldrechtlicher und sonstiger Art. Hier langt sie aber bereits an der Satzung von Rechtseinrichtungen und -normen an, die nur a posteriori möglich ist und tatsächlich auch immer nur auf Grund der gegebenen, zeitlich und räumlich sich stetig ändernden Lebensbedürfnisse und Weltanschauungen geschehen ist. Beginnt eine Rechtsordnung die Frage der Entstehung von Forderungsrechten oder die des Eigentumserwerbs zu normieren, so gerät sie mit kausaler Unentrinnbarkeit in alle zeitlichen und örtlichen Bedingtheiten, aus denen allein die geschichtliche Entwicklung jener Rechtseinrichtungen entspringt. Niemand behauptet heute auch, daß es unter den letzteren solche von Ewigkeitswert gebe; und das ist bezeichnend.

Es zeigte sich ferner a. a. O., daß sich unter den von den Gegenwartsnaturrechtlern angeführten Naturrechtssätzen auch keine solchen finden, die sich als synthetische Urteile a priori darstellen. Jene angeblichen Rechtssätze („Du sollst nicht töten", „Verträge müssen gehalten werden") haben durchaus kein dauerndes Bestehen aufzuweisen, waren vielmehr als historisch veränderlich erwachsen, weil sie a posteriori aufgekommen sind. Das von **Kant** aufgestellte Prinzip der praktischen Vernunft hat andrerseits zwar absoluten Wert, weil es a priori gewonnen ist; aber der kategorische Imperativ wirft auch in der sich auf die Rechtspflichten beziehenden Formulierung[1]) ebenfalls keine das

[1]) **Kant**, Rechtslehre. Einleitung C. (a. a. O. S. 35): „Eine jede Handlung ist recht, die oder nach deren Maxime die Freiheit der Willkür

Leben ordnenden konkreten Rechtssätze ab. Die Idee selbst bleibt unproduktiv.

Das unter dem absoluten Geltungsanspruch auftretende und aus seiner Absolutheit sowohl seine Superiorität als auch seinen Bestand überhaupt ableitende Naturrecht ist auf diesen drei Wegen zugleich überwunden worden. Fiel die These der Absolutheit, so fiel der damit verknüpfte Geltungsanspruch überhaupt. Darauf beruhte die sieghafte Wirksamkeit der historischen Rechtsschule; denn sie sah zwar das Recht als eine durchaus veränderliche Größe an, suchte ihm aber durch Aufdeckung der geschichtlich anerkannten Rechtsquellen die dauernde Ursprungsbasis zu gewinnen. Auch die Rechtsnorm der Rechtsnormen, das Recht über Recht läßt sich nicht rationalistisch erfinden, ist vielmehr wie der Rechtsinhalt soziologisch gewachsen. Wenn Justinians Gesetz vorschrieb: *Constat autem ius nostrum aut ex scripto aut ex non scripto, ut apud Graecos* und in J. 2, 3 ff. nun, nachdem die verschiedenen Arten des *ius scriptum,* voran die *lex* dargelegt sind, normiert wird: *ex non scripto ius venit, quod usus comprobavit. nam diuturni mores consensu utentium comprobati legem imitantur,* und wenn die herrschende Rechtsquellenlehre auch heute noch im Kerne dieselbe ist, so muß methodisch klar sein, daß dies rechtsgeschichtliche Tatsachen sind, für die zwar schon die Römer, wie ersichtlich, nach einem rationalen Grund suchten, die ihre normative Kraft aber geschichtlich erhielten. War der geschichtlich aufgetretene Geltungsanspruch des Naturrechts abgewiesen, so mußte man sich nunmehr auf die Vernunft in der Geschichte der Rechtsquellen *lex* und *consuetudo* besinnen. Es mußte trotz Kritik und Ablehnung des so erwachsenen Rechts**stoffes**, nach dem Bankerott der naturrechtlichen Methodik, doch eine tiefe Weisheit in der Tausende von Jahren bestehenden Rechtsquellennorm stecken. Die „normative Kraft des Tatsächlichen“ ist keine Fiktion. Heute dürfte jene geschichtliche ratio nicht mehr zweifelhaft sein. Sie lag und liegt

eines jeden mit jedermanns Freiheit nach einem allgemeinen Gesetze zusammen bestehen kann.“

in dem Streben nach einer die Rechtsrichtigkeit des Normeninhalts nach Möglichkeit garantierenden Objektivierung. Das Gesetz garantiert jene infolge der der Staatsorganisation selbst zu Grunde liegenden Überlegungen und Einrichtungen, und die Geschichte der menschlichen Staaten wie insbesondere ihrer Verfassungen zeigt, daß diese auch unter dem Gesichtswinkel ihrer legislativen Aufgabe und deren in der Rechtsrichtigkeit liegenden Ziels geschichtlich wuchsen. Die Gewohnheit andrerseits mußte mangels solcher im Aufkommen des Inhaltes der Norm liegenden Garantien zur Rechtsquelle werden, weil die wiederholte Übung des Satzes gegenüber der steten Möglichkeit seiner Durchbrechung durch anderweite rationale Überlegungen die Wahrscheinlichkeit seiner Richtigkeit erzeugt hat.

Das Recht entspringt immer aus einem rationalen Keim, und die naturrechtlichen Modernisten sollten bei ihrem leidenschaftlichen Kampf gegen die alte Rechtsquellenlehre und ihrer Neigung, der ratio, die sie meinen, die Bahn frei zu machen, nicht übersehen, daß sie etwas bekämpfen, was sie selbst auf den Thron setzen wollen. Das Gesetz ist nicht anders als die Gewohnheit und deren beiderseitige heute zugelassenen Nebenquellen immer nur rationales, aus der menschlichen Überlegung und Erfahrung hervorgegangenes Erzeugnis; nur daß gemäß jenem geschichtlich bewährten Normenprinzip jene ratio nicht schon bei ihrem Aufkommen aus der Überlegung ihres Autors, sondern erst nach dem Durchlaufen verschiedener prüfender, bald billigender, bald abweisender, bald ändernder Etappen als Norm anerkannt wird, denn sie soll ja die Gesamtheit der Rechtsgenossen binden und grade die Forderung der die Bindung erst titulierenden Anerkennung muß im Entstehungsprozeß des Rechtssatzes befriedigt werden. Das fühlten die Rationalisten des 18. Jahrhunderts auch, indem sie schließlich doch die staatliche Satzung ihrer Rechtsforderungen wollten, denn sie sahen, daß diesen gerade dort, wo sie sich auf nichts als die ratio beriefen, wo sich der Rationalismus also grade zu bewähren hatte, die ihre Forderung in den höheren Aggregatzustand der geltenden Norm versetzende Anerkennung um so leichter ausblieb, als die ratio eines anderen Autors eine modifizierte oder entgegengesetzte Forderung aufgestellt hatte, deren Anerkennung ebenso ausstand. Nicht selten waren unter den unter rationalistischer Flagge aufkommenden Rechtsforderungen geschichtlich längst bewährte Rechtssätze. Es sei nur auf die Vorliebe von Hugo Grotius für historische Argumente hingewiesen, oder auf die Methoden von Leibnitz und Thomasius. Sie fühlten, daß die bloß formal logische Argumentation nicht ausreiche, um ihre Sätze als Rechtssätze durchzusetzen, daß sie vielmehr noch weitere Garantien für ihre Richtigkeit und soziale Brauchbarkeit erstreben mußten.

Daß die Bindung der Rechtsgenossen und ihre Unterwerfung unter die Rechtsnorm zwar erst dann entstehe, wenn geltendes Recht erwachsen sei, dann aber kein bloß rationaler Grund die Möglichkeit eines Entrinnens gebe, war eine schon die älteste Rechtsphilosophie der Griechen beherrschende Weisheit. In diesem Sinne läßt Sokrates die Gesetze, die jemand aus wesentlicher ratio heraus übertreten möchte, ihm zurufen: „Meinst du, daß ein Staat bestehen kann und nicht vielmehr vernichtet werde, in dem Urteile, die gefällt werden, keine Kraft haben, sondern durch einzelne Menschen ungültig gemacht und vereitelt werden?"

Ergibt sich also, daß die wenigen analytischen Rechtssätze, die als allgemein gültige a priori aufgestellt werden, in der wirklichen Rechtsordnung ohne praktischen Wert sind, und daß sich im übrigen allgemeingültige Naturrechtssätze nicht aufstellen lassen, so ist das Naturrecht, wie es bis zum 18. Jahrhundert allgemein und heute noch von einigen Autoren als geltendes Recht in Anspruch genommen wird, damit zu einer bodenlosen Größe geworden. Es bleibt als Rest nur noch der rationale Anspruch. Diesem aber ist der in lex und consuetudo verkörperte rationale Anspruch überlegen, weil er sich in seinem Entstehungsprozeß zugleich die Anerkennung errungen hat und daraus die verbindliche Kraft ableitet.

Und doch lebt die Idee des Naturrechts, wie gesagt, bis heute. Das historisch aufgetretene Naturrecht ist historisch überwunden. Seine Idee nicht. Sie kann als die kategorische Vernunftforderung des Unpositiven gegenüber dem Positiven erfaßt werden. Diese Idee des Naturrechts trat um die Wende unseres Jahrhunderts in der Freirechtsbewegung aufs neue in die Erscheinung. Im Jahre 1906 wurde erklärt: „Die neue Auffassung vom Recht stellt sich dar als eine Auferstehung des Naturrechts in veränderter Gestalt"[1]). Die Freirechtsschule konnte nach dem Geschehenen den Geltungsanspruch des historischen Naturrechts nicht einfach unverändert wiederholen. Das tertium comparationis war nur noch die Forderung, daß der Richter unter Umständen contra legem entscheiden dürfe und müsse[2]). Die Geschichte der Rechtswissenschaft zeigt, daß auch diese Forderung nicht neu war[3]). Die Idee des Naturrechts ist zu allen Zeiten lebendig gewesen. Die Erscheinungen und Formeln, in der sie zur Wirkung gebracht werden sollte, sind verschieden gewesen. Das haben diejenigen Positivisten der Gegenwart verkannt, die das Naturrecht in einer Erscheinungsform überwinden wollten, wie besonders Bergbohm. Das haben aber auch Philosophen verkannt, wenn sie hinter mehr oder weniger mißlungenen Erscheinungsformen nicht nach der Idee des Naturrechts suchten. Mit der Widerlegung der Absolutheit und des Geltungsanspruches schlechthin ist seine Idee nicht widerlegt.

Was war das bis in die Antike zurückzuverfolgende Agens, das immer wieder zu den Waffen gegen die positive

---

[1]) Gnaeus Flavius, Der Kampf um die Rechtswissenschaft. 1906. S. 10.

[2]) Das forderte Gnaeus Flavius in der Tat a. a. O. S. 41. Aber auch andere Freirechtler gehen soweit. Reichel, Gesetz und Richterspruch S. 142 gelangt zu folgender Formel: „Der Richter ist kraft seines Amtes verpflichtet, von einer gesetzlichen Vorschrift bewußt abzuweichen dann, wenn jene Vorschrift mit dem sittlichen Empfinden der Allgemeinheit dergestalt in Widerspruch steht, daß durch Einhaltung derselben die Autorität von Recht und Gesetz erheblich ärger gefährdet sein würde als durch deren Außerachtsetzung."

[3]) Über Raimundus Lullus (13. u. 14. Jahrhundert) vgl. Rektoratsrede a. a. O.

Rechtsordnung rief? Das entweder nur einen idealen Traumstaat dem wirklichen Staat gegenüberstellte oder schon zu zersetzender Kritik des geltenden Rechts überging oder gar den übergeordneten Geltungsanspruch erhob, sich entweder mit göttlichen Kräften vermählend oder doch auf höhere Vernunft berufend, und hierdurch gestählt auch die Macht hinter sich sammelte, um den Bruch des positiven Rechts zu vollziehen?

II.

Die Beantwortung dieser Frage ist erschwert durch die trotz aller Bemühungen noch nicht gelungene glückliche Fahrt um das vielberufene „Cap Horn der Rechtswissenschaft". So bezeichnet Jhering ja das unlösbar scheinende Problem des Verhältnisses des Rechts zur Sittlichkeit. Das 19. Jahrhundert der Pandektenwissenschaft hat das Festland kaum verlassen. Der „Zweck im Recht" war jedenfalls kein brauchbarer Kompaß. Das Jahrhundert der philosophischen Jurisprudenz hat dagegen längst die Fahrt auf den Ozean angetreten. Es wird auf wohlgerüsteter Flotte, die heute ihren Kapitän grüßt, auch jenes Cap umsteuern und reiche Fracht heimbringen, auch viele neue Bausteine zur Schaffung brauchbarer Gesetzesprinzipien und zum Gewinn einer juristischen Methodenlehre.

Das in der naturrechtlichen Idee liegende Agens jener Forderungen ist die im Wesen des Rechts beschlossene Unselbständigkeit, das Streben vom Positiven zum Unpositiven. Das Recht als die Gesellschaft ordnendes Element wirkt nicht durch sich allein. Die organische Zusammengehörigkeit von Legalität und Moralität hat, trotz ihrer begrifflichen Unterschiede und methodischen Divergenzen, treffend schon Kant dargelegt. Er sagt in seiner Rechtslehre[1]: „Aber ebendarum, weil die ethische Gesetzgebung die innere Triebfeder der Handlung (die Idee der Pflicht) in ihr Gesetz mit einschließt, welche Bestimmung durchaus nicht in die äußere Gesetzgebung einfließen muß:

[1]) Rechtslehre, Einleit. III. a. a. O. S. 21.

so kann die ethische Gesetzgebung keine äußere (selbst nicht die eines göttlichen Willens) sein, ob sie zwar die Pflichten, die auf einer anderen, nämlich äußeren Gesetzgebung beruhen, als Pflichten in ihre Gesetzgebung zu Triebfedern aufnimmt. Hieraus ist zu ersehen, daß alle Pflichten bloß darum, weil sie Pflichten sind, mit zur Ethik gehören; aber ihre Gesetzgebung ist darum nicht allemal in der Ethik enthalten, sondern von vielen derselben außerhalb derselben . . .“ — Und Kant lehrt weiter, daß wir unsere eigene Freiheit, von der alle moralischen Gesetze ausgehen, nur durch den moralischen Imperativ kennen. Dieser sei pflichtgebietender Satz, aus welchem nachher das Vermögen, andere zu verpflichten, d. i. der Begriff des Rechts, entwickelt werden könne [1]). Kant teilt die Sittenlehre als Oberbegriff in die Rechtslehre und in die Tugendlehre ein [2]). Wenn sich auch die Tugendpflicht von der Rechtspflicht darin wesentlich unterscheide, daß zu dieser ein äußerer Zwang moralisch möglich ist, jene aber auf dem freien Selbstzwange allein beruhe [3]), so wachsen Moral und Recht, Moralität und Legalität doch auf demselben Stamme. Dieser Anschauung werden wir, nach vielerlei Abirrungen, die nur oder doch hauptsächlich den heterogenen Charakter beider Normenarten betont haben, uns wieder entschieden nähern müssen [4]). Es ist das große Verdienst Stammlers, zumal in seiner Lehre vom richtigen Recht, die Beziehungen zu der Kantischen Lehre wieder aufgenommen und der heutigen Rechtslehre dadurch den richtigen Weg gewiesen zu haben [5]). Stammler erkannte zunächst das Problem des richtigen Rechts: „Sobald man nun den Inhalt von menschlichem Wollen richtet, so wird als Maßstab und Ziel unvermeidlich ein solcher Willensinhalt gesetzt,

---

[1]) a. a. O. S. 45 I.

[2]) a. a. O. S. 217 Einl. z. Tugendlehre.

[3]) a. a. O. S. 222. Tugendlehre. Einleitung II.

[4]) Auch Binder betont in Abweichung von seiner früheren Ansicht jetzt in Philos. d. Rechts S. 263 ff. die Zusammenhänge von Recht und Sittlichkeit. Siehe ferner Radbruch, Rechtsphilos. (1914), S. 51 ff., 60.

[5]) L. v. richtigen Recht 1902, S. 52 ff.

der das Prädikat richtig verdient"[1]). Er beobachtete zutreffend, daß in allen sozialen Taten und menschlichen Satzungen sich Sinn und Sehnen nach dem Richtigen berge[2]), und erfaßte das Recht als Zwangsversuch zum Richtigen[3]), Indessen er kommt zu dem Ergebnis, daß der Inhalt von richtigem Recht nicht der sittlichen Lehre zu entnehmen sei[4]). Aber er hat in der Kategorie des „richtigen Rechts", über alle Irrtümer des früheren Naturrechts hinwegschreitend, dasjenige erfaßt, was im Recht absolut und unzeitlich ist, und was wir als die Idee des Naturrechts ansehen.

Es ist nicht zu leugnen, daß die Moral eine andere, höhere Aufgabe hat als das Recht, das schon als ein „ethisches Minimum" bezeichnet worden ist. Die Moral will die innere Vollendung des Menschen. Sie will die gute Gesinnung bei der Tat. Sie will die Autonomie des Individuums. Aber es ist schon nicht zutreffend, wenn gemeinhin gesagt wird, daß das Recht nur das äußere Verhalten der Menschen regele. Die Entwicklung und der Gehalt unseres geltenden Strafrechts beweist das Gegenteil. Nur die schuldhafte Tat wird prinzipiell unter Strafe gestellt. Die Unterschiede der schwersten Delikte liegen nicht in ihrem Außenerfolg, sondern im Psychischen. Die Gesinnung ist auch rechtlich bedeutsam. Abzulehnen ist es, wenn der Grund dieser strafrechtlichen Erheblichkeit in der sozialen Gefährlichkeit der schlechten Gesinnung erblickt wird. Angesichts des vollendeten, in die Außenwelt seine Spuren grabenden Delikts kann die Gefährlichkeit, d. h. eine Möglichkeitsqualifikation der ihm zu Grunde liegenden Gesinnung, nicht der strafrechtserhebliche Faktor sein. Es kann jene juristische Bewertung auch nicht so sehr im sozialen Interesse wurzeln. Sie kann nur aus moralischer Quelle fließen. Die Zivilgesetzgebung ist gleichfalls nicht arm an Normen, in denen Gesinnungen, Vorstellungen und Absich-

---

[1]) S. 13.
[2]) S. 15.
[3]) S. 29.
[4]) S. 70 ff.

ten den Tatbestand qualifizieren. Es sei auf §§ 116ff., 226, andererseits 530, 826, 1568, 1570 BGB. verwiesen.

Soweit wir die Weltgeschichte des Rechts überblicken, zeigt sie auf erster primitiver Stufe völliges Fehlen eines ausgeprägten Rechtsbewußtseins. Religion, Moral, Sitte, Recht, Konvention beherrschen das soziale Leben unterschiedlos. Sobald aber das Bewußtsein der Eigenart des Rechts im Gegensatz zu den anderen Normengruppen erwacht und zumal der Wert des *ius scriptum* erkannt ist, vollzieht sich bei den einzelnen Völkern eine verschieden verlaufende Sonderung jener Gebiete. Selbst das römische Recht, das noch auf entwickelterer Stufe vom religiös-sakralen Element durchsetzt wird, vollzieht jene Sonderung doch in der typischen Weise der Schaffung eines stark formalen, scharf umgrenzten „strengen" Rechts. Die im eigentlichen Rechtsbewußtsein wurzelnden Vorstellungen der Gesellschaft reagieren gegenüber jener ersten Stufe naiv und übertrieben. Die auf dieser zweiten Stufe erwachsenden Rechtsgewohnheiten verlangen bei den als rechtlich gemeinten Geschäftsakten der Parteien regelmäßig Formerfüllung. Die Entstehung rechtlicher Bindung setzt im erkannten Gegensatz zu der bloß moralischen Bindung ein Rechtssymbol voraus, mindestens Schriftlichkeit, von der der ganze Rechtskreis des alten Orients lange beherrscht wurde, und die im Volksempfinden der Gegenwart als residuum soziologisch überwundener Entwicklungsstufen fortlebt. Der einfache Mann glaubt allenthalben noch heute, daß er die Gegenpartei rechtlich nur durch Rechtsformalismus binde. Aber die Entwicklung ist über die bezeichnete zweite Stufe längst hinausgekommen. Nicht daß ein Rückfall in die erste Stufe erfolgt wäre. Das hinderte die Tatsache des erwachten Bewußtseins der Menschen von der Eigenart des Rechts und der diesem Bewußtsein entspringenden Rechtsordnungen. Aber die unentrinnbar wirkenden soziologischen Beziehungen von Recht und Sittlichkeit wurden, bei wachsender Unterscheidung ihrer Mission immer mehr als wesentliche erkannt und betont. Mit den zunehmenden Schwierigkeiten und Verfeinerungen des Zusammenlebens der Menschen, der Komplikation ihres Verkehrs, ihrer Wirtschaft, mußte einerseits zwar die eigentlich praktische Zweckmäßigkeit des Rechts immer stärker verwirklicht werden, andrerseits indessen gemäß dem immer bewußter sich einstellenden Humanitätsideal auch eine zu einer inneren Wertsteigerung führende Zielsetzung des Rechts zum Sittlichen hin eintreten. Man vergleiche die Kodifikationen und Rechtslehren der einzelnen uns geschichtlich zugänglichen Rechtsepochen miteinander, etwa das Zwölftafelrecht der Römer mit ihrer klassischen Jurisprudenz und der christlich eingestellten byzantinischen Kodifikation, oder die deutschen Rechtsbücher des Mittelalters mit den späteren Kodifikationen und den gegenwärtig geltenden deutschen Gesetzbüchern. Man überschaue die Fortentwicklung der Prinzipien der staatlichen Strafgewalt[1]). Es seien hier ferner die Stellen nachgewiesen, wo das Bürgerliche Gesetzbuch die guten Sitten erheblich werden läßt oder sonst das Attribut des Sittlichen, freilich in verschiedenem und mit dem Moralischen sich nicht deckendem Sinne, in seine Tatbestände einbezieht: §§ 138, 817, 819 II, 826, 534, 814, 1446 II, 1611 I, 1641, 1804, 2113 II, 2205, 2330, 618 II, 847 II. Ferner die erhebliche Bestimmung des Einf.-Ges. Art. 30 und Art. 135.

Auch Stammler stellt trotz der vorher vollzogenen scharfen Sonderung der Gebiete des Rechts und der Sittlichkeit den Satz auf: „Das richtige Recht bedarf zu seiner vollkommenen Erfüllung der sittlichen Lehre"[2]). Er bezeichnet weiterhin den Rechtsstaat als eine notwendige Bedingung zur Besserung der sozialen Schäden und Herbeiführung eines guten Zustands der Gesellschaft[3]). Er lehrt aber auch treffend: „Die sittliche Lehre bedarf zu ihrer Verwirklichung des richtigen Rechts"[4]). Aber warum?

Es ist immer wieder gelehrt worden, daß Recht und Sittlichkeit, schon wegen des dem ersteren eigenen,

---

[1]) Dazu auch Staffel a. a. O. S. 5 f.

[2]) L. v. richtigen Recht, S. 87.

[3]) S. 90.

[4]) S. 90.

auch von Kant deutlich betonten äußeren Zwanges, durchaus verschiedenartige Kreise von Kulturnormen seien, die zwar gewisse einzelne Beziehungen zueinander hätten, aber doch auf verschiedenen Ebenen lägen[1]). Gerade dieses Bild, das eine verbreitete Anschauung wiederzugeben scheint, muß als unzutreffend bezeichnet werden. Die Ebene jener Gebiete ist vielmehr dieselbe. Will man ihr Verhältnis anschaulich erfassen, so würde man sagen müssen: Recht und Sittlichkeit liegen auf einer Bahn, auf der sich die Kulturentwicklung der Menschheit überhaupt vollzieht. Diese Bahn ist aufwärts gerichtet. Der Leit- und Zielpunkt wird durch die Idee der Sittlichkeit bezeichnet. Aber diese transzendentale Idee der Sittlichkeit fordert vom Menschen Vollkommenheit. Auf dem christlich-sozialen Grundgesetz der unbedingten Menschenliebe baut sich die allgemeinste sittliche Forderung auf: „Darum sollt ihr vollkommen sein, gleichwie euer Vater im Himmel vollkommen ist“ [2]). Würde diese höchste auch die Individualethik umfassende Forderung verwirklicht sein, so wäre jede rechtliche Ordnung des menschlichen Lebens entbehrlich. Eine Insel der Seeligen braucht keine Verkehrs- und keine Rechtsordnung. Aber der ethische Seinszustand der Menschheit ist von jenem Ideal weit entfernt. Und doch will das soziale Leben der Menschheit, so wie es ist, jetzt geordnet sein. Der Kampf der Menschen ums Dasein muß jetzt geregelt werden, aber unter Rücksichtnahme auf alle menschlichen Schwächen und Gebrechen, unter Berücksichtigung aller biologischen Gegebenheiten, insbesondere derjenigen körperlich-physischer Natur. In der Psyche der Menschen lebt und wirkt zwar die Idee der Sittlichkeit, aber sie ist unsubstantiell, und eine kasuistische Morallehre ist aus ihr allein nicht zu extrahieren[3]). Wo die Idee die Wirklichkeit beherrschen soll, muß sie in die substantielle Niederung

---

[1]) So M. E. Mayer, Rechtsphilosophie S. 61 bei 3. Siehe aber seine Theorie der Humanität S. 91 ff.

[2]) Matth. 5, 48.

[3]) Stammler, Lehrb. d. Rsphilos., S. 191 (§ 90) legt dar, daß in der praktischen Morallehre alle Kasuistik versage.

herabsteigen und selbst Substanz annehmen. Sogar Christus mußte, wo er kasuistisch wurde und sich die Schwächen der Menschen vor Augen stellte, um praktisch zu wirken, zu Verheißungen seine Zuflucht nehmen und verließ damit die absolute Sphäre der Sittlichkeit. Und die kirchlich-ethische Normenkasuistik rüstet sich, indem sie mit Strafen aller Art droht, mit durchaus rechtlichen Mitteln aus. Reine Sittenlehre muß auch auf mittelbaren Zwang verzichten, sie kann und darf keiner Schwäche des Menschen entgegenkommen. Verheißung und Strafandrohung fließen nicht aus der Idee des Sittlichen, da sie den sittlich Handelnden nicht motivieren dürfen. Die geschichtlich insbesondere seitens der Kirchen aufgetretenen ethisch gemeinten Kodifikationen sind dagegen reich an durchaus rechtlichen Methoden der Normensetzung.

Hier dürfen nur die Ideen des Rechts und der Sittlichkeit entscheiden, nicht ihre sich beiderseits vermischenden historischen Erscheinungen. Die menschliche Gesellschaft will geordnet leben. Der Kampf ums Dasein muß sofort geregelt werden auch gegenüber dem sittlich Unreifen, sozial Widerstrebenden. Also ist eine Zwangsordnung nötig. Es kann mit der Ordnung nicht gewartet werden, bis der Zustand sittlicher Vollkommenheit erreicht ist. Durch abwartende Passivität würde bei den gegebenen Wirklichkeiten nicht nur die Gesellschaft zu Grunde gehen, sondern auch das sittliche Ziel verschüttet werden. So wird das Recht zum Vorhof der Sittlichkeit und zum wegebereitenden Apostel ihrer durch sich selbst nicht verwirklichungsfähigen Idee. Weil der Apostel in durchaus anderer Gestalt sichtbar wird und in anderen Worten redet, mit anderen Mitteln handelt, als der Verkündete, wird so leicht nur der Trennungsstrich zwischen beiden gezogen, vollends, wenn allein die entgegengesetzten Methoden beider Funktionen ins Auge gefaßt werden. Aber der Rechtszwang ist ebenso wie der Rechtsinhalt nur ein durch die bezeichnete Wirklichkeitsgebundenheit des Rechts gegebenes Attribut desselben. Weil das Individuum noch nicht sittlich reif oder vollkommen ist, muß um der Gesellschaft willen der Inhalt der Ordnung erzwungen werden können, wenn die Ordnung halten soll, was sie verspricht. Aber wenn das Recht gemäß dieser Notwendigkeit eine Zwangsordnung sein soll, darf es gerechter Weise nur zu dem zwingen, was es dem Menschen seines Gewaltenkreises zumuten darf. Es darf sich um der Idee willen im ethischen Grade nicht vergreifen. Es darf nicht Liebe, nicht Selbstlosigkeit fordern, wo das Subjekt ich = gebunden ist. Es darf nicht absoluten Sozialismus normieren, wo der Egoismus eine vitale Realität ist, nicht Kommunismus, wo der Mensch am Eigenen hängt und dafür arbeitet. Das Leben hat auf rücksichtslosen Rechtsidealismus immer mit zwingender Deutlichkeit geantwortet und den herrschenden Gewalten auf die Dauer diejenige Rechtsordnung abgenötigt, die es brauchte. Es ist leichter eine Moralordnung aufzustellen, als eine Rechtsordnung zu schaffen. Das ethische Ideal trägt der Mensch der Kultur in sich. Die ethische Norm kann in ihrer Idealität nicht hoch genug gesteigert werden und hat nur diesem Gesichtspunkt zu dienen. Das Recht hat ihr dagegen den Weg durch das Gestrüpp der Wirklichkeit hindurch zu bahnen. Es hat zwei verschiedenartige Forderungen zu erfüllen: es muß die Zielrichtung zum Sittlichen einhalten, denn die Kultur der Menschheit kann nur ein Ziel haben und auf einer Bahn fortschreiten; und es muß doch in allem was es in concreto fordert, auf die menschliche Unvollkommenheit Rücksicht nehmen. Das Recht ist — und die Politik entlehnt es von ihm — die Kunst des Möglichen. Es schafft daher das Institut des privaten Eigentums, gibt die Normen seines Erwerbs und stattet den Eigentümer, der sein Gut festhalten will, mit vollstreckbarem Rechtsschutz gegenüber jedem Dritten aus, weil nur eine solche kapitalistische Sozialordnung dem Individuum zumutbar ist. Es sorgt durch seinen Schutz dafür, daß jedwede Vermögensverschiebung, die ohne zureichenden rechtlichen Grund geschah, wieder rückgängig werde. Die Moral braucht dagegen keine Eigentumsordnung. Der Mensch soll sein Herz nicht an irdisches Gut hängen. Dieser Gedanke beeinflußt allmählich auch die Eigentumsordnung. Mit fortschreitender Rechtskultur nehmen die Normen immer stärkeren sittlichen Gehalt in sich auf. Dem Eigentümer werden immer größere Opfer zugemutet. Der wirtschaftlich Schwache wird immer mehr geschützt. Freilich werden alle im Sinne des Sittlichen normierten Zumutungen des Rechts dadurch zu rechtlichen. Der Gegner kann ihre Leistung auch fordern, was dem Sittlichen fremd ist. Nur so vermag das Recht prinzipiell dem Sittlichen zu dienen. In der Gewährung des subjektiven Rechts und der klagbaren Forderung auf Leistung setzt das Recht sein Wesen durch, sichert aber doch zugleich wenigstens die äußere Erfüllung des Sittengebotes. Deswegen war es ein richtiger Gedanke, daß der Kampf ums Recht sittliche Pflicht sei. Gegenüber allen Versuchen, die Gebiete des Rechts und der Sittlichkeit in scharfer Umgrenzung voneinander zu trennen, muß aber bewußt auf die Lehre Kants zurückgegangen werden, daß jede rechtlich normierte Pflicht auch als sittliche Pflicht erfüllt werden kann[1]. Bei der Nutzbarmachung dieser Lehre ist Stammlers Lehre vom richtigen Recht der wertvolle Vermittler.

III.

Durch die dargelegte organisch-funktionelle Beziehung zwischen Recht und Sittlichkeit wird die sich geschichtlich steigernde Rücksichtnahme des Rechts auf jene sowie seine wachsende Beeinflussung durch sie erklärt. Dieser Einfluß vollzieht sich, ohne daß sein Grund bisher erkannt und ins Bewußtsein der Gesetzgeber getreten war, als unentrinnbare biologische Kulturwirkung. Die unstoffliche und doch kategorisch fordernde Idee der Sittlichkeit wirkt im Recht und durch das Recht, hier die Form von bewußt erfaßten, begrifflich umgrenzten Zwangsnormen annehmend, weil sie selbst zwar im Menschen lebendig, zur Ordnung des realen

[1] Rechtslehre. Einleitung III (a. a. O. S. 21 f.): „Hieraus ist zu ersehen, daß alle Pflichten bloß darum, weil sie Pflichten sind, mit zur Ethik gehören ..." „So gibt es also zwar viele direkt-ethischen Pflichten, aber die innere Gesetzgebung macht auch die übrigen alle und insgesamt zu indirektethischen."

Lebens aber nicht fähig ist. Eine unbedingt wirksame Ordnung wird indessen vom Leben verlangt. Die Idee des Rechts kann also auch nur als von der moralischen Idee umschlossen und beherrscht gedacht werden [1]).

So erklären sich auch andere Erscheinungen, die in der Funktion des Rechts problematisch blieben: Das Verhältnis von Recht und Macht, eine Beziehung, einerseits nötig infolge der Wirklichkeitsgebundenheit des Rechts, das die realen Widerstände nur zu überwinden und dadurch die erstrebte Ordnung zu erreichen vermag, wenn zu dem in der Norm liegenden rechtlichen Willen das rechtliche Können tritt, andrerseits auch von der jenes Verhältnis beherrschenden Sittlichkeit gefordert, indem Machtübung erst durch den sie bewegenden Rechtstitel sittlich erträglich wird. Ferner das Verhältnis von Gerechtigkeit und Zweckmäßigkeit, jene betonten Attribute des Rechts, die wiederum von dessen zwiefacher Aufgabe getragen werden, indem jene Forderung aus der Idee, diese aus der Wirklichkeitsgebundenheit des Rechtes stammt [2]). Ferner das große Problem, wie aus dem Rechtsbruch Recht zu werden vermag, eine Tatsache des Rechtslebens, immer unerklärlich bleibend von der Anschauung aus, die die abgegrenzte eigengesetzliche und selbständige Natur des Rechts verficht, während dieses im Dienste der Idee des Sittlichen trotz seiner begrifflichen Umgrenzung und anscheinenden Geschlossenheit überall Poren offen hält, durch die es mit der Atmosphäre des Sittlichen in steter Verbindung bleibt. Wo aber die formale Begrenzung des positiven Rechts in Widerspruch gerät zum sittlich Geforderten, vermag dieses das Recht zu zerbrechen und neues Recht im Dienste des Sittlichen zu schaffen.

Dies ist die von allen historischen Zufälligkeiten befreite Funktion der Idee des Naturrechts gewesen. Berg-

---

[1]) Hierbei lasse ich nicht außer acht, was Binder, Philos. d. Rechts S. 265 richtig betont, daß nämlich in der Idee des Rechts das Zwangsmoment liegt, daß sie also nicht mit der Idee des Sittlichen zusammenfällt.

[2]) Sittlichkeit ist dagegen zugleich immer höchste Zweckmäßigkeit, ohne daß letztere Forderung besonders erhoben zu werden braucht.

bohm sagte ganz richtig: „Alle Menschen sind geborene Naturrechtsjuristen"[1]). Aber warum sind sie es und blieben es bis heute im Sinne dieser Idee sogar als gelehrte Richter? Warum hat die Idee des Naturrechts bis heute gemäß dem Dargelegten fortgewirkt, trotzdem die zeitlich auftretenden Naturrechtsforderungen methodisch widerlegt worden sind? Der Grund für diese bedeutsame Erscheinung liegt in der bezeichneten Relativität des Rechts. Der Jurist, dessen methodische Vorstellungen im Pandektenjahrhundert wurzeln, neigte immer mehr dazu, das Gebiet des Rechts positiv zu umgrenzen. Er wollte nur sicheres Festland unter sich haben und glaubte die Selbständigkeit der Funktion des Rechts nicht weit genug spannen zu können. Das Dogma der logischen Geschlossenheit des Rechts wurzelt in der Ideologie des Positivismus. Aber durch universellere Betrachtungsweise als sie dem 19. Jahrhundert möglich war, ist der juristische Blick geschult worden für die Begrenztheit des positiven, von der Rechtsordnung selbst vermittelten Stoffes. Die Lückenhaftigkeit des *ius positivum* wird heute nicht mehr bezweifelt. Ja, während man zunächst nur von einzelnen Einfallsstellen und Ventilklauseln sprach, ist klar geworden, daß jeder in der Gesetzesnorm verwertete Begriff seinen Inhalt nicht endgültig vom Gesetzesstoff vermittelt erhält, daß vielmehr in der Funktion der Auslegung reichlich außerpositiver Stoff in den Bereich des Rechts einfließt[2]). Hier lebt die Idee des Naturrechts, der Rationalismus unbesiegbar weiter. Das positive Recht wird von keiner dicht schließenden Mauer umgeben. Unter diesem Bilde würde die dargelegte lebendige Beziehung des Rechts zu seiner im Sittlichen liegenden Idee verloren gehen. Die Mauer hat tatsächlich auch nur in der Vorstellung der juristischen Positivisten bestanden. Das wirkliche Rechtsleben, das als Kulturfunktion sich nicht theoretischen Diktaten fügt, sondern seinen eigenen Ge-

[1]) Jurispr. u. Rsphilos., S. 122.

[2]) Näheres in meinem Artikel „Auslegung" im Handwörterbuch d. Rechtswissenschaft v. Stier-Somlo u. Elster und in „Savigny und der Modernismus" S. 117 ff.

setzen folgt, hat jene Mauer nie gekannt. Anschaulich könnte man das wirkliche Verhältnis des Positiven zum Unpositiven sich vorstellen als das Festland, das von der Flut umspült und stetig verändert wird [1]). Letztere könnte das Bild für den unerschöpflichen Born sein, aus dem *ius nasciturum* strömt mit dem Streben, zu *ius natum* zu werden und in fester Gestalt Geltung zu gewinnen. Nur jene organische Beziehung des Rechts zu der weltbewegenden und -erhaltenden sittlichen Idee der Vervollkommnung des Menschengeschlechts ermöglicht und erklärt das Flüssigbleiben der Grenzen des Rechts trotz seiner stofflichen Form und begrifflichen Normierung. Starre Festigkeit erzeugt die Gefahr des Bruchs; denn es gibt etwas, was stärker ist als das Recht. Der Mensch aber hat in seinem Rechtsgefühl, das sich von seinem sittlichen Empfinden funktionell nicht trennen läßt, einen subjektiv allezeit wirksamen Weiser, in welcher Richtung der Weg zur Idee liegt. Dem Individuum wird die Verläßlichkeit dieses Weisers subjektiv so deutlich, daß es geneigt ist, ihn zum allgemeinen Gesetzgeber zu erheben. Hier wurzeln die bekannten Bestrebungen der sogenannten Gefühlsjurisprudenz, die wir mit der herrschend gebliebenen Meinung rechtsmethodisch ablehnen mußten [2]). Im Rechtsgefühl entspringt aber jene allgemein menschliche Naturrechtswertung, mit der das Individuum an die rechtliche Beurteilung jedes Falles herantreten zu können glaubt, während sich in jener psychischen Zentrale, in der die Stimme der Idee des Sittlichen unmittelbar vernehmbar wird, das Sittliche durchsetzen will. Hier sammelte sich geschichtlich allezeit die sittliche Empörung über eine lex lata, die die Stimme des Sitt-

[1]) So schon in „Savigny und der Modernismus" S. 132 f.

[2]) „Savigny u. d. Modernismus" S. 225 f. Vgl. auch Kant, Über das Gewissen in Tugendlehre, Einleitung XII a. a. O. S. 241 ff. Ferner Riezler, Das Rechtsgefühl. M. Rümelin, Rechtsgefühl und Rechtsbewußtsein. Lehren, wie diejenige Krabbes, Die moderne Staatsidee (1919), daß jede im Rechtsgefühl oder Rechtsbewußtsein des Menschen wurzelnde Norm geltendes Recht sei, verkennen, daß zur Rechtsgeltung mehr gehört als der psychische Ursprung des Rechtsgedankens. Gegen die Gefühlsentscheidung auch Binder, Philosophie, S. 775 A. 13.

lichen nicht achtete. Hier war die Keimzelle all jener Naturrechtsforderungen, die nur über den Umsturz des Vorhandenen zur Neugestaltung des positiven Rechts gelangen konnten. Sie wurden zugleich immer als sittliche Forderungen empfunden, und holten daraus ihre bezwingende Kraft, mochten sie sich Freiheit, Gleichheit und Brüderlichkeit nennen oder sich als angeborene und unveräußerliche Menschenrechte ausgeben, oder mochten sie, wie jüngst gegenüber entworfenen oder in Kraft getretenen Gesetzgebungen, sich auf das natürliche Recht jedes Sparers und Rentners stützen, daß ihm sein mühsam erworbener Besitz wiedergegeben werden müsse, damit er davon leben könne, oder auf das natürliche Recht der Frau, über keimendes Leben als Teil ihres Körpers verfügen zu können und dieserhalb auch dem Staate nicht verantwortlich zu sein, oder auf das natürlichste Recht von allen menschlichen, das Recht zu leben, das dem Menschen daher auch nicht strafweise vom Staate geraubt werden dürfe. Es ist kein Zufall, sondern in dem bezeichneten organischen Lebensverhältnis zwischen Recht und Sittlichkeit tief begründet, daß große rechtliche Forderungen, die gegenüber dem geltenden Recht aufgeworfen wurden, sich immer zugleich als sittliche legitimiert haben. Das Naturrecht war seiner Idee nach niemals etwas anderes als die den Individuen bewußt werdende Lebensäußerung der Idee des Sittlichen, mit der das geltende Recht nicht oder doch nicht mehr im Einklang stand. Daher die typische Einstellung des Naturrechts gegen ein positives Recht, das den höchsten Forderungen des Sittlichen nicht genügt. So wird auch der naturrechtliche Glaube an seine Absolutheit verständlich; denn die Idee des Sittlichen ist nicht nur eine absolute Größe, sie tritt dem Menschen auch als solche ins Bewußtsein, so daß sich in seinem Gewissen und Empfinden allgemein Menschliches, über Zeit und Raum Erhabenes geltend zu machen scheint und seiner dem Recht gegenüber gestellten Forderung die überlegene Kraft verleiht. So ist es auch psychologisch begreiflich, daß Naturrechtsforderungen aus dieser Quelle immer mit dem Anspruch der Superiorität gegenüber dem positiven Recht hervortraten. So kann die Idee des Naturrechts in einer sittlich und dichterisch beschwingten Seele wie derjenigen Tolstois in völlige Ablehnung jeder Rechtsordnung ausmünden und in die Forderung der Anarchie. Aber alle diese Anschauungen enthalten ideologische Überspannungen. Entbehrlich wird das Recht und gerechtfertigt wird die Forderung der Anarchie nur für den Fall, daß eine bessere Regelung des Gesellschaftslebens bereitgestellt werden kann.

Mit dem Moment, wo die aus dem Bereich des Sittlichen erwachsende Forderung in der Gestalt und Form einer Rechtsforderung auftritt, wo sie damit den Anspruch auf Erzwingung ihres Inhalts erhebt, ist dieser aber durchaus noch nicht zum geltenden Recht geworden, mochte dies von ihrem Träger noch so sehr in einer wiederum bezeichnenden Prolepsis so empfunden worden sein. Jene Beziehung des Rechts zur sittlichen Idee erklärt die Idee des Naturrechts und die Gestalten ihres geschichtlichen Wirkens, rechtfertigt aber andrerseits zugleich die oben gekennzeichnete trotz allem Modernismus noch herrschende Methodik, gemäß deren Naturrecht kein geltendes Recht ist, zu solchem vielmehr nur nach Erfüllung von dessen besonderen Voraussetzungen werden kann. Diese Voraussetzungen ruhen neben ihren historisch-soziologischen Grundlagen auf dem inneren Grunde, daß das Recht einerseits gerade durch die bewußt begriffliche Erfassung und Konkretisierung des Normengehalts fähig wird, die zahllosen Lebenswirklichkeiten und ihre Widerstände ordnend zu regeln, und daß andrerseits der im Normengehalt liegende Zwang nur dann verwirklichungsfähig wird, wenn seitens der im Willen der Rechtsgenossen selbst liegenden Wirklichkeit der Normengehalt Anerkennung gefunden hat, entweder im staatlichen Akt der Gesetzgebung oder soziologisch in fortgesetzter Rechtsübung. Die rational auftretende Rechtsforderung, mag sie noch so gut begründet oder sogar sittlich gerechtfertigt sein, ist niemals geltendes Recht[1]).

[1]) Daher ist auch die freirechtliche Formel Reichels, s. oben S. 12 Anm. 2 abzulehnen. Eine sittliche Forderung ist niemals eine Rechtsnorm von

Die freirechtlichen Theorien, die dem Richter das Recht erkämpfen wollen, in gewissen Fällen contra legem zu entscheiden, übersehen, daß damit verloren ginge, was gemäß Obigem überhaupt zur bewußten Rechtsbildung geführt hat, und worin wir heute bewußt das Wesen des Rechts zu erblicken haben. Recht entstand, weil die Wirklichkeit durch eine Moralordnung nicht unbedingt geregelt werden kann. Die wirklichkeitsgebundene Ordnung mußte eine Zwangsordnung sein. Das kann sie aber nur und Zwang wird nur erträglich, wenn das Wesentliche des Normeninhalts normativ feststeht und an ihm auch festgehalten wird. Die Rechtskultur hat selbst gegenüber unbestimmten Normen der consuetudo immer nach der certa lex gestrebt. Primitive Epochen bloßer Gewohnheitsrechtsgeltung weisen nicht nur Unsicherheit hinsichtlich des Rechtsinhalts, sondern schon solche hinsichtlich der Rechtsnatur einer Übung auf. Daher strebte die Gesellschaft in erster Linie immer nach der Rechtssicherheit, selbst um den Preis der Elastizität der Norm, und die höhere Entwicklungsstufe sucht dann durch zahlreiche technische Mittel diese mit jener zu vereinigen, wie in den modernen Kodifikationen zu beobachten ist. Die weitere Entwicklung wird das erstere Prinzip niemals aufgeben können, wenn sie nicht das Wesen des Rechts selbst erschüttern will. Was bisher als Äquivalent für die Rechtssicherheit vorgeschlagen wurde, kann diese nicht ersetzen. Freirecht ist gar kein Recht. Die

---

Geltung. Die Durchführung einer sittlichen Forderung im Richterspruch bleibt, falls das Gesetz positiv entgegensteht, ein Rechtsbruch, wie alle naturrechtlich titulierten Rechtsumwälzungen. Aber aus diesen ging oft geltendes Recht hervor, wenn dessen Voraussetzungen verwirklicht waren. Erst klare Rechtsmethodik fundiert den Rechtsstaat. E. Jung bietet in seinem Buch „Das Problem des natürlichen Rechts" (1912) bei mancher treffenden Einzelwertung (vgl. S. 170) keine befriedigende Methodenlehre. Warum soll der Richterspruch mehr Geltungskraft haben als das Gesetz? Dieses kann jenen jederzeit vernichten und dadurch seine alleinige Geltung evident machen. Jenes hat im übrigen nicht die rationalen Wertgarantien in sich, die das Gesetz im Verfassungsstaat bietet, wie oben darzulegen versucht wurde. Der Modernismus, der den konkreten Rechtsbefehl als solchen als die reelle Erscheinung des Rechtslebens ansieht (Knapp), bleibt einseitig und übertreibt

für das Wirkliche nicht blinden Naturrechtler haben niemals freirechtliche Anwandlungen gehabt. Sie sahen die geschichtlichen Erfahrungen der mit einer weitmaschigen Gesetzgebung stets verbundenen Rechtsunsicherheit und Justizwillkür. Man denke besonders an die Strafjustiz des 18. Jahrhunderts. Der große Naturrechtskriminalist, dessen 150. Geburtstag die deutsche Jurisprudenz jüngst feiern konnte, Anselm Feuerbach, ist ein leuchtendes Beispiel für die Wirksamkeit der richtig erfaßten Idee des Naturrechts. In seinen legislatorischen und kriminalpolitischen Schriften aus den Jahren 1799 und folgende tritt immer wieder die rechtsstaatliche Forderung eines fest umgrenzten Strafgesetzes und der strengen Bindung des Richters an das Gesetz als leitender Grundsatz hervor, um ein Bollwerk aufzurichten gegen Kabinettsjustiz und Richterwillkür [1]).

Was sich aus sittlichem Empfinden heraus und dem darauf gegründeten Werturteil als Rechtsforderung gegenüber dem geltenden Recht aufdrängen mag, was man also gemäß der geschichtlichen Erfahrung der Idee nach als Naturrecht bezeichnen kann, kann im besten Fall — nämlich bei wirklichem Wert und wirklicher Brauchbarkeit — immer nur den Anspruch auf künftige Anerkennung und Geltung erheben. Ob diese eintreten werden, bleibt selbst bei dem angenommenen Wert des Geforderten immer Tatfrage; denn andere rationale Werte beginnen sofort den Kampf mit jenem, und die entscheidende Bewertung dieser Werte findet nur geschichtlich statt, mag sich das Bewußtsein des Individuums noch so sehr dagegen auflehnen. Aus *ius nasciturum* muß erst *ius natum* werden, und methodisch müssen wir die Geburtsstunde des letzteren einigermaßen sicher bestimmen können. Die Entwicklung jedes Rechtsinstituts spiegelt jenes *certamen rationum* wieder. Jede ratio trat mit dem Geltungsanspruch auf; aber jede ratio entspringt nur einer Weltanschauung, nicht der

---

[1]) Dazu jüngst der biographische Aufsatz von Erich Schwinge, Preuß. Jahrbücher 1925, S. 165 ff.

Weltwirklichkeit. Das geltende Recht hat jene Beziehung abgestreift und ist wirklich geworden. Darin besteht seine Autorität. In seiner Wirklichkeit bewährt sich seine Vernünftigkeit im Sinne Hegels.

Im übrigen darf nicht verkannt werden, daß der Richter von keiner wissenschaftlichen Freirechtstheorie zum König gekrönt zu werden braucht. Die Macht dazu steht ihm ohne weiteres offen. Keine methodische Formel wird sie aber je in ein Recht wandeln können. Jeder Richter kann ohne weiteres, zumal wo ihm sittliche Forderungen und gerechte oder billige Abwägungen gemäß dem Obigen die innere Sanktion erteilen, contra legem entscheiden. Aber er läuft Gefahr, daß die lex gegen seine Entscheidung und gegen ihn reagiert und ihren Willen durchsetzt. Das wird keine noch so fein geformte Freirechtstheorie jemals verhindern können. Es steht mit dem Rechtsbruch in der Amtsstube des Richters nicht anders wie mit dem hinter Barrikaden oder auf dem Schaffot vollzogenen: die zu Boden getretene lex kann sich wieder erheben und ihren Inhalt gegenüber der rationalen Gegenforderung wiederherstellen. Es kann ihr freilich in beiden Fällen das Wollen oder das Können dazu auch fehlen. Die Geltung hängt von beiden letzteren Elementen des Rechts zusammen ab. Auch in der Wertung dieses dramatischen Kampfes bewährt sich die dargelegte organische Relation von Recht und Sittlichkeit. Die Idee der Sittlichkeit vermag es, die von ihr getragene Rechtsforderung auch durch Rechtsbruch durchzusetzen [1]). Sie wird ihren Trägern jenes Können verleihen, dem gegenüber die Kraft einer nicht lebensfähigen oder altersschwachen lex versagt. Der alte, bekämpfte Rechtssatz wird andererseits, wenn noch sittlich genährte Kraft in ihm lebt, sich gegenüber einer verfrühten oder verfehlten Forderung durchsetzen. Das sind Vorgänge, so alt wie das Recht selbst, zu deren Verständnis uns die

---

1) Über Revolutionsrecht neuerdings gut Stier-Somlo, Deutsches Reichs- und Landesstaatsrecht I, 1924, S. 49 ff. (Grundrisse der Rs.-wissensch. Bd. 18) mit weiterer Literatur. S. ferner auch Binder, Philosophie d. R. S. 623 ff.

moderne Freirechtstheorie methodisch nicht den Schlüssel bietet.

Aber die Geltung des positiven Rechts reicht nur soweit, als seine Norm ihren Willen selbst erklärt. In der Funktion, die der Jurist technisch als Auslegung handhabt, strömen in ihrer Zahl unübersehbare rationale, außerpositive Elemente in die Rechtsordnung. Indessen auch hier spendet die ratio niemals geltendes Recht. Auch der technisch als Auslegung der lex aufgekommene außerpositive Satz oder Begriffsinhalt ist nicht lex, sondern nur ratio, und hat, damit diese geltendes Recht werde und den anderen Richter formal binde, denselben Werdegang zu durchlaufen wie alles ius nasciturum [1]).

Die gesetzesfeindliche Stimmung, von der wir ausgingen, ist also kein Beweis für die Altersschwäche der herrschenden rechtlichen Methodenlehre, sondern nur für eine staatlich schlecht verwaltete Gesetzgebung. Die rechtspolitischen Schlüsse ergeben sich aus dem Dargelegten von selbst. Die staatliche Gesetzgebung, die die Stimme des Sittlichen nicht vernimmt oder nicht beachtet, wird trotz der formalen Geltung, durch die die lex der bloßen ratio überlegen ist, im sozialen Kampfe mit ihr unterliegen. Es gibt keine größere Schädigung staatlicher Autorität. Aber rechtsmethodisch muß an dem Attribut der formalen Geltung des positiven Rechts unbedingt festgehalten werden, weil das allein der Idee des Rechts entspricht. Darin liegt der Wert des im Motto vorangestellten Ausspruches. Die rationale „Geltung“ des Naturrechtssatzes, mag dieser sittlich gerechtfertigt und ebendadurch dem positiven Rechtssatz inhaltlich wertüberlegen sein, wird durch die formale Geltung des letzteren solange überwunden, bis sich etwa jene rationale selbst zu formaler Geltung gesteigert und damit erst Rechtswirklichkeit erlangt hat.

---

[1]) Art. „Auslegung“ a. a. O.

ÜBER DIE IDEE (DAS REGULATIVE PRINZIP).

Versuch zur Grundlegung einer rationalen religiösen Dogmatik.

Von

C. A. EMGE.

Als Philosoph wetze ich immer, bevor ich schneide. Ich schließe auf den Schnitt nur von der Schärfe des Messers und auf diese nur von dem Wetzstein, den ich für den besten halte.

§ 1: Vorbegriff.

1. Unter Idee soll im folgenden das sogenannte regulative Prinzip verstanden sein[1]). Diese Bezeichnung stammt von Kant. Seine Bestimmungsversuche weisen die charakteristischen Auffassungen Kants über Erfahrung und Vernunft, Postulat, „Objekt an sich" auf[2]). Es ist zunächst die Bedeutung der Worte Prinzip und Regulativ zu erläutern, wie sie in folgendem gebraucht werden sollen.

2. Principium, ἀρχή, ist der Anfang der gedanklichen oder gegenständlichen Reihe. Er ist rein logisch aufzufassen als erstes Glied einer von Voraussetzung zu Voraussetzendem führenden Reihe von Sätzen, einer von höheren zu niederen führenden Reihe von Gegenständen.

a) Unter „Satz" verstehen wir das Gebilde, mit dessen Anspruch und Erfüllung sich die Logik als eine von jeder Psychologie unabhängige, wahrhaft autonome Wissenschaft

---

1) Vgl. unsere Vorlesung „Über verschiedene Bedeutungen von Idee" S. 10 ff. Wir verwendeten dort den Ausdruck „Bedingung der Norm".

2) Z. B. „Grundsatz der größtmöglichen Fortsetzung und Erweiterung der Erfahrung, nach welchem keine empirische Grenze für absolute Grenze gelten muß, also ein Principium der Vernunft, welches als Regel postuliert, was von uns als Regressus geschehen soll und nicht antizipiert, was im Objekte vor allem Regressus an sich gegeben ist".

beschäftigt (Urteilssatz). Man kann ihn verstehen als nächsten[1]) „Sinn" oder „objektiven Gehalt" des Urteilens in psychologischer Hinsicht, das „was eine Bedeutung ausdrückt", den objektiven „Gedanken"[2]), (ἀπρότασις, Propositio). Ein Begriff läßt sich in seiner eigenen Geltungssphäre nur durch solche Sätze ausdrücken.

α) Von dem Satz als Gegenstand der Logik ist das Vollziehen oder Produzieren solcher Sätze im Erleben zu unterscheiden. Mit diesen Vorgängen beschäftigt sich die Psychologie. Funktionelle Beziehungen zu physiologischen Sachverhalten sind empirisch nachzuweisen. Als eine Art des Erlebens fällt das Urteilen in das Gebiet der Tatsachen und untersteht daher der Betrachtung nach zeitlichen Momenten.

β) Von dem Satz als Gegenstand der Logik ist ferner der Urteilsausdruck zu unterscheiden: die äußere Erscheinungsform. Eine Unterart davon ist die sprachliche. Man spricht hier am besten von Behauptung. Ein Satz wird also in der „Wirklichkeit" zunächst in einem faktischen Urteil gewonnen und gewöhnlich in einer Behauptung ausgedrückt.

b) Dem Satz steht gegenüber[3]) der Sachverhalt (Gegenstand, Bestand, Essenz, Objektiv) auf den er sich bezieht. Diese Beziehung ist rein „wesensmäßig" zu verstehen, sinnhaft, nicht irgendwie kausal. Der Streit um Idealismus und Realismus läßt sich teilweise darauf zurückführen, daß man ein Aufgehen der einen Sphäre in die andere, eine absolute Identifizierung von Logischem mit Gegenständlichem für möglich hielt[4]). Allerdings ist der Sachverhalt logisch nur in

---

[1]) Nur der nächste. Dieser behauptet ja wiederum einen Sinn, nämlich seine Richtigkeit als Satz.

[2]) Pfänder.

[3]) Dieses Gegenüberstehen wird gewöhnlich „logisch" genannt. Es ist aber ebenso überlogisch wie übergegenständlich.

[4]) Diese Einsicht verdanken wir den Phänomenologen, sowie den jüngsten Veröffentlichungen Nicolai Hartmanns. Insofern wir die — stets relative — Identität beider Sphären (unter Wahrung ihrer Verschiedenheit) anerkennen, kann man unseren Standpunkt als den der Identitätsphilosophie (Hegels Identität der Identität mit der Nichtidentität)

Sätzen zu fassen, andrerseits ist der Satz aber selbst als Sachverhalt möglich wie gerade die Logik zeigt. Die Beziehung von Satz zu Sachverhalt ist aber eine ursprüngliche, die sich nicht aufheben läßt.

α) Satz meint also Sachverhalt. Ist der Satz richtig, so „besteht" der Sachverhalt. „Unmögliche Gegenstände"[1]), z. B. viereckiger Kreis treten nur in widerspruchsvollen, d. h. notwendig falschen Sätzen auf, deren Vorkommen als Sachverhalt natürlich nicht bestritten wird. Von der Logik aus gesehen „gibt es" Sachverhalte nur in Hinsicht auf die logische Möglichkeit richtiger Sätze über sie.

β) Wie Satz und Sachverhalt einander korrespondieren, so steht einem Ordnungssystem von Sätzen ein entsprechendes Ordnungssystem von Sachverhalten gegenüber. Die Beziehung ist gleichfalls rein funktionell. Von einem Teil des einen Systems kann zu dem entsprechenden des anderen übergegangen werden.

c) Unter Erkenntnis soll bloß der Urteilsvollzug (a, α) eines seinen eigenen Anspruch erfüllenden, also richtigen Satzes einschließlich seiner gedanklichen Voraussetzungen (d) verstanden sein. Es handelt sich also bei Erkenntnis um die Idee eines psychischen Vorganges.

Kenntnis soll daneben nur die reale Möglichkeit des Urteilsvollzugs (a, α) des richtigen Satzes allein ohne seine Voraussetzungen bedeuten.

d) Voraussetzung heißt uns ein Satz gegenüber einem anderen, Voraussetzenden, wenn seine Richtigkeit die mögliche Richtigkeit, seine Unrichtigkeit aber die notwendige Unrichtigkeit des andern hervorruft. Die Bezeichnung entstammt der transzendentalen Fragestellung: Man geht von einem vorgelegten bedingten Satze aus. Erst die Richtigkeit sämtlicher Voraussetzungen ergibt die notwendige Richtigkeit des voraussetzenden Satzes; zur notwendigen Un-

bezeichnen. Damit ist uns Hegel wieder aufgegeben. Wir müssen hier auf eine noch ungedruckte Arbeit über Hegel verweisen. — Manche Anregung für das folgende verdanken wir Friedrich Raab-Gießen.

[1]) Meinong.

richtigkeit dieses Satzes genügt demnach schon die Unrichtigkeit einer Voraussetzung.

α) Für „Voraussetzung" gebraucht man auch die Bezeichnungen „bedingend", „konstitutiv", „logischer Grund", „grundlegend", „prinzipiierend", „formal". Man wendet die gleichen Worte zur Bezeichnung des analogen Sachverhaltes in der Gegenstandssphäre an.

β) Das Wort „transzendental" bezeichnet ein komplizierteres Verhältnis: Transzendental wird die Voraussetzung genannt, die a priori (§ 2, 2) ist und irgend welche „Erfahrungen" bedingt.

e) Reihe ist eine Beziehung, die asymmetrisch[1]), transitiv [2]) und zusammenhängend sein muß [3]). Prinzip bedeutet also die erste Setzung, Grundeinheit, das Fundamentum relationis, *ὑποκείμενον*, den ersten „Vorfahr" im logischen sowie im ontologischen Sinne.

α) Bei „Ursprung" klingt leicht eine kausale Vorstellung an. Cohens Denkgesetz des Ursprungs [4]) bezieht sich auf den „wissenschaftlichen Erkenntnisprozeß", einen u. E. soziologischen Begriff, der in Beziehung zu dem gleichgearteten Begriff der „Hypothesis" steht.

β) Die „Grundlage" ist für den Erkenntnisprozeß ein „zu Grund gelegtes". „Ausgangspunkt" läßt den Hinweis auf die notwendige Mehrgliedrigkeit des Prinzips vermissen, obgleich der Begriff Punkt für den mathematischen Atiomatiker ja die Axiome einer ganzen Mathematik erfüllt.

γ) Bei der systematischen Sicherung des Prinzips ist der Reihengedanke nicht mehr verwendbar. Das Verhältnis

---

[1]) Vgl. Russel, Einführung in die mathematische Philosophie, mit Vorwort von Hilbert. S. 31: „Asymmetrisch" bedeutet folgendes: Wenn ein Element einer Beziehung X einem anderen Y vorangeht, so darf Y nicht auch X vorangehen.

[2]) „Transitiv" bedeutet folgendes: Wenn X dem Y, und Y dem Z vorangeht, so muß X dem Z vorangehen.

[3]) „Zusammenhängend" bedeutet folgendes: Von irgend zwei gegebenen Elementen muß eines vorangehen, das andere folgen.

[4]) Logik 1902. S. 32 ff., 68 ff., 100 ff., Natorp, Grundlagen der exakten Wissenschaften S. 21 ff.

der konstitutiven Sätze und Sachverhalte wird hier symmetrisch[1]).

f) Von dem Prinzip als erstem Glied von Sätzen und Sachverhalten sind folgende Bedeutungen zu unterscheiden.

α) Der Anfang im psychologischen oder soziologischen Sinn: die Sätze tatsächlicher Urteilsakte (a, *α*) womit ein Einzelner oder eine Wissenschaft (als Gesellschaftserscheinung) faktisch begonnen hat, um ein Problem zu lösen. Da man sich hier in Abhängigkeit von der ursächlichen Betrachtung befindet, ist vorher anzugeben, worin man ihn sehen will. Sonst geht die Betrachtung notwendig immer weiter zurück.

β) Der Anfang der Darstellung: Es handelt sich um die Sphäre des Ausdrucks (a, *β*). Für die Frage ihrer Richtigkeit ist daher stets die Situation, in der sie erfolgt[2]) von Bedeutung.

γ) Der sogenannte reale Anfang, auch Urgrund oder wahre Wirklichkeit genannt[3]). Die Vorstellung entstammt der alten Metaphysik, die einen beschränkteren Prinzipgedanken[4]) auf ein logisch höheres Gebiet anwandte. Richtig verstanden ist der Gedanke des Urgrunds identisch mit dem des Sachverhaltes oder Gegenstands schlechthin (b). Er ist das „Seins-Prinzip", welches dem Gedanken des „logischen Prinzips" analog ist (b, *β*).

3. Regulativ ist nach Kant ein Grundsatz, der die Regel zu einem bestimmten Verfahren enthält. Die Einschränkung auf bestimmtes Verfahren lassen wir fallen[5]).

---

1) Die beiden Elemente der Beziehungen X und Y bedingen sich gegenseitig. Dieses Moment hat wohl Nicolai Hartmann in seiner früheren Abhandlung über die systematische Methode auf den Gedanken gebracht, eine dialektische Methode neben die transzendentale (und deskriptive) zu stellen.

2) Insbesondere der Urheber und der Empfänger.

3) Über das Wirkliche, was Hegel als vernünftig behauptet. Vgl. unseren Vortrag über dieses Wort. Vgl. Vorrede seiner Rechtsphilosophie (Lasson), S. 14.

4) Nämlich des realen Geschehens innerhalb der Erfahrungssphäre.

5) Wir suchen eine allgemeinere Fassung. „Verfahren" trägt wie das „Handeln" des kategorischen Imperativs leicht die Vorstellung des Facere an sich. Die enge Fassung des kategorischen Imperativs hat bereits Scheler bemerkt.

Es soll unter Regulativ ganz allgemein das verstanden werden, was die Richtschnur gibt.

a) Eine Richtschnur kann es nur „für etwas" geben, das sich — logisch gesehen — richten läßt. Wir werden das später (§ 3, 3, c) als das Merkmal des „Wirklichen" erkennen. Eine Richtschnur spricht die Wirklichkeit irgendwie an. Sie beansprucht von ihr etwas.

Bezieht man eine Richtschnur auf ihr „Wirkliches" [1]), so tritt sogleich eine doppelte Funktion zutage, die wir als dynamische und statische bezeichnen können.

α) Die Richtschnur gibt an, wie Wirkliches ihrem Sinne nach zu richten ist.

β) Die Richtschnur gibt an, ob Wirkliches ihrem Sinne nach richtig oder falsch ist.

γ) Im ersten Falle (*α*) wird sozusagen ein bewegter, im zweiten Falle (*β*) ein zu Ruhe gekommener Tatbestand beurteilt. Die Richtschnur kann sich bei jenem (*α*) auf ein Facere, Nonfacere, Fieri beziehen, auf alles, was auf die Frage „Was geschieht?" denkbar ist (Tatsache, Geschehen). Bei diesem (*β*) ist das Geschehen als vollendet (Situation, Lage) Gegenstand der Richtschnur.

Erst wenn man die Bewegungstendenz eines Sachverhaltes hinzuzieht, ferner die Begriffe des Anspruchssubjektes, so daß sich Neigung und Abneigung als individuelle Bewegungstendenzen ergeben, gewinnt man das Dürfen und Sollen, mit dem man zu unrecht sogleich zu beginnen pflegt.

b) Erwägt man die sinnhafte Bedeutung des Regulativs, so ergibt sich sogleich die Scheidung dreier Arten:

α) Das Regulativ findet sich einmal als Sinn von Akten, die „tatsächlich" sind, also der „Wirklichkeit" angehören [2]), z. B. der Schurke A. befiehlt dem Gesellen B. den C. zu töten. Wir sprechen hier von „gegebener Richt-

[1]) Bezieht sie sich nicht auf das von ihr gemeinte „Wirkliche", sondern auf anderes, so ist ihr „Anwendungsfall" nicht gegeben. Das Wirkliche ist dann mit Rücksicht auf die Richtschnur „unbezüglich", „gleichgültig", *ἀδιάφορον*. Über den Unterschied von Wirklichkeit und Wirklichem vgl. Bauch, Wahrheit, Wert und Wirklichkeit S. 132.

[2]) Über den Begriff der „Wirklichkeit" vgl. § 3, 3 b.

schnur"[1]). Das Wesen der „gegebenen Richtschnur" liegt also darin, daß die Richtschnur Sinn eines zunächst bloß als tatsächlich beurteilten Geschehens innerhalb der Wirklichkeit ist. Die „gegebene Richtschnur" „ereignet sich", „trägt sich zu" zu irgend einer Zeit, an irgend einem Ort, aus irgend welchen Ursachen, zu irgend welchem Zweck. Der Umfang der „gegebenen Richtschnur" ist erstaunlich groß. Jedes Erleben läßt sich als solche auffassen!

β) Das Regulativ findet sich zweitens als Sinn eines „Satzes" (2, a), wobei es für das Bestehen des Sachverhaltes gleichgültig ist ob die Richtschnur zur Herbeiführung des ihr entsprechenden Tatbestandes in der Wirklichkeit in entsprechenden Akten, z. B. Urteilsakten, Imperativen, Wünschen realisiert wird oder nicht. Man denke an den Satz: „Sei gut!" Wir sprechen hier von „reiner Richtschnur". Infolge der Unabhängigkeit von den genannten Realisierungen besteht sie „aus eigener Kraft", „autonom". Das Wesen der „reinen Richtschnur" liegt also in ihrer ontologischen Selbständigkeit und daraus folgenden Unabhängigkeit ihres Sinns vom Inhalt „gegebener Richtschnuren" (*α*). Diese bilden bei der Begründung keinen Gegenstand logischer Voraussetzung für den Satz der „reinen Richtschnur" (2, d).

γ) Das Regulativ findet sich drittens als Sinn eines „Satzes" (2, a), der sich logisch daraus ergibt, daß eine „reine Richtschnur" (*β*) den Inhalt einer „gegebenen Richtschnur" (*α*) als Richtschnur bestimmt. Z. B. ein bestimmter Befehl des Vaters an seinen Sohn wird als maßgebend für diesen in verbindlichem Sinne beurteilt. Der Inhalt des Befehls ist zunächst bloß eine „gegebene Richtschnur" (*α*). Es wird aber in unserem Beispiel angenommen, daß eine „reine Richtschnur" (*β*) bestehe, dahin gehend, daß der Inhalt der „gegebenen Richtschnur" (*α*) für den Sohn ebenso Regulativ sein solle, als wenn er einer „reinen" angehöre. Das Regulativ, welches sich hier ergibt, besitzt also in dem

[1]) Sie ist notwendig „empirisch". Vgl. § 2, 2.

Inhalt der „gegebenen Richtschnur" (α) eine Voraussetzung (2, d). Da das Regulativ aber wie ein „reines" (β) gilt, bedarf es zu seiner Begründung eines „reinen", welches diese Geltung verfügt (vgl. c). Wir sprechen hier von „gemischter Richtschnur"[1]). Das Wesen der „gemischten Richtschnur" liegt also darin, daß ihr Inhalt mindestens zwei Richtschnuren als Voraussetzungen besitzt (2, d) und zwar ist sie immer ein Schluß aus einer „reinen" (β) als Obersatz und einer „gegebenen" (α) als Untersatz.

c) Jede „gegebene Richtschnur" setzt eine „reine Richtschnur" voraus. Bei der Frage nach dem „regulativen Prinzip" gebührt daher logisch der Betrachtung des Prinzips der „reinen Richtschnur" der Vorrang.

Die „gegebene Richtschnur" setzt von hier interessierenden Sachverhalten folgende voraus:

α) Daß die „gegebene" überhaupt ein Mittel sein kann, um einer „reinen Richtschnur" zur Verwirklichung ihres Sinns zu dienen. Die „gegebene" muß überhaupt Werkzeug sein können. Es muß eine „reine Richtschnur" geben, die insofern eine Blanko-Formel darstellt, als ihr Inhalt zur Erzeugung einer „gemischten", einer durch eine „gegebene Richtschnur" zu schaffenden weiteren Voraussetzung bedarf.

β) Die „gegebene" soll in concreto, gemessen an einer „reinen Richtschnur" „richtig" sein (3, a), also schon dadurch eine „gemischte" ergeben. Die „gegebene" behauptet sich als richtiges Werkzeug.

Der zweite Satz (β) geht über die Bedeutung des ersten hinaus. Dieser erklärt nur die Möglichkeit der „gemischten Richtschnur" aus einer „gegebenen", indem diese als Werkzeug dient. Jener (β) beansprucht für die konkret „gegebene" die „richtige" Erfüllung einer „reinen Richtschnur". Wir können diese Feststellungen auch so ausdrücken: Eine „gegebene Richtschnur" kann auch dann verbindlich sein, wenn sie selbst die für sie bestimmte „reine Richtschnur" nicht

[1]) Sie ist empirisch. Vgl. § 2, 2.

erfüllt. Sie soll überhaupt nicht in dieser Situation tatsächlich sein oder jedenfalls nicht so wie sie ist, sein. z. B. ein beliebiger Befehl des Vaters an seinen Sohn, dessen Inhalt sich nur im Rahmen ganz allgemeiner Bedingungen hält, wird in verbindlichem Sinne als maßgebend für diesen beurteilt. Der Fall *α* gibt als Grund an, daß es eine „reine Richtschnur" gibt, die Befehle in dieser Situation für maßgeblich erklärt. Unrichtige „gegebene Richtschnur" schafft so unter gewissen Bedingungen „gemischte Richtschnur". Der Fall *β* gibt als Grund an, daß eine „reine Richtschnur" besteht, der der Befehl restlos entspricht. Dann ist die Maßgeblichkeit für den Sohn in diesem Satz logisch mit behauptet. Richtige „gegebene Richtschnur" schafft stets „gemischte Richtschnur". — Beide Fälle unterschied das Naturrecht nicht. Dieser Fehler ist mit der Grund für die Aufstellung besonderer Naturrechtssysteme gewesen [1]).

Man hat es also mit zwei verschiedenen Arten von „reiner Richtschnur" zu tun: Die eine bezieht sich auf die „gegebene", die andere auf den Sachverhalt, worauf sich die gegebene gleichfalls bezieht. Beide Arten hängen durch den Begriff der „reinen Richtschnur" zusammen. Ein Widerspruch kann zwischen ihnen nicht stattfinden, da die „reine" ja den Sinn des Satzes ohne Rücksicht auf seine Realisationsversuche bedeutet (3, b, *β*).

d) Man spricht auch von einem „Prinzip der praktischen Vernunft". Aber auch das Denken ist ein Verhalten (2, a, *α*) [2]); jedes Verhalten gehört eigenschaftlich einem „Werkmeister", einem Lebewesen zu; dieses ist wiederum nur ein Moment einer historischen Situation, die ihrerseits einen Ausschnitt der Wirklichkeit bildet. Die Begriffe: Wirklichkeit — Situation — bestimmtes Lebewesen in dieser — besonderes Verhalten bedingen sich logisch in der genannten Reihenfolge. Sie tendieren sämtlich zur Richtschnur, deren Konkretisierung daher der gleichen Reihenfolge unterliegt

---

[1]) Über die verschiedenen Problemstellungen des Naturrechts vgl. den Anhang unserer Vorschule der Rechtsphilosophie.

[2]) Hier entspringt der Primatgedanke, der von Rickert und Bauch wieder mit Recht betont wird.

§ 2, 3, c). Die Fassung „Prinzip der praktischen Vernunft" erscheint uns daher zu eng.

e) Besser ist die poetische Bezeichnung „Prinzip des Sinns". Das Leben läßt sich religionsphilosophisch als ein System faktischer Akte auffassen, deren Sinn darin besteht, sinngemäß im Sinne des regulativen Prinzips zu sein, ohne durch ihre Faktizität diesen Sinn schon zu erreichen. Das ist die Hegelsche Identität der Identität mit der Nichtidentität. Die Idee erscheint so als dasjenige, welches jeglichen Sinn, auch der besonderen Akte, die wir Denken nennen (2, a, α), erst ermöglicht. Das wäre das Problem der Idee als Prinzip eines „idealen Pragmatismus" formuliert.

f) Es ist wichtig, von der Fassung der Idee jede bildliche Deutung fernzuhalten: Die Idee steht weder „am Ende des Wegs" noch „nähert man sich ihr approximativ" [1]). Sie ist ja keine Substanz. Sie bezeichnet nicht mehr und nicht weniger als den Gegenstand des Gedankens, der benötigt wird, um Verbindliches zu begründen, Beanspruchtes zu rechtfertigen und den jede „gegebene Richtschnur" (3, b, α) voraussetzt.

Unter Idee verstehen wir demnach die höchste „reine Richtschnur".

§ 2. Das Merkmal der Höhe.

1. Man spricht von Prinzipien und höchsten Prinzipien. Ein Prinzip einer sogenannten Einzelwissenschaft, z. B. Punkt, Gerade, Ebene in der Geometrie[2]), das Recht in der Rechtswissenschaft ist nicht ohne weiteres das höchste Prinzip schlechthin. Es bedarf seinerseits der Begründung aus Voraussetzungen, die bei unseren Beispielen die Philosophie der Mathematik[3]) und die Rechtsphilosophie[4]) zu

[1]) Ein oft gebrauchtes Bild Natorps.

[2]) Ob sie das als „Dinge eines Systems" wären (Hilbert), müßte festgestellt werden. Bei Euklid ist die Bedingtheit ganz offenbar: Definition I: „Ein Punkt ist etwas, dessen Teil nichts ist."

[3]) Russell, Natorp.

[4]) Vgl. hierüber unsern Aufsatz in Bd. I von „Philosophie und Recht".

leisten hätten, die ihrerseits wiederum auf der Logik als Prima philosophia beruhten oder mit ihr identisch wären[1].)

Soll die Idee die höchste „reine Richtschnur" bezeichnen (§ 1), so genügt es nicht, ein Prinzip zu betrachten, das eine noch so wichtige normative Einzelwissenschaft eröffnet.

Der Unterschied von Philosophie und Einzelwissenschaft läßt sich nur unter Brücksichtigung des verschiedenartigen Verhaltens der Individuen bei dem Betrieb der Wissenschaft also soziologisch bilden. Er selbst ist wohl noch apriorisch (2) faßbar[2]). Was aber zu einer bestimmten Zeit den Charakter der Einzelwissenschaft besitzt, ist eine empirische Frage. Ihr Prinzip ist daher insofern empirisch bedingt.

Die Idee, die uns beschäftigt, darf als höchste Richtschnur keine höhere über sich haben. Sie muß insofern unableitbar sein. Ihre Stellung als höchste Idee versteht sich demnach als „absolut" (von oben gesehen)[3]), alle übrigen regulativen Sätze müssen von ihrem Satz abhängen. Es ist daher nötig, das Material, das sie bedingt, näher zu betrachten. Wir haben bisher schon öfter von „Wirklichkeit" gesprochen. Indem wir auf den Unterschied von apriorischen und empirischen Sachverhalten eingehen, wird der Bestimmung des korrelativen Gegenbegriffs der Idee vorgearbeitet.

2. Apriorische oder Vernunftsätze[4]) heißen Sätze (und entsprechend Sachverhalte, Gegenstände, Be-

[1]) Sogar die reine Mathematik kann u. E. als Wissenschaft von den Relationen zur Logik gerechnet werden.

[2]) Diesen soziologischen Charakter hat Scheler und seine Schule erkannt. Die Unterscheidungen nach der Rechtfertigungsmöglichkeit der Sätze als apriorischer und empirischer (oben 2) wird dem Sprachgebrauch des Wortes Philosophie nicht gerecht. Vgl. zu dem Problem § 3 unserer Vorschule.

[3]) Daß sie zugleich an der Spitze des Systems erwächst, ist in § 4 zu zeigen.

[4]) Folgende Bezeichnungen sind noch üblich aber bedenklich:

a) „Notwendig". Das Apriorische hat nach Kant den Charakter der „inneren Notwendigkeit". Der Unterschied zur Kontingenz der Erfahrung wird hierdurch ausgedrückt. Andererseits ist der Erfahrungssatz gewiß insofern notwendig, als die Erfahrung das betreffende Begreifen fordert und der Ausdruck der Erfahrungen nicht willkürlich sein darf.

stände) gegenüber anderen, die dann empirische oder Erfahrungssätze genannt werden, wenn sie ihre logische Rechtfertigung allein in der Sphäre des Logischen finden können. Der empirische Satz setzt zu seiner Rechtfertigung stets noch empirische Bedingungen voraus, aus denen seine Richtigkeit folgt.

a) Die Bestimmung erscheint zunächst als bloße Nominaldefinition. Der Begriff des empirischen Satzes selbst ist ein apriorischer Begriff. Wir wissen aber nicht, was es bedeutet, rein logisch gerechtfertigt zu werden. Es genügt jedoch hier der Hinweis, daß sich die logische Rechtfertigung aus der widerspruchlosen Analyse des Phänomens „Satz" (§ 1, 2, a) und seiner Beziehungen ergeben muß [1]).

β) „Allgemeingültig". Nicht jeder sieht das Logisch-Zwingende ein. Es sollte jeden binden, aber es tut es nicht. Die Erfahrungssätze sind unter ihren empirischen Voraussetzungen gleichfalls für jedermann gerechtfertigt.

γ) „Evident". Hier wird das „Gefühl" der Richtigkeit angedeutet, bei dem wir im Denken (§ 1, 2, *a*, *α*) allerdings, zwar nicht der Idee nach, aber faktisch halt machen.

δ) „Rein". Die Bezeichnung deutet ungewollt eine gewisse Verachtung des Empirischen an, wie sie dem Rationalismus geläufig war. Das „Unreine" ist dabei das, womit wir es gerade „im Leben" zu tun haben. Wir gebrauchen das Wort rein für die eine Art der Richtschnur.

ε) „Subjektiv". Subjektiv wäre hier vernünftig im Sinne des Logos. Dieser wird als Träger der Sätze und Begriffe gedacht. Der Ausdruck ist besonders unglücklich. Er ist Schuld daran, daß man sich als Idealist fühlt, wenn man rein logisch oder gegenständliche Sachverhalte als solche betrachtet.

[1]) Das Nähere vgl. in § 4 unserer Vorschule. Man geht dabei systemnotwendig von einer „phänomenologischen Schau" aus. Erst von hier ist jede „Ableitung" möglich. Mit dieser Schau des logischen Urphänomens ist notwendig gegeben die Unterscheidung von „Tatsächlichkeit" (Möglichkeit, richtig oder falsch zu sein, mögliche Unerfüllbarkeit des logischen Anspruchs als Anspruch) und „Richtigkeit" (das Ziel des Anspruchs, sich zu erfüllen, d. h. beim Satz: logisch richtig zu sein). Die „Richtigkeit" liefert so wesensgemäß der Anspruch jedes Urteilssatzes, die „Tatsächlichkeit" in gleicher Weise der Gegenbegriff des Anspruchs, das, worauf es sich bezieht, beim Satz sein faktischer Ausdruck. Das heißt also: Es gibt Tatsächliches und seinen Gegensatz, der nur das Apriorische sein kann. Es gibt Sachverhalte, die vom Standpunkt der Wesensbetrachtung anders sein können und solche, bei denen dies notwendig ausgeschlossen ist. Dies nur zum Verständnis des obigen an dieser Stelle. Ausführliches darüber im § 4, 2.

b) Der Unterschied wird also dadurch gebildet, daß man die Art der Voraussetzungen (§ 1, 2, d) dahin prüft, ob sie vom logischen Standpunkt aus nur Notwendiges oder auch Zufälliges in sich enthalten. Die faktische Rechtfertigung ist natürlich abhängig von den tatsächlichen Möglichkeiten empirisch bedingter Wesen[1]).

c) Sieht man genauer zu, so sind die einzelnen Elemente, aus denen sich ein richtiger Erfahrungssatz zusammensetzt, gleichfalls a priori ihrer Möglichkeit nach. Es wäre also rein logisch gesehen denkbar, eine Topik dieser sämtlichen Begriffe zu versuchen. „Zufällig" bleibt aber — das ist das Entscheidende — die Soseinsverknüpfung im Erlebnis, auf die man sich bei Erfahrungssätzen letztlich stützen muß. Die Erfahrungen bleiben stets Erfahrungen konkreter gleichfalls nur erfahrbarer Wesen.

Der Satz $3 \times 3 = 9$ läßt sich rein aus apriorischen Voraussetzungen heraus rechtfertigen. Der Satz: „Es gibt ein Einhorn" setzt die Rechtfertigung solcher Tiere unter gleichfalls nur erfahrbaren Bedingungen[2]) voraus. Die Verknüpfung der Elemente, wie sie unter „Einhorn" verstanden wird, ist zwar rein logisch möglich. Es muß aber die Synthese erlebnismäßig dargeboten werden, damit von der Existenz" solcher Tiere gesprochen werden kann [3]).

---

[1]) Man bezeichnet diese „tatsächlichen Bedingungen" vielfach auch als apriorisch. Die Sätze werden sogleich als Erlebnisse und Erzeugnisse realer Wesen betrachtet, deren Beschaffenheit sie aus Kausalgründen notwendig beeinflußt. Die „Tatsachen des Bewußtseins" (§ 1, 2, a, *a*) und das, was sich aus ihnen als Effectus im genetischen Prozeß des Denkens ergibt, werden dabei privilegiert. Rein logisch betrachtet, müßte man unter den tatsächlichen Bedingungen diejenigen, welche erste Vorstellungen ergeben, von anderen unterscheiden, die deren Ziel: Erkenntnis (§ 1, 2, c) ermöglichen. Jene gäben an, unter welchen Bedingungen dasjenige zustande kommt, was man gewöhnlich Theorie nennt, diese die nie restlos herzustellenden Bedingungen königlicher Schau. Je nach den Zusammenhängen der Wissenschaft, unter denen man nach diesen Bedingungen sucht, gibt es solche psychischer, physischer, historischer, sozialer usw. Natur.

[2]) „Erfahrungszone". Die vom logischen Gesichtspunkt aus unbeschränkt erweiterbar ist!

[3]) Man kann sich den Unterschied der apriorischen und empirischen Begriffe an einem universalen Schachbrett klar machen: Die Apriorik liefert

Die Abhängigkeit jedes solchen Erlebnisses von gleichfalls nur erlebbaren Bedingungen bedingt den unendlichen Regreß jeder Erfahrungs-Rechtfertigung unter rein logischem Gesichtspunkt. Das Eingehen des Erlebnisgehaltes als eines notwendigen Bestandteils in das Begründungsverfahren bildet somit den eigentlichen Unterschied.

d) Die soeben betrachtete Unterscheidung von Apriorischem und Empirischem läßt sich in folgenden Sätzen explizieren:

α) Der apriorische Sachverhalt hat nur Essenz, sogenannte „logische Möglichkeit".

Der empirische muß Existenz haben, d. h. sich aus Tatsachen rechtfertigen lassen. (Er stellt daher logisch gesehen, einen Regressus in infinitum dar.)

β) Der apriorische Sachverhalt ist selbst zeitloser Natur. Er hat nur logische Gründe, keine Ursachen.

Der empirische hat „als Tatsache" notwendig seine Stelle in der Zeit und ist ursächlich bedingt.

γ) Der apriorische Sachverhalt ist „notwendig", d. h. sinnvoll nicht anders denkbar (auch für die Marsbewohner!).

Der empirische ist von der apriorischen Betrachtung aus „zufällig". Er könnte „auch anders" sein. Die kausale Betrachtung erklärt nur den Zusammenhang des Zufälligen, der aus der Faktizität, d. h. insofern zufälligen Beschaffenheit alles Erlebens entspringt.

δ) Der apriorische Satz ist zu begründen von einem „logischen Minimum" aus, rein logisch (apriorische, synthetische oder entfaltende Methode).

Der empirische muß sich unter Anwendung apriorischer Sätze aus empirischen Sätzen ergeben. Die Sätze über Erfahrungsbedingungen des erfahrenden Subjekts selbst gehören zu diesen notwendig hinzu.

ε) Der apriorische Sachverhalt kann nicht richtig oder falsch sein, weil er überhaupt nicht tatsächlich ist, sondern logisch notwendig besteht. Der Sachverhalt ist nicht „anders

---

die Figuren aller möglichen Züge. Die Erfahrung baut irgend welche daraus vor uns auf und stellt uns damit die konkrete Aufgabe. Das Paradoxe dabei ist nur, daß dieses Aufstellen selbst eine Figur bildet.

möglich"; er läßt sich nicht „richten" (§ 1, 3, a), kann demnach nicht Gegenstand einer Richtschnur, folglich nicht richtig oder falsch im Sinne einer reinen, gemischten oder gegebenen sein.

Der empirische beansprucht zwar stets richtig zu sein, z. B. der vorgelegte „Satz" eines „Urteils" (§ 1, 2, a, *α*). Er kann aber richtig oder falsch sein, seiner faktischen Form nach, da er kontingent ist, also auch anders sein könnte.

ζ) Die apriorische Satzsphäre ist übergeordnet, insofern sie die höchsten Voraussetzungen schlechthin enthält.

Die empirische ist „als Erfahrung" diesen Voraussetzungen unterstellt.

3. Für die Idee bedeutet der Unterschied zunächst folgendes:

a) Apriorische Sätze der normativen Sphäre, wie wir sie in den allgemeinen Sätzen über Sollen und Dürfen schlechthin, Normgemäßheit, Normwidrigkeit und Unbezüglichkeit, Verpflichteten und Berechtigten schlechthin usw. vermuten dürfen, müssen von der Idee aus ableitbar sein, ohne daß man empirische Sätze dabei verwendete. Die Idee bedingt alle übrigen mit ihr nicht identischen apriorischen Sätze, in denen die reine Richtschnur vorausgesetzt ist.

b) Alle empirischen Sätze, die sich auf eine gegebene oder gemischte Richtschnur beziehen (§ 1, 3, b) müssen von der Idee bedingt sein.

Aber auch alle empirischen Sätze, in denen ein empirischer Tatbestand, Gegenstand, Sachverhalt oder ein Subjektverhalten als richtig oder unrichtig, gesollt oder gedurft beurteilt wird, ohne daß inhaltlich eine gegebene Richtschnur als Voraussetzung verwendet wird!

Die Idee bedingt alle empirischen Sätze, in denen die reine Richtschnur vorausgesetzt ist.

Wir haben hier ja nur analytisch den Sinn des Gedankens Idee angewandt auf den Begriff der in 2 unterschiedenen Arten. Die empirischen Sätze, die eine Richtschnur enthalten, sind also durch apriorisch normative Sätze, deren

Ableitung logisch definitiv möglich ist und durch empirische Sätze, deren Ableitung ein Regressus in infinitum ist (2, d, *a*) bedingt [1]).

c) Sucht man einen „konkreten Sachverhalt", d. h. das Individuelle, Einmalige, Einzige zu fassen, so hat man es stets mit apriorischen und empirischen Sätzen zu tun. Die Aufgabe, von dem Ursprung (1, 2, e) des Systems aus die Entfaltung der in concreto nötigen Voraussetzungen vorzunehmen, ist unendlich, bei den dabei benötigten empirischen Sätzen aus logischen Gründen (2, d, *a*), bei den entsprechenden apriorischen aus faktischen Gründen. Insofern ist die Bestimmung des „Konkret-Wirklichen" das Letzte und die Tendenz des sogenannten absoluten Idealismus Hegels „von oben herab" die Fülle der Wirklichkeit in zunehmendem Maße im System zur Entstehung zu bringen, nur als Tendenz berechtigt. Die Kluft zwischen den obersten Prinzipien, dem „Anfang" und der mannigfachen Kombination von Sätzen apriorischer Art, die die maßgebenden Koordinaten zur Konstitution des „Jetzthierwirklichen" [2]) abzugeben haben, dessen „Tatsächlichkeit" sich gleichfalls auf eine notwendig unabgeschlossene Reihe empirischer Bedingungen stützt, ist nicht zu überbrücken. Dazu liegt, um mit Stahl zu sprechen [3]) „zu viel menschliche Freiheit und irdische Zufälligkeit inmitten". Soll nun ein derartiger „konkreter Sachverhalt" der Richtschnur unterstehen, so kann das Verfahren nur approximativ sein. Die obersten Sprossen der Leiter werden apriorische Sätze der normativen Sphäre sein müssen (3, a), die in der sich auf apriorische und empirische Sätze aufbauenden Sphäre der Empirie als „angewandte" erscheinen. So wären die apriorischen Sätze, in denen der Gedanke der reinen Richtschnur vorausgesetzt ist (3, a) von deren höchsten Gedanken aus gesehen „Mittler" zwischen der Idee schlechthin und der Problemlage des konkreten Sachverhaltes.

---

1) Welche Arten von Reihen sich mathematisch gesehen hierbei ergeben, wäre eine interessante, aber hier nicht zu erörternde Frage.

2) Driesch.

3) Vgl. Philosophie des Rechts, 3. Aufl., II. Bd., I. Abt., § 4.

d) Eine besondere Betrachtung erfordert der Begriff der Situation, sobald man daran geht, die Tauglichkeit der gegebenen Richtschnur als Erkenntnisgrund für eine gemischte zu prüfen (§ 1, 3, b).

α) Wir verstehen unter gegebener Richtschnur ja die zunächst bloß als Tatsächlichkeit vorhandene Anmaßung einer gemischten (§ 1, 3, c). Wir sahen bereits, daß jede solche gegebene Richtschnur die Voraussetzung macht, eine geeignete Bedingung für die gemichte zu sein, daß sie in letzter Linie einer reinen Blanko-Richtschnur als notwendiges Mittel diene.

Die Frage unter welchen Bedingungen dies der Fall ist, führt zu dem Problem der Absteckung des Situationsbegriffs.

β) „Situation" bezeichnet zunächst einen empirischen Sachverhalt in einem Zeitmoment. Dieser tritt uns in der Isolierung entgegen, die ein faktisches Problem absteckt. Diese Isolierung schafft entweder ein Beispiel, eine Aufgabe, bei der man theoretisch wegläßt, einklammert — dieser Fall kümmert uns hier nicht weiter — oder sie hebt nur zu konkretem Zweck ein Moment des Wirklichen heraus, ohne den Zusammenhang des Ganzen ignorieren zu wollen. Nun wissen wir, daß Tatbestände denkbar sind, bei denen der Inhalt der einen gegebenen Richtschnur eine Voraussetzung für den einer gemischten bildet, der Inhalt einer anderen dagegen nicht. Im letzteren Falle verbleibt es bei der gegebenen Richtschnur und ihrer Anmaßung. Die so ignorierte Richtschnur ist aber gleichfalls ein Moment der ganzen Situation. Sie ist aus ihr nicht wegzudenken, ohne deren Begriff zu verfälschen. Der faktische Sachverhalt wäre ja erst das Ergebnis letzter logischer Begründung, restloser Sicherung aller Relationen (c).

γ) „Wirklich" sind als Momente der Situation alle gegebenen Richtschnuren. Sonst wären sie ja nicht „gegeben". Von ihnen sind aber für das Etwas, das zu richten ist, nur eine oder mehrere, die zusammen eine Konkrete bilden [1]),

[1]) A. befiehlt, daß dem Befehle des B. zu folgen ist. Der Befehl des

zur Herstellung der gemischten brauchbar. Die Sachverhalte, die in einem Zeitmoment Gegenstand einer solchen Richtschnur sind (§ 1, 3, a) dürfen sich ja nicht widersprechen. Es muß also Inhalt einer reinen Richtschnur sein, anzugeben, ob überhaupt und welche gegebene Richtschnur vor anderen gegebenen in einer Situation die Tauglichkeit der Voraussetzung für die gemischte besitzt oder nicht. Nun ist eine solche Richtschnur notwendig von der Idee bedingt (3, b). Die Idee muß demnach in der Weise entwickelt werden, daß bei jeder Situation die Tauglichkeit solcher konkreter gegebener Richtschnuren ersichtlich wird. Das bedeutet für die Philosophie die Aufgabe, das Eingehen der apriorischen Begriffe (3, a), in denen der Gedanke der reinen Richtschnur vorausgesetzt ist, in den Begründungszusammenhang einer konkreten Situation — wenigstens logisch — zu ermöglichen. Sonst könnte die Idee ja nicht Richtschnur „für etwas" werden, für „Wirkliches", was sie unserer Bestimmung gemäß (§ 1, 2) sein muß.

e) Wir haben oben (§ 1, 3, c) folgende Sätze kennen gelernt, die den Sachverhalt der gegebenen Richtschnur unter dem Gesichtspunkt der Bildung einer gemischten bezeichnen:

α) Richtige [1]) gegebene Richtschnur schafft stets gemischte Richtschnur.

β) Unrichtige gegebene Richtschnur schafft unter gewissen Bedingungen gemischte Richtschnur.

γ) Unrichtige gegebene Richtschnur schafft unter gewissen Bedingungen keine gemischte Richtschnur.

A. ist insofern ein Blankett-Befehl und bildet erst mit dem des B. zusammen die konkrete Richtschnur.

[1]) Wir verwenden hier Stammlers Ausdruck. Er ist immer nur für die gegebene Richtschnur verwendbar, nie für die reine oder gemischte. Das übersieht Stammler bei der Prägung des Wortes „richtiges Recht". Es muß heißen „richtiges Gesetz". Das Recht ist als Ziel, als angewandte Idee stets richtig. Nur so bleibt es Gegenstand der dogmatischen Rechtswissenschaft im Unterschied zu der historischen Rechtsbetrachtung.

Nun wissen wir, daß die Idee als höchste reine Richtschnur alle mit ihr nicht identischen apriorischen und empirischen Sätze bedingt, in denen der Gedanke der reinen Richtschnur vorausgesetzt wird (3, a, b). Wir wissen weiter, daß die gegebene Richtschnur ihre Existenz in der Empirik hat (§ 1, 3, b, α), daß sie ein tatsächliches Geschehen innerhalb der Wirklichkeit bedeutet, also insofern einzig (3, c) ist. Es steht ferner fest, daß es bei apriorischen Sachverhalten nur logische Essenz aber keine faktische Existenz (2, d, α) und infolgedessen keine Möglichkeit des Andersseins, auch nicht des Richtig- oder Unrichtigseins im Sinne irgendwelcher Richtschnur geben kann (2, d, ε).

Die Frage, wann die Fälle α bis γ vorliegen, kann also nur in der Weise gelöst werden, daß die einzige Situation durch Anwendung stetig konkretisierter normativer Sätze erfaßt wird (d, γ): „Gebot idealer Sachlichkeit", „Verbot naturrechtlicher Wertung empirischer Sachverhalte". Eine reine Richtschnur (§ 1, 3, b, β), aber des Inhalts, daß gewisse apriorische Sachverhalte (2, d) ihr entsprächen oder nicht entsprächen, kann es nicht geben: „Verbot naturrechtlicher Wertung apriorischer Sachverhalte".

f) Das bisherige ethische Denken benötigte gewisse normative Sätze, die mit allgemeinem Verbindlichkeitsanspruch auftraten und dabei empirische Bestandteile enthielten. Z. B. mythische Muster, praktische Beispiele, Götter, Idealtypen [1]), Tugenden, Laster, Sünden. Kant hat das Ideal als die Vorstellung eines einzelnen als einer Idee adäquaten Wesens bezeichnet: [2]) Etwas Konkretes also, aber doch allgemein gedacht, insofern es aus dem Zusammenhang des Wirklichen, innerhalb dessen es sich faktisch stets befindet, herausgelöst ist, wird unmittelbar auf die Idee, das höchste Prinzip der Verbindlichkeit bezogen. Die Idee wird „angewandt" aber auf eine fiktive Wirklichkeit, einen atomisierten Tatbestand, den es als solchen gar nicht gibt.

[1]) Der Idealtyp der Nationalökonomie gehört nicht hierher. Er hat eine andere Struktur.

[2]) Kritik der Urteilskraft I § 17.

Hierdurch entsteht der allgemeine empirische Normsatz, der das charakteristische Gepräge des alten Naturrechts besitzt und noch heute überall das normative Denken beherrscht [1]). Er verdankt seine Existenz der Mißachtung des Gebots der Stetigkeit, d. h. der Aufgabe, die verbindliche Richtschnur für Wirkliches dadurch zu finden, daß man den höchsten Gedanken der reinen Richtschnur allmählich vermittels der Begriffe, die die konkrete Situation konstituieren, konkretisiert. Man macht so fälschlich den n-ten Schritt bevor man den ersten tut.

Ein allgemein ausgedrückter Satz mit normativem Anspruch, der empirische Begriffe enthält, wird also nie als reine Richtschnur, sondern nur als gemischte Richtschnur in einer konkreten Situation möglich sein. Ob er eine solche gemischte Richtschnur darstellt, wäre Ergebnis idealsachlicher Betrachtungen (e).

g) Man erkennt jetzt auch die systematische Struktur des sogenannten „Individualgesetzes", das Simmel beständig beschäftigte. Besser wäre es, entsprechend der „idealen Sachlichkeit" (e) von „Individualidee" zu sprechen. Das Ziel ist, die Idee als höchste reine Richtschnur in der Weise „anzuwenden", daß sie sich herabsteigend von Voraussetzung zu Voraussetzendem der in Frage stehenden Situation des Wirklichen stetig konkretisiert. Nur so bleibt das Individuelle, Einmalige, Einzige der Situation das Letzte, das der systematischen Methode aufgegeben ist (c). Wie andererseits dasjenige, wozu eine wissenschaftliche Philosophie überhaupt benötigt, wodurch diese normativ gerechtfertigt wird. Die höchste reine Richtschnur (die

[1]) Dieses Denken treffen wir nicht nur da an, wo Menschen, des vorsichtigen stetigen Denkens, wie es die Axiomatik übt, ungewohnt von der höchsten Idee mit besonderer Leidenschaft ergriffen werden (Bolschewistentyp). Die Neigung zu einem nirgends existierenden normativen „Zwischenreich" solcher „Schatten" herrscht überall. Unser Ziel geht demgegenüber auf die Einführung einer sozusagen normativen Relativitätstheorie, aber auf absoluter Basis.

Idee) und die verbindliche Richtschnur der punktuellen Einzigkeit des Wirklichen (die Individualidee) fordern also logisch einander. Dies scheint allein von Goethe und der Romantik [1]) erlebnismäßig erfaßt zu sein.

h) Wendet man den Gedanken eines Zieles auf verschiedene Tatbestände an, so muß sich verschiedenartiges aus dieser Anwendung ergeben. Das scheint methodisch einleuchtend. Doch ergeben sich bei nährerer Betrachtung Schwierigkeiten. Das Verschiedenartige ist stets irgendwie gleichartig. Die noch so unterschiedlichen Situationen sind eben Situationen. Wenn eine gegebene Richtschnur z. B. ein positives Gesetz das eigenmächtige Brechen des fremden Gewahrsams als Diebstahl verbietet, so sind die Tatbestände in der letzten unter diesem Gesichtspunkt in Betracht kommenden Konkretisierung z. B. des A. gegenüber dem B., wegen der Sache C., des D. gegenüber dem E., wegen der Sache F., des G. gegenüber dem H., wegen der Sache I., usw. verschieden, gleich sind sie aber als Tatbestand und Folge, d. h. bezüglich des Inhalts dieser Richtschnur. Das Einzige, Einmalige, Individuelle ist es also stets in einer Hinsicht, in einer anderen nicht. Ferner läßt sich, wenn eine gegebene Richtschnur vorhanden ist, bei noch so verschiedenartigem Wirklichen logisch angeben, ob ihr Anwendungsfall nicht gegeben ist und wenn er gegeben ist, ob und wie die Wirklichkeit zu richten ist bezw. ob sie richtig oder falsch ist (§ 1, 3, a). Diese fünf Möglichkeiten bestehen also immer. Die eine Richtschnur stellt insofern ein vereinfachendes Moment durch die Faktizität des betreffenden Aktes dar, in dem sie geboten wird. Man kann also sagen, daß bei dem Begriff der Individualidee zwar notwendig an den Einfluß der konkreten Momente auf den Gedanken der Richtschnur gedacht wird, daß sich aber bei dem Bestehen gegebener Richt-

[1]) Man weiß heute, daß Goethe und die Romantik insofern keine Gegensätze sind (vgl. über die Individualidee der Romantik die Studie von Deutschbein, ferner unseren Aufsatz über das Unendliche bei Novalis im Kant-Fest-Heft des Archivs für Rechts- und Wirtschaftsphilosophie).

schnuren für die gemischte wesentliche Vereinfachungen ergeben, die jenen Einfluß insoweit aufheben.

§ 3. Der korrelative Bezug.

1. Unter Richtschnur verstanden wir einen Satz, der angibt, wie etwas gerichtet werden soll (§ 1, 3, a). Nur dasjenige, was sich — rein ontologisch verstanden — richten läßt, was also so oder auch anders sein könnte, ist demnach geeignet, Gegenstand einer Richtschnur zu sein. Wir haben schon im vorigen Paragraphen diese Sachverhalte kennen gelernt. Es sind die empirischen (§ 2, d, ε). Insofern die Idee als die höchste reine Richtschnur alle anderen Richtschnuren bedingt (§ 1, 3, c) genügt es den Gegenbegriff der Richtschnur schlechthin zu betrachten. Die Wirklichkeit interessiert dabei nur in ihrer der Richtschnur zugewandten Seite, während ihre etwaigen anderen Momente hier unberücksichtigt bleiben müßten.

2. Unter Wirklichkeit wird nun verschiedenes verstanden. Wir lassen die Hauptbedeutungen folgen:

a) Wirklich = Beschaffenheit des Sachverhalts als angebliches Kriterium veritatis eines Urteilssatzes, z. B. 3 mal 3 ist wirklich 9. Man meint hier einfach das bezügliche Bestehen eines Sachverhaltes (Gegenstands) im allgemeinen ontologischen Sinne (§ 1, 2, b). Da es nun für apriorische Sachverhalte keine Richtschnur geben kann, weil sie notwendig und nicht kontingent sind (§ 2, 2, d), interessiert diese allgemeinste Bedeutung hier nicht. Der den Sachverhalt meinende „Satz" (§ 1, 2, a) in der konkreten Form, wie er durch Erleben oder formuliert vorgelegt wird, ist dagegen stets ein Stück Wirklichkeit und gehört zu dem Bezug einer möglichen Richtschnur.

b) Wirklichkeit als Modalitätskategorie zwischen Möglichkeit und Notwendigkeit. Es handelt sich um erkenntnistheoretische Betrachtung. Unter Erkenntnis verstanden wir (§ 1, 2, c) den Urteilsvollzug eines richtigen Satzes einschließlich seiner Voraussetzungen. Die Erkenntnistheorie hätte zu lehren, unter welchen Bedingungen ein solches Ziel zu erreichen wäre[1]). Es lassen sich dabei apriorisch drei Stufen unterscheiden: Eine vorläufig hypothetische Feststellung[2]), eine an Hand faktischer Erlebnisse definitive und das letzte Ziel des Erkenntnisstrebens[3]). Dem mittleren Stadium wird dann die Wirklichkeit zugeordnet. Ein Unterschied der Sachverhalte ist hierbei nicht zu machen, da auch die apriorischen im Urteilsvollzug erscheinen müssen (§ 1, 2, a, α). Die Wirklichkeit als Gegenstand der Richtschnur kann schon deshalb keine bloße Stufe im Erkenntnisprozeß bilden, da das Erkennenwollen als faktischer Vorgang sich innerhalb dieser Wirklichkeit selber abspielt und erst mit dieser an der Richtschnur überhaupt teilnimmt.

c) Wirklich als das unter gewissen gleichfalls nur erfahrbaren, d. h. unter apriorisch zufälligen Bedingungen Erfahrbare (vgl. § 2, 2). Das bloß Erlebte geht hier in seiner vom apriorischen Standpunkt aus zufälligen Soseinsverknüpfung in das Begründungsverfahren ein, ohne ihm freilich einen apriorisch angebbaren Halt zu geben. Es ist die Sphäre des unendlichen Regresses schon aus logischen Gründen, des Rechtfertigens aus einer „schlechten Unendlichkeit“[4]), aus Voraussetzungen heraus, die in ihrer Soseinsverknüpfung keinen Abschluß nach oben haben. Es heißt schließlich stat pro ratione haecceitas, das „Dieshier“, bei dem man sich aus Einsicht in die logische Gesamtstruktur beruhigt. Daß es ein solches empirisches Verfahren geben

---

1) Soll sie eine normative Disziplin für „Menschen“ werden, so muß sie notwendig die empirische Anthropologie berücksichtigen. Insofern führt uns unser rein logischer Ausgangspunkt sehr bald in das Lager der Empiristen.

2) Insofern gibt es auch eine besondere „Möglichkeit“ bei apriorischen Sachverhalten, was Hölder (Mathematische Methode) erkannt hat.

3) Natorp unterscheidet in seinen logischen Grundlagen ähnlich. Bei ihm fällt jedoch die Logik mit der Erkenntnislehre zusammen und er kennt dann auch, ganz folgerichtig, den Unterschied von apriorischen und empirischen Sachverhalten nicht. Natorps zuletzt vertretene metaphysische Auffassung der Wirklichkeit lassen wir hier beiseite.

4) Hegel.

muß, ist aus apriorischen Gründen einsichtig. Der Begriff der Wirklichkeit ist selbst ein apriorischer Begriff. Die Sphäre der Empirie ist ein Teilgebiet der Gegenstandssphäre, ihr Bereich eröffnet sich, logisch gesehen, sogleich an der Spitze der Gegenständlichkeit, erwächst also aus diesem „bloß erschaubaren" ontologischen Urphänomen. Diese Wirklichkeit als apriorischer Sachverhalt ist aber von dem Wirklichen als dem einzelnen empirischen Sachverhalt zu trennen, den jener erschließt. Hierauf hat jetzt Bauch wieder mit Entschiedenheit hingewiesen.

d) Bei dem letzteren handelt es sich um das durch den apriorischen Sachverhalt „Wirklichkeit" ontologisch bedingte Erfahrungswirkliche, „hier und jetzt" oder „dort und damals" oder „dort und wahrscheinlich später". Es ist immer zeitlich bedingt. Man kann bei ihm die verschiedensten Unterscheidungen machen, z. B. das Erfahrungswirkliche des Menschen im anthropologischen Sinn, das Erfahrungswirkliche unseres individuellen empirischen Ichs, das der Ameise („Merkwelt" der Biologie), ferner „bei ruhiger Körperhaltung", „im Laufe des Tags", „des Lebens", „des historischen Menschen", „des Deutschen" usw. Man sieht, wie die Abhängigkeit der Erfahrung von gleichfalls erfahrbaren Bedingen die verschiedensten Einstellungen ermöglichen muß. Das Erfahrungswirkliche in seinem konkreten Bestand läßt sich, insofern es durch den apriorischen Gegenstand Wirklichkeit schlechthin zusammen gehalten wird, als „System erfahrbarer Tatsächlichkeiten" bezeichnen[1]).

e) Man versteht auch unter Wirklichkeit das gegenwärtige Erlebnis. Vergangenheit und Zukunft sind danach nicht wirklich. Dieser Wirklichkeitsbegriff, den Schopenhauer in seinen populären Schriften verwendete und nach ihm Nietzsche, stellt nur eine Besonderheit des vorigen Begriffs (d) dar. Das Erfahrungswirkliche wird in einem nur

---

[1]) Hierdurch wird diese Wirklichkeit nicht zum Ding. Der wahre Kern des Substanzgedankens: das identische Sosein ist natürlich auch hier. Das oben genannte System der Kontingenz haben wir als Erkenntnis nie!

apriorisch zu fassenden, echt mathematischen Punkt der Zeitordnung vom Individuum zu fassen gesucht[1]).

3. Wir suchen nun unter den verschiedenen Bedeutungen des Wirklichen diejenige heraus, die sich zum korrelativen Bezug der Richtschnur eignet:

a) Das, was sich logisch gesehen „richten läßt", ist nicht der Gegenstand schlechthin (2, a). Er ist selbst ein apriorischer Bestand und enthält alle apriorischen Sachverhalte, die sich nicht richten lassen (§ 2, 2, d,). Als Gegenbegriff kommt auch nicht die zweite Stufe im Erkenntnisprozeß in Betracht (2, b). Dieser Begriff ist gleichfalls apriorisch. Der empirische Sachverhalt, der sich aus seiner Anwendung ergibt, ist dagegen bloß ein Moment aus dem System dessen, das sich „richten läßt" also zu speziell. Die Wirklichkeit als apriorischer Begriff des Empirischen (2, c) kann es gleichfalls nicht sein. Dieser Sachverhalt als ganzer läßt sich nicht richten, da er nicht kontingent ist.

b) Es bleibt somit nur das Erfahrungswirkliche (2, d) übrig: Der Inbegriff der durch den apriorischen Bestand der Wirklichkeit bedingten erfahrbaren Tatsächlichkeiten. Suchen wir nach dem Bezug dei Idee, so geht es nicht an, sogleich Unterscheidungen zu machen, die einzelnes Richtbares von anderem Richtbaren abtrennen, etwa Denken vom Fühlen, „unsere" Erfahrung von der der Marsbewohner usw. Bezieht sich Richtschnur schlechthin auf Wirkliches als erfahrbare Tatsächlichkeit, so besitzt die höchste reine Richtschnur als ontologischen Bezug das System erfahrbarer Tatsächlichkeiten ohne jede Einschränkung.

Man ist infolge der üblichen, eigentlich juristischen Denkungsart gewöhnt, bei Richtschnur sogleich an einen willensfähigen Menschen zu denken. Wir sehen, daß hierdurch die oben (§ 2, 3, e) gerügte naturrechtliche Betrachtung begünstigt werden muß. Die oberste Richtschnur,

[1]) Welche Fülle von Begriffen hier vorausgesetzt wird, kann hier nicht ausgeführt werden.

die sich zum Zwecke ihrer Anwendung erst zu konkretisieren hat, kann als „Adressaten" besser „Bezug" nur das ganze System erfahrbarer Tatsächlichkeiten besitzen, dessen kontingentem Bereich sie gegenübersteht und als dessen systematische Glieder (Momente) erst das Einzelne in seiner besonderen Problematik erscheint.

c) Idee und kontingentes Erfahrungswirkliches stehen so einander gegenüber. Wenn sie sich aufeinander beziehen sollen[1]), so bedarf es eines identischen Sinngebildes, das die Synthesis bildet. Nun ist jedes Sinngebilde notwendig mindestens zweigliedrig. Es kann also ohne weiteres in der Relation bestehen, die die konverse Formel: Kontingenz — Notwendigkeit ausdrückt. Kontingent heißt — logisch-ontologisch gesehen — „Andersseinkönnen". Es bedeutet eine Beweglichkeit des Sachverhaltes. Diesem Andersseinkönnen steht das Regulativ gegenüber, der sonst chaotischen, nach jeder Richtung gehenden Beweglichkeit die Richtschnur, die das Chaos zum Kosmos führen soll, indem sie eine jenem insofern nicht immanente Ordnung heranträgt (normative Notwendigkeit). Die korrelativen Begriffe: Zufall — Notwendigkeit, Tatsächlichkeit — Richtigkeit, Willkür — Freiheit bezeichnen den gleichen Sachverhalt. Die Beweglichkeit unter apriorischem Gesichtspunkt ermöglicht so der Tatsächlichkeit das Eingehen in die Idee.

d) Von dem kontingenten Erfahrungswirklichen aus gesehen, gibt das höchste Regulativ dem Zufälligen seinen Sinn. Von der Idee aus gesehen ist die Erfahrungszone der Anwendungsfall ihres Sinnes: Das, worauf sie sich bezieht. Worauf es des weiteren in dieser Korrelation ankommt, kann sich erst ergeben, wenn auf den Inhalt der Idee: die „Formel" eingegangen wird (§ 4). Dann wird sich zeigen, was die Relation: Kontingentes Erfahrungswirkliches — Idee unter dem Gesichtspunkt der Korrelation: Beweglich-

[1]) Das eine ist unter normativem Gesichtspunkt Voraussetzung des andern. Erfahrungswirkliches ermöglicht Idee ebenso wie diese jenes. Die Beziehung ist also nicht asymmetrisch. Vgl. § 1, 2, e.

keit — Richtschnur genauer bedeutet. Die Formel gibt dann das Ausleseprinzip.

e) Nach der Windelband-Rickertschen Theorie hat die Naturwissenschaft die Aufgabe, allgemeine Gesetze über das zeitlich Bedingte aufzustellen, also nomothetisch zu sein. Die Geschichte beschäftige sich dagegen mit dem Einmaligen, sie sei idiographisch. Unter dem Gesichtspunkt der Korrelation „Beweglichkeit — Richtschnur" gestaltet sich diese Unterscheidung dahin, daß jede Wissenschaft nur die Aufgabe hat, dem Idiographischen zu dienen. Wir dürfen Wissenschaft überhaupt nur treiben, um die „Situation" (§ 2, 3, d) bestimmen zu können, d. h. den Ausgangsstatus eines Bewegungssystems, der allein für die Anwendung der Richtschnur bedeutsam ist. Das Erfassen der Sachverhalte bleibt dabei ein empirischer Vorgang, der so oder auch anders sein könnte[1]). Da die Erfahrungsbedingungen gleichfalls bloß erfahrbar sind, können sich sowohl unsere Einsicht in sie, wie sie selbst ändern. Soweit wir überhaupt einigermaßen logisch vorgehen können, verdanken wir dies einem „glücklichen Zufall". Insofern verhilft die „Gnade" zur Realisierung der Idee.

Der korrelative Bezug der Idee wird somit von dem konkret Wirklichen als dem System erfahrbarer Tatsächlichkeiten gebildet.

§ 4. Der Inhalt der Idee.

1. Der Gedanke der höchsten reinen Richtschnur ist, wie wir hoffen, widerspruchsfrei dargelegt. Damit kennen wir aber noch nicht den Inhalt dieses Gedankens. Der Begriff des normativen Prinzips muß jetzt durch den Inhalt dieses Prinzips ergänzt werden. Wie hat das zu geschehen?

a) Die erste Frage ist: Von welcher Beschaffenheit müssen die den Inhalt bildenden Begriffe sein?

Da sich die Idee auf konkret Wirkliches als das System erfahrbarer Tatsächlichkeiten bezieht, ist in diesem Bezugsbegriff alle Kontingenz enthalten. Die den Inhalt der Idee

[1]) Vgl. oben Anm. 1.

bildenden Begriffe dürfen also **nur apriorisch** sein. Die stetige Anwendung auf Erfahrung wird ja durch den Gegenbegriff, der alle Erfahrung begreift, gesichert.

b) Man könnte nun daran denken, daß die Formel von der „Gemeinschaft frei wollender Menschen" bereits das Gesuchte ausdrücke. Das ist aber nicht der Fall. Die Formel kann nur zweierlei bedeuten:

Einmal kann sich das Wort „Mensch" auf den Menschen der Anthropologie beziehen. Dann verstehen wir nicht, weshalb die auf Wirklichkeit schlechthin bezogene Formel ein Stück Natur, nämlich den Menschen der Anthropologie herausgreift. Sie würde also der von uns gerügten (§ 2, 3, e) naturrechtlichen Wertung entspringen.

Sodann kann „Mensch" als normativer Begriff gemeint sein, als „Lebewesen, das normativ richtig sein kann", in irgend einer ihn von anderen Lebewesen unterscheidenden Weise. Dann sehen wir nicht ein, weshalb diese Beschaffenheit des Lebewesens, die eine Etappe in der teleologischen Geschichtsentwicklung darstellt, als Inhalt einer Formel dienen soll, die diese Etappe logisch erst ermöglicht. Denn die Idee ermöglicht erst diesen Begriff des „Menschen" im normativen Sinn. Es muß genügen, daß auf die ideebezügliche Struktur des Wirklichen schlechthin Bezug genommen wird. Hier werden aber, wie aus dem späteren hervorgeht, der Anspruch und damit zunächst das Anspruchssubjekt (Lebewesen i. w. S.) zunächst bedeutsam.

Weiter birgt die Formel die gefährliche Doppelbedeutung von „frei". Versteht man unter frei die Nichthinderung, so steht ihr Sinn, sofern man den Satz auf Anspruchssubjekt schlechthin bezieht unserer Auffassung in der Tat nah (s. später unter 3). Meint man aber unter frei normativ richtig, so besteht ein unvermeidlicher Zirkel, da dieses richtige ja gerade zu bestimmen ist.

c) Irgendwelche **Tatsachen** der Psychologie wie etwa faktische Gewissensäußerungen und Werturteile sind zur Begründung des Inhalts des regulativen Prinzips ebenso gleichgültig wie solche der Soziologie, etwa die Auffassung der „meisten" oder der „mächtigsten". Sie gehören als

Momente zum korrelativen Gegenbegriff dieses Prinzips, können dieses also nicht begründen. Aber auch logisch untergeordnete Sätze apriorisch normativen Charakters kommen nach der uns gesteckten Aufgabe ja nicht in Frage (vgl. § 2, 3, a).

d) Als Methode (heuristisches Prinzip) dient uns der Descartessche Zweifel. Da jeder abgeleitete Satz auf Voraussetzungen beruht, aus denen er sich herleitet, ergibt sich schließlich als letzte Frage, über die noch weiter zurückzugehen, sinnlos wäre, die Frage nach dem, was jeder Satz im logischen Sinne voraussetzt (§ 1, 2, a). Zweifel und Verneinung sind logisch gesehen gleichfalls derartige Sätze. Sie müssen daher als „logisches Minimum" das, was sie selbst logisch behaupten und was damit „gesetzt" ist[1]) gelten lassen. Wir wissen nun, daß der „Satz" das „Urphänomen", die Grundkategorie der Logik ist und daß ihm in der ontischen Sphäre der Gegenstand schlechthin entspricht (§ 1, 2, b). Dieser Bezug ist bloß „erschaubar". Die Notwendigkeit der „Schau" da, wo jede Begründung durch sie erst ermöglicht wird, besteht daher hier für das System[2]). Das Urphänomen kann insofern auch als „absolut irrational", besser „überrational" verstanden werden[3]). Wir können nun von unten, den hypothetisch gedachten, vorläufig hingenommenen Sätzen aus, das Urphänomen zu bestimmen suchen, indem wir es für diese Sätze als Grundlegung fordern. Diese Bestimmung wäre aber keine logisch gesicherte. Es bleibt also bei der Forde-

---

[1]) „Mitgesetzt" ist alles, was aus einer Voraussetzung unter anderen einzuführenden Voraussetzungen, z. B. einer neuen mathematischen Geraden folgt.

[2]) Dieses scheint uns das bleibende Ergebnis Husserls und seiner Schule für das System zu sein. Daß diese sogleich alles, was aus psychologischen, nicht systematischen Gründen erarbeitet sein muß, in diese systematische Schau einbeziehen, verdunkelt ihr Verdienst. Das entscheidende Problem: System und faktisches Erkennenwollen (immer irgend wie aus Vorgewußtem im psychologischen Sinn heraus) gehört in die Erkenntnistheorie. Die große Fruchtbarkeit der phänomenologischen Methode hat so ihren psychologischen Grund.

[3]) Vorschule § 3.

rung der Schau, wobei es immer möglich ist, daß Späteren die Urschau reiner gelingt. Da das gesuchte Phänomen „Satz" alle logischen und apriorischen Sätze aus sich entlassen soll, ist es selbst als System sich gegenseitig bedingender Bedeutungen zu denken[1]). Dieser „Satz" wäre der Ursprung des ganzen Systems aller möglichen Wissenschaften. Sollte sich nun zeigen, daß eine Schau des logischen Urphänomens bereits das ergäbe, was wir von dem Gedanken der Idee verlangen (§§ 1—3) so hätten wir das normative Prinzip gefunden und es könnte nicht an logisch untergeordneter Stelle nach diesem gesucht werden.

2. Der Satz im logischen Sinne (§ 1, 2, a) zeigt nun in der Tat die Zweiheit, die in dem Gedanken Tatsächlichkeit und Richtigkeit, Beweglichkeit und Richtschnur, Zufälligkeit und normative Notwendigkeit, Willkür und Freiheit (§ 3, 3, c) gefordert ist. Er impliziert die Möglichkeit, d. h. den ontologischen Bestand der Tatsächlichkeit neben dem der Richtigkeit, er gibt also damit diese Begriffe (§ 2, 2, d, α). Er bedeutet sowohl den Anspruch an die eigene Tatsächlichkeit, richtig im logischen Sinne zu sein, als auch diese „Tatsächlichkeit" selbst nämlich die Möglichkeit, diesem Anspruch zu genügen oder nicht zu genügen. Der Anspruch logisch richtig zu sein und die Tatsächlichkeit: die „zufällige" Beschaffenheit, diesen Anspruch zu erfüllen oder nicht zu erfüllen, ergeben sich also bereits bei der Schau des logischen Urphänomens „Satz". Ist nun das logische Urphänomen ein System sich gegenseitig bedingender Bedeutungen (d), so ergibt sich bei der Einstellung auf das Normative die Priorität des Anspruchsgebildes gegenüber dem Anspruch auf logische Richtigkeit[2]). Die Logik sucht also die Be-

---

[1]) Die Glieder stehen symmetrisch zueinander. Wenn ein Element X einem anderen Y vorangeht, so geht auch Y dem X voran, z. B. das Quantitative dem Qualitativen. Vgl. § 1, Anm. 8.

[2]) Wir finden hier Kants Gedanken vom Primat der praktischen Vernunft wieder, wie er mit Recht von der süddeutschen Philosophenschule

dingungen der logischen Richtigkeit von Sätzen nur deshalb, weil sie die Berechtigung des Satzes als Anspruch an seine eigene Tatsächlichkeit schlechthin anerkennt. Sie behandelt den Anspruch auf Richtigkeit als Unterart des Anspruchs schlechthin. Sie fordert die Richtigkeit der Sätze, weil ein Anspruch seinem Wesen entsprechend (erschaubar) auf Erfüllung geht, also auch der Anspruch auf die logische Richtigkeit seiner selbst. Das Wesen des Anspruchs ist insofern als bedingend für die normative Logik erkannt. Der Anspruch ist dabei die konverse Beziehung der Richtschnur, eben von der entgegengesetzten Seite als der des Sachverhalts aus gesehen, der belegt wird.

a) Man nahm schon immer „juristische" Ansprüche an. Seit Reinachs Untersuchungen[1]) betrachten wir als Voraussetzungsbegriffe dieser Ansprüche die apriorischen Gebilde der Soziologie. Wir haben nun darüber hinausgehend erkannt, daß der Anspruch bereits in jedem Satz im logischen Sinn (§ 1, 2, a) enthalten ist und sich die Logik als normative Wissenschaft ohne ihn nicht rechtfertigen läßt. Damit wird er aber auch als normativer Sinn jedes Erlebens schlechthin erfaßt (§ 1, 3, e). Der Anspruch ist also die normative Grundkategorie.

b) Das Gebilde Anspruch läßt sich wesensgemäß dahin erschauen, daß er erfüllbar sein soll. Der Gedanke läßt sich in unzähligen Formulierungen ausdrücken, jeweils sind andere apriorische Begriffe auf diesen Grundgedanken anwendbar: z. B.

Alle[2]) Ansprüche sollen Erfüllung finden. Die Beziehung zueinander steht hier noch nicht in Frage.

Rickerts und von Bauch hervorgehoben wird. Für uns ist allerdings der Begriff der Richtschnur dem des Wertes transzendental.

[1]) Die apriorischen Grundlagen des bürgerlichen Rechts. Vgl. darüber unsere Vorschule § 14.

[2]) Die Kategorie der „Quantität" (mathematische Begriffe), die sich gleichfalls vom „Satz" aus entwickeln läßt, wird hier angewandt.

Alle Ansprüche einer Gesellschaft[1]) sollen sich gegenseitig nicht hindern.

Alle Ansprüche eines Individuums[1]) sollen sich gegenseitig nicht hindern.

Alle Ansprüche des Lebens desgleichen[2]).

3. Die höchste reine Richtschnur hat als korrelativen Bezug das Wirkliche als System erfahrbarer Tatsächlichkeiten (§ 3, 3). Sie ist also nur mit diesem zusammen auszudrücken:

a) Wenn es richtig ist, daß der Anspruch die normative Grundkategorie darstellt, so muß sich die Wirklichkeit als ein System von Ansprüchen auffassen lassen, eben weil der Wesensgedanke des Anspruchsbegriffs auf sie anwendbar sein soll. Das was wir Wirklichkeit nennen, interessiert also unter dem Gesichtspunkt normativer Betrachtung nur insoweit, als es zur Bestimmung der Tatsächlichkeit von Ansprüchen dient. Es ist methodisch betrachtet ebenso, wie wenn der Theologe die Welt unter dem Gesichtspunkt Gottes betrachtet. Versteht man unter Wesen das, was für die hier entscheidende Einstellung bestimmend ist, so ist das Wesen der Wirklichkeit für die normative Betrachtung ein System von Ansprüchen.

b) Als charakteristisch für den korrelativen Bezug erkannten wir die Kontingenz: Die „Beweglichkeit", das Andersseinkönnen unter apriorischem Gesichtspunkt (§ 3, 2, c, d; § 2, 2). Diese Kontingenz bedeutet jetzt Kontingenz von Ansprüchen, deren Zufälligkeit gemessen am Wesenssatz des Anspruchs notwendig besteht.

c) Die oben betrachtete Aufgabe aller Wissenschaften (§ 3, 3, d, e) läßt sich nun schärfer dahin ausdrücken,

---

[1]) Individuum und Gesellschaft i. w. S. sind korrelative Begriffe. Man kann sie nur gleichzeitig dahin bestimmen, daß bei jenem ein Widerspruch der in einem Zeitmoment erhobenen Ansprüche sinnwidrig ist, bei dieser dagegen nicht. Vgl. schon unsere Vorschule § 5, Anm. 1.

[2]) Das Leben ist ein apriorischer Begriff. Es ermöglicht die Tatsächlichkeit von Ansprüchen, da diese sich ja auf erlebte Soseinszusammenhänge stützen muß. Vgl. § 2, 2, c.

daß sie den „Ausgangsstatus des Bewegungssystems" als Tatsachenlage von Ansprüchen zu verstehen hat.

4. Die Entfaltung der Beziehungsmöglichkeit verschiedener Ansprüche ist identisch mit der Entwicklung der möglichen verschiedenen Arten. Sie ist eine apriorische Angelegenheit. Die dem Wesen des Anspruchs als der normativen Grundkategorie (2, b) entsprechende Relation kann nur die Beziehung der Verträglichkeit sein (2, b). Ist nun die Wirklichkeit unter dem Gesichtspunkt der Anspruchskategorie nichts anderes als ein System bloßer Tatsächlichkeit (3, b), so muß die diesen Begriff des Wirklichen konstituierende Anspruchsrelation die der Unverträglichkeit sein. Das Wirkliche interessiert also ferner nur als Bedingung der Tatsächlichkeit unverträglicher Ansprüche.

5. Die Beziehungsform der Verträglichkeit von Ansprüchen nennen wir „Friede", die der Unverträglichkeit „Krieg". Somit erscheint das Wirkliche als korrelativer Bezug des normativen Prinzips notwendig stets als „faktischer Krieg". Es handelt sich also bei der normativen Betrachtung einer Situation um die Erkenntnis der kriegerischen Momente dieser Situation; nur insoweit ist sie beachtlich.

6. Danach können wir den Inhalt der Idee folgendermaßen exponieren:

Das Wirkliche ist ein System faktischer Unerfüllbarkeit (Unverträglichkeit) von Ansprüchen (Krieg).

Die Idee des Wirklichen besteht darin, dieses System nach dem Gedanken der Erfüllbarkeit (Verträglichkeit) zu richten. („Absoluter" Friede, der nicht mit dem völkerrechtlichen Begriff zu verwechseln ist!)

a) Da das Wesen empirischer Sachverhalte logisch gesehen in der Abhängigkeit von der Soseinsverknüpfung im Erleben besteht (§ 2, 2, c), würde „Lebendigkeit" eine Nichthinderung von der Seite des Zufälligerlebten, des bloßen Soseins bedeuten. Der Ausdruck „Form" bezeichnet treffend eine Schranke, die von sich selbst stammt. Der Ausdruck „L e b e n d i g k e i t i n F o r m" könnte demnach den Inhalt unserer Idee von der Seite des Lebens aus bezeichnen und die Ausgeglichenheit in Individuum und Gemeinschaft involvieren.

b) Bei unserer Ableitung der höchsten Idee ergab sich noch nichts vom Recht, den Rechtsverhältnissen und dergl., d. h. es war nicht nötig, diese Begriffe abzuleiten. Sie enthält bloß den korrelativen Bezug des Wirklichen (§ 3). Die Besonderheit unserer Auffassung liegt gerade darin, daß j e t z t e r s t die Aufgabe anhebt, die Idee stetig innerhalb der Wirklichkeit zu konkretisieren, um sie ihrem Sinn entsprechend praktisch anwendbar zu machen. Es wäre ein völliges Mißverständnis, zu glauben, daß man beispielsweise ohne weiteres eine jetzt hier am Ort bestehende Zufallsgemeinschaft u n m i t t e l b a r nach dieser Idee zu richten hätte. Das Richten kann nur so erfolgen, daß diese Gemeinschaft als ein angewandtes apriorisches soziologisches Gebilde unter unzähligen anderen i m Z u s a m m e n h a n g d e s G a n z e n erkannt und u n t e r d e m G e s i c h t s p u n k t d o r g a n z e n S i t u a t i o n b e t r a c h t e t w i r d.

c) Damit, daß wir den Inhalt der im verbindlichen Sinn Richtung gebenden höchsten Idee aufgewiesen haben, wissen wir genau genommen, auch noch nichts von einem verbindlichen Sollen und Dürfen. Wir ahnen, daß es auf unserem Planeten menschliche Aufgabe sein wird, diese „Orientierung an der Idee" vorzunehmen. Die Begriffe des v e r b i n d l i c h e n Sollens und Dürfens sind aber apriorische Normbegriffe, die erst jetzt ihren letzten Sinn bekommen (§ 2, 3, a). Wir bestimmten ja die Idee als den Gedanken der Richtschnur, den diese Begriffe logisch voraussetzen. Es scheint ein Fehler slavisch beeinflußten Deutschtums zu sein, nur den einen der abzuleitenden Begriffe: die Pflicht, das Sollen zu sehen, ja sogar das engere Handelnsollen. Als ob nicht das Dürfen auf der gleichen Stufe stünde und das esse als Ausdruck eines faktischen gesetzmäßigen Zusammenhangs für das operari primäre Bedeutung hätte!

d) Als u n r i c h t i g e Versuche erscheinen folgende:

α) Die Einstellung auf die Anthropologie. Der „Mensch" als Begriff der Naturwissenschaft ist ein Moment der Wirklichkeit, das keiner isolierten normativen Betrachtung fähig ist (2, 3, e; oben 1 b).

β) Die schlechthinige Legitimierung irgend welcher „Moral".

Die Moral ist uns ein soziologisches Gebilde. Sie bezeichnet gegebene Richtschnuren, deren Urheber ein soziologisches Wesen ist, das die Befolgung der Richtschnur zu seiner Erhaltung und Förderung benötigt. Damit ist über die Tauglichkeit einer solchen Richtschnur zur Schaffung einer gemischten natürlich nichts ausgesagt. Wir wissen vielmehr (§ 2, 3, f), daß diese Tauglichkeit nur vom Standpunkt der konkreten Situation aus in konkreter Fragestellung zu prüfen ist. Die Moral ist also von unserer absoluten Einstellung aus relativer Rechtfertigung zugänglich.

γ) Die schlechthinige Legitimierung aller sonstigen gegebenen Richtschnuren wie positiver Gesetze eines höchsten Gewalthabers, autoritativer Äußerungen usw. Nur dadurch, daß man Gott als Bedingung jeder Norm[1]) zum Urheber des Dekalogs machte, gab man der naturrechtlichen Normierung den Rechtsgrund. Thomasii Scheidung von Rechts-, Tugend- und Klugheitspflichten hat den juristischen Positivismus verschuldet, der noch heute herrscht.

δ) Die Einstellung auf das „Glück" der Individuen. Individuum und Gesellschaft in weiterem Sinne sind korrelative Begriffe von apriorisch-soziologischer Struktur. Unter Glück kann man entweder das verstehen, war für den Betreffenden das beste ist. Faßt man es mit Plato so auf, so verschwindet die Verengung des Begriffes. Das beste für den Betreffenden ist, so richtig wie möglich im normativen Sinn zu sein. Versteht man unter Glück Zufriedenheit irgend welcher Art, so ist eine psychische Eigenschaft normativ verallgemeinert (§ 2, 3, c). Nur ein allwissender Gott würde mit der Richtigkeit seines Seins auch die richtige Erkenntnis dieser Beschaffenheit besitzen.

[1]) Vgl. „Über verschiedene Bedeutungen von Idee" S. 9 ff.

ε) Die Einstellung auf das „Vollkommenheitsideal" ist der vorherigen Einstellung ähnlich. Vollkommen ist ein bedingter Begriff, der einen Maßstab voraussetzt. Soll er mehr sein, so bedeutet er das „Richtige". Da die Momente einer Situation funktionell zusammenhängen, werden mit der Vollkommenheit des einen Moments die des anderen gesetzt. Der Satz: „Kümmere dich nur um dich selbst" könnte bloß Individualidee einer Anweisung in einer einmaligen Situation sein, eben um des Ganzen willen.

ϑ) Die Einstellung auf eine zeitlich oder örtlich beschränkte Lage: z. B. die Gegenwart, die Zukunft, meine Familie, mein Land, Europa. Das Ganze des Wirklichen gestattet keine Einschränkungen der Verantwortlichkeit. Die faktische Absteckung der Verantwortlichkeit in Recht, Charakter, Stil, Lebensform usw. kann nur als Stufe in einer Situation, also relativ zu rechtfertigen sein.

7. Einem nur kausal verstehbaren, an der Idee gemessen chaotischen Gewoge mannigfaltigster Ansprüche steht der Gedanke der Harmonie als regulatives Prinzip gegenüber. Es steht jenem Gewoge stets gegenüber. Die Aufgabe beginnt immer von vorn, insofern gibt es keinen „Fortschritt". Aufgegeben ist immer bloß der „nächste Schritt". Die verschiedenen Wissenschaften haben ihre letzte Aufgabe darin, das Wirkliche als ein konkretes System, ein bestimmtes Sosein tatsächlicher Ansprüche zu bestimmen (oben 3, § 3, 2, e). Vielleicht macht das Weltbild der modernen Physik bereits die Unterscheidung bewußter und unbewußter Ansprüche in der gesamten Natur durchführbar. Will man Ähnlichkeiten mit Schopenhauers Weltbild entdecken, so beachte man, daß abgesehen von der grundsätzlichen Verschiedenheit der Methode [1]) und der Idee [2]), bei uns die Vielheit der Ansprüche keine Form bloßer Erscheinung, Prinzipium individuationis ist, sondern notwendig dem Wesen der Wirklichkeit angehört. Diese faktische Vielheit der Ansprüche schafft ja gerade das

---

1) Hier rein logischer Standpunkt, dort naiver Anthropologismus.

2) Hier Idealismus, dort die letzte irrationale Entscheidung beim Individuum, das höchstens „metaphysisch bedeutsam" sein kann.

Material, das zu Gestaltende. Kein metaphysischer Abfall begründet einen Pessimismus, da die Idee ja nur infolge ihres korrelativen Gegenbegriffs bestehen kann[1]). So rechtfertigt gerade die Unvollkommenheit des Ideenbezugs Gott als die Idee des Anspruchssubjekts, eine moderne Theodizee, die noch weiterer dogmatischer Auslegung fähig ist.

8. a) Wir sahen bei Bestimmung des Inhalts der Idee (oben 2), daß der „Anspruch" für die normative Betrachtung ein konstitutiver Begriff ist und als ein Moment des erschaubaren Minimums an der Spitze des Systems erwächst. Die praktische Philosophie muß also eine Philosophie des Anspruchs werden. Damit ist die Aufgabe gestellt, alle normativen Begriffe in Anspruchsbegriffe zu transformieren. Als Beispiel diene die Bestimmung von Individuum und Gesellschaft i. w. S. (oben 2, b, β). Beide apriorisch-soziologischen Begriffe lassen sich nur gleichzeitig bestimmen, da sie korrelativ sind. Als konstitutive Begriffe ergeben sich vorerst: Zeitmoment, Anspruch, Widerspruch, Sinnwidrigkeit. Von diesen ist das den Begriff Zeitmoment ermöglichende quantitative (Natorp) schon mit dem Anspruch gegeben; ebenso läßt sich Sinnwidrigkeit als eine Form des Widerspruchs verstehen. Die Möglichkeit, daß der Widerspruch von im selben Zeitmoment erhobenen Ansprüchen sinnwidrig ist, steht der anderen gegenüber, bei der dies nicht der Fall ist. In jenem Fall haben wir das Individuum, in diesem den konstitutiven gesellschaftlichen Begriff. So läßt sich ferner das „Versprechen" als Entstehungsgrund für Ansprüche durch Ausdruck erfassen usw. Wir haben schon in unserer Rechtsphilosophie [2]) nachzuweisen versucht, daß das System der Rechtswissenschaft sich auf drei Stufen aufbauen muß: Zunächst bedarf es einer apriorischen Soziologie; hier werden deren Gebilde in ihrem rein soziologischen Charakter ohne Rücksicht auf das Normative, echt Verbindliche beschrieben. Sodann einer apriorischen Rechtswissen-

[1]) Vgl. schon unsere Kritik der Soziologie Bertrand Russels (Frommann-Jena 1924).

[2]) S. 80.

schaft. Hier wäre nach Feststellung des Rechtsbegriffs zu untersuchen, welche Modifikationen sich dadurch ergeben, daß die soziologischen Gebilde ihrem Inhalte nach zum Erkenntnisgrund für Normatives werden. Erst dann wäre in das so gewonnene System das positive Recht einzubauen und so das Apriorische auf die Empirik anzuwenden. Das ganze Verfahren aber ist nur möglich, wenn man den Anspruch als grundlegende Kategorie verwendet. Die Feststellung der konkreten Anspruchs-Qualität ist Erfahrungssache. Die apriorisch-normative Wissenschaft hat es also auch hier nur, kantisch gesehen, mit den Formen zu tun, die benötigt werden, um die Erfahrungen möglich zu machen.

b) Der Anspruch auf Erkenntnis geht auf das Erlebnis richtiger Sätze einschließlich des Begründungszusammenhangs (§ 1, 2, c). Da zwischen einer Voraussetzung und einem Voraussetzenden stets wiederum eine Voraussetzung möglich ist, die von jener in gleicher Weise bedingt wird, wie sie selbst dieses bedingt[1]) ist schon aus logischen Gründen der Anspruch auf Erkenntnis im Leben unerfüllbar. Das Leben der Individuen als ein System von Ansprüchen aufgefaßt, dürfte sich aber unter dem Gesichtspunkt der Idee bestimmt finden, zum Richtigsein der im Erlebnis behaupteten Sätze, aber nicht ohne weiteres zur Idee der Erkenntnis.

c) Es wäre denkbar, daß die faktische Unverträglichkeit von Ansprüchen eine der Idee widersprechende logische Notwendigkeit wäre. Dies müßte man annehmen, wenn die Biologie das Leben des einen Individuums auf Kosten des anderen als apriorische Einsicht ergäbe. Das ist aber nicht der Fall. Die biologische Theorie ist nur ein Erfahrungssatz, also ist der Pessimismus auch in dieser tiefsten Weise nicht zu begründen. In dem Begriff des Anspruchs scheint aber gleichfalls der Grundbegriff gefunden zu sein, der bis jetzt der Biologie fehlte und dem sie durch „Zweck" „Entelechie" näher zu kommen suchte.

---

[1]) § 3, 4 unserer Vorschule.

d) Die Beziehung zwischen Idee und Wirklichem ermöglicht eine ganze Anzahl apriorischer Begriffe, die nicht anders als religionsphilosophisch zu bezeichnen wären. Hiermit rechtfertigt sich der Untertitel unserer Untersuchung. Diese Begriffe erscheinen uns als der wahre Sinn jeder religiösen Betrachtung. Damit wäre eine rationale Religionsphilosophie als möglich erkannt. Das Vorurteil, daß es eine besondere Art religiöser Erkenntnis gäbe, die hiervon unabhängig sei, wäre danach abzulehnen. Die in den historischen Dogmatiken geschaffenen besonderen religiösen Theorien hätten nur den Sinn, aus psychologischen Gründen jene Wahrheiten in einer mehr mittelbaren Weise dem zeitbedingten Einzelnen zugänglich zu machen. Ihre empirische Beschaffenheit erklärt sich natürlich nicht rein aus jenem berechtigten Zweck, sondern auch aus vorurteilshaften Bindungen an angebliche Offenbarungen eines realen, d. h. dinghaften Gottes.

e) Da das Wirkliche gleich nah aber auch gleich fern der Idee steht, trägt das Individuelle unter normativem Gesichtspunkt den Glanz eigentümlicher „Bedeutsamkeit". Jede Form des Lebens läßt sich als eine Anweisung auf die Idee auffassen; die wahrhafte Humanität erschaut so das echte „Zwischenreich" des vergotteten Leibes und des verleibten Gottes, wie es uns die Kunst anschaulich vorzustellen sucht. Man sieht, welche Bedeutung die christliche „Mittleridee" in dieser rationalen Dogmatik zu finden vermag (Novalis).

f) Bei der Anwendung der Idee muß von etwas aus bestimmt werden. Hier erwächst der Sinn der ethischen Hypothese. Es wird ad hoc festgelegt, sei es eine Richtschnur als absolut, sei es ein Ding, z. B. ein Mensch, eine Staatsform usw. im zufälligen Sosein. Von hier aus begreift man auch den Sinn des Konservativen im Reich der Idee. Nun kann von hier aus gestaltet werden. Man ändert, aber ändert das Ändernde nicht. Das nächste Mal wird die Hypothesis verlegt. Man kann „das sonstige Wirkliche" umgestalten, oder unsere Ansprüche. Nun ist aber das Wirkliche nichts anderes als das System aller tatsächlichen Ansprüche. Es ist also ganz gleichgültig, wo wir anfangen. „Nichts ist draußen, nichts ist drinnen". Man kann in concreto einen Verbrecher an einen richtigen Platz verpflanzen oder ihn zu ändern suchen. Was man zu tun hat, ist eine Frage normativer Beurteilung der Situation. Der „Mensch" im besonderen ist noch insofern bedeutsam als die Richtung des Beweglichen für uns bei ihm anhebt. Die Würdigung dieser seiner doppelten Bedeutsamkeit ist der tiefe Grund der Humanität.

DAS PROBLEM DER RICHTIGEN POLITIK.

Von

FRITZ VAN CALKER.

I.

Richtiges Recht und richtige Politik.

Es ist das Verdienst Rudolf Stammlers, die Frage nach dem richtigen Recht in neuer Form aufgeworfen und die erkenntnistheoretischen Grundlagen zu ihrer Lösung entwickelt zu haben. Stammler hat die Selbständigkeit der Rechtswertbetrachtung neben der Rechtswirklichkeitsbetrachtung betont und die Rechtswertbetrachtung zum Gegenstand bewußten Nachdenkens erhoben[1]. Er stellt innerhalb des positiven Rechts die Unterscheidung zwischen richtigem und unrichtigem Recht auf und mißt das geltende Recht am Rechtsideal. Das bedeutet für das rechtswissenschaftliche Denken einen Fortschritt. Nicht als ob früher die Frage nach dem Wert des geltenden Rechts überhaupt nicht aufgeworfen worden wäre. Für die Naturrechtslehre war sie sogar von entscheidender Bedeutung: man wollte einem positiven Recht, welches sich mit den Forderungen der Vernunft nicht im Einklang befindet, nicht nur den sittlichen Wert, sondern sogar jede rechtliche Geltung überhaupt absprechen und man ersann ein bis ins einzelne gehendes Idealrecht, für das man allgemeine Geltung beanspruchte. Aber die Art und Weise, wie man zu solchen Rechtssätzen gelangte, entbehrte doch der methodischen Sicherheit. Die Fragestellung war erkannt, der Weg zur Lösung aber noch nicht angebahnt. Die Beantwortung war nicht Gegenstand wissenschaftlichen Denkens, sie wurde

---

[1]) Dies habe ich als den entscheidenden Grundgedanken des Stammlerschen Werkes 1896 in meinem Referat, Rudolf Stammlers „Sozialer Idealismus" hervorgehoben (Preuß. Jahrbücher, 85. Band (1896) S. 314 ff.

für selbstverständlich gehalten. Das Gefühl allein entschied. Man bequemte sich dabei kaum zu einer Analyse des Rechtsgefühls. Erst recht unterblieb ein Versuch systematischer Rechtspolitik.

In welch bedeutsamer Weise Stammler das Problem der Rechtskritik und damit mittelbar der Rechtspolitik gefördert hat, lehrt uns das Beispiel eines Juristen, der an der Grenze zweier denkwürdiger Perioden der Rechtswissenschaft steht, des Göttinger Rechtslehrers Hugo, der im Jahre 1799 in seiner Enzyklopädie (Lehrbuch eines zivilistischen Cursus, I. Band) zwar in vorbildlicher Klarheit die juristischen Gedankenrichtungen sondert, aber die Rechtswertbetrachtung doch nicht im Rahmen einer wissenschaftlichen Erörterung durchführt.

Hugo unterscheidet folgende Arten juristischer Problemstellung:

„I. Was ist Rechtens? — Die juristische Dogmatik. Sie macht das Handwerksmäßige der Jurisprudenz aus, und könnte auch empirisch gelernt werden, selbst ohne alle gelehrte Kenntnisse.

II. Ist es vernünftig, daß es so sey? Philosophie des Rechts, theils die Metaphysik über die bloße Möglichkeit (Censur und Apologetik des positiven Rechts nach Principien der reinen Vernunft) theils die Politik über die Rathsamkeit eines Rechtssatzes (Beurtheilung der technischen und pragmatischen Zweckmäßigkeit nach empirischen Daten der juristischen Anthropologie).

III. Wie ist es Rechtens geworden? Die Rechtsgeschichte, sowohl die gewöhnlich so genannte, die äußere, d. h. die Geschichte der Quellen und des Studiums, — als die innere, die Geschichte der Lehren selbst, die Rechtsalterthümer. Eine von der Geschichte des Studiums und von der Geschichte der Lehren selbst, noch verschiedene Dogmengeschichte gibt es wohl nicht.

Die beyden letztern Punkte, wozu bey einem positiven Rechte, das auf mündlichen oder schriftlichen Sätzen beruht, noch ein vierter, die Exegese und Critik (eigentlich aber nur ein Theil der Rechtsgeschichte), gerechnet werden kann, machen die gelehrte, liberale Jurisprudenz aus (iurisprudentia elegans, die nicht blos im Emendiren besteht). Durch sie ist die Jurisprudenz mit andern gelehrten Kenntnissen verwandt, die ohnehin zur Bildung der höhern Stände gehören, mit Philosophie und Geschichte."

Wir sehen das Problem scharf umrissen. Die theoretische Rechtspolitik mit der Frage nach der logischen Möglichkeit und die praktische Rechtspolitik mit der Frage nach der Zweckdienlichkeit der Rechtssätze werden zu eigentlichen Gegenständen wissenschaftlicher Rechtslehre erhoben. Um so mehr muß die Dürftigkeit der Problemlösung bei Hugo und die Unzulänglichkeit späterer Beantwortungsversuche befremden.

Hugo würdigt die Bedeutung „unrichtigen" oder — wie er sagt — „fehlerhaften" Rechts, indem er die Frage aufwirft, ob solche Rechtssätze nach der Moral befolgt werden dürfen oder nicht. Er formuliert aber auch schon ein Wertprinzip zur Beurteilung der Rechtsrichtigkeit: „Den Wert eines positiven Rechts beurtheilt man nach dem Einflusse, den es auf Veredlung und Glückseligkeit der Menschen überhaupt, zunächst aber der Bürger gerade dieses Staats hat. Insbesondere beruht die Güte des Privatrechts auf seiner Billigkeit und Consequenz, d. h. daß seine Entscheidungen mit dem übereinstimmen, was schon nach der gesunden Vernunft (sobald sie einmahl gewisse Rechtsverhältnisse voraussetzt) hätte geschehen sollen, und dann daß sie aus einigen wenigen unter sich harmonirenden Principien sich herleiten lassen. Beyde Vorzüge sind oft schwehr mit einander zu vereinigen. — Die Güte des öffentlichen Rechts läßt sich, wenigstens zum Theil, darauf zurückbringen, daß die Bürger ein das Herz erhebendes Gefühl ihrer Unabhängigkeit von der Willkühr behalten."

Die Folgezeit brachte keinen Fortschritt auf diesem Erkenntniswege, sondern eher einen Rückschritt, indem die historische Schule in ihrer Weise demselben Methodenmonismus verfiel, der das Zeitalter des Naturrechts kennzeichnet, nur daß jetzt der Gegenausschlag des Pendels von der Wertsphäre nach der Seinssphäre erfolgte.

Erst Stammler hat dann die Frage nach dem richtigen Recht in ihrer umfassenden Bedeutung neu aufgeworfen und die objektive Rechtsrichtigkeit zum Gegenstand kritischer Besinnung gemacht. Dabei verwarf er jegliches Bemühen um die wissenschaftliche Konstruktion eines inhaltlich vollkommenen Idealrechts und beschränkte die Aufgabe wissenschaftlicher Forschung auf die methodische Klarlegung einer formalen Rechtsrichtigkeit. Alle Besonderheiten rechtlicher Regelung erscheinen ihm stoffgebunden und darum unvollkommen. Aber deshalb darf sich die Rechtslehre noch keineswegs auf die Darstellung des unvollkommenen Rechts geschichtlicher Herkunft beschränken. Wenn wir auch nicht imstande sind ein Idealrecht zu schaffen, das in absoluter Vollkommenheit der Idee der Gerechtigkeit entspricht, so können wir doch das geschichtlich überkommene Recht in relativer Bedingtheit am Maßstab des Rechtsideals messen und so innerhalb des geschichtlich wirklichen unvollkommenen Rechts „richtiges Recht" von „unrichtigem Recht" sondern. Zu absoluter Gültigkeit können wir nur in der Gedankenwelt des rein Formalen vordringen, in der Anwendung auf die bedingten Gegebenheiten bleibt das Urteil bedingt, relativ. Aber damit verfällt die Rechtswertbetrachtung nicht ohne weiteres einem schrankenlosen Subjektivismus, sondern es kann eine wissenschaftlich begründete Methode aufgezeigt werden, wie wir zu objektiver Rechtswerterkenntnis gelangen. Das so erkannte richtige Recht bleibt trotzdem ein unvollkommenes Recht; es ist kein ideales Recht, es haften ihm vielmehr Mängel der Erdenschwere an, die dem Reich der Idee fremd sind; es ist nicht absolut vollkommen, passend für alle Zeiten, für alle Völker, für alle Verhältnisse. „Es ist geschichtlich bedingt und für die Frage seines stofflich begrenzten Inhalts von veränderlicher und wechselnder Beschaffenheit. Es ist nur ein Teil des positiven Rechtes, wie dieses in seinem begrifflich bestimmten Auftreten dem Rechtsgelehrten bekannt ist — nämlich derjenige Teil, der nach der Idee der Gerechtigkeit geleitet ist"[1]). Unrichtiges Recht hingegen entspricht nur dem Begriff des Rechts (es ist positive Satzung), nicht aber der Idee des Rechts (es ist ungerecht). So erscheint das richtige Recht formal umschrieben als eine Kategorie des Denkens, die als solche Allgemeingültigkeit für sich in Anspruch nehmen kann. Wie aber läßt sich solche Richtigkeit näher aufzeigen? Nach Stammler ist grundsätzliche Richtigkeit dann gegeben, wenn das Wollen im Sinn der Idee der Gerechtigkeit geleitet ist. Die Idee der Gerechtigkeit und die damit identifizierte grundsätzliche Richtigkeit besteht in dem Gedanken einer vollendeten Harmonie, getragen von der Idee der Willensreinheit. Die Gemeinschaft frei wollender Menschen ist das soziale Ideal. Der Gedanke der reinen Gemeinschaft wird damit zum Beurteilungsprinzip für das Recht. Er lehrt uns richtiges und unrichtiges Recht erkennen.

Diese Erwägungen, wie sie Stammler in methodisch grundlegender Weise angestellt hat, haben zunächst die Bewertung historisch gewordenen Rechts zum Gegenstand; darüber hinaus haben sie Bedeutung für die richterliche Rechtschöpfung, indem sie den Richter anleiten innerhalb des Rahmens richterlicher Freiheit auf Grund gesetzlicher Ermächtigung richtiges Recht zu finden, die Lücken des Gesetzes mit richtigem Recht zu füllen.

Das Nachdenken über das richtige Recht führt uns aber außerdem zur Aufstellung abstrakter Rechtssätze, welche die Qualifikation der Richtigkeit für sich in Anspruch nehmen. So wird der Gedanke des richtigen Rechts zum rechtspolitischen Prinzip. Es ist Aufgabe der Rechtspolitik richtiges Recht zu schaffen und zwar Aufgabe der theoretischen Rechtspolitik die Richtigkeit des geltenden Rechts zu prüfen und dem Recht, das ist, das

---

1) Stammler, Der Richter, 924. S. 151. Diese jüngste Formulierung der rechtsphilosophischen Grundlehren Stammlers ist zugleich die anschaulischste Ausdrucksform seiner Hauptgedanken.

Recht, das sein soll, gegenüberzustellen, Aufgabe der praktischen Rechtspolitik die so erkannten rechtspolitischen Postulate zu verwirklichen. Dies ist vornehmlich die Aufgabe der Gesetzgebungspolitik. Damit werden also jene theoretischen Erörterungen über Wesen und Sinngehalt richtigen Rechts politisch fruchtbar gemacht. Die geltende Rechtsordnung erfährt eine Vervollkommnung und mit ihr das staatliche Gemeinschaftsleben.

Darin erschöpft sich aber die praktische Auswirkung jener theoretischen Besinnung noch keineswegs. Wir haben uns vielmehr zu fragen, inwieweit die Theorie des richtigen Rechts auch für andere Zweige der Politik als die Rechtspolitik ausgewertet werden kann und inwieweit richtiges Recht an sich schon richtige Politik bedeutet oder zu richtiger Politik führt.

Das erste Problem, welches sich uns so ergibt, ist die Frage: Kann es Aufgabe der Wissenschaft sein über „richtige Politik" nachzudenken, und wenn ja, in welchem Umfang ist dies erkenntnistheoretisch möglich?

Schon diese Fragestellung an sich ist von Wert. Sie rückt die politische Stellungnahme aus der Sphäre rein gefühlsmäßig orientierten Wollens in den Bereich bewußten Nachdenkens über grundsätzliche Richtigkeit politischer Ziele und Wege. Sie lehrt nachzudenken über die rationale Begründung politischer Forderungen.

Im politischen Tageskampf wird von dem Vertreter irgendwelcher politischen Forderung nur selten die Frage ihrer grundsätzlichen Berechtigung erhoben. Die Berechtigung wird meist vom einseitigen Parteistandpunkt aus für selbstverständlich gehalten und erklärt, höchstens mit konkreten Zweckmäßigkeitsgründen gestützt. Eine bewußte Zurückführung auf weltanschauliche Grundeinstellungen gehört schon zu den Ausnahmen. Diese Zurückführung erscheint aber dann ebenfalls im Gewande der Selbstverständlichkeit ohne eigentliche wissenschaftliche Begründung. Dem Offizier muß letztes politisches

Ziel mit stimmunngsmäßiger Selbstverständlichkeit die Ehre der Nation sein, dem Arzt mit gleicher Selbstverständlichkeit die Volksgesundheit, dem Mann des Wirtschaftslebens der Volkswohlstand. Sie alle legen sich kaum die Frage vor, ob denn diese letzte Orientierung — mag sie noch so berechtigt sein — nicht selbst wiederum einer tieferen Begründung bedarf und ob eine solche Begründung mit wissenschaftlicher Exaktheit möglich ist. Die Gegenmeinung wird in aller Regel ohne weiteres als Torheit oder Schlechtigkeit verworfen, vielleicht schon eben deshalb, weil sie selbst ohne objektive Begründung auftritt und darum verstandesmäßig nicht restlos zu überzeugen vermag. Damit hängt es auch zusammen, daß der Politiker weit mehr mit stimmungsmäßigen Gründen auf den Gefühlsbereich einwirkt als mit Verstandesgründen auf den Intellekt und — von der anderen Seite gesehen —, daß diese Form der Begründung eine viel unmittelbarere Wirkung erzielt als der Umweg über den Verstand, da nun einmal der politische Sinn eine solche einseitige Ausbildung erfahren hat.

Aber eine wissenschaftliche Politik darf hier nicht stehen bleiben. Sie muß die Frage nach der grundsätzlichen Richtigkeit aufwerfen, wie der Jurist die Frage nach der grundsätzlichen Richtigkeit des Rechts aufwerfen muß, wenn anders er sich nicht darauf beschränken will, überkommenes Gedankengut kritiklos zu übernehmen, wie es ihm in Gesetzesstoff und Vorentscheidungen dargeboten wird.

Die Frage nach der grundsätzlichen Richtigkeit als formales Denkprinzip ist also eine notwendige Aufgabe jedes theoretischen Nachdenkens über politische Probleme.

Fraglich kann nur sein, ob auch die Beantwortung, die konkrete Lösung politischer Fragen mit wissenschaftlicher Sicherheit möglich ist. In dieser Hinsicht gilt aber für die Politik dasselbe wie für das Recht. Absolute Richtigkeit ist uns unerreichbar; denn alles Menschenwerk ist unvollkommen. Objektive Richtigkeit ist anzustreben und ist erreichbar.

Der Kern der Schwierigkeiten liegt hier im Wertproblem überhaupt. Und da ist es Stammlers Verdienst, den alten Gegensatz von Sein und Sollen erkenntniskritisch neu beleuchtet, die Selbständigkeit der Wertbetrachtung zu methodischer Anerkennung gebracht zu haben. Stammler, der Begründer der neueren Rechtsphilosophie überhaupt, ist damit zum Erkenntniskritiker der Rechtswissenschaft geworden wie Max Weber[1]) zum Erkenntniskritiker der Wirtschaftswissenschaft. Sie haben in der Betrachtung das Seinsollende vom Seienden und Werdenden getrennt[2]) und so die Erörterung der Wertung verselbständigt, gleichzeitig aber auch die Grenzen abgesteckt, innerhalb derer mit wissenschaftlicher Allgemeingültigkeit eine Wertungsdiskussion geführt werden kann.

In wertender Kritik ist es Aufgabe der Wissenschaft die immanente Widerspruchslosigkeit des Gewollten zu prüfen (logische Kritik) und die Geeignetheit der Mittel bei gegebenem Zweck (technische Kritik). Darüber hinaus soll durch Herausarbeitung der letzten Wertaxiome und Deduktion der Konsequenzen die Wissenschaft an die Grenze der praktischen Willensentscheidung hinführen.

An diesem Punkt setzt die wertende Stellungnahme ein, gestützt auf die exakten Ergebnisse der wissenschaftlichen Arbeit. Es ist die wertende Stellungnahme einer Weltanschauung, aufgebaut auf dem tragfähigen Grunde des Wissens.

In diesem Umfang ist Politik als Wissenschaft möglich als methodische Arbeit nach den Grundsätzen formaler Richtigkeit und als Grundlegung abschließender weltanschauungsmäßiger Stellungnahme. So zeigt sich die umfassende Bedeutung der Betrachtungsweise, wie sie Stammler erstmals für das Recht durchgeführt hat, für

---

[1]) Vgl. Zeitschrift für die gesamte Staatswissenschaft 79. Jhrg. (1925) S. 583.

[2]) Vgl. Zeitschrift für die gesamte Strafrechtswissenschaft Bd. 32, S. 149 ff.

das Gesamtgebiet der Politik. Dem Gedanken des richtigen Rechts stellt sich der Gedanke der richtigen Politik zur Seite.

Inwieweit bedeutet aber richtiges Recht an sich schon richtige Politik? Politik und Recht haben das menschliche Gemeinschaftsleben im Staat zum Gegenstand. Das Recht regelt das Gemeinschaftsleben, die Politik gestaltet es; sie bedient sich dabei der Rechtssetzung. Die Politik wirkt durch das Mittel der Gesetzgebung auf das Gemeinschaftsleben ein in Richtung auf das von ihr verfolgte Ziel. Richtige Politik setzt so richtiges Recht voraus. Anderseits kann eine richtige Regelung des Gemeinschaftslebens durch Gesetz den tatsächlichen Zustand des Gemeinschaftslebens derart gestalten, daß das Ergebnis als „richtige Politik" erscheint.

Man kann so durch richtiges Recht zu richtiger Politik gelangen. Es ist dies in verschiedener Weise möglich. Einmal indem die Rechtsordnung den Rahmen absteckt, innerhalb dessen sich die politische Wirksamkeit entfaltet und sodann indem die Rechtsordnung die Werte aufstellt, die auch für die Politik maßgebend sind.

Wer vom Standpunkt seiner Weltanschauung revolutionäre Rechtsschöpfung ablehnt und nur evolutionäre Rechtsentwicklung gelten lassen will, wird den ersten Gedanken etwa so formulieren, daß richtiges Verfassungsrecht die Fortbildung des Rechts auf legalem Weg den politischen Mächten gestattet. Wer den Wert des Lebens gläubig bejaht, wird der Wertung des Lebens und dessen Schutz durch die Strafgesetzgebung Beifall zollen und hierin zugleich eine politisch wertvolle psychische Massenbeeinflussung erblicken: die dem Volksbewußtsein durch die Gesetzgebung eingeprägte Wertvorstellung wirkt eben ihrerseits wiederum als politische Motivation.

Diese Form der Wechselbeziehung zwischen Politik und Recht, die hier nur angedeutet werden kann, läßt uns den Wert eines richtigen Rechts für eine richtige Politik deutlich genug erkennen.

So erweist sich die Idee des richtigen Rechts nicht

nur theoretisch, sondern auch praktisch als fruchtbar für die richtige Politik. Die Idee des richtigen Rechts führt uns unmittelbar zur Idee der richtigen Politik.

II.

Die Idee der richtigen Politik.

Die Idee der richtigen Politik verhält sich zur Idee des richtigen Rechts wie die tatsächlich geübte Politik zum positiven Recht. Die tatsächlich geübte Politik entspricht ebensowenig in ihrem ganzen Umfang der Richtigkeit wie das positive Recht. Es kann vielmehr innerhalb der Politik wie innerhalb des Rechts Richtiges und Unrichtiges unterschieden werden.

Das Wesen der Politik liegt nämlich wie das Wesen des Rechts im „Wollen". Dies gilt wenigstens insoweit als die Politik hier von uns zum Gegenstand der Erörterung gemacht wird. Dabei soll keineswegs die Möglichkeit und Berechtigung einer Betrachtungsweise verkannt werden, die auf den erreichten Erfolg abgestellt ist. Es ist durchaus sinnvoll bei politischen Taten und Gesetzgebungsakten nach dem Erfolg zu fragen, indem für die rückschauende Forschung in Betracht gezogen wird, was jene Werke an Wirkungen geprägt und für die Folgezeit bedeutsam hinterlassen haben. Aus diesem Grunde bildet die Abschätzung der Erfolgschancen auch einen wichtigen Bestandteil des praktisch politischen Denkens und die Untersuchung der Tauglichkeit politischer Mittel sowie die Beachtung möglicher Erfolge ein Teilgebiet theoretisch-politischer Arbeit.

Für uns handelt es sich indessen in erster Linie um die Gewinnung von Richtlinien für die politische Zielsetzung, so daß jenen Fragen mehr die Bedeutung technischer Hilfsfragen zukommt.

Die Tauglichkeit des politischen Wollens beurteilt sich nach der formalen Kategorie der „Richtigkeit", die für jeden Bewußtseinsinhalt maßgeblich ist.

In diesem formalen Sinne bedeutet „richtige Politik" ein einheitlich geordnetes Wollen der Gestaltung des Gemeinschaftslebens.

Das Prädikat der Richtigkeit bezogen auf die Politik bedeutet die Anerkennung, daß ein bestimmt geartetes politisches Streben sich widerspruchslos in den Gesamtkomplex alles möglichen politischen Strebens einfügen lasse. Dies hat aber eine grundsätzliche Orientierung des Einzelinhalts politischen Wollens an einem und demselben Richtpunkt in unbedingt gleicher Methode zur Voraussetzung. Die Idee der richtigen Politik hat sohin eine viel weitergreifende Bedeutung als die Aussage technischer Begründetheit gewisser politischer Mittel für einen konkreten subjektiv gültigen politischen Zweck: Sie enthält die Vorstellung allgemeingültiger objektiver Richtigkeit, losgelöst von aller Bedingtheit und persönlichen Interessenrichtung.

Für diese Art und Weise unbedingt gleichmäßigen Richtens hat Stammler den Gedanken des „reinen Wollens" formuliert, das er als inhaltlich (nicht: ursächlich) freies Wollen kennzeichnet[1]). Dies ist nach seiner Lehre der „allgemein richtende Gesichtspunkt", die bedingende Methode des Richtens mit unbedingter Geltung für alle jemals möglichen Willensinhalte[2]).

Damit ist zugleich auch die Idee der richtigen Politik in ihrer abstrakten Allgemeinheit gekennzeichnet. Durch den Verzicht auf inhaltliche Bestimmtheit wird formale Allgemeingültigkeit erreicht.

Soweit können die Ausführungen Stammlers über das „richtige Recht" auch für die Kennzeichnung einer richtigen Politik übernommen werden. Die Frage nach der richtigen Politik, die Methode der richtigen Politik können mit dem Anspruch auf wissenschaftliche Allgemeingültigkeit untersucht werden.

Stammler gelangt indessen über diese formalen Gedankengänge scheinbar hinaus: bei der Untersuchung der

---

1) Rudolf Stammler, Lehrbuch der Rechtsphilosophie, 1922, S. 177.

2) Ebendort, S. 169.

Methode, des Weges der Erkenntnis dringt er zu einer Zielvorstellung vor, dem „sozialen Ideal“ der „reinen Gemeinschaft“, der „Gemeinschaft frei wollender Menschen“. Man könnte versucht sein diese Umschreibung des Ideals als inhaltliche Bestimmung aufzufassen und in der Tat ist die Stammlersche Lehre mehrfach einer solchen Deutung begegnet[1]). In Wahrheit ist jedoch das soziale Ideal Stammlerscher Prägung eine rein formale Vorstellung, eine bloße Anwendung der Idee der Willensreinheit auf das rechtliche Wollen in seiner verbindenden Eigenart. „Ein verbindendes Wollen“ — sagt Stammler[2]) —, „wird dann grundsätzlich richtig sein, wenn sein Inhalt die wesentliche Richtung nach dem Blickpunkt reiner Gemeinschaft erhält.“ Eine reine Gemeinschaft ist ihm aber — ebenfalls streng formal gefaßt — ein Verbinden der Zwecke verschiedener Menschen. („Jeder bleibt dem andern nur als Selbstzweck verknüpft. Ein so gedachtes verbindendes Wollen stellt in seinem Inhalte eine Gemeinschaft frei wollender Menschen dar“[3]).

Dieselbe formale Kategorie der Richtigkeit hat auch für die Politik Geltung. Das Stammlersche soziale Ideal gilt auch für die Politik.

Die Gemeinschaft frei wollender Menschen als politische Idee bezeichnet dann aber ebensowenig wie in ihrer spezielleren Bedeutung als Rechtsidee ein inhaltliches Idealbild, eine „Utopie“. Sie enthält auch keine praktischen politischen Postulate, besagt vielmehr in Anwendung auf eine politische Forderung, daß diese grundsätzlich berechtigt sei, insoferne das besondere politische Streben nach dem Gemeinschaftsgedanken geleitet sei. Der Gemeinschaftsgedanke als politische Idee ist frei von stofflich bedingter Eigenart und kann so für alle denkbaren

---

[1]) So zum Beispiel bei Radbruch, Grundzüge der Rechtsphilosophie, 1914, S. 23; Sauer, Übersicht über die gegenwärtigen Richtungen in der deutschen Rechtsphilosophie, 1924, S. 18.

[2]) Rechtsphilosophie S. 198.

[3]) Ebenda S. 199.

politischen Begehrungen „den richtenden Blickpunkt abgeben“ [1]).

Freilich eben darum begegnet eine Anwendung auf die praktische Politik den größten Schwierigkeiten. Der „richtende Blickpunkt“ ist nämlich gar kein politisches Ziel, sondern nur eine Methode des Denkens. Er enthält also nicht, wie man vielleicht meinen könnte, eine Vorstellung des Zieles, sondern nur eine Kennzeichnung des Weges. Er kann und will nichts aussagen über den Wert eines konkreten „besonderen“ politischen oder rechtlichen Postulats. Diese Bewertung ist vielmehr letztlich Gegenstand intuitiver Schau oder — intellektualistisch gewendet — ein Axiom, das weder bewiesen werden kann noch bewiesen zu werden braucht.

Wenn wir die Idee der richtigen Politik ins Auge fassen, so meinen wir also damit keine politische Zielvorstellung mit wertender Tendenz, so etwa wie man von der föderalistischen oder unitaristischen Einstellung in Beziehung auf deren Ziel behaupten kann, daß sie richtige Politik sei (weil sie das richtige Ziel verfolge). Wir bezeichnen vielmehr als richtige Politik diejenige Politik, die grundsätzlich am Gemeinschaftsgedanken orientiert ist, sohin eine Politik mit grundsätzlich richtiger Methode.

Damit gelangen wir zu einem objektiven Urteil über die Politik des Tages, über die Politik der Parteien. Freilich nicht in dem Sinn, als ob nun ein wissenschaftliches Werturteil über die einzelnen Willensinhalte (Programmpunkte) der Parteien möglich sei. Vielmehr kann ein solches Urteil in absoluter Gültigkeit nur über die Methode des politischen Denkens gefällt werden.

Welches Ziel der einzelne politisch verfolgt, das hängt letzten Endes von irrationalen Wertkomponenten ab. Die letzte Entscheidung ist Sache des Glaubens, des Bekennens, der Weltanschauung, nicht Sache des Erkennens. Damit soll aber keineswegs einer willkürlich schwanken-

1) Stammler, Rechtsphilosophie, S. 200.

den, stimmungsmäßig wertenden, haltlos umhertastenden Gefühlspolitik das Wort geredet werden. Denn es ist tatsächlich in weitem Umfang möglich, die Entscheidung einer politischen Einzelfrage rational mit dem Ganzen seiner Weltanschauung in Einklang zu bringen, sie auf letzte Wertaxiome bewußt zurückzuführen. Eine politische Einzelforderung pflegt mit Zweckmäßigkeitsgründen belegt zu werden. Die darüber angestellten Erwägungen sind rationalen Charakters. Sie sind in weitem Umfang Gegenstand objektiven Erkennens. Freilich setzt jede Zweckmäßigkeitserwägung einen Zweck voraus. Dieser Zweck ist in der Vorstellung wertbetont. Er erscheint begehrenswert. Warum? Vielleicht weil er auf einen anderen umfassenderen Zweck, auf einen höheren und höchsten Wert zurückgeführt werden kann. Am Ende der Gedankenreihe stehen wir aber immer vor einer letzten Entscheidung. Ist es eine Entscheidung politischer Stimmung? Tatsächlich meistens ja, aber es muß nicht so sein. Wir können versuchen wenigstens die Unterlagen der letzten Wertentscheidung auf wissenschaftlichen Ergebnissen aufzubauen.

Die Wissenschaft in solchem Sinn erscheint als Zusammenfassung aller menschlichen Lebenserfahrung. Und die Lebenserfahrung ist es ja im Grunde genommen, welche die letzten Entscheidungen bedingt. Es gilt die erweiterte Lebenserfahrung, welche die Wissenschaft uns bietet, für die politische Stellungnahme fruchtbar zu machen. Daß solches für die „Lehren der Geschichte" in Anspruch genommen wird, ist eine bekannte Erfahrungstatsache. Die Forderung, wir sollen aus der Geschichte politisch lernen, ist alt und bekannt — wenn freilich auch wenig beachtet. Die Ergebnisse der Wissenschaft können aber für die Politik in viel weiterem Umfang nutzbar gemacht werden, wie dies im folgenden dargelegt werden soll.

Wenn die Entscheidung über die letzten politischen Ziele, zu welcher die Wissenschaft nur die Unterlagen beibringen kann ohne sie selbst zu fällen, einmal vorliegt, ist damit der Grundcharakter der Politik bestimmt, die politische Einstellung zu den politischen Einzelproblemen, zu den politischen Tagesfragen. Die politische Einzelentscheidung ist dann eine Subsumtion wie die Rechtsanwendung des Juristen. Damit soll aber nicht gesagt sein, daß die Entscheidung nun auch schon mit der technischen Sicherheit einer Maschine produziert werden könnte. Politik ist ebensowenig eine mechanische Funktion volitiven Denkens wie die Rechtsprechung die Tätigkeit von Rechtsanwendungsautomaten.

Wenn hier die Ableitbarkeit der politischen Einzelentscheidung von der Stellungnahme zu der grundlegenden letzten Wertung behauptet wird, so dürfen dabei zwei Tatsachen nicht unerwähnt bleiben. Einmal die Tatsache, daß die meisten Menschen, die Politik treiben, sich über eine Ableitung ihrer politischen Einzelwünsche keine Rechenschaft ablegen, daß ihre Stellungnahme vielmehr durch ihre politische Einstellung nur unbewußt bedingt ist. Die Gedankenreihe, die vom erstrebten Endwert bis herab zum Einzelpostulat führt, wird nicht bewußt in logisch geordnetem Ablauf durchmessen, sondern unterbewußt gefühlsmäßig vorweggenommen. Hier kann die politische Erziehung einsetzen, hier findet sie ein dankbares Betätigungsfeld.

Die andere Tatsache, welche nicht übersehen werden darf ist die, daß selbst wenn die Subsumtion bewußt vollzogen wird, die Beantwortung sogar bei gleicher Zielvorstellung nicht einheitlich erfolgt. Es sind nicht nur Denkfehler möglich, sondern auch eine Meinungsspaltung bei Abschätzung der Erfolgsmöglichkeit, bei der Bewertung der ungewollten aber möglichen Nebenerfolge, bei der Wahl der Mittel usw. Der täglich hervortretende Gegensatz innerhalb der einzelnen politischen Parteien, beweist dies als Erfahrungstatsache.

Wie die richterliche Tätigkeit keine eindeutig zu bestimmende Subsumtion von Lebenserscheinungen unter abstrakte Rechtsregeln, ebenso wenig ist die politische Tätigkeit eine mechanische Subsumtion unter Programmsätze. Hier wie dort entfaltet sich eine schöpferische Tätigkeit. An sie können wir nur die Anforderung stellen, daß sie sich planvoll ordne. Recht und Weltanschauung gehören zusammen, ebenso aber auch Politik und Weltanschauung.

Die weltanschauungsmäßige Zusammenfassung der politischen Kräfte stellen die politischen Parteien dar. Sie sind herausgewachsen aus gemeinsamer Einstellung auf gemeinsam hochgehaltene Werte. Die Ideologie der Partei ist ihr Wesenskern. Jede Partei vertritt ihr politisches Ideal. Die Verschiedenheit der Ideale ist der Sinn der politischen Parteien. Hier waltet Glaube und Wille, Gefühl und Leidenschaft. Politische Ideale lassen sich nicht wissenschaftlich konstruieren, sondern höchstens historisch rekonstruieren.

Das Ringen um die politischen Ideale ist der Sinn der Geschichte. Der Erfolg richtet rückschauend den Wert. Die Idee einer richtigen Politik aber will den Streit nicht schlichten und den Wert nicht richten, sondern methodisch anleiten, die Form grundsätzlich geordneten politischen Denkens aufzeigen.

Das politische Ziel ist Sache der Erfahrung und des Glaubens. Der Weg zur Erreichung des Zieles aber kann selbst Gegenstand wissenschaftlichen Nachdenkens sein. Wir stehen vor der Frage:

Auf welchem Weg vollzieht sich praktisch das nach der Methode grundsätzlicher Richtigkeit geordnete politische Denken?

III.

Der Weg der richtigen Politik.

Zwei marokkanische Soldaten, die an einem Bahnübergang im besetzten Gebiet zum Wachtdienst abgestellt sind, überfallen ein deutsches Mädchen, schleppen es in das nahe Haferfeld und werfen es zu Boden. Trotz heftigster Gegenwehr wird das Mädchen von den Farbigen unter Mißhandlungen vergewaltigt und beraubt. Nach kurzer Zeit zeigen sich die Symptome syphilitischer Erkrankung. Die Farbigen hatten ihre Geschlechtskrankheit auf das vordem blühende und gesunde Mädchen übertragen. Mehrere Wochen vergehen. Das Mädchen fühlt sich Mutter. Soll sie dem Kind des Verbrechens das Leben schenken, dem kranken Kind des fremdrassigen Rohlings, dem Kind der Schande, das sie zeitlebens an jene unselige Stunde erinnert? Das darf nicht geschehen. Und so vernichtet sie das keimende Leben. Sie wird vor den Richter gestellt. Sie hat ihre Frucht vorsätzlich im Mutterleib getötet. Die Strafdrohung des § 218 lautet bei Annahme mildernder Umstände auf „Gefängnisstrafe nicht unter sechs Monaten". Die Angeklagte macht Notstand geltend. Wie entscheidet das Gericht? Welche Stellungnahme kann das Prädikat grundsätzlicher Richtigkeit für sich in Anspruch nehmen?

Wir kennen solche Fälle in großer Zahl[1]). Wir ermessen die Tragweite der Pflichtenkollision. Das Gefühl spricht die Angeklagte von Schuld und Strafe frei. Billigt der erkennende Verstand den Spruch des Gefühls? Er wird um eine Begründung nicht verlegen sein.

Ein Arzt[2]) kleidet sie in folgende Worte: „Der Staat schützt das Weib vor Angriffen auf die Integrität seiner Sexualsphäre, aber er bleibt nicht konsequent, wenn er die Angegriffene verpflichtet, das im Verbrechen Erzeugte auszutragen und als Kind des Verbrechens dem Staate zu präsentieren. Diese Pflichtenkollision mit dem gesetzmäßigen Fazit ist eine vollkommene Ironie."

So etwa lautet die verstandesmäßige Rechtfertigung des Spruches, den das Gefühl längst vor dem rationalen Besinnen gefällt hatte. Die Entscheidung dünkt einwandfrei. Sollte es möglich sein, daß der Jurist zu einem anderen Ergebnis kommt?

Das juristische Denken ist gebunden. Es fragt nicht in erster Reihe: wie ist das grundsätzlich richtige Ergebnis? Sondern es fragt: wie ist der Wille des Gesetzes?

---

[1]) Zusammenstellung besonders schwerer Fälle auf Grund amtlicher Berichte in den Drucksachen des Reichstags I, 1920/23, Nr. 5448 und 6403; III 1924/25, Nr. 737 (auch als Sonderdruck in Carl Heymanns Verlag, Berlin, erschienen).

[2]) Spinner, Ärztliches Recht. Berlin 1914, S. 343.

§ 218 des Reichsstrafgesetzbuches vom 15. Mai 1871 bestimmt:

„Eine Schwangere, welche ihre Frucht vorsätzlich abtreibt oder im Mutterleibe tötet, wird mit Zuchthaus bis zu fünf Jahren bestraft.

Sind mildernde Umstände vorhanden, so tritt Gefängnisstrafe nicht unter sechs Monaten ein.“

Dies ist der abstrakte Wortlaut des Gesetzes, der nichts ahnen läßt von der unendlichen Mannigfaltigkeit der Lebensvorgänge, auf die es Anwendung findet. Hier hören wir nichts von Motiven, nichts von der Gesinnung, der die Tat entsprang. Eitelkeit, Bequemlichkeit, Genußsucht, bittere Not, Krankheit, Notzucht — wie viele verschiedenartige Umstände und Seelenregungen mögen zu dem Verbrechen Anlaß geben! Nichts von alledem in den Worten des Gesetzes. Und doch ist es vielleicht berücksichtigt: der Gesetzgeber hat dem Richter keine absolut bestimmte Strafdrohung an die Hand gegeben, wie er es im Falle des Mordes getan hat. Der politische Mord und der Mord aus persönlichem Neid oder Haß, der Lustmord und der Mord aus Gewinnsucht, für alle Sonderfälle gibt es nur die eine Strafe, den Tod durch Enthauptung. Bei Abtreibung aber ist es in das Ermessen des Richters gestellt, welche individuelle Strafgröße er innerhalb des ordentlichen Strafrahmens zwischen einem und fünf Jahren Zuchthaus der Täterin zuerkennen will oder ob er unter Annahme mildernder Umstände Gefängnisstrafe zwischen 6 Monaten und 5 Jahren festsetzen will. Die äußeren und inneren Tatumstände des Einzelfalls werden das Strafmaß bestimmen. Aber freilich an den Strafrahmen überhaupt ist der Richter gebunden; er ist zwingend für ihn ebenso, wie die absolut bestimmte Todesstrafe bei Mord gesetzlich vorgeschrieben ist. Die Strafdrohung läßt keiner abweichenden Wertung der Tat Raum, sie ermöglicht vor allem kein Herabgehen unter das Mindestmaß von 6 Monaten Gefängnis. Auch der denkbar leichteste Fall, in dem Unrecht und Schuld nur leicht wiegen, soll mit keiner geringeren Strafe geahndet werden als mit sechs Monaten Gefängnis. An diese gesetzliche Wertung ist die richterliche Wertung gebunden. Innerhalb aller denkbaren Fälle von Abtreibungshandlungen hat der Richter die Strafzumessung so vorzunehmen, daß der denkbar leichteste Fall (soferne nicht mildernde Umstände in Betracht kommen) mit einem Jahr Zuchthaus, soferne aber mildernde Umstände angenommen werden, mit einem halben Jahr Gefängnis abgegolten wird.

Aber der Richter kann dennoch in Fällen, die unserem Beispielsfalle gleichen, zu dem Ergebnis gelangen, daß die gesetzlich vorgesehene Mindeststrafe für den vorliegenden Fall zu hoch sei, daß sie eine ungerechte Vergeltung darstelle, daß der Gesetzgeber an derartige Fälle offenbar gar nicht gedacht habe oder daß vielleicht nach allgemeiner Rechtsüberzeugung die Beurteilung der Straftat milder geworden sei, kurzum, daß das geltende Recht zu hart und sohin „unrichtig" sei.

Wäre der Richter dazu berufen in unserem Falle nach bestem Wissen und Gewissen zu entscheiden derart, daß seine Entscheidung grundsätzliche Richtigkeit in Anspruch nehmen könnte, dann müßte er wohl bei solchem Ergebnis die Härte des Gesetzes mildern. Indessen es gilt noch immer der Satz „dura lex sed lex". Der Richter ist mit seinem Urteil an das strenge Gesetz gebunden, er kann nicht anders entscheiden, er darf keinen anderen Strafrahmen seinem Urteil zugrunde legen als den des Gesetzes.

Kann also der Rechtsfall überhaupt keine grundsätzlich richtige Entscheidung finden, bleibt das unbillige Ergebnis bestehen? Wir haben darauf in folgender Weise zu antworten. Das richterliche Urteil als Rechts„erkenntnis" ist an das Gesetz gebunden, aber es gibt ein Mittel auch innerhalb der Rechtsordnung Einzelfälle, auf die das starre Recht nicht paßt, einer befriedigenden Lösung zuzuführen. Es ist dies die Rechtsinstitution der Gnade. Indem die Rechtsordnung die Möglichkeit der Begnadigung vorsieht, will sie sich nicht selbst aufheben, wohl aber eine Möglichkeit der letzten Entscheidung von Ausnahmefällen geben. Denn das Recht ist seiner Natur nach auf den Regelfall zugeschnitten und damit starr. Ausnahmefälle sind dem Gnadenwege vorbehalten. Wir empfinden das als einen Mangel, der dem Recht tatsächlich anhaftet und immer anhaften wird: es ist seiner Natur nach starr und muß doch wieder diese Starrheit im Einzelfall durch einen Seitenweg durchbrechen lassen. Ein echt menschliches Kompromiß, wie es uns in der Realität des Lebens tausendfach entgegentritt, aber dennoch immer unbefriedigt läßt: denn wir fühlen hier so recht den menschlicher Tat stets unüberbrückbaren Abstand zwischen Ideal und Wirklichkeit.

Mit dieser Erwägung ist indessen die rechtliche Würdigung unseres Beispielfalles noch gar nicht abgeschlossen [1]).

Hebt man nämlich den Beispielsfall aus seiner Vereinzelung heraus und betrachtet ihn als Typus für zahlreiche Fälle solcher Art, in denen eine Mindeststrafe, wie sie im Gesetz vorgesehen, aus hier nicht näher zu erörternden Gründen zu hoch erscheint, dann gelangt man zu dem Ergebnis, daß die Mindeststrafdrohung des § 218 überhaupt zu hoch gegriffen sei. Man übt damit am Rechtssatz selbst Kritik. Man stellt dem Recht, das ist, das Recht, das sein soll, gegenüber. Man bestreitet die grundsätzliche Richtigkeit des Rechtssatzes und man fordert „richtiges Recht". Die juristische Erwägung wird damit zur rechtspolitischen. Und zwar handelt es sich hier um eine „bedingte Besonderheit" im Stammlerschen Sinn, um eine konkrete rechtspolitische Frage.

Wir wissen also schon im voraus, daß eine absolut inhaltlich richtige Entscheidung mit wissenschaftlicher Allgemeingültigkeit nicht getroffen werden kann.

---

[1]) Eine eingehende Würdigung de lege lata ist an dieser Stelle, wo es sich nur um die Aufzeigung der formal verschiedenen Betrachtungsweisen handelt, nicht beabsichtigt. Ich verweise in dieser Richtung auf meine Monographie „Frauenheilkunde und Strafrecht" (Straßburg 1908) und auf die ausgezeichnete Darstellung von Oetker im „Gerichtssaal" 84 (1916) S. 1; ferner auf die Aufsätze von Bacharach und Feisenberger in der Zeitschrift für die gesamte Strafrechtswissenschaft Bd. 37, S. 459 und 590, wobei ich jedoch die Bezugnahme des ersteren auf meine Abhandlung „Vom Grenzgebiet zwischen Notwehr und Notstand" nicht als zutreffend anerkennen kann.

Wie aber gelangen wir zu einer objektiv richtigen Entscheidung der rechtspolitischen Frage?

Im Hinblick auf diesen Beispielsfall soll im folgenden der Weg der richtigen Politik näher beschrieben werden.

Voraussetzung des hier einsetzenden Gedankenganges ist ein Werturteil, und zwar das Werturteil, welches die konkrete gesetzliche Vorschrift mißbilligt. Wie dieses Werturteil selbst näher zu begründen ist, wie es auf richtige Weise zustande kommt, darüber ist an dieser Stelle nichts Näheres auszuführen. Wir fragen vielmehr jetzt nur, in welcher Weise der weitere Gedankengang an diesem Punkt fortschreitet; denn dieses eben ist der Weg der richtigen Politik.

An dieser Stelle läßt sich mit objektiver Gültigkeit ein Gesichtspunkt einführen, der für jede politische Frage in Betracht kommt. Wir haben uns zu fragen: Welche Gestaltung des Gemeinschaftslebens wird an Stelle der gegebenen gefordert, in welcher Weise ist diese neue Gestaltung wertbetont, also wie läßt sie sich selbst auf die letzten bekenntnismäßig festgelegten Werte zurückführen. Und bei dieser Gegenüberstellung der seienden und der seinsollenden Gestaltung ergibt sich als die methodisch entscheidende Frage: Bedeutet die vorgeschlagene Neuerung eine Vervollkommnung?

Dabei wird zu prüfen sein, ob nicht vielleicht die Verwirklichung der Forderung außer den Umständen, die sie wertbetont macht, unerwünschte Nebenfolgen hat, welche die Werthaftigkeit der Neuerung überhaupt in Frage stellen. Es wird umgekehrt zu untersuchen sein, ob nicht Vorzüge des bestehenden Zustandes mit dessen Preisgabe geopfert werden, die durch die vorgestellten Verbesserungen nicht ausgeglichen werden, kurzum es findet eine umfassende Würdigung aller Wertgesichtspunkte statt, die ohne eine solche Gegenüberstellung von Sein und Sollen unterblieben wäre.

Darin liegt der methodische Wert, der praktische Nutzen der Vervollkommnungsidee als eines formalen Prinzips politischer Arbeit.

Als formales Prinzip kann der Vervollkommnungsgedanke für sich Allgemeingültigkeit beanspruchen. Politische Entscheidungen, die auf solchem Wege gefällt werden, können mit Beziehung auf die verwendete Methode als grundsätzlich „richtig" bezeichnet werden, ohne daß damit über den Inhalt der Entscheidung ein Werturteil gefällt wäre. Das Urteil der Richtigkeit besagt vielmehr nur, daß die politische Entscheidung in methodisch geordneter Weise zustande kam.

Schon ohne nähere inhaltliche Ausfüllung, d. h. ohne Einsetzung einer allgemeinen Zielvorstellung erweist sich das formale politische Beurteilungsprinzip der Vervollkommnungsidee als praktisch fruchtbar. Es ist anwendbar für jede Zielvorstellung; denn es ist unabhängig von jeder stofflich begrenzten, inhaltlich bedingten Wertbehauptung. Die praktische Fruchtbarkeit des Vervollkommnungsgedankens erweist sich darin, daß er eine umfassende Fragestellung für die Politik veranlaßt.

Der Vervollkommnungsgedanke erstrebt — wie ich dies schon bei der erstmaligen Formulierung dieses Prinzips zum Ausdruck gebracht habe — in dem wirren Getriebe politischer Anschauungen durch methodische Erfassung leitender Gesichtspunkte eine gewisse allgemeine Orientierung zu geben[1]).

Die Vervollkommnung bezeichnet also nicht das politische Endziel, das Ziel des Vollkommenheitsideals, sondern nur den Weg und die Richtung nach einem solchen vorausgesetzten Ziele der Vollkommenheit. Sie stellt eine Überwindung bisheriger Unvollkommenheiten dar und damit einen Fortschritt in der Richtung auf das höchste Ziel.

Die Vervollkommnung als politisches Prinzip ist dabei abgestellt auf den Gegenstand der Politik; dieser aber ist die Gestaltung des Gemeinschaftslebens. Die Vervollkommnung ist damit nicht individuell gefaßt, sondern universell. Dem Staat als der organisierten

---

[1]) van Calker, Politik als Wissenschaft, Straßburg, 1898, S. 7.

Gemeinschaft obliegt die Aufgabe größtmöglicher Förderung der Vervollkommnung aller. Den einzelnen aber erwächst die Aufgabe, sich so zu verhalten, daß kein Individuum in der Verfolgung seiner in der Richtung auf das oberste und allgemeingültige Ziel gelegenen Einzelzwecke durch die übrigen Gemeinschaftsglieder behindert wird. In seiner universellsten Bedeutung aber greift das formale Vervollkommnungsprinzip hinaus über den Interessenbereich des einzelnen und sein Wohl und Wehe. Es gilt nicht minder für die Außenpolitik, für die Lebenshaltung und Willensbildung des Staates als Individuum in der Gemeinschaft der Erdenvölker. Und hier bedeutet es ein friedliches Zusammenwirken der Staaten zu gegenseitiger Förderung und Vervollkommnung auf der Grundlage individueller Lebensentfaltung.

Hat aber damit der Vervollkommnungsgedanke nicht unvermerkt inhaltliche Bestimmtheit erlangt? Ich glaube: nein! Denn der Inhalt der Vervolkommnung ist durchaus verschieden je nach dem vorgestellten Endzweck, je nach der Stellungnahme zu den letzten Werten. Das nach dem formalen allgemeingültigen Vervollkommnungsprinzip gefällte politische Einzelurteil ist notwendig stofflich begrenzt und darum nicht absolut gültig. Wohl aber kann es mit Rücksicht auf die seiner Bildung zugrunde liegende formale Methode grundsätzlich richtiger Betrachtung als objektiv „richtig“ bezeichnet werden.

Darin besteht der Wert des Vervollkommnungsgedankens. Er ist uns ein heuristisches Prinzip. Er weist uns hin auf die Realien der Politik. Er zwingt uns zur Erkenntnis und Bewertung der politischen Wirklichkeit und enthüllt uns die Möglichkeiten ändernder Gestaltung. Damit gelangen wir zu einer Politik des Möglichen, die auf der Wirklichkeit aufbaut in schöpferischer Vervollkommnung des Gegebenen[1]).

[1]) van Calker, Bismarcks Verfassungspolitik S. 11.

IV.

Das Ziel der richtigen Politik.

Als Ergebnis unserer formalen Betrachtungen haben wir gefunden, daß eine inhaltliche Zielbestimmung absoluter Art sich als erkenntniskritisch unmöglich erweist. Wir haben daher zunächst versucht unter Offenlassung jener Frage eine wissenschaftlich bestimmbare, allgemeingültige Methode zur Gewinnung politischer Resultate aufzuzeigen. Wir haben diese Methode in dem Gedanken der Vervollkommnung gefunden, der seinerseits an der Vorstellung formaler „Richtigkeit" orientiert ist. Wir haben gesehen, daß dieser politische Weg geeignet ist, ein vorausgesetztes politisches Ziel in geeigneter Weise zu verfolgen. Er zeigt uns eine umfassende Fragestellung und lehrt uns so bewußt Fehlerquellen verschütten, die sonst erfahrungsgemäß das politische Urteil unheilvoll beeinflussen.

Die formale Methode richtiger Politik eröffnet uns erst die Möglichkeit richtiger Politik — etwa wie die Ordnung und Regelung wissenschaftlichen Denkens durch die Logik erst die Möglichkeit wissenschaftlich brauchbarer Ergebnisse begründet. Indessen gewährleistet hier wie dort die Möglichkeit noch keineswegs die Wirklichkeit. Es kann trotz streng formal einwandfreien logischen Aufbaues infolge inhaltlich fehlerhafter Prämissen eben doch ein sachlich unrichtiges Resultat zustandekommen. Nicht anders ist es bei der Politik. Auch schlechte Politik kann sich einer geordneten Methode des Denkens und Handelns bedienen.

Es ist darum unsere Aufgabe, im folgenden uns einer inhaltlichen Wertbestimmung der Politik zuzuwenden.

Wir haben gesehen, inwieweit die empirische Wissenschaft geeignet ist, uns bei diesem Bemühen zu dienen. Wir haben festgestellt: die Wissenschaft kann uns nur Grundlagen an die Hand geben.

Letzten Endes aber sind wir auf eine weltanschauliche

Stellungnahme angewiesen, die als solche mit wissenschaftlichen Mitteln weiter nicht gestützt werden kann.

Um zu einer inhaltlichen Umschreibung eines politischen Endwerts zu gelangen, müssen wir uns zunächst auf das Wesen der Politik besinnen. Sie ist uns Gestaltung des Gemeinschaftslebens entweder unmittelbar als Verwaltungspolitik oder mittelbar als Rechtssetzungspolitik. In allen Fällen hat sic das Gemeinschaftsleben zum Gegenstande.

Unser Nachdenken wird sich daher zu allererst dem Wesen dieses Gemeinschaftslebens zuwenden müssen.

Handelt es sich hier überhaupt um eine wissenschaftlich erfaßbare Realität? Ist das Gemeinschaftsleben eine vom Dasein der Gemeinschaftsglieder verschiedene Wirklichkeit oder ist es nicht vielmehr bloß eine Abstraktion, eine Denkform, die uns den Gesamtkomplex politischen Geschehens veranschaulichen soll? Es leuchtet sofort ein, daß von der Beantwortung dieser Frage die Formulierung des politischen Ideals notwendig abhängt. Wir stehen in der Tat hier mitten im politischen Meinungsstreit. Es ist der alte Gegensatz individualistischer und überindividualistischer, personalistischer und transpersonalistischer Staatsauffassung.

Kann die Wissenschaft in solchem Streit uns Führerin sein? Ich glaube, daß wir die Ergebnisse der wissenschaftlichen Biologie als Unterlage für unsere Stellungnahme verwerten können.

Nach vitalistischer Lehre, wie sie schon von Aristoteles angedeutet, aber erst in jüngster Zeit — und zwar insbesondere durch Erich Becher[1]) und Hans Driesch[2]) — ausgebaut worden ist, spielt sich das Leben, wie wir es empirisch kennen, in natürlichen Lebenseinheiten, in „Organismen" ab.

[1]) Erich Becher, Naturphilosophie (in dem Sammelwerk „Kultur der Gegenwart" 3, VII, 1, insbes. S. 414—419).

[2]) Hans Driesch, Der Vitalismus als Geschichte und als Lehre, Leipzig 1905 (I. Hauptteil als „Geschichte des Vitalismus" in 2. Auflage 1922); derselbe, Philosophie des Organischen, 2. Aufl. Leipzig, 1921.

Der Organismus aber ist gegenüber dem Leblosen, dem „Anorganischen" gekennzeichnet durch die Entelechie. Der immanente Lebenszweck, der Lebenssinn liegt in einer Entfaltung der vorhandenen Anlagen. Dies ist das wissenschaftlich ermittelte und wissenschaftlich erweisbare Wesen und Ziel des Lebens, so wie es sich uns empirisch darbietet. Wir kennen damit die Entwicklungstendenz, die Richtung, der alles Leben zuströmt. Freilich sei schon hier betont, daß damit über die Werthaftigkeit des Seienden und Werdenden noch nichts ausgesagt sein kann.

Die Voraussetzung des Entfaltungsvorganges im Leben ist die Erhaltung der Individuen und der Arten. Wir können dies zusammenfassen in die Prägung: Leben ist Selbsterhaltung und Selbstentfaltung des Lebensträgers.

Lebensträger ist aber nicht nur der einzelne Mensch und die Art, also die Menschheit als Ganzes, sondern auch die sozialen Bildungen, die in der Mitte zwischen Mensch und Menschheit stehen und der Erhaltung des Individuums sowie der Art dienen. Lebensträger ist sohin insbesondere auch die Familie und der Staat.

Wenn wir das Gemeinschaftsleben im Staat als selbständigen Organismus betrachten, so wollen wir damit keinen bloßen Vergleich durchführen zwischen Staatsleben und Individualleben, sondern dem Staat selbst den Grundzug alles Lebens zuerkennen, ihn als Lebens- und Schicksalsgemeinschaft charakterisieren. Der Staat als Organismus ist uns ein Organismus im soziologischen Sinne, er ist die Lebensform des Volkes[1]).

Der Staat ist eine historisch gewordene Lebenseinheit, wenn ihm auch das Merkmal der „Ganzheit" im biologisch-philosophischen Sinne mangelt. Er enthält eine tatsächliche Verknüpfung von Lebenskräften, eine Zusammenfassung von Lebensmächten mit eigenen Lebensgesetzen. Der Staat ist als Lebenseinheit eine sozio-

[1]) Vergl. hierüber Näheres bei van Calker, Bismarcks Verfassungspolitik, S. 9 ff.

logische und historische Gegebenheit. Das Staatsleben entspricht in seinem selbständigen Sinngehalt dem Individualleben, Selbsterhaltung und Selbstentfaltung sind auch ihm wesentlich. Diesen Richtpunkten strömt auch alles staatliche Leben zu: wir können von einer Entelechie des staatlichen Organismus sprechen. Diese Auffassung vom Staat, die sich uns empirisch aufdrängt, ist uns aber zugleich heuristisches Prinzip — ebenso wie die Vervollkommnungsidee in ihrer praktischen Anwendung. Wer den Staat als Staatsmann lenkt, muß sich bewußt sein, daß es sich hier nicht um die technische Leitung einer Maschine, sondern um eine unmittelbare Einwirkung auf organisches Leben handelt und daß es daher gilt, der Tatsache des Lebens Rechnung zu tragen. Der Staat ist aber auch kein bloßes Machtmittel, wie er dem politischen Techniker erscheint, er ist überhaupt nicht bloß Mittel, sondern er enthält selbst in sich seinen Zweck, wie dies in dem Begriff der Entelechie zum Ausdruck kommt. Zielstrebigkeit ist ihm eigen. Jeder Staat trägt sein eigentümliches, unnachahmliches Leben in sich, das wie das individuelle Leben durch Umwelt, Charakter und Schicksal als den gestaltenden Faktoren bedingt ist und das staatliche Individuum als solches kennzeichnet. Die äußeren Daseinsbedingungen und die äußeren Wachstumsbedingungen bilden nur die eine Komponente im politischen Kräftespiel, das im Inneren gestaltende und formende Lebensprinzip aber ist die andere Komponente, die vielfach den Ausschlag gibt, oft sogar die Umwelt nach eigenem Sinne umformt und so das Schicksal des Staates gestaltet.

Mit diesem Ergebnis haben wir eine nähere Umschreibung des Vervollkommnungsgedankens erhalten. Seine Anwendung auf das organische Leben ist der Gedanke der Erhaltung und Entfaltung des Organismus, mithin auch des staatlichen Organismus.

Auch mit dieser Feststellung bewegen wir uns noch auf dem Boden naturwissenschaftlicher Erkenntnis. Wir haben noch nicht kritisch Stellung genommen zu der Frage der Wertung, d. h. der Frage, ob die Entwicklungstendenz, die Zielstrebigkeit in der Richtung auf eine Entfaltung des Lebensträgers zu billigen oder zu mißbilligen ist. Zudem haben wir auch die Art und Weise der Entfaltung nicht näher ins Auge gefaßt. Die Entfaltung als konkretes Entwicklungsziel genommen, sieht — praktisch gesprochen — im Vorstellungsbereich konservativer Gesinnung ganz anders aus als im Geist des kommunistischen Revolutionärs!

Der Vitalismus führt uns erst dann weiter, wenn er aus einer naturwissenschaftlichen Arbeitshypothese zur Weltanschauung gemacht wird. Der hypothetisch angenommene Lebenszweck, der zunächst empirisch als eine Entwicklungstendenz gegeben ist, wird in anderem Sinne überempirisch als Sinngehalt des Lebens genommen. Wir bejahen den Wert der Entwicklungstendenz, weil die gläubige Seele hinter dieser Weltentwicklung ein wollendes sinnhaft wirkendes Weltwesen schaut. Der Glaube schafft so den Wert.

Das Gefühl der Werthaftigkeit aller organischen Entfaltungstendenzen läßt uns den Entwicklungsvorgang nicht nur als Differenzierung, sondern vielmehr als ein Zielstreben in die Höhe erschauen. So wird die Idee der Vervollkommnung zu einer Idee des ewigen Aufstiegs. Dieses Erlebnis kann aber nicht Gegenstand bewußtnüchterner Gedankenarbeit sein: es wird von einer Ahnung des Weltgeschehens intuitiv erfaßt. Das letzte und höchste Ziel alles Lebens und alles Strebens ist dem menschlichen Denken nicht gegeben, sondern seinem Willen aufgegeben. Die Willensentscheidung als Bekenntnis zu schöpferischer Tat beruht auf gefühlsmäßiger Intuition. Vollkommenheit nennen wir das Ideal, das uns in unerreichbarer Ferne vorschwebt: so ferne, daß kein klares Abbild dem sehnenden Gedanken sich enthüllt — und doch so nah, daß es in jeder Aufgabe unseres Tagewerks uns anspricht. Dienende Hingabe an die Pflicht jeder Stunde — sie führt durch Vervollkommnung in ewigem Aufstieg zum Vollkommenheitsziel [1]).

Die vitalistische Lebensanschauung gibt

uns die wissenschaftliche Grundlage zu einer bekenntnismäßigen Weltanschauung und damit zu einer inhaltlichen Zielbestimmung der Politik.

Aber wir müssen uns dieses Weges bewußt bleiben. Wir dürfen nicht ohne weiteres aus einer wissenschaftlichen Erkenntnis des Seins und des Werdens den Wert entnehmen wollen. Wir dürfen den Wert, der letzlich die Entscheidung in der politischen Wertung bedingt, weder als selbstverständlich voraussetzen noch mit dem Werdensziel identifizieren, wie dies schon mehrfach in der parteipolitischen Ideologie und in der rechtspolitischen Literatur[2]) geschehen ist. Wir müssen uns bewußt bleiben, daß die letzte Entscheidung in der Weltanschauung begründet ist[3]).

Nur der Glaube an den Sinngehalt des Werdens macht dieses wertbetont. Nur solche Sinnbeziehung kann aus dem Reich des Seins in das Reich der Werte hinanführen. Keine andere Brücke läßt sich über den Abgrund zwischen Ideal und Wirklichkeit schlagen; daß das geschaute Lebensziel werthaft sei, sagt nur das Gefühl.

So erst gewinnt das formale Vervollkommnungsprinzip inhaltliche Bestimmtheit. Es ist uns der richtige Weg zum richtigen Ziel. Freilich bedeutet dabei „richtig" in der einen Beziehung etwas anderes als in der anderen. Einmal will es die Aussage enthalten, daß das politische Denken auf einem Wege fortschreitet, der in grundsätzlicher Weise methodisch geordnet ist; das richtige Ziel aber ist ein Ziel, zu welchem sich gläubige Weltanschauung mit der Stimme des Gefühls auf der Grundlage einer umfassenden Lebenserfahrung bekennt. Diese Lebenserfahrung selbst ist von der Wissenschaft an die Hand gegeben. Die Gefühlsentscheidung aber nimmt dazu Stellung. Das Gefühl entscheidet

[1]) Eine nähere Ausführung dieses Gedankens findet sich in meiner Schrift „Recht und Weltanschauung", 1924, S. 35, 36.

[2]) Vgl. hierzu z. B. den Aufsatz von Liszt in der Zeitschrift für die gesamte Strafrechtswissenschaft Bd. 26, S. 553 ff. u. 27, S. 91 ff. und meine Entgegnung ebendort Bd. 32, S. 149 ff.

[3]) Die nähere Ausführung dieses Gedankens findet sich in meiner Abhandlung „Recht und Weltanschauung", Mannheim 1924.

also nicht wie bei der „Gefühlspolitik" auf Grund unklarer, undurchdachter Wirklichkeitsvorstellung, sondern auf Grund einer bewußten Gedankenarbeit.

Dies ist der Unterschied zwischen „richtiger" und „unrichtiger" Politik.

V.

Richtige Politik und richtiges Recht.

Eine richtige Politik, welche das rechte Ziel vor Augen hat und auf methodisch gesicherter Bahn zu ihm vorzudringen strebt, wird die Vervollkommnung des Gemeinschaftslebens entweder im einzelnen durch konkrete Verwaltungsmittel anstreben oder in abstrakten Rechtssätzen die Grundlagen des Gemeinschaftslebens aufstellen in solcher Weise, daß die Erhaltung und Entfaltung des Lebens aller Lebensträger gewährleistet ist. Wie richtiges Recht an sich schon richtige Politik darstellt, so gilt umgekehrt der Satz: „Durch richtige Politik zu richtigem Recht." Eine richtige Gestaltung des Gemeinschaftslebens durch das Mittel der Rechtssetzung ist nur dann möglich, wenn diesem Mittel selbst das Prädikat der Richtigkeit zukommt.

Die grundsätzlich richtige Methode rechtspolitischer Wirksamkeit angewandt auf die Erreichung eines als richtig erkannten Zieles der Rechtssetzung schafft mit Notwendigkeit „richtiges Recht".

Solch richtiges Recht ist kein Idealrecht. Es ist erdgebunden, stofflich begrenzt, bedingt. Aber es ist objektiv richtiges Recht. Wer es im politischen Kampf als politische Forderung vertritt, kann es rational begründen als übersubjektives Gerechtigkeitspostulat.

Dies ist der Gewinn einer Orientierung des Rechts und der Politik am Maßstab objektiver Richtigkeit. Wir gelangen zu „grundsätzlicher" Problemstellung und „grundsätzlicher" Problembeantwortung.

Die politische Idee schafft die Grundlage einer politischen Kunstlehre im Gegensatz zu einer bloßen politischen Technologie.

Dieser Gegensatz kann durch nichts deutlicher veranschaulicht werden als durch die Namen Bismarck und

Machiavelli. Wiewohl der Machiavellismus gemeinhin als rücksichtslose politische Zielverfolgung erscheint, überwiegt bei dem theoretisierenden politischen Praktiker doch bei weitem die Vorstellung des politischen Mittels. Die Politik ist dem routinierten Italiener eine virtuose Technik. Er vergißt darüber beinahe das Ziel. Die politischen Mittel werden ihm in der theoretischen Darstellung Selbstzweck — wohl deshalb, weil er sich gar nicht die Mühe genommen hat über seine letzten politischen Ideale, deren Erreichung der ganze Apparat doch eigentlich dienen soll, in grundsätzlicher Weise nachzudenken. Der nationale Machtstaat ist ihm das selbstverständliche Ziel, für das sein principe nuovo jedes andere Erdengut, ja selbst jeden anderen ethischen Wert bedenkenlos einsetzen und opfern darf. Ihm selbst ist dieses Ziel selbstverständlich, mit gleicher Selbstverständlichkeit setzt er es bei seinen Lesern voraus — oder will es ihnen vielleicht auch suggerieren. Nicht anders läßt es sich deuten, daß er erst am Ende seines „Principe" auf das politische Ziel zu sprechen kommt in seiner „Ermahnung, Italien von den Barbaren zu befreien". Dazu will er die neue Regierungsform, die für den Fürsten „ehrenvoll" und für das ganze Land „nützlich" wäre. Aber auch hier nirgends eine klare Wertbegründung, nur Andeutungen, indem von einer „gerechten Sache", einem „heiligen Unternehmen" gesprochen wird — Redewendungen, die an dieser Stelle rein rhetorischen Charakter tragen. Machiavell stand der politischen Kunst innerlich fremd gegenüber, die politische Technik war sein Beruf. Aber in einem hat er doch hier bedeutsam gewirkt: Er hat die Realpolitik neu begründet. Bacon hat ihm dafür gedankt, daß „er uns offen und ohne Umschweife gesagt hat, wie die Menschen gewöhnlich handeln, und nicht, wie sie handeln sollen". Gewiß darin liegt ein Verdienst. Machiavell geht von der politischen Wirklichkeit aus und verwirft die politische Phantasterei, die anstelle der Wirklichkeit nebelhafte Traumbilder sieht [1]).

[1]) Das berühmte 15. Kapitel des „Principe" ist die klassische Formulierung der modernen Realpolitik.

Aber unvermerkt wird ihm das Sein zum Sollen. Er verwechselt Erkenntnis der Wirklichkeit und Bekenntnis zu ihrem Wert. Er will sagen, daß die gegebenen Verhältnisse, die Menschen und die Dinge so, wie sie sind, gesehen werden müssen und in ihrem Sosein als Faktoren in der politischen Berechnung eingeschätzt und verwendet werden müssen. Aber er sagt mehr als dies. Er lehnt mit dem Phantasiegebilde auch das Ideal ab. Indem er zeigt, daß der unmoralisch handelnde Fürst Erfolg hat, ist es ihm selbstverständlich, daß jeder Fürst unmoralisch handeln müsse. Er denkt gar nicht daran jenen „Erfolg" gegenüber den durch seine Erreichung hervorgerufenen Nebenerfolgen abzuwägen, oder auch nur überhaupt den Wert des Erfolges grundsätzlich zu würdigen. Kurzum er vergißt über den Mitteln den Zweck.

Ganz anders Bismarck. Zwar auch Bismarck ist kein Phantast, ganz im Gegenteil, er ist ein Meister der Realpolitik — weit mehr sogar als Machiavelli. Aber die politische Arbeit ist ihm keine bloße Technik, sondern bewußte Verfolgung wertbetonter Ziele und bewußte grundsätzliche Wertabwägung auf weltanschaulicher Grundlage [1]). Bismarcks Verfassungspolitik zeigt uns ein ausgezeichnetes Beispiel für Anwendung richtiger, d. h. grundsätzlich orientierter Politik. Seine Realpolitik war eine Kunst des Möglichen. Wir denken dabei in erster Linie an den Weitblick, mit dem er das gesamte Bild der Wirklichkeit überschaute und mit sicherem Gefühl alle Erfolgschancen abwog. Aber nicht darin lag eigentlich der tiefere Sinn der Bismarckschen Überlegenheit, daß seine Politik eine Kunst des Möglichen war, sondern darin, daß sie eine Kunst war. Kunst aber ist immer von einer Idee geleitet. Dadurch unterscheidet sich die Kunst von der Technik und der Virtuosität. Die politische Idee, welche die Politik zur Kunst macht, beruht nicht in der Art der Anwendung der politischen Mittel, sondern in der politischen Zielsetzung

[1]) Vgl. hierüber Näheres in meiner Abhandlung über Bismarcks Verfassungspolitik (München 1924).

als schöpferischer Leistung und der methodisch gesicherten Führung auf das erschaute Ziel.

Vervollkommnung im Sinn der Erhaltung und Entfaltung des Lebens soll die Richtung für die Politik sein. Man kann den Vitalismus als politische Idee so fassen, daß es Aufgabe der Politik ist, die immanente Zielstrebigkeit des organischen Gemeinschaftslebens zu erschauen und das Gemeinschaftsleben in Richtung auf jenes Ziel zu vervollkommnen.

Damit haben wir eine gemeinsame leitende Idee für die gesamte innere und äußere Politik herausgestellt, an der die politische Zielsetzung und das politische Handeln wertend gemessen werden kann. Nach dieser Idee kann die Politik des Tages objektiv gerichtet werden in dem Doppelsinn des Wortes: beurteilt und geleitet [1]).

Die Idee der Vervollkommnung durch Entfaltung ist Beurteilungsprinzip und Leitstern aller Politik. Denn in ihr haben wir die unbedingt einheitliche Weise des Richtens gefunden, da „in dem höchsten Blickpunkt, nach dem in formaler Gleichmäßigkeit die einzelnen Erlebnisse zu lenken sind, nichts von begrenzten Besonderheiten mehr verbleibt" [2]).

Der Vitalismus als Weltanschauung aber gestattet uns durch Sinnbeziehung jenes höchste Reich der Werte sich unmittelbar in der Politik des Tages auswirken zu lassen.

Es sei dies an dem augenblicklich bedeutungsvollsten Problem der deutschen Außenpolitik veranschaulicht: ich meine das Vertragswerk von Locarno. Dabei sollen nicht Einzelheiten untersucht werden, sondern nur die Gesamtrichtung, die Grundeinstellung, der sog. „Geist von Locarno". Es handelt sich hier um die bewußte Abkehr vom Wege der Gewalt zum Wege des Rechts auf der Grundlage der Idee der internationalen Rechtsgemeinschaft.

Wenden wir auf diese Frage den Gesichtspunkt der Vervollkommnung durch Entfaltung der organischen

---

1) Stammler, Rechtsphilosophie S. 170.

2) Ebendort Anm. 4.

Lebensgemeinschaften an, so kann von dem Standpunkt der von uns zugrunde gelegten Weltanschauung aus kein Zweifel sein, wie die Entscheidung zu lauten hat.

Wir werden erkennen, daß hier „durch richtige Politik richtiges Recht" geschaffen wird.

Wie ehedem die Nation, der Staat sich zur Rechtsgemeinschaft zusammenschloß, um dem Gemeinschaftsleben die Erhaltung und Entfaltung zu sichern und den Kampf aller gegen alle zu verhindern, so versuchen jetzt die Nationen, sich bewußt zur Rechtsgemeinschaft zusammenzuschließen, indem sie neues richtiges Völkerrecht zu gestalten streben.

In der praktischen Politik ist es ein Streben nach „bedingten Zielen" in stofflich begrenzter Besonderheit. Ob es aber „grundsätzlich berechtigt" sei, das hängt davon ab, ob der eingeschlagene Weg zielsicher geführt wird. Weg und Ziel unterliegen wissenschaftlicher Kritik. Der Erfolg wird der Richter der Zukunft sein.

Der Endzweck solcher Rechtssetzung aber ist nicht eine Ertötung des nationalen Gedankens, ebensowenig als der Staat dazu bestimmt ist, den Menschen dem Staatsbürger aufzuopfern, vielmehr im Gegenteil durch rechtliche Organisation die höchsten Menschheitswerte zu retten. Die Nation soll erhalten bleiben und die nationale Eigenart, ähnlich wie die Eigenart der Länder im Bundesstaat die eigentliche Lebenswurzel darstellen. Denn im engeren und engsten Lebenskreise entfaltet sich zuerst die wirkende Lebenskraft in ihrer eigenartigen Zielstrebigkeit. Unterdrückung der Individualität bedeutet überall im organischen Leben Hemmung der Entfaltungsmöglichkeit. Ihre Pflege aber ist Aufgabe der Politik, der inneren wie der auswärtigen. Wie wir innerhalb des Bundesstaates die Eigenart des Landes pflegen, so ist Entfaltung des nationalen Gedankens Aufgabe der internationalen Politik. I n t e r n a t i o n a l e r A u f b a u a u f n a t i o n a l e r G r u n d l a g e, so lautet die Formel. Das Ziel bleibt Erhaltung und Entfaltung des Vaterlandes unter dem Schutz richtigen Rechts durch richtige Politik.

DIE WERT- UND PREISLEHRE IN NATIONALÖKONOMISCHER UND JURISTISCHER BETRACHTUNGSWEISE.

Von

KARL DIEHL.

Die Wert- und Preislehre, die in den nationalökonomischen Lehrbüchern einen so breiten Raum einnimmt, ja im Mittelpunkt vieler ökonomischer Systeme steht, findet in der juristischen Doktrin und in den Rechtsbüchern viel weniger Beachtung. Auch die größten systematischen Werke der Rechtswissenschaft enthalten nur kurze Bemerkungen über das Wert- und Preisproblem, und in den wichtigsten Rechtsbüchern würde man vergebens nach scharfen und klaren Begriffsabgrenzungen von Wert und Preis suchen.

Der Grund hierfür liegt in dem verschiedenen Interessengebiet beider Disziplinen. Die Volkswirtschaftslehre, die den Zusammenhang der wirtschaftlichen Erscheinungen zu erforschen hat, kennt kein wichtigeres Problem als das: wie kommen die Preise zustande? Welches sind die letzten Preisbestimmungsgründe? Wie erklären sich Preissenkungen und Preissteigerungen? — Bei der überragenden Bedeutung der Preisbildung für alle wirtschaftlichen Vorkommnisse muß die theoretische Erforschung der Preiserscheinungen — und das ist die Aufgabe der ökonomischen Werttheorie — in größtem Maße das Interesse der Wirtschaftswissenschaft in Anspruch nehmen. Ganz anders die Rechtslehre. Die wichtigste und schwierigste Aufgabe der ökonomischen Werttheorie, die Erklärung des Ursachenkomplexes der Preiserscheinungen, gehört nicht zum Forschungsgebiet des Juristen. Wohl aber hat der Jurist zu entscheiden, ob die tatsächlich gezahlten Preise oder die Preisangebote mit bestehenden Rechtsnormen und Rechtssätzen im Widerspruch stehen. Unter Umständen kann ein bestimmter Preis den Tatbestand eines rechtsungültigen Geschäfts oder einer strafbaren Handlung in sich schließen.

Weiter interessiert den Juristen, welche der verschiedenen Wertarten bei gewissen Preisfestsetzungen, namentlich auch bei Regelung von Ersatzansprüchen, in Frage kommt. Der sogenannte „angemessene Preis" kann in Frage stehen in dem Sinne, ob die Preishöhe nicht über die Höhe hinausgeht, die rechtlich zulässig ist. Der „angemessene Preis" kann auch in den Fällen wichtig werden, wenn vertragsmäßig keine Festsetzung vorliegt.

Um einzelne Fragen, die juristisch bedeutungsvoll sind, herauszugreifen, nennen wir die folgenden: soll der gemeine Wert oder der Affektionswert, der gemeine Wert oder der Ertragswert, der Anschaffungs- oder der Wiederanschaffungswert bei der Feststellung bestimmter Preise oder Bewertungen zugrunde gelegt werden? Inwieweit ist die Klausel „Preis freibleibend" zulässig? Nach welchen Gesichtspunkten soll die Festsetzung staatlicher Höchstpreise, Taxpreise, Monopolpreise vorgenommen werden? Wann kommen Kartelle oder Syndikate bei ihren Preisfestsetzungen in Kollision mit Rechtsnormen?

Im Gegensatz zur neueren Zeit hatte früher das Wert- und Preisproblem in der Jurisprudenz eine weit größere Bedeutung. Als die Preisbildung keine „freie", sondern eine „gebundene" war und die Preisfestsetzung Objekt staatlicher oder sonstiger obrigkeitlicher Verwaltung war, in der Zunftperiode, in der Zeit des Merkantilismus, wo der Preis in großem Umfang Verwaltungsobjekt war, waren auch für den Richter und Verwaltungsbeamten der Preis und seine Bestimmungsgründe von viel größerer Bedeutung als heute.

Da in der Periode der kapitalistischen Wirtschaftsweise die Festsetzung der Preise dem freien Belieben der Kontrahenten überlassen ist, fällt die „normale" Preisgestaltung, deren Erklärung für den Nationalökonomen wichtig ist, aus dem Rahmen der Rechtswissenschaft heraus. Nur in den Ausnahmefällen, wo die Preise nicht durch die freie Konkurrenz bestimmt werden, also entweder autoritativ durch Staat, Gemeinde usf. festgestellt werden, oder durch Interessenorganisationen, wie Kartelle, Syndikate usw., sind juristische Entscheidungen zu treffen; bei der freien Marktpreisbildung nur dann, wenn der Tatbestand des Wuchers gegeben ist. —

Ist sonach das Interessengebiet des Juristen in der Wert- und Preislehre ein viel begrenzteres, als das des Nationalökonomen, so zeigt sich doch auch auf diesem Gebiete, wie eng die Beziehungen zwischen Rechtswissenschaft und Nationalökonomie sind. — Überall dort, wo der Jurist bei der Bestimmung von Wert und Preis eingreifen muß, muß er auf die nationalökonomische Wert- und Preislehre zurückgreifen. Ich kann den ganzen Komplex der Fragen, um die es sich hierbei handelt, nicht in Betracht ziehen, sondern möchte mich in dieser Abhandlung darauf beschränken, die juristische Terminologie von Wert und Preis kritisch zu betrachten und dann zu einem Problem, das in der Rechtswissenschaft und in der Judikatur eine besonders wichtige Rolle spielt, Stellung nehmen, nämlich zu der Frage des angemessenen Preises.

Fragen von vorwiegend juristischem Interesse, die mit dem Wert- und Preisproblem zusammenhängen, sollen hier nicht erörtert werden; daher fällt auch aus dem Rahmen unserer Betrachtung die interessante Rechtsfrage heraus, die sich an die Unterscheidung von entgeltlichen, gemischtentgeltlichen und unentgeltlichen Geschäften anknüpft, nämlich die Frage: inwieweit die Normen des Kaufrechts und die Frage des angemessenen Kaufpreises auch auf die teilweise unentgeltliche Sachveränderung angewendet werden[1]).

I.

Die juristische Terminologie von Wert und Preis.

A. Die Begriffe Wert und Preis im bürgerlichen Recht und Handelsrecht.

Im römischen Recht kommt die Unterscheidung von Wert und Preis nicht vor. Das Wort pretium wird für beide

[1]) Vgl. hierzu H. Hoeniger, Gemischte Verträge in ihren Grundformen. Mannheim 1910.

Begriffe promiscue gebraucht[1]). Wohl aber findet sich die Unterscheidung von gemeinem Wert und Affektionswert: „Es gibt nach römischem Rechte einen doppelten Wert: ein pretium commune, gemeinen Wert, welcher nach den gewöhnlichen Preisen angeschlagen wird, und ein pretium singulare oder individuellen Wert, welchen die Sache unter besonderen Umständen hat. Dieser ist wieder doppelt, denn man unterscheidet das pretium affectionis, quod affectu aestimandum und das pretium τοῦ interesse singularis[2]).“

Im allgemeinen wird die bloß subjektive Bedeutung eines Gutes nur für eine bestimmte Person im Rechtsverkehr nicht berücksichtigt, I. 33 pr. D 2: „pretia rerum non ex affectione nec utilitate singulorum, sed communiter fungi“[3]).

Eine viel größere Begriffsspaltung findet sich im preußischen allgemeinen Landrecht. Offenbar unter dem Einfluß der nationalökonomischen Wertlehre, die von Anbeginn an eine große Anzahl von Wertformen unterschied, hat das allgemeine preußische Landrecht nicht weniger als vier Wertbegriffe aufgestellt: 1. den Wert, 2. den gemeinen Wert, 3. den außerordentlichen Wert und 4. den Wert der besonderen Vorliebe.

1. Der Wert.

Dieser wird definiert als der Nutzen, welchen eine Sache, ihrem Besitzer leisten kann (cf. I. Teil, 2. Titel § 111).

2. Der gemeine Wert.

Der Nutzen, welchen die Sache einem jeden Besitzer gewähren kann, ist ihr gemeiner Wert. Annehmlichkeiten oder Bequemlichkeiten, welche einem jeden Besitzer schätz-

---

[1]) Paul Oertmann, Die Volkswirtschaftslehre des Corpus juris civilis. Berlin 1891. S. 38.

Rudolf Kaulla, Der Wertbegriff im römischen Recht. Zeitschrift für die gesamte Staatswissenschaft. 58. Jahrg. 1. Heft. Tübingen 1902 S. 386.

[2]) Koch, Recht der Forderungen S. 320 zitiert bei Neumann, Wirtschaftliche Grundbegriffe. In Schönbergs Handbuch der politischen Ökonomie. 4. Aufl. 1. Bd. Tübingen 1896. S. 161.

[3]) Oertmann, a. a. O., S. 38.

bar sind und deswegen gewöhnlich in Anschlag kommen, werden dem gemeinen Werte beigerechnet. (§ 112 u. 113.)

3. Der außerordentliche Wert.

Der außerordentliche Wert einer Sache erwächst aus der Berechnung des Nutzens, welchen dieselbe nur unter gewissen Bestimmungen oder Verhältnissen leisten kann (§ 114).

Als Beispiele für den außerordentlichen Wert können angeführt werden: das getötete Pferd gehörte zu einem Viergespann; die günstige Lage eines Hauses für den Betrieb einer Gastwirtschaft; ein Landgut mit einer Quelle usw.

4. Wert der besonderen Vorliebe.

Der Wert der besonderen Vorliebe entsteht aus bloß zufälligen Eigenschaften oder Verhältnissen einer Sache, die derselben nach der Meinung ihres Besitzers einen Vorzug vor allen anderen Sachen gleicher Art beilegen (§ 115).

Diese Terminologie ist offenbar durch die früher in der Wirtschaftslehre allgemein übliche Haupteinteilung des Wertes in Gebrauchswert und Tauschwert oder in subjektiven und objektiven Wert beeinflußt. Der Wert im Sinne des allgemeinen preußischen Landrechts als der Nutzen, den eine Sache ihrem Besitzer leisten kann, ist identisch mit dem sog. Gebrauchswert, d. h. der Bedeutung, die einem Gute beigelegt wird im Hinblick auf die Benützung für eigene Zwecke. Dieser Gebrauchswert gehört einer längst vergangenen Epoche des Wirtschaftslebens an, als es noch keinen Tausch- und Marktverkehr gab. In der Periode der sog. Eigenwirtschaft oder Hauswirtschaft wurde der Wert auf Grund der Brauchbarkeit der Sache für die eigenen Zwecke geschätzt. Der Wert in diesem Sinne hat keine Bedeutung für die Periode der Markt- oder Verkehrswirtschaft, wo nur noch der Tauschwert oder der Marktpreis der Güter eine Rolle spielt. Dieser Tauschwert oder Marktpreis wiederum ist identisch mit dem sog. Gemeinen Wert. Außer diesem gemeinen Wert oder Marktpreis kommt noch der Affektionswert oder Gelegenheitswert in Frage, so daß statt der vier Wertbegriffe man mit den beiden Wertbegriffen: gemeiner Wert und Wert der besonderen Vorliebe hätte auskommen können. Auch der sog. außerordentliche Wert ist entweder identisch mit dem Tauschwert bzw. Marktpreis, oder er fällt unter die Rubrik des Affektionswertes.

Auch auf das juristische Lehrbuch, welches die ausführlichste und gründlichste Betrachtung über den Wert- und Preisbegriff bietet, auf Goldschmidts „Handbuch des Handelsrechts" (Erlangen 1868) hatte die ältere nationalökonomische Unterscheidung von Gebrauchswert und Tauschwert Einfluß. Goldschmidt definiert: „Wert ist das durch Schätzung ins Bewußtsein tretende Nützlichkeitsmaß eines Gutes zur Befriedigung menschlicher Bedürfnisse. Er ist Gebrauchswert (Konsumtionswert) vom Standpunkt des das Gut selber Verwendenden: der (wirtschaftliche) Wert bei Gebrauch. Tauschwert oder Erwerbswert in seiner Beziehung auf den Güterumlauf: der Nützlichkeitsgrad eines Gutes zur Eintauschung anderer Güter." Wenn dann Goldschmidt fortfährt: „Gebrauchswert und Tauschwert fallen nicht zusammen, wirtschaftlich wie rechtlich kommt überwiegend nur der letztere in Betracht", so hätte er auch sagen können: der Tauschwert kommt allein in Betracht. Auch Goldschmidt eignet sich die Dreiteilung des Wertes des preußischen Landrechts an, indem er fortfährt: „Der wirkliche Tauschwert eines Gutes (vera rei aestimatio) ist sein ordentlicher, wahrer, angemessener (justum pretium) oder gemeiner Wert (commune pretium), d. h. sein Wert für jedermann, abstrakter, absoluter Wert. Was die Doktrin und neuere Gesetzbücher als außerordentlichen, besonderen, relativen und als Affektionswert bezeichnen, und was allerdings, wo nicht sowohl das Geldäquivalent des Gutes für sich, sondern das Interesse des Gläubigers in Frage steht, berücksichtigt werden darf oder muß, ist nicht Tauschwert. Vielmehr ist der sog. außerordentliche Wert der konkrete Gebrauchswert eines Gutes für eine oder auch viele Personen unter gewissen Umständen; der sog. Affektionswert hingegen ein nach nur individueller Neigung ohne

Rücksicht auf den wirtschaftlichen Nutzen bemessener Wert." (S. 578 bis 580.)

Das Bürgerliche Gesetzbuch hat die vielen Unterscheidungen von Wertarten nicht mehr aufgenommen. Das BGB. kennt nur den Begriff des Wertes schlechthin und gibt auch keine nähere Abgrenzung des Begriffs. — Aus den betreffenden Paragraphen geht hervor, daß es sich immer um den gemeinen Wert handelt. Dieser gemeine Wert ist im allgemeinen identisch mit dem Marktpreis. — Außerdem kennt das BGB. noch einen Marktpreis im engeren Sinne. Es lautet im § 385: „hat die Sache einen Börsen- oder Marktpreis, so kann der Schuldner den Verkauf aus freier Hand durch einen zu solchen Verkäufen öffentlich ermächtigten Handelsmakler oder durch eine zu öffentlichen Versteigerungen befugte Person zum laufenden Preise bewirken." (Hier soll unter Börsen- oder Marktpreis der Preis zu verstehen sein, der für eine Sache bestimmter Gattung und Art von durchschnittlicher Güte an dem Handelsplatze, wo sie einen Markt hat, und in dessen Handelsbezirk zu einer gewissen Zeit im Durchschnitt gewährt wird.) Es handelt sich wiederum um den gemeinen Wert, nur von besonderer Art, wie er aus dem Handelsgesetzbuch schon bekannt war.

Ich wende mich jetzt zum HGB., in dem, wie bemerkt, diese besondere Art von gemeinem Wert schon eine Rolle spielte. Es liegt auf der Hand, daß in der Kodifikation des Handelsrechtes der Wert- und Preisfixierung eine besondere Wichtigkeit zukommen muß — daher auch im HGB. eingehendere Begriffsbestimmungen vorkommen.

Im HGB. wird unterschieden der gemeine Wert und der gemeine Handelswert. Die Unterscheidung findet sich im § 430, der lautet: „Muß auf Grund des Frachtvertrages von dem Frachtführer für gänzlichen oder teilweisen Verlust des Gutes Ersatz geleistet werden, so ist der gemeine Handelswert und in dessen Ermangelung der gemeine Wert zu ersetzen, welchen Gut derselben Art und Beschaffenheit am Orte der Ablieferung an dem Zeitpunkte hatte, in welchem die Ablieferung zu bewirken war. Hiervon kommt in Abzug, was infolge des Verlustes an Zöllen und sonstigen Kosten sowie an Fracht gespart ist. Im Falle der Beschädigung ist der Unterschied zwischen dem Verkaufswerte des Gutes im beschädigten Zustande und dem gemeinen Handelswerte oder dem gemeinen Werte zu ersetzen, welchen das Gut ohne die Beschädigung am Orte und zur Zeit der Ablieferung gehabt haben würde; hiervon kommt in Abzug, was infolge der Beschädigung an Zöllen und sonstigen Kosten erspart ist. — Ist der Schaden durch Vorsatz oder grobe Fahrlässigkeit des Frachtführers herbeigeführt, so kann Ersatz des vollen Schadens gefordert werden."

Diese Unterscheidung von gemeinem Wert und gemeinem Handelswert ist überflüssig: ein gemeiner Handelswert soll nur in Frage kommen, wenn ein regelmäßiger Umsatz in der betreffenden Ware vorliegt. Dann ist dieser Wert aber gleichbedeutend mit dem Marktpreis, und da der gemeine Wert gleich dem Marktpreise ist, ist die besondere Kategorie „gemeiner Handelswert" entbehrlich[1]). Der gemeine Wert soll gerade den Gegensatz zu den Werten rein persönlicher und individueller Art bilden wie etwa zum Zufalls-, Gelegenheits- oder Affektionswert. Der gemeine Wert kommt überall dort vor, wo eine Gruppe von Verkäufern einer Gruppe von Käufern gegenübersteht, wo die Preise sich im Marktverkehr bilden. Wie groß der Markt ist, ob es sich um einen Wochen-, Jahrmarkt oder um eine Börse handelt, ist gleichgültig. Den Gegensatz zu diesem gemeinen Wert (wobei wir den sogenannten gemeinen Handelswert einschließen) bildet der Wert rein persönlichen Charakters. Dahin gehört der Fall des § 430, wo der „volle Schaden" vergütet wird, d. h. über den

[1]) Übereinstimmend damit L. Goldschmidt, Handbuch des Handelsrechts (Erlangen 1868), S. 583: „. . . . aber sicher ist, daß die Charakteristik der Güter mit ‚gemeinem Handelswert' völlig auf die Güter ‚mit Marktpreis' paßt. Oder sollte man etwa noch subtiler und völlig nutzlos scheiden: Güter, welche regelmäßig im Handel sind — welche häufig im Handel sind — welche regelmäßig nicht im Handel sind? Das ist schwer denkbar."

gemeinen Wert hinaus soll auch ein etwa entgangener Gewinn oder sonstiges rein persönliches Interesse des Geschädigten vergütet werden, was bei dem gemeinen Wert ausgeschlossen ist[1]).

In der juristischen Literatur wird dieser gemeine Wert oft als objektiver Wert bezeichnet[2]). Dieser Ausdruck sollte vermieden werden, denn in der individualistischen Wirtschaftsordnung gibt es keinen „objektiven Wert". Auch der Marktpreis oder gemeine Wert geht aus Tausenden von subjektiven Schätzungen hervor. Er bildet den Gegensatz zu dem rein individuellen Affektionswert, ist aber doch nichts objektives, selbst wenn er durch Sachverständige festgestellt werden kann[3]).

B. Der Begriff gemeiner Wert in den Bilanzvorschriften des HGB.

In den allgemeinen Bilanzvorschriften des HGB. ist der Ausdruck gemeiner Wert vermieden, es heißt dort:

§ 39.

Jeder Kaufmann hat bei dem Beginne seines Handelsgewerbes seine Grundstücke, seine Forderungen und Schulden, den Betrag seines baren Geldes und seine sonstigen Vermögensgegenstände genau zu verzeichnen, dabei den Wert der einzelnen Vermögensgegenstände anzugeben und einen das Verhältnis des Vermögens und der Schulden darstellenden Abschluß zu machen.

§ 40.

Die Bilanz ist in Reichswährung aufzustellen. Bei der Aufstellung des Inventars und der Bilanz sind sämtliche Vermögensgegenstände und Schulden nach dem Werte anzusetzen, der ihnen in dem Zeitpunkte beizulegen ist, für wel-

---

1) Vgl. Staubs Kommentar zum Handelsgesetzbuch. 10. Auflage 2. Bd. 2. Halbband. S. 1428.

2) z. B. Staub a. a. O. S. 1429.

3) Staub, a. a. O., S. 1429: „Der Verkaufswert des beschädigten Gutes, d. h. der objektive Verkaufswert kann durch Sachverständige festgestellt werden."

chen die Aufstellung stattfindet. Zweifelhafte Forderungen sind nach ihrem wahrscheinlichen Werte anzusetzen, uneinbringliche Forderungen abzuschreiben. —

Mit Absicht ist hier der farblose Ausdruck „Wert" statt des schärferen Begriffs „gemeiner Wert" gewählt, wie aus der Genesis dieser Bestimmungen und aus dem Zweck der Bilanzaufstellung hervorgeht. Wenn es sich um die Entschädigung für ein in Verlust gegangenes Gut handelt, so kommt der Marktwert in Frage, bei der Bilanz soll aber der Wert eines Geschäftsunternehmens festgestellt werden, wobei mit einer längeren Dauer des Betriebs gerechnet wird. Es handelt sich um einen Wert auf lange Sicht, nicht auf kurze Sicht, darum paßt die Kategorie des gemeinen Wertes nicht. Man hat den Wert, der hier in Frage kommt, treffend als Geschäftswert bezeichnet[1]). Dieser Geschäftswert steht allerdings ebenfalls im Gegensatz zu dem rein individuellen Wert, der etwa durch die persönlichen Verhältnisse des zufälligen Geschäftsinhabers bedingt wäre, aber er ist doch kein momentaner Veräußerungswert wie der gemeine Wert, er nimmt auf die Konjunktur des Geschäftslebens, auch auf die künftige, Rücksicht. Schmalenbach erklärt: „Es ist demzufolge unter „Wert" im Sinne der Artikel 29 und 30 HGB. (des alten HGB.) nicht ein bestimmter Wert zu verstehen, sondern Wert ist hier derjenige Wert, den man anzuwenden hat, um zu einer fachgerechten Bilanz zu gelangen. Je nach Unternehmungsart, Bilanzobjekt und überwiegenden Bilanzzwekken ist dieser Wert verschieden"[2]).

Es ist lehrreich, den Wandel zu verfolgen, den der Wertbegriff in den Bilanzvorschriften der verschiedenen Ko-

---

[1]) Rehm, H., Die Bilanzen der Aktiengesellschaften und Gesellschaften m. b. H. usw. usw. (München 1924.) S. 359.

Staubs Kommentar zum Handelsgesetzbuch. 10. Auflage. 1. Bd. 1. Halbband. S. 247.

Schmalenbach, E., Grundlagen dynamischer Bilanzlehre. Leipzig 1925. S. 283: „Kein bestimmter Wert, sondern ein von Fall zu Fall nach vernünftigem Ermessen zu bestimmender Wert, Anerkennung des praktischen Gebrauchs."

[2]) Ebenda. S. 278.

difikationen und Entwürfe erfahren hat. Die Nürnberger Kommission von 1857 hatte den Entwurf des alten HGB. beraten, dessen Bilanzvorschriften im wesentlichen auch in dem heute geltenden HGB. widerkehren. Es bedeutete einen Fortschritt, daß in der zweiten Lesung bei der Vorschrift des Wertansatzes an Stelle der Worte „Wert anzusetzen, welchen sie zur Zeit der Aufnahme haben" gesetzt wurde „Wert welcher ihnen zur Zeit der Aufnahme beizulegen ist." Aus diesem Ausdruck „beizulegen" geht hervor, daß der Wert etwas subjektives ist, daß er nach den Umständen des Geschäftsbetriebs anzusetzen ist, daß von einem sogenannten wahren oder objektiven Wert nicht die Rede sein kann. Daher hat man auch mit Recht die Bezeichnung „gemeiner Wert" vermieden[1]).

Staub erwähnt eine Reichsgerichtsentscheidung, wonach für den Wert die Richtlinien entscheidend seien, denen ein ordentlicher vernünftiger Kaufmann unter Würdigung der Eigenart des Geschäftes und der Geschäftslage folgen würde[2]). Wenn Staub im Anschluß an diese Entscheidung schreibt: „Mit dem Wertbegriff, den das Gesetz im Auge hat, ist der objektive Wert gemeint, den die Vermögensstücke für das Geschäft und bei dessen Fortbestehen haben," so kann diesem Satze zugestimmt werden, weil hieraus der Gegensatz zu dem momentanen Veräußerungswert klar hervorgeht; nur sollte der Ausdruck objektiver Wert vermieden werden.

In den Vorschriften des HGB. über die Bilanzen der Aktiengesellschaften spielt dagegen der gemeine Wert eine Rolle. § 261 sagt über die Bewertung der Veräußerungsgegenstände: „Wertpapiere und Waren, die einen

[1]) Schmalenbach, a. a. O., S. 276: „Ganz besonders ist den Versuchen entgegenzutreten, dem Gesetz die Auslegung zu geben, als ob der Gesetzgeber hier den gemeinen Wert gewollt habe. Hätte der Gesetzgeber diesen Wert gewollt, so wäre es leicht gewesen, diesem Willen den Ausdruck zu geben, den man im preußischen Landrecht bereits vorfand. Wenn er es trotzdem unterließ, so kann ich daraus nichts anderes herauslesen, als daß er eine solche Einschränkung des anzuwendenden Wertbegriffs ebensowenig wollte wie jede andere Einschränkung."

[2]) a. a. O., S. 246.

Börsen- oder Marktpreis haben, dürfen höchstens zu dem Börsen- oder Marktpreise des Zeitpunktes, für welchen die Bilanz aufgestellt wird, sofern dieser Preis jedoch den Anschaffungs- oder Herstellungspreis übersteigt, höchstens zu dem letzteren angesetzt werden." Da der Börsen- und Marktpreis mit dem gemeinen Wert identisch ist, würde hier der gemeine Wert in Frage kommen, doch ist auch hier der Begriff des gemeinen Wertes nicht streng und konsequent in Anwendung gekommen; denn z. B. Effekten, die nach dem Bilanztage gefallen sind, dürfen mit entsprechend niedrigerem Kurse angesetzt werden. Auch im Gesetz betr. die G. m. b. H. kommt der gemeine Wert vor. Für den Wert der Betriebsgegenstände soll der durch Taxe unmittelbar ermittelte gemeine Wert angesetzt werden [1]).

C. Der gemeine Wert im Versicherungs-, Enteignungs- und Steuerrecht.

1. Versicherungsrecht.

Im Versicherungsrecht spielt der Begriff des gemeinen Wertes eine Rolle insofern, als in den meisten Kodifikationen bei der Entschädigung der Versicherten für Sachschäden nur der gemeine Wert, nicht aber der Affektionswert zugrunde gelegt werden darf.

Das allgemeine preußische Landrecht bestimmt (zweiter Teil, 8. Titel § 1984): „Niemand darf eine Sache höher versichern lassen als bis zum gemeinen Werte derselben zur Zeit des geschlossenen Vertrages." Im preußischen Mobilarversicherungsgesetz von 1837 lautet die analoge Bestimmung: § 1. „Kein Gegenstand des Mobilarvermögens darf gegen Feuersgefahr höher versichert werden als nach dem gemeinen Werte zur Zeit der Versicherungsannahme." Die Überschreitung des gemeinen Wertes wird sogar mit Strafe bedroht. § 20. „Wer Mobilar-Vermögens-Gegenstände gegen Feuersgefahr wissentlich zu einem höheren als dem gemeinen Werte versichert, hat, außer der Zurückführung der Versicherungssumme auf diesen Wert eine dem Betrage der

[1]) Schmalenbach, a. a. O., S. 282.

Überschreitung gleichkommende Geldbuße verwirkt, welche, wenn die Entdeckung der Überversicherung erst nach eingetretenem Brande geschehen, verdoppelt wird [1]).

Im badischen Gesetz von 1840 für die Fahrnisversicherung werden die schroffsten Konsequenzen der landrechtlichen Interpretation des gemeinen Wertes gezogen. Darnach soll die Schätzung „durchaus nach dem wahren oder Verkaufswerte, d. h. nach dem Preise, der aus den versicherten Gegenständen im Veräußerungsfalle erlöst werden könnte, nicht aber nach den Verkaufspreisen oder den Kosten einer etwaigen Wiederbeschaffung derselben" geschehen [2]).

Im sächsischen Gesetze von 1886 betreffend das Mobilar- und Privatfeuerversicherungswesen ist statt des Begriffes gemeiner Wert der Begriff Verkehrswert getreten: „Die Versicherung darf den Verkehrswert nicht übersteigen" (§ 12). Unter Verkehrswert ist hier dasselbe zu verstehen, was § 78 des sächsischen BGB. als den ordentlichen Wert einer Sache bezeichnet. — Wichtig ist, daß auch hier der sogenannte Affektionswert nicht inbegriffen werden darf; nämlich der besondere Wert, den ein Gegenstand für den Besitzer hat.

Auch in den übrigen Partikulargesetzen der Einzelstaaten und in den gewohnheitsrechtlichen Grundsätzen, wie sie in den Statuten der öffentlichen und privaten Anstalten zur Geltung kommen, wird für das Gebiet des Feuerversicherungswesens der gemeine Wert bei Entschädigungen zugrunde gelegt.

So berechtigt der Grundgedanke aller dieser auf den gemeinen Wert bezüglichen Bestimmungen ist, weil sie eine Bereicherung der Versicherten und eine Übervorteilung der Gesellschaften ausschließen und verhindern will, daß jemand für sein persönliches Interesse an einem Gegenstand entschädigt wird und nicht nach dem Marktwerte, so wird doch mit Recht in der Spezialliteratur über die

---

1) Otto Prange, Die Theorie des Versicherungswertes in der Feuerversicherung. 1. Teil. Jena 1895. S. 119.

2) Prange, a. a. O., S. 124.

Mangelhaftigkeit dieser gesetzlichen Bestimmungen geklagt. Meist fehlt es an genügenden Bestimmungen über die Wertbemessung bei Gegenständen, für die es einen gemeinen Wert nicht gibt. Andererseits sucht man in den Gesetzen sowie in den Statuten der Versicherungsbedingungen der Privatanstalten vergeblich nach einer näheren Bestimmung des gemeinen Wertes überhaupt, dessen Einhaltung beansprucht wird, und darum herrscht auf diesem Gebiete noch eine große Unsicherheit und Willkürlichkeit [1]).

2. Enteignungsrecht.

Wenn auch in den meisten Enteignungsgesetzen der Begriff gemeiner Wert nicht vorkommt, sondern der farblosere Ausdruck „Wert" gebraucht wird, so hat dennoch der gemeine Wert auch für das Enteignungsrecht in doppelter Hinsicht Bedeutung. Einmal negativ: Bei der Zwangsabtretung soll nicht der Affektionswert angesetzt werden, ferner positiv: bei der Festsetzung der Entschädigung soll der Verkehrswert, der mit dem gemeinen Wert identisch ist, jedenfalls als Richtlinie betrachtet werden. Allerdings nur als Richtlinie, denn eine unbedingt gültige Norm soll der gemeine Wert nicht sein. Da es sich bei Enteignungen fast immer um Grundstücke handelt, würde die Entschädigung, wenn sie nach dem Preise, der gerade am Zeitpunkt der Entschädigung entsprechend der Konjunkturlage festgesetzt würde, zu hoch oder zu niedrig sein können. Die Entschädigung soll aber so hoch sein, daß die Vermögensinteressen des Enteigneten nicht geschädigt werden. Auch ein gewisses persönliches, subjektives Interesse, kann abweichend von der sonstigen Auffassung des gemeinen Wertes berücksichtigt werden, zwar nicht der Affektionswert, wohl aber der Annehmlichkeitswert. Gewisse Annehmlichkeiten, die ein Grundstück etwa durch seine Aussicht usw. besitzt, kommen in Betracht. Die in den Enteignungsgesetzen häufige Ausdrucksweise: es soll der „volle Wert" oder es

1) Vgl. W. Rasch, Zur Frage des Versicherungswertes in der Feuerversicherung. Jena 1892.

soll der „reichlich bemessene" Wert entschädigt werden, deutet auf diese Abweichung vom gemeinen Wert hin. — Es müssen aber Annehmlichkeiten sein, die jedem Besitzer des betreffenden Grundstückes zukommen. Rein persönliche, also dem Affektionsinteresse entsprechende Momente sind ausgeschlossen; z. B. wenn jemand ein Grundstück besitzt, das schon lange Zeit der Familie gehört und daher für den betreffenden Besitzer einen hohen Affektionswert hat, so kommt dies bei Entschädigungen nicht in Betracht, ebensowenig wie etwa der Umstand, daß der betreffende Besitzer Jagdliebhaber ist und einen Teil seines Grundbesitzes wegen der Erweiterung seines Jagdterrains besonders hoch einschätzt.

Im preußischen Gesetz über die Enteignung von Grundeigentum vom 11. Juni 1874 heißt es § 8: „Die Entschädigung für die Abtretung des Grundeigentums besteht in dem vollen Werte des abzutretenden Grundstückes einschließlich der enteigneten Zubehörungen und Früchte."

Im badischen Enteignungsgesetz vom 26. Juni 1899 lautet die betreffende Bestimmung § 7: „Die Entschädigung für die Entziehung des Eigentums umfaßt den Wert des abzutretenden Grundstückes einschließlich der mitenteigneten Zubehöre und Früchte sowie den etwaigen weiteren Schaden, welche dem Eigentümer infolge der Abtretung in seinem übrigen Vermögen erwächst."

Im württembergischen Gesetz betreffend die Zwangsenteignung von Grundstücken und von Rechten an Grundstücken vom 20. Dezember 1888 lautet Artikel 9: Die Entschädigung für die Entziehung des Eigentums umfaßt den Wert des abzutretenden Grundstückes einschließlich der mitenteigneten Zubehörden und Früchte, sowie den etwaigen weiteren Schaden, der durch die Enteignung verursacht worden ist."

Allen diesen Bestimmungen ist die Wertauffassung gemeinsam, daß gewisse subjektive Vermögensinteressen des Enteigneten zu berücksichtigen sind. Nach einer Entscheischeidung des Reichsgerichts (Bd. 32. S. 304) entspricht es dem Grundsatz voller Entschädigung, daß der Enteignete so behandelt wird, wie wenn er einen freiwilligen Verkauf günstig abgeschlossen, also einen guten Preis erzielt hätte. Der Enteignete soll einerseits nicht bereichert, andererseits aber voll entschädigt werden, also keinerlei Nachteile erleiden. Die Abschneidung der Möglichkeit eines günstigen Verkaufs wäre aber ein solcher Nachteil, deshalb soll der zur Abgabe seines Eigentums Gezwungene den reichlich bemessenen Wert des Grundstücks erhalten [1]). Dieser Preis soll aber nicht derjenige sein, zu dem etwa der jeweilige Besitzer freiwillig das Grundstück hergegeben hätte, denn dann käme der Affektionswert in Frage; sondern nur der Preis kommt in Betracht, der der allgemeinen Marktlage nach einer gewissen objektiven Durchschnittsschätzung, wie oben bemerkt, entspricht.

Im älteren badischen Zwangsabtretungsgesetz von 1835 war in § 24 festgesetzt, daß bei der Bestimmung der Entschädigungssumme der Wert zur Grundlage zu nehmen sei, den die Liegenschaft im Falle einer Veräußerung nach Maßgabe ihrer Größe, Beschaffenheit und Lage und nach den Durchschnittspreisen der sechs letzten Jahre oder sofern solche im Falle eingetretener besonderer Umstände im letzten Jahr gestiegen seien, nach dem neuesten Preise haben würde [2]).

Im neuen badischen Enteignungsgesetz ist diese Bestimmung nicht enthalten. In Entscheidungen des Reichsgerichts ist ausdrücklich hervorgehoben, daß der Affektionswert nicht berücksichtigt werden darf; z. B. RG. vom 4. Juni 1880: Nicht aber das subjektive Interesse des Expropriaten ist zu berücksichtigen, also nicht der Affektionswert, den die Sache für den Eigentümer hat. Es ist unter Berücksichtigung der Lage des einzelnen Falles mit Rücksicht auf die bisherige Benutzungsart des enteigneten Grundstückes eine Vergütung insoweit zu gewähren, als sie erforderlich ist, in derselben Weise und mit demselben Er-

---

[1]) E. S. Fuchs, Das Badische Enteignungsgesetz. Tübingen 1901. S. 23.

[2]) Th. Frantz, Die gesetzlichen Eigentumsbeschränkungen nach (französisch)-badischem und Reichsrecht. Freiburg 1887. S. 28.

folge, ein anderes Grundstück ebenso zu benutzen wie das enteignete [1]).

3. Steuerrecht.

Auch im Steuerrecht ist der gemeine Wert von Bedeutung und zwar namentlich bei der Besteuerung der Grundstücke. Es ist eine alte Streitfrage in der nationalökonomischen und steuerlichen Literatur, ob bei Grundstücken die Besteuerung nach gemeinem Wert oder nach Ertragswert die zweckmäßigere und gerechtere sei. Diese Gegenüberstellung von gemeinem Wert und Ertragswert ist irreführend, weil es sich bei dem sogenannten Ertragswert auch um einen gemeinen Wert handelt. Es würde richtiger lauten: gemeiner Verkehrswert und gemeiner Ertragswert; denn das, was ich oben als Kriterium für den gemeinen Wert angegeben habe, daß es sich um einen allgemeinen Verkehrswert handelt und nicht um einen individuellen, auf persönliche Verhältnisse basierten Wert, trifft sowohl für den „gemeinen Wert" als für den „Ertragswert" zu. In beiden Fällen soll ein Wert ermittelt werden, der von den besonderen speziellen Verhältnissen des einzelnen Grundstückes, bzw. seines Inhabers absieht. Es handelt sich bei dem Gegensatz von gemeinem Wert und Ertragswert nur um einen Berechnungsmodus. Wird der gemeine Wert bei der Besteuerung oder sonst einer Wertfeststellung zugrunde gelegt, so soll nach den zeitlich und örtlich bedingten Kaufpreisen ein Durchschnittskapitalwert des betreffenden Grundstücks ermittelt werden. Bei der Wertfestsetzung nach Ertragswert soll auf Grund der zeitlich und örtlich bedingten Erträge ein durchschnittlicher Reinertrag ermittelt und durch Vervielfachung dieses Reinertrages ein Kapitalwert des Grundstückes festgestellt werden. Das Wesen des gemeinen Wertes, das Absehen von individuellen persönlichen Verhältnissen trifft in beiden Fällen zu, sowohl beim gemeinen Verkehrswert wie beim gemeinen Ertragswert.

Diejenigen, die in dem Streit gemeiner Wert oder Er-

---

[1]) Th. Frantz, a. a. O., S. 31.

tragswert sich für den Ertragswert entscheiden, gehen dabei auf den wirtschaftlichen Unterschied zwischen den beweglichen Kapitalien und den unbeweglichen Grundbesitz zurück. Am schärfsten hat Rodbertus darauf hingewiesen, daß ein Grundstück ein immerwährender Rentenfonds, aber nicht ein umsatzfähiges Kapital darstelle. Die Erträge, die alljährlich aus dem Grundbesitz erzielt werden können, sollten bei allen Rechtsgeschäften mit dem Grund und Boden zugrunde gelegt werden, nicht aber ein fiktiver Kapitalwert. Die Beweglichkeit sei das Kriterium des kapitals und die Unbeweglichkeit das Kriterium des Grundbesitzes. Das Steuerrecht hatte sich früher ziemlich allgemein, namentlich bei der Grundsteuer, dieser Auffassung angeschlossen und fast regelmäßig war bei der Besteuerung des Grundbesitzes der Ertragswert, richtiger der gemeine Ertragswert zugrunde gelegt. In neuerer Zeit ist ein Umschwung zugunsten des gemeinen Wertes eingetreten; besonders bei der Vermögens- und Erbschaftssteuer usw. wird vielfach der gemeine Wert (richtiger der gemeine Verkehrswert) angewandt. Doch auch hier nicht allgemein, meist wird die Möglichkeit offen gelassen, unter gewissen Umständen auch den gemeinen Ertragswert heranzuziehen.

Die neuere und neuste Steuergesetzgebung hat die Besteuerung nach gemeinem Verkehrswert in wiederholten Fällen festgesetzt, aber gleichzeitig bestimmt, daß in gewissen Fällen auch die Besteuerung nach gemeinem Ertragswert zuzulassen ist.

Schon im Preußischen Ergänzungs-Steuergesetz von 1893 war grundsätzlich der gemeine Wert zugrunde gelegt. Der § 9 des erwähnten Ergänzungssteuergesetzes lautet:

„Bei Berechnung und Schätzung des steuerbaren Vermögens wird der Bestand und gemeine Wert der einzelnen Teile desselben zur Zeit der Veranlagung (Vermögensanzeige) zugrundegelegt, soweit nicht im Nachstehenden etwas anderes bestimmt ist.“ — Mit diesem allgemeinen Grundsatz ist nichts darüber gesagt, ob und inwieweit der gemeine Verkehrswert oder der gemeine Ertragswert gemeint sein soll; wohl aber ist damit gesagt, daß es auf durchschnittliche Verhältnisse ankomme und nicht auf individuell-persönliche [1]).

Ursprünglich war im Gesetzentwurf für die Grundstücke der gemeine Verkehrswert vorgesehen, aber diese Bestimmung wurde schon von der Kommission des Abgeordnetenhauses gestrichen. In den Ausführungsbestimmungen zu dem Gesetz ist festgesetzt, daß bei Bemessung des gemeinen Wertes der Grundstücke zum Anhalt zu nehmen sei:

„a) Die im gewöhnlichen Verkehre gezahlten Preise,

b) wo aber Käufe, namentlich von land- und forstwirtschaftlich benutzten Grundstücken nicht in ausreichendem Umfange vorkommen, um einen zutreffenden Maßstab zu gewähren, außerdem die Ertragswerte, d. h. die Kapitalwerte, deren jährliche Zinsen dem bei gemeingewöhnlicher Bewirtschaftung dauernd zu erzielenden durchschnittlichen jährlichen Ertrage unter Anwendung desjenigen Zinsfußes gleichkommen, der von dem in gleichartigem Grundbesitz angelegten Kapitale in der betreffenden Provinz usw. erzielt zu werden pflegt [2]).

Analog lauten die Bestimmungen des Reichsvermögensgesetzes vom 8. April 1922, und zwar wurden bei der Bewertung des Vermögens die Vorschriften der Reichsabgabenordnung über die Wertermittlung zugrunde gelegt. Nach § 137 der Reichsabgabeordnung war bei Bewertungen, soweit nichts anderes vorgeschrieben ist, der gemeine Wert festgesetzt. Keineswegs gilt aber der gemeine Wert allgemein; bei der Gesetzesberatung kam es zu einem heftigen Streit zwischen Anhängern und Gegnern der Besteuerung nach gemeinem Wert, der schließlich zu einem Kompromiß führte. Nach § 152 der Reichsabgabenordnung ist bei der Bewertung von Grundstücken der gemeine Wert zugrunde zu legen, soweit nicht der Ertragswert ausdrücklich gestattet ist. Wo aber der Ertragswert gestattet ist, kann der Steuerpflichtige nach freier Wahl den gemeinen Wert zu-

---

[1]) B. Fuisting, Die preußischen direkten Steuern. II. Band. Berlin 1906. S. 57.

[2]) Fuisting, a. a. O., S. 61.

grunde legen; nur darf er nicht, wenn der gemeine Wert maßgebend sein muß, dafür den Ertragswert wählen. Dieser Ertragswert ist ausdrücklich gestattet bei land- oder forstwirtschaftlichen oder gärtnerischen Grundstücken und zwar gilt als Ertragswert das 25 fache des Reinertrages, den sie nach ihrer wirtschaftlichen Bestimmung bei ordnungsmäßiger und gemeinüblicher Bewirtschaftung unter gewöhnlichen Verhältnissen mit entlohnten fremden Arbeitskräften im Durchschnitt nachhaltig gewähren können. Dieser Ertragswert kann auch für Grundstücke, die dauernd Wohnzwecken oder gewerblichen Zwecken zu dienen bestimmt sind, angesetzt werden.

Im Reichsbewertungsgesetz von 1925, das „Einheitswerte" nicht nur für die Vermögens- und Erbschaftssteuer des Reiches, sondern auch für die Grund-, Gebäude- und Gewerbesteuer der Länder festgestellt, ist bestimmt, daß bei landwirtschaftlichen Betrieben vom Ertragswert auszugehen und die nachhaltige Ertragsfähigkeit festzustellen sei. Es heißt dort § 13: „Für landwirtschaftliche Betriebe gelten die Grundsätze der Reichsabgabenordnung über die Bewertung nach Ertragswert."

Auch bebaute Grundstücke, die in ortsüblicher Weise bebaut sind oder gewerblichen Zwecken dienen, sind nach dem Ertragswert zu bewerten (§ 35). Dagegen bebaute Grundstücke, die nicht in ortsüblicher Weise bebaut sind und nicht gewerblichen Zwecken dienen, sowie Grundstücke, die sich im Zustande der Bebauung befinden, sind mit dem gemeinen Werte zu bewerten (§ 35). Selbst Grundstücke die landwirtschaftlich, fortwirtschaftlich oder gärtnerisch benutzt werden, sind mit dem gemeinen Wert zu bewerten, wenn sie nach ihrer Lage und sonstigen obwaltenden Verhältnissen als Bauland oder als Land für Verkehrszwecke anzusehen sind (§ 36).

Es ist sachlich durchaus gerechtfertigt, wenn die neuere Steuergesetzgebung beide Steuerarten, sowohl den gemeinen Wert wie den Ertragswert zugelassen hat. Der Ertragswert ist überall zweckmäßig, wo, wie dies namentlich in rein ländlichen Verhältnissen vorkommt, die Grundstücke als

Familienbesitz angesehen werden und Verkäufe von Grundstücken seltener vorkommen. Der gemeine Wert dagegen verdient den Vorzug namentlich bei städtischem Grundbesitz oder bei Grundbesitz in der Nähe der Stadt, aber auch hier nicht allgemein, wie wir gleich noch zeigen werden.

Unberechtigt ist die Forderung der Bodenreformer, bei der Besteuerung des Grund und Bodens immer nur den gemeinen Wert zugrunde zu legen. Die Bodenreformer weisen mit Vorliebe auf solche Fälle hin, daß z. B. ein in der Nähe der Stadt gelegener Kartoffelacker, wenn er nach Ertragswert besteuert würde, einer minimalen Steuer unterworfen würde, die in keinem Verhältnis zu dem wirklichen Wert des Grundstückes stünde, der etwa bei einem Verkauf zu Bauzwecken den hunderfachen Wert erreichen könnte. Demgegenüber stehen aber die vielen Fälle, wo Grundstücke, die in der Nähe der Stadt gelegen sind, tatsächlich zu gärtnerischen oder landwirtschaftlichen Betrieben benutzt werden und daher bei der Besteuerung nach gemeinem Wert eine schwer tragbare Belastung erfahren würden. Es ist ein durchaus berechtigter Kerngedanke von Rodbertus, daß ein Grundstück einen Rentenfond und nicht ein mobiles Kapital darstelle.

Bei der 30. Hauptversammlung der deutschen Bodenreformer, die vor kurzem stattfand, rühmte Damaschke den Anhaltischen Staat, der als erster in der Welt es fertig gebracht habe, gesetzgeberisch die Bestimmung aufzunehmen: „Bei der Besteuerung wird der gemeine Wert zugrunde gelegt.“ Diese Bemerkung bezieht sich auf das Anhaltische Grundsteuergesetz vom 4. April 1923, abgeändert durch das Gesetz vom 26. März 1925. Bei dieser Grundwertsteuer ist eine Trennung von Boden und Bauwerk durchgeführt, und als Maßstab für die Besteuerung des Grund und Bodens wird der gemeine Wert zugrunde gelegt. Bauwerke auf und unter der Erde werden nicht mit bewertet [1]).

[1]) Vgl. Jahrbuch der Bodenreform (hrsg. v. A. Damaschke. 19. Bd. 1923. 21. Bd. 1925).

Die Verallgemeinerung dieser Besteuerung wäre gänzlich verkehrt, und wenn Damaschke zugunsten der Besteuerung nach gemeinem Wert meint: „Neben der größeren Gerechtigkeit einer schärferen Heranziehung der Bodenwerte zu den Lasten der Gesamtheit spricht für diese Reform (d. h. für die Besteuerung nach gemeinem Wert) die Vereinfachung in der Berechnung der Steuer. Den gemeinen Wert seines Eigentums in runder Zahl anzugeben, vermag jeder [1]), so stimmt diese Behauptung nicht. Bei den Verwaltungsgerichten spielt die Frage der Festsetzung des gemeinen Wertes eine außerordentlich schwierige Rolle, und die Sachverständigen gehen oft in der Bewertung der einzelnen Grundstücke außerordentlich weit auseinander.

Die einseitige Forderung der Besteuerung nach gemeinem Verkehrswert hängt mit dem Endziel der Bodenreformer zusammen, den privaten Bezug der Grundrente zu eliminieren. Während bei der Besteuerung nach gemeinem Ertragswert nur die Erträge zugrunde gelegt werden, die ein Grundstück in den letzten Jahren vor dem Termin der Steuerzahlung erzielt hat, wird bei der Besteuerung nach gemeinem Verkehrswert der Verkaufspreis der Grundstücke zugrunde gelegt, wobei in der Regel auch künftig zu erzielende Grundrenten einkalkuliert sind.

II. Die Lehre vom angemessenen Preise.

Am 5. Oktober 1799 sandte Friedrich Wilhelm III. folgenden Erlaß an das Generaldirektorium der Steuern [2]):

„Se. Majestät haben aus den öffentlichen Blättern ersehen, daß die Zuckerpreise im Auslande um 60 % gefallen sind, und gleichwohl müssen sie erfahren, daß die hiesigen Zuckerfabrikanten die Preise nur um einen Groschen für den feinsten Zucker heruntergesetzt haben, und dies damit beschönigen, daß sie den Rohzucker noch zu teueren Preisen

---

[1]) A. Damaschke, Die Bodenreform. 19. Aufl. Jena 1922. S. 100.

[2]) von Lippmann, Geschichte des Zuckers, seiner Darstellung und Verwendung seit den ältesten Zeiten bis zum Beginne der Rübenzuckerfabrikation. Ein Beitrag zur Kulturgeschichte. S. 334. Leipzig 1890. (Max Hesses Verlag.)

eingekauft haben. Dieser Vorwand verdient aber um so weniger die geringste Rücksicht, als eben diese Fabrikanten zu den Zeiten, wo die Zuckerpreise im Auslande stiegen, ihren Zucker ebenfalls verteuerten, ungeachtet sie ihn wohlfeil eingekauft hatten. Wollte man denselben demohngeachtet stattfinden lassen, so würde durch das bloß zum allgemeinen Besten gegebene Verbot der Einfuhr der fremden raffinierten Zucker das ganze Land denen Zuckerfabrikanten zinsbar gemacht werden, welches Se. Majestät schlechterdings nicht gestatten können. Allerhöchstdieselben befehlen daher dem Generaldirectorio, sämtliche Unternehmer von Zuckersiedereien sofort anzuhalten, die Zuckerpreise verhältnismäßig herunterzusetzen, und wie solches geschehen, binnen 9 Tagen anzuzeigen, oder darauf anzutragen, daß der im Auslande fabrizierte Zucker, ebenfalls gegen eine doppelte Akzise, eingelassen werde." Die „Berlinische Zuckersiederei-Compagnie" richtete gegen diesen Erlaß eine „Vorstellung" an den König, in der sie wesentlich auf das Vorübergehende der Konjunktur hinwies; der König nahm indes diese „Vorstellung" höchst ungnädig auf, riet der Compagnie, falls sie demnächst so sicher wieder hohe Preise erwarte, lieber sogleich billiger Rohzucker einzukaufen und sich dadurch für die Zukunft einen Gewinn zu sichern, schlug die Gewährung ihrer Ansuchen „mit Rücksicht auf das Interesse der gesamten Bevölkerung" rundweg ab, und schloß seinen Erlaß mit den Worten: „Übrigens wird das Fabriken-Departement bei der verlangten Preisermäßigung die gehörige Rücksicht darauf nehmen, daß die Zuckersiedereien bei einer vernünftigen Disposition bestehen können, so wie auch Se. Majestät hoffen, daß die Fabriken es nicht dahin werden kommen lassen, daß der fremde Zucker eingelassen werden müsse. Sollte dies aber wider Vermuten dennoch der Fall werden, so werden Se. Majestät dennoch die inländischen Raffinierien so begünstigen, daß es nur ihre eigene Schuld sein würde, wenn sie dabei nicht bestehen können[1]).

[1]) Stadelmann, „Preußens Könige in ihrer Tätigkeit für die Landeskultur". Leipzig 1887. S. 239 ff.

Wir sehen, wie in diesem Erlasse aus Rücksicht „auf das Interesse der gesamten Bevölkerung" eine Regulierung des Preises auf die „angemessene Höhe" stattgefunden hat. Solche Maßregeln waren in jener Zeit leicht möglich, denn es handelte sich um eine ganz selbstverständliche und geläufige Anwendung des Prinzips der merkantilistischen Periode. Das ganze Wirtschaftsleben stand unter obrigkeitlicher Kontrolle und Regelung; Eingriffe oft der schroffsten Art in die freie Wirtschaftsgestaltung waren nichts ungewöhnliches.

Wie kann aber eine rechtliche Normierung des „angemessenen Preises" innerhalb einer Wirtschaftsordnung stattfinden, die grundsätzlich die Vertragsfreiheit bei wirtschaftlichen Verträgen festsetzt? wie vertragen sich solche Preisfeststellungen mit einer individualistischen Wirtschaftsordnung? Zwei Fragen sind hierbei zu beantworten. Einmal: ob überhaupt mit einer auf freier Konkurrenz begründeten Rechtsordnung solche Festsetzungen vereinbar sind und zweitens: wenn eine solche Festsetzung möglich sein sollte, nach welchen objektiven Kriterien soll der angemessene Preis festgesetzt werden? Wir schicken einige kurze Bemerkungen zur Entstehung des Begriffes „justum pretium" voraus.

A. Zur Genesis des Begriffes „justum pretium".

Der Gedanke des justum pretium hat im Laufe der Zeit entsprechend der Entwicklung des Rechts- und Wirtschaftslebens eine sehr verschiedene Ausdeutung erfahren.

Dem römischen Recht mußte der Gedanke der Feststellung eines angemessenen Preises fernliegen, da der Grundsatz unbedingter Freiheit des Kaufvertrages galt. „Angemessen" war der Preis, den die vertragsschließenden Parteien miteinander vereinbart hatten. Der Preis sollte „certum" sein, d. h. die Parteien sollten über die Höhe des Preises eine bestimmte Abrede treffen. Er sollte auch „verum" sein, d. h. ernstlich dem Werte der verkauften Sache entsprechend sein [1]).

[1]) Manfred Lehmann, Der Begriff des angemessenen Preises. Marburg 1921. S. 8.

Auch der Ausdruck „justum pretium" hatte zunächst nicht die Bedeutung eines angemessenen Preises im Sinne eines Preises, der der Billigkeit oder der Gerechtigkeit oder dem Volksempfinden entspräche, sondern es war nur ein anderer Ausdruck für verum pretium. Wenn z. B. eine Ware die vereinbarte Qualität nicht hatte, oder wenn eine Täuschung eines Kontrahenten vorlag, sollte der Richter ein justum pretium bestimmen. Dieses justum pretium sollte einen Gegensatz zum Affektionswert bilden.

Über die Bemessung desselben sagt Paulus im Anschluß an Sextus Pedius: „Sextus quoque Pedius ait, pretia rerum non ex affectione, nec utilitate singulorum, sed communiter fungi." Es wird also der Affektionspreis zurückgewiesen und verlangt, daß der Richter einen normalen, für alle gleichen Wert seiner Entscheidung zugrunde lege. Es wird aber nicht davon gesprochen, daß dieser etwa im ganzen Wirtschaftsleben durchgeführt werden solle"[1]).

Die Ausdrücke verum oder justum pretium sollten einen dem normalen Tauschwert entsprechenden Preis bedeuten. Im Rechte der späteren Kaiserzeit erhält der Begriff des justum pretium eine veränderte Bedeutung. Das erste dieser Gesetze betrifft die Einführung des Anfechtungsrechts wegen sog. laesio enormis. Die constitutio ist von Diocletian und Maximian im Jahre 285 n. Chr. erlassen und lautet: „Rem majoris pretii si tu vel pater tuus minoris pretii distraxerit, humanum est, ut vel, pretium te restituente emtoribus, fundum venditum recipias, auctoritate judicis intercedente, vel, si emtor elegerit, quod deest justo pretio recipias. Minus autem pretium esse videtur, si nex dimidia pars veri pretii soluta sit." Der Verkäufer hat also, falls er weniger als die Hälfte des justum (verum) pretium für seine Sache empfangen hat, ein Rücktrittsrecht, so daß er gegen Rückgabe des Kaufpreises seine Sache wiedererhält; es sei denn, daß der Käufer eine Nachzahlung bis zum Betrag des wahren Wertes leistet.

[1]) Edmund Schreiber, Die volkswirtschaftlichen Anschauungen der Scholastik seit Thomas v. Aquin. Jena 1913. S. 15.

Das zweite der hier in Betracht kommenden diocletianischen Gesetze ist das edictum de pretiis rerum venalium vom Jahr 301, in welchem eine für sämtliche im ganzen römischen Reich vorkommenden Kaufgeschäfte gültige Tarifierung aller möglicher Waren und Dienstleistungen, unter Androhung der Todesstrafe für Überforderungen, unternommen wurde" [1]).

Diese beiden diocletianischen Gesetze gehen weit über die frühere Einschränkung der Vertragsfreiheit hinaus; während bei der vorher erwähnten Einschränkung nur an Stelle des von den Parteien vereinbarten Preises ein wertgemäßerer Preis zu setzen war, weil das Werturteil des Klägers irgendwie durch eine Täuschung getrübt war, soll hier der „gerechte Wert" schlechthin erzwungen werden, auch wenn die Kontrahenten über alle bei der Preisvereinbarung maßgebenden Momente vollkommen im klaren waren. Bei der Feststellung der Preise des Ediktes, die teils durch die Direktoren der Kaiserlichen Fabriken oder die Verwalter der Kaiserlichen Provinzialmagazine, teils durch die Collegia der Handwerker und Kleinhändler festgestzt wurden, sollten die üblichen Produktionskosten nebst einem hinreichenden Gewinn berücksichtigt werden, alle handelsmäßigen Spekulationsgewinne ausgeschaltet werden [2]).

Ihre eigentliche Ausbildung und tiefere Begründung erfuhr die Lehre vom justum pretium erst im Mittelalter durch die kanonistische Wucherlehre. Der Begriff des „Wuchers" ging weit über das Zinsnehmen hinaus. Als Wucher erschien der kanonistischen Lehre alles, was im Wirtschaftsleben irgendwie als „übermäßiger Gewinn" angesehen werden konnte. Die Kirche, die in jener Zeit das ganze Wirtschaftsleben zu kontrollieren und beaufsichtigen suchte, bekämpfte vor allem den „unberechtigten Handelsgewinn", und dieser sollte vorliegen, wenn die Waren nicht nach dem justum pretium verkauft wurden. Das justum

[1]) Rudolf Kaulla, Der Wertbegriff im römischen Recht. Zeitschrift für die gesamte Staatswissenschaft. 58. Jahrg. 1. Heft. Tübingen 1902. S. 417/18.

[2]) Kaulla, a. a. O., S. 425.

pretium war keineswegs mit dem Marktpreis identisch, sondern wurde nach einem bestimmten Maßstab der Billigkeit und Gerechtigkeit festgestellt. Es lag dieser Auffassung eine Werttheorie zugrunde, die namentlich von Albertus Magnus und Thomas v. Aquino, die ihrerseits wieder auf aristotelische Gedanken zurückgingen, ausgebildet wurde. Nach thomistischer Auffassung gehörte die Frage des justum pretium zu den inhaltlich naturrechtlichen Forderungen des jus gentium [1]). Nach dieser Lehre sollte im Tausche Gleichheit von Leistung und Gegenleistung herrschen. Darin äußert sich das Wesen der justitia commutativa. Die Produkte sollten in ihrem Wertverhältnis durch das Verhältnis der zur Produktion nötigen Aufwendung bestimmt sein. In bezug hierauf wird Gleichheit von Leistung und Gegenleistung gefordert.

Albertus Magnus hat diese Lehre besonders klar ausgebildet. Magnus stellt einen Baumeister und einen Schuster einander gegenüber, die Produkte miteinander austauschen: „Der Baumeister muß vom Schuster dessen Arbeitsprodukt in Empfang nehmen und andererseits muß der Baumeister dem Schuster dafür zahlen, was dem Schuster nach gerechter Wiedervergeltung zukommt. Denn nur, wenn diese Forderung erfüllt ist, wird Übereinstimmung nach Arbeit und Kosten herrschen. Wenn also zunächst bei einem derartigen Tausche Gleichheit unter Zugrundelegung der Proportion festgestellt ist, indem entweder Wertgleichheit oder vertragsmäßige Übereinkunft oder die gesetzliche Bestimmung beobachtet ist, und dann die Wiedervergeltung vor sich geht, dann ist, wie gesagt, das Wohl der Gemeinschaft gewahrt und ihr Bestand gesichert. Vom ersten aber sprechen wir wie von einem Kaufvertrage, der unter Wahrung des gerechten Preises abgeschlossen ist, und vom zweiten wie von der Zahlung des Preises. Wenn aber bei solchen Tauschverträgen nicht so verfahren wird, so führt diese Nichtbeachtung der Gleichheit

---

[1]) Schreiber, a. a. O., S. 65.

nach Proportion zur Auflösung der Gemeinschaft, weil keine Wiedervergeltung nach Arbeit und Kosten stattfindet [1]).

Durch das Mittel behördlicher Preisfixierung suchte die Kirche diesem Grundsatz des justum pretium Geltung zu verschaffen. Doch auch abseiten der Kirche wurde im Mittelalter und in der darauffolgenden Zeit bis zum 18. Jahrhundert durch Preistaxen, Preismaxima und obrigkeitliche Preisfestsetzungen die Preisbildung zu beeinflussen gesucht, und ebenso war durch das Zunftrecht und die ganze merkantilistische Wirtschaftspolitik in weitem Umfang die Preisbildung keine freie, sondern eine gebundene.

Erst um die Wende des 18. zum 19. Jahrhundert trat der Umschwung von der gebundenen zur freien Preisbildung ein. Die der liberalen Wirtschaftsdoktrin entsprechende Rechtsordnung beseitigte die früheren Fesseln des freien Marktes. Die Hauptvorkämpfer dieser liberalen Wirtschaftsauffassung waren der Meinung, daß durch die freie Konkurrenz das Ziel am besten erreicht würde, das alle die obrigkeitlichen Preisfestsetzungen vergeblich anstrebten, nämlich zu einem angemessenen Preise zu gelangen. Nach der Lehre der klassischen Nationalökonomie sollte für die große Masse der Waren, nämlich für die sogenannten beliebig herstellbaren, auf die Dauer infolge der Wirkung der freien Konkurrenz sich ein durchschnittlicher Marktpreis herausbilden, der die Kosten inklusive eines Durchschnittgewinnes, der zum Ansporn der Unternehmertätigkeit notwendig sei, deckt. Dieser Preis sei der „gerechte“, während bei den früheren staatlichen Einmischungen in die Preisregulierung öfters Privilegien und Bevorzugungen verschiedenster Art sich herausgebildet hätten.

Die Erfahrungen des freien Konkurrenzsystems haben gezeigt, daß diese Lehre auf einem Irrtum beruht. In den immer wiederkehrenden Krisen kamen Preise vor, die tief unter den Produktionskosten standen und in den Zeiten der Hochkonjunktur ergaben sich wieder ungewöhnlich hohe Preise. Aus der Kreisen der Unternehmer selbst her-

[1]) Albertus Magnus, Ethica. (Ausgabe von Jammy, Lugdun 1651.) IV. Bd. Liber V, Tract. II., Caput IX.

aus wurde eine Abwehr gegen Preise gesucht, die die Rentabilität der Unternehmungen in Frage stellten, und auf diese Weise kam es in der zweiten Hälfte des 19. Jahrhunderts zu den Unternehmerverbänden, den Ringen, Syndikaten, Kartellen mit vertragsmäßiger Fixierung von Mindestpreisen oder Richtpreisen. Durch die Kartelle war wiederum — wenigstens in ihrem Marktbereich — die freie Preisbildung ausgeschaltet, und so riefen sie eine Opposition auf den Plan, welche die Gefahr monopolistischer Preisbildung durch die Kartelle bekämpfen wollte. In den zahlreichen gesetzgeberischen Vorschlägen zur Beseitigung der Kartellmißbräuche trat von neuem der Gedanke des justum pretium hervor. Man wollte durch die Kartellgesetzgebung die Kartelle zwingen, bei ihren Preisvereinbarungen nicht über den „angemessenen Preis" hinauszugehen.

Eine Wiederbelebung erfuhr der Gedanke des justum pretium durch den Weltkrieg. Da durch die Kriegsereignisse eine freie Marktpreisbildung vielfach ausgeschlossen war wegen der beschränkten Zufuhr der Waren und auch wegen der Zerrüttung des Geldwesens, und da öfters eine ganz chaotische Preisbildung die Folge war, suchte man durch die vielen Verordnungen über Höchstpreise und durch die Preisprüfungsstellen die Preise auf einer „angemessenen" Höhe zu halten. Ich will an dieser Stelle nicht auf die vielen Kontroversen eingehen, die sich in der Kriegszeit an das Problem des angemessenen Preises angeschlossen haben; es handelte sich um eine Zeit des Notstandes und um Notstandsaktionen, und wenn man auch so oft und mit Recht darauf hingewiesen hat, daß die Höchstpreispolitik verfehlt war [1]), so muß man sich doch daran erinnern, daß Kriegszeiten niemals ohne solche Maßnahmen verlaufen sind. Schon aus psychologischen Gründen und zur Beruhigung weiter Volkskreise sind solche gesetzlichen Maßnahmen unentbehrlich: genug des Erfolgs, wenn es dem Geschick der Verwaltungsorgane gelingt, einzelne der größten Aus-

[1]) Vgl. besonders zu dieser Frage die interessanten Gutachten — namentlich von W a l b — im Prozeß Schöndorff. Der Prozeß Schöndorff. Verlagsinstitut G. m. b. H., Berlin.

wüchse des Spekulantentums zu unterbinden. Irgend eine juristische oder ökonomische Doktrin lag diesen Maßnahmen nicht zugrunde und konnte ihnen auch nicht zugrunde liegen, weil es sich um ganz anormale Zeiten handelt. Ich werde daher aus den Kontroversen der Kriegszeit nur diejenigen Argumente und Erörterungen heranziehen, die auch als maßgebend für die regulären Zeiten des Wirtschaftslebens betrachtet wurden. Denn auch nach Beendigung des Krieges und bis zur Gegenwart herein sind verschiedene Methoden der staatlichen Beaufsichtigung der Preise durchgeführt worden, und hierbei ist wiederum vielfach der Grundsatz des „angemessenen Preises“ zur Geltung zu bringen versucht worden.

B. Die gesetzlichen Vorschriften behufs Einhaltung des angemessenen Preises nach geltendem Recht.

Es handelt sich namentlich um zwei gesetzgeberische Maßnahmen:

1. die Preistreibereiverordnung vom 13. Juli 1923,
2. die Kartellverordnung vom 2. November 1923 (Verordnung gegen den Mißbrauch wirtschaftlicher Machtstellung). —

1. Die Preistreibereiverordnung:

Hier ist für die Frage des „angemessenen Preises“ maßgebend § 3 über Preiswucher: „Wegen Preiswuchers wird bestraft, wer vorsätzlich für einen Gegenstand des täglichen Bedarfs einen Preis fordert, der unter Berücksichtigung der gesamten Verhältnisse einen übermäßigen Gewinn enthält, oder einen solchen Preis sich oder einem anderen gewähren oder versprechen läßt. Zu den Verhältnissen, die nach Satz 1 zu berücksichtigen sind, gehört insbesondere die Verschlechterung oder Besserung der Kaufkraft des Geldes in der Zeit zwischen dem Einkauf oder der Herstellung der Ware und ihrer Veräußerung.

Für gleichartige Gegenstände, deren Gestehungskosten verschieden hoch sind, darf ein Durchschnittspreis gefordert werden, wenn er nachweislich auf den verschiedenen Gestehungskosten und den verschiedenen Mengen der in ihn eingezogenen Gegenstände beruht und unter Berücksichtigung der durchschnittlichen Gestehungskosten keinen übermäßigen Gewinn enthält.

Ein Vergehen gegen die Vorschrift des Abs. 1 liegt nicht vor, wenn der Höchstpreis oder der von einer zuständigen Behörde festgesetzte oder genehmigte Preis eingehalten wird. Das gleiche gilt, wenn der Preis, der für die Verteilungsstufe des Veräußerers geltenden Marktlage, insbesondere dem unter amtlicher Mitwirkung bekanntgemachten Börsen- oder Marktpreis entspricht, sofern nicht durch Warenmangel oder durch erhebliche Schwierigkeiten, Ware an den Markt zu bringen, oder durch unlautere Machenschaften eine Notmarktlage geschaffen ist."

Diese neue Preistreibereiverordnung weist gegenüber der vorangegangenen Preistreibereiverordnung vom 8. Mai 1919 eine wesentliche Abänderung auf, denn in der älteren Verordnung lautet der Absatz von § 1 folgendermaßen: „Wegen übermäßiger Preissteigerung wird mit Gefängnis und mit Geldstrafe bis zu 200000 Mk. oder mit einer dieser Strafen bestraft: 1. wer vorsätzlich für Gegenstände des täglichen Bedarfs oder des Kriegsbedarfs Preise fordert, die unter Berücksichtigung der gesamten Verhältnisse einen übermäßigen Gewinn enthalten oder solche Preise sich oder einem anderen gewähren oder versprechen läßt." Hiernach war also ganz generell für alle Gegenstände des täglichen Bedarfes bestimmt, daß die Preise keinen übermäßigen Gewinn enthalten dürfen.

Nach der heute geltenden Preistreibereiverordnung sind dagegen zu unterscheiden.

1. Waren, die einen Höchstpreis haben. Für diese ist der angemessene Preis der Höchstpreis.

2. Waren, die einen Marktpreis haben. Für sie ist der Marktpreis bzw. der aus der Marktlage sich ergebende Preis der angemessene Preis.

3. Waren, die keinen Marktpreis haben und solche Waren, deren Gestehungskosten verschieden hoch sind. Für

sie ist dann der Preis angemessen, wenn er keinen „übermäßigen Gewinn" enthält. Wann aber liegt „übermäßiger Gewinn" vor? Der Ausdruck „unter Berücksichtigung der gesamten Verhältnisse" läßt hier einen gewissen Spielraum, aber irgend ein objektives Kriterium muß doch angegeben werden, und dieses findet man im Absatz 2, wo von den Gestehungskosten die Rede ist; denn wenn von gleichartigen Gegenständen gesprochen wird, deren Gestehungskosten verschieden hoch sind, wobei ein Durchschnittspreis gefordert werden darf, muß bei den Gegenständen, bei denen die Gestehungskosten gleich hoch sind, auf diese Gestehungskosten als allgemeine Richtschnur abgezielt werden Damit knüpft diese Vorschrift an gewisse Gedanken des Kriegswucherstrafrechts an. Dort haben ebenfalls bei Beurteilung des übermäßigen Gewinnes die Gestehungskosten die wichtigste Rolle gespielt.

Für die Rechtsprechung während des Krieges war besonders die Auffassung von Lobe über den übermäßigen Gewinn maßgebend. Nach Lobe ist der Reingewinn der Überschuß, den der Verkaufspreis über die Summe sämtlicher Gestehungskosten bringt [1]). Eine etwas abweichende Auffassung vertrat Lobe in seiner vorangegangenen Schrift [2]). Zu diesen Gestehungskosten gehören:

1. der Ankaufspreis oder die Erzeugungskosten;
2. die besonderen Betriebsunkosten;
3. die anteiligen allgemeinen Betriebsunkosten;
4. der Anteil an Kapitalzins;
5. Risikoprämie;
6. der Unternehmerlohn.

Erst nach Abzug dieser Kosten ergibt sich der Reingewinn des Unternehmers und wenn dieser über die friedensmäßige Höhe hinausging, sollte er als übermäßiger Gewinn angesehen werden. „Für die Frage, ob der Gewinn

[1]) Dr. A. Lobe, Reichsgerichtsrat, Preissteigerung, Handel und Reichsgericht. Offener Brief an die Ältesten der Kaufmannschaft von Berlin. Leipzig 1917.

[2]) Lobe, Übermäßiger Gewinn im Sinne von § 5 Nr. 1 der Bundesratsverordnung vom 23. 7. 15/23. 3. 16. Leipzig 1916.

übermäßig hoch ist, kommt nur in Betracht, ob und inwieweit er den im Frieden gezogenen Reingewinn übersteigt.“ (Urteil des Reichsgerichts vom 7. Juli 1916.)

Lobe hält besonders die Unterscheidung zwischen Unternehmerlohn und Unternehmer-Reingewinn für wichtig. Unternehmerlohn ist dem Unternehmer für seine geleistete persönliche Arbeit zuzubilligen [1]). An anderer Stelle sagt er: „Wenn ein billiger Ankauf oder besonders billige Erzeugungs- oder Geschäftsunkosten auf besonderer Geschicklichkeit und Rührigkeit des Unternehmers beruhen, so hat das Reichsgericht diesem hierfür auch entsprechend erhöhten Unternehmerlohn für das besondere Geschäft zugestanden [2]).“ Das Reichsgericht hat sich der Lobeschen Auffassung angeschlossen.

Alsberg erwähnt die eben genannten 6 Faktoren, die unter die Gestehungskosten zu rechnen sind, als die welche nach der Rechtssprechung des Reichsgerichts und der ihr folgenden Begründung zu der Verordnung gegen Preistreiberei vom 8. Mai 1918 zu berücksichtigen seien und fährt dann fort: „Von dem gesamten Verkaufserlös sollen nach der jetzt von Lobe und dem Reichsgericht vertretenen Auffassung die ersten 6 bezeichneten Preisbildungsfaktoren, die man zusammenfassend als Gesamtkosten der Verkaufsbereitstellung bezeichnen kann, abgezogen werden, um den auf die Angemessenheit seiner Höhe nachzuprüfenden Reingewinn festzustellen [3]).“

Ich halte diese ganze Auffassung, wonach die „Gestehungskosten“ das Kriterium der Beurteilung des angemessenen Preises bilden sollen und ferner die Erklärung des Unternehmerreingewinnes sowohl juristisch wie nationalökonomisch für verfehlt. Lobe meint, daß der Unternehmergewinn sich erst nach Abzug eines Unternehmerlohnes für die Arbeit des Unternehmers und einer Risikoprämie ergäbe; nun ist aber der Unternehmergewinn seiner Natur

---

[1]) Vgl. dessen Schrift, Preissteigerung usw. S. 22.

[2]) Ebenda. S. 31.

[3]) Dr. Max Alsberg, Preistreibereistrafrecht (früher Kriegswucherstrafrecht). Berlin 1920. S. 22.

nach gar nichts anderes als ein Lohn für die Unternehmertätigkeit und Prämie für das Risiko des Unternehmers. Es ist daher unmöglich, den Unternehmergewinn so zu bestimmen, daß man die beiden Faktoren abzieht, die das Wesen des Unternehmergewinnes ausmachen. Gerade das von Lobe angeführte Beispiel des Unternehmers, der durch billigen Einkauf und besondere Geschicklichkeit und Rührigkeit sich auszeichnet, klärt das Wesen des Unternehmergewinnes gut auf, denn für solche Qualitäten des Unternehmers gebührt ihm sein Unternehmergewinn, ebenso wie er den Verlust tragen muß, wenn er diese Eigenschaften nicht besitzt. Und wenn Lobe für die Höhe des sogenannten Unternehmerlohnes angibt, sie bemesse sich danach, wie sich der Lohn der angestellten leitenden Persönlichkeiten bei den in Betracht kommenden Unternehmungen und Geschäften üblicherweise stellt, also etwa nach dem Lohn von Direktoren, Prokuristen u. dgl. [1]), so scheint hierbei Lobe an die Gehälter und Tantièmen der Direktoren von Aktiengesellschaften u. dgl. zu denken. In diesen Bezügen aber erhalten diese Direktoren einen Teil des Unternehmergewinnes der Aktiengesellschaft. Da die eigentlichen Unternehmer, die Aktionäre selbst, keine Unternehmertätigkeit leisten können, wird diese Art von Tätigkeit an die Direktoren delegiert, während die Aktionäre in der Dividende den anderen Teil des Unternehmergewinns, die Risikoprämie, beziehen. Der Unternehmergewinn kann also schlechterdings nur als Arbeitslohn für die vom Unternehmer geleistete dispositive Tätigkeit und als Risikoprämie aufgefaßt werden. Es gibt allerdings auch die Kategorie des Unternehmerlohnes; diese ist aber gänzlich anders zu charakterisieren und hat von mit dem von Lobe als Unternehmerlohn bezeichneten Preisfaktor gar nichts zu tun. Es kommen Fälle vor, wo Unternehmer neben ihrer eigentlichen Unternehmertätigkeit auch eine bestimmte Arbeit übernehmen, die sonst üblicherweise angestellte Personen leisten, z. B. ein Fabrikant, besorgt die Buchhaltung des Be-

[1]) Vgl. dessen Schrift, Preissteigerung usw. S. 22.

triebes oder der Besitzer einer kleinen Gärtnerei ist noch mehrere Stunden am Tage als Gärtnereiarbeiter tätig. Das Äquivalent für diese Art von Tätigkeit wird als Unternehmerlohn aufgefaßt und kann auch leicht gemäß den entsprechenden Lohnsätzen objektiv festgesetzt werden.

Doch selbst angenommen, die Gestehungskosten könnten nach dem von Lobe aufgestellten Schema berechnet werden, so können sie immer noch nicht und zwar gleichgültig, ob einschließlich oder ausschließlich eines sogenannten Durchschnittsgewinnes, als maßgebend für die Höhe des angemessenen Preises oder Gewinnes angesehen werden. Denn in der kapitalistischen Wirtschaft kann man überhaupt nicht die Höhe der Preise nach den sogenannten Gestehungs- oder Produktionskosten bemessen. Die sogenannte Kostentheorie, wonach der Preis der Güter sich nach den aufgewendeten Kosten richte, ist mit Recht in der neueren Nationalökonomie so gut wie allgemein aufgegeben worden. Es liegt in dieser Betrachtungsweise ein Rückfall in die alte Auffassung des justum pretium vor, die ich in meiner geschichtlichen Darstellung aufgezeigt habe. Der Gedanke, daß die Preise sich nach der Mühe und Arbeit, die in den Gütern steckt, richten sollen, wie die Canonisten lehrten, oder daß die Preise sich im freien Marktverkehr im Durchschnitt nach diesen Produktionskosten bilden, konnte einigermaßen für jene Zeiten noch zutreffen, denn für die primitiven, meist handwerklichen Betriebe des Mittelalters und auch für die Anfänge der industriellen Entwicklung zur Zeit, als die Klassiker schrieben, bildeten tatsächlich die Produktionskosten ein sehr wesentliches preisbestimmendes Moment. Dies hat sich völlig geändert mit der Ausdehnung der gewerblichen Betriebe und Unternehmungen in neuerer Zeit, und zwar spielt hierbei die Hauptrolle das große Übergewicht der sogenannten fixen Kapitalien bei vielen Unternehmungen. Das umfangreiche, in den Großunternehmungen angelegte Maschinenkapital und Kapital in Werksanlagen usw. zwingt den Unternehmer oft, im Interesse der dauernden Rentabilität und des Erfolges der Unternehmung, eine Zeitlang die Waren unter den Produktionskosten zu verkaufen, damit das große, in den feststehenden Anlagen investierte Kapital nicht vollkommen ertragslos ruht. Maßgebend für die Höhe der Preise ist vielmehr die Konjunkturenlage, die allgemeinen Marktverhältnisse, die, wie ich eben erwähnte, unter Umständen auch zu Verkäufen unter den Produktionskosten zwingen.

Diese Auffassung über die Preisbildung findet sich auch bei den meisten Vertretern der Privatwirtschaftslehre. So weist z. B. Walb auf die wichtige Unterscheidung der Betriebskosten in die proportionalen und fixen Kosten hin: „Die proportionalen Kosten sind solche, die mit den hervorgebrachten Betriebsleitungen parallel gehen. Die fixen Kosten sind solche, die unter allen Umständen gegeben sind, einerlei ob der Betrieb beschäftigt ist oder nicht. Die erstere Gruppe von Kosten, die in der Hauptsache aus Produktionsmaterial und produktiven Löhnen besteht, muß das Unternehmen sich unbedingt ersetzen lassen, weil es sonst Geld zulegt, und es dann besser täte, seinen Betrieb zu schließen[1]). Walb nennt die fixen Kosten das elastische Glied in der Preisbemessung und sagt: „Der Betrieb muß sie als Verluste a priori ansehen und daran festhalten, daß alles, was er über die proportionalen Kosten im Preise ersetzt erhält, einen Beitrag zu dieser Verlustdeckung bedeutet. D. h. der Betrieb nimmt Aufträge unter den üblichen Selbstkosten, bis zur Mindestgrenze der proportionalen Kosten herein, und betrachtet solche Aufträge als „relativ" gewinnbringend[2])." Schmalenbach erklärt: „Die gute Mechanik der freien Preisbildung setzt das Überwiegen proportionaler Kosten voraus. Progressionen und Degressionen der Kosten bringen Preisbilder hervor, die die Mechanik stören und schließlich unbrauchbar machen, und die Zeit muß kommen, in der die Volkswirtschaft neuer Wertmechanismen bedarf[3])." Über die Wertbemessung für Unternehmungen sagt er: „Der Grundsatz, daß ihr Wert

---

[1]) E. Walb, Absatzstockung und Preispolitik. „Betriebswirtschaftliche Rundschau" (Monatsschrift, hrsg. im Auftrag der Gesellschaft für wirtschaftliche Ausbildung, Frankfurt a. M.). 1. Jahrg. 2. Heft. 1924. S. 26.

[2]) Ebenda.

[3]) a. a. O., S. 6.

auf die Reproduktionskosten sich stellen müsse, gilt nur mit großer Beschränkung. Ehe die eine Tendenz sich voll auszuwirken Zeit hatte, ist schon wieder ein neuer Konjunkturstoß wirksam geworden, und so bleibt der Reproduktionswert vom wirklichen Wert fast stets im Abstand. Heute in der Zeit fortgesetzt erneuter Wirtschaftsunruhen tritt diese Erscheinung besonders zutage[1])."

Es wäre volkswirtschaftlich ganz verfehlt, in dieser Weise die „Gestehungskosten" für die Entscheidung des angemessenen Preises in den Mittelpunkt zu stellen, weil damit implicite ausgesprochen ist, daß der Unternehmer im Preise die Wiedererstattung seiner Kosten zu beanspruchen hätte. Tatsächlich sind aber die vom Unternehmer gezahlten Kosten vielfach unwirtschaftlich zu hoch, und so liegt in der Preisgestaltung unter den Kosten das beste Anzeichen für ihn, zu einer Rationalisierung seines Betriebes zu schreiten und die Kosten auf die volkswirtschaftlich angemessene Höhe herabzusetzen. — Wenn ich somit die in der Preistreiberei-Verordnung aufgestellte Bemessung des angemessenen Preises ablehne, so will ich damit in keiner Weise sagen, daß der Staat und die Rechtsordnung sich überhaupt nicht um die Preisbildung kümmern und alle auch noch so hohen Preise dulden sollten. Das Kriterium des nicht angemessenen Preises müßte das wucherartige der Preisfestsetzung sein und dies wird sich immer nur unter Berücksichtigung des einzelnen Falles und der gesamten Wirtschaftslage entscheiden lassen. Keinesfalls dürften hierfür die Gestehungskosten in Frage kommen. Zur Bekämpfung der wucherartigen Preise sind aber die Bestimmungen des BGB. § 138 und des Strafgesetzbuchs § 302 ausreichend. —

Durchaus richtig scheint mir der Standpunkt der Ältesten der Kaufmannschaft von Berlin zu sein[2]): „Der übermäßige Gewinn ist unter Berücksichtigung der gesamten Verhältnisse des Einzelfalles, insbesondere der Marktlage, des Umsatzes und der durch den Krieg geschaffenen wirt-

[1]) Ebenda, S. 58.

[2]) „Kriegswucher nach den Entscheidungen des Reichsgerichts. 3. Aufl. Berlin 1917. S. 47/48.

schaftlichen Verhältnisse zu beurteilen. Die Einhaltung des auf einwandfreier Grundlage ermittelten Marktpreises schließt eine Bestrafung aus." Mit Recht ist hier von „Gestehungskosten" nicht die Rede. —

2. Die Kartellverordnung.

In der Kartellverordnung heißt es:

§ 4: Gefährdet ein Vertrag oder Beschluß der im § 1 bezeichneten Art (d. h. Syndikate, Kartelle usw.) oder eine bestimmte Art seiner Durchführung die Gesamtwirtschaft oder das Gemeinwohl, so kann der Reichwirtschaftsminister

1. beim Kartellgericht beantragen, daß der Vertrag oder Beschluß für nichtig erklärt oder die bestimmte Art seiner Durchführung untersagt wird (§ 7);
2. anordnen, daß jeder an dem Vertrage oder Beschlusse Beteiligte jederzeit fristlos den Vertrag kündigen oder von dem Beschlusse zurücktreten kann;
3. anordnen, daß ihm Abschrift aller zur Durchführung des Vertrages oder Beschlusses getroffenen Vereinbarungen und Verfügungen einzureichen ist, und daß diese Maßnahmen erst nach Zugang der Abschrift in Kraft treten.

Die Gesamtwirtschaft oder das Gemeinwohl ist insbesondere dann als gefährdet anzusehen, wenn in volkswirtschaftlich nicht gerechtfertigter Weise die Erzeugung oder der Absatz eingeschränkt, die Preise gesteigert oder hochgehalten oder im Falle wertbeständiger Preisstellung Zuschläge für Wagnisse (Risiken) eingerechnet werden, oder wenn die wirtschaftliche Freiheit durch Sperren im Einkauf oder Verkauf oder durch Festsetzung unterschiedlicher Preise oder Bedingungen unbillig beeinträchtigt wird.

§ 8: Verträge oder Beschlüsse der im § 1 bezeichneten Art kann jeder Beteiligte fristlos kündigen, wenn ein wichtiger Grund vorliegt.

Als wichtiger Grund ist es immer anzusehen, wenn die wirtschaftliche Bewegungsfreiheit des Kündigenden, insbesondere bei der Erzeugung, dem Absatz und der Preisgestaltung, unbillig eingeschränkt wird.

Darüber, ob die Kündigung zulässig war, entscheidet im Streitfalle das Kartellgericht auf Antrag eines Beteiligten. Der Antrag ist binnen zwei Wochen nach Zugang der Kündigung zu stellen. Wird der Antrag nicht innerhalb dieser Frist gestellt, so gilt die Kündigung als wirksam erfolgt.

§ 10: Sind Geschäftsbedingungen oder Arten der Preisfestsetzung von Unternehmungen oder von Zusammenschlüssen solcher (Trusts, Interessengemeinschaften, Syndikaten, Kartellen, Konventionen und ähnlichen Verbindungen) geeignet, unter Ausnutzung einer wirtschaftlichen Machtstellung die Gesamtwirtschaft oder das Gemeinwohl zu gefährden (§ 4 Abs. 2), so kann das Kartellgericht auf Antrag des Reichswirtschaftsministers allgemein aussprechen, daß die benachteiligten Vertragsteile von allen Verträgen, die unter den beanstandeten Voraussetzungen abgeschlossen sind, zurücktreten können. Ist anzunehmen, daß der Vertrag auch ohne die beanstandete Voraussetzung abgeschlossen worden wäre, so berechtigt die Entscheidung des Kartellgerichts nur zum Rücktritt von der beanstandeten Geschäftsbedingung oder von der auf Grund der beanstandeten Art der Preisfestsetzung getroffenen Vereinbarung.

Die Kartellverordnung zeichnet sich vor der Preistreibereiverordnung dadurch aus, daß sie in ihren Bestimmungen über die Kontrolle der Preisbildung das Einschreiten des Kartellgerichts nur dann anordnet, wenn „die Gesamtwirtschaft oder das Gemeinwohl gefährdet ist“, ferner dann, wenn „die Preise in volkswirtschaftlich nicht gerechtfertigter Weise gesteigert werden.“ Sie enthält aber keine Bestimmung, daß diese Steigerung über das volkswirtschaftlich gerechtfertigte Maß dann eintrete, wenn die Gestehungskosten über ein bestimmtes Maß hinaus überschritten wären oder wenn ein übermäßiger Gewinn erzielt wäre. Insoweit stellt die neue deutsche Kartellverordnung einen Fortschritt dar gegenüber manchen früheren gesetzlichen Vorschlägen zur Regelung des Kartellwesens. So war z. B. in dem ungarischen Kartellgesetzentwurf vom

Jahr 1904 folgendes in § 12 bestimmt [1]): „Der Kartellvertrag kann angefochten werden, wenn die Kartellparteien die Verkehrspreise in einer zur Ausbeutung des Publikums geeigneten Weise — in Ermangelung sonstiger auf die Preisgestaltung einwirkender außerordentlicher Verhältnisse — selbst regulieren, oder in solchem Maße beeinflussen, daß die Differenz zwischen Produktionskostenpreis und Verkehrspreis den allgemeinen usuellen Nutzen in auffallend unverhältnismäßigem Maße übersteigt."

Allerdings findet sich in der amtlichen Mitteilung an die Presse bei Bekanntgabe der neuen deutschen Kartellverordnung ein Hinweis auf die Gestehungskosten. Es heißt dort: „Bei der kritischen Zuspitzung, die die wirtschaftliche Konjunktur seit dem Sommer des Jahres erfahren hat, und durch welche der Preis einzelner deutscher Produkte über den Weltmarktstand hinausgetrieben worden ist, besteht ein allgemeines Interesse daran, durch Wiederherstellung wirklicher Marktfreiheit eine künstliche Einschränkung der Erzeugung übermäßige Risikozuschläge und Preisstellungen, die durch die tatsächlichen Produktionskosten nicht begründet sind, nachdrücklichst zu bekämpfen und die Kreise der Produktion und des Handels wieder zu dem vielfach verloren gegangenen Verantwortungsbewußtsein gegenüber dem Gemeinwohl zurückzuzwingen." Aber der ganze Sinn dieser Auslegung ist doch der, daß man durch die neue Kartellverordnung die Konsumenten vor monopolistischer Preispolitik der Kartelle bewahren will. Daß dies der Zweck der Verordnung ist, geht deutlich aus dem Schreiben des Reichswirtschaftsministers an Reichstag und Reichsrat vom 30. November 1921 hervor, wo gesagt wird: „Die vorgenannten von mir unternommenen Bemühungen berechtigen mich daher z. Zt. zu der Annahme, daß der Weg, den ich eingeschlagen habe, um die Wirkungen der Kartelle unter den derzeitigen Verhältnissen richtig

[1]) Ein Entwurf zu einem Gesetz über die Kartellverträge. Redigiert im Auftrage des Kgl. Ung. Handelsministers Karl Hieronymi vom Reichstagsabgeordneten Dr. Mandel. Manuskript aus dem Ungarischen übersetzt. Budapest 1904.

beurteilen zu können, sowie um Schädigungen der Volkswirtschaft, die aus Mißbrauch von Monopolstellungen erwachsen können, abzuwehren, z. Zt. der gangbarste ist. . . Sollte es sich allerdings im weiteren Verlaufe ergeben, daß auf diesem Wege der Schutz gefährdeter Interessen nicht sichergestellt werden kann, dann würde ich nicht unterlassen, Vorschläge zu einer weitergehenden Monopolabwehr den gesetzgebenden Körperschaften vorzulegen." Man sieht aus diesen Erläuterungen, daß die Absicht ist, Monopolgefahren, die aus der Kartellpolitik erwachsen könnten, abzuwehren. Sobald aber monopolistische Preispolitik in dem hier gemeinten Sinne vorliegt, fällt diese Preispolitik unter den Begriff Wucher, und so ist auch diese Kartellverordnung im wesentlichen gegen eine wucherartige Preispolitik gerichtet. In dem Kommentar zur Kartellverordnung [1]) wird mit Recht gesagt, daß es sich besonders um unzulässige Preissteigerungen sowie um die Berechnung von Risikozuschlägen bei wertbeständiger Preisstellung handelt: „Sie verstoßen gegen die Wirtschaftsordnung, wenn sie die Wuchervorschriften verletzen und andererseits gefährden sie das Gleichgewicht zwischen Lieferant und Abnehmer [2]).

Dementsprechend hat auch das Kartellgericht (E. Nr. 17 vom 10. 4. 1924, Nr. 26 vom 17. 5. 24) „für die Preispolitik des Verbandes nur die Grenze gezogen, daß die Preise einerseits nicht „sittenwidrig hoch" seien, andererseits nicht die wirtschaftliche Existenz des Mitglieds in Frage stellen dürfen. Innerhalb dieser Grenzen hat die Mehrheitsentscheidung des Kartells freien Spielraum [3])."

Da es sich also um Eingriffe in die Kartellpolitik wegen der Ausnutzung einer Monopolstellung zu wucherischer Preisfestsetzung handelt, gilt gegenüber der Kartellverordnung, soweit sie sich auf Eingriffe in die Preispolitik be-

[1]) Kartellverordnung. Verordnung gegen Mißbrauch wirtschaftlicher Machtstellungen von R. Isay und S. Tschierschky. Bei J. Bensheimer. Mannheim-Berlin-Leipzig 1925.

[2]) Ebenda, S. 164.

[3]) a. a. O., S. 243.

zieht, dasselbe, was ich oben über die Preistreibereiverordnung gesagt habe, daß nämlich die betreffenden Bestimmungen des Bürgerlichen Gesetzbuches und des Strafgesetzbuches über Wucher hinreichend sind, um gegen solche Wucherpreise der Kartelle vorzugehen.

Man wird nach allen Erfahrungen, die bis jetzt über das Gebaren der Kartelle vorliegen, sich hüten müssen, bei Kartellverträgen bloß deshalb, weil sie von Kartellen beschlossen sind, einen besonders strengen Maßstab anzulegen oder ihnen mit der Präsumtion gegenüberzutreten, daß sie wucherischer Art sein können. Vielmehr wird der Richter im Einzelfalle genau zu prüfen haben, ob wirklich die Kriterien des Wuchers oder des Verstoßes gegen die guten Sitten vorliegen, in derselben Weise, wie man diese Prüfung auch bei Verträgen von Einzelunternehmungen vornimmt. Der Zusammenschluß zu einem Kartell braucht in keiner Weise auf die Absicht hinzudeuten, monopolistische Preise zu erlangen oder eine Ausbeutung des Publikums möglich zu machen. Vielmehr sind es meist wichtige volkswirtschaftliche Interessen, die in letzter Linie auch dem Konsumentenpublikum zugute kommen, die zur Bildung von Kartellen führen. Auch die Einschränkung der persönlichen Freiheit, die zweifellos in den Bindungen liegt, welche die Kartelle ihren Mitgliedern und Abnehmern auferlegen, darf nicht dazu Anlaß geben, die Kartellverträge als Mißbräuche oder als gegen die guten Sitten verstoßend, aufzufassen.

Mit Recht hat sich die bekannte Entscheidung des Reichsgerichts vom 4. Februar 1897 auf den Standpunkt gestellt, „daß Kartelle vom Standpunkt des durch die Gewerbefreiheit geschützten Allgemeininteresses nur dann beanstandet werden können, wenn sich im einzelnen Falle aus besonderen Umständen Bedenken ergeben, namentlich wenn es ersichtlich auf die Herbeiführung eines tatsächlichen Monopols und der wucherischen Ausbeutung der Konsumenten abgesehen ist oder diese Folgen noch durch die getroffenen Vereinbarungen und Einrichtungen tatsächlich herbeigeführt werden." Dieser Standpunkt ist auch gegenüber der Anwendbarkeit des § 138 notwendig. Es muß monopolistische Ausbeutung vorliegen. Es genügt nicht, daß ein Kartell tatsächlich ein Monopol hat. Es kann ein Kartell einen ganzen Betriebszweig in sich monopolisiert haben und doch braucht von Ausbeutung nicht die Rede zu sein, wenn die Preispolitik des Kartells eine maßvolle ist. Nur dann würde Ausbeutung vorliegen und nur dann das Kartell gegen die „guten Sitten" verstoßen, wenn das Kartell seine Monopolmacht dazu ausnutzt, wucherische Preise zu erlangen.

Ist der § 138 BGB. mehr als ein Warnungsmittel gegenüber den Kartellen aufzufassen, so daß sie hierdurch genötigt werden, sich in ihrer ganzen geschäftlichen Gebarung gewisse Schranken aufzuerlegen, während nicht anzunehmen ist, daß von diesem Paragraphen praktisch oft Gebrauch gemacht werden wird, so sind dagegen die §§ 823—826, die von der Schadenersatzpflicht handeln, wohl geeignet, gegen gewisse Kartellmißbräuche auch praktisch in weitgehendstem Maße angewendet zu werden. Hier handelt es sich nicht darum, daß Kartellverträge als solche als ungültig erklärt werden, sondern das einzelne Kampfmittel, welche das Kartell anwendet, eine Schadenersatzpflicht begründen. Tatsächlich hat man auch mit Recht den § 826 gegen Kartellmißbräuche wiederholt angewandt. —

Aber nach dem Wortlaut der Kartellverordnung kann das Kartellgericht nicht nur eingreifen, wenn es sich um wucherische Preise handelt, sondern auch dann, wenn ein Kartellvertrag die „Gesamtwirtschaft" oder das „Gemeinwohl" gefährdet, und diese Gefährdung kann auch dadurch eintreten, daß die Preise gesteigert oder hoch gehalten werden, und damit kommt man zu einer prinzipiellen Frage: Sollen die Kartellrichter auch ein Urteil fällen, das im Sinne einer bestimmten wirtschaftspolitischen Zielsetzung liegt? Augenblicklich ist die wirtschaftspolitische Zielsetzung der Regierung vor allem auf möglichste Rationalisierung des Betriebes, Hebung der Produktivität und zugleich Senkung der Preise gerichtet. Angewandt auf die Kartellpolitik müßte dementsprechend die Preispolitik mancher Kartelle, in denen kapitalstarke und kapitalschwache Betriebe vereinigt sind, und die daher bei der Preisfestsetzung auf die kapitalschwachen Betriebe Rücksicht nehmen, abgelehnt werden. Man muß sich klar machen, zu welchen Konsequenzen ein solches Verfahren führt. Es liegt im Wesen der Kartelle, daß sie die Preise in einer Höhe festsetzen, die allen Mitgliedern des Kartells eine gewisse Rentabilität verspricht. Dadurch hatten die Kartelle vielfach eine gewisse Suprematie der Großbetriebe zugunsten der mittleren und kleineren Betriebe einzudämmen verstanden. Es geht aus der großen deutschen Kartellenquete hervor, daß gerade dieser Kampf zwischen den Interessen der kleinen und der großen Betriebe in der Praxis der Kartelle immer zu den größten Schwierigkeiten geführt hat.

Soll nun eine außerhalb der Kartelle stehende neutrale Instanz diese Entscheidung in Zukunft auf sich nehmen, dann müßte sie auch das Odium einer mittelstandsfeindlichen Politik ertragen. Und wie sollte es sein, wenn eine andere wirtschaftspolitische Strömung vom Staate begünstigt wird, die mittelstandsfreundlicher Natur ist und daher eine Kartellpraxis begünstigt, welche bei der Preisfestsetzung auch auf die Verhältnisse der kleineren und mittleren Betriebe Rücksicht nimmt? Mir scheint, daß es große Bedenken hat, eine richterliche Instanz in den Kampf dieser wirtschaftspolitischen Strömungen hereinzuziehen. Bisher sind diese Interessenkämpfe den Kartellen selbst überlassen geblieben; sie haben meist zu Kompromissen oder Konzessionen geführt, vielfach auch dazu, daß entweder die starken Betriebe oder die schwachen Betriebe ihren Austritt aus dem Kartell erklärt haben. Mit diesen Kämpfen ist ein sehr wichtiger und bedeutsamer Vorgang in der neueren Kartellbewegung verbunden; gerade weil die Rücksichtnahme auf die kleineren und mittleren Betriebe oft die Konzentration der Produktion in den leistungsfähigsten Betrieben gehindert hat, ist ein Umschwung dahin erfolgt, daß sich jetzt vielfach an Stelle der früheren Kartelle Fusionen, Trusts, Interessengemeinschaften und andere derartige Zusammenschlüsse gebildet haben, die eine viel straffere Konzentration im Sinne des höchsten technischen wirtschaftlichen Fortschrittes möglich machen. Was sich auf dem Wege der freien Vereinbarung oder der allmählichen Umgestaltung dieser Unternehmervereinigungen vollzieht, könnte gestört werden, wenn durch eine sozusagen offizielle oder staatliche Regulierung der Prozeß sich vollziehen würde. Auch bei den handels- und kreditpolitischen Verhandlungen mit dem Ausland könnte es Schwierigkeiten hervorrufen, wenn die Preise wichtiger Waren nicht durch freien Verkehr oder freie Entschließung der Verbände, sondern durch obrigkeitliche Anordnung festgesetzt würden.

Wie dem auch sei, sicher ist, daß den Juristen, die vor diese oder ähnliche Aufgaben auf Grund der Preistreiberei- und der Kartell-Verordnung gestellt werden, eine richtige Entscheidung nur möglich ist, wenn sie über ein großes Maß von volkswirtschaftlicher Bildung verfügen; denn da, wie wir gezeigt haben, es nicht möglich ist, ein objektives Kriterium für die angemessene Preisbildung durch einfache Kalkulation nach den Gestehungskosten zu finden, vielmehr die ganze Konjunkturlage beachtet werden muß, gehört zu dieser Kenntnis ein großes Maß wirtschaftlicher Einsicht. Die praktische Tätigkeit des Juristen auf diesem Gebiete muß in engster Fühlung mit der Wirtschaftstheorie bleiben.

Wir haben in unserer Abhandlung gezeigt, wie gemäß der fortschreitenden Entwicklung der nationalökonomischen Wissenschaft auch die große Begriffsspalterei in der Werttheorie ein Ende gefunden hat. Der Tauschwert oder Marktpreis der nationalökonomischen Wertlehre entspricht dem gemeinen Wert der Jurisprudenz, und dieser gemeine Wert oder Marktpreis sollte auch allein noch Bedeutung in der Wert- und Preislehre haben. Dieser Marktpreis oszilliert aber nicht, wie die frühere nationalökonomische Kostentheorie lehrte, um die Produktionskosten, sondern ist von außerordentlich vielen und komplexen Faktoren abhängig. Darum sollte man auch nicht mehr von dem natürlichen Wert oder wahren Wert oder justum pretium in der juristischen Literatur reden, der durch die sog. Gestehungskosten eindeutig zu bestimmen wäre. Nur durch enges Zusammenarbeiten der Rechtswissenschaft und der Nationalökonomie in dem Sinne, wie es S t a m m l e r in seinem Werke „Wirtschaft und Recht" vorgezeichnet hat, kann eine einigermaßen ersprießliche Lösung der wirtschaftlichen und juristischen Probleme, die auf diesem Gebiete vorhanden sind, erreicht werden.

GEGENSTAND UND AUFGABE DER NATIONAL-ÖKONOMIE.

Von

ALBERT HESSE.

> Die bloße Polyhistorie ist eine zyklopische Gelehrsamkeit, der ein Auge fehlt — das Auge der Philosophie.
>
> Kant (Logik).

Die wissenschaftliche Forschung fragt zuerst nach dem Gegenstand und dem Ziel. Danach wählt sie den Weg. Die Geschichte der Nationalökonomie läßt erkennen, daß die Gegensätze der Ideenrichtungen und größtenteils auch der einzelnen Lehren, soweit sie nicht auf weltanschaulichen Unterschieden beruhen, aus ungleichen Auffassungen der Aufgabe und Verschiedenheiten des Verfahrens hervorgehen. Ebenso zeigt der Widerstreit der Meinungen in der Gegenwart, daß die Gegner nicht selten auf verschiedenem Boden stehen, einander in der Auffassung der Probleme nicht begegnen und daher nicht treffen. Im besonderen erhebt sich die Frage nach der Loslösung der Ergebnisse von dem Subjekt, das sie gewinnt, und den Objekten, mit denen sie gewonnen werden, mit einem Wort die Frage nach der Geltung der wissenschaftlichen Ergebnisse um so dringender, je mehr diese von anderer Seite in Anspruch genommen, vor allem auch zur Erreichung praktischer Ziele verwandt werden, ohne daß eine kritische Prüfung erfolgt [1]).

[1]) Die folgenden Ausführungen fassen Ansichten des Verfassers gedrängt zusammen, die in fast drei Jahrzehnten aus den Anregungen Rudolf Stammlers, des Lehrers und Freundes, wenn auch in wichtigen Punkten von ihm abweichend, sich entwickelt haben. Die umfangreiche Literatur ist nur insoweit angeführt, als Zitate und Zusammenhänge dies erfordert haben.

I.

Die erste Aufgabe ist die klare Bestimmung des Gegenstandes. Von ihrer Lösung hängt die Beantwortung der Fragen nach Ziel und Weg ab.

Den Gegenstand der Nationalökonomie bilden Erscheinungen der Wirklichkeit. Die Aufgabe ist, die Tatbestände des wirtschaftlichen Lebens in ihrer Fülle und in ihrem Wechsel zu erfassen, zu ordnen und zu verstehen. Auch die gedankliche Arbeit, die von den konkreten Erscheinungen absieht, führt zuletzt wieder auf diese zurück und erhält dadurch ihre Bedeutung. Diese realistische Grundauffassung kann demjenigen, der sich in sich selbst und den Reichtum seiner Gedanken versenken will, nicht bewiesen werden. Wir können ihm nur sagen, daß seine Ergebnisse uns allein insoweit interessieren, als sie die geistige Ausrüstung verstärken, mit der wir der Wirklichkeit entgegentreten, und auf Gegenstände angewandt werden können, die wir begreifen wollen.

1.

Wirtschaft ist Beschaffung und Verwendung von Sachgütern. Volkswirtschaft bedeutet gesellschaftliche Erzeugung und Verteilung von Gütern. Die Volkswirtschaft ist weder eine große Individualwirtschaft des Volkes, noch eine Summe von Einzelwirtschaften der Volksgenossen. Ihr Wesen liegt in dem Zusammenschluß, in der Organisation der Einzelwirtschaften, in der Bereitstellung von Einrichtungen für die einzelwirtschaftliche Tätigkeit und in der wirtschaftlichen Betätigung der Gesamtheit. Das konstituierende Moment ist die äußere Regelung, die die Einzelwirtschaften verbindet, durch den besonderen Inhalt ihrer Vorschriften bestimmte Beziehungen zwischen ihnen schafft, ihnen öffentliche Einrichtungen zur Verfügung stellt und die unmittelbaren wirtschaftlichen Leistungen der öffentlichen Verbände begrenzt und richtet. Recht und Konvention bilden die Form des Wirtschaftslebens. Sie ordnen das Verhältnis der Individuen zueinander und ihre Verfügung über die Sachgüter. Das primitive wirtschaftliche

Zusammenwirken beruht auf Sitte und Brauch. Mit der Zunahme der Differenzierung der Gesellschaft verdichten sich immer mehr konventionelle Normen zum Recht. Vor allem vermögen die letzten grundlegenden sozialen Normen nur als Vorschriften des Rechts genügende Festigkeit zu gewinnen und das Gebäude der gesellschaftlichen Organisation zu tragen.

Auf die Ausbildung der Sitten und Gewohnheiten sind die natürlichen und kulturellen Verhältnisse des Landes und die Eigenart der Bevölkerung von Einfluß. Auch die Gesetzgebung hat „die Natur der Dinge und der Menschen" zu berücksichtigen. Dies ist nicht so zu verstehen, als ob jene Bedingungen des Wirtschaftslebens eine bestimmte Ordnung wie eine Reflexerscheinung hervorrufen. Aber doch setzt die Durchführung einer äußeren Regelung voraus, daß ihre Bestimmungen weder den in der äußeren Natur liegenden Bedingungen noch der natürlichen Anlage und dem kulturellen Stand der Bewohner widersprechen. Die Gesetzgebung der Bolschewiken hat sich nicht auf allen Gebieten des Wirtschaftslebens durchsetzen können, und die Ziele der deutschen Novemberrevolution sind nur teilweise gesetzgeberisch verwirklicht worden.

Je nach der Eigenart der Organisation gestaltet sich die Wirtschaft der einzelnen und ihr Zusammenwirken zur Volkswirtschaft verschieden. Vor allem sind entscheidend die Grundnormen, ob und inwieweit die einzelnen in ihrem wirtschaftlichen Verhalten gebunden oder frei sind, sowie ob und inwieweit die Verfügung über die Güter den Individuen oder irgendwelchen Gesamtheiten zusteht. Innerhalb dieser Ordnung gewinnen weitere Faktoren Einfluß auf die Gestaltung des Wirtschaftslebens: einmal die Gesinnung der wirtschaftenden Menschen, dann das Verfahren der Güterbeschaffung, die Technik. Jede einzelne Wirtschaft ist auf Gewinnung von Mitteln zur Bedürfnisbefriedigung gerichtet und von dem Ziel geleitet, möglichst wenig aufzuwenden, bzw. ein Maximum von Erfolg zu erreichen. Dieser Zweck tritt in mannigfaltigen Formen in Erscheinung, je nach der geistigen Einstellung der Menschen, ihrer Begabung und kulturellen Entwicklung. Weiter führen zu diesem Ziel viele Wege. Es macht sich die sittliche Grundeinstellung geltend, die entweder individualistisch ist, von den eigenen Interessen bestimmt wird, oder dem Solidaritätsprinzip folgt, die Interessen der anderen Menschen und der Gesamtheit mitberücksichtigt. Dann kommt die Richtung der einzelwirtschaftlichen Betätigung in Betracht, die entweder das Ziel verfolgt, Verbrauchsgüter herzustellen, einen bestimmten Bedarf zu decken, oder von dem Erwerbsstreben geleitet wird und allein dahin drängt, Gewinn zu erzielen[1]). Die äußere Betätigung dieser Wirtschaftsgesinnung ändert sich mit der Entwicklung der Technik, und diese wieder ist abhängig von den äußeren Bedingungen der Natur und dem Fortschreiten der Naturerkenntnis. So ergibt sich im Rahmen der Grundnormen je nach der Mentalität der Wirtschaftssubjekte und der Technik der Gütererzeugung und des Güterverkehrs eine ungleiche Ausgestaltung der Volkswirtschaft. In diese greift dann die äußere Ordnung wieder durch Einzelbestimmungen ein und führt so zu weiteren Unterschieden der Organisation.

Die Ordnung des Wirtschaftslebens grenzt zugleich die einzelne Volkswirtschaft von anderen als besonderen Gegenstand der Betrachtung ab. Es werden nicht nur durch die Eigenart der Organisation Unterschiede geschaffen, es bedeuten auch die rechtlichen Bestimmungen eine Zusammenfassung insofern, als sie dem Zusammenwirken der Einzelwirtschaften die Einrichtungen des Staates und der anderen öffentlichen Verbände zur Verfügung stellen und deren unmittelbare wirtschaftliche Betätigung normieren. Weiterhin werden in der Regel die innerhalb des Staates belegenen Einzelwirtschaften gegenüber denen des Auslandes begünstigt. Zu dieser äußeren rechtlichen Zusammenfassung tritt dann wieder die geistige Einstellung der Wirtschaftssubjekte, die in der Zugehörigkeit zu einem Volk und Staat nicht nur eine rechtliche Zusammenfassung erblicken, sondern die Gemeinsamkeit des Lebens und der Schicksale empfinden, sich mit den Angehörigen der eigenen

[1]) Sombart, Die Ordnung des Wirtschaftslebens, Berlin 1925, Seite 15 ff.

Volkswirtschaft verbunden fühlen und die Interessen der nationalen Wirtschaft im Gegensatz zu denen der anderen Völker erkennen.

2.

Die durch eine bestimmte äußere Regelung geordnete, durch eine bestimmte Gesinnung der Menschen beherrschte und durch eine bestimmte Technik ausgestaltete konkrete historische Volkswirtschaft ist Gegenstand der nationalökonomischen Betrachtung. Die Aufgabe ist, die Erscheinungen der durch das Zusammenwirken der Einzelwirtschaften und die Einrichtungen der Gesamtheit erzielten Gütererzeugung und Verteilung in allen ihren Beziehungen zu erfassen und zu untersuchen. Somit interessiert die Einzelwirtschaft als solche nicht, ebensowenig der einzelne wirtschaftende Mensch. Wohl aber werden beide zu Objekten der Untersuchung insofern, als das Zusammenwirken der Einzelwirtschaften zur Versorgung des Volkes mit Sachgütern zu betrachten ist. Die einzelwirtschaftlichen Erscheinungen sind die Elemente, aus denen die Komplexe der volkswirtschaftlichen Tatbestände sich zusammensetzen. Die Einzelwirtschaften interessieren uns als Teile des Ganzen, nicht in ihren individuellen Zügen, sondern in ihren durch die Organisation der Volkswirtschaft, durch Wirtschaftsgesinnung und Technik bedingten gemeinsamen Merkmalen, d. h. nicht als Einzelerscheinungen, sondern als Massenerscheinungen. Weiterhin handelt es sich nicht um Summen von Einzelvorgängen schlechthin, sondern um diejenigen Erscheinungen, die das Zusammenwirken der Einzelwirtschaften betreffen und zeigen, wie jene aufeinander angewiesen sind und ineinander greifen. Das heißt: die volkswirtschaftlichen Gesamterscheinungen stellen sich dar in den Massen von einzelwirtschaftlichen Tatsachen, die die wechselseitige Verflechtung der Einzelwirtschaften zeigen. Wenn wir z. B. von der kapitalistischen Produktion sprechen, dann fassen wir in Massenerscheinungen uns entgegentretende Vorgänge wechselseitig verbundener einzelwirtschaftlicher Gütererzeugung zusammen. Die Betrachtung dieses Zusammenwirkens ist das Problem. Wir suchen es zu lösen durch Betrachtung des Verhaltens der Einzelwirtschaften, das uns in Massenerscheinungen entgegentritt.

Zu dieser Untersuchung der Massenerscheinungen einzelwirtschaftlichen Handelns tritt die Betrachtung der Einrichtungen, die der Staat und andere öffentliche Verbände den Einzelwirtschaften zur Verfügung stellen, z. B. der Börsen, der Zünfte, der Zölle. Hier handelt es sich zunächst um bestimmte konkrete Einzelerscheinungen. Das Gleiche gilt für die Fälle unmittelbarer wirtschaftlicher Betätigung der öffentlichen Verbände. Es wird aber auch hier im weiteren Verlauf der Untersuchung ein Eingehen auf einzelwirtschaftliche Massenerscheinungen nötig, da erst dies ein Urteil über die für die einzelwirtschaftliche Tätigkeit geschaffenen allgemeinen Einrichtungen und die gleichzeitig mit jener erfolgende wirtschaftliche Betätigung der öffentlichen Verbände ermöglicht.

Somit ergibt sich, daß nicht die alleinigen, aber doch die überwiegenden Gegenstände der volkswirtschaftlichen Betrachtung sich in massenhaft wiederkehrenden einzelwirtschaftlichen Vorgängen darstellen; es geht die Untersuchung auf die elementaren Bestandteile des Ganzen zurück.

Sie gelangt dadurch nicht zu einem Atomismus, ebensowenig wie die Physiologie, die in der Untersuchung des Organismus auf die Zelle zurückgeht. Ob man eine solche Auffassung als individualistisch[1]) bezeichnen kann im Gegensatz zu einer universalistischen Anschauung, die die Einzelwirtschaft nur als Teil der Ganzheit betrachtet, ist zunächst eine Tatfrage. Es kommt auf die Organisation der Volkswirtschaft an, ob und inwieweit die Einzelwirtschaften selbständig abgeschlossene Teile bilden. Ist die Wirtschaftsordnung individualistisch, wird von der äußeren Regelung die Initiative und Entscheidung den Einzelwirtschaften überlassen, deren Leiter in voller oder nur in bestimmten Grenzen beschränkter Freiheit miteinander in Verbindung treten, dann muß die wissenschaftliche Unter-

[1]) Spann, Fundament der Volkswirtschaftslehre, 3. Aufl. 1923, Seite 129 ff., 188 ff., 324 ff.

suchung die Einzelwirtschaften betrachten als das, was sie sind, als Einheiten, die durch ihren wechselseitigen Verkehr das Ganze bilden. Ist die Wirtschaftsordnung nicht individualistisch, d. h. ist der einzelne in seinem wirtschaftlichen Verhalten gebunden und die Verfügung über die Sachgüter der Gesamtheit vorbehalten, dann erscheint uns die Einzelwirtschaft nicht in der gleichen Weise als geschlossene selbständige Einheit, dann treten die gemeinwirtschaftlichen Erscheinungen in den Vordergrund. Aber auch dann bleibt noch immer die Möglichkeit, in der wissenschaftlichen Untersuchung so vorzugehen, als ob die einzelnen Wirtschaften für sich bestehende Einheiten wären, um dadurch in die Zusammenhänge tiefer einzudringen. Jedenfalls bietet in einer Wirtschaftsorganisation, die überwiegend individualistisch ist, die Masse der Einzelwirtschaften in ihrem wechselseitigen Zusammenwirken die überwiegenden Gegenstände der Betrachtung. Die Einzelwirtschaft ist, wie sie in concreto erscheint, nur möglich als Teil des Ganzen. „Ich kann erst auf dem Markte auftreten, weil die anderen auftreten"[1]). Recht, Sitte, Marktordnung usf. dienen uns allen als die gemeinsamen Wirtschaftsmittel und bestimmen uns alle zu diesem Auftreten auf dem Markte[1]). Das ist richtig. Aber daraus folgt nicht, daß das Ganze „vor den Teilen" ist. Es wird durch das gemeinsame Auftreten der Markt gebildet. Das Ganze ist nicht früher als der Teil, weil es ohne diesen Teil nicht das Ganze ist. Den wirtschaftlichen Teilen ist rebus sic stantibus in so weiten Grenzen die Freiheit der wirtschaftlichen Betätigung gegeben, daß sie als selbständige Einheiten gefaßt werden können. Und auch wenn dies nicht in solcher Ausdehnung zutrifft, läßt sich der Zusammenhang „wie alles sich zum Ganzen webt" an den als selbständig gedachten Einheiten der Einzelwirtschaften leichter zeigen als die Gliederung der Ganzheit, die Struktur des wirtschaftlichen Organismus.

Spann[2]) wundert sich, daß unsere Wissenschaft den Begriff der Volkswirtschaft nicht streng und genau bestimmt,

---

[1]) Spann, Fundament S. 189.

[2]) Fundament S. 154.

ja bis heute nicht gründlich bearbeitet habe, daß allein Menger[1]) die Volkswirtschaft als eine „organisierte Komplikation von Einzelwirtschaften als eine zu höherer Einheit verbundene Vielseitigkeit von Wirtschaften" gefaßt, aber den Begriff der höheren Einheit nicht erklärt habe. Diese Tatsache wird verständlich, wenn man die Eigenart der Verbindung, die individualistische Orientierung der äußeren Regelung in Betracht zieht, die die Selbständigkeit der Einzelwirtschaften nicht aufgehoben, sondern nur eingeschränkt hat. Es tritt die „höhere Einheit" in einem Zusammenwirken der Einzelwirtschaften uns entgegen, die füreinander arbeiten und miteinander tauschen. Die Realitäten der Volkswirtschaft sind unter der Voraussetzung der gegebenen Organisation zunächst die Einzelwirtschaften; sie wirken zusammen zur Versorgung des Volkes mit Sachgütern, sie produzieren und stehen untereinander im Verkehr, und die Massenerscheinungen dieses Zusammenwirkens bilden den Gegenstand der Betrachtung. Aber auch dann, wenn die äußere Regelung die Initiative der Leiter der Einzelwirtschaften weiter einschränkt, als es tatsächlich der Fall ist, läßt sich die Verflechtung und Verbindung der Einzelwirtschaften an diesen selbst besser zeigen, als eine Betrachtung der Ganzheit dies vermag. Diese tritt als Realität des Wirtschaftslebens äußerlich nur insoweit in Erscheinung, als die Beschaffung und Verteilung der Sachgüter bestimmten Gesamtheiten übertragen ist; im übrigen existiert sie allein in den Normen der äußeren Regelung und in den der privaten Wirtschaft zur Verfügung stehenden öffentlichen Einrichtungen, also in der Organisation der Volkswirtschaft, deren Eigenart an dem Verhalten der durch die Organisation erfaßten Einzelwirtschaften am einfachsten darzulegen ist.

Die Entscheidung darüber, ob die Volkswirtschaftslehre die Massenerscheinungen der einzelwirtschaftlichen Vorgänge in ihren wechselseitigen Beziehungen zu studieren hat, ist in erster Linie eine Tatfrage. Sie ist zweitens eine metho-

[1]) Untersuchungen über die Methode der Sozialwissenschaften. 1883, S. 235.

dologische Zweckmäßigkeitsfrage. Sie ist nicht eine Weltanschauungsfrage in dem Sinne, wie Kerschagl[1]) annimmt. „Die Wirtschaft als solche ist organisch, und wenn wir von einer organischen oder universalistischen Methode sprechen, so verstehen wir darunter nichts anderes, als den Allzusammenhang, die wechselseitige Bedingtheit des wirtschaftlichen Handelns eben als solches darzustellen. Das sind aber Grundanschauungen, die jenseits von Logik und Physik stehen, einfache Glaubenssätze. Ob ich die Wirtschaft als ein unendlich Verflochtenes, Gegenseitiges, Organisches betrachte oder als eine Häufung autarken, isolierten Geschehens, ist eine Angelegenheit, in der man seine Ansicht wohl durch empirische Beispiele zu belegen versuchen kann, die aber im Wesen doch ausgesprochen metaphysischen Charakter trägt und durch physisch-empirische „Beweise" nicht „bewiesen", sondern bestenfalls in ihrer praktischen Zulässigkeit und Brauchbarkeit als Hypothese unterstützt werden kann". Dem ist entgegenzuhalten, daß eine Problemstellung, die die Erkenntnis der empirischen Wirklichkeit zum Gegenstand hat, von der Weltanschauung, die unser Verhältnis zu Problemen jenseits der Erfahrung betrifft, nicht abhängig ist. Sofern die äußeren Erscheinungen einer konkreten Wirtschaft zu betrachten sind, kann es nur darauf ankommen, die Tatbestände und ihre Zusammenhänge, so wie sie sind, zu erkennen. Eine weltanschaulich beeinflußte Problemstellung legt letzten Endes das, was sein soll, hinein in das, was ist.

Diese Gefahr ist um so größer, als ohnehin die Weltanschauung in die Betrachtung und Auffassung der Erscheinungen der gesellschaftlichen Wirtschaft hineinspielt. Die Wirklichkeit zeigt weder einen reinen Individualismus noch einen reinen Universalismus; in der Organisation des Wirtschaftslebens sind Gedanken beider Richtungen verbunden, das Verhältnis ist in den verschiedenen Ordnungen ungleich und zeitlich wechselnd. Wenn nun alle wirtschaftlichen Erscheinungen individualistische und universalistische Züge tragen, dann ist es leicht möglich, daß der

[1]) Einführung in die Methodenlehre der Nationalökonomie. 1925, S. 96.

nach der einen oder anderen Richtung weltanschaulich orientierte Betrachter in erster Linie das sieht, was er im Herzen trägt, also mehr die Verbundenheit zum Ganzen oder mehr die Selbständigkeit der Einzelwirtschaften.

Der Gefahr weltanschaulicher Färbung begegnet am besten die Statistik. Durch sie gewinnen wir Beobachtungen, die in ihrer Häufung sich von der Subjektivität des einzelnen Beobachters lösen. Durch sie erhalten wir weiterhin ein umfassendes Bild der Erscheinungen, von denen auch der weitest blickende Einzelbeobachter immer nur einen Teil übersieht. Durch die Vermehrung der Beobachter und Erweiterung des Beobachtungsgebietes wird die weltanschauliche Subjektivität in der Erfassung der Tatsachen ausgeglichen und der Stoff in den Massenerscheinungen der zusammenwirkenden Einzelwirtschaften gewonnen.

3.

Diese Wirklichkeit, die Einrichtungen und Leistungen der Gesamtheit, vor allem aber das konkrete wirtschaftliche Zusammenwirken der Massen von Einzelwirtschaften, bilden den Gegenstand der Aufgabe. Damit ist nicht gesagt, daß die Untersuchung, wie Schmoller[1]) es fordert, sich auf die „volle empirische Wirklichkeit" zu erstrecken hat. Die Betrachtung verliert sich, wenn hier keine Grenzen gezogen werden. Die Aufgabe einer Darstellung der vollen wirtschaftlichen Wirklichkeit ist nicht zu lösen, und soweit sie durchführbar ist, geht sie in die Breite und erschöpft sich in Einzelheiten. Die Auffassung Schmollers hat zu einer Anhäufung von Material geführt, dessen Bearbeitung schon durch die Masse erschwert worden ist. Es sind die meisten Monographien Bausteine geblieben, weil der äußere und innere Zusammenhang fehlte, durch den die Bedeutung der Einzeluntersuchung bedingt wird, und weil kein Bauplan vorhanden war.

---

[1]) Zur Methodologie der Staats- und Sozialwissenschaften. Jahrbuch f. Gesetzgeb. u. Verw. N. F. VII. Seite 978 ff.

Statt der vollen Wirklichkeit in ihrer ganzen Breite ist das Wesentliche zum Gegenstand der Betrachtung zu wählen. Was ist wesentlich? Fragen wir zunächst: was ist nicht wesentlich? Wenn, wie gezeigt, die Massenerscheinungen des einzelwirtschaftlichen Zusammenwirkens die Komplexe der volkswirtschaftlichen Gesamterscheinungen und damit den Gegenstand der Nationalökonomie bilden, dann können zu den wesentlichen Erscheinungen nur die wiederkehrenden, empirisch regelmäßigen gehören. Jedenfalls sind die nicht wiederkehrenden, die unregelmäßigen einzelwirtschaftlichen Erscheinungen nicht wesentlich. So schränkt sich schon das Gebiet ein. Aus der Fülle der einzelwirtschaftlichen Erscheinungen können diejenigen herausgehoben werden, die gleiche Merkmale aufweisen. Es dehnt sich nicht mehr die unübersehbare Fläche der einzelwirtschaftlichen Einzelheiten und Verschiedenheiten vor uns aus, sondern es treten aus diesem Meer in den durch bestimmte Merkmale gegebenen festen Umrissen die Regelmäßigkeiten der Einzelerscheinungen hervor. Dabei ist von vornherein festzustellen, daß wir nicht von gleichen Objekten der Betrachtung sprechen. Es kann sich immer nur um Erscheinungen handeln, die bestimmte Merkmale gemein haben und wegen dieser Übereinstimmung als gleich betrachtet und zusammengefaßt werden. Sofern der einzelne Vorgang oder das einzelne Ding als historisches Individuum betrachtet wird, kann von einer Wiederholung nicht die Rede sein. Wenn die Frage zur Lösung steht, ob Einzelerscheinungen einheitlich zusammenzufassen sind, dann interessieren sie nicht hinsichtlich der Eigentümlichkeiten, die sie von anderen unterscheiden, sondern hinsichtlich der Merkmale, die sie mit anderen gemein haben.

Diese Möglichkeit der Zusammenfassung bietet wieder die Statistik durch die Häufung der Beobachtungen. Welche Merkmale der Einzelerscheinung mit denen anderer übereinstimmen, vermag nur die Massenbeobachtung zu zeigen. Die Verallgemeinerung der Einzelbeobachtung ist um so schwieriger, je komplizierter die Verhältnisse sind. Aus der Analyse eines Wassertropfens schließen wir auf die chemische Zusammensetzung des Wassers. Auch in der organischen Natur ist die Verallgemeinerung der Einzelbeobachtung in vielen Fällen ohne weiteres möglich. Im Wirtschaftsleben dagegen verbietet die Vielgestaltigkeit der Erscheinungen den Schluß von einer Beobachtung auf die andere. Hier muß die Gleichmäßigkeit festgestellt und müssen durch Häufung der Beobachtungen die wiederkehrenden, konstanten Merkmale herausgehoben werden.

Die negative Abgrenzung des empirischen Stoffes genügt aber nicht. Sie betrifft nur die Elemente, die die volkswirtschaftlichen Gesamterscheinungen bilden und sagt, welche einzelwirtschaftlichen Tatbestände wir außer acht lassen können. Es muß positiv gesagt werden, was wesentlich ist, und zwar einmal, welche öffentlichen Einrichtungen bzw. Leistungen und welche Gesamterscheinungen des einzelwirtschaftlichen Zusammenwirkens in Betracht kommen, und dann, welche in Massenerscheinungen auftretenden einzelwirtschaftlichen Elemente zu den Komplexen der volkswirtschaftlichen Erscheinungen zusammenzufassen sind.

Die Tatsachen werden erst dann wissenswert, wenn wir etwas wissen wollen. Das Ziel der Forschung ist also maßgebend und dieses letzte Ziel in Einzelprobleme zu gliedern. Dadurch wird aus der unübersehbaren Fläche der Erscheinungswelt die Interessensphäre abgegrenzt und werden die Erscheinungen innerhalb dieses Gebietes als Gegenstände der Betrachtung qualifiziert. Auch das ökonomisch Interessante haftet den Erscheinungen als solchen nicht äußerlich an. Durch die Problemstellung bestimmen wir, was ökonomisch interessiert, und danach wählen wir die Tatsachen aus. Erst durch begriffliche Erfassung werden die Erscheinungen uns als Gegenstände der Forschung bewußt und in diesem Sinne wirklich. Erst durch systematische Ordnung gewinnt die rohe Masse Form und wird so übersehbar. Die Theorie muß in gedanklichen Konstruktionen der Begriffsbildung und der Systematik einen Bauplan entwerfen, ehe das Material als Baustoff in Frage kommt und benutzt werden kann. Durch logische Operationen, durch isolierende Abstraktion und Deduktion gewinnen wir die Formen, in die wir die Erscheinungen der Wirklichkeit fassen und zusammenfassen. Die Theorie ist das Mittel, die Wirklichkeit, deren Objekte in ihrer empirischen, konkreten Erscheinung den Gegenstand der Forschung bilden, geistig zu beherrschen.

II.

1.

Die Klassiker der Nationalökonomie suchen generelle Aussagen über die wirtschaftliche Wirklichkeit, in letzter Linie Gesetze der Volkswirtschaft. Sie gehen aus von der Annahme einer über Raum und Zeit erhabenen Normalform der volkswirtschaftlichen Organisation und betrachten als deren Ausdruck die Wirtschaftsverfassung ihrer Zeit und ihres Landes: Privateigentum, Gewerbefreiheit, Freihandel. Sie gehen aus von der Untersuchung einzelwirtschaftlicher Vorgänge, betrachten diese, als ob sie allein durch das Selbstinteresse bestimmt würden, und bilden Gesetze der Volkswirtschaft, indem sie die Ergebnisse verallgemeinern. Die historische Schule hat mit Recht dagegen eingewandt, daß es eine Normalform der Wirtschaft nicht gibt. Sie hat auf die Unterschiede der konkreten Volkswirtschaften eindringlich hingewiesen und gezeigt, daß die jeweiligen besonderen Verhältnisse und deren geschichtliche Entwicklung die Gegenstände der Betrachtung zu bilden haben anstelle „abstrakter Nebelbilder, denen jede Realität mangelt“[1]). Die Einwendungen der deutschen historischen Schule wenden sich aber nur gegen den Weg, den die Klassiker zur Erreichung ihres Zieles einschlagen, gegen die voreilige Generalisierung, nicht gegen ihr Ziel. Die von den Klassikern versuchte Ableitung allgemeiner Sätze aus einzelnen Tatbeständen wird mit Recht abgelehnt, weil sie allein das Selbstinteresse als Triebkraft voraussetzt und die Verschiedenheiten der Wirklichkeit über-

[1]) Schmoller, Zur Literaturgeschichte der Staats- und sozialen Wissenschaften. 1888. Seite 287.

sieht. Es wird aber nicht gefragt, ob das Ziel der klassischen Schule, die Gewinnung allgemeiner Sätze, richtig gestellt ist. Knies führt aus, daß die Bedingungen der Zeit, des Raumes und der Nationalität die Besonderheit jeder Volkswirtschaft bestimmen, aber auch er sucht Gesetze der Erscheinungen, wenngleich er deren Geltung enger als die Klassiker begrenzt. List und Hildebrand streben in ihrer Aufstellung der Wirtschaftsstufen über das historische Detail hinaus zu allgemeinen Aussagen. Roscher spricht von den Entwicklungsgesetzen des Staates und von Naturgesetzen der Wirtschaft[1]). Auch Schmoller sucht allgemeine Zusammenhänge und Regelmäßigkeiten; er will nur langsamer generalisieren als die ältere historische Nationalökonomie. Im übrigen hat die neuere historische Schule hinter dem Bemühen, die Tatbestände der „vollen empirischen Wirklichkeit" zu vermehren, deren Zusammenfassung zurückgesetzt und die Aufgabe der Vereinheitlichung der Ergebnisse nicht gelöst.

Gegen das Vorgehen der klassischen Schule lassen sich nicht nur die Einwendungen erheben, die die historische Schule geltend macht. Es ist zu fragen, ob durch eine Generalisierung einzelwirtschaftlicher Vorgänge, selbst wenn sie einwandfrei erfolgt, volkswirtschaftliche Ergebnisse zu gewinnen sind. Die volkswirtschaftlichen Gesamterscheinungen sind auch in einer Organisation, die so individualistisch orientiert ist wie die Normalform der Volkswirtschaft der Klassiker, nicht einfach Summen einzelwirtschaftlicher Tatbestände, sondern Komplexe von Massenerscheinungen einzelwirtschaftlicher Vorgänge, deren wechselseitige Abhängigkeit und Verflechtung in ihrer Eigenart und Bedingtheit untersucht wird. Es sind die volkswirtschaftlichen Gesamterscheinungen nicht Massenerscheinungen, sondern Komplexe von solchen, Tatbestände, die durch ihre Bedingtheit individualisiert werden, die uns wegen dieser Eigenart interessieren und daher als historische Tatsachen zu behandeln

[1]) Vgl. dazu Weber, Gesammelte Aufsätze zur Wissenschaftslehre. Tübingen 1922. I. Roschers historische Methode S. 7.

sind. Weiterhin kommen die der Einzelwirtschaft zur Verfügung stehenden öffentlichen Einrichtungen und die wirtschaftliche Betätigung der Gesamtheiten in ihrer konkreten Eigenart in Betracht. Damit erhalten wir den bedeutungsvollen Unterschied, daß die einzelwirtschaftlichen Massenerscheinungen zusammengefaßt werden, daß hier allgemeine Sätze gesucht und nicht historische Details studiert werden, daß aber die durch Zusammenfassung der einzelwirtschaftlichen Massenerscheinungen entstandenen volkswirtschaftlichen Erscheinungskomplexe und jene Einrichtungen und Tätigkeiten der Gesamtheiten historische Individualitäten bedeuten.

Nationalökonomie ist nicht Geschichte. Nicht die individuelle Besonderheit der einzelwirtschaftlichen Erscheinungen und ihrer Entwicklung ist Gegenstand unseres Interesses. In der Nationalökonomie handelt es sich um Massenerscheinungen wirtschaftlichen Zusammenwirkens, um Regelmäßigkeiten, also um Erfahrungssätze, die über das individuelle Detail hinausgehen. Aber die generellen Aussagen über das einzelwirtschaftliche Geschehen sind nicht das Ziel, sondern das Mittel zu dem Zweck, dadurch in die Komplexe der volkswirtschaftlichen Gesamterscheinungen einzudringen, die als historische Individualitäten uns entgegentreten. Die Zusammenfassung der einzelwirtschaftlichen Tatsachen zu allgemeinen Sätzen ist weiter erforderlich, um Folgerungen ziehen zu können, die für die Aufgaben von Staat und Gesellschaft Bedeutung gewinnen. Die wirtschaftliche Praxis braucht für ihre Schlüsse und Entschlüsse allgemeine Erfahrungen, Einsicht in Zusammenhänge, Ergebnisse, die über das individuelle Detail hinausgehen und auf Tatbestände der Gegenwart angewandt werden können.

Die Klassiker haben das Ziel der wirtschaftlichen Forschung in einer Beziehung zu weit gefaßt, in anderer Beziehung es zu eng begrenzt. Wenn sie von einer Normalorganisation der Volkswirtschaft ausgehen, ist es verständlich, daß sie allgemeingültige wirtschaftliche Naturgesetze des Einzelgeschehens gewinnen wollen. Wenn dagegen die jeweiligen konkreten Tatbestände einer räumlich und zeitlich gebundenen, einer durch bestimmte Organisation, Wirtschaftsgesinnung und Technik bedingten Volkswirtschaft den Gegenstand der Betrachtung bilden, dann können allgemeine Sätze immer nur für diese bestimmten, historischen Wirtschaften Geltung gewinnen. Das heißt: alle Aussagen allgemeinen Inhalts sind auf dem Gebiet der Nationalökonomie relativ. Aber weiterhin erschöpft sich die Aufgabe nicht in dem Nachweis der Regelmäßigkeit einzelwirtschaftlichen Geschehens. Sie erweitert sich zu der Zusammenfassung der einzelwirtschaftlichen Massenerscheinungen zu volkswirtschaftlichen Gesamterscheinungen. Dieses historische Problem haben die Klassiker nicht gestellt, weil sie die Eigenart der einzelnen Volkswirtschaften, deren historische Individualität nicht erkannten.

Die gegen die klassische Nationalökonomie erhobenen Bedenken gelten letzten Endes auch gegen die Allgemeingültigkeit der Lehrsätze einer „exakten" Theorie. Die österreichische Schule ist, wie Diehl[1]) richtig bemerkt, insoweit im Vorteil vor den Klassikern, als diese von der Produktion ausgingen, damit eine bestimmte Produktionsweise zugrundelegen mußten, während die österreichische Schule von der Konsumtion ausgeht, die in höherem Maße natürlich bedingt ist. Aber auch die Konsumtion ist in einer gesellschaftlichen Wirtschaft nicht eine ausschließlich natürliche, sondern soziale Angelegenheit, vor allem bedingt durch die Eigentumsordnung, also abhängig von der konkreten Organisation der Volkswirtschaft.

2.

Damit erhebt sich die Frage, welche Merkmale für die Kennzeichnung der konkreten, historischen Wirtschaftsorganisationen und für die Zusammenfassung der einzelwirtschaftlichen Erscheinungen zu den Komplexen der volkswirtschaftlichen Gesamterscheinungen maßgebend sind. Auch hier gilt es, das Wesentliche auszuwählen,

---

[1]) Theoret. Nationalökonomie I. S. 275.

aus dem letzten Ziel der Forschung die Einzelprobleme herauszulösen. Auch hier bietet die Theorie in Begriffsbildung und Systematik die Formen, die die Fülle der Einzelheiten fassen und zusammenfassen. Mit der Darstellung der gedanklichen Mittel, welche die einzelnen volkswirtschaftlichen Gesamterscheinungen als historische Individualitäten zu prägen vermögen, beantwortet sich zugleich die Frage, welche einzelwirtschaftlichen Massenerscheinungen uns als wesentlich interessieren.

Sofern es sich um Erscheinungen handelt, die als Massenerscheinungen Gegenstand unserer Betrachtung werden, interessieren uns nicht die individuellen, sondern die generellen Merkmale; es geht die Begriffsbildung auf das Allgemeine, das Konstante. Handelt es sich darum, Wirklichkeiten des Lebens in ihrer Eigenart zu verstehen, in ihrer individuellen Gestaltung und Bedingtheit, dann interessiert uns das Generelle nicht, dann handelt es sich für uns darum, die kennzeichnenden Merkmale herauszufinden, die die individuelle Eigenart am deutlichsten zum Ausdruck bringen. Dies ist nur möglich, wenn klargestellt ist, worin die Eigenart besteht, welches das Ziel der Forschung ist, in welcher Beziehung uns die Tatbestände interessieren. Aus dem Ziel der Forschung ergeben sich die leitenden Ideen, die gedanklich gegliedert und detailliert werden. Die Theorie gewinnt, wie Max Weber[1]) dies formuliert, Idealbilder volkswirtschaftlicher Vorgänge, z. B. des Tausches, der Hausarbeit, durch „gedankliche Steigerung bestimmter Elemente der Wirklichkeit". „Dieses Gedankenbild vereinigt bestimmte Beziehungen und Vorgänge des historischen Lebens zu einem in sich widerspruchslosen Kosmos gedachter Zusammenhänge" [2]). Es ist eine gedankliche Konstruktion, deren Wesen in der einheitlichen Zusammenfügung von Einzelerscheinungen zu einem Gesamtbild besteht. Solche Synthesen bietet die abstrakte Wirtschafts-

---

[1]) Gesammelte Aufsätze. Die Objektivität sozialwissenschaftlicher und sozialpolitischer Erkenntnis. S. 190 ff.

[2]) S. 190. Rickert, Die Grenzen der naturwissenschaftlichen Begriffsbildung 1902, S. 305 ff.

theorie, und in dieser Beziehung gewinnt sie Bedeutung, auch wenn der Wirklichkeitswert ihrer Ergebnisse abgelehnt wird. Es handelt sich hier um die Aufgabe, das empirisch Gegebene in seiner Bedeutung zu erfassen, aus der Fülle der Gesichte das für die Forschung Wesentliche herauszuheben. Die Beziehungen, die zwischen den wirklichen Tatsachen und diesen Typen hergestellt werden, sind logische; sie bestehen in der Anwendung des Begriffes auf die einzelnen konkreten Erscheinungen. Wir messen den Wert der empirischen Tatbestände für das Ziel unserer Forschung durch Vergleich mit den Idealtypen und wählen danach die Tatbestände aus[1]). Durch die Ideen wird allein bestimmt, was „ökonomische" Vorgänge und Zusammenhänge sind, welche Tatbestände uns z. B. bei der Betrachtung der kapitalistischen Produktion als „wesentlich" interessieren, wo wir die Grenzen zu ziehen haben, durch die wir uns aus der unübersehbaren Weite der Erscheinungen ein bestimmtes und übersehbares Gebiet von Objekten herausschneiden. Für die forschende Betrachtung dieser Gegenstände kommen die Ideen nicht mehr in Betracht; sie sind nicht Ziel, sondern Mittel. Sie sind nicht Tatbestände der empirischen Wirklichkeit, sie kommen in ihrer begrifflichen Reinheit nirgends vor, sie sind einheitliche Zusammenfassungen zahlreicher „diffus und diskret, hier mehr, dort weniger, stellenweise gar nicht vorhandener Einzelerscheinungen" [2]), die der Wirklichkeit entnommen, aber gedanklich verbunden werden. Sie sind als gedankliche Konstruktionen auch nicht Objekte der auf Erforschung der Wirklichkeit gerichteten Betrachtung. Sie sind nicht Aussagen über das, was regelmäßig ist; sie dienen ja gerade der systematischen Charakterisierung von Erscheinungen und Zusammenhängen, die in ihrer Individualität, das heißt in ihrer Eigenart betrachtet werden. Sie sind endlich nicht Normen im Sinne von Aussagen über das, was sein soll.

---

[1]) Auf die Frage, inwieweit die Kulturbedeutung entscheidend ist, Weber, a. a. O. S. 161 ff., und auf die Einzelprobleme kann hier nicht näher eingegangen werden.

[2]) Weber, a. a. O. S. 191.

Ihre Bedeutung ist eine heuristische. Sie sind Maßstäbe, mit denen wir die Wirklichkeit vergleichend erfassen. Sobald durch sie die Gegenstände der empirischen Wirklichkeit als Objekte unserer Betrachtung qualifiziert worden sind, ist ihre Aufgabe beendet.

Nach welchen Richtungen die Erscheinungen der Wirklichkeit zu betrachten sind, das ist wieder die Frage nach dem Ziel der Forschung. Dieses soll jetzt erörtert werden.

III.

1.

Das erste Ziel der Forschung ist Erkenntnis.

„Daß alle unsere Erkenntnis mit der Erfahrung anfange, daran ist gar kein Zweifel“ [1]). Der Erfahrung zugrunde liegen Wahrnehmungen, Eindrücke der Gegenstände auf unsere Sinne. Die Wahrnehmungen verknüpfen wir mittels des Verstandes zu Urteilen, die über die Vorstellung der sinnlichen Anschauung hinaus Übereinstimmung mit den Gegenständen suchen [2]). Diese läßt sich nicht unmittelbar feststellen; sie muß angenommen werden, wenn alle Urteile über denselben Gegenstand untereinander übereinstimmen, wenn jedes einzelne Urteil notwendig und allgemeingültig ist. In der Notwendigkeit und Allgemeingültigkeit des Urteils liegt die Beziehung zum Objekt, ist die Übereinstimmung des Urteils mit dem Gegenstand gegeben, wird der Gegenstand erkannt.

Wodurch wird diese Notwendigkeit und Allgemeingültigkeit bedingt? Durch die bloße Wahrnehmung wird das objektive Verhältnis aufeinander folgender Erscheinungen nicht bestimmt. „Damit dieses als bestimmt erkannt werde, muß das Verhältnis zwischen beiden Zuständen so gedacht werden, daß dadurch als notwendig bestimmt wird, welcher derselben vorher, welcher nachher, und nicht umgekehrt müsse gesetzt werden“ [3]). Der Begriff, der diese Notwendig-

---

1) Kant, Einleitung zur Kritik der reinen Vernunft, 2. Ausg. (Kehrbach) S. 647.

2) Kant, Prolegomena, S. 77.

3) Kant, Kritik der reinen Vernunft. S. 181.

keit der Verknüpfung bedingt, ist der der Kausalität. Er liegt nicht in der Wahrnehmung; sie zeigt immer nur die zeitliche Aufeinanderfolge, niemals die ursachliche Bedingtheit. Diese ist eine gedankliche Konstruktion. Nur dadurch, daß die aufeinanderfolgenden Erscheinungen vom Verstand in die Beziehung von Ursache und Wirkung gebracht werden, wird ihr objektives Verhältnis bestimmt, denn dann wird die zweite Erscheinung als notwendig der ersten folgend angenommen. Nur wenn gleichzeitige Erscheinungen als Eigenschaften eines gleichbleibenden Beharrlichen aufgefaßt werden, gelingt es, sie zu verbinden und durch das Prinzip der Substanz notwendige Beziehungen zwischen ihnen herzustellen. Es besteht die Erkenntnis jeder Veränderung in der kausalen Verknüpfung mit zeitlich vorhergehenden Wahrnehmungen, und da jedes Geschehen eine Veränderung des Bestehenden darstellt, ein Glied in der Kette zeitlich folgender Wahrnehmungen bildet, besteht auch die Erkenntnis jedes Vorganges, den die Wahrnehmung uns liefert, in dessen Einordnung in die kausalen Zusammenhänge[1]).

Diese gedankliche Konstruktion des notwendigen Zusammenhanges können wir nur vornehmen, wenn die Erscheinungen ausnahmslos als zeitlich aufeinanderfolgend oder gleichzeitig in der Wahrnehmung uns entgegentreten; die Ausnahmslosigkeit ist uns das Kriterium der Notwendigkeit.

Wie gezeigt, stellen sich die wirtschaftlichen Phänomene dar in dem Zusammenwirken von Menschen. Deren Handlungen erscheinen uns als Wahrnehmungen in zeitlicher Folge mit anderen. Die Notwendigkeit ihres Eintretens bestimmt sich nach den gleichen Gesichtspunkten wie die aller anderen Vorgänge. Die menschlichen Handlungen sind als äußere Geschehnisse nichts anderes wie alle übrigen Objekte der empirischen Wirklichkeit; sie gehören zur Natur als Inbegriff alles dessen, was uns durch die Erfahrung gegeben wird oder Gegenstand möglicher Er-

[1]) Näher: Hesse, Natur und Gesellschaft. 1904. S. 20 ff. Die Werturteile in der Nationalökonomie, Jahrbücher für Nationalökonomie und Statistik. 3. Folge, Band 43. S. 180 ff.

fahrung ist. Die Aufgabe der Einordnung in notwendige Zusammenhänge begegnet aber Schwierigkeiten, die in der Eigenart des empirischen Stoffes begründet sind. In den einzelwirtschaftlichen Tatbeständen, die wir zu den volkswirtschaftlichen Gesamterscheinungen zusammenfassen, beobachten wir nicht eine Ausnahmslosigkeit, sondern nur eine mehr oder minder große Annäherung an diese, nur eine Regelmäßigkeit des Geschehens. Weiterhin treten uns auch die einzelwirtschaftlichen Erscheinungen, die menschlichen Handlungen, in Komplexen entgegen, die wir nicht immer zu lösen vermögen; wir nehmen also die zeitliche Folge der Einzelerscheinungen nicht immer wahr. Endlich interessieren uns die menschlichen Handlungen nicht allein hinsichtlich der Notwendigkeit ihres Geschehens, sondern auch unter anderen Gesichtspunkten. So ergeben sich zunächst zwei Fragen, einmal: worin die Eigenart des empirischen Stoffes besteht, die die Schwierigkeiten der Einordnung hervorruft, und zweitens: welche Zusammenfassung wir vornehmen können, wenn nicht eine Ausnahmslosigkeit, sondern nur eine Regelmäßigkeit der Aufeinanderfolge beobachtet wird. Ein späteres Problem ist dann, unter welchen anderen Gesichtspunkten uns die menschlichen Handlungen noch interessieren, und wie diese sich zur Frage der Notwendigkeit des Geschehens verhalten.

Die Erscheinungen, die der einzelnen menschlichen Handlung vorausgehen, sind äußere und innere; sie liegen außerhalb des handelnden Menschen und in ihm. Sie treten uns in Komplexen entgegen, die wir z. B. als „Umgebung", als „Anlage", als „Erziehung" bezeichnen. Diese Erscheinungskomplexe nehmen wir zum Teil nicht unmittelbar äußerlich wahr, sondern schließen von uns auf andere und aus den Handlungen auf die geistige Verfassung. Ein solches Vorgehen wird erschwert durch die Verschiedenheit der Individuen und die Mannigfaltigkeit der geistigen Regungen. Nur ein kleiner Teil ist uns als unmittelbares Erlebnis im eigenen Inneren zugänglich, und nur auf diejenigen, die wir in uns selbst kennen lernen, können wir in anderen schließen. Auch die Mitteilungen des Handelnden können seine Motive nicht sicher angeben, denn die Sprache ist nicht fähig, alle Bewegungen des eigenen Inneren auszudrücken, noch weniger imstande, sie im anderen zu wecken. Weiterhin vermögen wir die Komplexe der äußeren und inneren Wahrnehmungen größtenteils nicht in ihre Elemente aufzulösen. „Umgebung" bedeutet die Zusammenfassung vieler räumlich und zeitlich auseinanderliegender und verschiedenartiger Erscheinungen. „Anlage", „Natur" des Menschen sind zusammenfassende Ausdrücke für zahlreiche nach Art und Grad verschiedene und in unübersehbarer Mannigfaltigkeit miteinander kombinierte geistige Eigentümlichkeiten, die wir bei anderen Menschen weder zu erkennen, noch qualitativ oder quantitativ zu bestimmen, noch zu isolieren vermögen. Nur in engen Grenzen kann die experimentelle Psychologie Analysen vornehmen. Ebenso bedeuten „Weltanschauung", „sittlicher Standpunkt" hier nur zusammenfassende Bezeichnungen für eine Fülle nach Art und Grad verschiedener einzelner Motive.

Damit sind zugleich die Annahmen abgelehnt, die die klassische Nationalökonomie und die österreichische „exakte" Schule ihren Theorien zugrundelegen. Es macht keinen Unterschied, ob ein rationell produzierender oder ein rationell konsumierender homo oeconomicus als Ausgang gewählt wird [1]). Der Erwerbstrieb ist das wichtigste, aber nicht das ausschließliche Motiv wirtschaftlichen Handelns. Der vereinfachte ökonomische Mensch ist eine Konstruktion ebenso wie der Normalmensch, dessen Lust- und Unlustgefühle sich in bestimmter Folge abstufen. Wenn wir von einem Menschen ausgehen, dessen wirtschaftliche Erwägungen wir vereinfachen, und zwar rationalisieren, dann verlassen wir den Boden der Wirklichkeit. Der Schluß vom einzelnen auf das Ganze ist nirgends so unsicher wie auf dem Gebiet des Menschenlebens. Und auch die theoretische Betrachtung, „als ob" im Wirtschaftsleben die ratio ausschließlich entscheidet, trägt zur Erkenntnis der empirischen

---

[1]) Diehl, Theoret. Nationalökonomie I, S. 28 ff.

Realitäten nur insoweit bei, als in der Wirklichkeit die ratio entscheidend ist. Das Gleiche gilt für alle Betrachtungen, die die äußeren Verhältnisse vereinfachen und normalisieren.

Es bietet uns die Wahrnehmung auf dem Gebiet des Menschenlebens die Erscheinungen nicht in jener Vollständigkeit, Deutlichkeit und Vereinzelung dar wie auf anderen Gebieten der Wirklichkeit. Eine zeitliche Folge von Einzelerscheinungen nehmen wir größtenteils überhaupt nicht wahr. Daher können wir auch eine Ausnahmslosigkeit der Aufeinanderfolge nicht feststellen und diese in den notwendigen Zusammenhang der Kausalität nicht umdenken. Wir haben nichts anderes als die Erscheinungskomplexe der äußeren Verhältnisse und der geistigen Verfassung, die wir weder sicher abzugrenzen, noch zu bestimmen, noch zu analysieren vermögen.

Zwischen diesen Komplexen und den menschlichen Handlungen beobachten wir aber Regelmäßigkeiten des zeitlichen Geschehens. Unter gegebenen äußeren Verhältnissen kehren bestimmte Handlungen wieder. Aus gleichbleibenden allgemeinen Bedingungen ergeben sich nicht ausnahmslos, aber doch überwiegend die gleichen Einzelerscheinungen. So entsteht die Aufgabe, die Häufigkeit des Eintretens, den Grad der Regelmäßigkeit, das Maß der Annäherung an die Ausnahmslosigkeit zu bestimmen.

Dies ist Sache der Statistik. Sie stellt fest, wie oft bei Fortdauer bestimmter allgemeiner Verhältnisse in gegebenen Zeiträumen die gleichen Einzelerscheinungen eintreten. Die statistischen Zahlen, die diese Beobachtungen zusammenfassen, sind nicht vollkommen, sondern nur annähernd konstant. Sie zeigen, daß trotz Gleichbleibens der allgemeinen Verhältnisse nicht ausnahmslos die gleichen Einzelerscheinungen zeitlich folgen, sondern daß Abweichungen vorkommen, daß andere Einzelerscheinungen oder gar keine Erscheinungen eintreten. Die Erfahrung ergibt aber eine um so größere Konstanz der Zahlen, je mehr Beobachtungen gemacht werden: die Spielräume, innerhalb deren die Beobachtungen variieren, wachsen nicht im Verhältnis der Zahl der Beobachtungen, sondern im Verhältnis der Quadratwurzel der Beobachtungszahl. Das heißt: die Erscheinungskomplexe der allgemeinen Bedingungen können wir mit den wiederkehrenden menschlichen Handlungen um so eher in Verbindung bringen, je mehr Beobachtungen wir vornehmen.

Wie ist diese Tatsache der Erfahrung zu erklären, und was bedeutet sie für unsere Probleme? Die Feststellung gleichbleibender allgemeiner Bedingungen besagt nicht, daß die in diesen Komplexen verbundenen Einzelelemente in der Besonderheit der einzelnen Fälle jeweils in gleicher Weise vorliegen. Aber je mehr Fälle wir beobachten, um so mehr werden die wiederkehrenden Einzelelemente, die in den Komplexen enthalten sind, und die wiederkehrenden Einzelkombinationen gehäuft. Es werden die einzelnen Elemente nicht wahrgenommen, aber sie werden in den Komplexen in ihrer Wiederkehr um so sicherer erfaßt, je mehr durch die Häufung der Beobachtungen diese Erfassung wiederholt wird. Die nicht oder nicht häufig wiederkehrenden Variationen der Einzelelemente treten zurück und gleichen sich aus. Die Komplexe der Einzelelemente werden nicht analysiert, aber die wiederkehrenden Kombinationen treten um so mehr hervor, je mehr Komplexe erfaßt und mit den ihnen folgenden menschlichen Handlungen, die wir in den Zusammenhang des Geschehens hineinstellen, verknüpft werden. Auch die nicht oder nicht häufig wiederkehrenden Variationen dieser Kombinationen treten zurück und gleichen sich aus. Die Häufigkeit des Eintretens bestimmter menschlicher Handlungen wird um so konstanter, je mehr wir die Beobachtungen ausdehnen und so die Wiederkehr der zu dem Komplex der gleichbleibenden allgemeinen Verhältnisse verbundenen, in jedem einzelnen Beobachtungsfalle verschiedenen und in unkontrollierbarer Weise kombinierten Einzelelemente durch die Häufung der Beobachtungen stärker in Erscheinung treten lassen. Für dieses Maß der mit der Häufung der Beobachtungen steigenden Annäherung an die Konstanz gewinnen wir einen zahlenmäßigen Ausdruck durch die Wahrscheinlichkeitsrechnung.

Für die Wahrscheinlichkeitsrechnung ist charakteristisch, daß nur gewisse Anfangs- und Endzustände ins Auge gefaßt werden, zwischen ihnen ein Zusammenhang angenommen, aber von einer kausalen Verknüpfung von Einzelerscheinungen abgesehen wird. Dies trifft auch für die hier in Frage stehenden Tatbestände zu. Die Zurückführung der menschlichen Handlungen auf die allgemeinen Verhältnisse der äußeren Umgebung und der Natur des Menschen unter Verzicht auf eine kausale Verbindung mit den jeweiligen Einzelerscheinungen, die in den allgemeinen Bedingungen zusammengefaßt sind, wird dadurch gekennzeichnet, daß der Eintritt der statistisch beobachteten Handlungen und Erfolge bei gleichbleibenden allgemeinen Verhältnissen dem Eintritt eines bestimmten Ereignisses beim Zufallspiel entspricht, dessen allgemeine Bedingungen die gleichen bleiben [1]). Auch diesen Einzelgeschehnissen, etwa dem Ziehen einer Kugel, geht eine Reihe von Einzelerscheinungen voraus, die jeweilige Lagerung der Kugeln in der Urne, die Wendung der Hand usw. Wir nehmen diese Einzelerscheinungen, die sich in dem Komplex der allgemeinen Bedingungen kombinieren, nicht wahr und können zu den Einzelelementen durch Analyse nicht vordringen. Daher sehen wir von ihnen bewußt ab und gehen so vor, als ob die in den allgemeinen Bedingungen zusammengefaßten Einzelelemente und ihre Kombinationen und ebenso die auf diese allgemeinen Bedingungen folgenden Geschehnisse gleich möglich sind. Ob in Wirklichkeit alle Möglichkeiten gleich liegen, bleibt zunächst dahingestellt. Wir gehen so vor, als ob dies der Fall wäre, weil wir nicht sagen können, inwieweit dies nicht der Fall ist.

Durch die Wahrscheinlichkeitsrechnung vermögen wir die Beziehungen zwischen der Größe des Spielraumes, innerhalb dessen die Beobachtungen variieren, und der Zahl der

---

1) Westergaard, Die Grundzüge der Theorie der Statistik. 1890. S. 38 ff.

Beobachtungen quantitativ festzustellen und die durchschnittliche Streuung der Variationen, die theoretische Durchschnittsabweichung zu ermitteln. Diese bietet uns den Maßstab, mit dem wir die tatsächlichen Abweichungen der statistischen Zahlen messen. Ist die tatsächliche Abweichung kleiner, dann sprechen wir mit Lexis von übernormaler, ist sie größer, von unternormaler, stimmt sie überein, von normaler Stabilität[1]). Immerhin aber ist diese mathematische Verfeinerung nicht in allen Fällen möglich, da die allgemeinen Bedingungen nicht ohne weiteres, wie etwa das Verhältnis der Kugeln in einer Urne, auf einen Zahlenwert gebracht werden können.

Wir verbinden die menschlichen Handlungen mit allgemeinen Erscheinungskomplexen und beobachten eine annähernde und rechnerisch kontrollierbare Konstanz des Eintretens. Wir konstruieren einen Zusammenhang zwischen den menschlichen Handlungen und den allgemeinen Bedingungen, davon ausgehend, daß die in jenen Komplexen kombinierten Einzelerscheinungen, die wir nicht wahrnehmen, von uns als Ursachen angesehen werden könnten, sofern wir sie zu isolieren und wahrzunehmen in der Lage wären, daß sie Gegenstände nicht der Erfahrung, aber doch möglicher Erfahrung sind, sofern die Mittel der Wahrnehmung verfeinert werden. Diese Verbindung mit den allgemeinen Bedingungen ist nicht ein strenges Kausalverhältnis, denn dieses setzt Einzelwahrnehmungen und Ausnahmslosigkeit der wahrgenommenen Aufeinanderfolge voraus. Aber es ist doch ein Verhältnis der Abhängigkeit, das dem strengen Kausalitätsverhältnis sich nähert, eine Verknüpfung gleicher Art, nur weniger fest.

Sie gewinnt an Sicherheit und nähert sich der kausalen Verknüpfung um so mehr, je mehr es gelingt, die Erscheinungskomplexe zu zerlegen und die differenzierten Teile vergleichend zu betrachten. Dieser Aufgabe dient

---

[1]) Abhandlungen zur Theorie der Bevölkerungs- und Moralstatistik, Jena 1903. S. 84 ff.

das isolierende Verfahren, das einzelne Elemente der Komplexe herauslöst und untersucht. Es kann zwei Wege einschlagen, einmal den der Abstraktion. Hier wird der Boden der Wirklichkeit verlassen. Eine jede derartige Abstraktion muß Annahmen machen, so z. B. Thünen für alle Teile seines isolierten Staates eine Reihe von Merkmalen als gleich und konstant voraussetzen, um den Faktor der Entfernung vom Markt zu isolieren und in seiner Bedeutung zu erkennen. Inwieweit die Ergebnisse einer solchen Abstraktion die Erkenntnis der Wirklichkeit fördern, hängt von der Besonderheit dieser Annahmen ab, vor allem davon, ob die Annahme der Konstanz zutrifft [1]). Es ist die Bedeutung der isolierenden Abstraktion innerhalb der realistisch-empirischen Forschung bedingt und begrenzt. Vor allem können Untersuchungen, die von bestimmten Elementen der Wirklichkeit absehen, nur Teilergebnisse liefern. Sie müssen ergänzt werden durch weitere Betrachtungen, die die zunächst ausgeschalteten Elemente jeweils isolieren. Diese Vollständigkeit ist immer schwer, zumeist überhaupt nicht erreichbar. Aber erst dann, wenn alle Einzelelemente isoliert und die Teilergebnisse zusammengefaßt sind, ist die Anwendung der Resultate auf empirische Verhältnisse ohne Bedenken.

Isolierungen auf dem Boden der Wirklichkeit nimmt die Statistik vor. Sie versucht, die in den Massenerscheinungen zusammengefaßten Massen der Einzelelemente zu trennen. Es werden die Gesamtmassen nach den verschiedenen Gesichtspunkten gegliedert, so die Bevölkerung nach Geschlecht, Alter, Beruf, Wohlstand, und dann die Teilmassen mit den in Frage stehenden Einzelerscheinungen in Beziehung gebracht. Dies ist technisch schwierig und nicht immer möglich. Eine solche Untersuchung setzt voraus, daß die nach bestimmten Gesichtspunkten gebildeten Teilmassen sich allein hinsichtlich dieses Moments, z. B.

[1]) Ob, wie Diehl mehrfach (so S. 417) betont, das isolierende Verfahren auf die Heraushebung von Naturfaktoren beschränkt, aber auch hier immer anwendbar ist, bleibe dahingestellt.

ausschließlich nach dem Beruf oder dem Wohlstand, unterscheiden. Dies ist aber häufig nicht der Fall. Eine Weiterführung der Betrachtungsweise bedeutet die Korrelation, die die Zusammenhänge zweier Zahlenreihen betrachtet, aus deren gleichlaufender oder entgegengesetzter Bewegung Schlüsse auf den Zusammenhang zieht und das Verhältnis dieser konkurrierenden Veränderungen zahlenmäßig auszudrücken sucht. Voraussetzung ist aber auch hier wieder die Isolierung der verschiedenen Elemente, die oft nicht gelingt.

Sobald wir uns darüber klar sind, daß die Verknüpfungen, die wir vornehmen, nicht strenge Kausalitätsverbindungen darstellen, sondern Zusammenhänge, Beziehungen, Zurechnungen, die nicht dieses Maß von Festigkeit und Sicherheit erreichen, haben wir keine Veranlassung mehr, um der Kausalität aus dem Wege zu gehen, mit Schumpeter[1]) von Funktionalbeziehungen zu sprechen. Die Zusammenhänge, die wir feststellen, liegen auf der gleichen Ebene wie die Kausalerkenntnis. Sie sind weniger vollkommen, weil der empirische Stoff der wirtschaftlichen Handlungen die Analyse der Erscheinungen und deren strenge kausale Verknüpfung erschwert, aber sie nähern sich jener um so mehr, je mehr es gelingt, die Komplexe der Erscheinungen zu begrenzen, zu bestimmen und zu lösen.

Wieweit ist nun in der Heranziehung der zeitlich früheren Erscheinungen zu gehen? Auch diese Frage ist wieder die der Begrenzung und Auswahl des empirischen Stoffes. Soll man ab ovo anfangen und die Gegenstände der Forschungen Darwins und Weismanns heranziehen, wie Schmoller es tut[2])? Es kommt wieder darauf an, die Betrachtung zu begrenzen, soll sie sich nicht ins Unübersehbare verlieren. Wir können nicht alle Einzelerscheinungen bis zur Grenze unserer Einsicht erfassen, um so weniger, als bei der Eigenart des Gegenstandes der Untersuchung die Schwierigkeiten sich häufen. Es hat hier wieder

---

[1]) Wesen und Hauptinhalt der theoretischen Nationalökonomie. Leipzig 1908. S. 33 ff., 47.

[2]) Grundriß. Bd. I. 4.—6. Aufl. 1901. S. 143.

das Urteil des Forschers einzusetzen, der unter dem Gesichtspunkt seiner Aufgabe entscheidet, was wissenswert ist, wieweit er in der Zurückverfolgung der Erscheinungen zu gehen hat. Die Gesichtspunkte der Auswahl werden wiederum durch die Problemstellung gegeben, durch die die Erscheinungen zu Gegenständen der Betrachtung qualifiziert werden. Nur ein Teil des ganzen universellen Zusammenhanges hat Interesse für uns und Bedeutung für die Ziele unserer Erkenntnis.

2.

Wenn eine streng kausale Verknüpfung der Erscheinungen nicht gelingt, weil eine ausnahmslose Aufeinanderfolge der Erscheinungen nicht beobachtet wird, dann ist es unmöglich, Gesetze des wirtschaftlichen Geschehens aufzustellen.

Gesetz ist der Ausdruck für ein Notwendigkeitsverhältnis zwischen bestimmten Erscheinungen. Tritt uns eine ausnahmslose Aufeinanderfolge entgegen, so erhalten wir unter Anwendung des Kausalprinzips ein Gesetz der Sukzession, besteht eine ausnahmslose Gleichzeitigkeit, so vermittelt uns das Prinzip der Substanz ein Gesetz der Koexistenz. Dieser Begriff des Gesetzes gilt für jede Erkenntnis von Dingen und Geschehnissen, die Gegenstand unserer Wahrnehmung geworden sind, ganz gleich ob menschliche Tätigkeit in Frage kommt oder nicht. Es ist daher nicht ein Gegensatz zu konstruieren zwischen Gesetzen, die für Naturereignisse gelten, hinsichtlich deren menschliches Handeln nicht in Frage kommt, und Gesetzen, die für Geschehnisse gelten, die durch menschliche Tätigkeit bewirkt werden. Das Kausalitätsgesetz als Voraussetzung der Erkenntnis des Geschehens duldet weder Ausnahmen noch Beschränkung auf ein bestimmtes Gebiet der Ereignisse, und alle Gesetze des Geschehens sind nur möglich als Anwendung des Kausalitätsgesetzes auf eine bestimmte Erfahrung. Es stimmen daher Gesetze, die den Zusammenhang der wirtschaftlichen Erscheinungen im erkennenden Bewußtsein einheitlich erfassen wollen, mit Gesetzen solcher Erscheinungen begrifflich überein, die menschlichem Einfluß sich entziehen. Nur der Inhalt ist ein anderer, und die Schwierigkeiten sind verschieden, die uns auf dem Wege der einheitlichen Zusammenfassung begegnen.

Eine Zusammenfassung alles wirtschaftlichen Geschehens in einer Einheit des Erkennens ist nicht nur deshalb unmöglich, weil eine streng kausale Verknüpfung der Einzelerscheinungen nicht gelingt. Die Relativität aller generellen Aussagen auf volkswirtschaftlichem Gebiet ergibt sich auch daraus, daß die konkreten Erscheinungen des Wirtschaftslebens von dessen Organisation, von den Menschen und von der äußeren Natur abhängen, diese räumlich verschieden sind und zeitlich sich ändern. Soziale Gesetze in dem Sinn einer Notwendigkeit des Eintritts bestimmter Erscheinungen können nur für eine einzelne, inhaltlich fest normierte soziale Ordnung gelten. Ändert sich diese, dann verschwinden die alten und entstehen neue wirtschaftliche Phänomene. Die Mentalität der Wirtschaftssubjekte ist in den einzelnen Ländern und Zeiten ungleich. Selbst der so oft als wirtschaftlicher Grundtrieb angenommene Egoismus bedeutet nicht eine gleiche und gleichbleibende geistige Einstellung. Die Kulturarbeit der verschiedenen Völker und Zeiten durchsetzt ihn mit nichtindividualistischen Elementen, schwächt ihn mehr oder minder ab und gibt ihm die Richtung. Und die äußeren Bedingungen der Natur, wie die Technik der Produktion und des Verkehrs, sind in den verschiedenen Wirtschaftsräumen nicht weniger ungleich und die Technik zeitlich nicht weniger in Bewegung.

Das empirische Material der einzelwirtschaftlichen Erscheinungen kann immer nur zu einer Einheitlichkeit rebus sic stantibus, d. h. unter der Voraussetzung gleichbleibender Organisation, Wirtschaftsgesinnung und Technik zusammengefaßt werden. Aber auch diese können wir nicht zu voller Geschlossenheit vollenden, da selbst bei gleichbleibenden allgemeinen Bedingungen die Statistik nur Regelmäßigkeiten des Geschehens zeigt. Regelmäßigkeiten sind keine Gesetze, da sie Ausnahmen erleiden und nicht exakt Kausalverhältnisse ausdrücken, sondern sich diesen nur mehr oder weniger nähern. Es ist auch nicht zweckmäßig, für sie den oft mißbrauchten Ausdruck „Gesetzmäßigkeit" zu verwenden, da dieser den gleichen Geltungsanspruch wie die Gesetze erhebt. Wie die statistischen Gesamtheiten nur ein „behelfsmäßiger Ausdruck für ein Stück Wirklichkeit" [1]) sind, so sind die von der Statistik ermittelten Regelmäßigkeiten auch nur ein behelfsmäßiger Ausdruck für Zusammenfassungen, die der strengen Form des Gesetzes nicht entsprechen. Wir müssen also auf eine einheitliche Geschlossenheit aller wirtschaftlichen Erscheinungen bestimmter Art auch rebus sic stantibus verzichten.

Eine Zusammenfassung von Erscheinungen, die die strenge Anforderung ausnahmsloser Wiederkehr nicht erfüllen, wird oft im Anschluß an Mill [2]) als empirisches Gesetz bezeichnet. Auch Schmoller [3]) spricht von „empirischen" Gesetzen, „deren Kausalverhältnisse entweder noch gar nicht aufgedeckt oder wenigstens noch nicht quantitativ gemessen sind", im Gegensatz zu „wirklichen Gesetzen, d. h. Kausalverbindungen, deren konstante Wirkungsweise wir nicht bloß kennen, sondern auch quantitativ bestimmt haben". Dem ist entgegenzuhalten, daß alle Gesetze, die Gegenstände der Erfahrung zusammenfassen, empirisch sind, also auch die, die den strengen Anforderungen genügen. Ob wir von empirischen Gesetzen oder von Regelmäßigkeiten sprechen, ist ohne Belang.

Wir können nur durch immer genaueres Erfassen der Einzelerscheinungen und tieferes Eindringen in die Zusammenhänge dem Ziel einheitlicher Zusammenfassung näherkommen, aber es nicht voll erreichen. Mit der Isolierung der in den Komplexen enthaltenen Massen der

---

[1]) Müller, Begriffsstatistik, Allgem. statistisches Archiv. 14. Bd. S. 442.

[2]) Die induktive Logik. Eine Darlegung der philosophischen Prinzipien wissenschaftlicher Forschung, insbesondere der Naturforschung. Übersetzt von Schiel. (1849.) S. 263 ff.

[3]) Grundriß I. S 109.

Einzelerscheinungen und der Aufdeckung ihrer Zusammenhänge muß begonnen werden. Die Feststellung der Relativität der Erscheinungen, die Einsicht in das: wenn . . . dann . . . . ist auszudehnen und durch immer weitere Zusammenfassung der Einzelerfahrung zu höheren Einheiten vorzudringen. Es hat die historische Schule in ihren Einwendungen gegen die klassische Nationalökonomie richtig die nächstliegende Aufgabe der Detailforschung erkannt, es ist aber der neuere Historismus zu der weiteren Aufgabe der Zusammenfassung des einzelnen, der Gewinnung von allgemeinen Aussagen über die Relativität, nicht vorgedrungen.

Die Betrachtung der Gesetze des wirtschaftlichen Geschehens endet mit einer gewissen Resignation. Diese bietet keinen Grund, von einer Zusammenfassung der Erscheinungen abzusehen und das Ziel zu ändern. Wie alle Erkenntnis so hat auch die Volkswirtschaftslehre, sofern sie Massen von einzelwirtschaftlichen Erscheinungen als äußere Geschehnisse betrachtet, von der Wiederholung gleicher Einzelerscheinungen und von den Zusammenhängen der Erscheinungsreihen auszugehen und die Wege einzuschlagen, die jede Erkenntnis des Geschehens gehen muß. Wenn das Ziel nicht vollkommen erreicht werden kann, so ist dies kein Grund, es nicht zu verfolgen. Auch auf dem Gebiet der Naturwissenschaften gelangt die einheitliche Zusammenfassung der Erscheinungen nur teilweise zu der absoluten Geschlossenheit strenger Gesetze.

Die Feststellung von Gesetzen und Regelmäßigkeiten des einzelwirtschaftlichen Geschehens ist aber nicht das letzte Ziel der Volkswirtschaftslehre. Ihre Gegenstände bilden die zu volkswirtschaftlichen Gesamterscheinungen zusammengefaßten Massen einzelwirtschaftlicher Tatbestände und die wirtschaftlichen Einrichtungen und Maßnahmen der Gesamtheiten. Aufgabe der Volkswirtschaftslehre ist die Erkenntnis dieser Erscheinungen und Erscheinungskomplexe in ihrer Eigenart und Bedingtheit. Die Lösung dieser Aufgabe setzt die Erkenntnis von Regelmäßigkeiten des einzelwirtschaftlichen Geschehens voraus.

Ohne diese ist eine Zurechnung konkreter Erfolge zu konkreten Ursachen, ein Eindringen in die Zusammenhänge der volkswirtschaftlichen Erscheinungskomplexe, ein Urteil über die den Einzelwirtschaften zur Verfügung gestellten Einrichtungen nicht möglich. Die Sicherheit der Zurechnung konkreter Erscheinungen zueinander wird um so größer, je umfassender die generelle Erkenntnis des Einzelgeschehens ist, je mehr Regelmäßigkeiten wir gewinnen und je mehr wir deren Konstanz an die der Gesetze annähern. Die Feststellung von Regelmäßigkeiten ist nicht das Ziel der Volkswirtschaftslehre, sondern das Mittel, um das Ziel des Eindringens in die Zusammenhänge der konkreten historischen Erscheinungskomplexe zu erreichen.

Dieser Aufgabe können aber immer nur allgemeine Aussagen über das empirische Geschehen dienen. Abstrakt-deduktiv gewonnene Gesetze besitzen bei aller logischen Geschlossenheit diese empirische Geltung nicht. Auch die „allgemeinen", „grundlegenden" wirtschaftlichen Erscheinungen der Klassiker wie der österreichischen Schule setzen eine bestimmte Organisation der Wirtschaft voraus und gelten nur „rebus sic stantibus". Ihre Deduktionen auf Grund psychologischer Analysen mögen für vernünftige, normale oder sonstwie qualifizierte Einzelmenschen zutreffen, sie besitzen aber keinerlei empirische Geltung für menschliches Handeln schlechthin. Je mehr eine derartige Betrachtung von den konkreten Verhältnissen absieht, um so mehr wird sie zu einer Logik oder Mathematik der wirtschaftlichen Beziehungen, um so mehr entfernen sich ihre Ergebnisse von der Wirklichkeit. Die empirischen Regelmäßigkeiten bedeuten eine formal unvollkommene, aber materiell zutreffende Zusammenfassung, diese exakten Gesetze eine formal vollkommene, aber materiell unzutreffende Vereinheitlichung. Je mehr Voraussetzungen eine „reine" Theorie macht, um so weniger vermag sie zur Erklärung der Wirklichkeit und zur Begründung volkswirtschaftlicher Maßnahmen beizutragen. Ihre Gesetze verlieren in dem Maße an Inhalt, in dem sie an Umfang gewinnen. Die Aufgabe der Theorie ist einmal, zu bestimmen, welche Erscheinungen unter den Dingen und Geschehnissen der Wirklichkeit als Gegenstände der Untersuchung in Betracht kommen, dann die begrifflichen Formen für deren Erfassung und Ordnung zu bilden, und im weiteren das System, den gedanklichen Bau der wissenschaftlichen Arbeit aufzurichten. Die Theorie bietet nicht die Gegenstände der Untersuchung, sondern nur die gedankliche Ausrüstung, diese Gegenstände zu bestimmen und zu bearbeiten. Den Stoff liefert das Leben in der Fülle und in dem Wechsel der Gestalten der Wirklichkeit.

3.

Die empirischen Regelmäßigkeiten des einzelwirtschaftlichen Geschehens sind für uns das Mittel, Erscheinungen einander zuzurechnen und Zusammenhänge anzunehmen, die nicht strenge Kausalverbindungen darstellen, aber auf derselben Ebene liegen, nicht dem Wesen, sondern nur dem Grade der Sicherheit nach sich von diesen unterscheiden. Eine solche letzten Endes kausale Erklärung menschlicher Handlungen liegt auch dann vor, wenn wir versuchen, menschliches Verhalten zu verstehen, es innerlich nacherleben und seinen Sinn zu deuten [1]). Der Ausdruck „nacherleben" ist wenig glücklich, denn er bedeutet, daß wir Selbsterlebtes als vom anderen erlebt annehmen, eigene Empfindungen in das Subjekt hineinlegen, dessen Handeln wir erschließen wollen. Wir können fremdes Innenleben nicht unmittelbar wahrnehmen und uns in einen anderen nur soweit einfühlen, als wir von unserem eigenen Seelenleben ausgehen und dem Sinn unseres Handelns entsprechend das Handeln des anderen interpretieren. Ein solches deutendes Erschließen des Sinnes fremder Handlungen ist, wie bereits [2]) hervorgehoben, ein Verfahren, das wir zur Erklärung menschlichen Verhaltens anwenden und anwenden

[1]) M. Weber, Aufsätze. Knies und das Irrationalitätsproblem. S. 67 ff. Dazu: Simmel, Die Probleme der Geschichtsphilosophie. 3. Aufl. 1907. v. Gottl-Ottlilienfeld, Wirtschaft als Leben. Jena 1925.

[2]) Oben S. 171 [21] f.

müssen. Damit ist aber nicht gesagt, daß die durch diesen besonderen psychologischen Prozeß gewonnenen Ergebnisse im Zusammenhang einer empirischen Forschung ihrem Wesen nach etwas anderes sind als die durch minder subtile Verfahren gewonnene Erfahrung. Es handelt sich immer um Probleme der Motivierung fremden menschlichen Handelns. M. Weber[1]) sagt mit Recht, daß hier nur Unterschiede unseres kausalen Interesses vorliegen. Den Sinn menschlichen Verhaltens deuten, heißt durch Einfühlen in die Persönlichkeit zu den Feinheiten der seelischen Motivierung vordringen und diese differenzieren. Auch auf die empirische Geltung der so gewonnenen Einsichten ist bereits hingewiesen worden; sie hängt davon ab, inwieweit die Eigenart der beiden Persönlichkeiten einen Vergleich der seelischen Vorgänge und somit ein Verstehen und Deuten ermöglicht, und inwieweit das auf diese Weise „Verstandene" infolge der Unzulänglichkeit unserer Ausdrucksmittel als Erfahrung demonstriert und zum Objekt von Urteilen werden kann.

Auch wenn wir, statt von der aus unserem eigenen Inneren gewonnenen Erfahrung auszugehen, die Denkgesetze als Mittel zur Erschließung fremden Handelns benutzen, verlassen wir den Boden der Kausalbetrachtung nicht. Wir verlassen nur den Boden der Wirklichkeit und stellen auf Grund der Annahme des rationellen Charakters der Motivierung eine Hypothese auf, die immer noch der empirischen Verifizierung bedarf, wenn sie Geltung haben soll[2]).

IV.

1.

Die Richtung der Betrachtung auf die Erkenntnis der Bedingtheit des Geschehens ist nicht die einzig mögliche, sobald Tatsachen des Menschenlebens die Gegenstände der Untersuchung bilden. Das Prinzip der

---

1) A. a. O., S. 126.

2) Weber, a. a. O., S. 100.

Kausalität ist der Gesichtspunkt, unter dem wir Geschehnisse, die wir wahrnehmen, also auch menschliche Handlungen, zu einheitlicher Auffassung ordnen; es ist aber maßgebendes Prinzip auch nur hinsichtlich der Vorgänge, die die Wahrnehmung uns liefert. Es ist daher von vornherein nicht ausgeschlossen, daß eine menschliche Handlung, die noch nicht als äußeres Geschehnis Gegenstand unserer Wahrnehmung geworden ist, nicht unter diesem Gesichtspunkt vorgestellt wird. Und in der Tat stellen wir uns eine künftige menschliche Handlung nicht immer und nicht einmal in der Regel als mit kausaler Notwendigkeit eintretend vor, sondern als zu bewirkend. Wir haben die Vorstellung einer möglichen Wahl, d. h. die Vorstellung, daß wir einen Erfolg bewirken oder nicht bewirken, und daß wir verschiedene Erfolge herbeiführen können. Diese in unserem Bewußtsein vorhandene Vorstellung eines zu bewirkenden Erfolges nennen wir Wille, ihren Gegenstand nennen wir Zweck. Die Vorstellung selbst ist als Bewußtseinsvorgang, als Gegenstand der inneren Wahrnehmung, der kausalen Betrachtung unterworfen, nicht dagegen ihr Objekt, das vorgestellte Geschehnis, der zukünftige Erfolg, der Zweck. Dadurch setzen wir uns nicht in Widerspruch zum Kausalprinzip; dieses ist der Gesichtspunkt der Verbindung nur für Wahrnehmungen, also für Erfolge, die schon eingetreten sind. Ein Effekt, der als zu bewirkend vorgestellt wird, ist aber noch nicht Geschehnis geworden [1]).

Diese Zwecke bilden den Gegenstand der teleologischen Betrachtung. Durch sie gewinnen wir eine neue Art von Urteilen, die Werturteile. Diese sind nicht eine neue Art von Erfahrungsurteilen und bedeuten keine neue Methode der Erkenntnis. Erfahrung und Erkenntnis verknüpfen zeitlich aufeinanderfolgende Einzelwahrnehmungen unter dem Gesichtspunkt der Kausalität. Die

[1]) Diese und die folgenden Ausführungen dieses Abschnittes in Anlehnung an des Verfassers Aufsatz: Werturteile in der Nationalökonomie. S. 182 ff. Dazu: Stammler, Wirtschaft und Recht. S. 337 ff. Theorie der Rechtswissenschaft. 1911. S. 49 ff., 759 ff. Hesse, Natur und Gesellschaft. 1904. S. 34 ff.

Werturteile aber haben nicht die Verursachung der Einzelerscheinungen zum Gegenstand, sondern richten sich auf den Zusammenhang der Zwecke. Wenn die Zwecke der Handelnden die Objekte der Untersuchung bilden, dann erscheint das zeitlich folgende Ziel als bestimmend für die vorhergehenden Mittel, während die kausale Betrachtung die zeitlich früheren Ursachen als bestimmend für die späteren Wirkungen ansieht. Die teleologische Betrachtung faßt das Verhältnis von Mittel und Zweck und das Verhältnis der Zwecke zueinander ins Auge. Dies Verhältnis ist nicht ein kausales. Der Sinn des Werturteils ist der, daß aus einer Reihe von Zwecken eine Wahl getroffen wird. Das Mittel wird, wenn es verwirklicht wird, zur Ursache, der Erfolg, wenn er herbeigeführt ist, zur Wirkung. Aber es wird das Mittel aus einer Mehrheit verschiedener Ursachen, der Erfolg aus einer Reihe nicht als notwendig eintretend vorgestellter Zukunftsereignisse zuvor ausgewählt, und der Inhalt dieser Entscheidung, nicht deren Umsetzung in die Handlung, ist das Problem.

Die Gesichtspunkte, unter denen diese Entscheidung betrachtet wird, sind verschieden, je nachdem die Zwecke, zu denen die wertende Beziehung hergestellt wird, konkrete sind oder nicht. Handelt es sich um das Verhältnis von Mittel und Zweck, dann ist der Zweck immer als ein herbeizuführender konkreter Erfolg gedacht, und hier wird das Mittel als mögliche Bedingung des Erfolges betrachtet. Es besagt dann das Werturteil, daß das Mittel zweckdienlich oder unzweckmäßig, geeignet oder ungeeignet ist. Diese Urteile nennen wir technische Werturteile. Auch in dem Urteil, daß etwas nützlich oder schädlich ist, liegt zunächst der Sinn, daß es einem bestimmten Zweck dient, dann aber darüber hinaus noch eine Bewertung dieses Zweckes selbst. Erfolgt die Beurteilung mit Rücksicht auf einen konkreten Zweck, dann ist der Inhalt des Urteils empirisch bedingt; er beruht auf der Erfahrung, einmal durch welche Mittel der beabsichtigte Erfolg herbeigeführt worden ist oder herbeigeführt werden kann, und andererseits welchen Erfolg das in Frage stehende Mittel hervorgebracht hat bzw. hervorzubringen vermag. Diese Erfahrung beruht wie jede auf dem Kausalprinzip. Die Einsicht in die Ursachen des als Zweck vorvorgestellten Erfolges und in die Wirkungen der als Mittel gedachten Maßnahme liefern die Unterlage, d. h. die Erkenntnis ist die Grundlage des Werturteils. Auch bei der Beurteilung der Zwecke handelt es sich in vielen Fällen um das Verhältnis zu anderen konkreten Zwecken. Diese Entscheidung beruht ebenfalls auf der Erfahrung, welche Wirkungen die Verfolgung des ersten Zweckes auf die Erreichung des zweiten ausübt, d. h. es wird der erste Zweck als Mittel zur Erreichung des zweiten gedacht und somit wiederum ein technisches Werturteil abgegeben.

Außer dieser Beziehung der Zwecke zueinander, die auf der Erkenntnis der Tatsachen beruht, kommt der logische Zusammenhang der Zwecke in Betracht. Das logische Werturteil legt dar, daß, wenn ein Zweck verfolgt wird, ein zweiter folgerichtig sich ergibt und ein dritter als dem ersten widersprechend abgelehnt werden muß. Hier bilden die Denkgesetze die Grundlage, auf der sich das Urteil aufbaut. Wer z. B. das Ziel verfolgt, die eigene Produktion möglichst zu heben, muß gegebenenfalls Schutzzölle zur Abwehr des überlegenen Wettbewerbs anderer Länder erstreben und kann keine freihändlerische Politik gegenüber stärkeren Konkurenten einschlagen.

Es reichen aber die Maßstäbe der Erfahrung und der Logik in letzter Instanz nicht aus. Wir bewerten die einzelnen Zwecke auch ohne Rücksicht auf konkrete Ziele. Wir beurteilen bestimmte Zwecke als berechtigt und unberechtigt, beziehen sie unmittelbar auf ethische Werte und fällen ein sittliches Werturteil. Wir stützen das Urteil zunächst auf Regeln für bestimmtes sittliches Verhalten. Aber diese Regeln sind wieder Ableitungen aus höheren sittlichen Normen und zuletzt Anwendungen einer obersten sittlichen Idee auf empirische Verhältnisse. Wir beziehen also die Einzelzwecke immer auf ein oberstes Ziel. Ihre folgerichtige, widerspruchslose Ausrichtung, das konsequente Durchdenken bis zum Ende ist die logische Grundlage dieser Wertung. Aber entscheidend über allen logischen Fragen der Übereinstimmung der Einzelziele mit dem angenommenen Endziel steht das Problem dieses obersten Zieles selbst, und die letzte Einheit, in die wir alle Ziele einordnen, ist immer ein über der Erfahrung stehendes Ideal.

Die Werturteile können in der Volkswirtschaftslehre nicht entbehrt werden; die Einsicht in die Notwendigkeit des Geschehens vermag aus drei Gründen die sozialen Probleme nicht erschöpfend zu erfassen.

Der erste Grund liegt darin, daß das soziale Leben durch äußere Regeln bedingt ist. Diese haben alle den Sinn, daß durch sie ein bestimmtes Verhalten der Wirtschaftssubjekte, eine bestimmte soziale Wirtschaft bewirkt werden soll. Sie wollen das Handeln in bestimmte Bahnen lenken und verfolgen Ziele, die ohne sie in dieser Weise nicht erreicht werden würden. Sie tragen alle den Zweckgedanken in sich und haben nur als Mittel zu bestimmten Zwecken ihrem Inhalt nach Sinn und Bedeutung.

Aber nicht allein die Organisation des Wirtschaftslebens trägt den Zweckgedanken in sich, auch der geregelte Stoff steht unter Zweckgesichtspunkten. Das soziale Zusammenwirken ist gerichtet auf die Beschaffung und Verteilung der Mittel zur Bedürfnisbefriedigung. In dieses Zusammenwirken trägt die geistige Einstellung der Subjekte Einzelziele hinein, so die der Bedarfsdeckung oder der Gewinnerzielung. In dem Begriff der Wirtschaft liegt ein weiteres Zweckmoment, die Relation zwischen Kosten und Erfolg. „Ökonomisch" ist die Verwendung der Mittel unter dem Gesichtspunkt des größten Nutzens. Es ist die Produktion zunächst nur eine technische Erscheinung, sie wird zu einer wirtschaftlichen durch die Beziehung von Aufwand und Erfolg. Auf diese kommt es an, und technische Werturteile wägen das Maß der Kosten und die Größe des Nutzens ab. Die Kausalbetrachtung kann die Frage, ob das Mittel dem Zweck dient, nur dahin beantworten, ob es als Ursache den Erfolg bewirkt. Aber darauf allein kommt es nicht an, darauf kommt es hier nicht einmal in erster Linie an. Uns interessiert hier zunächst die Frage: war es zweckmäßig, gerade diese Ursache aus der Reihe der möglichen auszuwählen, konnte derselbe Erfolg mit geringerem Aufwand, konnte mit demselben Aufwand ein höherer Erfolg erzielt werden? Hierfür liefert die Kausalbetrachtung nur eine Voraussetzung, indem sie zeigt, daß dieser Aufwand den Erfolg ursachlich bedingte.

Weit enger noch als mit den Fragen der Produktion sind die Werturteile mit dem Verteilungsproblem verbunden. Sowie Unterschiede der Eigenschaften und Leistungen der Menschen und Ungleichheiten in der Verteilung der wirtschaftlichen Güter beobachtet werden, erhebt sich das Problem, in welchem Verhältnis sie zueinander stehen. Die Erscheinungen des Güterverkehrs interessieren uns nicht nur unter dem Gesichtspunkt, wie der Preis entsteht, sondern auch, ob er angemessen ist oder nicht. Wir fragen nicht allein danach, welche Faktoren den Lohn bestimmen, sondern wir beurteilen dessen Höhe. Über alle diese Verhältnisse von Leistung und Gegenleistung sagt die Ursachenkenntnis nichts aus.

In den beiden Grundproblemen der Produktion und Verteilung ist eine Fülle von Einzelfragen enthalten, die immer wieder auf Wertprobleme hinführen. Die Beurteilung des Großbetriebs kann sich nicht auf die Prüfung der technischen Überlegenheit beschränken. Sie muß fragen: was wird aus den Menschen, welche Stellung nehmen diese in den verschiedenen Organisationsformen ein, wie entwickeln sie sich unter deren Einfluß? Die Probleme der Arbeiterbewegung, des Genossenschaftswesens, des Versicherungs- und Armenwesens sind in sittlichen Idealen zuletzt begründet. Über den technischen Fragen der Hebung der Produktion des eigenen Landes steht das Problem, ob die Förderung der Eigenerzeugung unter allen Umständen richtig ist, und gegebenenfalls, inwieweit der nationale Egoismus einer internationalen Arbeitsteilung zu weichen hat.

Wie das Ganze der Volkswirtschaft eine auf bestimmte Ziele gerichtete Organisation, ein Zweckgebilde darstellt, so enthält auch jede ökonomische Einzelerscheinung das Zweckmoment in sich. Auch hier gilt es, daß die Ursachenbetrachtung nur einen Teil der Zusammenhänge berücksichtigt, nur die Bedingungen der menschlichen Handlungen und deren Weiterwirken im Zusammenhang mit anderen Handlungen, die einander in ihren Erfolgen durchkreuzen oder stärken. Es genügt nicht, die kausale Aszendenz und Deszendenz der Zweckvorstellungen darzulegen; diese Erkenntnis sagt nichts aus über ihren Inhalt, nichts über die technische Eignung der Mittel, nichts über die Berechtigung der Ziele. Darauf kommt es aber gerade an. Die sozialen Erscheinungen werden von Menschen und für Menschen hervorgerufen. Die menschliche Arbeitskraft ist das Mittel der menschlichen Güterproduktion, die Befriedigung der menschlichen Bedürfnisse ihr Ziel. Weil die Gesamtheit und jede Einzelheit der wirtschaftlichen Tatsachen von Zwecken geleitet ist, macht ihre vollständige Erfassung Werturteile überhaupt nötig. Weil der Mensch auf beiden Seiten der Relation steht, vermag nur das sittliche Werturteil das letzte Wort zu sprechen. Sollen wir uns auf die Wiedergabe, Zusammenfassung und Ordnung von Tatsachen beschränken und allein in die Folge der Geschehnisse eindringen, dann können wir nur einen Teil unserer Aufgabe lösen. Eine völlig wertfreie Zusammenfassung von Erscheinungen, die es mit den Menschen zu tun haben, ist nur möglich, wenn wir die Augen vor einem Teil der Probleme verschließen.

Es kann erwidert werden: gewiß, wir haben hier ethisch relevante Tatbestände, aber sie interessieren uns als solche nicht und gehen die Nationalökonomie nichts an. Wenn sie überhaupt die Wissenschaft etwas angehen und nicht die Stellungnahme zu ihnen als rein subjektive Anschauung ohne jede allgemeine Bedeutung ist, dann hat die Nationalökonomie sie in ihrer ethischen Tragweite zu erfassen. Wenn die Ethik als solche zuständig ist, dann muß diese zuvor in die komplizierten Zusammenhänge eindringen, die aufzudecken gerade die Aufgabe der Wirtschaftswissenschaft ist. Dann beginnt die Nationalökonomie die Betrachtung und die Ethik setzt sie fort. So werden die Probleme zerrissen, und dadurch wird die Einheitlichkeit und Vollständigkeit der Behandlung gefährdet. Dadurch wird auch das Ergebnis nicht gefördert, denn die Ethik kann ebenfalls nur die Maßstäbe verwenden, die die Nationalökonomie in sittlichen Werturteilen anlegt.

Der dritte Grund für die Unentbehrlichkeit der Werturteile liegt darin, daß ohne sie eine Stellungnahme zur Wirtschaftspolitik unmöglich ist. Die Maßnahmen, die die Wirtschaftspolitik vorschlägt, verfolgen konkrete Ziele. Diese hat die Wissenschaft mit dem Ganzen der gesellschaftlichen Erscheinungen und ihrer historischen Entwicklung in Zusammenhang zu bringen und vom Standpunkt der Allgemeinheit aus zu prüfen. Dann sind die Zusammenhänge der praktischen Zwecke zu untersuchen und die obersten leitenden Ziele klarzulegen. Hier ist eine Fülle von Erkenntnisarbeit zu leisten, die die weiteren Wirkungen der erreichten Ziele zum Gegenstand hat, die das einzelne in den Zusammenhang des Ganzen und seiner Entwicklung stellt. Hier ist eine Menge logischer Denkarbeit zu leisten, die das Einzelziel auf die weiteren und höheren Ziele hinführt und diese klarstellt. Erst auf Grund solcher prinzipieller Auseinandersetzung der letzten leitenden Gesichtspunkte kann mit Nutzen diskutiert werden.

Diese Klarstellung der Wertideen in logischer und teleologischer Beziehung ist um so mehr geboten, als nicht nur das subjektive Bestreben der Zwecksetzenden leicht deren Einsicht in die Zusammenhänge trübt, sondern auch im Kampf der Interessen nicht selten mala fides die Zusammenhänge entstellt. Man denke nur an die Preisabbauaktion der Gegenwart. Je mehr einseitige Partei- und Klassenideale sich vordrängen, um so nötiger ist es, den Blick auf das Ganze zu richten, den Zusammenhang der Wertideen zu suchen und zu untersuchen. Der einzelne, der im Wettbewerb steht, vermag oft beim besten Willen nicht zu einem Überblick zu gelangen. Auch der praktische Politiker, dessen Aufgabenkreis über das Gebiet der Wirtschaft hinausgeht, wird nicht immer alle Einzelheiten der ökonomischen

Erscheinungen und die Tragweite der konkreten Ziele übersehen. Hier muß der Forscher eintreten. Die Ansammlung fachlichen Wissens und die berufsmäßige Übung des fachlichen Denkens sind nicht allein um ihrer selbst willen da; sie sind in den Dienst der Gesamtheit zu stellen, um so mehr, als das Erfassen der Zusammenhänge des Ganzen, die Gewöhnung, das einzelne vom Standpunkt der Allgemeinheit aus zu betrachten, zur Unparteilichkeit methodisch erzieht. Die Probleme der Wirtschaftspolitik von einer wissenschaftlichen Betrachtung ausschließen, heißt sie einer grundsätzlichen Betrachtung entziehen und dem Dilettantismus einer naiven Tagespraxis, die aus der Hand in den Mund lebt, und der Politik der Interessenvertretung überantworten.

2.

Die volkswirtschaftliche Forschung hat zwei Ziele: die Erkenntnis und die Beurteilung der Erscheinungen des menschlichen Zusammenwirkens. Beide Betrachtungsweisen gehen nebeneinander her. Die Einsicht in die ursachliche Bedingtheit der menschlichen Handlungen, in den Zusammenhang der Bedingungen und Wirkungen ist für die Beurteilung der Zwecke ohne Belang, und die Beurteilung der Zwecke vermag nichts über die Bedingungen des Eintretens menschlicher Handlungen und deren weitere Wirkungen auszusagen. Schon daraus ergibt sich, daß beide Forschungsmethoden nötig sind.

Es fragt sich aber noch, ob ein bestimmtes Rangverhältnis zwischen ihnen besteht. Diese Erörterung kann um so weniger umgangen werden, als zum Teil die teleologische Betrachtung als ausschließlich sozialwissenschaftliche Forschungsmethode angesehen und die Kausalforschung als naturwissenschaftliche Betrachtung abgelehnt oder nur zur Ergänzung herangezogen wird.

Stammler faßt die äußere Regelung als logische, begriffliche Bedingung, als Form des sozialen Lebens im Sinne formaler Voraussetzung sozialwissenschaftlicher Betrachtung auf[1]). Alle nationalökonomische Erkenntnis, die — gegenüber der naturwissenschaftlichen — eine eigene Disziplin wissenschaftlicher Forschung darstellen soll, ist vom geschichtlich bedingten Inhalt bestimmter rechtlicher Regelung abhängig; diese ist die Erkenntnisbedingung für alle Sozialwissenschaft in ihrer Eigenart[2]). Mithin kann eine einheitliche Zusammenfassung und Betrachtung der gesellschaftlichen Erscheinungen als besondere Wissenschaft nur in einer Erkenntnis dieser Bedingungen, dieser Form des sozialen Lebens bestehen. Der Sinn der sozialen Ordnung ist die Herbeiführung eines bestimmten Zusammenwirkens der Menschen. Das Recht kann nicht als Objekt der Natur genommen werden. Es steht daher die wissenschaftliche Behandlung der Natur einerseits und des sozialen Zusammenwirkens andererseits unter verschiedenen Grundbedingungen. Die Naturbetrachtung findet ihren einheitlichen obersten Gesichtspunkt, ihre Gesetzmäßigkeit, in der Kausalität. Die letzte Einheit der sozialwissenschaftlichen Betrachtung des menschlichen Gesellschaftslebens ist ein oberster Zweck aller menschlichen Gemeinschaft, auf den alle Zwecke hingerichtet werden[3]). Also hat die Sozialwissenschaft ausschließlich teleologisch vorzugehen.

An anderer Stelle[4]) führt Stammler aus, daß in sozialen Fragen als Tatsachen nur einheitlich bestimmte Zwecksetzungen zu gelten haben, also es unzutreffend sei, zu meinen, daß man erst Tatsachen nach Art der Naturbetrachtung feststelle, sie dann hinterher werte und damit in einen ganz neuen Zusammenhang überführe. In jeder einzelnen sozialen Beobachtung sei notwendig bereits irgend eine Wertung im Sinne der Zweckbetrachtung überhaupt enthalten und träte nicht äußerlich zu einem naturwissenschaftlich erwogenen Vorgang hinzu.

---

[1]) Wirtschaft und Recht. S. 112 ff. Vgl. Kant, Logik. Ausgabe von Kirchmann. 1869. S. 101 f., 110.

[2]) Ebenda. S. 204 f.

[3]) Ebenda. S. 331 ff.

[4]) Theorie der Rechtswissenschaft. 1911. S. 531 f.

Daß die erschöpfende Betrachtung der Erscheinungen äußerlich geregelter gesellschaftlicher Wirtschaft ein teleologisches Vorgehen zur Gewinnung von Werturteilen erfordert, ist bereits ausgeführt worden. Dieses ist aber nicht als die ausschließlich sozialwissenschaftliche Methode anzusprechen und somit nicht jede Kausalbetrachtung als naturwissenschaftlich abzulehnen. Weiterhin ist auch die Bedeutung der äußeren Regelung für das gesellschaftliche Zusammenwirken anerkannt worden. Es wird aber die äußere Regelung nicht als formale logische Bedingung angesehen, sondern es werden Recht und Sitte als empirische Tatbestände, als bestimmende Elemente der sozialen Erscheinungen betrachtet. Diese Auffassung hat keinen Grund, die Kausalbetrachtung auszuschließen, um so weniger, als diese unentbehrlich ist.

Die Untersuchung des wirtschaftlichen Zusammenwirkens der Menschen hat es nicht allein mit deren Handlungen zu tun, und schon deshalb kann die Betrachtung der Zwecksetzungen die Aufgabe nicht erschöpfen. Wirtschaft ist die auf Befriedigung der Bedürfnisse gerichtete Tätigkeit der Menschen. Außer den menschlichen Handlungen kommen die Sachgütermengen in Betracht, die dem Zweck der Bedürfnisbefriedigung dienen, die Bedürfnisse, dann die Naturbedingungen der Versorgung des Volkes. Weiterhin interessieren uns nicht allein die Zwecke, die die menschlichen Handlungen leiten, sondern diese Handlungen selbst, die Bedingungen, unter denen sie sich wiederholen, und die Wirkungen, die sie hervorbringen, die durchaus nicht immer den Zwecksetzungen entsprechen. Jede menschliche Handlung wird als Geschehnis ein Glied in der Reihe der Veränderungen, deren Gang wir betrachten. Die verschiedenen menschlichen Handlungen wirken aufeinander ein, verstärken und durchkreuzen die durch die Zwecksetzung erstrebten Erfolge. Wir können nicht wirtschaftliche Erscheinungen, die sich nicht als Zwecksetzungen darstellen, diese Bedingungen und Wirkungen, als nicht gesellschaftliche Erscheinungen aus der Betrachtung ausschließen. Alle diese

Tatsachen der Wirtschaft entgehen uns aber, wenn wir allein die Zwecke als Objekte sozialwissenschaftlicher Betrachtung ansehen. Wir erschöpfen die Probleme, die eine umfassende Untersuchung der wirtschaftlichen Erscheinungen stellt, nur dann, wenn wir einmal zur Gewinnung von Erkenntnissen des Geschehens in gleicher Weise vorgehen wie die Naturwissenschaft, jedoch die durch die Eigenart der sozialen Erscheinungen bedingten besonderen Schwierigkeiten berücksichtigen, und dann durch die teleologische Betrachtung in den verschieden gearteten Werturteilen zu den Zwecken Stellung nehmen. Dadurch wird die Nationalökonomie nicht zur Naturwissenschaft. Die Eigenart des Stoffes zieht Grenzen, und die allein mit der teleologischen Methode zu lösenden wissenschaftlichen Aufgaben ergeben eine weitere Unterscheidung.

Nach der Meinung von Spann[1]) gründet sich die Volkswirtschaft auf das Verhältnis: Mittel zum Ziel. Ihr Hauptbegriff ist kein ursächlicher, sondern wird bestimmt als „Widmen und Abwägen von Mitteln" [2]). Gewiß liegt im Begriff des Mittels ein ursächliches Moment, aber dies ist als technisch auszuschalten und das Verhältnis von Mittel und Zweck nur zweckhaft, als Verhältnis von Vorzweck zu Endzweck zu fassen [3]). „Wirtschaft ist die rangordnungsgemäße Widmung von Mitteln für Ziele durch ausgleichendes und sparendes Abwägen", oder, als objektiver Körper betrachtet, „ein Gebäude rangordnungsgemäß gegliederter leistender Mittel für Ziele" [4]). Dabei bedeutet Leistung nicht „Realisierung" des Zieles, sondern „Gültigkeit als Vorzweck" dafür [5]). Die Zielerreichung im Sinne von Verwirklichung ist ein Ursächlichkeitsbegriff, und diese auf Verknüpfung von Ursächlichkeiten gerichtete Betrachtung naturwissenschaftlich, aber nicht wirtschaftswissen-

---

[1]) Fundament. S. 49 ff., 250 ff., 297 ff.

[2]) Ebenda. S. 49.

[3]) Ebenda.

[4]) S. 60.

[5]) S. 251.

schaftlich [1]). Im Aufbau der Volkswirtschaftslehre ist von den beiden Elementen des Begriffes „Mittel" nur der teleologische Begriff, der Leistungsbegriff, zu verwenden, „während der ursächliche oder genetische Begriff nur die Rolle eines Hilfsbegriffes spielt" [2]). Nach der Feststellung der Elemente besteht die weitere Aufgabe in deren Verknüpfung, in der Untersuchung der Rangordnung der Leistungen und Leistungsgrößen. Diese formal-logische Generalisierung bestimmt die Gültigkeit der Vorzwecke durch ihre rangmäßige Stellung in der Ganzheit der Zielgültigkeiten und gelangt dadurch zu eindeutig bestimmten Aussagen über die Notwendigkeit dieser Gültigkeiten.

Spann nimmt einen Einwand, den die Kritik gegen diese Ausführungen zu erheben hat, insofern selbst voraus, als er darlegt, daß das Mittel als Vorzweck nur kraft der ursächlichen Unterlage in Erscheinung treten kann, daß „diese ursächliche Unterlage der Beziehung des Mittels zum Zweck gleichsam Grund macht" und ihre zweckhafte Notwendigkeit und Eindeutigkeit ermöglicht. „Gültigkeit des Mittels als Vorzweck ist nur möglich kraft der Ursächlichkeit, welcher der Vorzweck zugeordnet wird; „rangmäßiges Ordnen" dieser Gültigkeiten, „Glied" zu sein in einem „Wertganzen", baut sich ebenfalls nur darauf auf; und damit auch das Widmen und Leisten [3]). „Die Reihe der Vorzwecke, ihre Gültigkeiten und Leistungen werden von einer ursächlichen Reihe begleitet." „Aber die gliedliche (zweckhafte) Reihe ist selbständiger Betrachtung fähig, trotzdem sie nur als zugeordnete zur kausalen in Erscheinung tritt, trotzdem sie in diesem Sinne also die kausale Reihe zur Voraussetzung hat" [3]). Es bleibt jedoch dann die Frage: warum soll die Betrachtung dieser Ursächlichkeit, die die Voraussetzung für die teleologische Zuordnung ist, aus der volkswirtschaftlichen Untersuchung ausgeschlossen werden? Wenn die technischen Werturteile, die das Verhältnis von

---

[1]) Ebenda. S. 253.

[2]) S. 258.

[3]) Fundament. S. 266.

Mitteln und Zwecken und das Verhältnis konkreter Zwecke zueinander betrachten, auf der Erfahrung beruhen, auf der Einsicht in die Wirkungen der Mittel und die Ursächlichkeit der als zu bewirkend vorgestellten Erfolge, warum wollen wir auf die Betrachtung der Grundlage dieser Werturteile verzichten und die „ursächlichen Begriffe" als „Hilfsbegriffe" beiseite stellen? Es gibt empirische Kausalverbindungen ohne Teleologie, aber keine empirischen teleologischen Verbindungen ohne Kausalität. Der Zusammenhang der Zwecke untereinander ist ein rein logisches Problem, das die Aufgabe erschöpfender Betrachtung der wirtschaftlichen Erscheinungen nicht löst. Vor allem ist wiederum darauf hinzuweisen, daß die menschlichen Handlungen nicht die alleinigen Objekte volkswirtschaftlicher Betrachtung bilden und uns nicht allein hinsichtlich ihrer Zielsetzung interessieren, daß die menschlichen Handlungen als Geschehnisse in der Reihe der Veränderungen aufeinander einwirken und ihre Folgen den Zwecksetzungen durchaus nicht immer entsprechen, daß außer ihren Folgen uns die Bedingungen interessieren, und im Wirtschaftsleben außer den menschlichen Handlungen auch die Bedürfnisse und die Sachgüter Gegenstände der Betrachtung werden. Alle diese Aufgaben vermag nur die kausal orientierte Untersuchung der Zusammenhänge des äußeren Geschehens zu lösen. So kann die Wirtschaftswissenschaft nicht auf sie verzichten.

3.

Die teleologische Methode hat den großen Vorzug, daß sie zu einer Geschlossenheit des wissenschaftlichen Aufbaus, der Begriffsbildung und der Systematik führt, die die Kausalbetrachtung nicht erreicht, die zuletzt immer mit einer gewissen Resignation endet. Die Aufstellung von Gesetzen, die die Kausalbetrachtung durch Regelmäßigkeiten ersetzen muß, gelingt der teleologischen Methode, da die Richtung der Zwecke auf höhere Zwecke und zuletzt auf das oberste Ziel eine rein logische Aufgabe ist. „Gesetzmäßigkeit" im Sinne einheitlicher Zusammenfassung wird nicht von der kausalen, wohl aber von der teleologischen Betrachtung erreicht.

Dies ist auch der Haupteinwand, den Stammler immer wieder erhebt. Die kausale Untersuchung des empirischen Zusammenhanges einer einzelnen sozialen Erscheinung, die als gegeben angenommen wird, lehnt er grundsätzlich nicht ab. Er bestreitet nur, daß diese Art der Betrachtung die Gesetzmäßigkeit und die Gesetze finden kann, in denen alle gesellschaftlichen Erscheinungen zusammengefaßt werden können. Als Spitze seines teleologischen Systems stellt er ein soziales Ideal auf, nach dem alles empirische Streben gerichtet und gewertet wird. Spann unterscheidet unter den Zweckwissenschaften zunächst die zweckerzeugenden (Metaphysik, Theologie), dann die zweckrichtenden bzw. zweckerklärenden (Jurisprudenz) und stellt diesen als dritte die theoretische Volkswirtschaftslehre gegenüber. Sie ist weder zweckerzeugend, denn sie setzt die Ziele stets als gegeben voraus, noch zweckrichtend, denn sie sagt nicht, wie die richtige Wirtschaft ausschauen soll; sie richtet und prüft nicht, sie baut nicht selbst die Rangordnung in solchem Richten und Prüfen auf, sondern „sie stellt bei vorgefundener oder angenommener Rangordnung die leistenden Gliedlichkeitsverhältnisse, die rangmäßigen Geltungsverhältnisse der Mittel (als Vorzwecke) untereinander fest"[1]). Eine solche Betrachtung aber ist ohne die Annahme eines obersten Zieles nicht geschlossen. Die Rangordnung der Zwecke, die Beziehung der einzelnen Zwecke auf höhere findet ihre Vollendung erst in der Richtung auf einen obersten Zweck, der allein die Einheit bilden kann, die alle Einzelbetrachtung umfaßt.

Dieses oberste Ziel liegt, wie bereits ausgeführt, jenseits der Erfahrung. Es gehört dem Reich der Ideen an, es ist ein Ideal. Es entsteht auf metaphysischem Boden und kann nicht als allgemeingültig wissenschaftlich erwiesen werden[2]). Die Werturteile, die sich auf dieses

---

[1]) Fundament. S. 300.

[2]) So auch: Diehl, Theoret. Nationalökonomie. I. S. 18 f.

letzte Ziel richten, sind nicht zwingend und, am Maßstab der Objektivität der Erfahrung gemessen, immer subjektiv. Durch diesen Verlust wird der Gewinn an formaler Geschlossenheit aufgehoben, und die Einheitlichkeit erscheint als eine auf der Weltanschauung beruhende, mit Hilfe der Logik durchgeführte Konstruktion.

Der Geltungsanspruch der sittlichen Werturteile ist nicht der gleiche wie der der Erkenntnissätze. Eine Objektivität der sittlichen Werturteile entsprechend einer Objektivität der Erkenntnis ist unmöglich, weil die Inhalte beider ungleich sind, die einen auf dem äußeren sinnlichen Material der Anschauung sich aufbauen, „durch Gegenstände erweckt werden, die unsere Sinne rühren", die anderen auf nicht empirischen Grundlagen beruhen, auf unbeweisbaren und unwiderlegbaren Elementen der Weltanschauung.

Die Zusammenfassung der Einzelerscheinungen zu einer in der Weltanschauung begründeten obersten Einheit birgt Gefahren in sich. Ihr letztes Fundament ist irreal. Um so nötiger ist es, bei der Auswahl der Objekte der Betrachtung auf dem Boden der Wirklichkeit zu bleiben. Dies ist aber schwerer als bei der Kausalbetrachtung, weil die Feststellung der konkreten Zwecksetzungen noch weniger gelingt als die Ermittlung der den menschlichen Handlungen vorhergehenden Erscheinungskomplexe. Diese können wenigstens insoweit wahrgenommen werden, als sie äußerlich in Erscheinung treten, während die Zwecksetzungen, in gleicher Weise wie die inneren Komplexe, sich der unmittelbaren Wahrnehmung entziehen. Die klassische Nationalökonomie gelangte durch voreilige Generalisierung zu falschen Aussagen über die wirtschaftlichen Geschehnisse. Eine teleologische Betrachtung, die in gleicher Weise vorgeht und die konkrete Wirklichkeit nicht in voller Ausdehnung erfaßt, kommt zur Ideologie. Diese Unwirklichkeit ist gefährlicher als die der Klassiker, weil sie Zielsetzungen betrifft, die an der Wirklichkeit nicht in gleicher Weise nachgeprüft werden können, und weil ihre oberste Spitze über die Wirklichkeit hinausragt. Es liegt auch die Gefahr, die Wirklichkeit zu ignorieren, nicht nur deshalb näher, weil die Tatbestände der

Zwecksetzung schwerer zu erfassen sind und das letzte Ziel irreal ist, sondern auch, weil die teleologische Betrachtung weniger als die kausale auf die Einzelobjekte und in höherem Maße auf das Ganze gerichtet ist, weniger die Fülle der äußeren Erscheinungen als den inneren Reichtum weltanschaulicher Gedanken zum Gegenstand hat. Es ist daher von vornherein die Gefahr geringer, wenn die teleologische Methode nicht als einzige, sondern neben der Kausalbetrachtung Anwendung findet, durch die immer wieder der Blick auf die konkreten Einzelheiten der Wirklichkeit gelenkt wird. Weiterhin ist es nötig, auch soweit sittliche Werte irrealer Natur in Frage kommen, auf die Erfahrung insofern zurückzugreifen, als eine Kontrolle der subjektiven Anschauungen durch Vergleich mit anderen angestrebt wird.

Dies ist auch in weiten Grenzen möglich. In den unter denselben Bedingungen lebenden Menschen bilden sich gemeinsame sittliche Grundanschauungen, aus denen auch inhaltlich gleiche Werturteile und gleiche Wertmaßstäbe hervorgehen. Diese inhaltliche Übereinstimmung der sittlichen Anschauungen wird dadurch begünstigt, daß die einzelnen ethischen Vorschriften — nicht das oberste Ideal — Nützlichkeitselemente enthalten, eine Stellungnahme fordern, die auf die Dauer förderlich ist, statt eines Verhaltens, das nur für den einzelnen und für den Moment Annehmlichkeiten bietet [1]). Das Lebensförderliche und Lebensschädliche schlägt sich in den Wertgefühlen nieder, und die Lebenserfahrung der Generationen bildet dann bestimmte Grundzüge in gleichen sittlichen Anschauungen aus. Auch die Rechtsordnung setzt einen inhaltlich gleichen Bestand ethischer Anschauungen voraus und greift auf diese in wichtigen Vorschriften zurück, erklärt Rechtsgeschäfte, die gegen die guten Sitten verstoßen, für nichtig, stellt Treu

---

[1]) Siehe auch Schmoller, Grundriß. Bd. I. S. 15 ff., 45. Artikel „Volkswirtschaft, Volkswirtschaftslehre und -methode." Handwörterbuch der Staatswissenschaften. 3. Aufl. 8. Bd. S. 490 ff. Wundt, Ethik. I, 1903. S. 39 f., 270 f.

und Glauben als Richtschnur für die Auslegung von Verträgen hin und berücksichtigt Billigkeitsgründe und sittliche Pflichten[1]). Aber diese Nachweise allgemeiner Anerkennung inhaltlich bestimmter sittlicher Normen können niemals die Notwendigkeit ihrer Geltung dartun. Kant hat recht, wenn er sagt, daß Gesetze über das, was ich tun soll, nicht hergenommen werden können aus dem, was getan wird. Die sittlichen Normen enthalten immer ein Sollen, nicht ein Müssen. Das Erfahrungsurteil zwingt, das Werturteil fordert. Es kann gezeigt werden, daß die Auffassungen über das Sollen in weiter Ausdehnung de facto übereinstimmen, daß sittliche Ideen trotz ihrer prinzipiellen Subjektivität tatsächlich allgemeine Bedeutung haben, daß sie zum Teil der konkreten Geltung der Erfahrungsurteile gleichkommen. Es kann das Werturteil faktisch die Geltung eines Erkenntnissatzes erreichen, aber grundsätzlich diese nicht beanspruchen. So kann durch Zurückgreifen auf die Erfahrung wohl eine Kontrolle der subjektiven Anschauungen erreicht, aber niemals deren Objektivität erwiesen werden.

4.

Die Werturteile sind aus einer wissenschaftlichen Behandlung wirtschaftlicher Fragen nicht auszuschalten. Sie sind auch trotz ihrer prinzipiellen Subjektivität nicht unwissenschaftlich. Der wissenschaftliche Charakter einer Untersuchung wird nicht bedingt durch die Qualität ihrer Ergebnisse, sondern durch ihre Methode. Das Wesen der Wissenschaft liegt nicht in der Nötigung zur Anerkennung ihrer Resultate, sondern in der Erfassung und Auffassung des Details, in der systematischen Ordnung, in der Vereinheitlichung des Vielgestaltigen. In dieser Beziehung geht die teleologische Betrachtung in gleicher Weise vor wie die Kausalbetrachtung. Wie die Widerspruchslosigkeit der Wahrnehmungen als Kriterium der Erkenntnis gilt, so wird die einheitliche Richtung der Zwecke der Maßstab

[1]) Näher bei Stammler, Die Lehre vom richtigen Rechte. 1906. S. 316 ff.

für ihre Berechtigung. Wie wir bestimmte Erfahrungstatsachen zu Gesetzen zu verbinden suchen, so sind die Normen der Sittlichkeit Gesichtspunkte, unter die ein bestimmter empirischer Inhalt unserer Bestrebungen zur Einheit zusammengefügt wird. Es ist das Wesen der wissenschaftlichen Betrachtung auf beiden Gebieten unseres Bewußtseins das gleiche. Das hat Stammler überzeugend dargetan. Die Ergebnisse aber sind verschieden.

Daher ist es nötig, die Werturteile von den Erkenntnisresultaten der Untersuchung deutlich zu scheiden und die in ihrer Geltung verschiedenen technischen, logischen und sittlichen Werturteile auseinanderzuhalten. Das ist schwierig. Die Zwecke erscheinen als Ursachen der Handlungen und als Gegenstände der Bewertung. Die technischen Werturteile beruhen auf der Erfahrung, werden aber andererseits durch die Logik mit sittlichen Idealen verknüpft. Es gehen im alltäglichen Denken beide Richtungen der Betrachtung fortdauernd zusammen. Um so nötiger ist es, in der wissenschaftlichen Untersuchung sie zu trennen. Damit ist keine äußerliche Scheidung gemeint; diese würde die Zusammenhänge zerreißen. Der Sinn ist der, daß die Eigenart der erkennenden und bewertenden Betrachtung deutlich hervorgehoben und in der äußeren Verbindung ihre innere Verschiedenheit erkennbar bleiben soll. Wenn Cohn[1]) fürchtet, daß damit einem Hyperkritizismus das Wort geredet, ein Maß der Sicherheit gefordert werde, das nicht erreichbar sei, und die errungenen Wahrheiten unterschätzt würden, insofern sie diesen Ansprüchen nicht genügten, so ist darauf zu erwidern, daß diese Folgen teils nicht einzutreten brauchen, teils zu wünschen sind. Die Feststellung des grundsätzlichen Geltungsanspruchs braucht nicht davon abzuhalten, das Maß der tatsächlichen Geltung anzuerkennen. Und wenn eine kritische Prüfung errungener Wahrheiten dazu führt, deren Geltung geringer einzuschätzen, so ist das

---

[1]) Wirtschaftswissenschaft und Wirtschaftspolitik. Zeitschrift für die gesamte Staatswissenschaft. Bd. 66.

immer besser, als wenn ohne eine solche Prüfung deren Geltung überschätzt würde.

„Es ist von der äußersten Erheblichkeit, Erkenntnisse, die ihrer Gattung und ihrem Ursprunge nach von anderen unterschieden sind, zu isolieren und sorgfältig zu verhüten, daß sie nicht mit anderen, mit welchen sie im Gebrauche gewöhnlich verbunden sind, in ein Gemische zusammenfließen"[1]).

---

1) Kant, Kritik der reinen Vernunft (Kehrbach). S. 635.

RECHT UND WIRTSCHAFT IN IHRER BEDEUTUNG FÜR DIE AUSBILDUNG DER JURISTEN, NATIONALÖKONOMEN UND TECHNIKER.

Von

ERNST HEYMANN.

Der Zusammenhang zwischen Recht und Wirtschaft spielt schon seit längerer Zeit eine große Rolle, wenn von den Ausbildungsfragen[1]) der Juristen und Nationalökonomen die Rede ist. In neuerer Zeit hat er die besondere Aufmerksamkeit auch der Technischen Hochschulen erregt, da die Frage der Ausbildung des Technikers zu Verwaltungszwecken in neuester Zeit immer bedeutsamer werden mußte. Man war sich von jeher klar, daß für den Techniker gewisse Kenntnisse von Rechts- und von Wirtschaftsfragen notwendig seien, und man hat deshalb seit jeher bei den Technischen Hochschulen juristische und nationalökonomische Lehrstühle gehabt. Aber während dies zunächst nur nebenher lief, erschien es in neuerer Zeit immer wünschenswerter, eigentliche Verwaltungstechniker für die Industrie auszubilden, wobei auch der Gedanke mitspielte, einen Teil der Verwaltungsstellen des Staates mit solchen Verwaltungstechnikern zu besetzen. Es braucht für diese Frage nur auf die vielfältigen und wertvollen Anregungen hingewiesen zu werden, die Wilhelm Franz in zahlreichen Schriften gegeben hat. Auch für diese Pläne wird es bedeutsam, wie man sich das Verhältnis von Wirtschaft und Recht in der Ausbildung denkt. Will man aber auf dieses Problem eine einigermaßen sichere Antwort haben, so ist eine grund-

[1]) Den folgenden Zeilen liegt ein Vortrag zu Grunde, den ich in der Technischen Hochschule vor der Gesellschaft der Freunde der Hochschule gehalten habe. Die losere Form des Vortrags und manche Wendung, die sich an Nichtjuristen richtet, sind beihehalten, zumal die Ausbildungsfrage namentlich der Techniker noch im Flusse ist.

sätzliche Auseinandersetzung über das Verhältnis von Wirtschaft und Recht unvermeidlich; gerade das Fehlen solcher grundsätzlichen Besinnung mit Beziehung auf diesen besonderen Zweck hat, wie mir scheint, vielfach Schaden und zumindesten Verwirrung in der Diskussion angerichtet.

1. „Recht und Wirtschaft" ist nicht ein modernes Schlagwort, sondern ist als Gegensatz und Zusammenhang erkannt worden, solange es juristisches Denken gibt. Der Prätor in Rom entwickelte aus der Wirtschaftslage seine actiones in factum, und die römischen Juristen betonen immer wieder den Gegensatz von jus und factum, die quaestio facti und quaestio juris, nicht nur als Gegensatz von Tatbestand und Rechtssatz, sondern es wird etwa der Besitz vielfach als res facti bezeichnet, es wird ferner z. B. hervorgehoben, daß solutio, venditio, traditio faktische, d. h. wirtschaftliche Vorgänge sind (l. 7 § 3 D. 27,10 Julian), und ähnliches. In neuerer Zeit war es bekanntlich vor allem Montesquieu, der in seinem esprit des lois von 1748 in grundsätzlicher Überlegung auf die Abhängigkeit des Rechts von örtlichen, geographischen und klimatischen, insbesondere auch von gesellschaftlichen Verhältnissen hinwies und dies, soweit sein Material reichte, an den Rechtsverhältnissen aller Kulturvölker darzutun suchte. Auf diesen Erwägungen beruht die historische Rechtsschule: Savignys Pandekten-Vorlesung betonte überall die kulturellen Zusammenhänge, und für den germanistischen Zweig der Schule genügt zum Beweise ein Blick in Eichhorns Deutsche Rechtsgeschichte. Während zunächst die Lehre vom Ursprung von Sprache, Sitte, Verfassung und Recht aus dem einheitlichen Volksgeiste die Entfaltung einer theoretischen Klarlegung hinderte, begannen um die Mitte des 19. Jahrhunderts die theoretischen Erörterungen über das Verhältnis von Recht und Wirtschaft. Wilhelm Arnold, ein Schüler Jacob Grimms und Professor in Marburg a. L., versuchte in seinen Büchern „Recht und Wirtschaft nach geschichtlicher Ansicht" (1863) und „Kultur und Rechtsleben" (1865) der Frage nachzugehen. Um dieselbe Zeit wirkte schon Jhering, der Fortbildner der historischen Schule; er veröffentlichte 1877 sein bekann-

tes utilitaristisch gerichtetes Buch „Zweck im Recht", in dem er die Frage vielfach berührte. Zugleich führten andere, von denen hier nur Heinrich Dernburg und Lewin Goldschmidt genannt sein mögen, den Zusammenhang zwischen Recht und Wirtschaft praktisch-juristisch durch. Inzwischen hatte Karl Marx den Gedanken für seine Theorien in größerem Maßstabe verwendet. Die Erörterungen zum Entwurf des Bürgerlichen Gesetzbuchs belebten die Einsicht, es sei hier nur an Mengers Buch über das bürgerliche Recht und die besitzlosen Volksklassen erinnert. So war der Gedanke praktisch Gemeingut der deutschen Juristen geworden. Die notwendige philosophische Besinnung auf das Grundsätzliche der Frage und das innerlich tief berechtigte Bestreben, über die utilitaristische Auffassung Jherings und den Materialismus Karl Marx's hinauszukommen, führte dann aber zu dem großartigen Werke Rudolf Stammlers: Wirtschaft und Recht nach der materialistischen Geschichtsauffassung (1896[1]). In den dreißig Jahren, die seither verflossen sind, haben Stammlers Lehren[1]) im Mittelpunkte der Erörterung gestanden. Auf die Fortentwicklung der Lehrmeinungen ist hier nicht einzugehen. Es genügt darauf hinzuweisen, daß der Gedanke des Zusammenhangs oder mit Stammlers Auffassung der Einheit von Recht und Wirtschaft nach den verschiedensten Richtungen immer stärker betont worden ist. Auf dem Gebiet der Volkswirtschaftslehre erscheint er außer in den eindringenden Erörterungen Diehls (Theor. Nat. Ö. I, 36 ff.) namentlich bei den historisch gerichteten Vertretern dieser Wissenschaft wie Schmoller, Sombart und bei Max Weber, aber auch sonst muß die nationalökonomische Literatur überall zu ihm Stellung nehmen. Bei den Juristen erscheint er in zahlreichen Bestrebungen nach rechtstatsächlicher, soziologischer, wirtschaftlicher Betrachtung, deren Schwerpunkt, wie z. B. bei Arthur

---

[1]) Vgl. auch Stammler, Die Gesetzmäßigkeit der Rechtsordnung und Volkswirtschaft (1902) in Rechtsphilosophische Abhandlungen 1925 I, S. 169 ff. Derselbe, Das Recht im Zusammenhange mit der Kulturentwicklung (1914), daselbst II. S. 27 ff., vgl. auch daselbst 393 ff. Stammler, Theorie der Rechtswissenschaft 1911, S. 396 ff. Richtiges Recht 1902 S. 239 ff.

Nußbaum, vorwiegend in der praktischen Einzeldurchführung liegt; der Gedanke lag der Gründung des Vereins Recht und Wirtschaft zugrunde und ist aus dessen Kreisen heraus unablässig betont worden; er ist vor allem in immer stärkerem Maße ein Leitstern für die Judikatur unseres Reichsgerichts geworden. Mir scheint, daß in allen diesen, noch keineswegs theoretisch ganz geklärten Bestrebungen die von Stammler angegebenen Grundgedanken, auch wenn man mit ihnen nicht in allen Punkten übereinzustimmen vermag, besonders wertvolle Leitsterne sind. Im folgenden wird eine Auseinandersetzung mit ihnen und den sonstigen vorgetragenen Ansichten[1]), insbesondere mit Stammlers bedeutendstem Kritiker, Erich Kaufmann, nicht unternommen. Für den hier verfolgten Zweck genügt es, den eigenen Standpunkt kurz zu formulieren. Wieviel ich dabei Stammler, dem diese Zeilen in herzlicher Verehrung gewidmet sind, und auch anderen verdanke, wird für jeden Kundigen ohne weiteres ersichtlich sein.

2. Das Recht ist Friedensordnung. Es regelt das äußere Verhältnis der Menschen und Menschenverbände zueinander, und zwar in unbedingter Weise, d. h. so, daß die Befolgung seiner Normen nicht als freiwillige Handlung, sondern als Pflicht gegenüber den Rechtsgenossen erscheint. Das Recht ist Ausfluß des allgemeinen Willens, nicht immer gerade eines bewußten Rechtserzeugungswillens, aber jedenfalls des Rechtsgeltungswillens. Diese voluntaristische Natur besteht für Gesetz und Gewohnheitsrecht. Die Gemeinschaft der Rechtsgenossen will, daß ein Satz als Recht gilt. Das Motiv dieses Willens aber ist ein Urteil, grundsätzlich dahingehend, daß die betreffende Regel zwischen den verschiedenen menschlichen Interessen der Beteiligten unter dem Maßstabe der Gerechtigkeit die richtige ist, richtig entscheidet. Das schließt natürlich nicht aus, daß im einzelnen Fall der Schöpfer der Rechtsregel, also insbesondere der Gesetzgeber über das Wesen oder über die Anwendung des Gerechtigkeitsgedankens oder über die tatsächlichen Ver-

[1]) Vergl. besonders die bei Diehl Angegebenen, insbesondere Voigt, Plenge, P. Fuchs, A. Elster, Ammon, Ehrlich.

hältnisse irrt, ja es schließt nicht aus, daß man die Gerechtigkeit einmal grundsätzlich mißachtet — es gibt auch von vornherein bewußt ungerechtes Recht. Aber auf der grundsätzlichen Maßgeblichkeit der Gerechtigkeitsidee beruht die Heiligkeit des Rechts — dauernd kann diese Idee auch vom willkürlichsten Gesetzgeber erfahrungsgemäß nicht mißachtet werden, der Staat ist wohl formell aber nicht materiell omnipotent. Das Gerechtigkeitsurteil kann aktuell oder auch latent sein, jedenfalls löst es ein Aktivitätsgefühl aus, einen Komplex aus Bewegung, Spannung und Lösung (Wundt), vom Urteil zum Willensentschluß führend. So ist das Recht ein Willensprodukt der Gemeinschaft mit dem grundsätzlichen Zweck gerechter Interessenverteilung. Es bedarf keiner Bemerkung, daß dieser Willensentschluß heute von einer ganzen Reihe von Personen ausgeht — als Handelnde erscheinen der vorbereitende Beamte, der führende Minister, die Kommissionen, die einzelnen Parlamentarier usw., je nachdem ein König, ein Präsident, ein Gericht, eine Handelskammer usw. und als allgemeine Grundlage der dumpfe, in jedem Gemeinwesen vorhandene und unentbehrliche Unterwerfungswille der Allgemeinheit unter den verfassungsmäßig geschaffenen Rechtszustand; der Willensvorgang ist also stets ein sehr komplizierter, die Rechtsregel aber kann nur aus dem schließlich irgendwie festgestellten Wortlaut und der Gesamtheit seiner geschichtlich gegebenen an der Gerechtigkeitsidee normalerweise orientierten Entstehungsvorgänge festgestellt werden.

Demgegenüber ist die Wirtschaft, wie Lexis definiert, die geregelte Tätigkeit und Fürsorge des Menschen zur Beschaffung und zweckmäßigen Verwendung der Mittel zur Befriedigung seiner Bedürfnisse, oder, wie Max Weber sagt, ein einheitlich geleitetes Handeln kraft eigener Verfügungsgewalt, soweit es durch Fürsorge für Nutzleistungen oder Nutzleistungschancen bestimmt wird. Man denkt dabei gewöhnlich an die Befriedigung der äußeren sog. materiellen Bedürfnisse, der Beschaffung von vermögenswerten, geldwerten Gütern und man schließt namentlich im Sprachgebrauch des täglichen Lebens, aber auch vielfach in der

Literatur die sog. höheren Bedürfnisse, die religiösen, künstlerischen, wissenschaftlichen, familiären Bedürfnisse nicht in die eigentliche Wirtschaftstätigkeit ein; insbesondere pflegt man die Wendung „Wirtschaft und Recht" oft so zu verstehen. Aber richtig ist diese Unterscheidung von höheren und niederen Bedürfnissen — wie besonders wieder Stammler betont hat — nicht. Das Streben auch nach ihrer Befriedigung ist Wirtschaft. Das Recht regelt nun die Beziehungen der Menschen als Wirtschaftssubjekte in diesem weitesten Sinne, so wird es zur Form der Wirtschaft, und grundsätzlich zutreffend faßt es Stammler als „Form des sozialen Zusammenlebens" oder E. v. Beling noch etwas vorsichtiger als „die Massenvorstellung von dem Normiertsein des sozialen Lebens". So bilden Recht und Wirtschaft eine Einheit, forma und materia, keins kann ohne das andere gedacht werden, sie stehen in ewiger Wechselwirkung. Wissenschaftlich ist daher das Recht nur teleologisch und insbesondere historisch, die Wirtschaft nur als normierter Tatbestand zu verstehen. Diese Auffassung wird durch die Entwicklungsgeschichte empirisch belegt: es gibt nirgends, auch nicht in den primitivsten Verhältnissen ein rechtloses Wirtschaften, wenn auch in den Uranfängen das Recht mühsam aus der Sitte sich herausentwickelt, und später sehen wir allenthalben, wie die agrarischen, gewerblichen, handelsmäßigen Strömungen, wie Gemeinwirtschaft, Nahrungswirtschaft, Kapitalismus, wie religiöse, politische, selbst künstlerische Geistesbewegungen auf das Recht einwirken und es entscheidend bestimmen, und wie die Rückwirkung des Rechts auf diese Erscheinungen sich zeigt. Wer irgendwie geschichtlicher Beobachtung fähig ist, und wer mit offenen Augen die gegenwärtige Umwelt betrachtet, kann das nicht leugnen. Von einem getrennten Nebeneinanderbestehen des Rechts und der Wirtschaft, aber auch von einer einseitigen Bedingtheit der Wirtschaft durch das Recht kann nicht die Rede sein. Ihre Erscheinungen bedingen sich gegenseitig.

3. Indessen ist damit die Frage keineswegs erledigt. Denn wenn auch die gegenseitige Wechselwirkung besteht,

und wenn das Recht auch als Form des Wirtschaftslebens erscheint, beide decken sich doch keineswegs völlig, es gibt rechtsfreie Wirtschaftsgebiete und es gibt ausnahmsweise sogar Gebiete des Rechts, die von der Wirtschaft nicht ausgefüllt werden. Also — mit Erich Kaufmann (S. 68) zu reden — kein Macht-Monismus, aber auch kein Macht- und Rechts-Dualismus, sondern nur „der Idee nach" anzustrebender Macht-Rechts-Monismus. Wäre das nicht so, so bestände für die Ausbildungsfragen überhaupt kein Zweifel, es müßte jeder Jurist als voller Nationalökonom und jeder Nationalökonom als voller Jurist ausgebildet werden, es gäbe nur eine Ausbildungsart — es sei denn, daß man sich auf ein rein abstraktes Rechtssystem und andererseits auf eine rein wirtschaftliche Soziologie beschränken wollte, eine praktische und theoretische Unmöglichkeit.

Es ist nun nach dem bereits Gesagten kein hierhergehöriges Argument, daß es zahlreiche Rechtssätze gibt, welche sich nicht mit den materiellen Bedürfnissen befassen, sondern den sog. höheren Bedürfnissen dienen wie das gesamte Kirchenrecht, das Recht des Unterrichts, der Kunstverwaltung, überhaupt große Gebiete des Verfassungs- und Verwaltungsrechts, des Straf- und Strafprozeßrechts und des Völkerrechts, aber auch das persönliche Familienrecht. Denn diese Normengruppen dienen der Wirtschaft im weiteren Sinne, dem sozialen Zusammenleben. Wollte man aber unter Wirtschaft nur die Beschaffung der sog. materiellen Güter verstehen, so würden alle diese Normen immerhin durch ihre vielfältigen vermögensrechtlichen Seiten (Pfründenrecht, Finanzrecht des Staates, der Gemeinden, Vermögensdelikte) und durch die Wechselwirkung zwischen den Normen für höhere und niedere Bedürfnisse (eheliches Personen- und Vermögensrecht, Irrtum beim Kauf und Eheschluß, überhaupt die Rechtsgeschäftslehre und ähnliche allgemeine Kategorien) im innigsten Zusammenhange mit den die Wirtschaft betreffenden Normen stehen.

Von Bedeutung aber ist eine Anzahl anderer Erwägungen. Zunächst gewinnt das Recht gegenüber der Wirtschaft ein besonderes Gebiet durch seine Positivität. Es muß seinem Wesen nach allgemeingültige Sätze aufstellen, Sätze, die zugleich für die Dauer bestimmt sind. Nun ist die Allgemeingültigkeit natürlich nicht eine unbedingte, denn jede vernünftige Praxis wird sich allenthalben bemühen, den allgemeingültigen Satz für den Einzelfall so zu gestalten, daß er sich den besonderen Verhältnissen anpaßt, und, was die Dauer anlangt, so ist das Recht in ewigem Fluß und entwickelt sich durch Gesetzgebung, Judikatur und Gebräuche der Menschen fortwährend weiter. Das Recht ist als Emanation menschlichen Wollens, Fühlens und Denkens nicht bloße Regel, sondern Kraft, es ist nur funktionell zu verstehen und zu erfassen, es lebt ja nur in der Anwendung auf die ewig wechselnden Tatbestände. Trotzdem ist es zunächst einmal Regel, grundsätzlich feste Form. Der klare Rechtssatz darf zunächst nicht angetastet werden. Die Judikatur schafft nur an den zweifelhaften Punkten und bei Ausfüllung von Lücken neues Recht und nur sehr langsam und unsystematisch spült die Woge der Rechtsgewohnheit Stücke des klargesetzten Rechts ab. Die Gesetzgebung, heute freilich oft unheimlich sprudelnd, kann in die großen organischen Kodifikationen nur schwer mit vollem systematischen Erfolge eingreifen und erhöht als Gelegenheitsgesetzgebung oft nur die Unausgeglichenheit des Zustandes. Die Wirtschaft aber, von Minute zu Minute schwankend, schreitet oft viel schneller fort als das Recht. Infolgedessen gibt es stets gegenüber den Erfordernissen der Wirtschaft residuäres Recht. Das Vorkommen solchen residuären Rechts wird erleichtert durch den im Rechtsleben häufig hervortretenden Traditionalismus, durch die Vorstellung, daß es gut ist, bei einem einmal feststehenden Rechtssatze zu bleiben. Diese Vorstellung ist als praktische Maxime nicht ohne weiteres von der Hand zu weisen. Sie hat nicht etwa nur die vis inertiae für sich, sondern auch gewisse Erfahrungen der Geschichte. Denn bei der Kompliziertheit einer Rechtsordnung, namentlich unserer heutigen Rechtsordnung, ist die Änderung einzelner Rechtsnormen niemals ganz ohne Gefahr, weil sich schwer übersehen läßt, wie viele andere Rechtssätze durch solche Abänderungen in Mitleidenschaft gezogen werden, der kühne Sprung ins Dunkle ist hier leicht Sache des bloßen Dilettanten. Daher neigt der Jurist zum Festhalten am positiv vorhandenen Rechtssatze. Damit hängt aufs Engste die Beachtung der Präjudizien, ja der Präjudizienkultus zusammen. Es ist nicht immer leicht bei dieser Denkweise das Berechtigte vom Unberechtigten zu unterscheiden — jedenfalls wirkt sie auch ihrerseits auf die positive Starrheit des Rechts hin. Die fortschreitende Wirtschaft ist daher bisweilen genötigt, mit residuären Rechtssätzen zu arbeiten. So entsteht eine Dissonanz zwischen Wirtschaft und Recht. Soweit es sich um dispositive Rechtssätze handelt, löst sich diese Dissonanz durch die Beredungen und Usancen der Parteien, worauf noch zurückzukommen ist; soweit es sich um zwingende Normen handelt, die auch durch Interpretation nicht angepaßt und fortgebildet werden können, ist die Dissonanz nicht lösbar, es besteht ein offener Konflikt, das Recht wird aus der Form der Wirtschaft zu ihrer lästigen Fessel oder es wird mißachtet.

Weiterhin die Abstraktheit des Rechts. Im Recht ist die abstrakte Begriffsbildung, die in jeder Wissenschaft Bedeutung hat, besonders ausgebildet und wird namentlich in der Rechtsanwendung besonders stark verwertet. Es sind Binsenwahrheiten, daß Kauf, Tausch, Miete, Pacht Verträge sind; Kündigung, Anfechtung, Testamentserrichtung sich als einseitig rechtsgestaltende Akte darstellen, solche Akte und die Verträge Rechtsgeschäfte sind; Rechtsgeschäfte und unerlaubte Handlungen die Hauptgruppen der Schuldverhältnisse bilden, daß es komplizierte allgemeine Regeln für Schuldverhältnisse, für Verträge, für Rechtsgeschäfte gibt neben den besonderen Regeln für Kauf, Tausch, Miete, Pacht, Kündigung, Anfechtung, Testamentserrichtung; daß es ähnlich für bewegliche und unbewegliche, für körperliche und unkörperliche Sachen, für natürliche und juristische Personen liegt usf. Auf solcher weitverzweigten, jahrtausendelang ausgeklügelten Subsumtion und auf der geschickten Handhabung und Kombination der Allgemeinbegriffe beruht zum großen Teile die technische Kraft des Juristen; die schnelle Beherrschung der Lebensverhältnisse durch den an diese Subsumtion Gewöhnten, auf sie Eingedrillten gibt ihm im praktischen Rechtsverkehr ein starkes Übergewicht gegenüber dem Nichtjuristen. Das spiegelt sich in der Rechtssprache wider, die für die Gestaltung des Rechts von größter Bedeutung ist; es spiegelt sich in der Technik der modernen Gesetzgebung. (Vgl. Baumgarten, Wissensch. vom Recht, I, S. 364 ff, II, S. 586 ff.) Die juristische Abstraktion, weniger vom älteren germanischen Recht als von den Römern und der Scholastik geübt, im 19. Jahrhundert besonders in Deutschland ausgebaut, birgt die natürliche Gefahr in sich, daß sie vom wirtschaftlichen Tatbestande fortzulenken geeignet ist, daß sie vergessen läßt, daß die Ausnahme ebenso logisch ist wie die Regel, daß jede Generalisation eine Lüge ist. Besonders seit Jhering, nicht erst seit der neueren darin aber ebenfalls verdienstlichen Freirechtsbewegung, hat die gesamte deutsche Wissenschaft die ungesunde Begriffsjurisprudenz, den Formalismus bekämpft, und während der letzten 60 Jahre ist er bei uns trotz aller gegenteiligen Vorwürfe überwunden worden. Aber er kehrt doch im einzelnen immer wieder einmal zurück, am schlimmsten da, wo er sich mit ängstlicher Wortinterpretation, überhaupt mit übertriebenem Positivismus verbindet — der deutsche Jurist neigt mehr zur Begriffsjurisprudenz als der englisch-amerikanische, der mehr dem Präjudizienkultus huldigt. Der ungesunde Formalismus entspringt, wo er noch erscheint, oft aus Urteilslosigkeit und Bequemlichkeit. Ganz vermeidlich ist er in keinem Rechte. Man beachtet übrigens zu wenig, daß er auch tiefere Gründe haben kann. Der deutsche, insbesondere der preußische Formalismus und gelegentlich übertriebene Positivismus in der Praxis der ersten Hälfte des 19. Jahrhunderts ist zum guten Teil aus dem Gedanken herausgewachsen, daß die Form die Hüterin der Freiheit ist, ein Freibrief des Richtertums gegen politische Machtsprüche und sonstige Vergewaltigung. Ein von Übertreibungen freier Positivismus ist auch heute gegenüber einer übersprudelnden Freirechtsjurisprudenz durch die Erwägung zu halten, daß der Rechtsuchende nicht durch Rechtsungewißheit gefährdet sein darf. Wie dem auch sei, jedenfalls vermag der Formalismus einzelne Rechtssätze und sogar ganze Rechtsgebiete von der Wirtschaft loszutrennen und das Recht der Funktion als Wirtschaftsform in beträchtlichem Umfange zu entkleiden, ein „weltfremdes" Recht zu schaffen.

Schließlich ergibt sich eine Diskrepanz zwischen Recht und Wirtschaft aus der eigentümlichen Einwirkung des Gerechtigkeitsprinzips. Dieses ist das Richtmaß für den Ausgleich der menschlichen Interessen durch das Recht. Die Gerechtigkeit ist nicht eine selbständige Idee neben der Sittlichkeit, sondern sie ist — wie mir scheint — nur eine Seite, ein Anwendungsfall der Idee des Guten: Das Gute erscheint hier als der Maßstab für den (als menschlicher Willensakt der Ethik unterstehenden) Ausgleich äußerer Interessen durch generelle Regelung, die für die Interessenkonflikte der geregelten Art als Massenerscheinungen maßgeblich ist. Da es sich um äußere Interessen im Rahmen des Gemeinschaftslebens handelt, überwiegt für die Gerechtigkeitsidee innerhalb des Vorstellungskomplexes, aus welchem das Sittlichkeitsprinzip besteht, der Gedanke der Gleichheit, und zwar in dem allein möglichen, schon in der Antike erkannten Sinne, daß das Gleiche gleich zu behandeln ist, suum cuique. Damit verbinden sich aber zwei andere Gedanken. Einmal der zur Zeit Kants besonders betonte Freiheitsgedanke, die Wahrung der Menschenwürde des Einzelnen, und andererseits, der im Laufe des 19. Jahrhunderts grundsätzlich immer mehr wieder in den Vordergrund gerückte Gedanke der Fürsorge, der positiven Förderung des Nächsten, der Liebesgedanke des Christentums — herausgewachsen aus dem metaphysischen Glauben, daß wir alle Gottes Kinder und darum untereinander Brüder sind (Matth. V, 43). Wie man auch theoretisch zu der Frage stehen mag[1]), geschichtlich ist diese Trias

[1]) Rudolf Stammler hat den Gedanken der Nächstenliebe in der Gerechtigkeitsidee nicht — wie ihm, natürlich nur im intellektualistischen Sinn, namentlich von Erich Kaufmann entgegengehalten wird — im Gegensatz zu seiner eigenen rationalistisch-formalen Methode „untergeschoben",

der Inhalt der Idee des Guten, und zwar ist das führende Prinzip die Liebesidee, die in dem Gedanken der Liebe zum Feinde auf die begrifflich höchste Möglichkeit gesteigert ist, und aus der — trotz der gewöhnlichen Wahl der Freiheitsidee als Ausgangspunkt — die andern beiden Gedanken zu deduzieren sind. Nicht nur in den verschiedenen Zeiten, sondern auch in den verschiedenen Verwertungsfällen tritt aber der eine oder andere der drei Gedanken erfahrungsgemäß mehr in den Vordergrund, und da, wo der Sittlichkeitsgedanke als Gerechtigkeit erscheint, ist es das suum cuique, das im Vordergrund steht, ohne daß darum die Einheit der Gesamtidee aufgegeben ist. Da aber das in der Unterstellung des Interessenausgleichs unter die Gerechtigkeitsidee liegende sittliche Urteil bei der Schaffung von Rechtsnormen lediglich einer generellen Regelung dient, kann das Ergebnis für den Einzelfall bekanntlich vom Standpunkte der Beteiligten unsittlich sein, mit ihrem Gewissen kollidieren, Legalität und Moralität können sich im Einzelfalle trennen, wie Kant betonte, wie aber auch schon Plato wußte (vgl. jetzt Binder, Philosophie des Rechts, 1925, S. 388, Kantorowicz,

---

„erschlichen", sondern der Gedanke erwächst ihm logisch aus seiner (isolierten) formalen Gerechtigkeitsidee als höchstes Gemeinschaftsideal. Das ist er jedenfalls. Ob man ihn formal logisch gewinnen kann, erscheint auch mir zweifelhaft. Als Ausfluß der Sittlichkeitsidee (vgl. dazu jetzt Gerwitsch, Otto v. Gierkes Rechtsphilosophie, Logos Bd. 11, S. 113 ff.) wird man ihn metaphysisch begründen müssen, wenn man ein absolutes Ideal für alle Zeiten festlegen will. Die rationalistisch-formale Methode kann in einer a priori die Freiheitsidee betonenden Zeit leicht zu Deduktion des bloßen Prinzips der Koexistenz als logisch höchsten Gemeinschaftsideals führen, wie man denn durch bloße logische Deduktion ein materiales Ideal wohl nicht finden kann. Das hindert nicht, daß Stammler sich durch den Ausbau der Gerechtigkeitsidee auf der Grundlage der Nächstenliebe ein unendlich hohes Verdienst um die Rechtsentwicklung erworben hat. Auch Kants Ergebnisse bleiben, wo wir seinen vernunftsphilosophischen Wegen nicht mehr folgen, vgl. Heinrich Maier, Immanuel Kant, Rede 1924 S. 18. — Vgl. meine Bemerkungen in Rechtsformen der Kriegswirtschaft 1921 S. 188 f.; zur Frage der metaphysischen Begründung der Ethik die tiefgehenden Darlegungen von Erich Jaensch, zum Gedächtnis von A. Riehl, Kantstudien Bd. 30 S. XXVII ff. und über die Divinität im Menschen von Karl Holl, über Begriff und Bedeutung der dämonischen Persönlichkeit 1925.

Vorgeschichte der Freirechtsschule, S. 7). In vielen Fällen hat freilich das Recht die Gerechtigkeitsfrage auf den einzelnen Fall abgestellt und es erreicht damit im Gedanken der bona fides seinen Höhepunkt. Grundsätzlich jedoch bleibt es bei der generellen Regelung unter dem Richtmaße der Gerechtigkeit. Die bereits erwähnten Fälle, in denen bei der Entstehung der Norm die Gerechtigkeitsidee bewußt oder unbewußt außer acht gelassen ist, bedeuten nur Ausnahmen, denen man oft genug abhelfen kann, weil man bei der Auslegung und Anwendung der Rechtssätze von dem Gedanken einer gerechten Regelung auszugehen hat, so daß sich die Rechtsidee auch gegenüber dem ungerechten, dem unrichtigen Rechte durchzusetzen vermag.

Auf der anderen Seite steht die Frage der Sittlichkeit in der Wirtschaft. Diese ist menschliches Handeln und unterliegt als solches dem Postulate der Ethik, zunächst in Ansehung der dabei im Verhältnis zu anderen Menschen obwaltenden Gesinnung, folgeweise aber auch für das daraus resultierende äußere Verhalten. Je mehr aber die Wirtschaft rationalisiert ist, je mehr sie rechnungsmäßig auftritt, auf dem kalten Konkurrenzkampf beruht, desto mehr wird ihr egoistischer Charakterzug allein hervortreten. Es läßt sich nicht leugnen, daß vielfach ein ganz egoistisches Handeln im Wirtschaftsleben erscheint und rein wirtschaftlich betrachtet von Erfolg für den Handelnden begleitet ist. Ausgeglichen wird das in starkem Maße durch die Idee der Solidität des Kaufmanns, die, aus egoistischer Selbstbeschränkung entstanden, tatsächlich zum Träger der Sittlichkeit im heutigen Wirtschaftsleben geworden ist. Fein ausgebildet für den Verkehr mit Kunden, Lieferanten, Angestellten und Arbeitern, vom sicheren Gefühl des „ordentlichen Kaufmanns" getragen, führt sie im Einzelfall zum gerechten, d. h. sittlichen, vom Gewissen geleiteten Verhalten — wenn nicht bei allen Wirtschaftssubjekten, so doch wenigstens bei den der Verantwortlichkeit sich bewußten Persönlichkeiten.

So waltet das Sittliche in Recht und Wirtschaft in verschiedener Weise: im Recht grundsätzlich als bestimmendes

Richtmaß für die generelle Norm, in der Wirtschaft als Richtmaß für die konkrete Einzelhandlung. Diese Verschiedenheit der Einstellung führt natürlich ebenfalls zu Konflikten. Solche stehen meist in engem Zusammenhange mit der eben besprochenen Frage des residuären Rechts und der Frage der Begriffsjurisprudenz: die residuäre ebenso wie die falsch generalisierende Norm kann einfach unzweckmäßig sein, z. B. übertriebene Umständlichkeit beim Wechselprotest; sie kann aber und wird regelmäßig infolge ihrer Unzweckmäßigkeit auch ungerecht sein, z. B. wenn aus formalen Gründen ein Telegraphenmonopol auf Radiotelegramme nicht angewendet werden kann, und die letzteren daher gegenüber dem Monopolbetrieb des Staats ungerecht bevorzugt sind, oder wenn der Diebstahlsbegriff sich auf körperliche Sachen beschränkte und daher die Entwendung von Elektrizität bis zum Erlaß eines besonderen Gesetzes zum Schaden des Berechtigten straflos blieb. Aber ganz abgesehen von der Rückständigkeit oder der falschen Verallgemeinerung eines Rechtssatzes kann infolge der verschiedenen Funktionen des Sittlichen in Wirtschaft und Recht eine Dissonanz vorliegen: Moralität und Legalität können sich nicht nur im Einzelfalle trennen, sondern — infolge bewußter oder unbewußter Ungerechtigkeit der Rechtsgestaltung sowie infolge unethisch sich verhaltender Wirtschaft oder doch größerer Wirtschaftskreise, z. B. der Banken gegenüber den von ihnen vertretenen Aktionären — auch generell für ganze Lebensgebiete.

Gegenüber einem generell unzweckmäßigen und ungerechten Recht, das sich auch durch unrichtige Auslegung nicht einrenken läßt oder durch die Praxis der Gerichte nicht eingerenkt wird, hilft sich das Wirtschaftsleben zunächst durch abweichende Beredungen und Usancen. Es bildet sich, wie man gesagt hat (Ehrlich, Rumpf) neben dem papiernen Recht ein „lebendes Recht": so steht z. B. das Seefrachtrecht des HGB.'s zum großen Teil auf dem Papier, in Wirklichkeit entscheiden die Konnossemente mit ihren international üblichen Klauseln und andere Beredungen, durch welche die Haftung des Reeders sehr stark eingeschränkt wird. Dasselbe erscheint überall, wo durch Usancen, Konditionen, Regulative usw. der großen Verbände oder auch einzelner großer Firmen Regelungen getroffen werden, die dann auf Grund freier Vereinbarungen befolgt oder dritten aufgezwungen werden. Indessen darf man nicht sagen, daß in diesen Fällen Wirtschaft und Recht sich trennen. Vielmehr spielt sich das alles auf Grund des dispositiven Rechts ab, bleibt also im Rahmen des bestehenden positiven Rechts. Dieses bleibt also auch die Form für die betreffenden Wirtschaftshandlungen. Und oft genug erstarkt allmählich das Konventionalrecht zu derogierenden Rechtsnormen, zu Gewohnheitsrecht, ja zu Gesetzesrecht. Aber es ist auch möglich, daß dieses sog. „lebende Recht" nicht durch die positiven Rechtsregeln gedeckt ist, daß ein ungerechtes Gesetz von der Praxis des Wirtschaftslebens nicht befolgt wird, daß diese Praxis den von dispositivem Recht gesetzten Rahmen überschreitet. Das umfangreichste Beispiel dieser Art bietet der russische Rechtszustand unmittelbar nach dem bolschewistischen Umsturz; trotz der Beseitigung der bisherigen russischen Gesetze wurde die neue, übrigens sehr unvollkommene Rechtsordnung vielfach nicht befolgt, vielmehr vollzog sich im Stillen das Wirtschaftsleben weiter nach dem alten russischen Recht, trotz Abschaffung des Eigentums wurden Testamente errichtet, Grundstücksgeschäfte gemacht, ja sogar eine schwarze Börse gehalten; jetzt wird diese Sitte allmählich wieder zum positiven Recht erhoben. Aber auch in ruhigen Verhältnissen kommen solche Differenzen, wenn auch geringeren Umfangs, vor; so z. B. beim alten Börsengesetz mit seinen Mißerfolgen, insbesondere der Nichtbeachtung des Registereinwands auf Grund des Gedankens der Solidität des ordentlichen Kaufmanns im Verkehr; ferner würde hierher die Erfüllung eines verbotenen Devisengeschäfts gehören, wenn der andere Teil vorgeleistet hat. Es kann freilich auch umgekehrt liegen. Das Gesetz kann gerecht sein, der Verkehr aber sabotiert es ohne gerechten Grund. Wir haben alle die Sabotierung eines Teils der Nahrungsmittelgesetze gegen Ende des Krieges erlebt, ebenso die Sabotierung mancher Rohstoffgesetze und -Verordnungen während der Kriegszeit und auch nach dem Kriege. Man wird oft zweifeln können, ob hier die Wirtschaft oder der Gesetzgeber ungerecht und unzweckmäßig gehandelt hat. Für unsere Frage ist das aber gleichgültig. Denn, wie die Dinge auch liegen, jedenfalls ergibt sich hier eine starke — das Staatsleben oft furchtbar belastende — Differenz zwischen Wirtschaft und Recht. Aber freilich verwendet häufig solche freie Wirtschaftsgebarung unabweislich Gedanken, die sie dem jetzigen oder einem früheren oder auch einem fremden Rechtssystem entnimmt und die sie nur anders, als das positive Recht es will, verwertet. So strahlt die Rechtsordnung doch wenigstens auf diese freie wirtschaftliche Praxis hinüber und umgekehrt wirkt diese durch das Mittel der Auslegung, der Gewohnheitsrechtsbildung und schließlich auch der Gesetzgebung auf das positive Recht zurück.

Schließlich gibt es ein Gebiet der Wirtschaft, in welches das Recht grundsätzlich nicht hineinreicht. Das sind gerade die entscheidenden Entschlüsse der Wirtschaft — die Fragen: wieviel wird produziert, was wird produziert, mit welcher Technik wird produziert, wo wird produziert, welche Verkehrswege werden benutzt, wie organisiert man das Unternehmen innerhalb der zur Wahl stehenden Rechtsformen, wohin wird exportiert, oder exportiert man überhaupt nicht, vor allem: mit wem wird kontrahiert und zu welchem Preise? Das alles, namentlich der ganze Preiskampf kann durch das Recht nicht erschöpfend geregelt werden. Nach gewissen Richtungen ist eine Regelung natürlich möglich, und bei uns in neuester Zeit stark versucht worden. Hierher gehören die Höchstpreise, die Richtpreise, der Kontrahierungszwang, die Preistreibereiverordnung, die unabdingbaren, nach rückwärtshin wirkenden Tarifverträge, die Zwangssyndikate und was dazu gehört. Gewisse Schranken und Bindungen dieser Art sind nötig und erträglich. Aber das hat eine natürliche Grenze. Die Erfahrung von Jahrhunderten zeigt, daß die Preistreibereiverordnung mit ihrem alten kanonistischen pretium justum und den schwer kontrollierbaren Kettenhandelsvorschriften sich auf die Dauer kaum halten wird, unbeschadet einer scharfen, ja zu verschärfenden Wucherpraxis auf Grund einer elastischen Wucherklausel; man kann für wichtige Grundstoffe wie Kohle, Kali usw. Zwangssyndikate bilden und der Gedanke einer staatlich organisierten Wirtschaft hat unzweifelhaft in maßvollem Umfange Zukunftsaussichten, aber eine volle Durchorganisierung der gesamten Wirtschaft, ihre Verwandlung in eine Zwangswirtschaft ist schon mit Rücksicht auf die Zustände des Weltmarktes für absehbare Zeit unmöglich. Solche Rechtssätze würden in kurzer Zeit obsolet, umgangen, in ihr Gegenteil verkehrt werden, denn erfahrungsgemäß ist für jede entwickelte Wirtschaft das Einzelinteresse stets und überall die treibende Kraft gewesen, und daher würde wenigstens unter den heutigen Wirtschaftsverhältnissen der ganzen Erde die vollkommene Zwangswirtschaft eine übermäßige Unterdrückung der wirtschaftenden Individuen, eine Zerstörung der Wirtschaftsenergie bedeuten, und der Kampf dagegen ist daher ein Kampf für den Freiheitsgedanken, für das Gerechte im Recht. Selbstverständlich gilt das nicht nur zugunsten der selbständigen Unternehmer, sondern auch zugunsten der mit ihnen in Beziehung tretenden Dritten, bisweilen freilich derart, daß hier gerade durch gewisse Zwangsvorschriften die Freiheit des Entschlusses beiderseits gesichert werden muß, wie insbesondere im Arbeitsrecht durch die zwingenden Tarifvertragsvorschriften. Wie man auch zu den Einzelfragen stehen mag, jedenfalls ergibt sich im heutigen Leben hier ein rechtsfreier Raum für die Wirtschaft. Das hindert aber natürlich nicht, daß die einzelnen aus der rechtsfreien Sphäre entspringenden Wirtschaftshandlungen — sofern sie nicht lediglich als Akte der Technik erscheinen — sich wieder in Rechtsformen bewegen. Und natürlich wirken die Rechtsformen wieder auf die rechtsfreie Sphäre zurück, so etwa transport- und versicherungsrechtliche Vorschriften auf die Wahl des Versendungsweges, immobiliarrechtliche Vorschriften auf die Wahl des Standortes des Unternehmers, die ganze ethische Grundanschauung einer Rechtsordnung auf die Behandlung des Arbeitsvertrages usw.

Die Formel, daß das Recht die Form der Wirtschaft ist, bleibt — wenngleich nicht im Sinne des vollendeten Monismus — bei alledem aufrecht erhalten. Denn sie besagt nicht umgekehrt, daß alle Wirtschaft restlos sich in Rechtsformen vollzieht. Stammlers Ausspruch (Theorie S. 309), daß es keinen sozialwirtschaftlichen Begriff gibt, der nicht auf rechtliche Begriffe als seine logisch bedingenden Elemente sich zurückführen ließe, braucht nicht in dem Sinne gehalten zu werden, daß ausschließlich rechtliche Bedingungen das sozialwirtschaftliche Handeln bestimmen; es genügt, daß z. B. die rechtsfreie Preisbemessung ihre Möglichkeit aus den Kaufregeln herleitet. Mit der genannten Formel bleibt aber auch das — wenigstens entwicklungsgeschichtlich — vereinbar, daß in zahlreichen Fällen das vorhandene Recht der Wirtschaft nicht genügt, ihre Interessen nicht mehr deckt und von der Wirtschaft umgangen, nicht befolgt wird, so daß diese sich außerhalb der Form des geltenden Rechts bewegt; denn es handelt sich dabei regelmäßig um absterbendes Recht, das allmählich durch neues ersetzt zu werden pflegt. Aber erschöpfend ist die Formel für die Beziehungen von Recht und Wirtschaft keineswegs. Zur Beurteilung des Rechts reicht sie zwar grundsätzlich aus und genügt als Richtpunkt für die Ausbildungsfrage. Für die gleiche Frage aber in Ansehung der Wirtschaft und Technik gibt sie nicht erschöpfende Auskunft. Wohl aber bietet sie auch hier einen wertvollen Anhaltspunkt, da sie die starke Wechselwirkung, die gegenseitige Bedingtheit von Wirtschaft und Recht hervorhebt, die für die Verständigung in der Ausbildungsfrage allerdings entscheidend ist, wie sie denn erst in der einzelnen Persönlichkeit zur Auswirkung gelangt.

4. Was zunächst die Juristen anbelangt, so ist nach dem Gesagten klar, daß ein Jurist ohne wirtschaftliche Ausbildung eine Unmöglichkeit ist. Rechtslehre wie Rechtswissenschaft müssen alles daran setzen, um die wirtschaftlichen Grundlagen der einzelnen Rechtssätze festzustellen und das Recht im Einklang mit der Wirtschaft zu halten. Dies geschieht heute in hohem Maße. Die Bekämpfung der

bloßen Begriffsjurisprudenz, des Formalismus, des residuären Rechts, die Ausgestaltung des Rechts nach Treu und Glauben sind für unsere Praxis und unsere grundlegende Gesetzgebung (weniger für unsere leider sehr tätige Gelegenheitsgesetzgebung) feststehende Aufgaben und sie bilden daher auch Hauptgesichtspunkte im Rechtsunterricht. Ein Mittel zur Überwindung der Diskrepanzen zwischen Recht und Wirtschaft sei dabei besonders erwähnt, die heutige Kautelarjurisprudenz, die sich immer erfolgreicher bemüht, die Rechtsnormen für Zwecke der Wirtschaft in einer Weise zu gebrauchen, die von vornherein nicht vorgeschwebt hat, also unter atypischer Verwendung (Rumpf) der Rechtsinstitute (Gesellschaftsrecht, Steuerrecht usw.); soweit mit legalen Mitteln gearbeitet wird, ist dagegen nichts zu sagen; doch besteht die Gefahr, daß der Gerechtigkeitsgedanke dabei gebeugt wird, daß Gesetzesumgehungen stattfinden, und im Hinblick auf die seit Jahrhunderten ausgebildete englische Kautelarjurisprudenz kann man sagen: vestigia terrent. Aber wie man sich zu den einzelnen Fragen auch stellt, der Jurist wird auch über diese Art der Jurisprudenz sich früh unterrichten müssen, und die besonders von Oberneck geforderte Einführung in das Notariatswesen dürfte hier — wenn auch vielleicht besser erst während der Referendarzeit — ihre Hauptbetätigung finden.

Ist zu alledem wirtschaftliche Ausbildung nötig, so fragt es sich, wo sie zu geben ist und in welchem Umfange sie wünschenswert erscheint. Da das Recht als Wirtschaftsform gelehrt werden muß, so gehört die Klarstellung seiner wirtschaftlichen Zusammenhänge in die einzelne Rechtsdisziplin. Jede juristische Vorlesung hat die menschlichen Bedürfnisse zu erörtern, denen die betreffenden Normen dienen, die Staatsrechtsvorlesung hat in das Wesen des Staats, die Strafrechtsvorlesung in die Welt des Verbrechens, das Familienrecht in die kulturellen Fragen des Familienlebens, das Handelsrecht in die Privatwirtschaft des Handels einzuführen. Das muß ergänzt und vorbereitet sein durch die rechtsgeschichtlichen Vorlesungen, welche ja zur Klarstellung der wirtschaftlichen Zusammenhänge im weitesten

Sinne besonders geeignet sind, ebenso wie die rechtsvergleichende Betrachtung, welche die Funktion des Rechts bei verschiedener Wirtschaftslage besonders klarzustellen vermag. Nicht wäre es richtig, diese Aufgabe der wirtschaftlichen Orientierung lediglich oder hauptsächlich in das sog. Wirtschaftsrecht verlegen zu wollen. Alles Recht ist nach dem oben Gesagten Wirtschaftsrecht; der Begriff des spezifischen Wirtschaftsrechts (neuestens Kaskel, JW. 26 S. 11 ff.) ist, wie schon oft betont wurde, ganz vage, und wenn man darunter nicht mit Hans Goldschmidt lediglich das Recht der staatlich organisierten Wirtschaft verstehen will (was sich sehr wohl halten läßt, aber etwas zu eng ist), so kann man m. E. nur diejenigen Rechtsgebiete darunter verstehen, welche aus dem allgemeinen juristischen Systeme unter besonderen wirtschaftlichen Gesichtspunkten ausgeschaltet worden sind und welche daher juristisch-systematisch Sondergruppen bilden, das ist das Handelsrecht, und allenfalls das Gewerberecht und Landwirtschaftsrecht, letzteres ist bisher nicht als besondere Materie ausgebaut; sehr fraglich, ob man eine Ausschaltung des Arbeitsrechts und des Siedlungsrechts (einschließlich des Mietsrechts) annehmen darf, da diese sich dem privatrechtlichen System bequem einfügen lassen, wenn sie auch manche öffentlich-rechtliche Besonderheiten aufweisen. Das hindert natürlich nicht, diese Dinge schriftstellerisch und in besonderen, aber nicht zu ausgedehnten Vorlesungen besonders zu behandeln. Vollkommen falsch aber ist es, wenn der Anschein entstände, als ob nur oder vorwiegend solche „wirtschaftsrechtliche“ Vorlesungen den jungen Juristen in die Wirtschaftszusammenhänge des Rechts einführten.

Es ist daneben natürlich wünschenswert, daß der Jurist die volkswirtschaftlichen Fächer als solche studiert, und je mehr der einzelne davon in sich aufnehmen kann, desto besser. Aber es ist mit Diehl stark zu betonen, daß er in diesen heute sehr ausgebreiteten Vorlesungen, namentlich wenn sie in die Einzelheiten der volks- und weltwirtschaftlichen Fragen und der gegenständlich, geographisch und zeitlich unendlich differenzierten Wirtschaftsvorgänge eingehen, mehr bekommt, als er für seine juristische Ausbildung als solche braucht. Für diese genügt ein gründlicher Überblick des Ganzen, die ihm den Zusammenhang der einzelnen in der juristischen Betrachtung auftauchenden wirtschaftlichen Gesichtspunkte und Probleme finden läßt; dabei wird er auch in die Hauptfragen des rechtsfreien Gebiets der Wirtschaft eindringen müssen. Weiter bedarf er in hohem Maße der Einführung in die Betriebswissenschaftslehre, hier liegen die Tatbestände der Rechtsanwendung unmittelbar vor ihm und es ist wünschenswert, daß jeder junge Jurist in die Lehren der Buchführung, der Bilanzen, der Fabrikorganisation usw. durch kurze Vorlesungen eingeführt wird, daß er Vorstellungen von den Grundlagen des Ackerbaus und nicht zum wenigsten auch von den Hauptfragen der Technik — des Bau-, Maschinen-, Bergwesens usw. und der chemischen Technologie — erhält, soviel, daß er durch selbständige Benutzung der Literatur sich später forthelfen kann und nicht schon bei den Grundbegriffen, die ihm im praktischen Rechtsleben immer wieder begegnen werden, straucheln muß. Über solche volkswirtschaftliche, privatwirtschaftliche und technische Grundlagen hinaus wird aber insbesondere das juristische Examen nicht erstreckt werden dürfen. Das schließt nicht aus, daß ein volles volkswirtschaftliches Studium dem jungen Juristen sehr nützlich ist und daß es ihm, namentlich in späterer Verwaltungstätigkeit sehr dienlich sein kann. Doch zeigt das Beispiel vieler Praktiker und auch so mancher volkswirtschaftlicher Theoretiker, daß man von einer guten mit dem nötigen wirtschaftlichen Einschlag versehenen juristischen Bildung aus sehr wohl in die Wirtschaftsfragen hineinfindet. Es ist auch zu beachten, daß der Jurist in der Volkswirtschaftslehre keineswegs alle die tatsächlichen Verhältnisse erörtert findet, die er für seine juristische Ausbildung braucht. Denn fast alle die sog. höheren Interessen werden im Gebiete der Volkswirtschaftslehre gewöhnlich höchstens nebenbei erörtert — das Wesen des Staates und seiner Unterverbände, das Leben der Kirche, das Wesen des Kunstwerks und des Literaturwerks, die dem Familienrecht zugrunde liegenden Fragen, das weite Gebiet der Kriminalistik lernt er in der Hauptsache durch den juristischen Lehrer kennen.

Auch wenn man keineswegs mit Mißgunst auf die neue Wissenschaft der Soziologie blickt, so kann man nicht umhin zu sagen, daß sie zum guten Teil aus der Jurisprudenz herauswächst, und deren Eierschalen deutlich trägt, und daß unsere besten Soziologen sich gerade unter den Juristen finden. Eine Entwicklung aber, bei der die allgemeine Staatslehre, die Kriminalistik usw. aus den juristischen Fakultäten in die philosophischen verlegt würde, wäre das Gegenteil der Vernunft. Das soll nicht heißen, daß nicht auch dort jeder Vogel sein Lied singen soll, aber die Jurisprudenz hat alle Veranlassung, sich gegen eine Art Aushöhlung zu schützen, die ihr schließlich nur noch das formalistische Knochengerippe übrig läßt. Wenn wir unsere höchste Aufgabe in der Erleuchtung des Rechts durch die Gerechtigkeitsidee sehen, so brauchen wir gerade die genaue Betrachtung der zu regelnden Interessen, und der junge Jurist muß ihre Kenntnis zugleich mit der Kenntnis der Rechtssätze überliefert erhalten.

5. Neben dem Juristen wird jetzt der Nationalökonom getrennt ausgebildet. Das volkswirtschaftliche Diplomexamen und der staatswissenschaftliche Doktor bilden vorläufig den äußeren Abschluß. Vielleicht ist die Zeit nicht mehr fern, in der auch ein volkswirtschaftliches Assessorexamen auf das Diplomexamen aufgesetzt wird. Es fragt sich, wie hier das Verhältnis von Recht und Wirtschaft sich stellen muß. Zunächst ist klar, daß der volkswirtschaftliche Unterricht hier natürlich auf eine viel breitere Basis gestellt werden muß als für den Juristen. Das ganze oben bezeichnete rechtsfreie Wirtschaftsgebiet kommt dazu und daneben die nötige weitere Vertiefung nach der Richtung der Statistik, der Wirtschaftsgeschichte und -geographie usw. sowie die Verfolgung der Einzelheiten der Wirtschaftserscheinungen. Was braucht der Nationalökonom vom Recht? Zunächst eine ziemlich ausgebreitete Rechtskunde über alle diejenigen Gebiete, in denen die Wirtschaft sich in Rechtsformen vollzieht. Er erhält davon — entsprechend der umgekehrten Lage des Rechtsbeflissenen — sehr viel durch die volkswirtschaftliche Lehre selbst, ist doch ein großer

Teil namentlich der praktischen Nationalökonomie eine Darstellung der Wirtschaftsform, also Rechtskunde. Aber er wird daneben auch systematisches Rechtsstudium treiben müssen. An sich würde sich dies auf das gesamte Recht zu erstrecken haben. Da die Volkswirtschaftslehre sich aber auf die sog. äußeren, die vermögenswerten Interessen beschränkt, wird auch der Kreis der Rechtsmaterien eingeengt, so daß hauptsächlich das Privatrecht, Handelsrecht und die erwähnten sonstigen sog. wirtschaftsrechtlichen Materien in Frage kommen; daneben aber auch das Staats- und Verwaltungsrecht als der unentbehrliche Rahmen der Volkswirtschaft, wobei dann Erweiterungen nach der einen oder der anderen Seite zweckmäßig sind. Dabei ist es mit einer bloßen Rechtskunde nicht getan. Da das Recht nur funktionell wirklich erfaßt werden kann, muß der Volkswirt auch imstande sein, das Recht in seiner Anwendung zu verstehen und wenigstens für einfache Fälle zu handhaben. Er kann sich nicht mit einer tatsächlichen Rechtskunde begnügen, sondern muß wenigstens im bescheidenen Grade die juristisch-praktische Methode sich erwerben. Er würde sonst auch bei jeder Lücke und bei jeder Zweifelsfrage des Rechts nicht mehr imstande sein, die für seine Zwecke (z. B. für die Erkenntnis des Aktienwesens) erforderlichen juristischen Feststellungen zu machen. Dahin führt aber auch die andere Erwägung, daß der Volkswirt, wenn er im praktischen Leben verwendbar sein will, vielfach genötigt ist, Rechtsgeschäfte zu schließen oder sonst rechtlich zu handeln. Soll aber eine juristische Methode erreicht werden, so bedarf es einer gewissen Breite der Anlage des Rechtsstudiums; es sind die rechtshistorischen Grundlagen zu studieren und man wird auch nicht ungestraft so wichtige Materien wie das Strafrecht aus der Ausbildung fortlassen können. Es ist m. E. einer der größten Fehler, daß das Strafrecht mit seiner hohen sozialen und zugleich hohen juristisch-technischen Bedeutung aus den nationalökonomischen Examina meist ausgeschieden ist. Anders liegt das z. B. für den Prozeß und das Völkerrecht sowie das Kirchenrecht, obwohl freilich im Recht der Zusammenhang sämtlicher

Einzelmaterien ein besonders inniger und namentlich die Frage des Rechtszwangs für die Wirtschaft bedeutsam ist. Selbstverständlich wird man auch hier entsprechend dem beim Juristen Bemerkten sagen können, daß eine nebenherlaufende volle juristische Ausbildung der Nationalökonomen immer nützlich sein wird.

Das praktisch Beste wäre, daß es nur einen Typ der Ausbildung gäbe, den als Juristen und Nationalökonomen auf der Universität voll Ausgebildeten. Dies scheitert aber an der Fülle des Stoffes und der dringenden Notwendigkeit, unsere jungen Männer nicht durch Überlastung zu Grunde zu richten. Wenn man einmal dazu käme (vgl. meinen Vorschlag in Schmollers Jahrbuch, 46 S. 121), im Referendarexamen frei gewählte Spezialgebiete als vorzugsweise Prüfungsfächer zuzulassen — wozu die Stoffmassen ganz von selbst drängen — so würde eine Verschmelzung von volkswirtschaftlicher und juristischer Ausbildung möglich sein. Aber diese Verschmelzung folgt nicht als notwendiges Postulat aus dem Verhältnis von Wirtschaft und Recht.

6. Schließlich der Techniker. Die geplante Ausbildung von sog. Wirtschafts-Technikern kann jedenfalls nicht in der Weise durchgeführt werden, daß man dem voll als Techniker auszubildenden Diplom-Ingenieur nebenbei etwas Volkswirtschaftslehre und etwas Rechtskunde beibringt. Dieses System hat sich bei den Technischen Hochschulen bisher gerade nicht bewährt. Natürlich kann ein Diplom-Ingenieur mit und ohne volkswirtschaftlich-juristische Zutaten ein ausgezeichneter Verwaltungsbeamter werden; das kann er ebenso wie ein Philologe, Mediziner, Theologe oder auch ein Kaufmann, wenn er besondere Begabung zur Verwaltung besitzt. Um solche Hochbegabte, die immer ihren Weg finden, handelt es sich aber natürlich nicht. Vielmehr sollen gerade auch für die unteren Verwaltungsstellen Männer systematisch erzogen werden, welche die technische Intelligenz zu repräsentieren geeignet sind und dabei eine normale Verwaltungsausbildung erlangen. Das ist der Gedanke, den Wilhelm Franz seit 30 Jahren mit rastlosem Eifer verfolgt

hat (vgl. z. B. W. Franz in: Technische Hochschule, IV, 1925 S. 91 ff.). Es fragt sich, wie für diese Ausbildung Wirtschaft und Recht zu mischen sind. Vom Standpunkte der Jurisprudenz gesehen bilden Wirtschaft und Technik eine Einheit. Die Technik ist eine Seite des Wirtschaftslebens. Aber die Denkweise dabei ist zunächst eine verschiedene; der Wirtschaftende bezweckt Gewinn irgendwelcher Art, von da aus geht er an die Lebensverhältnisse heran, wählt seine Beziehungen zu Dingen und Menschen aus. Der Techniker, auch der primitivste, bezweckt zunächst nur Beherrschung der Naturkräfte, freilich ebenfalls im Interesse des Menschen und zwar regelmäßig ebenfalls zu Gewinnzwecken. Durch diesen entfernteren Zweck reiht sich die Technik zugleich in die Wirtschaft ein. Da sie aber unmittelbar auf Naturkräfte, nicht auf menschliche Beziehungen gerichtet ist, vollzieht sie sich als solche regelmäßig nicht in Rechtsformen, Erfindung ist z. B. kein Rechtsgeschäft; im Patentrecht und einigen verwandten Materien könnte man sagen, daß das Recht besondere Formen für die Technik bietet; es handelt sich dabei aber nur um Rechtsformen für die Technik in ihrer wirtschaftlichen Verwertung. Ganz anders wie die Wirtschaftswissenschaft kann man daher die Technik ohne Eindringen in das Recht verstehen. Wenn aber der Techniker zum Verwaltungsbeamten erzogen werden soll, wenn seine technischen Kenntnisse nur ein — wiewohl grundlegender — Teil seiner Verwaltungsausbildung sein sollen, so treten natürlich dieselben Erfordernisse hervor wie für den zum Verwaltungsbeamten erzogenen Volkswirtschaftler. Es genügt dann nicht, daß er eine bescheidene äußerliche Rechtskunde mitbringt, er muß, da er ja seine Technik in die allgemeine wirtschaftliche Ausbildung einfügt, juristisch so vorgebildet sein wie ein Volkswirt. Er muß also nicht nur ziemlich ausgebreitete Rechtskenntnisse in den genannten Materien haben, sondern auch methodisch-juristisch geschult sein. Erlangt er diese Schulung nicht, so kann von einer systematischen Verwaltungsschulung keine Rede sein. Wenn W. Franz meint (S. 90), die abfällige Kritik gegenüber den in der Wirtschaftspraxis tätigen Volkswirten beruhe auf ihren Mangel an technischer Bildung, so mag das richtig sein, und er weist mit Recht auf die Bemühungen Friedrich Wilhelms I. und seiner Nachfolger hin, den Verwaltungsbeamten technische Kenntnisse zu verschaffen. Aber die Kritik hat offenbar auch den andern Grund, daß den Volkswirten neuester Produktion vielfach Rechtskenntnis und juristische Methode fehlen. Der Zusammenhang zwischen Wirtschaft und Recht macht sich immer wieder fühlbar, das liegt im Wesen der Sache tief begründet.

GOTTESURTEIL UND FOLTER.

Eine Studie zur Dämonologie des Mittelalters und der neueren Zeit.

Von

HANS FEHR.

I.

Die Rechtsgeschichte ist noch zu einseitig Institutionengeschichte. Sie beschreibt Rechtseinrichtungen und Rechtsformen. Sie bespricht den Werdegang und die Auswirkung dieser Institutionen und man kann ihr dabei einen dauernden Fortschritt in Erkenntnis und Verwertung der Quellen nicht absprechen. Auch bemüht sie sich, mehr als früher auf andere Gebiete hinüberzugreifen, z. B. auf das Gebiet der Kunst, der Psychologie, der Wirtschaftsgeschichte und der Volkskunde. Aber trotz allem ist sie noch zu stark Institutionengeschichte. Trotz allem verschließt sie sich noch allzusehr gegenüber den geistigen Triebfedern, welche die Institutionen hervorrufen. Einrichtungen aber ruhen, wie alle menschlichen Dinge auf geistigem Untergrunde. Die Schöpfer und Fortbildner sind Kräfte geistiger Art. Die Weltgeschichte, also auch die Rechtsgeschichte ist eine Objektivierung des menschlichen Geistes. Und diese Seite ist von der Lehre wesentlich vernachlässigt worden. Mit einem Worte: die Rechtsgeschichte ist zu viel Institutionen- und zu wenig Geistesgeschichte. Läuft sie auf den heutigen Bahnen weiter, so gerät sie in Gefahr, eine Unsumme von Stoff zu häufen und zu beschreiben. Aber Stoff ohne tiefes und festes geistiges Fundament ist tot. Die Rechtsgeschichte als Stoffgeschichte muß langsam auf ein totes Gleis laufen. Sie wird einen immer kleineren Kreis von Menschen beschäftigen; zuletzt nur noch den Rechtshistoriker selbst. Statt an der Erkenntnis des Menschengeschlechts, wird sie nur noch an der Erkenntnis des Rechtsstoffes arbeiten. Und das darf nicht sein.

Der bescheidene Beitrag, den ich meinem verehrten, frühern Hallenser Kollegen widme, mag durch ein Beispiel zeigen, wie ich mir den geistesgeschichtlichen Ausbau und Weiterbau der Rechtsgeschichte denke.

2.

Der fränkische Prozeß ist durch Sohm, Brunner, Beyerle, Mayer, Rauch und viele andere in ausgezeichneter Weise erforscht worden. Wir sind heute imstande ein Bild des Rechtsganges bis in einzelne Feinheiten hinein zu entwerfen. Aber wir haben eine der wichtigsten Seiten vollkommen vernachlässigt, die Frage nach der dämonologischen Einstellung des Verbrechers. Ebenso die Frage nach dem Verhältnis gewisser Prozeßeinrichtungen zu den Dämonen. Erst diese Erkenntnis verschafft uns aber ein volles geistiges Bild der fränkischen Institutionen. Als Quellen zu den folgenden Ausführungen dienten mir in erster Linie die Formulae Merowingici et Karolini aevi, zusammen mit den Ordines iudiciorum dei, herausgegeben von Karl Zeumer in Mon. Germ. Hist. Legum sectio V (1886) und die Gesetze der Angelsachsen, herausgegeben von F. Liebermann, Zwei Bände (1903 und 1906). Im folgenden ist zitiert Zeumer: Z. Seite — und Liebermann: L. I, Seite —. Wenn auch manche Stücke dieser Sammlungen in die nachfränkische und spätere Zeit hineinreichen, so dürfen sie doch als Rechtsquellen für die gesamte fränkische Epoche in Anspruch genommen werden.

Die Quellen gebrauchen die Worte diabolus, daemones, inimicus, draco, ohne damit einen grundsätzlichen Unterschied zu betonen. Da die Dämonen als ungöttliche, teuflische Mächte angesehen wurden, verwende ich kurz das Wort Teufel. Dämonologisch läßt sich nun feststellen:

1. Der Teufel umlagert alle Zeit (omni tempore) die Menschen und sucht sie zum Verbrechen zu verführen: L. I 305, § 23. Er wird verglichen mit einem Werwolf (uirlupus),

der die menschliche Herde zerreißt und hinmordet: L. I 307, § 26,3. Der Verbrecher gilt also als ein vom Teufel verführter Mensch: Z. 647, III, 4 (qui haec furta, suadente diabolo commiserint). Der Teufel sitzt in ihm und muß durch Exorzismus ausgetrieben werden: Z. 646, III, 4 (Exorcizo te, immunde spiritus, draco maledicte, per Deum omnipotentem).

2. Hauptsächlich genannte Verbrechen, vom Teufel inspiriert, sind: furtum: Z. 647, III, 4. 690, XVII, 4. luxuria: (hier wohl Sexualverbrechen, namentlich Ehebruch) Z. 687, XVII, 1. Inzest: Z. 687, XVII, 1. homicidium: Z. 690, XVII, 4. fornicatio: Z. 691, XVII, 6. maleficium und stuprum: Z. 649, IV, 2. adulterium: Z. 713, I, w. Als Typus des Verbrechens wird das furtum genannt. Daher: Z. 704, 20 (cum fure vel qualicumque crimine inplicato). Vergl. die Verbrechenstabelle: L. I, 243, § 24 und 25. Dazu 477, § 6.

3. Der Teufel zwingt den Verbrecher, seine Taten nicht zu gestehen. Der verbrecherische Mensch ist nicht mehr frei in seinen Entschlüssen. Sein Herz ist verhärtet: Z. 677, XIV, 3 (et sie culpabilis est et incrassante diabolo et cor indurante). Z. 642, II, 2 (ingravante diabolo, cor induratum). Der Teufel hat von den Eingeweiden, ja vom ganzen Körper Besitz ergriffen: L. I, 307, § 23 (inimicus, qui totis semper uisceribus inhiat).

Daher gesteht der Verbrecher seine Tat nur, wenn der Teufel ihn nicht mehr hindert, die Wahrheit zu sagen. Daher muß zu allererst der Verbrecher vom Zwang des Teufels befreit werden: Z. 647, III, 4 (ut ob eis [den Dieben] spiritus malignus indurans corda eorum, separetur, et manifestentur qui inde culpabilis sint).

4. Die Wahrheit, d. h. die Schuld oder Unschuld des Angeklagten wird erkannt durch das Gottesurteil. Gott ist imstande Wunder zu tun: Z. 639, I, 3 (qui ex 5 panibus 5 milia hominum saciastit, und viele andere Beispiele von Wundern). Er muß dem Richter ein Zeichen geben, damit er aus ihm die Wahrheit erkenne, Z. 651, V, 2 (domine Jesu Christi, fac signum tale, ut si culpabilis est hic homo). Und Gott wird, vom Menschen angerufen, eingreifen und

durch ein Zeichen helfen; denn die Ungerechtigkeit darf auf Erden nicht Platz greifen und die Lüge darf niemals über die Wahrheit triumphieren: Z. 647, IV, 1 (ut iusticiae non dominetur iniquitas, te rogamus). Jedes Gottesurteil ist also eine grundsätzliche Anfrage an Gott. Jedes Gottesurteil muß die Wahrheit und die Gerechtigkeit des ganzen Weltgeschehens bekunden. Der Einzelfall wird hinaufgeführt in die prinzipielle Frage nach Recht und Unrecht der Menschen.

5. Der Teufel aber, als Feind Gottes und als Feind der Wahrheit versucht den Gang des Gottesurteils zu stören. Er unterstützt den Verbrecher. Er mischt sich in die Prozedur ein. Er hilft den Beweisführer das heiße Eisen zu tragen oder über die glühenden Pflugscharen zu schreiten: Z. 677, XIV, 2 (ut suadente diabolo, hoc ferrum hodie in manum accipere non presumas, vel in hos vomeres calcare non presumas). Stets ist beim Gottesurteil die falsitas demonum zu befürchten: Z. 640, I, 6. Man hat Angst, daß der Teufel „in hoc negotio (bei der Probe des geweihten Bissens) ad subvertendum iudicium pravis prestigiorum suorum molitionibus prevaleat" (Z. 716, I, 3). Sehr zu befürchten sind bei der Ausführung des Ordals die illusiones demonicas und die deceptiones diabolicae: L. I, 420, XII und Z. 705, 23. Der Teufel verhärtet entweder unmittelbar das Gewissen der Täter oder er gibt dem Schuldigen allerlei betrügerische Mittel und Zauberbräuche in die Hand, damit er sich befreie: Z. 705, 22 (per aliquod maleficium aut per herbas terre tegere et impedire voluerit). Magische, teuflische Künste, den Richter zu täuschen, stehen dem Verbrecher zur Verfügung: Z. 683, XVI, 1 (in diabolum et eius magicas artes). Oder: Z. 715, 2 (per causas diabolicas). Auch L. I, 421, Nr. 17.

Deshalb ist bei Vornahme der Gottesurteile die größte Vorsicht geboten. Eine Fülle kirchlicher Zeremonien ist durch die Priester vorzunehmen, um den Verbrecher selbst und die Gegenstände, deren er zum Ordal bedarf, gegen den Einfluß des Teufels zu schützen. Er muß die Kleider wechseln. Er muß fasten und kommunizieren. Er tritt mit nackten Füßen in die Kirche usw.: Z. 717, II (Incipit ordo ad iudicium faciendum). Die Ordalgegenstände werden benediziert. Es wird gebetet, Messe gelesen usw.: Z. 719, III.

6. Zwei Elemente sind vor allem geeignet die Wahrheit im Gottesurteil zu Tage zu fördern, das Feuer und das Wasser. Sie sind reine Elemente, durch die Gott seit ewigen Zeiten Wunder getan hat. In L. I, 416, IX wird Gott selbst mit dem Feuer identifiziert: „ut omnis populus credat te, qui es iudex iustus et ignis uerus et indeficiens." Das benedizierte glühende Eisen ist fähig „ad discernendum verum iudicium Dei" (Z. 649, IV, 4). Das fließende Wasser, in das der Beweisführer geworfen wird, hat nach der Benediction, gleich wie das Feuer, die Kraft „ad discernendum iustum iudicium tuum" (Z. 652, V. 3).

Auch das Einnehmen von Käse und Brot in Gestalt des Abendmahls führte zum Ziel der Wahrheit (Z. 646, III, 4). Immer sind's die von allem Bösen unberührten Elemente, welche mit Hilfe Gottes die Wahrheit offenbaren: „ut fias aqua exsorcizata, adiurata et obfirmata adversus inimicum hominis diabolum" (Z. 713, I. w.). Das reine Feuer verbrennt den Schuldigen, das reine Wasser stößt ihn aus seinen Fluten aus. Den Probebissen vermag er nicht zu verschlingen. Es zeigt sich: *Die Gottesurteile sind im Grunde gerichtet gegen den im Verbrecher wohnenden Teufel.* Er, dieser Teufel muß durch Feuer, Wasser und Abendmahl ausgetrieben werden, damit die Wahrheit zutage tritt. Wasser, Feuer und Abendmahl legen für den Verbrecher das Geständnis der Schuld ab: „Fac per misericordiam tuam, Salvator mundi, *ut ob eis spiritus malignus*, indurans corda eorum, *separetur*, et manifestentur qui inde culpabilis sint, et innocentes securi permaneant" (Z. 647, III c.; dazu Z. 698, 8).

Ich fasse zusammen: Die fränkische und nachfränkische Zeit geht von der Vorstellung aus, der Verbrecher sei ein vom Teufel besessener Mensch. Er habe sich seines freien Willens begeben. In ihm wirke und handle der Böse. Solange der Teufel in Körper und Seele sitzt, ist der Mensch unfähig, die Wahrheit zu gestehen. Der Ordalprozeß ist daher ein Kampf mit dem Teufel. Die reinen Elemente haben teufelsaustreibende Kraft. Sie liefern einen absolut sichern Beweis der Schuld oder Unschuld. Gott ist stärker als der Teufel. Er hat dem Priester die Kraft verliehen, die Ordalmittel gegen die Dämonen zu feien. Er tut ein Wunder und so kommt, abgesehen von jedem Geständnis des Angeklagten, die Wahrheit im Prozeß zutage. Gott ist das Recht und Gott will das Recht. Die Gerechtigkeit aber mehrt den Ruhm und das Lob Gottes auf Erden: „Hoc autem fac ad laudem et gloriam nominis tui, Domine, ut omnes cognoscant, quia tu es Deus noster benedictus in secula seculorum. Amen“ (Z. 652, V, 2).

3.

Das Stadtarchiv von Soest bewahrt ein sehr wertvolles Buch auf: das Soester Nequambuch. Die historische Kommission für die Provinz Westfalen hat es im Jahre 1924 herausgegeben. Es stammt aus der Mitte des 14. Jahrh. und enthält hauptsächlich Ächtungen und Verfestungen, Stadtverweisungen und Urfehden. Man kann es mit Recht ein Buch der Frevler nennen. Darin finden sich 13 farbige Tafeln, von denen 3 für unser Thema von Bedeutung sind. Die erste Tafel (6) weist eine Gerichtsszene auf. Auf dem Richterstuhl sitzt der Richter, hinter ihm sitzen vier Urteilsfinder. Vor dem Richterstuhle stehen zwei Personen und über diesen schwebt eine teuflische Gestalt, die im Begriffe ist, die Krallen in das Haar der einen Person einzubohren. Unter dem Bilde steht: Falsche Zeugen. Die andere Tafel (9) bietet ebenfalls eine Gerichtssitzung dar (s. das Bild bei S. 240). Auf dem Stuhle sitzen ein Richter und eine andere Person, vielleicht ein Urteilsfinder. Vor dem Richter zwei Personen stehend. Ein teuflisches Wesen, mit zwei Flügeln und Schwanz, neigt seinen Mund zum Ohr der einen Person und flüstert ihr etwas zu. Unter dem Bilde steht: Gerichtsverhandlung. Die dritte Tafel (12) weist eine Stadtverweisung auf. Zwei bewaffnete Schergen treiben zwei Verbrecher aus dem Stadttor hinaus. Einer der Verbrecher wird an beiden Schultern von einem beflügelten satanischen Wesen gepackt und hinausgezogen. Über dem Bilde steht in der Schrift der Zeit:

(Zu S. 236.)

Isti sunt qui solent periurare civitatem susaciensem propter opera comm. (?) mala. Der Text des Buches selbst gibt keine Erklärungen zu den Tafeln. Doch dieser bedürfen wir nicht. Es läßt sich feststellen: Das Soester Nequam-Buch betrachtet den Verbrecher als einen vom Teufel verführten Menschen. Der falsche Zeuge, ja jeder Missetäter hat sein Ohr den Einflüsterungen des Satans geliehen. Unter teuflischem Zwange werden die Missetaten begangen. Unter dem gleichen Zwange werden die Missetaten verschwiegen. Der Teufel hindert das Bekenntnis der Wahrheit. Das Nequam-Buch vertritt demnach den gleichen Standpunkt, wie die eben erörterten fränkischen und nachfränkischen Formeln.

4.

Die Quelle, die uns am tiefsten, wenn auch am einseitigsten in die Dämonologie des ausgehenden Mittelalters einführt, ist der Hexenhammer. Dieser Malleus maleficorum, dieses fürchterliche Instrument der katholischen Kirche wurde im Jahre 1487 herausgegeben.

Ich benutze eine Ausgabe von 1669 in der Zentralbibliothek Zürich. Daraus stelle ich fest: 1. Der behexte Mensch (Mann oder Weib) ist ein von Dämonen besessenes Subjekt. In den Dämonen verkörpern sich teuflische Wesen, die über die ganze Welt zerstreut sind und an allen Ecken und Enden den Menschen auflauern. Der Hammer verwendet, wie die Vorschriften in den Formeln, bald das Wort Dämon, bald das Wort Diabolus. Eine der wichtigsten Stellen lautet: Ad quartum dicitur verum esse quod Daemones utuntur Maleficis tantummodo propter eorum perditionem. Et cum infertur quod non essent puniendi, quia concurrunt tamquam instumenta, quae moventur ad nutum non proprium, sed principalis agentis! Respondetur, quod sunt instrumenta animata et libere agentia, et licet post expressum pactum, initum com Daemonibus non iam sint suae litertatis, quia et ex earum fassionibus accepimus, et loquor de mulierculis combustis, ad plurima maleficia coactae, si verbera Daemonum subterfugere volunt, cooperantur, prima tamen professione, qua sponte se Daemonibus subiecerunt, manent ligatae (Pars I. Quaest. II.).

Danach ist durch den Einlaß des Dämons der freie Wille ausgeschaltet. Der Verbrecher ist ein „instrumentum“, das durch einen fremden Willen in Bewegung gesetzt wird. Aber dennoch verwirft der Hammer keineswegs das Schuldmoment. Die Schuld der Verführten besteht darin, daß er einen Pakt mit den Dämonen abgeschlossen hat (initum cum daemonibus). Durch diesen Vertrag hat er sich seines, einst freien Willens begeben. Jetzt wird er „ad plurima maleficia coactus“, d. h. zu den meisten Hexentaten gezwungen. Folgt er dem Antrieb des Dämons nicht, so erhält er von ihm Prügel. Deutlicher kann die Determinierung des Verbrechers gar nicht ausgesprochen werden. Ist die Seele einmal dem Satan geöffnet und der Pakt mit ihm eingegangen, so ist der Mensch determiniert. Daher versteht man, daß Gotteslästerungen, daß das Fluchen und Schwören unter so strengen Strafen stand. Machten sie doch das Herz gefügig, dem drängenden Dämon Eingang zu gewähren (vgl. etwa H. Knapp, Die Zenten des Hochstifts Würzburg, I, 876 ff.).

Die Menschen sind an sich in zwei Gruppen geteilt, in die Guten und in die Schlechten (bonis et malis). Und nun sagt der Hammer (Pars I. Quaest. XVIII): „Sed cum mali crebrius se subiiciant Diabolo, eis fit tentatio magis intolerabilis et frequentior, cum non babeat scutum fidei formatae, quo se tueantur.“ Die Schlechten sind also die glaubensschwachen und damit dem Teufel zugänglichen, die Guten die glaubensstarken und gegen den Teufel gefestigteren Kreaturen. Aber — und das ist das gefährliche — auch die Guten können durch Hexenkünste den Dämonen preisgegeben werden.

2. Der Dämon macht den Menschen verstockt. Er hindert den Verbrecher die Wahrheit zu gestehen. Er will nicht, daß die Wahrheit an den Tag komme und das Recht seinen Lauf nehme. Daher bedarf es eines Mittels, die Wahrheit im Rechtsgange zu ergründen. Und dieses Mittel ist die Tortur. Die fränkische

und die nachfränkische Zeit griff einst zum Gottesurteil. Die Kirche des 15. Jahrhunderts mußte von diesem Beweisverfahren absehen, da 1215 die Anwendung von Ordalen verboten worden ward. Der Hammer wendet sich im Pars III. Quaest. XVII gegen die Gottesurteile. Er begründet das Verbot u. a. damit, daß die Dämonen die Hexen vor Verletzungen bewahren könnten. Gerade den Hexen gegenüber sei das Gottesurteil (Eisenprobe und Zweikampf) durchaus ungeeignet wegen der engen Verbindung, die sie mit den Dämonen unterhalten (propter intimam familiaritatem quam cum Daemonibus tenent). Ja, wer sich auf das Gottesurteil berufe, sei schon verdächtig, eine Hexe zu sein (iam ut suspectae maleficae sunt habendae). Und wie verhält sich der Hammer zur Folter? Die deutlichste Stelle in dieser verwickelten Frage ist Pars III. Quaest. XIII. Sie sagt: Et primum est, quod ad malefiam quaestionandam non sit pronus, habeat tamen ad certa signa quae sequentur advertendiam. Quare autem non debeat esse facilis, causa est, quia nisi Divina coactio per sanctum Angelum, ut maleficium, Diaboli abscedat, concurrat, ita insensibilis in illis doloribus efficitur, ut membratim citius discerperetur, quam aliquid veritatis fateri valeat.

Nec propter hoc omittendum, tum quia non aequaliter omnes sunt huiusmodi maleficiis irretitae tum etiam quia diabolus sponte interdum non coactus sancto Angelo Maleficam fateri crimina permittit.

Und weiterhin heißt es: plures etiam reperiantur, quae necessitate aliqua, aut egestate inductae per alias maleficas, et sub spe confessionis, evasionis, a fide in toto vel in parte apostatant: tales utique etiam non coactus a sancto Angelo relinquit, unde et faciliter sua crimina fatentur: cum tamen illae, quae sicut ore, imo et corde sibi adhaeserunt, pro viribus ab eo defendantur et indurentur ad taciturnitatis maleficium.

Damit steht fest: Wer sich voll dem Teufel ergeben hat, den verteidigt er nach Kräften (pro viribus) auf der Folter. Er macht ihn hart (indurentur) gegen die Leiden und sucht dadurch das Geständnis zu verhindern. Nur wenn der Teufel ihn verläßt (relinquit) gesteht der Gefolterte leicht (faciliter). Sonst aber hilft er ihm, daß er sich eher gliederweise zerreißen läßt, als die Wahrheit zu gestehen. Denn er macht ihn unempfindlich gegen Schmerzen (insensibilis in illis doloribus efficitur). Was ist demnach die Bedeutung der Folter? Die Folter ist ein Mittel den Gequälten zum Geständnis zu bewegen. Aber sie allein vermag es nicht, mag sie noch so hart angewandt werden. Es muß ein zweites dazu kommen, die Divina coactio per sanctum Angelum, also die unmittelbare Einwirkung Gottes mit Hilfe eines Engels. Der Hammer gebraucht das Wort concurrat. Eine Konkurrenz von Qualen auf der Folter mit einer himmlischen Erlösung müssen zusammentreffen, um den Dämon unschädlich zu machen. Wir gewinnen daher den bedeutungsvollen Satz: die Folter war ein dämonenvertreibendes Mittel. Wurde sie richtig angewandt und unterstützte Gott die Prozedur, so mußte sie zum Ziele führen. Und das einzige Ziel war das Geständnis des Angeklagten.

3. Bei dieser Auffassung vom Eingreifen Gottes in den Rechtsgang ist es ganz begreiflich, daß — gleich wie in alter Zeit beim Gottesurteil — die Folterung in enge Beziehung zu kirchlichen Handlungen trat. So sagt Pars III. Quaest. XVI: Primo quod sacratioribus diebus et infra missarum solemnia maleficiae interrogandae, ita ut populus adhortetur ad implorandum Divinum auxilium. Auch sollen der Gefolterten allerlei heilige Dinge angebunden werden, wie geweihtes Wachs und Reliquien der Heiligen (Pars III. Quaest. XVI). Fromme Personen sollen mit Fasten und Gebeten den Richter bei seinen Handlungen unterstützen (Pars III. Quaest. XV). Andrerseits mußte peinlichst vermieden werden, daß der Verbrecher sich verbotener Hexenmittel bediente, um den Erfolg der Tortur zu hintertreiben. Hexenmittel konnten verborgen sein in den Kleidern, wie in den Haaren des Körpers. Daher wurde in manchen Ländern das Abrasieren aller Haare befohlen (Pars III. Quaest. XV: Tamen in aliis regnis Inquisitores talem per totum corpus ac rasuram fieri mandant). Bekanntlich galten die

Haare als besonders bevorzugter Sitz der Dämonen. Die Verfasser des Hammers rühmen sich, das Abscheren der Haare an den Genitalien nicht zu verlangen (Pars III. Quaest. XV), berichten aber gleichzeitig, daß im Jahre 1485 in der Grafschaft Burbia (Wormserbad) 41 Hexen am ganzen Körper abrasiert wurden.

4. Gestand der Gefolterte nicht, so durfte man die Tortur fortsetzen. Der Hammer braucht die äußerst sophistische Wendung: Quod si nec sic poterit ad terrorem, vel etiam ad veritatem fatendam induci, poterit secundum diem vel tertium assignare, ad continandum tormenta non ad iterandum. Quia iterari non debent, nisi novis supervenientibus indiciis contra eum, et tunc possunt. Sed continuari non prohibetur.

Das continuare der Prozedur war demnach erlaubt, das iterare dagegen nur, wenn neue Indizien zutage traten. Es durfte also am folgenden, wie am nächstfolgenden Tage mit der Folterung fortgefahren werden, wie es im Belieben des Richters stand. Wer aber hielt eine dreitägige Folterqual aus? Und wie leicht waren neue Indizien für das iterare, das Wiederholen gefunden! Bei mehrmaligem Foltern nacheinander beruhigte man sich mit der Fiktion, es liege eine einzige Tortur vor, die nur jeweils suspendiert worden sei. Denn es war streng darauf zu achten, daß der Gefolterte sein Leben nicht auf der Folter ließ. Doch kam es vor, daß der Gequälte in der Zwischenzeit sich selbst entleibte. Der Hammer schreibt daher in Pars III. Quaest. XIV vor, es seien beständige Wachen beim Torturierten zu halten, weil der Teufel ihm eingeben könne, sich den Tod zu geben. Gestand der Gefolterte, so sollte er in einen andern Raum geführt werden (ducatur postea ad alium locum). Dort mußte er das Geständnis wiederholen. Dadurch sollte der Anschein vermieden werden, als ob er nur gezwungen durch die Tortur bekannt habe: „ut denuo recognoscat, et quod non tantummodo vi tormentorum cognoverit" (Pars III. Quaest. XIV). Vielleicht liegt (wie so oft im Hammer) ein Subjektwechsel vor, so daß übersetzt werden muß: „daß der Richter das Geständnis nicht nur durch die

Macht der Tortur vernommen habe." Vergl. die Übersetzung des Hammers von J. W. R. Schmidt (1906). 3. Teil S. 88. Die schlecht formulierte Stelle ist so zu deuten: das Geständnis darf nicht aufgefaßt werden als eine mit Gewalt (vi tormentorum) ausgepreßte Aussage, als unmittelbares Ergebnis eines nicht zu ertragenden Schmerzes. Es muß als freiwillige Mitteilung erscheinen. Und als solche ließ sie sich fingieren, weil eben nach der Anschauung der Zeit, der durch die Folter ausgetriebene Dämon, dem Gequälten kein Hindernis mehr entgegensetzte.

Bekanntlich hat auch die peinliche Gerichtsordnung Karls V. die Vorschrift aufgenommen, daß nur ein nach der Tortur abgelegtes Geständnis beweisend sei (der gefragte soll sein sag thun, so er von der marter gelassen ist. Art. 58). Der Unterschied zwischen dem Hammer und der PGO. ist aber der: Die PGO. verschiebt auch die Protokollierung der Aussage auf die Zeit unmittelbar nach der Marter, während der Hammer den anwesenden Notar anweist, das Geständnis während der Folter zu Protokoll zu nehmen (Pars III. Quaest. XIV).

5.

Ulrich Tengler, der pfalz-neuburgische Landvogt zu Höchstedt, hat in der zweiten Auflage seines Laienspiegels (1511) Teile aus dem Malleus maleficarum eingeschoben. Er gibt sie in deutscher Sprache und in eigenartiger Färbung wieder in dem Kapitel: Von Ketzerei, Wahrsagen, Schwarzer Kunst, Zauberei, Unholden usw. (Vergl. dazu Joseph Hansen, Quellen und Untersuchungen zur Geschichte des Hexenwahns usw., 1901, S. 296ff.). Für die Dämonologie fällt in Betracht: 1. Wenn eine verdächtige Person vom Richter zunächst gütlich befragt wird und wenn sie dabei schweigt oder leugnet, so mag der Richter vermuten, „sy sey vertzaubert, das sy die warhait nit bekenne." Hat der Richter den Eindruck bekommen, daß der Dämon seinem Opfer Schweigen auferlegt, dann mag er auf neue Mittel sinnen, wie er am besten zur Wahrheit gelangt. Der Spiegler vermeidet es ausdrücklich für diesen Fall eine allgemeingültige Regel aufzustellen. Er sagt: „der böß Gaist möcht sonst dieselben fürkommen, damit er die strick seiner verlurst möcht zerprechen." Der Spiegler nimmt also an, daß der Teufel mit seinen Künsten dazwischen fahren könnte, wenn dem Richter Verhaltungsregeln allgemeiner Art vorgeschrieben würden. Der Satan konnte nur überlistet werden, wenn ad hoc, von Fall zu Fall gehandelt wurde. Hier kommt das Ringen zwischen Mensch und Teufel besonders klar zum Ausdruck.

2. Wenn sich eine Hexe zum Tragen des heißen Eisens, also zum Gottesurteil erbietet, so ist ihr nicht zu willfahren „wan der böß gaist sy behüten waisst, das ir solhs nit schaden möcht." (Verbot auch im Hexenhammer, Pars III, Quaest. XVIII.) Wie in fränkischer Zeit herrscht der Glaube, der Dämon störe das Gottesurteil. Doch damals nahm man an, daß dennoch das Ordal mit Hilfe des Priesters und mit Hilfe Gottes zu einem wahren Beweise tauglich sei. Diese Vorstellung war im 15. und 16. Jahrhundert verblaßt. Die Macht der Dämonen war gewachsen. Daher wurde auch das Hexenbad, das seit dem 16. Jahrhundert häufig zur Anwendung kam, meist nicht mehr im Sinne eines eigentlichen Gottesurteils verwendet. Wenn die Hexe oben schwamm, was ihre Schuld bedeutete, so wurde sie nicht einfach verurteilt. Vielmehr verhängte man jetzt die Tortur über sie. Das Bad galt also in diesem Falle nur als Indiz für die begangene Tat. Durch nachfolgendes Geständnis mußte das Indiz zum Beweise erhoben werden.

3. Die Angst, die der Richter und die Beisitzer vor den Unholden hatten, tritt im Layenspiegel klar zutage. Damit der böse Blick der Hexe nicht schaden könne, wurde ihnen erlaubt, von rückwärts die Fragen an die Inquisitin zu stellen. Sie sollen sich bekreuzigen und alles tun „damit der alten schlangen ir bossheit und gifft mit göttlicher hilf abgelaydt werden mög." Ist es bei dieser geistigen Einstellung nicht leicht verständlich, daß jeder Prozeß für Richter und Urteiler eine große Gefahr bedeutete, der man mit allen Mitteln entgegentreten mußte und durfte?

4. Wenn die Hexe gemartert war und noch nicht gestanden hatte, so durften „Mittelpersonen" mit Erlaubnis des Richters besondere Ermahnungen an sie richten. Sie sollten ihr sagen „das sy dem pösen gaist zulieb nit also zerbrechen, sonder die warhait an dem Tag kommen lass." Fromme Ermahnungen sollten also mithelfen, die Inquisitin frei zu machen vom Dämon. Dabei durfte sie, wie im Hammer, ihres Lebens versichert werden. „Doch soll sy des durch niemants gewislich vertröst werden." Also nur ganz vage, ungewisse Versprechungen durften abgegeben werden.

5. Gesteht die Hexe ihre Hexerei nicht ein, bekennt sie aber, daß sie mit ihren Taten diesen oder jenen Schaden anrichtete, dann soll sie zuletzt befragt werden „ob und wie lang sy mit dem pösen gaist zuschaffen gehabt und des christlichen gelaubens also verlaugnet" usw. Es kam offenbar vor, daß der Umgang mit dem Bösen schlechthin geleugnet wurde, trotzdem schädigende Taten vorlagen. Auch diese Art des Leugnens ist nicht anders, als aus einem Verbot des Satans zu erklären.

6.

Die weltliche Gesetzgebung, die uns über diese dämonologischen Dinge Aufschluß gibt, kann ich leider in dieser Studie nur ganz kurz berühren.

Die drei großen Straf- und Prozeßgesetze, die Bambergensis, die Karolina und die Brandenburgensis gewähren uns keinen tieferen Einblick in dieses Gebiet. (Ein kleiner Hinweis in C.C.C. Art. LXXIX. Zoepfl[3], S. 71.) Die sächsischen Konstitutionen des Kurfürsten August aber (1572) rückten beim Verbrechen der Zauberei den Bund mit dem Teufel durchaus in den Mittelpunkt. Daher bestraften sie die Zauberei auch dann mit dem Tode, wenn Niemandem durch die zauberische Handlung ein Schade zugefügt worden war. Der Abfall von Gott und der Pakt mit dem Bösen waren die eigentlich verbrecherischen Handlungen. Darin bestand der große, gefahrvolle Schritt, den die weltliche Gesetzgebung getan hatte. Jetzt war der übelsten Inquisition Tür und Tor geöffnet. Auf diesem Pfade geht dann auch das Baden-Badener Landrecht von 1588 einen gewaltigen Schritt vorwärts. Die „Teufelsfragen“, die an den Inquisiten gestellt werden, nehmen ein Fünftel des Ganzen ein, z. B. wie die Verschreibung an den Teufel geschehen sei, mit Blut oder mit Tinte? Wann die Hexe mit dem Bullen (dem Teufel) Hochzeit gehalten hätte und welchen Geschmack das dabei verzehrte Fleisch gehabt habe, ob sauer oder süß? Wir sehen: die Konkretisierung des Teufelsbundes macht im 16. Jahrhundert mächtige Fortschritte. Die landesherrliche Gesetzgebung baute die Dämonenlehre bis in die Einzelheiten aus. Auch für die bayerischen Erlasse ist dargetan worden, wie stark der Bund und die Buhlschaft mit dem Teufel lebendig waren. Das Landgebot Maximilians von 1611 erwähnt 52 Formen des strafbaren Aberglaubens. Davon sind 15 zurückzuführen auf einen pacto expresso mit dem Teufel, 37 ohne einen solchen. Wer einen Bund oder eine Gemeinschaft mit dem Teufel hat oder gehabt hat, gegen den soll, je nach den Indizien, mit der Folter schärfer oder gelinder verfahren werden. Noch das bayerische Strafgesetzbuch von 1751 setzt fest, daß Bündnis oder fleischliche Vermischung mit dem Teufel oder dessen Anbetung mit dem Teuertode bestraft werden sollten. Auf bloßer Gemeinschaft mit dem Dämon stand die Strafe des Schwertes. Der große Jurist Kreittmayr erklärte in den Anmerkungen zum Gesetzbuch: „Die Hexerei ist ein Bündnis mit dem Teufel, kraft dessen man sich diesem gegen von ihm versprochenen Vorteile zu eigen übergibt.“ Auch protestantische Gesetzgeber standen nicht zurück. Was sich die Regierungen von Genf und Bern (vor allem für das Waadtland) in ihren Mandaten geleistet haben, steht im Zeichen hartnäckigster Dämonologie. Die Basler Polizeiordnung von 1637 ging scharf gegen das Hexenwesen vor. Doch gelangte nach 1634 die Tortur in Basel bei den Hexenprozessen nicht mehr in Anwendung.

7.

Nun sei noch ein Blick in die Gerichtspraxis geworfen. Die Heranziehung einiger Prozesse mag die Frage entscheiden: Waren die dämonologischen Vorstellungen, die wir in kirchlichen und weltlichen Vorschriften gefunden haben, in Volk und Richtern auch wirklich lebendig? Ein reichlich gesammeltes Material hierfür liegt in vielen Gesamtdarstellungen und Monographien vor. Aber nirgends ist das Hauptproblem in den Mittelpunkt der Untersuchung gerückt, welches lautet: Hielt man den Inquisiten für einen vom Teufel verführten verstockten Verbrecher und erkannte man in der Folter eine dämonenbefreiende Einrichtung?

1. Zunächst ist bekannt und braucht hier nicht näher bewiesen zu werden, daß der Teufel den Gefolterten mit dem maleficium oder beneficium taciturnitatis ausstatten konnte. Leugnete ein Inquisit hartnäckig, so nahm man an, der Satan habe ihn verhärtet und gebiete ihm Schweigen. Er helfe ihm die Tortur leichter zu ertragen. Beispiele finden sich zur Genüge in den drei großen Werken von Soldan — Heppe — Bauer (Geschichte der Hexenprozesse (Bd. I, S. 359, 360 u. II, S. 34, 44). Sigmund Riezler, Geschichte der Hexenprozesse in Bayern (z. B. S. 286, 289, 291) und Georg Längin, Religion und Hexenprozeß (z. B. S. 130, 279 Anm. 1 und 280 Anm. 1). Das standhafte Ertragen der scheußlichsten Qualen, das Nichtvergießen von Tränen, (wie der Hexenhammer schon erwähnt) und das nicht in Ohnmachtfallen waren deutliche Zeichen teuflicher Beihilfe. Der Satan konnte so weit gehen, sein Opfer mit Schlägen zu peinigen, wenn es die Wahrheit sagte, oder ihm gar den Hals umzudrehen. Auch hierfür bringen die genannten Werke genügend Beispiele und ich füge noch einige sehr typische Fälle hinzu.

Zunächst aus einer Verhandlung in Appenzell (Emil Schieß, Die Hexenprozesse und das Gerichtswesen im Lande Appenzell im 15.—17. Jahrhundert). Von der Agate Romerin, die verschiedener Hexentaten beschuldigt war, sagt das Malefizbuch von 1625—1713: Alss sy obgemeltes bekendt und gesagt, es seige an ime selbs wahr, ist sy weiters erfraget worden, warumb sy nit zum ersten mal, als man iro mit der tortur hart zugesetzt, die warheit gesagt habe, bekendt sy, das der bösse geist zu iro in hiessige gefangenschafft kommen und iro hart verpoten, die warheit nit zu sagen. Im fahl sy aber etwas ussage, wolle er sy mit schlegen und streichen scheülich tractieren (Schieß 187). — Der Teufel zwingt die Hexe, die mehrere Male mit ihm den Beischlaf vollzogen hatte, zum Schweigen. Er kommt zu ihr in das Gefängnis und versucht, jedes Geständnis der Angeklagten durch Prügel zu verhindern. Aber es gelingt ihm nicht. Die Tortur hat Erfolg. Die Hexe erklärt in der zweiten Folter („mit geringer marter") sie „habe dem bössen geist urlaub gegeben, Gott und ein ehrsame obrigkeit umb verzeihung pitend." Die Folter bewährte sich als dämonenvertreibendes Instrument. Die Marter führte mit Hilfe Gottes zum Geständnis. Agate Romerin wurde mit Feuer und Schwert hingerichtet.

Einen sprechenden Fall, in dem der Teufel den von ihm Besessenen tötet, berichtet Joseph Hansen, Quellen und Untersuchungen zur Geschichte des Hexenwahns usw. 1901, S. 592, zum Jahre 1493. Eines Schuhmachers Weib wurde gefangen und gefoltert. Als man sie verhörte „da zerblät ir der teuffel den hals, als groß als die krüsel, und zoch ir das mul zu wie ain seckel, damit sy nit reden kündt, doch so bekannt sy, dass der teuffel Haintzle heisse, an den sy sich ergeben hett." Man ließ die Angeklagte dann in Ruhe bis zum Morgen. Aber in der Nacht kam der Teufel mit großem Gepolter zu ihr in den Turm. „Zulezt wand er ir den hals umb und würgt sy ze tod. Morgens do die herren wider zu ir kamen, do lag sy krum und wart ir das haupt verschiben." Den Leichnam ließ man in einem Fasse den Rhein hinunter rinnen.

Endlich ein Vorkommnis im Stande Bern, aus dem Verfahren gegen die Barbara Hay. (Berner Thurmbuch 1653 bis 1656. Staatsarchiv Bern, S. 172—180.) Der Teufel hatte diese Frau mit „vilfaltigen verheissungen und glatten worten betört und überwunden". Sie hatte sich ihm endlich ergeben und Gott verleugnet. Unter des Bösen übermächtigem Einfluß hatte sie 6 Mordtaten begangen. Am 4. November 1654 wurde sie nach „gethaner vergicht und Bekantnis" mit dem Schwert hingerichtet. Der Körper wurde in ein „brönnend feuer geworffen und zu staub und asche verbrannt." Die für uns wichtigste Stelle lautet: „Letztlich wirt auch diss durch sy bekent und ermeldt, dass an dem Zinstag in der nacht darvor, da sy fürgestelt und examinirt worden, der leidige Satan zu Irn in die g'fangenschafft kommen, und sy uffgewysen und ermahnt, das sy nüt bekennen, sondern alles laugnen sölli, und als sy ihme selbiges widersprochen und sich vor ihme gesägnet, habe sy bedunkt, er züche sy, dass sy fallen müsse, welches dann auch In der that beschechen, gestalten sy dadurch an Irem haubt übel verletzt und tractiert worden seye." Die Mörderin erhielt also in der Nacht vor der Tortur den Besuch des Teufels, der ihr auf der Folter beizustehen verspricht. Da sie ihn aber zurückweist und sich segnet, wird sie von ihm übel zugerichtet.

2. Auch die Wirkung der Folter als eines dämonenbefreienden Instruments ergibt sich aus der Praxis. Am deutlichsten sprechen sich Prozeßakten aus Appenzell und Solothurn aus. Zum Jahre 1634 ist aus Appenzell überliefert (Schieß a. a. O., S. 68): „Item die zwäi wiber, die Schwitzeri in Guntten und Maria Jäcklin [Frau Bürki], so von im verdacht der häxeri halber in gfengcknuss khomen, und aber nix verjechen wil, desswegen sollen sy wider uf freyen fuoss gstelt und anderwerthss gfangen werden, alss nit mehr uf den booden glassen werden, darnach andere kleider anleggen und sy allenthalb bscheeren, daruf an die tortur schlachen oder uf einen trämmel setzen, tag und nacht wächter by ihr lassen und sy niemahlss schlaffen lassen, darnach wider an die tortur schlachen oder an dem lingen armmen ufzüchen, so alssdann der bösse geist khein gwalt nit mehr zuo ihnen haben soll, dass sy desto ehender verjechen müessendt." — Hier ist auf das deutlichste betont: die Tortur habe die Wirkung, daß der Satan keine Gewalt mehr über seine Opfer habe und der Weg zur Wahrheit frei geworden sei. Beide Frauen blieben standhaft. Ihre Aussagen in der zweiten Tortur wurden als aufrichtige vom großen Rat angenommen. Beide wurden auf freien Fuß gesetzt. Der Bericht sagt: habendt also alle pein und marter nach kaiserlichen rechten an der tortur und foltersäil

usgestanden und erhalten, dass also nit weiters mit ihnen procedirt khan werden (Schieß 69). — Ein Prozeß in Solothurn vom 5. November 1707 zeigt die Determinierung des Verbrechers und die Freimachung durch die Folter sehr plastisch (Staatsarchiv Solothurn, Turn- und Vergichtsrodel 1703—1708. Gütige Mitteilungen von Dr. Schwab). In dem 16 Seiten langen Protokolle heißt es: Uf diss hat man Ihmo (nämlich der Madle Marti, die auf gütliches Befragen und in der ersten Folterung allerlei falsche Aussagen über den Verbleib eines gestohlenen Rockes gemacht hatte) gesagt, „dass andrest nicht sein köne, als dass ess mit dem Bösen Geist zu thun habe, weillen ess nihts bekönen wolle, worauf ess geantwortet und gefragt, wan ess war were, wü ess Ihme dan ergehen werde, undt noch weiters, daß er (der Böse!) schon meister überins seye, denn wan ess betten wolle, köne ess nicht furtfahren, sondern müse alsobald widerumb uffhören, auch seye ess von Ihme zu zeiten angetrieben dass ess stellen (stehlen) müesse. — und der böse Geist habe Ihme vorgestern versprochen, dass er Ihme helfen wolle. — Sagt auch beynebens, dass wan ess meister über sich selbsten wäre, hete ess schon den ersten tag bekönt, wohin es die Jüppen (Rock) und Büntell gethan habe, allein köne es nicht sagen.

Uff diss hat man Ihme 2 Stein angehenkht und getrowet (gedroht) darmit uffzuzichen, welches aber lang ohne reden dort gesessen, entlichen aber gesagt, dass wan es nicht anderst mit Ihme gehe, so köne es geschehen, dass es Lieb und seel verliehre." Das Weib erklärt also in der zweiten Folter, es sei nicht Meister über sich selbst gewesen. Der Satan habe es am Geständnis gehindert. Auch sei es der böse Geist gewesen, der es zum Diebstahl verleitete. Jetzt gestand die Inquisitin ihre Taten. Die Tortur hatte ihr wieder die „Meisterschaft" über sich selbst verliehen.

3. Die vorgetragenen Beispiele lassen auch erkennen, daß, nach der Auffassung der Zeit, der Verbrecher vom Dämon zu seinen Taten angestiftet, ja zum Teil gezwungen wurde. Die zitierten Werke von Soldan — Heppe — Bauer,

von Riezler und Längin bestätigen diese Meinung fast auf jeder Seite. Und zwar galt der Teufel nicht nur als Urheber eigentlicher Hexentaten, sondern auch als Anstifter zu Diebstahl, zu Mord, zu Totschlag, zu allerlei fleischlichen Verbrechen usw., namentlich auch zum Verbrechen der Selbstentleibung (Soldan I, 445). — Eine sehr deutliche Sprache für diese dämonologische Auffassung des Verbrechens reden vor allem die Flugblätter des 16. und 17. Jahrhunderts. Diese Blätter, meist Holzschnitte, wurden zu hunderten und tausenden unter das Volk geworfen und fanden dort die begierigste Aufnahme. Was im Flugblatt stand galt als Wahrheit. Die Poeten und Holzschneider bemühten sich die Verführungen durch den Teufel in den krassesten Tönen zu schildern. In der Regel vergaßen sie nicht eine dringende Mahnung an das Volk zu richten, sich nicht vom Bösen und seinen Gesellen umgarnen zu lassen, um damit dem Verbrechen auszuweichen. Sie wollten vorbeugend und erzieherisch wirken.

In meinem Buche über die Massenkunst im 16. Jahrhundert (1924) habe ich eine ganze Reihe von Flugblättern aus der Sammlung Wickiana zusammengestellt, welche solche Teufelsverführungen darstellen. Zahlreiche Verbrechen und Vergehen wurden dort dem unmittelbaren Einfluß des Satans zugeschrieben. Vgl. S. 91, 92, 93, 94, 99, 100, 101, 102, 103, 105, 115 und 119. Das Motto, das durch die ganzen Flugblätter hindurchgeht, ist einem Holzschnitt von 1553 beigegeben. Es heißt: „Us disem unerhörten erschrockenlichen mordt soll ein jeder mensch betrachten, wie das der Tüffel unser find kein ruw hat, weder dag noch nacht, allwegen lugt, wie er uns betriegen mög, und so einer seinem bösen rath volget, in einem stück wirt er versuchen in wyter zu betören alls er diesem wirt getan hat." Das ist durchaus die Auffassung, die wir im Hexenhammer angetroffen haben. Das Volk sah sich allerorts vom Teufel umgarnt und hielt jeden größeren Verbrecher als einen vom Dämon besessenen Menschen. Wie die Flugblätter auf die Vorstellungen des Volkes großen Einfluß hatten, ebenso spiegelten sich die Anschauungen des Volkes in ihnen wider.

Vgl. in meinem Buche besonders den Abschnitt 5: Die Dämonen und das Recht, S. 22 ff.

8.

Das sind Zeugnisse der Dämonologie durch viele Jahrhunderte hindurch, von der fränkischen Zeit bis in das 18. Jahrhundert hinein. Ziehen wir nun die ideengeschichtliche Verbindung zwischen den alten Gottesurteilen und dem spätmittelalterlichen und neuzeitlichen Geständnisprozeß, so ergibt sich eine verblüffende Ähnlichkeit, sowohl in den Voraussetzungen, wie in der Durchführung. Da und dort erscheint der Mensch als ein von Dämonen heimgesuchtes Individuum. Er hat sein Herz dem Teufel geöffnet und dieser treibt ihn von Verbrechen zu Verbrechen. Er verrichtet nicht nur Hexentaten im engeren Sinne, wie Zauberei, Giftmischerei, böse Wetter usw. Auch Verbrechen rein profaner Natur, wie falsches Zeugnis, Ehebruch, Blutschande, Diebstahl und Mord fallen in Betracht. Der Täter ist determiniert. Sein freier Wille ist ausgeschaltet. Er handelt unter dem Drucke des Dämons. Dieser hindert ihn auch das Verbrechen zu gestehen. Er zwingt ihn zur Verschwiegenheit und zum Leugnen. Er gibt ihm täuschende Mittel an die Hand und verbirgt sich in seinen Kleidern oder Haaren. Dem Richter aber muß ein Weg offen stehen, die Wahrheit zu erforschen. Denn Gott will die Wahrheit. Gott will die Gerechtigkeit. Die Lüge darf nie und nimmer über die Wahrheit siegen.

Hier zweien sich ältere und neuere Zeit. Die romanische Epoche mit ihrer unbedingten Hingabe an Gott (nicht an die Kirche als Anstalt) verlangte vom Herrn des Himmels ein Wunder. Das beschworene Feuer und Wasser ist vor allem imstande dieses Wunder zu vollbringen. Feuer und Wasser sind dämonenvertreibende Elemente. Feuer und Wasser zeugen für oder gegen den Beweisführer. Feuer und Wasser sind Mittel, die gleichsam für den Angeklagten das Geständnis der Schuld oder Unschuld ablegen. Sie beweisen endgültig. Ein Gegenbeweis ist ausgeschlossen.

Anders das Verfahren im Geständnisprozeß. An Stelle

von Feuer und Wasser ist die Folter getreten. Man glaubt nicht mehr an ein Wunder Gottes im Rechtsgang. Man verlangt nach natürlichen Vorgängen. Und diesen natürlichen Vorgang sieht man im Angeklagten selbst. Der Mensch selbst muß in die Lage versetzt werden, die Wahrheit zu offenbaren. In diesem Verstande ist der Prozeß vermenschlicht. Der Angeklagte muß den Beweis aus sich heraus erbringen, durch das Geständnis seiner Tat. Aber freiwillig vermag er es nicht. Er ist durch den Teufel gebunden. Diese Bindung löst erst die Folter. Aber nicht sie allein. Gott muß den Menschen unterstützen. Der Gefolterte muß in der Qual die Kraft finden, mit Hilfe Gottes die Wahrheit zu sagen. Unter der Mitwirkung Gottes ist die Folter (wie Feuer und Wasser) ein dämonenbefreiendes Mittel.

Alte wie neue Anschauung sind eins in der Grundvorstellung: der Rechtsgang ist ein Kampf mit dem Teufel. Der wahrheitssuchende Mensch appelliert vertrauensvoll an den wahrheitsliebenden Gott. Die reinen Elemente dieser Erde (Feuer und Wasser) oder das dämonenbefreiende Instrument der Folter sind imstande, den untrüglichen Beweis der Wahrheit mit Hilfe des Allmächtigen zu erbringen. Fassen wir Gottesurteil und Folter in diesem Sinne auf, so unterscheidet sich dieser Rechtsgang auch nicht mehr allzu stark vom Tierprozeß. Die geistesgeschichtlichen Grundlagen sind die nämlichen: Der Tierprozeß ist Gespensterprozeß, gerichtet gegen das im Tiere wohnende, schädigende Gespenst. Der Menschenprozeß ist Dämonenprozeß, gerichtet gegen den im Menschen wohnenden, schädigenden Teufel.

Tritt uns mit dieser Erklärung der Folter der Geständnisprozeß nicht in anderem Lichte entgegen? Sind uns nicht mit einem Schlage alle jene raffinierten Vorschriften des Malleus maleficarum erklärlicher geworden, z. B. die Quaest. XIV in Pars III, wo es heißt, daß unter Umständen die Hexe zum Geständnis gebracht werden dürfe, indem man ihr das Leben zusichere, welches Versprechen aber nicht gehalten werden müsse? Ich will den Hexenhammer nicht rein waschen. Das perfideste Dokument bleibt er bis zum heutigen Tage. Aber man soll sich immer wieder vergegenwärtigen, daß bei Vornahme der Tortur der Richter mit dem Teufel rang, viel stärker und grimmiger als mit dem Angeklagten. Der Teufel versuchte mit allen Listen und Tücken den Dummkopf Mensch zu übertölpeln. Und ihm standen tausend täuschende Mittel zur Verfügung, die der Mensch entbehrte. Es war also ein Kampf mit ungleichen Waffen. Auch war es ein gefährlicher Kampf, bei dem Richter und Scharfrichter unheilbaren Schaden an Körper und Seele nehmen konnten. Die Angst, die furchtbare Angst vor den Dämonen hat dem Folterprozeß Pate gestanden. Werden bei diesen Überlegungen nicht auch die grausigsten Verfolgungen und Hexenprozesse in ein anderes Licht gerückt? Können wir einfach mit wegwerfender Gebärde den Stab über alle Inquisitoren und Schergen brechen? Ich meine nein! Gehen wir dem Prozeß in seinen geistesgeschichtlichen Tiefen nach, so erscheint er uns menschlicher, weit menschlicher als zuvor. Die richtige Erkenntnis der Dämonologie vermittelt uns allein die richtige Erkenntnis des Rechtsganges.

9.

Aus dem Schrifttum erwähne ich außer den im Texte zitierten Werken noch: Joseph Hansen, Zauberwahn, Inquisition und Hexenprozeß im Mittelalter und die Entstehung der großen Hexenverfolgung (Histor. Bibl. B. 12, 1900) ein sehr gewissenhaft gearbeitetes Buch, das aber gerade für die eigentliche Erklärung der Folter versagt. Alfred Lehmann, Aberglaube und Zauberei. Von den ältesten Zeiten an bis in die Gegenwart², 1908, geht der ganzen Anlage des Buches gemäß, nur wenig auf Folter und Geständnis ein. Vergl. etwa S. 591, wo aus der Cautio criminalis Friedrichs von Spee (1631) ein Fall herausgezogen wird, in dem der Teufel einem Inquisiten das Maul verstopft. — Über den spanischen Folterprozeß kurz aber sehr gut: P. Hinschius, System des katholischen Kirchenrechts, VI. Bd., 376ff. Das in Anm. 11 S. 376 genannte Einflößen von Wasser durch Mund und Nasenlöcher des Inquisiten mag mit der Vorstellung zusammenhängen, das Wasser sei ein dämonenbefreiendes Element. Siehe dort die Stelle aus der Diöcesansynode von Köln (1662), wo die Verbrechen der Zauberer ausdrücklich auf einen Vertrag mit dem Teufel (pacto daemonum) zurückgeführt werden. Daß — neben den Kleidern — namentlich die Haare des menschlichen Körpers Sitz böser Geister sein konnten, die bisweilen ungewöhnliche Kräfte verliehen, nahmen schon die Israeliten an. Vergl. Karl Marti, Geschichte der israelitischen Religion[5], 1907, S. 50. Ganz begreiflich also, daß man diese Dämonensitze zerstörte, selbst wenn dabei das Schamgefühl der Inquisitin grob verletzt werden mußte.

Wie noch zu Beginn des 18. Jahrhunderts die dämonischen Vorstellungen im katholischen, wie im evangelischen Lager Verwirrung anrichteten, zeigt Thomasius in seinem Aufsatz: Exempel recht alberner und tummer Hexen-Processe (S. 300 ff. seines Buches über Juristische Händel. 2. Teil, Halle 1724). Die 96 Fragen, die der Inquisita vorgelegt wurden (S. 309—316) zeugen von der unerhörten Borniertheit der damaligen Richter, so daß Thomasius mit Recht schreibt: „Wer solte meynen, dass es möglich wäre, dass wegen so nichtswürdigen Verdacht der Amts-Vogt eine solche Menge von Artickeln würde gemacht haben, derer die meisten doch wenig oder gar nichts zur Sache thun" (S. 318). Ein sogenanntes „unnatürliches Licht" war nach der Meinung eines Knechts der Teufel gewesen und dieser Wahn bildete die „vornehmste Ursache an dieser multiplicirung der Artikel". Thomasius meint S. 334 „daß dergleichen Aberglauben der katholischen Religion nicht allein zuzuschreiben ist, sondern in allen Religionen heutzutage solche abergläubische Leute sich finden." Und das alles vor etwa 200 Jahren. Was Wunder, daß noch heute Reste des alten Dämonenglaubens tief im Volke stecken.

DER NEUESTE STRAFGESETZENTWURF IM LICHTE DES „RICHTIGEN RECHTS".

Von

ALEXANDER GRAF ZU DOHNA.

Nach einem berühmt gewordenen Ausspruch Franz von Liszts bildet das Strafgesetzbuch die magna charta des Verbrechers. Das soll bedeuten, daß, indem es die Voraussetzungen der Bestrafung regelt, es zugleich die Grenzen zieht, innerhalb deren der Staatsbürger sich frei betätigen darf, ohne befürchten zu müssen, mit der Strafgewalt des Staates in Berührung zu kommen. Dieser Aufgabe kann der Gesetzgeber nur dadurch genügen, daß er scharf und deutlich die Merkmale angibt, die einer Handlung zukommen müssen, damit an sie die Rechtsfolge der Strafe sich anknüpfen darf. Die Summe dieser Merkmale nennen wir den Tatbestand des Verbrechens. Danach ist das Rechtsverhältnis, das zwischen dem strafenden Staat und dem Verbrecher besteht, nach seinen Voraussetzungen und nach seinem Inhalt eindeutig bestimmt. Das Strafgesetz stellt einen Rechtssatz dar, der an einen fest bestimmten Rechtsgrund, das Verbrechen, eine fest bestimmte Rechtsfolge, die Strafe, anknüpft. Darin liegt nach der Terminologie, die wir Rudolf Stammler entlehnen, das Wesen des ‚geformten Rechts'.

Hier ist jedoch von vorn herein eine wesentliche Einschränkung vorzunehmen. Nur insoweit ist die Rechtsfolge des Verbrechens eindeutig bestimmt, als ihr der Charakter der Strafe zukommt. Dagegen bleibt das Maß derselben in aller Regel, nicht selten aber auch ihre besondere Art zunächst noch offen und von dem Richter in jedem Einzelfall erst noch auszuwählen. Nur in Hinsicht auf das Ob der Strafe also gilt jener Grundsatz strenger Bindung; ihre Zumessung unterliegt im genauen Gegensatz dazu dem freiesten richterlichen Ermessen. Unser Strafgesetzbuch enthält, von dem einen § 20 abgesehen, keine Andeutung darüber, nach welchen Gesichtspunkten der Richter dabei zu verfahren habe, es bietet ihm keinerlei Handhabe, es überläßt ihn ganz sich selber. Aber auch aus dem richterlichen Strafurteil läßt sich das Maß des Strafleidens, das des Sträflings harrt, nur in seinen äußeren Umrissen erkennen. Endgültig entscheidend ist erst die Form des Strafvollzuges; und was der Gesetzgeber darüber bisher hat verlauten lassen, ist von so kläglicher Dürftigkeit, daß mit Fug behauptet werden konnte, es mangele unserer Strafrechtspflege im letzten Grunde an jeder rechtlichen Basis.

Das soll nun gebessert werden. In der Begründung zu dem amtlichen Entwurf eines Allgemeinen Deutschen Strafgesetzbuchs vom Jahre 1925 stellt uns der Gesetzgeber ein Strafvollzugsgesetz in Aussicht, das die bisher nur auf Vereinbarung der Länder untereinander beruhenden Richtlinien des Strafvollzuges einheitlich festlegen soll. Im Text aber bemüht er sich, dem Richter die Aufgabe der Bestimmung des Strafmaßes zu erleichtern. Diesem richterlichen Ermessen allein wenden wir im folgenden unsere Aufmerksamkeit zu, indem wir wiederholen, daß es nach geltendem Recht in Hinsicht auf das Maß der Strafe nahezu ungebunden, in Hinsicht auf das Ob derselben dem Prinzip nach ausgeschlossen ist.

Indessen ist hier noch eine zweite Einschränkung von nöten. Wir haben uns gewöhnt, die Voraussetzungen, welche erfüllt sein müssen, damit eine Bestrafung Platz greifen darf, nach zwei unterschiedlichen Gesichtspunkten zu ordnen: der Tatbestandsmäßigkeit des verbrecherischen Verhaltens stellen wir seine Rechtswidrigkeit an die Seite. Wir denken uns die beiden Komponenten des Verbrechens nach Art zweier sich schneidender Kreise, deren gemeinsam bestrichene Fläche den Bereich strafbarer Handlungen abgrenzt. Nur wo beide Eigenschaften sich in einer Handlung begegnen, ist ihre Strafbarkeit begründet. Nun aber zeigt sich, daß jene Tendenz des Gesetzgebers zu eindeutiger Bestimmung und Bindung sich nur auf diejenigen Umstände erstreckt, welche den Tatbestand des Gesetzes erfüllen, wogegen die Frage, unter welchen Voraussetzungen die Erfüllung dieses Tatbestandes rechtswidrig sei, im Strafgesetzbuch nur ganz selten, in der geschriebenen Rechtsordnung überhaupt nur sehr lückenhaft ihre Beantwortung gefunden hat. Eine wesentliche Ergänzung muß dem ‚ungeschriebenen Rechte' entnommen werden, auf welches der Gesetzgeber durch Einfügung der Wendung „rechtswidrig", „widerrechtlich", „unbefugt", oder einer ähnlichen Bezug nimmt.

Es ist nicht meine Absicht, auf diesen Blättern erneut auf die Lehre zurückzukommen, nach welcher die Ausdeutung dieses Merkmals in theoretisch begründeter Weise zu erfolgen hat. Nur einen warmen Dank an die Adresse des Meisters zu richten, der mich seinerzeit auf die Fährte nach dem allem Recht wie aller Normierung überhaupt immanenten Gedanken objektiver Richtigkeit gewiesen hat, sei mir aus dem Anlaß verstattet, denen diese Zeilen ihre Entstehung verdanken. Ihre eigene Aufgabe soll darin bestehen, den vorliegenden Entwurf darauf hin zu untersuchen, in welchem Maße er von der Möglichkeit Gebrauch macht, auch beim Aufbau der Tatbestände — seien es nun strafbegründende oder strafausschließende — Merkmale zu verwerten, die den Anforderungen strenger begrifflicher Bindung nicht entsprechen, sondern vielmehr den Richter unmittelbar auf den Grundgedanken allen Rechtes verweisen, aus dem heraus er diejenige Entscheidung zu treffen hat, welche in jedem Einzelfalle der Idee des Rechts entspricht.

Eben diese Methode, welche im Verwaltungsrecht gang und gäbe ist, in neuerer Zeit aber auch im Zivilrecht wachsende Verwertung gefunden hat, galt auf dem Gebiet der Strafrechtspflege bislang für grundsätzlich unbrauchbar, weil für unverträglich mit dem Interesse der Rechtssicherheit und des Schutzes des Bürgers gegen die Willkür des Richters. Es galt als unerläßlich, den Obersatz, dem der Einzelfall jeweils zu subsumieren ist, mit einer Prägnanz zu formulieren, die es ermöglichte, jene Subsumtion mit den bloßen Mitteln juristischer Technik beweisbar vorzunehmen. Daß das in voller Schärfe nicht durchzuführen ist, daß die abstrakten Rechtsbegriffe, die sich zum gesetzlichen Tatbestand zusammenschließen, zunächst einer Ausdeutung bedürfen, welche sehr häufig ihnen nur unter Heranziehung metajuristischer Vorstellungen gegeben werden kann, ist längst eingesehen. Wenn das Gesetz mit Strafe denjenigen bedroht, der ungebührlicherweise ruhestörenden Lärm erregt, oder denjenigen, der als Landstreicher umherzieht, so fordert die Anwendung dieser Strafdrohungen eine nähere Prüfung nach der Richtung, ob nicht etwa der Lärm aus „rechtfertigender Veranlassung" erhoben, das Wandern zu „legalem Zweck" erfolgt sei. Und wenn es gegen Verführung nur das unbescholtene Mädchen schützt, so verweist es auf Normen des sittlichen Anstands, die es selber in ihrer Eigenart nicht ausprägt. Gelegentlich faßt es gar den Tatbestand in einem einzigen Wort zusammen, indem es etwa den Zweikampf, die Beleidigung, die unzüchtige Handlung verbietet; hier wird ganz deutlich auf Regeln Bezug genommen, denen das Verhalten des Täters entsprechen oder widersprechen muß, die der Richter aber den im Gesetz enthaltenen Anweisungen nicht entnehmen kann.

Geschieht in allen diesen Fällen der Hinweis auf Normen des ungeformten Rechts in mehr versteckter Art, indem es ihrer zur Auslegung gewisser Merkmale des gesetzlichen Tatbestandes bedarf, so liegt das novum in der Methode des Entwurfs in dem Einsetzen von Redewendungen, die jenen Hinweis unmittelbar und offenkundig vornehmen. Wer in Notwehr handelt, muß sich in einer „den Umständen angemessenen Weise" verteidigen (§ 21); wer einen ihm drohenden Schaden auf einen anderen abwälzt, bleibt straflos, wenn ihm „nach den Umständen nicht zuzumuten war", den Schaden zu dulden (§ 22); die Strafe ist höher oder niedriger zu bemessen, je nachdem die Tat auf einer „verwerflichen Gesinnung" des Täters oder aber auf Umständen beruht, die diesem „nicht zum Vorwurf gereichen" (§ 67); das Gericht kann die Verjährungsfrist verlängern, „wenn es die besonderen Umstände des Falles gebieten" (§ 81); Eingriffe und Behandlungsweisen müssen der Übung „eines gewissenhaften Arztes" entsprechen (§ 238); die Verletzung des Einwilligenden darf nicht „gegen die guten Sitten“ verstoßen (§ 239); gewisse Anerbietungen sind daraufhin zu prüfen, ob sie „Sitte oder Anstand verletzen“ (§§ 270f.); die Wahrnehmung „berechtigter Interessen“ bildet einen Rechtfertigungsgrund der Beleidigung, wenn die kollidierenden Interessen gegeneinander „pflichtmäßig abgewogen“ worden sind (§ 286); auch soll bei Beleidigungen eine etwaige „gerechtfertigte Entrüstung“ gebührende Berücksichtigung finden (§ 288); der Untreue endlich macht sich schuldig, wer die ihm anvertraute Verfügungsmacht „mißbraucht“ (§ 314). Die Vollständigkeit der Liste wird nicht verbürgt. Auch ist die Grenze zwischen dieser und jener Gruppe offensichtlich unscharf und flüssig.

Was die Begründung an den bezüglichen Stellen zu sagen weiß, bietet erneut einen aufdringlichen Beleg dafür, wie wenig doch noch immer die Besinnung auf den begrifflichen Inhalt unserer Vorstellungen einem wirklich vorhandenen Bedürfnis entspricht. Die bunte Mannigfaltigkeit der Ausdrucksformen auf einen einheitlichen Grundgedanken zurückzuführen, das ist die Aufgabe, die wie allenthalben so auch hier der Theorie gestellt ist. Wir wollen uns dabei, wie ehedem, der Führung des Mannes anvertrauen, dem die Theorie der Rechtswissenschaft eine bisher nicht gekannte Klärung und Vertiefung zu verdanken hat.

I.

„In Notwehr handelt, wer sich oder einen andern gegen einen gegenwärtigen rechtswidrigen Angriff in einer den Umständen angemessenen Weise verteidigt“ (§ 21, 2).

Die Wendung erscheint in den deutschen Entwürfen zum ersten Mal; sie ist den Entwürfen der Schweiz und Österreichs entnommen. Die Begründung bemerkt dazu:

> „Das geltende Recht ist ganz überwiegend dahin ausgelegt worden, daß sich das Maß der erlaubten Verteidigung ausschließlich nach der Stärke des Angriffs bestimmt; der Täter braucht sich nicht entgegenhalten zu lassen, daß er sich überhaupt nicht habe verteidigen dürfen, weil

das zur Abwehr des Angriffs erforderliche Mittel außer Verhältnis zu dem verteidigten Rechtsgut gestanden habe. Wer einen Jungen, der ein paar Kirschen entwendet, niederschießt, würde nach geltendem Rechte rechtmäßig handeln, wenn ihm nach Lage der Sache ein anderes Mittel nicht zur Verfügung stand, um die Wegnahme der Früchte zu hindern. Derartige vom sittlichen Standpunkt aus unbefriedigende Ergebnisse soll die Fassung des Entwurfs vermeiden. Sie nötigt den Täter dazu, sich nicht nur die Frage vorzulegen, ob die Stärke des Angriffs das angewendete Mittel fordert, sondern auch zu prüfen, ob die Anwendung dieses Mittels zu diesem Zweck sittlich gerechtfertigt ist. Von erheblicher Bedeutung für diese Prüfung wird das Wertverhältnis des verteidigten zu dem durch die Verteidigung zerstörten Rechtsgut sein; der einzige Gesichtspunkt für die Angrenzung aber ist es nicht. Eine solche Regelung würde sich schon dadurch verbieten, daß die in Betracht kommenden Rechtsgüter nicht selten unvergleichbar sind; sie würde auch außer acht lassen, daß der in Notwehr Handelnde sein Recht gegen ein ihm drohendes Unrecht verteidigt und der Angreifer es sich selbst zuzuschreiben hat, wenn der Angegriffene in Abwehr dieses Unrechts ein Rechtsgut von größerem Werte vernichtet als das von dem Angriff betroffene. Es ist daher auch künftig statthaft, daß beispielsweise jemand, der nächtlicherweile in seiner Wohnung einen Einbrecher findet, diesen niederschießt, wenn er anderswie sein Hab und Gut nicht verteidigen kann."

Der Richter, der sich auf diese Erläuterungen angewiesen sieht, scheint mir in nicht beneidenswerter Lage zu sein. Die Intensität des Angriffs soll nicht mehr allein entscheiden, sondern auch die Rücksicht auf das Wertverhältnis der beteiligten Rechtsgüter; dennoch soll es unter Umständen zulässig sein, zum Schutze des Eigentums das Leben des Angreifers zu vernichten. Worauf es dabei ankommt, wird aus dieser Gegenüberstellung nicht erkennbar. Das Argument, der Angegriffene verteidige sein Recht gegen drohendes Unrecht, der Angreifer habe es sich daher selber zuzuschreiben, wenn jener die Proportion nicht beachte, beweist offenbar zuviel; es deckt alle denkbaren Exzesse. Bleibt also nur der Gesichtspunkt der sittlichen Rechtfertigung des angewandten Mittels im Hinblick auf den verfolgten Zweck. Um eine Frage der Sittlichkeit im eigentlichen Sinne des Worts handelt es sich hier nun aber offensichtlich nicht, sondern um eine Frage des sozialen Verhaltens. ‚Sittlich' bezeichnet danach, wie auch sonst so häufig, ganz allgemein das objektiv begründete im Gegensatz zu dem bloß subjektiv bedingten Wollen, in Anwendung auf soziales Verhalten mithin ein solches, das nach dem Grundgedanken allen Rechtes gerichtet ist, sich mit der Rechtsidee im Einklang befindet. Eine andere Auslegungsmöglichkeit bietet sich, wie mir scheint, nicht.

Es hilft gar nichts, in ungefähren Andeutungen um das eigentliche Problem herum zu reden; es stellt sich immer wieder, sobald man es einmal theoretisch eingesehen hat. Und es kann deshalb dem Richter, der ein so elastisch gestaltetes Recht anzuwenden berufen ist, die Mühewaltung nicht erspart werden, sich auf die allgemeingültigen Bedingungen zu besinnen, unter denen einem wie immer gearteten Verhalten der Charakter der Richtigkeit und der Unrichtigkeit zukommt. Ohne zuvor den Schritt aus der Technik in die Theorie, aus dem Positivismus in die Philosophie getan zu haben, wird kein Interpret den eigentlichen Sinn einer Wendung, wie wir sie hier vor uns sehen, zu erfassen vermögen. Es geht einfach nicht. Freilich ist damit die praktische Lösung noch nicht gewonnen. Die Subsumtion bleibt auch dann noch problematisch und unsicher. Wer aus diesem Grunde der theoretischen Besinnung auf die Grundgesetze des Wollens ihren Wert abspricht, muß es auch dem Arzt verwehren, seine Gedanken auf die Erkenntnis der Naturgesetze zu richten, weil auch, wer sie beherrscht, in der Diagnose einer auftretenden Krankheit fehlgreifen kann. Es mag oft genug mißlingen, einen feststehenden Obersatz auf einen konkreten Tatbestand richtig anzuwenden; einen Obersatz, der unerkannt geblieben, richtig anzuwenden, kann niemals gelingen.

Die Schwierigkeiten, die der Gesichtspunkt der angemessenen Verteidigung der Auslegung bietet, sind unverkennbar und von der Begründung nur sehr unvollkommen gewürdigt. Zur Erzielung einer Einschränkung des Notwehrrechts sind in der Literatur bereits die verschiedensten Vorschläge technischer Art gemacht worden: die Unterscheidung zwischen Notwehr und bloßer Unfugabwehr (zuerst von Oetker); Subsidiarität der Abwehr gegenüber zurechnungsunfähigen Angreifern (von Oetker und Kantorowicz); Proportionalität der Verteidigung gegenüber Gutgläubigen (von Oetker und Köhler); Beschränkung der eigentlichen Notwehr auf böswillige Angriffe (von Hold v. Ferneck und Löffler). Auch an die Lehre Geyers mag erinnert werden, der die Intensität des Angriffs abschätzen wollte nach den Mitteln, die vom Angreifer angewandt werden; so daß es zwar zugelassen wäre, den Obstdieb niederzuschießen, aber erst dann, wenn er zur Durchführung seiner Absicht Gewaltmittel anwendet, die so weit gehende Abwehr nötig machen; nicht schon dann, wenn er die Aufforderung, vom Baume herunterzusteigen, ablehnt, und nun dem Eigentümer nur noch die Wahl bleibt, ihn herunterzuschießen oder die Früchte preiszugeben. Anstelle aller dieser technischen Mittel wählt nunmehr der Gesetzgeber den anderen Weg, den Richter unmittelbar an die Adresse des „richtigen Rechts“ zu weisen: er soll diejenige Entscheidung treffen, welche im Hinblick auf das Endziel der sozialen Gemeinschaft ein richtiges Ergebnis liefert.

Damit wird dann allen jenen Einzelforderungen, soweit sie nach Lage des Falles sich als begründet erweisen, Rechnung getragen. Dem Richter aber wird das Material, aus dem er sein Urteil gestalten soll, nicht fertig zugerichtet geliefert; er soll es sich erst beschaffen aus einer Werkstatt, in der nicht etwa technisch geformte Rechtssätze geschmiedet, sondern Gedanken verarbeitet werden mit dem Ziele, die Verbindung herzustellen zwischen den Grundgesetzen aller rechtlichen Ordnung und den mannigfaltigen Gestaltungen des Rechtslebens. Das ist gewiß keine leichte Aufgabe; und an ihrer Lösung oder Verfehlung hängt hier, wo der Staat über Tod und Leben gebietet, Menschenschicksal. Darum soll es sich der Gesetzgeber eindringlich überlegen, ob er sich getraut, dem Strafrichter so große Verantwortung aufzubürden. Tut er es aber, so soll er sich auch zu seinem Mute bekennen und Sorge tragen, daß er richtig verstanden und in der Seele des Richters die Bürde zur Würde werde. Denn dieser Richter ist frei — frei in dem Sinne, daß er nur den eigensten Gesetzen der Kunst unterworfen ist, welche auszuüben sein Vorrecht bildet.

II.

„Wer eine mit Strafe bedrohte Handlung begeht, um die gegenwärtige, anders nicht abwendbare Gefahr eines erheblichen Schadens von sich oder einem andern abzuwenden, bleibt von der auf die vorsätzliche Begehung der Tat gesetzten Strafe frei, wenn ihm nach den Umständen nicht zuzumuten war, den drohenden Schaden zu dulden" (§ 22, 1).

Auch diese Wendung kannten die bisherigen deutschen Entwürfe nicht, wohl aber diejenigen der Schweiz. Sie kehrt in ähnlicher Form bei der Ehrennötigung (§ 254) wieder. Die Begründung gibt dafür folgende Erklärung:

> „Das Bürgerliche Gesetzbuch macht auf seinem Gebiete die Zulässigkeit der Notstandshandlung von einem Vergleiche des Wertes der Güter abhängig. Diese Regelung ist dort möglich, weil in den Notstandsfällen der §§ 228 und 904 auf der einen Seite immer Sachen in Betracht kommen. Für den Notstand und die Nothilfe des Entwurfs würde der Maßstab aber häufig versagen, weil die einander gegenüberstehenden Rechtsgüter häufig völlig unvergleichbar sein werden. Der Verschiedenheit der in Betracht kommenden Fälle wird man vielmehr nur mit einem Maßstab gerecht, der es gestattet, die mannigfachsten Gesichtspunkte zu berücksichtigen. Der Entwurf erblickt diesen Maßstab in dem Begriffe der Zumutbarkeit.

Dieser ermöglicht es, neben dem Werte der Rechtsgüter die Anschauungen des Verkehrs, die Auffassung der gerecht und billig Denkenden in Betracht zu ziehen; er gestattet auch in großem Umfang die hier besonders gebotene Berücksichtigung sittlicher Erwägungen. Selbstverständlich kann nur für den einzelnen Fall bestimmt werden, was zu dulden dem Täter ‚nach den Umständen' zugemutet werden kann."

Dieses letzte ist unzweifelhaft richtig. Aber auch im Einzelfall wird es sich nur dann bestimmen lassen, wenn ein Maßstab gewonnen ist, an dem sich ablesen läßt, was unter jeweils gegebenen Umständen demjenigen, der sich in seinen Lebenswerten bedroht fühlt, zugemutet werden darf. Die Umstände allein liefern diesen Maßstab doch gewiß noch nicht. Dafür werden nun also drei verschiedene Instanzen angerufen: die Anschauungen des Verkehrs, die Auffassung der gerecht und billig Denkenden und allgemeine sittliche Erwägungen. Wir wollen prüfen, wie es darum bestellt ist.

Was die Anschauungen des Verkehrs betrifft, so würde statt dessen besser von den Anschauungen der Menschen über den Verkehr untereinander gesprochen, wie denn bekanntlich das BGB. gelegentlich von einer Rücksicht auf die Verkehrssitte redet. Daß damit aber nur „ein Bestandteil des zu beurteilenden Stoffes und nicht ein solcher der methodischen Betrachtung" geliefert wird, kann nicht zweifelhaft sein. Der Hinweis besagt nichts weiteres, als daß „der Auslegende das zu berücksichtigende Material recht sorgfältig beachten und nichts dazu Beigebrachtes unerwogen lassen solle. Die grundsätzliche Richtung der Erwägung wird aber durch das zu behandelnde Material, und wenn es auch eine Verkehrssitte ist, mit nichten angegeben" (Richtiges Recht S. 529f.). — Daneben figuriert die Auffassung der gerecht und billig Denkenden. Aber gerade darum, was gerecht und billig ist, geht ja doch die Frage. Erst also, wenn das Wesen von Gerechtigkeit und Billigkeit erkannt ist, läßt der Kreis von Menschen sich überhaupt bestimmen, auf deren Urteil abgehoben werden soll. „Aber wenn die Frage lautet: was heißt es überhaupt „eine Uhr geht richtig"? — so kann das doch nicht dahin beantwortet werden: das bestimmt sich nach unserer Kirchturmsuhr" (Abhandlungen I, S. 426). — Die sittlichen Anschauungen endlich können wieder gar nichts anderes bedeuten als die Besinnung auf das grundsätzliche richtige in Sachen des Rechts. Denn nicht um die Lauterkeit der Gesinnung, sondern um das rechte soziale Verhalten handelt es sich auch hier; und es gilt im besonderen den rechten Ausgleich zu finden zwischen der Lage desjenigen, der einen erheblichen eigenen Schaden zu befürchten hat, und des andern, auf dessen Kosten er diesen Schaden wohl zu kehren vermöchte. Diese beiden bilden eine natürliche Sondergemeinschaft, deren beiderseitige Teilhaber jeder vom andern erwarten darf, daß er als Selbstzweck geachtet werde und nicht zum bloßen Mittel subjektiver Laune des andern herabsinke.

III.

„Bei Zumessung der Strafe soll das Gericht abwägen, inwieweit die Tat auf einer verwerflichen Gesinnung oder Willensneigung des Täters und inwieweit sie auf Ursachen beruht, die dem Täter nicht zum Vorwurf gereichen" (§ 67, 1).

In diesen Worten ist die im geltenden Rechte fehlende allgemeine Anweisung enthalten, nach welchen Gesichtspunkten der Richter in jedem einzelnen Fall die Abmessung der Strafe vornehmen soll. Es ist deutlich, daß auch hier Wendungen gebraucht werden, die auf Normen abheben, welche ihrerseits vom Gesetzgeber nicht geliefert, sondern als bekannt vorausgesetzt werden. Die Begründung gibt nun aber hier wirklich einmal den Schlüssel zum Verständnis seiner Worte. Sie löst dabei die normativen Bestandteile des Gedankens in kausale Merkmale auf. Die entscheidenden Stellen lauten:

„Jede menschliche Handlung hat mannigfache Ursachen. Alle diese Ursachen lassen sich aber in zwei große

Gruppen teilen. Die einen liegen in der Denkweise und Willensrichtung des Handelnden, die anderen außerhalb seiner Persönlichkeit. Sie treten entweder als Versuchung von außen an ihn heran oder trüben und verwirren als krankhafte oder krankheitsähnliche Störungen seine Verstandes- und Willenstätigkeit. Je geringer der Anteil solcher äußerer Einflüsse ist und je mehr die Tat durch den Charakter des Handelnden bestimmt ist, desto besser kennzeichnet sie ihn, desto mehr entspricht sie seinem Wesen, desto größer ist die Wahrscheinlichkeit, daß er sie wiederholen wird. . . .

„Wendet man diese Erkenntnis auf strafbare Handlungen und ihre Bekämpfung an, so ergibt sich, daß die psychische Einwirkung, die von der Strafe ausgehen und den Täter von der Wiederholung der Handlung abhalten soll, um so stärker sein, daß mit andern Worten die Strafe um so höher bemessen werden muß, je mehr die Tat auf einer verwerflichen Gesinnung oder Willensneigung des Täters beruht, und daß umgekehrt die Strafe um so milder sein kann, je geringer der Anteil ist, den der Charakter des Täters an der Tat hat, je mehr sie auf Ursachen beruht, die dem Wesen des Täters fremd sind, die ihm ‚nicht zum Vorwurf gereichen'."

Verwerflich ist danach die Gesinnung desjenigen, der die Freveltat aus eigenem Antrieb vorgenommen, dessen Wesen sie entspricht, aus dessen Charakter sie sich begreift; wogegen ein Vorwurf um so weniger begründet ist, je ausschließlicher die Handlung ihre Erklärung in Umständen findet, die von außen an den Täter herangetreten sind oder sein Wesen verändert haben. Die Verweisung auf die Grundsätze des „Richtigen Rechts" ist hier also nur eine scheinbare. Damit scheidet dieser Tatbestand aus unserer jetzigen Betrachtung aus.

IV.

„Das Gericht kann die Verjährungsfrist auf Antrag der Staatsanwaltschaft verlängern, wenn es die besonderen Umstände des Falles gebieten" (§ 81, 1). Entsprechendes gilt von der Vollstreckungsbehörde (§ 84, 1).

Die Beseitigung des Instituts der Unterbrechung geht auf den Gegenentwurf von 1911, sein Ersatz geht auf den Kommissionsentwurf von 1913 zurück. Weder die Denkschrift zum Entwurf von 1919 noch die Begründung zum vorliegenden geben über die Motive, welche zur Einfügung dieses Ersatzmittels geführt haben, befriedigenden Aufschluß. Etwas ergiebiger sind die Protokolle der Kommission. Aber auch aus ihnen lassen sich überzeugende Argumente nicht gewinnen. Unklar bleibt vor allem, ob jene ‚besonderen Umstände' in etwaigen Qualifikationen des Tatbestandes oder aber in etwaigen Behinderungen des Verfahrens zu suchen sind. In den Beratungen der Kommission finden sich Anhaltspunkte für das eine wie für das andere. Bald ist von der besonderen Schwere des Falles, bald wieder von der Verhandlungsunfähigkeit des Beschuldigten und von den Schwierigkeiten seiner Gestellung die Rede (68. Sitzung). Die Erwägung gerade, daß es nicht möglich sei, die Gründe, welche eine Verlängerung der Frist an die Hand geben können, abschließend aufzuführen, hat den Gesetzgeber veranlaßt, mit der Wendung ‚wenn die besonderen Umstände des Falles es gebieten' die Entscheidung dem freien Ermessen der zuständigen Stelle anheimzugeben.

Dabei war nun aber der Gesetzgeber offenkundig schlecht beraten. Es darf als anerkannt gelten, daß das freie Ermessen des Richters nirgends so wenig am Platze ist, wie ausgerechnet bei der Bemessung solcher Fristen, deren Ablauf den Rechtsanspruch zum Erlöschen bringt. Fristen tragen immer bis zu gewissem Grade willkürlichen Charakter; und doch kann sie die Rechtsordnung aus Gründen der Rechtssicherheit nicht völlig entbehren. Gerade diese Rechtssicherheit aber erheischt, daß die einmal gesetzten Fristen nun auch wirklich gelten, und sie verträgt es nicht, daß ihre Bemessung hinterdrein dann doch nach individualisierender Methode abgeändert werde. Was im besonderen die Rücksichten betrifft, welche auf eintretende Hindernisse der Strafverfolgung genommen werden müssen, so bietet dafür das Institut des Ruhens der Verjährung einen Rahmen, innerhalb dessen die hierbei unerläßliche genaue technische Ausprägung ihrer Voraussetzungen möglich wird. Soll aber auch die besondere Schwere des Einzelfalls einen Anlaß bieten, die Verjährungsfrist zu verlängern, so bedeutet das nichts anderes, wie eine nachträgliche Korrektur des Gesetzes, also für den davon Betroffenen ein echtes privilegium odiosum. Die Rechtswohltat der Tilgung des Strafanspruchs, die das Gesetz ganz allgemein bei Ablauf gewisser Fristen in Aussicht stellt, wird nach Ermessen der Instanzen, welche zu seiner Anwendung berufen sind, im Einzelfalle außer Wirkung gesetzt. Ich halte das, wie ich schon an anderer Stelle betont habe, nicht nur für sehr bedenklich, sondern für schlechthin unerträglich.

Das Institut der Verjährung beruht auf der Beobachtung der Tatsache, daß das Bedürfnis der Reaktion gegen Freveltaten von seiten der Gesellschaft mit zunehmender zeitlicher Entfernung abnimmt und schließlich ganz verschwindet. Die Zeitspanne, innerhalb deren dieser Prozeß sich abspielt, ist von längerer oder kürzerer Dauer, je nach der Schwere des Rechtsbruchs und der durch ihn ausgelösten Erregung und Erschütterung des Rechtsbewußtseins. Diese subtilen Vorgänge des Seelenlebens in arithmetischen Größen zum Ausdruck bringen zu wollen, ist an sich ein aussichtsloses Bemühen. Der Gesetzgeber, dem ein anderes Mittel nicht zur Verfügung steht, ist sich dessen wohl bewußt, daß er, wenn er davon Gebrauch macht, ein leeres Schemen an die Stelle des Wesens der Sache setzt. Und eben das, was er als nicht durchführbar erkannt und deshalb außer Betracht gezogen hat, erwartet er nun vom Richter, dem die dafür nötigen Requisiten ebensowenig zu Gebote stehen. Die mannigfachen Differenzierungen des Einzelfalls vermag auch er nicht auszuwerten; so wird auch er sich an allgemeinere Richtlinien zu halten bemüht sein. Diese aber kann eine orthosophisch eingestellte Lehre ihm jedenfalls nie bieten; sie beruhen auf soziologischen Voraussetzungen, gehören also einer ganz anderen Sphäre an.

V.

„Eingriffe und Behandlungsweisen, die der Übung eines gewissenhaften Arztes entsprechen, sind keine Körperverletzungen oder Mißhandlungen im Sinne dieses Gesetzes“ (§ 238).

Mit diesem Satz nimmt der Entwurf zur Frage des ärztlichen Operationsrechts in zwiefacher Hinsicht bedeutsam Stellung: er erklärt nicht die Rechtswidrigkeit, sondern die Tatbestandsmäßigkeit der Körperverletzung für ausgeschlossen, und er bringt diese Folge in Abhängigkeit nicht von der Einwilligung des Patienten, sondern von der Angemessenheit des Eingriffs, deren Beurteilung indessen wieder durch die Rücksicht auf den Willen des Betroffenen bedingt sein kann. Die Begründung führt zur Erläuterung aus:

> „Den Maßstab, nach dem sich die Zulässigkeit des Eingriffs oder der Behandlungsweise beurteilt, bildet die Übung eines gewissenhaften Arztes. Der Eingriff oder die Behandlung muß somit nicht nur nach den Regeln der ärztlichen Wissenschaft angezeigt sein und kunstgemäß ausgeführt werden, sondern auch vom Standpunkt der ärztlichen Ethik aus statthaft erscheinen. Auf den letzteren Gesichtspunkt wird es vor allem ankommen, wenn zu entscheiden ist, ob der Arzt eine Frau auf ihr Verlangen, aber ohne medizinische Notwendigkeit unfruchtbar machen durfte, ob er eine ausdrückliche Einwilligung des Patienten selbst erfordern mußte, oder ob er sich mit der Zustimmung des gesetzlichen Vertreters oder naher Angehöriger begnügen konnte.“

Wieder beschränkt sich der Gesetzgeber auf einige dürftige Andeutungen, welche die Fülle der einschlägigen Kontroversen nicht annähernd erschöpfen. Auf diese ganze Kasuistik kommt es nun in der Tat in dem Augenblick auch nicht mehr an, wo sie aus einem einheitlichen Gesichtspunkt ihre Erledigung findet. Diesem allein wenden wir daher unsere Aufmerksamkeit zu. Ganz folgerichtig heißt es denn auch in der Begründung weiter:

„Ist die Kunstmäßigkeit und die durch die ärztliche Standespflicht bestimmte Zulässigkeit des Eingriffs zu bejahen, so liegt Körperverletzung oder Mißhandlung auch dann nicht vor, wenn der Heilerfolg ausbleibt. Fehlt es dagegen an jenen Voraussetzungen, so schützt § 238 den Täter vor der Strafe der Körperverletzung auch dann nicht, wenn der Zweck des Eingriffs erreicht wird. Unter Umständen kann jedoch in den letztgenannten Fällen die Strafbarkeit auf Grund des § 239 (Einwilligung) entfallen."

Also auch dann, wenn der Eingriff sachlich indiziert gewesen und kunstgemäß ausgeführt worden ist, und wenn er den Heilerfolg gezeitigt hat, ist wegen Körperverletzung zu verurteilen, wenn er mit Rücksicht auf den entgegenstehenden Willen des Patienten hätte unterbleiben müssen. Die Frage aber, ob dies der Fall, wird sich wieder nur aus jenem allgemeinen Grundprinzip heraus entscheiden lassen.

Die Begründung wählt dafür die Bezeichnung: ‚ärztliche Ethik'; und es ist richtig, daß sich so etwas wie ein System von Anweisungen ausgebildet hat, die der Arzt zu befolgen hat, um seinem Verhalten jenen Charakter zu geben, der es zu strafbaren Eingriffen in die körperliche Integrität in entscheidenden Gegensatz bringt. Aber nicht nur sind diese Grundsätze in unaufhörlichem Fluß befindlich und gerade in unseren Tagen raschem und tiefgreifendem Wandel unterworfen. So kann aufmerksamer Beobachtung die Verschiebung der Einstellung nicht entgehen, welche heute im Vergleich zu früheren Zeiten die ärztlichen Berufsgenossen der Frage der Schwangerschaftsunterbrechung und der Sterilisierung aus sozialer, sei es wirtschaftlicher, sei es eugenischer Indikation entgegenbringen. Und die Bedeutung, welche dem individuellen Belieben des Patienten beizulegen ist, wird vom Standpunkt des Liberalismus und des Sozialismus aus sehr verschieden bewertet werden. Gerade deshalb kann es sich nun aber außerdem bei allen solchen Versuchen umfassender Normierung immer nur um das Bestreben handeln, in generalisierender Weise dem Prinzip der Angemessenheit und grundsätzlichen Richtigkeit zum Ausdruck zu verhelfen. Ohne diesen ‚reinen', stofflich noch gar nicht ausgefüllten Gedanken können jene Anweisungen weder überhaupt gegeben noch gar auf ihren Wert und ihre Tauglichkeit geprüft und mit der ihnen allen, wenngleich unbewußt, zugrunde liegenden Idee in Einklang gehalten werden. Nur von hier aus läßt sich daher auch der Begriff der Gewissenhaftigkeit deutlich machen.

Nicht auf das unter Umständen bekanntlich recht weite Gewissen des einzelnen Arztes kann es dabei ankommen; nicht alles, was einer mit ‚seinem' Gewissen vereinbaren kann, darf als objektiv gewissenhaft gelten. Sondern es ist gerade dieses individuelle Gewissen daraufhin zu prüfen, ob es den Anforderungen entspricht, die an das Gewissen eines Arztes zu stellen sind. Ihm vertraut der Patient sich an und darf deshalb in besonderem Maße Anspruch darauf erheben, daß der Arzt in ihm die Persönlichkeit achte und nicht nach subjektivem Belieben mit ihm schalte, mag er immerhin von der Art der Behandlung sich Gutes versprechen. Ihm aber vertraut auch die Gesellschaft, die an rechter Gesundheitspflege ein wohl begründetes Interesse nimmt. Der Arzt ist also nicht nur dem eigenen Gewissen, sondern außerdem dem Patienten und der Gemeinschaft Rechenschaft schuldig. Starkes Verantwortungsgefühl aber wird sich auch wieder in besonderem Mut zur Verantwortung zu bewähren haben. Es darf auf die Initiative nicht lähmend wirken und nicht infolge allzu engherziger Bindung zur Fessel für den Fortschritt der Wissenschaft werden. Wahrlich: die Aufgabe, die auch hier wieder das Gesetz dem Richter stellt, ist nicht ganz leicht zu lösen. Darüber, ob es sie ihm überlassen darf, gehen denn auch die Ansichten stark auseinander.

Es gelte, meint Richard Schmidt, die Grenze zu ziehen, die es dem Arzt ermögliche, seinen Beruf unbehelligt auszuüben und seine Kenntnis und Kunst zu verwerten, ohne doch dem Mißbrauch des Berufs Vorschub zu leisten, wie es ja überall die Aufgabe des Rechtes sei, zwischen widerstreitenden Interessen zu vermitteln, zwischen den verschiedenen Lebenskreisen Freiheit und Gebundenheit so zu verteilen, daß jedem der Interessenten freie Bewegung gesichert sei. Jene Grenze aber müsse, damit sie nach beiden Seiten ihren Zweck erfülle, deutlich erkennbar und deshalb eine vom Gesetz grundsätzlich gezogene sein. „Gar nichts wäre erreicht, wollten wir ihre Auffindung im einzelnen Falle dem Takt, dem Rechtsgefühl, dem gesunden Menschenverstand, dem Ermessen des Gerichts überlassen, oder wie diese Redensarten alle heißen." Dem benötigten Rechtssatz schlägt er nun aber vor die folgende Fassung zu geben: „Eine strafbare Handlung ist nicht vorhanden, wenn die Handlung durch die Notwendigkeit ärztlicher Hilfe geboten war." Und bis dahin unterstellt er einen Satz des Gewohnheitsrechts entsprechenden Inhalts. Im Endergebnis also weicht er von unserer Auffassung nur in dem Punkte ab, daß er den Nachweis der Angemessenheit nach soziologischer Methode erbracht wissen will, während hier der kritischen Besinnung der Vorzug gegeben wird.

VI.

„Wer eine Körperverletzung mit Einwilligung des Verletzten vornimmt, wird nur bestraft, wenn die Tat trotz der Einwilligung gegen die guten Sitten verstößt" (§ 239).

Eine ähnliche Regelung findet sich schon einmal im Entwurf von 1913. Sie war dann wieder gestrichen worden. Die Notwendigkeit, der Einwilligung des Verletzten mindestens an dieser Stelle des besonderen Teils Erwähnung zu tun, hat sich aber unabweisbar aufgedrängt. Mit der durchaus naturrechtlichen Unterscheidung zwischen verzichtbaren und unverzichtbaren Lebensgütern kommt man gerade bei der Körperverletzung nicht zu Maß. Sie kann infolge der Einwilligung des Betroffenen ihren Unrechtsgehalt verlieren, sie kann ihn aber auch behalten. Das eine wird z. B. dann der Fall sein, wenn sich jemand erbietet, zur Rettung des Lebens eines andern oder im Interesse der ärztlichen Wissenschaft seinen Körper empfindlichem Eingriff auszusetzen; das andere dann, wenn es dem Verletzten darum zu tun war, an Stelle des Broterwerbs aus ehrlicher Arbeit die Invalidenrente zu beziehen. Diese Erkenntnis hatte mich zu der Überzeugung geführt, die Angemessenheit der Verletzung des Einwilligenden stehe in Abhängigkeit von der Angemessenheit der Erteilung der Einwilligung. Es wird indessen der Begründung zugegeben werden müssen, daß die Parallele sich nicht restlos durchführen läßt und es richtiger ist, auf die Rechtfertigung der Tat selber abzuheben. Dafür wird nun auf die Übereinstimmung mit den guten Sitten verwiesen, von denen es heißt:

„Der Begriff der guten Sitten ist dem bürgerlichen Recht entnommen. Dort hat er sich zur Abgrenzung des Erlaubten vom Unerlaubten im allgemeinen bewährt. Nach der feststehenden Rechtsprechung des Reichsgerichts decken sich die guten Sitten mit dem Anstandsgefühl aller gerecht und billig Denkenden.“

Diese Definition leidet nun aber an so offensichtlichen Mängeln, und diese Mängel sind von dem Manne, der sich ein Menschenleben hindurch um die Klärung der unterliegenden Bedeutung bemüht hat, in so eindringlicher Weise aufgewiesen worden, daß die Hartnäckigkeit in Staunen setzt, mit der hier Worte die Stelle von Gedanken vertreten. „Daß die Frage, was anständig und gerecht ist, nicht damit beantwortet werden kann: was anständig und gerecht denkende Leute darüber meinen, — sollte eigentlich keiner besonderen Bemerkung bedürfen“ (Theorie der RW. S. 725). — „Alle Verweisung auf ein Gefühl, dem man die richtige Entschließung verdanke, setzt den Gedanken möglicher Richtigkeit in systematischer Weise voraus. Jenes sagt nur, daß man die sachlich begründete Beschaffenheit eines Wollens aus einem dunklen Entstehungsprozeß her erhalte... Gesetzt aber auch, daß dieser Entstehungsprozeß wissenschaftlich klarer überschaut würde, als die bloße Berufung auf das Gefühl es durchschlagend zu tun vermag, so handelt es sich bei der so entspringenden Meinung um eine sachlich begründete Aufstellung. Diese Eigenschaft grundsätzlicher Richtigkeit der gerade fraglichen Behauptung bleibt von dem Hinweise auf eine besondere Weise der Entstehung ganz unberührt" (Lehrbuch § 146). „Und ganz schlimm wird es, wenn gute Sitten oder Treu und Glauben oder Billigkeit und ähnliches als ein mystisches ethisches Etwas angenommen werden, während es nichts bedeutet, als bestimmte Rechtssätze, die in der fraglichen Lage das grundsätzlich richtige Recht darstellen" (Theorie S. 304).

‚Gute Sitten' sind weder Sitten im Sinne konventionaler Gebräuche, noch sind sie gut im Sinne moralischer Vollkommenheit, sondern sie bezeichnen diejenigen Normen, nach denen ein soziales Verhalten sich richten muß, wenn es der Idee des Rechts entsprechen soll. Nur auf dem Wege der Besinnung auf den einheitlichen Gesichtspunkt der Gesetzmäßigkeit des verbindenden Wollens, gewiß nicht aber durch die Verweisung auf irgendwelche Gefühle solcher Leute, die bereits im Besitze der Vorstellungen sein müßten, um deren Ergründung es sich allererst handelt, kann deren Klärung erhofft werden.

VII.

„Wer öffentlich in einer Sitte oder Anstand verletzenden oder andere belästigenden Weise zur Unzucht auffordert oder sich dazu anbietet, wird . . . bestraft" (§ 271, 1).

Darüber, was hier und in dem vorangehenden Paragraphen, welcher die gleiche Wendung enthält, unter ‚Sitte oder Anstand' vorzustellen sei, sagt die Begründung garnichts. Es kann aber kein Zweifel sein, daß damit auf konventionale Gebräuche abgehoben werden soll, so daß unter Sitte hier etwas ganz anderes zu verstehen ist, wie im § 239. „Es ist ... möglich, daß eine besondere Rechtbestimmung für etwaige Einzelfragen auf den Inhalt bereits bestehender Konventionalregeln als maßgeblich Bezug nimmt. Hier wird ... der Rechtsuchende darauf verwiesen, was eine andere Instanz ihm sagen werde. Aber das geschieht doch auf Grund einer besonderen rechtlichen Anordnung. Sie ist das hier entscheidende Wollen, und ihr eigener Inhalt ist ausschließlich in der Methode der rechtlichen Begriffe zu erfassen. Ihre besondere Angabe, daß man in gewisser Hinsicht von Dritten sich Auskunft holen solle, ist selbst begrenzt und veränderlich und bedeutet etwas ganz anderes, denn eine methodische Abhängigkeit der juristischen Begriffsbildung von einer außerhalb der Rechtsbetrachtung gelegenen wissenschaftlichen Erwägung" (Theorie S. 305). Für die Einarbeitung der Grundsätze ‚richtigen Rechts' bleibt somit an dieser Stelle kein Raum; weshalb sich für uns eine nähere Betrachtung erübrigt.

VIII.

„Das gleiche gilt (d. h. Bestrafung wegen übler Nachrede findet nicht statt), wenn der Täter zur Wahrnehmung eines berechtigten öffentlichen oder privaten Interesses handelt und dabei die einander gegenüberstehenden Interessen pflichtmäßig abgewogen hat" (§ 286, 2).

Die Begründung weist zunächst darauf hin, daß der Entwurf durch die veränderte Fassung das Recht des Beleidigers, sich zu seinem Schutze auf die Wahrnehmung berechtigter Interessen zu berufen, insofern erweitert, als diese nicht mehr, wie nach der bisherigen höchstrichterlichen Judikatur, eigene Interessen des Täters zu sein brauchen; „es ist nunmehr jedermann gestattet, für berechtigte öffentliche Interessen in der Öffentlichkeit einzutreten, ohne eine

Strafe wegen übler Nachrede befürchten zu müssen." Dann fährt sie fort:

„Nur insofern ist diese Befugnis begrenzt, als von dem Täter gefordert wird, daß er bei seinem Angriff die einander gegenüberstehenden Interessen pflichtmäßig abgewogen hat. Der Täter muß also sich die Frage vorgelegt haben, ob das Interesse, für das er in der Öffentlichkeit eintreten will, den Angriff, den er erheben will, rechtfertigt."

Hier wird also der Gedanke der Richtigkeit zweimal herangezogen, indem zunächst das wahrgenommene Interesse sich als berechtigtes erweisen, weiter aber seine Verfolgung auf Kosten der Ehre eines andern sich muß als gerechtfertigt dartun lassen.

Der Begriff des berechtigten Interesses war schon dem geltenden Recht geläufig und hier ganz übereinstimmend dahin ausgelegt worden, daß seine Verfolgung nicht in Widerspruch zu Recht und Sitte stehen dürfe, womit wiederum nichts anderes gemeint war, als die Übereinstimmung mit dem Grundgedanken rechten sozialen Verhaltens. Längst war aber auch erkannt worden, daß die Berechtigung des Interesses als solchen noch nicht ohne weiteres ein Anrecht verleihe, seine Verfolgung mittels eines Angriffs auf fremde Ehre zu betreiben, daß vielmehr diese besondere Art des Vorgehens in den konkreten Umständen begründet sein müsse. Frank bemerkt darüber: der dem Gesetze zugrunde liegende Gedanke gehe dahin, daß sich gewisse Interessen unter Umständen nicht anders als durch Verletzung fremder Ehre wahrnehmen lassen, und dieser Notstand sei es, der im Rechte Anerkennung gefunden habe. Dieser aber habe rechtfertigende Wirkung hier wie sonst nur dann, wenn es dem Täter nicht zugemutet werden könne, die Verfolgung des Interesses mit Rücksicht auf die Ehre eines andern preiszugeben.

Danach kommt es ganz auf das gleiche heraus, ob von pflichtmäßiger Abwägung, von zumutbarem Verzicht oder von gerechtfertigtem Vorgehen gesprochen wird: Es ist immer eines und dasselbe gemeint. Dieses eine aber ist der Gedanke grundsätzlicher Richtigkeit des verbindenden Wollens. In mannigfach wechselndem Gewande tritt uns immer wieder diese selbe Vorstellung entgegen, mit welcher allein die einheitliche Richtung angegeben ist, die wir in Gedanken zu verfolgen haben, wenn wir zu begründetem Urteil in Ansehung des Verhaltens der Menschen zueinander gelangen wollen. Ein Mannigfaltiges aber in einheitlicher Art zu erfassen — ist die eigentliche Aufgabe der Wissenschaft. „Dieser Gedanke der Einheit ist die letzte Formel, von der überhaupt alles Bewußtsein abhängig ist, das wir Wissenschaft nennen mögen. . . . Sie ist die oberste und überall maßgebende Bedingung aller menschlichen Einsicht, und so auch für das geistige Gebiet des Rechtes . . . in festem Entschlusse zu beobachten" (Theorie S. 20). Es wäre zu wünschen, daß Gesetzgebung und Rechtsprechung lernen möchten, diese Mahnung besser zu beherzigen, als es bislang geschehen ist.

IX.

„Wer sich nur durch die gerechtfertigte Entrüstung über das unmittelbar vorausgegangene Benehmen eines anderen hinreißen läßt, ihn in einer nach den Umständen entschuldbaren Weise zu beleidigen, wird nicht bestraft" (§ 288, 4).

Die Beleidigung muß also nach den Umständen entschuldbar und aus gerechtfertigter Entrüstung hervorgeflossen sein. Die Begründung bringt zur Erläuterung nichts bei. Nun ist Entrüstung wohl niemals ein objektiv begründeter Seelenzustand, weshalb denn auch die aus ihr erwachsende Handlungsweise nicht für rechtmäßig, sondern nur für entschuldbar erklärt wird. Es scheint mir hier also genau so zu liegen, wie beim Notstand: die Beleidigung ist straflos, wenn dem Täter nicht zuzumuten war, die Beleidigung zu dulden. Nur daß der Grund dafür diesmal nicht in der Interessenlage, sondern in der Gemütsstimmung zu suchen ist. Es würde sich empfehlen, der Vorschrift eine Fassung zu geben, welche die Übereinstimmung klar hervortreten läßt; etwa in dieser Art: „Wer sich durch das unmittelbar vorausgegangene Benehmen eines anderen hat bestimmen lassen, diesen zu beleidigen, bleibt straflos, wenn ihm nicht zugemutet werden konnte, das Benehmen des anderen zu dulden.“ Damit wäre das Problem auf ein bekanntes Prinzip zurückgeführt.

X.

„Wer die ihm durch Gesetz oder Rechtsgeschäft eingeräumte Befugnis, über das Vermögen eines anderen zu verfügen, wissentlich zum Nachteil des anderen mißbraucht, wird . . . bestraft“ (§ 314).

Das BGB. gedenkt der mißbräuchlichen Rechtsausübung an mehreren Stellen. Im § 226 erklärt es die Ausübung eines Rechts für unzulässig, wenn sie nur den Zweck haben kann, einem anderen Schaden zuzufügen. Hier ist der mißbilligte Tatbestand in einer Weise technisch ausgeprägt, daß für die Einarbeitung der Grundsätze ‚richtigen Rechtes‘ kein Raum bleibt; er steht solchem Versuch geradezu hindernd im Wege. Anders bei den Beschränkungen der Ausübung von Familienrechten. Da tritt der unterliegende Gedanke deutlich heraus: dem rechtlich Verbundenen ist eine Verfügungsmacht verliehen, welche den andern der Gefahr ausliefert, der Willkür des Berechtigten anheimzufallen; dagegen schützt ihn nun das Verbot des Mißbrauchs jener zunächst zu freier Verfügung verliehenen Rechte. Beruht hier die Sondergemeinschaft, in welcher der Ausgleich zu vollziehen ist, auf der natürlichen Basis verwandtschaftlicher Beziehungen, so nimmt § 314 des Entwurfs auf eine solche Bezug, welche durch Gesetz oder Vertrag erst begründet wurde; und es bilden den Gegenstand der Verfügung nicht Familien- sondern Vermögensrechte.

Darin liegt nun aber insofern ein wesentlicher Unterschied, als jene ersteren der formalen Präzisierung starken Widerstand entgegensetzen, so daß statt dessen, mit dem Verbot des Mißbrauchs, auf den Widerspruch zu dem in der Ehe und der Familie zum Ausdruck gelangenden Gedanken rechter Gemeinschaft zweckmäßig verwiesen wird; wogegen die Pflichten, die aus einer gesetzlich oder vertraglich begründeten Verfügungsmacht über fremdes Vermögen erwachsen, der technischen Ausprägung sehr wohl zugänglich sind. So kennzeichnet denn auch die Begründung die Handlung des Täters dahin, er müsse von seiner Befugnis einen Gebrauch machen, der eine Verletzung seiner Pflichten enthalte, womit nicht wohl andere Pflichten gemeint sein können, als eben diejenigen, die ihm kraft Gesetzes oder Vertrages zukommen. Und nur, sofern diese Pflichten inhaltlich nicht fest umrissen sind, wird sich Anlaß bieten, einen etwaigen Streit nach einem prinzipiell begründeten Rechtssatz zu schlichten. Für seine Auswahl wird dann vorzüglich die Erwägung maßgebend sein, daß dem Täter jene Vollmacht, in deren Ausübung er die Verfügung traf, nicht in seinem sondern gerade in des Vertretenen Interesse verliehen worden ist; so daß ihre mißbräuchliche Verwendung ihm gegenüber einen Treubruch darstellt.

Es hat sich gezeigt, daß nicht überall, wo es zuerst den Anschein hatte, aber doch in einer Reihe von Fällen auch der Strafrichter nach kommendem Recht darauf angewiesen sein wird, den Obersatz, aus dem er sein Urteil gewinnt, auf dem Wege kritischer Selbstbesinnung erst zu finden. Es tut not, daß er sich der dabei anzuwendenden Methode recht versichere; und es kann keinem Zweifel begegnen, daß sie der Nachprüfung des Revisionsgerichts unterliegt. An dieses also kann der Angeklagte appellieren, der verurteilt worden, weil er sich gegen einen rechtswidrigen Angriff unangemessen verteidigt habe, weil ihm zuzumuten gewesen sei, den drohenden Schaden zu dulden, weil seine Behandlungsweise der Übung eines gewissenhaften Arztes nicht entsprochen, die Verletzung trotz der Einwilligung gegen die guten Sitten verstoßen habe, eine pflichtmäßige

Abwägung der Interessen verabsäumt worden sei; u. a. m. Denn auf die hier maßgeblichen Sätze wird vom Gesetzgeber vielmehr als auf Rechtssätze, die in einer gegebenen Lage die von außen her in das Recht hineinzusprechen hätte, vielmehr als auf Rechtssätze, die in einer gegebenen Lage das grundsätzlich Richtige angeben" (Theorie S. 580). Den Weg aber, jene Methode zu finden und gesichert zu behaupten, hat der Mann uns gewiesen, dem diese Blätter in Bewunderung und Verehrung dargebracht werden.

ZU DEN EINLEITUNGSARTIKELN DES SCHWEIZERISCHEN ZIVILGESETZBUCHES.

Von
HANS REICHEL.

Vorwort.

Θεου τε και δικαιοσυνης μειζον ἐστιν οὐδεν.
Justinian.

Das seit 1912 in Kraft stehende Schweizerische Zivilgesetzbuch (ZGB.) enthält in seinen ersten 10 Artikeln unter der Überschrift: „Einleitung" folgende Bestimmungen:

Art. 1. Das Gesetz findet auf alle Rechtsfragen Anwendung, für die es nach Wortlaut oder Auslegung eine Bestimmung enthält.

Kann dem Gesetz keine Vorschrift entnommen werden, so soll der Richter nach Gewohnheitsrecht und, wo auch ein solches fehlt, nach der Regel entscheiden, die er als Gesetzgeber aufstellen würde.

Er folgt dabei bewährter Lehre und Überlieferung.

Art. 2. Jedermann hat in der Ausübung seiner Rechte und in der Erfüllung seiner Pflichten nach Treu und Glauben zu handeln.

Der offenbare Mißbrauch eines Rechtes findet keinen Rechtsschutz.

Art. 3. Wo das Gesetz eine Rechtswirkung an den guten Glauben einer Person geknüpft hat, ist dessen Dasein zu vermuten.

Wer bei der Aufmerksamkeit, wie sie nach den Umständen von ihm verlangt werden darf, nicht gutgläubig sein konnte, ist nicht berechtigt, sich auf den guten Glauben zu berufen.

Art. 4. Wo das Gesetz den Richter auf sein Ermessen oder auf die Würdigung der Umstände oder auf wichtige Gründe verweist, hat er seine Entscheidung nach Recht und Billigkeit zu treffen.

Art. 5. Soweit das Bundesgericht die Geltung kantonalen Rechtes vorbehält, sind die Kantone befugt, zivilrechtliche Bestimmungen aufzustellen oder aufzuheben.

Wo das Gesetz auf die Übung oder den Ortsgebrauch verweist, gilt das bisherige kantonale Recht als deren Ausdruck, solange nicht eine abweichende Übung nachgwiesen ist.

Art. 6. Die Kantone werden in ihren öffentlichrechtlichen Befugnissen durch das Bundeszivilrecht nicht beschränkt.

Sie können in den Schranken ihrer Hoheit den Verkehr mit gewissen Arten von Sachen beschränken oder untersagen oder die Rechtsgeschäfte über solche Sachen als ungültig bezeichnen

Art. 7. Die allgemeinen Bestimmungen des Obligationenrechtes über die Entstehung, Erfüllung und Aufhebung der Verträge finden auch Anwendung auf andere zivilrechtliche Verhältnisse.

Art. 8. Wo das Gesetz es nicht anders bestimmt, hat derjenige das Vorhandensein einer behaupteten Tatsache zu beweisen, der aus ihr Rechte ableitet.

Art. 9. Öffentliche Register und öffentliche Urkunden erbringen für die durch sie bezeugten Tatsachen vollen Beweis, solange nicht die Unrichtigkeit ihres Inhaltes nachgewiesen ist.

Dieser Nachweis ist an keine besondere Form gebunden.

Art. 10. Wo das Bundesrecht für die Gültigkeit eines Rechtsgeschäftes keine besondere Form vorsieht, darf das kantonale Recht auch für die Beweisbarkeit des Rechtsgeschäftes eine solche nicht vorschreiben.

In Eugen Hubers Vorentwurf (VE.) vom 15. Nov. 1900 hatte sich die „Einleitung" auf folgende 5 Artikel beschränkt:

VE. Art. 1. Das Zivilgesetz findet auf alle Rechtsfragen Anwendung, für die es nach Wortlaut oder Auslegung eine Bestimmung enthält.

Fehlt es in dem Gesetz an einer Bestimmung, so entscheidet der Richter nach dem Gewohnheitsrechte, und wo ein solches mangelt, nach bewährter Lehre und Überlieferung.

Kann er aus keiner dieser Quellen das Recht schöpfen, so hat er sein Urteil nach der Regel zu sprechen, die er als Gesetzgeber aufstellen würde.

VE. 2. Hat sich zur Erläuterung oder Ergänzung einer bundesrechtlichen Bestimmung ein Gewohnheitsrecht gebildet, so wird es als Bundesrecht anerkannt.

Nicht anerkannt wird die Bildung eines Gewohnheitsrechtes, das als Ortsübung die Bestimmungen des Gesetzes in irgend einer Weise aufheben oder abändern würde.

VE. 3. Soweit das Bundesrecht die Geltung kantonalen Rechtes vorbehält, sind die Kantone befugt, zivilrechtliche Bestimmungen aufzustellen oder aufzuheben.

In dem gleichen Umfange wird auch die Geltung kantonalen Gewohnheitsrechtes anerkannt.

VE. 4. Die Kantone werden in ihren öffentlich-rechtlichen Befugnissen durch das Bundeszivilrecht nicht beschränkt.

Sie können in den Schranken ihrer Hoheit den Verkehr mit gewissen Arten von Sachen untersagen oder die Rechtsgeschäfte über solche Sachen als ungültig bezeichnen.

VE. 5. Die Schweizer im Auslande und die Ausländer in der Schweiz stehen unter dem Rechte, das der Bund durch Vereinbarung mit den andern

Staaten für sie festgestellt hat und, insoweit eine solche Vereinbarung nicht getroffen ist, unter den Bestimmungen dieses Gesetzes.

Steht ein Verhältnis unter ausländischem Rechte, so ist der schweizerische Richter befugt, zu verlangen, daß ihm der Bestand dieses Rechtes von der Partei, die es anruft, nachgewiesen werde.

Wird dieser Nachweis nicht geleistet, und ist dem Richter das ausländische Recht nicht ohnedies bekannt, so wendet er das schweizerische Zivilrecht an.

Im folgenden sollen die leitenden Grundgedanken nicht nur des vielerörterten Art. 1, sondern der gesamten Einleitung kurz dargestellt und kritisch gewürdigt werden. Diese Würdigung wird insbesondere die nahen Beziehungen ins Licht stellen, die zwischen dem ZGB. und dem Lebenswerke Rudolf Stammlers bestehen. Ihm war Eugen Huber in langjähriger treuer Freundschaft bis zum Tode verbunden. Sein letztes Buch ist Rudolf Stammler gewidmet. So seien denn die nachstehenden Zeilen ein Zeichen dankbarer Verehrung für den Verewigten nicht nur, von dessen Werk sie handeln, sondern auch für den Lebenden, zu dessen Ehrentage sie dargebracht sind[1]).

§ 1. Geltung des Gesetzes.[2])

1. Gesetz im Sinne ZGB. 1 ist nicht allein das ZGB. selbst, sondern jedes eidgenössische Gesetz (Bundesgericht,

[1]) Ein für allemal sei verwiesen auf Eugen Huber, Erläuterungen zum Vorentwurf, 2. Aufl. 1914, Recht u. Rechtsverwirklichung 1921, das Absolute im Recht 1922; Stammler, Lehre vom richtigen Recht 1902 (Neuauflage 1926 in Vorbereitung), Theorie der Rechtswissenschaft, 2. unveränderte Aufl. 1923, Lehrbuch der Rechtsphilosophie 1922 (woselbst zahlreiche weitere Nachweise), der Richter 1924, Rechtsphilosoph. Abh. u. Vortr. I, II 1925 (bes. I 85, 169, 237, II 393); Gmür, Anwendung des Rechts nach Art. 1 ZGB. 1908; Wieland, Historische u. kritische Rechtswissenschaft 1910; Meili, Recht u. Wirtschaft 1912, 125; Egger, Schweiz. Rechtsprechung u. Rechtswissenschaft 1913; Reichel, Gesetz u. Richterspruch 1915; Lucien-Brun, le rôle du juge dans le CCS. Lyon 1920; Williams, The sources of law in the Swiss Civil Code, Oxford 1924 (dazu Wyler, Schw. J. Z. 1924/25, S. 123).

[2]) Zinsli, Referendum, Diss. Zürich 1908; v. Waldkirch, Mitwirkung des Volkes bei der Rechtssetzung 1918; Bonjour, La democratie suisse 1919; Schindler, Bildung des Staatswillens in der Demokratie 1921.

Praxis 1921 S. 121), d. h. jeder von der Bundesversammlung in verfassungsmäßiger Form gefaßte Beschluß, dem nicht das Gesamtvolk im Referendumsverfahren mehrheitlich widersprochen hat.

Vermöge des (fakultativen) Referendums gewinnt die schweizerische Bundesgesetzgebung den Charakter einer wirklichen Volksgesetzgebung. Sie unterscheidet sich dadurch beträchtlich von der deutschen Parlamentsgesetzgebung nach wie vor 1919. Ein auf mehrere Jahre gewählter Reichstag, der vielleicht das Vertrauen seiner Wähler bereits verloren hat, kann Gesetze verabschieden, die dem Willen des Gesamtvolkes zuwiderlaufen. In der Schweiz ist solches nicht möglich. Daher kann mit hoher Wahrscheinlichkeit behauptet werden, hinter jedem Bundesgesetze stehe der Mehrheitswille des Schweizervolkes.

Eben damit verringert sich auch der Gegensatz zwischen Gesetzes- und Gewohnheitsrecht. Die auf obrigkeitsstaatlichen Gedankengängen fußende Behauptung, Gesetz sei staatliche, Gewohnheitsrecht sei gesellschaftliche Rechtsbildung, hat für den schweizerischen Volksstaat keinen Sinn, und sie sollte in der schweizerischen Rechtswissenschaft kein Echo finden.

2. Nur das gültige Gesetz findet Anwendung. Zur Gültigkeit aber gehört vor allem Verfassungsmäßigkeit. Ein formell oder materiell verfassungswidriges Gesetz ist daher vom Richter nicht anzuwenden. Die gegenteilige Behauptung (BG. Pr. 1924 Nr. 177) widerspricht dem Prinzip des formalen Rechtsstaates und findet in der Bundesverfassung (BV.) keine Stütze. Denn zu den in Art. 113 für verbindlich erklärten Gesetzen gehört doch gewiß und allem voraus auch die Bundesverfassung selbst. Als eine Nachprüfung, die Art. 113 dem Richter verwehrt, versteht sich also lediglich eine Beanstandung verfassungsmäßiger Gesetze unter dem Gesichtswinkel ihrer Unvereinbarkeit mit dem richtigen Recht (s. u. Ziff. 5).

Wenn gleichwohl in der Schweiz auch gewisse mit der Verfassungsurkunde unvereinbare Gesetze anstandslos angewendet werden, so läßt sich dies m. E. nur in folgender

Weise rechtfertigend begründen. Ein Gesetz ist nicht verfassungswidrig, wenn es zugleich verfassungsändernd wirkt, d. h. wenn es nach Kraft und Inhalt eine Partialrevision der Verfassung darstellt. Zu einer solchen würde nun allerdings eine Volksabstimmung unerläßlich sein (obligatorisches Verfassungsreferendum), und die bloße Unterlassung des für gewöhnliche Gesetze vorgeschriebenen fakultativen Referendumsverfahrens ersetzt diese an sich nicht. Fand sich jedoch niemand, der sich veranlaßt sah, das Referendum zu verlangen, so darf man hieraus einen tacitus consensus populi folgern, der die Erfordernisse eines verfassungsändernden Gewohnheitsrechts erfüllt. Aus diesem, und nur aus diesem Grunde ist das Gesetz gültig.

Beispiele: Die Zuständigkeitsbestimmung des Schuldbetreibungsgesetzes (SchKG.) Art. 271 steht mit BV. 59, das aus rassehygienischen Gründen erlassene Eheverbot für Geisteskranke ZGB. 97 Abs. 2 steht mit BV. 54 in unleugbarem Widerstreit. An der Gültigkeit dieser Bestimmungen rüttelt gleichwohl niemand. Aber dies mit Fug nur deswegen, weil hinter ihnen das ganze Schweizervolk steht. Vergleiche Burckhardt zu BV. 59, Jaeger zu SchKG. 271, Lehmeyer ZSchwR. 58, 229.

Die grundsätzlichen Leugner des Gewohnheitsrechts werden vorstehender Deduktion nicht zustimmen. Wie sie sich mit der alsdann zu unterstellenden Rechtsstaatswidrigkeit abfinden wollen, ist ihre Sache.

Selbst über den Mangel formeller Verfassungsmäßigkeit kann gegebenenfalls ein Gewohnheitsrecht heilend hinweghelfen. Beispiel: bis auf den heutigen Tag gelten in Ungarn die Beschlüsse der sog. Judex-Kurial-Konferenz von 1861, welche Gesetzeskraft nie erlangt haben, weil die Sanktionierung durch den damals noch ungekrönten König verfassungsrechtlich pro nihilo war. Sie gelten trotzdem; nämlich als Gewohnheitsrecht (Almási, Ungar. Privatrecht I, 1922, S. 19).

Diese Erwägung ist auch für die Schweiz nicht ohne Interesse. In den Unheilszeiten seit 1914 befand auch sie sich in einem état de nécessité, und es hat folglich dort wie anderwärts die oberste Exekutivgewalt durch Notverordnungen eingegriffen, denen sie Gesetzeskraft beimaß. Die geschriebene Bundesverfassung sieht jedoch ein solches Notverordnungsrecht nicht vor. Allerhand Rechtfertigungskünste sind versucht worden; keine will recht befriedigen. Nicht einmal den Versuch einer Rechtfertigung stellt die Berufung auf den famosen Satz dar: „Not kennt kein Gebot"; denn Notstand kann höchstens entschuldigen, niemals rechtfertigen. Nicht mit einem angeblichen ius necessitatis, das jede Staatswillkür legalisieren würde, darf man argumentieren: überzeugend ist nur die Berufung auf eine opinio necessitatis, d. h. ein diesbezügliches eidgenössisches Gewohnheitsrecht.

Man achte die Frage der Verfassungsmäßigkeit nicht für gering. Dies namentlich heute nicht, nachdem die Gewaltjahre seit 1914 die Machthaber in aller Welt dazu verleitet haben, sich aus Gründen der sogenannten Staatsnotwendigkeit über verfassungsmäßige Schutzwehren hinwegzusetzen. Es ist ein dringendes Gebot der Zeit, daß allerorten der Gedanke des Rechtsstaates wieder voll zu Ehren komme. Dies ist die bescheidenste Anforderung, die man an einen gesitteten Staat überhaupt stellen kann. Ehe ein Staat sich mit Fug als Kultur-, Wohlfahrts- oder Sozialstaat bezeichnen und betätigen kann, muß er zu allererst einmal Rechtsstaat sein (vgl. Stoll, Iherings J. 76, 134). Von der terroristischen Diktatur, sie sei faszistisch, bolschewistisch, militaristisch oder wie immer sonst aufgemacht, dürfen wir die Wiedergesundung Europas nicht erhoffen. Die sogenannten Großstaaten Europas, die sich innerlich als so klein erwiesen, mögen ihre Blicke vielmehr auf jene „Kleinstaaten" richten, die sich durch die Greuel des Völkermordens hindurch eine gesunde Staatsgebahrung erhalten haben: Skandinavien, Holland und die Schweiz. Diese Staaten sind heute vor allen anderen berufen, das Panier des Rechtsstaates weithin sichtbar zu entfalten. Zum Rechtsstaat aber gehört unabdingbar die richterliche Nachprüfung der Verfassungsmäßigkeit erlassener Gesetze (zutreffend Stoll 201).

In diesem Zusammenhang noch ein Wort über das Verhältnis von Staatsgesetz und Staatsvertrag. Daß späterer Staatsvertrag früherem Staatsgesetz derogiert, ist selbstverständlich. Um so umstrittener ist — auch in der Schweiz — die Frage, ob späteres Staatsgesetz einem früher geschlossenen (ratifizierten und publizierten) Staatsvertrag an Kraft vorgehe. Verneinend Burckhardt ZSchwR. 56, 145, bejahend His ebenda 437. Wer ein Völkerrecht anerkennt — und der Jurist, der es leugnet, macht sich sozusagen der Fahnenflucht schuldig —, kann sich nur verneinend entscheiden. Denn von dieser Prämisse aus verhält sich Staatsrecht zu Völkerrecht entsprechend wie im Bundesstaate sich Landes- zu Reichsrecht verhält. Durch Abschluß des Staatsvertrages hat sich folglich der beteiligte Staat insoweit seiner Handlungsfreiheit begeben, und zwar hinsichtlich nicht nur des Sollens, auch des Könnens. Das privatrechtliche Analogon des Staatsvertrags bildet sohin nicht der Schuldvertrag, sondern der Erbvertrag. Wie späterer Erbvertrag früherem Testament, nicht aber späteres Testament früherem Erbvertrag, so derogiert späterer Staatsvertrag früherem Staatsgesetz, nicht aber späteres Staatsgesetz früherem Staatsvertrag. Ein staatsvertragswidriges Gesetz ist somit ungültig und vom Richter nicht anzuwenden. Vgl. noch EBGB. 56; C. can. 3; Kafka, Prager J.Z. 1924, 143; Jerusalem in Verhandlungen des 2. Deutschen Juristentages in der Tschechoslowakei 1925, Gutachtenband S. 133.

3. Gesetze wirken nicht zurück (C. c. 22, ABGB. 5). Dieser Satz besagt nicht, daß sie nicht zurückwirken könnten; er bedeutet nur, daß sie im Regelfall sich Rückwirkung nicht beilegen sollen und mithin im Zweifel in diesem Sinne auszulegen sind. Die Rückwirkung ist also Ausnahme, und die Unterstellung einer solchen bedarf in jedem Falle besonderer Begründung. (Zutreffend C. c. españ. 3; C. can. 10).

Dementsprechend stellt der Schlußtitel zum ZGB. in Art. 1 Abs. 1 zunächst den Grundsatz der Nichtrückwirkung auf: „Die rechtlichen Wirkungen von Tatsachen, die vor dem Inkrafttreten dieses Gesetzes eingetreten sind, werden auch nachher gemäß den Bestimmungen des eidgenössischen oder kantonalen Rechts beurteilt, die zur Zeit des Eintritts dieser Tatsachen gegolten haben.“ Hieraus zieht Abs. 2 die anscheinend nichtssagende Folgerung: „Demgemäß unterliegen die vor diesem Zeitpunkt vorgenommenen Handlungen in bezug auf ihre rechtliche Verbindlichkeit und ihre rechtlichen Folgen auch in Zukunft den bei ihrer Vornahme geltend gewesenen Bestimmungen.“ Vorausgesetzt ist hierbei freilich, daß durch die fragliche altrechtliche Tatsache eine feste Rechtslage oder, wie Art. 4 SchlT. sich ausdrückt, „ein rechtlich geschützter Anspruch“ nach altem Rechte bereits begründet gewesen ist. Anderenfalls steht jene Tatsache vom Kraftbeginn des neuen Gesetzes an hinsichtlich ihrer ferneren Wirkungen unter dem neuen Recht (Art. 4 SchlT.). Eine Verleugnung des Grundsatzes liegt hierin nicht.

Eine beträchtliche Einschränkung hingegen erleidet der Grundsatz der Nichtrückwirkung durch die Artt. 3 und 2 des Schlußtitels.

a) Art. 3: „Rechtsverhältnisse, deren Inhalt unabhängig vom Willen der Beteiligten durch das Gesetz umschrieben wird, sind nach dem Inkrafttreten dieses Gesetzes nach dem neuen Rechte zu beurteilen, auch wenn sie vor diesem Zeitpunkt begründet worden sind.“ Es versteht sich jetzt, warum Art. 1 Abs. 2 — im Gegensatz zu Abs. 1 — nur von Handlungen, nicht von Tatsachen schlechthin sprach. Die „Tatsachen“ des Abs. 1 scheiden sich eben in Handlungen der Beteiligten einer-, nichtpotestative Tatumstände anderseits. Für erstere wird der Grundsatz in Abs. 2 ausdrücklich bestätigt, für letztere in Art. 3 ausdrücklich verleugnet.

b) Wichtiger und eingreifender noch ist Art. 2: „Die Bestimmungen dieses Gesetzes, die um der öffentlichen Ordnung und Sittlichkeit willen aufgestellt sind, finden mit dessen Inkrafttreten auf alle Tatsachen Anwendung, soweit das Gesetz eine Ausnahme nicht vorgesehen hat. Demgemäß finden Vorschriften des bisherigen Rechts, die nach der Auffassung des neuen Rechts der öffentlichen Ordnung oder Sittlichkeit widersprechen, nach dessen Inkrafttreten keine Anwendung mehr." Zufolge dieser Vorschrift ist seit Inkrafttreten des ZGB. bei Entscheidung altrechtlicher Fälle einerseits jede einschlägige Vorschrift des ZGB. daraufhin zu prüfen, ob ihr die besondere Dignität einer im Interesse der öffentlichen Ordnung oder der Sittlichkeit aufgestellten Norm zukomme oder nicht, anderseits jede altrechtliche Bestimmung darauf zu untersuchen, ob sie nach neurechtlicher Auffassung der öffentlichen Ordnung oder Sittlichkeit zuwiderläuft. Die Praxis vollzieht diese Prüfung von Fall zu Fall. Ob sie hierbei ein festes Prinzip zugrundelegt, steht dahin. Die Theorie sollte ihr Handreichung tun. Ihr erstes Augenmerk müßte hierbei die Herausarbeitung des kritischen Prinzips sein — eine Aufgabe, die ohne Rechtsphilosophie nicht zu lösen ist. Eine systematische Durchmusterung des gesamten ZGB. unter dem fraglichen Gesichtspunkte wäre eine verdienstliche Leistung. (Sie würde ein Seitenstück abgeben zu Ehrlichs hübscher Studie über ein verwandtes Thema, nämlich über zwingendes und nichtzwingendes Recht im BGB.)

Hier sei nur auf die wichtigste und umfassendste aller im Interesse der öffentlichen Ordnung und Sittlichkeit erlassenen Bestimmungen des ZGB. hingewiesen, nämlich auf die Generalklausel des Art. 2 ZGB. Daß sie von dieser Art, ist unfraglich und anerkannt (Weiß, Entscheidungen, Nr. 14, Basel). Auch altkantonalrechtliche Rechtsverhältnisse sind sonach im Sinne von Art. 2 zu beurteilen. Eine richterliche Entscheidung, die dies außer acht läßt, verletzt Bundesrecht und begründet daher die Berufung an das Bundesgericht gemäß OG. 57, eventuell die Beschwerde gemäß OG. 87. Wenn man das Gegenteil behauptet (BGPr. 1918 S. 317) mit der Begründung, Art. 2 enthalte keinen selbständigen Rechtssatz, sondern umgrenze nur den Inhalt anderer, diesfalls kantonaler Rechtssätze, so überzeugt das nicht. Denn eben diese Abgrenzung ist wiederum ein Rechtssatz, und dieser Rechtssatz ist ein eidgenössischer. Zur Verdeutlichung ein drastisches Beispiel. Gesetzt, ein

Bundesgesetz verordnete, gewisse kantonale Taxen würden mit rückwirkender Kraft auf 70 % ermäßigt, und es würde nun ein Richter die zutreffend festgestellte kantonale Taxe sei es gar nicht, sei es nur auf 80 % herabsetzen, so hätte er damit die eidgenössische Herabsetzungsnorm verletzt, und der Einwand, das ermäßigende Bundesgesetz enthalte keinen selbständigen Rechtssatz, sondern umgrenze nur den Inhalt der kantonalen Taxordnung, bliebe gewiß ohne Gehör.

In den Fällen der hier behandelten Art wird das — im übrigen anwendbare — alte Recht durch das neue Recht inhaltlich korrigiert, sozusagen umgebogen. Eine entsprechende Rechtsfigur begegnet beim sogenannten korrigierten Rechtsgeschäft, welches gegeben ist, wenn das Gesetz ein ihm zuwideres Rechtsgeschäft nicht für schlechthin nichtig erklärt (BGB. 134, OR. 20), sondern durch ein ihm inhaltlich genehmes ersetzt (Nipperdey, Kontrahierungszwang 1920, 154; Schw. J. Z. 1924/25 S. 284). —

Eine besondere Bemerkung sei dem Satze tempus regit actum gewidmet. SchlT. 50 sanktioniert ihn ausdrücklich: „Verträge, die vor dem Inkrafttreten dieses Gesetzes abgeschlossen sind, behalten ihre Gültigkeit, auch wenn ihre Form den Vorschriften des neuen Rechts nicht entspricht." Umgekehrt ergibt sich das SchlT. 1 Abs. 2, daß altrechtliche Rechtsgeschäfte, die nach damaligem Recht formnichtig waren, grundsätzlich auch nach neuem Recht nichtig bleiben, und zwar auch dann, wenn sie der Form des neuen Rechts genüge tun (regula Catoniana!).

Der zweite Satz erleidet jedoch eine wichtige Ausnahme durch SchlT. 16 Abs. 2: „Eine letztwillige Verfügung kann wegen eines Formmangels nicht angefochten werden, wenn die Formvorschriften beobachtet sind, die zur Zeit der Errichtung oder des Todes gegolten haben." (Vgl. auch SchlT. 18 Abs. 1.) Wir haben hier ein intertemporalrechtliches Seitenstück zu der internationalrechtlichen „Meistbegünstigungsklausel" NAG. 24 (32), EG. BGB. 11 Abs. 1 Satz 2 vor uns. Die Verhältnisse liegen freilich hier und dort nicht völlig gleich. Denn der Erblasser muß sich darauf verlassen können, daß eine Aufzeichnung, die nach dem Recht der Errichtungszeit bloß ein ungültiger Entwurf war, nicht über Nacht kraft des neuen Rechts sich plötzlich in ein holographisches Testament verwandelt. Eine verständige Rechtsprechung wird diesem Gedanken Rechnung tragen, indem sie solchenfalls das Vorhandensein des Erklärungswillens besonders kritisch prüfen wird. Vergl. Henle in Meckl. Zeitschr. 42 (1925) 82.

4. In bezug auf die örtliche Rechtsanwendung enthielt VE. 5 eine an ABGB. 4 erinnernde Bestimmung, die mehr als summarisch war und mit Recht gestrichen wurde. Aber weder Einleitung noch Schlußtitel des ZGB. schufen Ersatz. Es bewendet somit auch fernerhin bei den lückenhaften Vorschriften des Bundesgesetzes vom 25. Juni 1891, betr. die zivilrechtlichen Verhältnisse der Niedergelassenen und Aufenthalter (NAG.). In diesem Gesetz fehlen namentlich Bestimmungen über die örtliche Rechtsanwendung auf dem Gebiete des Schuldrechts. Mit der Abstellung dieses für die Schweiz besonders empfindlichen Mangels beschäftigte sich der Schweizerische Juristentag 1925 (Davos). Die Meinungen blieben geteilt; der Erfolg steht im Ungewissen.

Ist der Weg der einzelstaatlichen Gesetzgebung hier überhaupt der richtige? Schwerlich. Wenn es irgend eine Angelegenheit gibt, die nur international geordnet werden kann, so ist es die Frage der örtlichen Rechtsanwendung. Denn nur so läßt sich annähernde Übereinstimmung erzielen, insbesondere der leidige Gegensatz zwischen Wohnsitz- und Heimatprinzip überwinden. Der Völkerbund fände hier eine dankbare Aufgabe. Seit seiner Gründung in unseliger Zeit hat sich dieser bisher so einseitig mit Krieg und Kriegsfolgen beschäftigen müssen, daß für die positiven Aufgaben des Friedens weder Muße noch Gemütsstimmung verblieb. Möge er diesen Lebensfragen der Völker sich endlich zuwenden!

Freilich: eine schlechthinige Preisgabe der nationalen Autonomie ist auch in diesem Punkt keinem Staate zuzumuten. Mindestens Eine Vorbehaltsklausel ist somit vonnöten: die Anwendung auswärtigen Rechts ist insoweit ausgeschlossen, als sie nach inländischer Auffassung den guten Sitten oder der öffentlichen Ordnung widerstreiten würde (vgl. C. c. ital., disp. gen. a. 12; EGBGB. 30). Ein entsprechender Vorbehalt läßt sich für die Schweiz aus SchlT. 2 unbedenklich ableiten. Denn was dem inländischen Gesetz recht, muß dem ausländischen vollends billig sein. Daher ist, um nur eines herauszugreifen, die Generalklausel des Art. 2 ZGB. auch fremdrechtlichen Verhältnissen gegenüber unverkürzt zur Anwendung zu bringen. Es ergeben sich alsdann entsprechende Rechtskorrekturen wie die unter 3 erörterten.

5. Frühere sowie ausländische Gesetze hat, wie unter 3 und 4 dargelegt, der schweizerische Richter in gewissem Ausmaß auf ihren Inhalt hin zu prüfen mit der Folge, daß er ihnen gegebenenfalls um ihres Inhaltes willen die Anwendung versagt (Rechtskorrektur). Für das jetzt geltende Inlandsrecht dagegen gilt ein Gleiches nicht. Auch das inhaltlich unrichtige Gesetz heischt Anwendung. Dies folgt, wie aus BV. 113, so auch aus ZGB. 1 Abs. 2. Denn wenn dort gesagt ist, der Richter habe nach der Regel, die er als Gesetzgeber aufstellen würde, praeter legem zu entscheiden, so besagt das deutlich genug, daß ein Gleiches nicht contra legem geschehen darf (Weiß, Entsch. Nr. 6, Zürich). Das Gesetz gilt also unabhängig von seiner „Rationabilität".

Unzutreffend war es somit, wenn gewisse deutsche Verfechter einer verwaschenen Kadijustiz sich mit Vorliebe auf Art. 1 ZGB. beriefen. Fast scheint es, als ob sie dessen Abs. 1 überhaupt nicht gelesen hätten. Sie konnten sich übrigens auch auf Hubers Person nicht stützen. Denn Huber hat mit der Freirechtsbewegung, selbst der gegemäßigten, nie sympathisiert. Ihren berechtigten Postulaten, so meinte er wohl, sei in der Schweiz schon intra legem Rechnung getragen, da seit alters die schweizerische Gesetzgebung elastischer, der schweizerische Richter beweglicher sei als der deutsche. Dies sei genug; was darüber, sei vom Übel. Das Judizieren à la Magnaud lehnte er vollends ab.

In der Ablehnung einer subjektivistischen Billigkeits- und Gefühlsjustiz bin ich mit Huber und Stammler eines Sinnes. Einer Ablehnung der Freirechtsbewegung in Bausch und Bogen vermöchte ich dagegen nicht zu folgen. Die Paukenschläger machen die Truppe nicht aus, und man sollte diese nicht nach jenen beurteilen. Es stehen in diesem weiten Lager nicht nur Marktschreier und Bilderstürmer, sondern auch ernste Denker, die mit heißem Bemühen positiven Zielen nachstreben. Sie suchen Freiheit, gewiß; aber nicht im Sinne individueller Willkür, sondern im Sinne erhöhter eigener Verantwortlichkeit. Sie lockern die allzuengen Fesseln des Gesetzes, gewiß; aber nicht um der Ungebundenheit, sondern um höherer Gebundenheit willen. Ihre letzte Absicht nämlich geht dahin, dem richtigen Recht breitere Bahn zu schaffen. Speziell durch die Freirechtsbewegung ist denn auch die Frage nach dem richtigen Recht in weiteste Fachkreise getragen worden. Von verknöcherten Landrechtsseelen hingegen hatte Stammler für die Aufnahme seiner Lehre nichts zu erhoffen.

Mit der deutschen Freirechtsbewegung wird es gehen wie mit der deutschen Demokratie: die Polterer werden sich bald ausgelärmt haben, die Neinsager werden entgegenkommen müssen; das Gute und Gediegene wird sich durchsetzen. —

Die Heilighaltung des Gesetzes berührt sich eng mit dem Postulate des formalen Rechtsstaates, der im wesentlichen Gesetzesstaat ist. Wir bezeichneten dieses Postulat als das Mindesterfordernis eines geordneten Staatswesens. Zu einem Staate, der seiner Idee entspricht, gehört jedoch mehr als dies. Denn die formale Gesetzmäßigkeit der Staatsgebahrung verhält sich indifferent gegen den Inhalt der Gesetze. Auch nach dem abscheulichen Rezept des Thrasymachos läßt sich ein formaler Rechtsstaat aufbauen; ja man könnte sich allenfalls sogar eine seßhafte Räuberbande denken, die als formaler Rechtsstaat organisiert wäre (vgl. Laun, Recht und Sittlichkeit 1925, S. 9). Richt- und Zielpunkt aller aufrechten Bürger muß folglich ein Höheres sein, nämlich der materielle Rechtsstaat, der gerechte Staat. Das ist die „moderne Staatsidee", wie sie Krabbe eindringlich predigt, und wie sie auch Stammlers Schriften sachlich zugrunde liegt (vgl. Lehrbuch §§ 173, 179, der Richter S. 70). Nicht als ob wir dieses Ideal je voll ergreifen würden: wir sollen ihm aber nachjagen. Wenn wir müde werden, um das Unerreichbare zu kämpfen, so wird uns bald auch das Erreichbare nicht mehr zuteil werden. Der bloß formale Rechtsstaat ist nur ein Durchgangs-, kein Endziel.

Neben die Befolgung des Gesetzes muß also stets die sachliche Kritik des Gesetzes treten. Mit dem pharisäischen lex ita scripta est ist es nicht getan. Eine Rechtswissenschaft, die über der lex lata die lex ferenda vergißt, läuft, nach Nelsons Wortspiel, auf eine Rechtswissenschaft ohne Recht hinaus. Jurisprudenz solchen Stiles trifft Kirchmanns harter Tadel mit Fug und Recht.

§ 2. Gesetzesauslegung[1]).

Die Methodik der Auslegung ist Sache nicht der Gesetzgebung, sondern der juristischen Logik. Allgemeine Auslegungsregeln gehören daher nicht in das Gesetz — übrigens bedürften dann sie selbst erst einmal der Auslegung.

1. ZGB. 1 Abs. 1 spricht von „Wortlaut oder Auslegung". Auch in Lehrbüchern liest man zuweilen ähnliches. Diese Zusammenstellung ist jedoch ungereimt. Denn der Wortlaut ist nicht koordiniert der Auslegung, dergestalt, daß eines das andere entbehrlich machte; beide gehören vielmehr schlechthin untrennbar zusammen. Es gibt auf dem hier fraglichen Gebiet wie keine Auslegung ohne Wortlaut, so auch keinen Wortlaut ohne Auslegung. Der Wortlaut ist ein unerläßliches Mittel, aber stets auch nur ein Mittel der Auslegung. Wesen und Ziel der Auslegung ist

---

[1]) Affolter, Die individuellen Rechte nach der bundesgerichtlichen Praxis 1915, bes. S. 83; Staffel, Schw. JZ. 1917/18, S. 265; Germann, ZSchwR. 43, 193; Giacometti, Auslegung der Schweiz. Bundesverfassung 1925.

die Ermittelung des Sinnes des Gesetzes. Für diese Ermittelung ist der Wortlaut zwar unentbehrlich, aber für sich allein nie zureichend. Er bildet stets den Ausgangs-, aber nie den Endpunkt der Auslegung. Dies selbst dann nicht, wenn die Auslegung ergibt, daß Wortlaut und Sinn „sich decken".

Das Verfahren der Auslegung ist kein grammatisches, sondern ein teleologisches. Die Worte des Gesetzes sind Mittel zur Verwirklichung gewollter Zwecke. Aus den Worten als den Mitteln schließen wir somit auf den Zweck des Gesetzes; von diesem wiederum rückwärts auf das zur Zweckerreichung geeignete Mittel. Das so ermittelte Mittel ergibt den Sinn des Gesetzes. Sinn des Gesetzes ist sonach der als besttaugliches Mittel zur Erreichung des Gesetzeszwecks erkannte Gesetzeswille. (Vgl. Stammler, Theorie VII 11; Lehrbuch § 129).

Diese auslegende Tätigkeit wird dem Richter auch bei angeblich klarem Gesetzeswortlaut nie erspart. Die Feststellung, der Wortlaut entscheide, Sinn und Wortlaut deckten sich, u. dgl., ist logisch nicht ein prius, sondern ein posterius der Auslegung. Wäre eine solche nicht wenigstens „unbewußt" vor sich gegangen, so wäre die Behauptung, der Wortlaut sei klar, eine klare petitio principii. Es ist denn auch wiederholt dargelegt worden, daß es einen schon an sich klaren Wortlaut überhaupt nicht gibt. Der sogenannte „klare Wortlaut", der „einer Auslegung nicht benötige", „für eine Auslegung überhaupt keinen Raum biete", ist entweder Gedankenlosigkeit oder Eulenspiegelei. Der noch im Hochsommer täglich heizende Diener war entweder ein Tropf oder ein Schalksnarr. Vgl. Stammler, Theorie VII 10.

Für das ZGB. kommt noch eine besondere Erwägung hinzu. Dieses ist bekanntlich in den 3 nationalen Hauptsprachen abgefaßt, hat also nicht einen, sondern 3 Wortlaute. Welcher soll nun entscheiden? Der deutsche, in dem der Entwurf abgefaßt ist? Aber diesen versteht der Welsche nicht. Oder derjenige, der der offiziellen Kantonssprache entspricht? Aber dann hätten wir 3 regional verschiedene Zivilgesetzbücher, und wie sollte es in den zweisprachigen Kantonen gehalten werden? (Vom rhätoromanischen Sprachgebiet gar nicht zu reden.) So entscheiden also alle 3 Wortlaute zugleich? Aber sie decken sich nicht immer. Also bleibt nur eine Auskunft: kein einziger der 3 Wortlaute entscheidet; es entscheidet vielmehr der unter gleichwertiger Zuhilfenahme aller 3 Wortlaute ermittelte gesamteidgenössische Sinn des Gesetzes. Gelangt derselbe im französischen Text einmal zutreffender zum Ausdruck als im deutschen, so darf man nicht sagen, es entscheide hier der französische, nicht der deutsche Text, sondern man darf nur feststellen, es habe sich hier der französische Text gegenüber dem deutschen als der bessere Ermittelungsbehelf erwiesen.

Der Text des ZGB. ist von offiziellen Marginalien begleitet, denen die gleiche Gesetzeskraft zukommt wie dem Text selbst. Bringt also die Randnote den gesetzgeberischen Gedanken treffender zum Ausdruck, so verdient sie den Vorzug. Für die wissenschaftliche Systematik freilich bedeuten diese Marginalien nur Fingerzeige, nicht bindende Grundlagen. Denn die „klassifikatorischen Normen" des Gesetzes gehören zum unverbindlichen Gesetzesinhalt (Eisele).

2. Alle Gesetzesauslegung orientiert sich am Gesetzeszweck. Das Gesetz ist ihr Mittel zum Zweck; nichts sonst. In erster Linie also gilt es, diesen Zweck zu ermitteln.

Zuvor aber müssen wir wissen, auf welchen Zweck es ankommt. Denn schon hier scheiden sich die Ansichten.

Die einen sagen: maßgebend sei der „historische" oder genuine Zweck, d. h. dasjenige, was der sogenannte historische Gesetzgeber bei Erlaß des Gesetzes mit ihm beabsichtigt habe. Dies auch dann, wenn inzwischen die Zeiten sich gründlich gewandelt haben. Also Auslegung ex tunc. Daß dieser Vergangenheitszweck maßgeblich sei, bestreiten die Gegner. Nur der Gegenwartszweck könne entscheiden, d. h. jeweilen der Zweck, den der Gesetzgeber der jeweiligen Gegenwart bei heutiger Aufstellung der Bestimmung mit ihr verfolgt haben würde. Also Auslegung ex nunc.

Die zweite Auffassung ist die richtige. Denn das Gesetz ist heute anzuwenden nicht deswegen, weil es früher einmal beschlossen wurde, sondern deswegen, weil es heute in Kraft steht. Heute aber gilt es als der Wille nicht des einstmaligen, sondern des heutigen „Gesetzgebers". Darum ist ihm auch der Zweck unterzulegen, den der heutige Gesetzgeber in Erwägung heutiger Zeitumstände mit ihm verfolgt haben würde. Die Zwecke eines und desselben Gesetzes sind somit im Laufe der Zeit dem Wandel unterworfen. Auch die Gesetze können von sich singen: tempora mutantur et nos mutamur in illis. Und in Variation einer bekannten Parömie darf man sagen: mutata ratione legis mutatur lex ipsa.

Gelingt es, den Gesetzeszweck aus dem Gesetz selbst zu ermitteln, so ist er maßgebend, und der aus ihm gefolgerten Auslegung hat der Wortlaut unbedingt zu weichen. Ein hübsches Beispiel bei Egger S. 11: Das Zürcher PGB. verordnete, es müssen Sträucher und Zierbäume einen Meter, Obstbäume vier Meter von Nachbars Grenze entfernt stehen. Aus dem Zweck des Gesetzes schloß der Richter, für junge Obstpflanzungen einer Baumschule genüge der erstbezeichnete Abstand.

Aber nicht immer ergibt sich der Gesetzeszweck eindeutig aus dem Gesetze selbst. Alsdann muß der Ausleger eine höhere Warte erklimmen: er interpretiert das einzelne Gesetz aus dem Zweck der Rechtsordnung überhaupt. Dieser Zweck aber ist die Ordnung der Lebensverhältnisse im Sinne der Gerechtigkeit. Das ist die interpretatio ex bono et aequo der Römer, die Auslegung im Sinne des richtigen Rechts, des sozialen Ideals (Stammler, Lehrbuch § 129).

Daß die vorstehend skizzierte Methode auch im Sinne des ZGB. liegt, zeigen deutlich die Art. 1, 2 und 4. Was nämlich Art. 1 für die Gesetzanwendung bestimmt, läßt sich auf die Gesetzesauslegung zwanglos übertragen. Wie der Richter seine Entscheidungsnorm zunächst dem Gesetz, in Ermangelung desselben aber den Grundsätzen des richtigen

Rechts zu entnehmen hat, so soll er bei Auslegung des angewendeten Gesetzes dessen Zweck zunächst dem Gesetze selbst, mangels einer eindeutigen Antwort desselben aber den Grundsätzen des richtigen Rechts entnehmen. In der Sprache des Art. 1 ausgedrückt: das in seiner Auslegung zweifelhafte Gesetz hat der Richter im Sinne der Regel auszulegen, die er als Gesetzgeber aufstellen würde (müßte). Eine vielleicht noch deutlichere Sprache redet Art. 2. Seiner Form nach nur an den Rechtsgenossen gerichtet, der in Rechten und Pflichten steht, enthält dieser der Sache nach zugleich eine Anweisung an den Anwender und Ausleger des Gesetzes, der über Umfang und Inhalt jener Rechte und Pflichten zu befinden hat. Denn es ist unmöglich, die Ausübung des Rechts, die Erfüllung der Pflicht von deren Inhalt dergestalt zu trennen, daß jemand berechtigt und verpflichtet sein könnte auch insoweit, als er zur Ausübung nicht berechtigt, zur Erfüllung nicht verpflichtet wäre (oder gar umgekehrt). Ein Rechtssatz, der die Ausübung der Rechte, die Erfüllung der Pflichten umschreibt, umgrenzt also eben damit auch die Rechte und Pflichten selbst. Hieraus folgt: jede gesetzliche Normierung von Rechten und Pflichten steht kraft Art. 2 unter dem generellen Vorbehalt, daß ihre Zumessung mit Treu und Glauben in Einklang steht, einem Mißbrauche nicht Raum gibt. Also kürzer gesagt: jede Gesetzesbestimmung ist nach Treu und Glauben auszulegen (vgl. BGPr. 1913 S. 56, 1925 S. 419). Treu und Glauben aber ist nur eine volkstümliche Umschreibung für den Gedanken des richtigen Rechts. Wenn F. Th. Vischer sagte, das Moralische verstehe sich immer von selbst, so drückte er in der Sprache des Moralisten den gleichen Gedanken aus. Wem das Dargelegte nicht genügt, der werfe schließlich noch einen Blick auf ZGB. 4. Ist der Zweck der Gesetzesbestimmung dem Gesetze selbst eindeutig zu entnehmen, so bleibt für ein Ermessen des Richters insoweit kein Raum, und Art. 4 scheidet aus. Steht jedoch — und eben dies wird hier unterstellt — der Gesetzeszweck im Ungewissen, so bleibt dem Richter gar nichts anderes übrig als dies, ihn im Wege eigenen Ermessens zu subintelligieren. Und hier greift Art. 4 mindestens sinngemäß ein. Der Richter soll also seine Entscheidung betr. den Zweck und Sinn des Gesetzes „nach Recht und Billigkeit" treffen, d. h. nach den Grundsätzen des richtigen Rechts.

Man nennt zuweilen eine Gesetzesauslegung eine tendenziöse — mit dem Tone eines Vorwurfs. Dieser Tadel ist begründet, sofern er darauf abstellt, der Ausleger habe sich von subjektiven Tendenzen, insbesondere parteipolitischen Interessen leiten lassen. Er ist sogar zu milde, wenn dem Richter nachgesagt wird, er habe unter Ansehen der Person geurteilt (BV. 4). Ohne Grund hingegen ist der Vorwurf dann, wenn die Auslegung von der Tendenz nach objektiver Gerechtigkeit getragen ist. In diesem Sinne darf nicht nur, sondern soll jede Auslegung eine tendenziöse sein; denn jede Gesetzesauslegung soll geleitet sein von dem appetitus iustitiae, der Tendenz nach dem richtigen Recht.

3. Ein verfassungs- oder staatsvertragswidriges Gesetz bezeichneten wir als nichtig. Diese harte Folge ist aber natürlich nur da am Platze, wo die Unvereinbarkeit feststeht. Solange ein Zweifel bestehen kann, ist dieser im Sinne der Vereinbarkeit zu beheben. Ergebnis: jedes Gesetz ist im Zweifel im Sinne seiner Verfassungsmäßigkeit und Staatsvertragsmäßigkeit auszulegen. (Ein Beispiel bei Affolter S. 117.)

Die Analogie zum Rechtsgeschäft liegt auf der Hand. Solange nur irgendwie ein Rechtsgeschäft sich einschränkend dahin auslegen läßt, daß es mit Gesetz und guten Sitten verträglich bleibt, ist es in diesem Umfange bei Kraft zu erhalten. Das schwere Geschütz der Nichtigsprechung ist wirklich nur die ultima ratio iudicis. Evitez la nullité!

4. Bei der Auslegung soll der Richter bewährter Lehre und Überlieferung folgen (ZGB. 1 Abs. 3). Darüber, wie dies zu verstehen sei, und daß ihm hierdurch eine selbständige Prüfung im Sinne des Richtigen weder verwehrt noch erspart wird, soll unten § 12 gehandelt werden.

Eine bindende Norm ist dagegen dann gegeben, wenn und sobald eine bestimmte Auslegung die Kraft eines Gewohnheitsrechtes erlangt hat (ebenso C. can. 29, dagegen ABGB. 8). VE. 2 Abs. 1 bestimmte dies ausdrücklich; die Streichung desselben ist unschädlich. Übrigens ergibt sich das Gleiche auch aus ZGB. 1 Abs. 2. Eine Usualinterpretation wird sich nämlich nur angesichts einer ihrer Auslegung nach zweifelhaften Gesetzesbestimmung herausbilden; eine solche aber dürfen wir getrost dem Mangel einer Bestimmung gleichbehandeln und somit dem Abs. 2 unterstellen.

Das Gewohnheitsrecht ist Rechtsnorm. Eine Usualinterpretation bindet daher den Richter auch dann, wenn er sie mit Fug für irrig, weil dem Gesetze, oder für ungerecht, d. h. dem richtigen Rechte zuwiderlaufend erachtet. Man hat gemeint, ein solches sacrificium intellectus sei dem Richter nicht zuzumuten. Damit beweist man jedoch zu viel und sohin gar nichts. Denn mit gleicher Begründung könnte man auch die Verbindlichkeit der sog. Legalinterpretation leugnen, ja den Gesetzesgehorsam überhaupt in Frage stellen. Der Gegner verkennt überdies den Segen der Rechtssicherheit. Die Usualinterpretation macht dem Streit ein Ende; starrköpfige Eigenbrödelei dagegen würde ihn verewigen. Dies gilt, wie für Richter und Anwälte, so auch für Rechtslehrer. Denn der Rechtslehrer hat zunächst einmal das geltende Recht vorzutragen.

5. Der konservativen Geisteshaltung der römischen Kirche entsprechend, betont C. can. 6, 23 mit besonderem Nachdruck, in dubio a ceteri iure non esse recedendum; leges igitur posteriores ad priores esse trahendas (26 D 1, 3) et his quantum fieri possit conciliandas. ZGB. enthält eine gleiche Anweisung nicht; sie läßt sich insbesondere aus Art. 1 Abs. 3 nicht entnehmen. Der schweizerische Richter wird indes der ausgesprochenen Regel ohnedies eingedenk sein. Denn zu den Momenten, die jeder zweckgerecht verfahrende Gesetzgeber berücksichtigen muß, gehört bekanntlich auch die tunlichste Wahrung der historischen Kontinuität: Revolutionen werden nicht vermutet. Nur

freilich darf eines nicht vergessen werden: leges priores sind nur eidgenössische, nicht kantonale Rechtsnormen. Denn das ZGB. will Rechtseinheit schaffen, also in der ganzen Schweiz einheitlich ausgelegt werden. Das Gleiche im Reiche: Legte der preußische, sächsische, rheinische Richter das BGB. in Anlehnung an das frühere örtliche Recht aus, so hätten wir eine preußische, sächsische, französische, aber keine gesamtdeutsche Handhabung des BGB.

6. Dies führt auf ein Letztes. Die Methode der Auslegung ist nur eine; es gibt insbesondere nur ein Gerechtes. Daher muß das Auslegungsergebnis zu gleichen Zeitläuften grundsätzlich immer das gleiche sein. Ändert ein Richter seine bisherige Auslegung, oder weicht er von derjenigen eines anderen Richters ab, so kann dies mit Fug nur geschehen, weil er selbst früher oder weil der Amtsgenosse sich sachlich geirrt hat. Jedes andere Verfahren würde eine Grundveste des Rechtsstaates, nämlich das Prinzip der Gleichheit vor dem Gesetze, erschüttern (BV. 4, RV. 109). Wenn der viel mißbrauchte Satz: lege non distinguente nec nostrum est distinguere, irgendwo Salz und Sinn hat, so ist es hier. Eine wetterwendische Auslegung wäre nicht Auslegung, sondern Willkür.

§ 3. Gesetzesverweisung.

Verweisung i. w. S. liegt vor, wenn eine gesetzliche Bestimmung den Richter anweiset, die Entscheidung des Falles (ganz oder teilweise, bedingt oder unbedingt) an Hand eines außerhalb ihrer selbst gelegenen Faktors zu suchen. Beispiel: Verweisung auf Treu und Glauben, gute Sitten, Übung und Ortsgebrauch, richterliches Ermessen, Grundsätze des richtigen Rechts. Hierüber später.

Gesetzesverweisung (Verweisung im engeren Sinne) ist die Verweisung von Gesetz auf Gesetz, m. a. W. das gesetzliche Gebot, auf einen insoweit nicht ausdrücklich geregelten Tatbestand gewisse für einen anderen Tatbestand erlassene gesetzliche Normen „entsprechend anzuwenden“. Es ist das ein technischer Behelf, der Wiederholungen ersparen und — wie man meint — die Handlichkeit des Gesetzes erhöhen soll. Von ihr ist jetzt zu handeln.

Die Anwendung der bezogenen Norm kann, auch wenn das Gesetz dies nicht ausdrücklich sagt, immer nur eine entsprechende, sinngemäß abwandelnde, also analoge sein. Denn eine buchstäbliche Übertragung würde die Verschiedenheit der Tatbestände außer acht lassen. Durch die Verweisung wird somit dem Richter eine Denkleistung zugemutet, die, logisch genommen, über die bloße Auslegung im strengsten Wortverstande hinausgeht und vielmehr dem Verfahren der lückenausfüllenden Analogie (Anlehnung, s. u. § 11) nahesteht. Trotzdem bleibt auch diese Tätigkeit durchaus im Rahmen der Gesetzesanwendung. Denn sie ist maßgeblich bestimmt nicht nur durch den Sinn der bezogenen, sondern auch durch den Sinn der verweisenden Gesetzesnorm. Der Richter ist also frei weder in der Frage, ob, noch in der Frage, was er entsprechend anzuwenden habe; sein Ermessen beschränkt sich auf die Frage des wie. Die entsprechende Anwendung kraft Gesetzesverweisung ist somit weit gebundener als der lückenausfüllende Analogieschluß kraft freier Anlehnung.

Man unterscheidet Einzel- und Gesamtverweisung. Jene soll vorliegen, wenn auf eine einzelne Bestimmung, diese, wenn in Bausch und Bogen auf eine ganze Materie verwiesen ist. Beispiel für erstere: BGB. 260 Abs. 3, für letztere: BGB. 675, 1192. Diese Unterscheidung ist zwar äußerlich und zudem fließend, aber immerhin nicht ohne Wert. Je spezieller nämlich eine Verweisung, desto unrätlicher ist sie. Schon technisch, hinsichtlich der Einsparung an Worten; noch mehr aber sachlich: denn eine Einzelverweisung wirkt leicht wie ein Fremdkörper, der sich schlecht assimiliert. Damit soll freilich nicht gesagt sein, daß nicht auch die Gesamtverweisung ihre Gefahren hätte.

BGB. hat bekanntlich von beiden Verweisungsarten reichlichen, allzureichlichen Gebrauch gemacht. Namentlich seine zahlreichen Kettenverweisungen bilden eine auffällige Verunzierung.

ZGB. hat die Einzelverweisung grundsätzlich vermieden

und vielmehr sinngemäße Wiederholungen vorgezogen. Dagegen ist die Gesamtverweisung ausgiebig geübt worden. Wir denken hierbei nicht an die Zahl der Verweisungen, sondern an deren Umfang und Tragweite. Herausgehoben sei nur eine, und zwar die bei weitem wichtigste von ihnen: Art. 7 ZGB. Zur Würdigung desselben diene folgendes.

Das ZGB. enthält keinen allgemeinen Teil. Bestimmend hierfür waren erstlich historische Umstände. Der für das Verkehrsleben wichtigste Teil des Zivilrechts war nämlich schon durch das schweizerische Obligationenrecht (OR.) von 1883 vereinheitlicht worden. Man hatte sich dort natürlich nicht streng auf den Stoff beschränken, sondern auch Normen allgemeiner Natur aufstellen müssen. Diese fand der Zivilgesetzgeber vor. Es war also eine ähnliche Lage gegeben wie jene, die der Gesetzgeber des BGB. durch das AHGB. geschaffen fand. Beiderorten stand man vor der Wahl, ob man jene Normen dem neuen Gesetz einverleiben oder ob man sie an ihrem Orte belassen und auf sie nur verweisen solle. Für den deutschen Gesetzgeber war der erste Weg eindeutig vorgezeichnet. Denn das AHGB. war ein Sondergesetz für besondere Kreise. Daher wurden die fraglichen Bestimmungen aus dem AHGB. in das BGB. verpflanzt und das neue RHGB. entsprechend entlastet. Für die Schweiz lag eine gleich starke Nötigung nicht vor; denn das OR. enthielt ja bereits gemeinbürgerliches Recht. Also schien Verweisung insoweit unbedenklich; sie entsprach zudem der Maxime des kleinsten Kraftmaßes. — Diese billige Maxime für sich allein durfte nun aber das Handeln des Gesetzgebers nicht leiten, und ein Mann wie Huber war der letzte, der ihr entscheidende Stimme gewährt hätte. Den Ausschlag gab ein zweites Moment, nämlich eine grundsätzliche Erwägung. Das deutsche Gesetz ist ein Produkt abstrahierender Wissenschaft; ihm stand Windscheid zu Pate. Der schweizerische Gesetzgeber hingegen — und vor ihm der französische — wollte von solch hagerer Abstraktion nichts wissen: er bevorzugte vielmehr das Konkrete, Lebendige, Anschauliche. Zudem wollte er kein Juristenbuch, sondern ein Volksbuch schaffen, das auch der Laienrichter handhaben könne. Dies der entscheidende Grund, aus dem er sich gegen die Aufnahme eines Allgemeinen Teils entschloß.

Die Materien, die andere Gesetze im Allgemeinen Teil regeln, konnten nun aber natürlich auch im ZGB. nicht ungeregelt bleiben. Dies geschah indes an sehr verschiedenen Orten und in recht verschiedener Weise. Eine Vergleichung des ZGB. mit dem BGB. wird dies ausweisen. Das Personenrecht füllt das 1. Buch des ZGB. Die allgemeinen Vorschriften über Sachen bringt ZGB. 642 ff. in den Bestimmungen über das Eigentum unter; auch BGB. hätte sie ins Sachenrecht stellen sollen. Die Behandlung des Rechtsgeschäfts erledigt ZGB., von den Artt. 18 ff. (Handlungsfähigkeit) abgesehen, durch die umfassende Verweisung des Art. 7. Auch über Fristberechnung und Verjährung wird im OR. gehandelt (76 ff., 127 ff.). Über Sicherheitsleistung vgl. SchKG. 38. In dem Abschnitt über Rechtsausübung usw. (§§ 226 ff.) packt BGB. recht verschiedenartige Dinge in einen Korb. Die Notwehr gehört ins Deliktsrecht (so OR. 52 Abs. 1), die Sachwehr ins Sachenrecht neben § 904 (so ZGB. 701) oder ins Deliktsrecht (so OR. 52 Abs. 2); auch die Selbsthilfe hätte sich ohne Schaden ins Deliktsrecht verweisen lassen (so OR. 52 Abs. 3). Bleibt § 226. Diese Bestimmung hat im ZGB. 2 nicht nur einen Ehrenplatz, sondern auch eine grandiose Erweiterung erfahren. Von Einzelheiten absehend, kann man zusammenfassend sagen, der Allgemeine Teil des BGB. sei im ZGB. auf 3 Orte verteilt: auf das Personenrecht des 1. Buches, auf den allgemeinen Grundsatz des Art. 2 und auf die Gesamtverweisung des Art. 7.

Art. 7 lautete im Entwurf noch lakonischer als im Gesetz. Es hieß dort: „Die allgemeinen Bestimmungen des Obligationenrechts finden auch Anwendung auf andere zivilrechtliche Verhältnisse." Mit Recht fand die Bundesversammlung, daß solch pythischer Ausspruch dem Richter eine uferlose Fahrt zumute. Sie fügte daher hinter „des Obligationenrechts" die Worte „über die Entstehung, Erfüllung und Aufhebung der Verträge" ein. Aber damit hat sie die Sache eher verschlimmert als verbessert. Die gemachte Einschränkung geht nämlich zu weit; denn auch andere Vorschriften des OR., so namentlich diejenigen über Abtretung und Bedingung, sind entsprechender Anwendung fähig und bedürftig. Eine hochnötige Einschränkung dagegen ward unterlassen: die Wendung „andere zivilrechtliche Verhältnisse" ist ein Faß ohne Boden. Die Fassung des Art. 7 ist das Muster einer verunglückten Gesetzesredaktion. Huber ist für sie nicht verantwortlich und hat sie schwerlich gebilligt.

Was der Gesetzgeber hier versäumt, muß die Wissenschaft nachholen. Die übliche Kommentarliteratur hat jedoch versagt und mußte versagen. Denn die Kommentare zum OR. haben keinen Anlaß, etwas anderes als schuldrechtliche Erläuterungen zu bieten; von einem Kommentar zu Art. 7 ZGB. kann man gewiß nicht verlangen, daß er sich zu einem Lehrbuche aufblase; in den Erläuterungen zu den einschlägigen Einzelbestimmungen endlich pflegt man grundsätzliche Erörterungen nicht anzustellen. Dem Mangel war sonach nur durch ein systematisch ausgebautes Lehrbuch abzuhelfen. Ein solches hat v. Tuhr 1925 vorgelegt. Die Schweiz darf sich zu ihm beglückwünschen.

Stünde heute noch die Frage zur Entscheidung, ob man den bequemen Weg des Art. 7 beschreiten oder die bezüglichen Fragen in globo neuordnen solle, so wäre mit Entschiedenheit das letztere anzuraten. Das BGB. hat hier das bessere Teil erwählt. Sein Allgemeiner Teil schuf für Wissenschaft und Praxis eine solide und durchaus nicht unhandliche Grundlage. Auch dem soeben erwähnten Lehrbuch ist es sehr zustatten gekommen, daß sein Autor durch die Schule des BGB. gegangen ist.

§ 4. Übung und Ortsgebrauch[1]).

Der Begriff der Sitte muß hier vorausgesetzt werden. BGB. spricht zutreffend von „Verkehrssitte". Pleonastisch

[1]) Bolaffio, Materia di commercio ed usi commerciali 1902; Pfenninger, Übung u. Ortsgebrauch, Diss. Zürich 1911; Tilsch in Festschrift z. Jahrhundertfeier des ABGB. 1911 II 39; Oertmann, Rechts-

allerdings: denn Sitte bildet sich nur im Verkehre; auf Robinsons Insel gab es vor Freytags Ankunft keine Sitte. Wie der Verkehr selbst, so sondert auch die Sitte sich nach Kreisen, sei es örtlichen, sei es persönlichen. Neben die allgemeine Weltsitte tritt die partikuläre Landes-, die Ortssitte; neben die allgemeine Verkehrssitte tritt die besondere Standessitte, Beispiel: der sogenannte Handelsbrauch.

Wundt unterscheidet Sitte und Brauch. Dieser soll reines Faktum, jene zugleich Norm sein. Die sprachliche Unterscheidung beider ist für den forensischen Bedarf zur Zeit ohne Nutzen; denn die Rechtssprache behandelt Sitte und Brauch bisher als gleichbedeutend. Zwischen Handelsbrauch und Handelssitte, Ortsgebrauch und Ortssitte nominis tantum sonus differt. Wichtiger aber als die Terminologie ist die Sache selbst. Unter Sitte oder Brauch versteht nämlich auch das Gesetz bald bloß die tatsächliche Verkehrsgepflogenheit, bald die im Verkehr ausgebildete Sittenregel. Oertmanns Buch (eines der besten, die dieser fruchtbare Autor bisher publiziert) ist dem Nachweise gewidmet, BGB. meine in § 157 stets die erstere, in § 242 durchweg die letztere. Ob der Beweis voll gelungen, stehe dahin. Für die Einzelbestimmungen des ZGB. wäre er erst einmal anzutreten.

Eine crux der Rechtswissenschaft ist die Grenzscheidung zwischen Verkehrssitte und Gewohnheitsrecht. Das Kriterium kann allein in der opinio iuris liegen. Wer diese preisgibt, also die „Überzeugungstheorie" ablehnt, wird eine Abrainung überhaupt nicht vollziehen können. Ihm wird folgerecht entweder alle Verkehrssitte zum Gewohnheitsrecht sich aufblähen (Danz), oder alles Gewohnheitsrecht zur bloßen Verkehrssitte einschrumpfen (Pisko). Auch VE. 2 Abs. 2 konfundierte beides, wenn er in unverständlicher Weise von einem „Gewohnheitsrecht" sprach, das „als Ortsgebrauch" dem Gesetze gegenübertrete. Noch ärgere Begriffsverwirrung herrscht in einer Entscheidung

---

ordnung u. Verkehrssitte 1914; Mossa, Usi commerciali, in Riv. dir. comm. 20 (1922) 557.

des Kassationsgerichts St. Gallen (Schweiz. Jur.-Ztg. 1924/24 S. 183), auf die wir noch zurückkommen werden.

Ist schon die begriffliche Abscheidung borstig genug, so ist zuweilen doppelt schwierig die Entscheidung, ob das Gesetz im Einzelfalle die Verkehrssitte oder das Gewohnheitsrecht im Auge habe. Dies namentlich bei vager Ausdrucksweise des Gesetzes. Eine amüsante Statistik bietet Pfenninger S. 71: 6 mal verweiset ABGB. auf „Gewohnheiten". Ist damit Sitte (S) oder Gewohnheitsrecht (G) gemeint? Folgende Auffassungen traten zutage: das Gesetz meint: a) alle 6 mal G (Pfaff), b) 3 mal G, 3 mal S (Ziller); c) 2 mal G, 4 mal S (Schuster); d) 1 mal G, 5 mal S (Stubenrauch); e) 6 mal S (Unger).

Die abstrakte und starre Gesetzesvorschrift findet in der lebendigen und elastischen Sitte eine willkommene Ergänzung. Daher verweisen die Gesetze gern auf die Verkehrssitte. Schon die Römer arbeiteten gelegentlich mit ihr (Siber ZRG[R]. 45, 166). Die Verweisungen des BGB. sind nicht zahlreich, aber umfassend: §§ 157, 242 (dazu HGB. 346). Recht häufig stellt C. c. auf usages (coutumes) du pays, usages locaux ab. Am freigebigsten aber ist ZGB. mit seinen Verweisungen auf Übung, Üblichkeit, Landesüblichkeit, Ortsübung, Ortsgebrauch. Des Guten ist hier vielleicht zu viel geschehen. Manche dieser Verweisungen laufen auf eine Konzession an den Kantönligeist hinaus.

Insoweit das Gesetz auf die Sitte verweiset, ist dieser Weisung gemäß die Sitte gleich einer Norm zu befolgen. Dies bedeutet aber nicht, daß sie dadurch den Charakter eines Rechtssatzes erhielte; von einer Delegation der Rechtsbildung ist keine Rede. BGB. baut jenem Fehlschlusse schon durch seine Fassung vor, indem es lediglich eine „Berücksichtigung" der Verkehrssitte vorschreibt. Für ZGB. gilt sachlich das gleiche. Irrige Feststellung oder Handhabung einer Verkehrssitte bedeutet daher keinen Rechtsirrtum, der die Rechtsbeschwerde begründen könnte (gegen Pfenninger). Diese ist vielmehr nur dann am Platze, wenn der Richter dem gesetzlichen Geheiß zuwider Bestehen und Inhalt der bezogenen Verkehrssitte überhaupt nicht in Erwägung gezogen hat (richtig Oertmann). Das entspricht auch rechtspolitischen Erwägungen: mit der schweizerischen Rechtseinheit, deren Hüter das Bundesgericht sein soll, haben die Ortsgebräuche von Iseltwald und Bäretswil nichts zu tun.

Neben guten Verkehrssitten gibt es auch schlechte: Unsitten. Die Verweisung des Gesetzes bezieht sich sachgemäß nur auf erstere; die Unsitte bleibt unbeachtet. Als Unsitte im Rechtssinn gilt insbesondere a) eine Sitte, die dem gesetzten Recht widerspricht; vgl. 1 pr. D 22, 1 (ita tamen, ut legi non offendat), C. c. españ. 5; Japan. BGB. 92. Dies selbst dann, wenn sie dem richtigen Recht gemäß wäre, dem das gesetzte Recht in casu zuwiderläuft. Denn das gesetzte Recht beansprucht nun einmal den Vorrang. b) Eine Sitte, die dem richtigen Recht zuwiderläuft (vorausgesetzt freilich, daß sie nicht etwa im gesetzten Recht eine Rechtfertigung findet). In diesem Sinne BGB. 157, 242: Entscheidung nach Treu und Glauben, lediglich unter Berücksichtigung der Verkehrssitte. Ebenso ABGB. 914, wo auf die Übung des redlichen Verkehrs abgestellt wird. Zum gleichen Ergebnis führt ZGB. 2. Vergl. auch Stammler, Richt. Recht 337. Wir können also sagen: die Beachtbarkeit einer Verkehrssitte ist durch ihre Rationabilität bedingt — mit dem Vorbehalt allerdings, der sich aus dem Vorrang des gesetzten gegenüber dem richtigen Recht ergibt.

Nach BGB. 157 ist die Verkehrssitte auch bei Auslegung der Verträge (recte: Rechtsgeschäfte) zu berücksichtigen, und zwar zutreffender Auffassung gemäß auch dann, wenn der Beteiligte sie weder kannte noch kennen mußte (Oertmann 60 ff.). Eine bestehende Verkehrssitte vermag somit dispositives Gesetzesrecht, als welches nur bedingt (subsidiär) anwendbar sein will, zurückzudrängen. Auch die Schweiz hat sich der Aufrollung des gleichen Fragenkomplexes nicht entziehen können, und die Antwort sollte die gleiche sein. ZGB. enthält freilich eine allgemeine Auslegungsregel nur insoweit, als sich solche aus Art. 2 ableiten läßt, während OR. 18 (vgl. BGB. 133) lediglich die

Erforschung des „wirklichen Willens“ vorschreibt. Eine dem § 346 HGB. entsprechende Sondervorschrift für Kaufleute fehlt überhaupt. Eine wirklich sachgemäße Willenserkundung nach Maßgabe von Treu und Glauben kommt jedoch an der Berücksichtigung von Übung und Ortsgebrauch schlechterdings nicht vorbei (vgl. Beckers trefflichen Kommentar, Bem. 4b zu OR. 18). Diese Berücksichtigung erfolgt indes, soviel ich sehe, bislang recht zaghaft. Es besteht die Neigung, sie nur bei Kenntnis, allenfalls bei verschuldeter Unkenntnis des Beteiligten zuzulassen. Aber damit bleibt man auf halbem Wege stehen; der Zug der Zeit und das sachliche Bedürfnis drängt weiter: auch bei schuldloser Unkenntnis ist die Verkehrssitte zu beachten (vgl. Tilsch, Mossa). Auch in der Schweiz sollte also der Satz zur Anerkennung gelangen, daß ein feststehender Ortsgebrauch dispositivem Gesetzesrecht im Zweifel vorangeht. Beispiel: ist es orts- oder branchenüblich, daß die Maklerprovision erst bei Ausführung des vermittelten Geschäfts fällig wird (vgl. Handelskammer Berlin, Mitteilungen 1923, 199), so ist die nachgiebige Vorschrift OR. 412 (BGB. 652) insoweit überholt. Was das Kassationsgericht St. Gallen a. a. O. gegenteilig ausführt, fußt auf einer Kette von Irrtümern, nämlich auf einer Gleichstellung von Ortsgebrauch und Gewohnheitsrecht, einer Verkennung des Wesens des Gewohnheitsrechts und einer falschen Einstellung zum Charakter des dispositiven Gesetzesrechts. Möge diese aufliegende Fehlentscheidung ohne Nachfolge bleiben.

Zwischen Verkehrssitte und Gewohnheitsrecht, so scharf sie begrifflich zu unterscheiden sind, besteht bekanntlich ein enger genetischer Zusammenhang. Wie Verkehrssitte mit der Zeit zu verbindlichem Gewohnheitsrecht erstarken, so kann umgekehrt Gewohnheitsrecht allgemach zur bloßen Verkehrssitte abflauen. Ein ähnlicher Zusammenhang besteht aber auch zwischen Verkehrssitte und Gesetz. Wie manches Gesetz inhaltlich bloß kodifizierte Verkehrssitte ist (Verlags-, Versicherungsvertragsgesetz usw.), so kann umgekehrt eine als Rechtsnorm abgedankte Gesetzesbestimmung sich als Verkehrssitte forterhalten.

Den letztbezeichneten Gedanken hat ZGB. 5 Abs. 2 im Auge. Wir haben hier nicht einen Vorbehalt kantonalen Rechts vor uns, es dient vielmehr das altkantonale Recht lediglich als Erkenntnisquelle für eine vom Richter im Wege des Vermutungsschlusses festzustellende örtliche Verkehrssitte. Mit der Verwendung dieses Behelfs sollte man freilich je länger desto vorsichtiger sein. Andere Zeiten, andere Sitten. Insbesondere hat der Weltkrieg in die Lebensgebahrung des Schweizervolkes allerorten tief eingegriffen. Art. 5 darf also nicht dazu führen, daß vermöge der vis inertiae iudicis antiquierte Verkehrssitten künstlich konserviert, die richterliche Anerkennung neu aufgekommener Verkehrssitten ungebührlich behindert wird. In 10, 20 Jahren dürfte Art. 5 seine Rolle vor Gericht im wesentlichen ausgespielt haben. Wo ZGB. (OR.) nicht auf Orts-, sondern auf Landessitte verweiset, war für Art. 5 von Anfang an kein Raum. Denn Landessitte ist gemeine Schweizer-, nicht partikuläre Orts- oder Kantonssitte.

§ 5. Das Ermessen[1]).

Häufig, wohl häufiger noch als BGB., verweiset ZGB. auf das richterliche Ermessen.

Das Ermessen betätigt sich in zwei Richtungen: es kann betreffen einmal den Tatbestand, zum andern die Rechtsfolge.

Der Begriff des Tatbestandsermessens darf nicht überspannt werden. Soweit nämlich der Tatbestand lediglich festzustellen ist, darf man zwar von freier Beweiswürdigung, freier Überzeugungsbildung, intime conviction und dergleichen, keineswegs aber von richterlichem Ermessen sprechen. Ob der Vertrag geschlossen, die Tat begangen ist oder nicht, das entscheidet der Richter nach freier Überzeugung, aber beileibe nicht nach freiem Ermessen. ZGB. 4 hat somit (was leider verkannt worden

[1]) Laun, Das freie Ermessen und seine Grenzen, 1910; ders. in Zitelmannfestschrift 1913; Donati, sul principio di equità 1913; M. Rümelin, Billigkeit 1921; Diener, Das Ermessen, Diss. Zürich 1921; Tezner, Das freie Ermessen 1924.

ist) in diesem Zusammenhange gar nichts zu sagen. Ein wirkliches Ermessen kommt vielmehr auf diesem Gebiet nur insoweit in Frage, als der abstrakte Gesetzestatbestand sogenannte Wert- oder Würdigungsbegriffe einschließt dergestalt, daß die Subsumption des konkreten Tatbestandes unter dem Gesetzesbegriff ein Werturteil voraussetzt (sogenannte Ermessenstatbestände). Beispiele: „Fahrlässigkeit", „grobes Verschulden", „erhebliche Erschwerung", „wichtiger Grund", „tunlich", „besondere Umstände", „nicht zuzumuten". Hier, und nur hier kommt ZGB. 4 zum Zug. Eine besondere Nutzanwendung s. u. § 6 („Gutgläubigkeit").

Weit häufiger als den Tatbestand betrifft das Ermessen die Rechtsfolge. Vorwiegend auf das Rechtsfolgeermessen ist denn auch Art. 4 gemünzt.

Auch die Kombination beider Figuren kann begegnen: im Tatbestand wie in der Rechtsfolge kommt gelegentlich richterliches Ermessen zur Geltung. Ein plumpes Beispiel bietet der bekannte „Schurkenparagraph": „wer sich schurkenhaft benimmt, wird angemessen bestraft."

In bezug auf den Umfang des Ermessens unterscheidet man gebundenes und freies Ermessen. Ersteres liegt vor, wenn das Gesetz einen unüberschreitbaren Rahmen absteckt; Beispiel: das nach unten und oben begrenzte Strafmaß. Dieser Rahmen kann im Einzelfalle so eng gespannt sein, daß in das Ermessen des Richters lediglich die Wahl zwischen zwei bestimmt normierten Rechtsfolgen gestellt ist; Beispiel: Todesstrafe oder lebenslängliches Zuchthaus. Freies Ermessen dagegen ist da gegeben, wo das Gesetz sich der Aufstellung eines Rahmens enthält. Sein vorzugsweiser Tummelplatz ist die Verwaltung. Indes auch das freieste Ermessen hat seine Grenzen, jenseits deren es in Willkür ausartet. Die Verwaltungsrechtslehre, namentlich die französische, hat in diesem Sinn fruchtbare Erörterungen über den Ermessensmißbrauch (détournement de pouvoir) angestellt. Da somit auch das freieste Ermessen kein schlechthin ungebundenes ist, so erweiset sich der Gegensatz zwischen gebundenem und freiem Ermessen als ein bloß komparativer. Der Unterschied liegt bloß darin, daß dem gebundenen Ermessen das Gesetz, dem freien Ermessen das richtige Recht die Schranke setzt.

Die Ermessensentscheidung ist eine Entscheidung intra, nicht praeter legem. Bei gesetzlich limitiertem Ermessen versteht sich dies ohnehin von selbst. Anderenfalls würde der Strafrichter tagtäglich gegen den Satz nulla poena sine lege (= praeter legem) sündigen. Aber auch die Entscheidung nach freiem Ermessen ist vom Gesetzeswillen umfaßt; denn ihre Basis ist eben die Verweisung.

Nach Art. 4 soll der Richter (oder die Verwaltungsbehörde, die nach Maßgabe des ZGB. tätig wird) seine Ermessensentscheidung „nach Recht und Billigkeit" treffen. Man darf diese Worte weder pressen noch trennen; sie bilden ein ἓν διὰ δυοῖν und bezeichnen nur einen Gedanken. Sie sind lediglich die Substantivierung dessen, was der Volksmund als „recht und billig" bezeichnet. „Recht" in diesem Sinn ist nicht das positive Recht, sondern das Rechte, das Gerechte; „billig" aber bedeutet wiederum nur das Gerechte, allenfalls in besonderer Anpassung an die Eigenart des Falles. Die reiche Literatur, die sich seit Aristoteles an den Begriff der Billigkeit angeknüpft hat, kann hierbei völlig beiseite bleiben; denn der Gesetzgeber spricht seine Sprache, nicht die der philosophischen Theorie. Entscheidung nach Recht und Billigkeit ist sohin die im Einzelfalle gerechte, sachgemäße, angemessene Entscheidung — die Entscheidung nach grundsätzlich richtigem Recht.

Damit ist dem Beamten eine objektive Richtschnur vorgezeichnet. Nicht subjektives Wohlmeinen oder Belieben bestimmt seine Entscheidung, sondern eine zwar ungeschriebene, aber methodisch ermittelbare objektive Norm. Wie wäre auch sonst eine Nachprüfung der Ermessensentscheidung in der Rechtsmittelinstanz möglich und zulässig?

Unter das richterliche Ermessen stellt man bisweilen auch die Gnade. Aber Gnade ist nicht die Sache des Richters. Er irrt vom Pfade ab, wenn er bei Betätigung seines Ermessens sogenannten humanitären Gefühlen Folge gibt (Stammler, Richter 85). Die Themis trägt die

Binde, auch wenn sie Ermessensentscheidungen fällt! Dies gilt, wie für die Strafzumessung, so auch für die Bemessung des zu leistenden Schadensersatzes. Leider ist jedoch hier der Gesetzgeber selbst vom geraden Wege bedenklich abgewichen. Das fatale Mitgefühl, das viele Gesetze (auch BGB. 852 Abs. 1) seltsamerweise gerade den Herren Rechtsbrechern entgegenbringen, hat in OR. 44 Abs. 2 zu einem überaus eigenartigen beneficium competentiae für gewisse Delinquenten geführt: „Würde ein Ersatzpflichtiger, der den Schaden weder absichtlich noch grob fahrlässig verursacht hat, durch Leistung des Schadensersatzes in eine Notlage versetzt, so kann der Richter aus diesem Grunde die Ersatzpflicht ermäßigen." Von dieser Ermächtigung, die Unachtsamkeit sogenannter armer Teufel zu ermuntern, sollte ein Richter, der des Art. 4 eingedenk ist, unter keinen Umständen Gebrauch machen. — In das gleiche Kapitel gehört die hüben wie drüben öfters zu beobachtende Tendenz, bedungene Vertragsstrafen aus fadenscheinigen Gründen ungebührlich herabzusetzen. Diese Neigung ist in dreifacher Hinsicht zu beanstanden. Sie ist zunächst einmal gesetzwidrig. Denn nach BGB. 343 können nur übermäßige Vertragsstrafen auf das Angemessene herabgesetzt werden; OR. 163 aber befiehlt dem Richter, solche Strafen nicht nach seinem Belieben, sondern nach seinem Ermessen, d. h. lediglich nach Maßgabe ZGB. 4 zu ermäßigen. Sie ist ferner ungerecht, denn unbesonnene Herabsetzung speist den Gläubiger ohne zureichenden Grund mit einen Bruchteil dessen ab, was der Vertragsgegner ausdrücklich und freiwillig versprochen hat. Und schließlich ist sie auch sozialpädagogisch höchst bedenklich, insofern sie die präventive Funktion der Vertragsstrafe mehr oder weniger illusorisch macht. Die Strafe, die zwar in hoher Summe versprochen ist, in dieser Höhe aber voraussichtlich doch nie zur Zahlung gelangen wird, gleicht der Rute, die im Kinderzimmer zwar drohend hängt, aber — wie die Knaben wissen — niemals wehetut. Nach alledem muß entschieden betont und verlangt werden, daß eine Vertragsstrafe nur aus sachlich stichhaltigen Gründen und unter keinen Umständen unter das Maß des Angemessenen herabgesetzt werde. Es ist das kleinere Übel, wenn sie zu wenig, als wenn sie zu stark ermäßigt wird. Denn in voller Höhe war sie versprochen, und was man versprochen, soll man halten. Der deutsche Kaufmann, der sein Wort halten, von väterlicher Bevormundung aber nichts wissen will, hat das richterliche Ermäßigungsrecht überhaupt dankend abgelehnt (HGB. 348). Und er tat recht daran.

§ 6. Gutgläubigkeit.

Von gutem Glauben sprechen wir da, wo entweder ein objektiv rechts widrig Handelnder vorwurfsfrei glaubt, rechtmäßig, oder ein an sich objektiv rechts unwirksam Handelnder vorwurfsfrei glaubt, rechtswirksam zu handeln, oder wo beides sich verbindet. Paradigma der ersten Figur: der gutgläubige Besitzer; der zweiten: der gutgläubige Zahler (BGB. 370, 407); der dritten: der gutgläubige Erwerber.

Insoweit die Rechtsordnung der Gutgläubigkeit Rechnung trägt, spricht man von Gutglaubensschutz. Dieser versteht sich nach dem Vorgesagten in zwiefachem Sinne: um seines guten Glaubens willen wird einerseits der rechtswidrig Handelnde von den Folgen der Rechtswidrigkeit ganz oder teilweise entbunden (vgl. RStrGB. 59), anderseits der an sich rechtsunwirksam Handelnde der erstrebten Rechtswirkung teilhaft erklärt. Der gute Glaube wirkt also im ersten Fall entlastend, im zweiten ergänzend.

Einen grundsätzlichen und durchgängigen Gutglaubensschutz kennt ZGB. (ebenso BGB.) weder in der Form allgemeinen gesetzlichen Ausspruches, noch in der Form genereller Verweisung auf richterliches Ermessen. Gutglaubensschutz greift vielmehr nur da Platz, wo das Gesetz ihn durch Einzelbestimmung gewährt, und nur mit den Wirkungen, die jene Bestimmung ihm beimißt. Erstreckung im Analogiewege bedarf größter Vorsicht.

Die fernere Erörterung wird zweckmäßig nicht den Begriff der Gutgläubigkeit, sondern dessen kontradiktorischen Gegensatz, den der Schlechtgläubigkeit, zugrunde legen. Nicht allein aus prozessualen Erwägungen — nicht der gute, sondern der schlechte Glaube bedarf im Streitfalle des Beweises und der Feststellung, ZGB. 3 Abs. 1 —, sondern auch aus sachlichen Gründen. Gutgläubigkeit nämlich läßt sich nur negativ definieren (als das nicht zu verantwortende Nichtwissen); Schlechtgläubigkeit hingegen ist etwas Positives.

Schlechtgläubig ist — ceteris paribus — zum ersten derjenige, der den objektiven Sachverhalt kennt (schlichte Beweisfrage), zum andern aber derjenige, dem seine Unkenntnis des wahren Sachverhalts zum hinreichenden Vorwurf gereicht (Ermessensfrage).

Die Frage, wann der Vorwurf ein hinreichender sei, läßt sich gesetzgeberisch und gesetzestechnisch sehr verschieden beantworten. Der Gesetzgeber kann nämlich die Entscheidung entweder ganz in richterliches Ermessen stellen oder sie wenigstens teilweise selbst treffen; trifft er sie selbst, so kann dies wieder in strengerem oder in milderem Urteil, in durchgreifend einheitlicher oder in differenzierender Weise geschehen. Das Gesetz kann also beispielsweise bestimmen, schlechtgläubig sei derjenige, dessen Unkenntnis beruhe: auf erheblichem Verschulden — auf Fahrlässigkeit — grober Fahrlässigkeit — in den Fällen a b c auf grober, sonst auf Fahrlässigkeit schlechthin usw.

BGB. hat den Weg eigener und zwar differenzierender Bestimmung gewählt. Es läßt je nach Tatbestand zum hinreichenden Vorwurf — und sohin zur Schlechtgläubigkeit — bald jede Fahrlässigkeit, bald nur grobe Fahrlässigkeit, bald nicht einmal diese gereichen (§§ 68, 169, 674, — 932 — 407, 892, 2366). Soweit hiernach Fahrlässigkeit releviert, unterliegt die Frage, ob im Einzelfalle des Verhaltens des Beteiligten als ein (grob) fahrlässiges zu beurteilen sei, dem Ermessen des Richters.

Eine andere Methode befolgt ZGB. 3 Abs. 2. Hier wird der Versuch gemacht, den „hinreichenden Vorwurf" und damit den Tatbestand der Schlechtgläubigkeit ein für allemal zu umschreiben. Die Tendenz ist löblich, die technische Durchführung aber recht mangelhaft.

Dies gilt schon vom sprachlichen Ausdruck. Es heißt dort: auf Gutgläubigkeit können sich nicht berufen, wer bei Betätigung gehöriger Aufmerksamkeit „nicht gutgläubig sein konnte". Wollte man dies wörtlich nehmen, so wäre entweder die Trivialität ausgesprochen: „wer nicht gutgläubig sein konnte, also nicht gutgläubig war, kann sich auf Gutgläubigkeit nicht berufen" — oder es würde der Widersinn herauskommen: „wer die gehörige Aufmerksamkeit nicht betätigt hat, bei deren Betätigung er nicht gutgläubig würde gewesen sein, ist zwar gutgläubig, kann sich aber hierauf nicht berufen." Gemeint ist jedoch offenbar dies: nicht gutgläubig ist, wer bei gehöriger Sorgfalt die Tatumstände, deren Kenntnis den guten Glauben ausschließt, gekannt haben würde. Anders ausgedrückt: eine durch ungehörige Unaufmerksamkeit verursachte Unkenntnis schließt die Gutgläubigkeit aus. Oder mit BGB. 122 Abs. 2 gesprochen: Kennenmüssen steht der Kenntnis gleich.

(Eine ähnlich verunglückte Redaktion findet sich, beiläufig bemerkt, auch in WO. 74, OR. 790. Wenn nämlich dort der grobfahrlässige Erwerber neben den schlechtgläubigen gestellt wird, so muß das bei wörtlicher Auslegung zu dem Schlusse verleiten, der grobfahrlässige Erwerber sei gutgläubig. Das reimt sich jedoch schlecht mit dem Inhalt der bezogenen Bestimmungen; denn der grobfahrlässige Erwerber wird dem „bösgläubigen" ausdrücklich gleichbehandelt.)

Aber auch der Inhalt des Art. 3 ruft Zweifel auf den Plan. Sie betreffen den Grad der Fahrlässigkeit, der einen „hinreichenden Vorwurf" mit der Folge der Schlechtgläubigkeit begründet. Das Gesetz spricht von einem Mangel an Aufmerksamkeit, also von Fahrlässigkeit. Diese kann nun aber dem Grade nach eine leichte oder eine grobe sein. Welchen dieser Grade meint das Gesetz? Art. 3 beantwortet diese Frage nicht, sondern läßt „die nach den Umständen zu verlangende Aufmerksamkeit" entscheiden. Da nun die Umstände nur der Richter würdigen kann, so gewinnt es folglich den Anschein, als sei hier schlechtweg auf sein Ermessen (ZGB. 4) abgestellt mit der Folge, daß er je nach

Umständen bald leichte, bald grobe Fahrlässigkeit einsetzen könne. Dieser Annahme möchte jedoch nicht zu folgen sein. Denn zu den bezogenen „Umständen" gehört doch in erster Reihe das Gesetz selbst. Der Grad der nach den Umständen zu verlangenden Diligenz bestimmt sich somit in erster Linie durch das Maß der Sorgfalt, welches das Gesetz in bezug auf das konkrete Rechtsverhältnis vorschreibt. Die allgemeine Regel des Gesetzes geht nun aber dahin, daß omnis diligentia zu prästieren, also auch culpa levis zu vertreten sei; Beweis OR. 41, 97 (ebenso BGB. 823, 276). Daher schließt nach schweizerischem Recht grundsätzlich schon leichte Fahrlässigkeit den guten Glauben aus. Es entspricht das durchaus dem seriösen Charakter des Schweizervolkes, dem nichts widerwärtiger ist als Schlendrian und „Schlamperei". (Man halte übrigens OR. 100 gegen BGB 276.) Nur in solchen Rechtsverhältnissen, bezüglich deren ausnahmsweise ein milderer Diligenzmaßstab angelegt wird, also nur grobe Fahrlässigkeit zu verantworten ist, wäre auch die Frage des „hinreichenden Vorwurfs" im Sinne der Gutgläubigkeitslehre, falls sie dort einmal aktuell werden sollte, an Hand dieses milderen Gesichtspunktes zu beantworten. So ausgelegt, gewinnt Art. 3 folgenden Sinn: Schlechtgläubig ist derjenige, dessen Unkenntnis der in Betracht kommenden Tatumstände auf einer Außerachtlassung derjenigen Sorgfalt beruht, die nach Maßgabe des konkreten Rechtsverhältnisses von ihm erwartet werden durfte. Bei dieser Interpretation ist der Hinweis auf „die Umstände" allerdings nichtssagend und überflüssig; das richterliche Ermessen beschränkt sich vielmehr auf die Prüfung der Frage, ob das Verhalten des Beteiligten sich als die vom Gesetz vorausgesetzte (grundsätzlich leichte, ausnahmsweise grobe) Fahrlässigkeit qualifiziere.

§ 7. Treu und Glauben[1]).

Man kann dieses Wortpaar mannigfach umschreiben, und jeder Jurist, jeder Kaufmann hat es „im Gefühl", was

[1]) Karl Huber, Rechtsmißbrauch, Diss. Bern 1909; Trüeb, Rechtsmißbrauch, Diss. Bern 1909; Coroi, l'abus du droit et l'excès du droit,

darunter im allgemeinen zu verstehen sei; aber eine exakte wissenschaftliche Definition will nicht gelingen. Nur in dürftigem Umriß mag man sagen: Treu und Glauben bedeuten den Inbegriff gewisser ungeschriebener Normen für das äußere Verhalten im Sinne eines vertrauensvollen und vertrauenswürdigen Verkehrs. Welcher Art nun aber diese Normen seien — ob Rechtsätze, Moralpflichten oder Sittenregeln —, darüber ließe sich ausgiebig debattieren, und es würden sich hierbei ähnliche Meinungsverschiedenheiten herausstellen wie etwa angesichts des Begriffes der „guten Sitten". Mit dem deus ex machina der „Kulturnormen" wäre die Frage natürlich nicht gelöst. Stammler wird wohl recht behalten, wenn er sagt, die Wendung Treu und Glauben bedeute überhaupt keinen selbständigen Normenkomplex, sondern lediglich die Grundsätze des richtigen Verhaltens im Rechtsverkehr. So verstanden, stehen Treu und Glauben in naher Verwandtschaft zu dem Begriff der Gerechtigkeit. Gleich dieser sind sie nur ein Leit- und Richtgedanke für Ausgestaltung und Durchführung der Rechtsordnung.

1. Ist dem so, dann richten sich die Gebote von Treu und Glauben zu allererst an den Gesetzgeber. Denn ein Rechtsverkehr, der von Treu und Glauben geleitet sein soll, setzt natürlich Gesetze voraus, die nicht ihrerseits Treu und Glauben mit Füßen treten. Dieser Appell ist heute nicht überflüssig. Die Erschütterungen und Umwälzungen, die Europa seit 1914 durchmacht, haben auch die Gesetzgebungsmoral stark in Mitleidenschaft gezogen.

2. Treu und Glauben sind ferner vom Richter nachzuachten. Alle Gesetze sind im Zweifel im Sinne von Treu und Glauben auszulegen und anzuwenden (oben § 2). Wir sagen: im Zweifel. Führt nämlich die Auslegung zu dem unzweideutigen Schluß, daß die gesetzliche Bestimmung von dieser Richtschnur abweicht, so hat der Richter sich dem Gesetz trotzdem grundsätzlich zu beugen. Deutsche Richter

thèse Genève 1910; Hager, Schikane und Rechtsmißbrauch 1913; Fritzche, aus der Rechtspflege einer Demokratie 1919 S. 55; Campion, l'abus des droits, 1925.

handelten nicht geschmackvoll, als sie angesichts eines Gesetzentwurfes, dessen Inhalt ihnen mit Treu und Glauben unvereinbar schien, von vornherein mit einer Art von Richterstreik drohten.

3. Schließlich wenden sich die Gebote von Treu und Glauben an die Rechtsunterworfenen selbst. Und zwar im weitesten Ausmaße. Die §§ 157, 242 BGB. werden mit Recht gerühmt. Sie waren jedoch zu eng formuliert und sind inzwischen durch die umfassendere Bestimmung des Art. 2 ZGB. überholt und in den Schatten gestellt. Indes auch Art. 2 greift noch immer nicht weit genug. Denn nicht nur alle Rechtsausübung und Pflichterfüllung, alles rechtliche Handeln überhaupt steht unter dem Leitgedanken von Treu und Glauben. Dies ist näher auszuführen.

a) Treu und Glauben bestimmen das Maß der Rechtspflichten (C. c. 1134, Sächs. BGB. 858, BGB. 242, ZGB. 2). Was die Römer hierüber ausgeführt, bleibt klassisch für alle Zeit. Hätten sie weiter nichts hinterlassen als das, was sie über die kontraktliche bona fides gesagt haben, sie blieben die Meister aller Meister. Jede Rechtspflicht, sie beruhe auf Gesetz, Staatsakt oder Rechtsgeschäft, versteht sich unter dem Vorbehalt der Einhaltung von Treu und Glauben. Demgemäß ist bald mehr, bald weniger, bald anderes zu leisten, als was dem Buchstaben nach geschuldet war. Hier nur drei Nutzanwendungen. Einerseits: jede Leistung versteht sich als ein Mittel für die Zwecke des Gläubigers. Insoweit also der Leistungszweck dem Schuldner bekannt ist, muß er tunlichst zweckgerecht leisten, darüber hinaus aber alles unterlassen, was die Zweckerreichung gefährdet oder vereitelt. Daher handelt dienstpflichtwidrig der Türschließer, der das Haus verschießt, aber dem Einbrecher die Leiter bereitstellt, und den Kaufpreis kann nicht verlangen der Verkäufer, der die abgelieferte Kaufsache dem Käufer stiehlt. Anderseits: jede Rechtspflicht versteht sich unter dem Vorbehalt, daß der Pflichtige „sich noch der Nächste bleiben kann", nicht zum bloßen Mittel für die Zwecke des Gläubigers herabgewürdigt wird. Daher kann beispielsweise auch nach neutralstaatlichem Recht der auswärtige Arbeiter einer dortigen Fabrik, die sich neuerdings auf Erzeugung von Kriegsbedarf umstellt, zur Herstellung von Kriegsgerät für den Gegner seines Heimatstaates nicht verhalten sein; denn ein Landesverrat ist ihm nach Treu und Glauben nicht zuzumuten. Schließlich noch ein Beispiel für die inhaltliche Abänderung der Leistung: der Geschäftsbesorgungspflichtige hat die Weisungen des Geschäftsherrn zu besorgen. Von diesen abzuweichen ist er jedoch unter Umständen berechtigt (BGB. 665, 675, OR. 397), ja im Einzelfalle sogar verpflichtet. Der Arzt, der nach Öffnung der Bauchhöhle feststellt, daß die gestellte Diagnose irrig war, darf die vereinbarte, aber nach Sachlage zweckwidrige Operation nicht ausführen, hat vielmehr das nach Sachlage anderweit Gebotene vorzukehren.

b) Alle Rechtsausübung findet ihre Schranke in Treu und Glauben. In diesem Sinne verlangten die Römer speziell im Servitutenrecht ein civiliter uti, erklärten malitiöse Rechtsausübung für unzulässig und gewährten allgemein die exc. doli generalis, wenn eine Partei sich auf eine in abstracto zutreffende Gesetzesbestimmung berief, deren Anwendung in concreto objektiv anstößig erschien. ALR. I 8, 27 bestimmte, niemand dürfe sein Eigentum zur Kränkung oder Schädigung anderer mißbrauchen. Auch BGB. spricht von „Mißbrauch", allerdings nur im Familienrecht (§§ 1353, 1354, 1666), und beschränkt sich im übrigen, von § 242 abgesehen, auf das magere Schikaneverbot des § 226. Dieses wird jeedoch ergänzt durch § 826, der bei richtiger Auslegung die vorsätzliche sittenwidrige Schädigung Dritter auch dann verpönt, wenn sie in Ausübung eines Rechtes erfolgt.

In viel breiterer Front geht ZGB. 2 Abs. 2 vor: „Der offenbare Mißbrauch eines Rechts findet keinen Rechtsschutz." Dieser Satz ist nur eine Ausstrahlung des in Abs. 1 ausgesprochenen Grundsatzes des Handelns nach Treu und Glauben. Mißbräuchlich ist nämlich jede Rechtsausübung, welche die Grenze von Treu und Glauben überschreitet, während das (viel mißbrauchte!) Wörtchen offenbar „offenbar" soviel wie „gröblich" bedeutet, also den Grad der Überschreitung im Auge hat. Der Tatbestand des Mißbrauches ist ein objektiver; auf die innere Lauterkeit oder Unlauterkeit der subjektiven Zweckverfolgung kommt nicht an. Dies bedarf besonderer Unterstreichung. Subjektive Tadelfreiheit schließt den Mißbrauch nicht aus; daher ist guter Glaube insoweit unbehelflich. Andererseits ist subjektiv unsittliches Handeln nicht vorausgesetzt und namentlich unsittlicher Schädigungsvorsatz (BGB. 826, OR. 41 Abs. 2) oder vollends das Motiv der Bosheit keineswegs erfordert. Ja, Unsittlichkeit ist für sich allein nicht einmal genügend. Stellte jede unsittliche Rechtsausübung zugleich einen Rechtsmißbrauch dar, so wäre die heilsame Grenze zwischen Moral und Recht völlig verwischt, und der Richter würde — dem Geist seines Amtes zuwider — zum Moralprediger und Schulmeister. Das Gesagte bleibt selbst dann in Geltung, wenn die unsittliche Rechtsausübung einen Dritten schädigt. Bei vorsätzlicher Schädigung greift OR. 41 (BGB. 826) ein; bei bloß fahrlässiger Schädigung entsteht eine Rechtsfolge überhaupt nicht. Zum Begriffe des Mißbrauches ist vielmehr erforderlich und genügend, daß objektiv der durch die Rechtsausübung verursachte Schaden eines andern außer allem Verhältnis steht zu den irgendwie beachtlichen Vorteilen des Berechtigten. Dies abzuwägen ist Sache des richterlichen Ermessens. Die schweizerischen Gerichte haben von diesem, wie die bei Fritzsche und Weiß mitgeteilten Entscheide zeigen und wie auch Williams anerkennt, bisher einen maßvollen Gebrauch gemacht. Es ist nur eine Nutzanwendung dieses Gedankens, wenn die heutige Eigentumsordnung das sogenannte Verbietungsrecht des Eigentümers in immer steigendem Maße durch die Rücksichtnahme auf überwiegende Interessen Dritter beschränkt sein läßt (ZGB. 701, BGB. 904). Eine kommunistische Übersteigerung desselben zeigt Russ. ZGB. 1: jedem subjektiven Rechte wird der Schutz versagt, „wenn es im Widerspruch zu seiner sozialwirtschaftlichen Bestimmung ausgeübt wird."

Offenbarer Rechtsmißbrauch „findet keinen Rechtsschutz". Das ist zu milde ausgedrückt: mißbräuchliche Rechtsausübung ist mehr als schutzlos, sie ist unzulässig (richtig BGB 226, vgl. auch OR. 25) und rechtswidrig. Daher führt sie nicht nur zur Klagabweisung, sondern begründet auch die negative Feststellungsklage und, was noch wichtiger, die Notwehrlage. Auch verpflichtet sie im Verschuldensfalle ohne weiteres zum Schadensersatz (OR. 41 Abs. 1; vgl. C. c. 1382; verfehlt und unzulänglich BGB. 823 Abs. 1, 2, 826).

Was von der Rechtsausübung im allgemeinen, gilt insbesondere auch von der Geltendmachung sogenannter Gestaltungsrechte. Eine besondere Nutzanwendung macht OR. 25 Abs. 1: „Die Berufung auf Irrtum ist unstatthaft, wenn sie Treu und Glauben widerspricht." Dies ist nach dem Vorgesagten dann der Fall, wenn entweder durch den Irrtum ein beachtlicher Schaden nicht verursacht ist, oder wenn durch Annullierung des Geschäftes dem schuldlosen Gegner ein erheblich überwiegender Schaden entstehen würde (Becker zu OR. 28). Eine besondere Folgerung zieht Abs. 2, wonach der Irrende auf rechtzeitige Bereitererklärung des Gegners für den Vertrag so gelten lassen muß, wie er ihn verstanden hat. Hierdurch wird zwar die Irrtumsanfechtung nicht ausgeschlossen, gegenteils für statthaft erklärt; mit der Maßgabe jedoch, daß das Geschäft nicht annulliert, sondern inhaltlich so umgestaltet wird, daß der Irrtum unschädlich bleibt. Eine sehr vernünftige Bestimmung, deren ausdrückliche Übernahme in das BGB. warm empfohlen sei.

c) Die an einen Tatumstand geknüpften Rechtsfolgen treten grundsätzlich nicht ein zu gunsten desjenigen, der ihn wider Treu und Glauben herbeigeführt hat. Dies steht zwar nicht unmittelbar in ZGB. 2, ergibt sich aber durch sinngemäße Verallgemeinerung von OR. 156 (C. c. 1173, BGB. 162, Stammler, Richt. Recht 584). Denn was dort für rechtsgeschäftliche Bedingungen verordnet ist, muß entsprechend auch auf sogenannte Rechtsbedingungen (Rechtsfolgevoraussetzungen) anwendbar sein.

d) Für das rechtsgestaltende, insbesondere rechtsgeschäftliche Handeln gilt das gleiche. Daher ist jede Willenserklärung (zu eng BGB. 157, ABGB. 914) nach Treu und Glauben auszulegen. Der Wortlaut ZGB. 2 deckt diesen Gedanken zwar nicht (zu eng auch Sächs. BGB. 833, 835); aber sein Sinn geht dahin. Und auch ohne ZGB. 2 würde kein schweizerischer Richter Rechtsgeschäfte anders auslegen.

§ 8. Lücken des Gesetzes[1]).

1. Wäre das Gesetz identisch mit der Rechtsordnung, so gäbe es keine Lücken des Gesetzes. Denn die Rechtsordnung ist immer lückenlos. Aber Gesetz und Rechtsordnung decken sich nicht. Daher kann das Gesetz lückenhaft sein — nicht in sich, wohl aber in Hinsicht auf den Gesamtumfang der Rechtsordnung. Es wird auch tatsächlich immer lückenhaft sein. Denn kein Gesetz der Welt kann alle Rechtsfragen regeln. Nicht einmal diejenigen, die zur Zeit der Gesetzesverabschiedung schon vorliegen; denn die Fülle des Lebens ist unübersehbar, und selbst der alte Homer schläft zuweilen. Noch viel weniger diejenigen, die von Tag zu Tag unvorhersehbar neu auftauchen. Noch mehr: das Gesetz soll sogar lückenhaft sein; denn der Versuch des Gegenteils wäre abträglich. Auf zwei Wegen ist dieser Versuch unternommen worden; beide sind gleich bedenklich. Geht der Gesetzgeber ins einzelne (kasuistische Gesetzgebung), so verliert er sich ins Massenhafte und kommt doch nie zu Ende; denn das Meer wird er nie ausschöpfen. Wählt er hingegen den Weg der generalisierenden Induktion (abstrakte oder dogmatische Gesetzgebung), so vergewaltigt er die Individualität der Tatbestände. Sein Gesetz gleicht einer schematisch verordneten Universalarzenei.

Von dieser Einsicht getragen, hat der schweizerische Zivilgesetzgeber grundsätzlich darauf verzichtet, des Lebens bunte Fülle durch sein Gesetz restlos meistern zu wollen.

---

[1]) Donati, Problema delle lacune, Mil. 1910; Brunetti, scr. giur. var. III 1920, p. 1, IV 1925, p. 161; W. Burckhardt, die Lücken des Gesetzes und die Gesetzesauslegung, 1925.

Auf zahlreiche Fragen des bürgerlichen Rechts bleibt ZGB. bewußtermaßen die Antwort schuldig. Wir finden in ihm weder die mikrologische Pedanterie des ALR., noch die hochgetriebene Abstraktion des BGB. Sein Vorbild war vielmehr der C. c.

2. Eine Gesetzeslücke kann in zweierlei Gestalt begegnen. Eine offene Lücke liegt vor, wo das Gesetz schlechterdings schweigt, d. h. nicht nur eine Regel nicht enthält, sondern nicht einmal den Schein einer Regelung dadurch vortäuscht, daß der Tatbestand, rein begrifflich genommen, sich als Unterfall eines durch generelle Gesetzesnorm geregelten Tatbestandes präsentiert. Eine verdeckte Lücke dagegen ist da vorhanden, wo das Gesetz in umfassend abstrakter Ausdrucksweise eine generelle Norm aufgestellt (diese vielleicht auch durch einzelne Ausnahmenormen enger umgrenzt), für eine gewisse Kategorie von Sondertatbeständen aber, die dem Wortlaute nach unter den Tatbestand der allgemeinen Norm fallen, die Aufstellung einer ausdrücklichen Ausnahmenorm unterlassen hat. Offene Lücken liegen bei kasuistischer, verdeckte bei abstrakter Gesetzgebungstechnik nahe.

Über die offenen Lücken wird heute kaum noch gestritten. Liegen sie doch — daher ihr Name — offen vor Augen, und nur der Blinde oder Verstockte kann sie leugnen. Es bedarf denn auch keines sonderlichen Mutes, ihr Vorhandensein festzustellen und demgemäß weiter zu verfahren. Die verdeckte Lücke dagegen bleibt der eigentliche Stachel des Problems. Viele leugnen ihre Möglichkeit überhaupt. Durch seine generelle Norm habe der Gesetzgeber den Gesamtumkreis der ihr unterfallenden Tatbestände geregelt. Erweise sich diese Regelung für gewisse Sondertatbestände als unsachgemäß, so liege insoweit zwar unrichtiges, aber doch geltendes Recht vor; eine Lücke könne hier sohin nicht de lege lata, höchstens de lege ferenda angesprochen werden. („Uneigentliche Lücke", Burckhardt.) Wer gleichwohl eine Lücke des geltenden Rechts behaupte und demgemäß verfahre, der judiziere der Sache nach contra legem. Diese Meinung verwechselt den Buchstaben des

Gesetzes mit dessen Sinn. Gewiß: soweit der Sinn der Norm reicht, will sie gelten, auch für die Sondertatbestände, deren Eigenart sie nicht gerecht wird; eine Lücke ist also hier nicht vorhanden. Aber von diesem Falle sprechen wir hier gar nicht. Unsere Voraussetzung ist vielmehr die, daß die abstrakte Norm, sinngemäß ausgelegt, weniger allgemein ist als ihr Wortlaut, oder genauer: daß sie nicht umfassend genug ist, um auch den fraglichen Sondertatbestand zu ergreifen. Für diese Auslegung bildet der Umstand, daß sie, auf jenen Tatbestand angewendet, zu unrichtigem Ergebnis führen würde, ein gewichtiges zwar, ja oft das entscheidende Argument. Aber immerhin nur ein Argument. Bei Feststellung einer verdeckten Lücke brechen wir also nicht dem Sinn des generellen Gesetzes etwas ab, sondern wir konstatieren nur, daß der Sinn weniger umfassend sei als der Wortlaut. Wir betätigen also lediglich das altbekannte und harmlose Verfahren der einschränkenden Auslegung. Beispiel: bestände die schweizerische Wehrgesetzgebung lediglich aus dem lapidaren Satz der Bundesverfassung: „Jeder Schweizer ist wehrpflichtig", so würde selbst der Laie sofort einsehen, daß damit den Militärbehörden nicht das Recht erteilt wäre, Knaben und Greise, Krüppel und Idioten in die Kaserne zu schicken.

Daß die Bäume der verdeckten Lücken nicht in den Himmel wachsen, dafür sorgt schon die Psychologie des Richters. Zur Auffindung und Feststellung solcher Lücken gehört nämlich nicht nur Scharfsinn, sondern auch Entschlußkraft. Mancher sieht sie erst überhaupt nicht. Verbergen sie sich doch — daher ihr Name — unter einer vermeintlich umfassenden generellen Norm. Jene Norm gleicht der Eisdecke, vor der der große Dichter den jungen Freund warnte: „Laß nicht die schimmernde Bahn dich verführen! Wo dort Tiefen sie deckt, strömt's vielleicht, sprudeln vielleicht Quellen empor!" Nur zu leicht erliegt der Vertrauensselige dem Zauber jener Verführung. Selbst derjenige aber, der die Lücke gewahrt, findet den Mut nicht immer, wider den Stachel zu löken und den Gesetzgeber einer Unterlassung zu zeihen. Lege non distinguente (so wähnt er wohl) nec nostrum est distinguere. Es gibt subalterne Richter in jedem Lande.

3. Bei dieser Sachlage ist es nützlich und löblich, wenn der Gesetzgeber selbst offiziell anerkennt, sein Gesetz sei lückenhaft. Diesen Weg beschritt ABGB. 7, auf dessen Bedeutung später noch zurückzukommen ist. Der treffliche § 1 I. Entw. BGB., der ein Gleiches besagte, wurde ohne triftigen Grund gestrichen. Auch ZGB. 1 proklamiert die Lückenhaftigkeit mit aller Schärfe. Wer Abs. 2 gelesen hat, darf in Abs. 1 getrost das Wörtchen „nur" hineinlesen. Ihren vollen Wert freilich erhalten diese Bestimmungen erst dann, wenn man von ihnen auch auf die verdeckten Gesetzeslücken die Nutzanwendung macht.

§ 9. Gewohnheitsrecht[1]).

I. Über Begriff und Erfordernisse des Gewohnheitsrechts habe ich anderwärts gehandelt. Zu der Streitfrage, ob die Übung erzeugend (konstitutiv) oder nur bezeugend (deklarativ) sei, habe ich dort in letztbezeichnetem Sinne Stellung genommen (sogenannte Überzeugungstheorie). Das Entscheidende ist die opinio iuris. Übung ohne opinio, und bestehe sie noch so lange Zeit, ist und bleibt bloße Verkehrssitte. Steht anderseits hinter der Übung ein Rechtswille, dann bedarf es langdauernder Übung nicht. Das „diabolische" Verlangen jahrzehntelanger Übung (C. can. 27, 28) beruht auf dem schlecht verhüllten Bestreben, die Bildung von Gewohnheitsrecht tunlichst zu drangsalieren, wo nicht zu verunmöglichen. Tamen usque recurret.

Es ist heute in der Mode, vom Gewohnheitsrecht herablassend zu reden und noch geringschätziger zu denken. Man glaubt anscheinend, seine Rolle in der Rechtsgeschichte sei ausgespielt. Ihr irrt Euch, edler Lord! Das Gewohnheitsrecht lebt, webt und wirkt mitten unter uns, und nur Starblinde und Straußvögel sehen es nicht. Die mannigfachen Verkleidungen, unter denen es auftritt, können

---

[1]) Pfenninger a. a. O. 46; Gmür, ZGB. und Gewohnheitsrecht, in Festgabe für Huber 1919 S. 11; Flumene, La consuetudine I 1925.

den Kundigen nicht täuschen. Mögen die soziologischen Untersuchungen über das „lebende Recht" die wahre Bedeutung des Gewohnheitsrechts immer mehr herausstellen.

Das Banner des Gewohnheitsrechts hoch zu entfalten, hat das Schweizervolk besonderen Anlaß. Nicht allein deswegen, weil mehrere Schweizer Kantone bis zum Erlaß des ZGB. unter Gewohnheitszivilrecht lebten, ein kodifiziertes Strafrecht aber bis heute nicht besitzen, sondern auch und vor allem deswegen, weil die Schweiz seit Jahrhunderten ein wirklicher Volksstaat ist. In keinem Lande der Welt ist der Gedanke der Volkssouveränität so bodenständig, so durchgreifend verwirklicht wie in der Schweiz. Die urwüchsigsten Emanationen des Volkswillens aber sind Volksabstimmung und Gewohnheitsrecht. Beide sind Zweige eines Stammes. Nannten doch schon die Römer das Gewohnheitsrecht eine stillschweigende Volksabstimmung. Die Schweiz sollte sich also von der etatistisch verschrobenen Rechtsquellenlehre gewisser Nachbarstaaten nicht beeindrucken lassen.

Das Gewohnheitsrecht ist Rechtsquelle gleich dem Gesetz. Das besagt erstlich: es gilt, weil es besteht; ohne Rücksicht auf seinen Inhalt. Das schikanöse Erfordernis der „Rationabilität" — eine Erfindung der byzantinischen Autokratie — ist abzulehnen, da es dem Wesen des Gewohnheitsrechts ebenso fremd ist wie dem des Gesetzes (C. can. 27, 28 ist unbeweislich). Zweitens: das Gewohnheitsrecht ist von gleichem Range wie das Gesetz. Das Gesetz kann ihm diesen Rang nicht aberkennen. Dies vermöchte nur eine beiden übergeordnete Rechtsquelle höherer Art. Eine solche gibt es aber nicht. Denn auch die Verfassung ist nur Gesetz und der Nebenbuhlerschaft des Verfassungsgewohnheitsrechts ausgesetzt. Die leider noch heute weit verbreitete Zulassungstheorie (ABGB. 10, I. Entw. BGB. § 2) entsprang den Traditionen des obrigkeitlichen Polizeistaates. Dem Geiste des Volksstaates ist sie stracks zuwider. Sie hätte dort nie Vertretung finden sollen.

II. Gewohnheitsrechtssätze können sich bilden intra, praeter, contra legem.

1. Der erste Fall — leider sehr oft übersehen — ist nicht nur der in manchem Betracht erwünschteste, sondern auch der praktisch häufigste und wichtigste. Er begegnet in zwei Formen: das Gewohnheitsrecht wirkt hier entweder a) konfirmatorisch oder b) adjutorisch. a) Ist das Gesetz von „klarer" Auslegung, und entspricht es, wie man sagt, dem Volksempfinden, so gewinnt die gesetzliche Vorschrift alsbald zugleich den Charakter einer gewohnheitsrechtlichen. Auf dieses verstärkende Gewohnheitsrecht muß jeder Gesetzgeber abstellen, wenn anders er wünscht, sein Gesetz möge volkstümlich werden, Vertrauen gewinnen, Entgegenkommen finden, freiwillig befolgt werden. Ein Gesetz, das diese Bundesgenossenschaft nicht findet, steht allezeit auf schwachen Beinen. Exempla docent: ein beträchtlicher Teil jener Gesetze und Verordnungen, die der Staatskoller der Kriegs- und Nachkriegszeit so massenhaft und gedankenlos auf das Papier warf, ist wirklich nur papierenes Recht geblieben. Die Maxime: oderint, dum metuant, hat einen Psychopathen zum Urheber. b) Ist die Auslegung einer Gesetzesstelle zweifelhaft und streitig, so bildet sich zuweilen überraschend bald eine Usualinterpretation, also ein erläuterndes Gewohnheitsrecht aus. Was man die „feststehende Auslegung" eines Gesetzes nennt, ist sachlich oft nichts anderes als ein solches Gewohnheitsrecht.

2. Suppletorisch ist das Gewohnheitsrecht, das sich praeter legem bildet. Ihm gilt ZGB. 1 Abs. 2. Auf ihm beruht z. B. das Institut des Blankowechsels in Deutschland.

3. Korrektorisches (derogatorisches) Gewohnheitsrecht erwächst gegen das Gesetz. Nur ein Grenzfall desselben ist das abrogatorische Gewohnheitsrecht: die desuetudo. Der Kampf zwischen Gewohnheits- und Gesetzesrecht begegnet in mancherlei Formen und wählt mancherlei Waffen. In akuter Krise, in offener Feldschlacht entfaltet er sich bei Revolutionen aller Art. Eine solche Revolution knüpfte sich z. B. an Luthers Thesen, an Louis Napoleons Staatsstreich, an den Beginn (nicht erst das Ende!) des Weltkrieges. Die sogenannte Legalisierung einer Revolution kann nie durch Gesetz, immer nur durch Gewohnheitsrecht

erfolgen. Ohne Unterstellung eines solchen stünde die RV. von 1919 in der Luft. In anderen Fällen, so insbesondere bei der desuetudo, nimmt der Prozeß, ärztlich gesprochen, einen chronischen Verlauf an: das Gewohnheitsrecht wirkt hier wie ein schleichendes Gift, das langsam, aber sicher zum Tode führt. Einem solchen zersetzenden Gewohnheitsrecht ist nicht nur die Carolina, sondern auch manches Strafgesetz späterer Zeit ganz oder teilweise zum Opfer gefallen. Daß bei diesem Kampf auch Kriegslisten nicht verschmäht werden, wird sich zeigen.

Für abweichendes Gewohnheitsrecht gilt der Satz ius posterius derogat priori (RG. 37, 179; Flumene 182). Keine derogatorische Klausel des Gesetzes kann hieran etwas ändern. Sie kann höchstens bewirken, daß das abändernde Gewohnheitsrecht sich — „um der Schwachen willen", wie Paulus sagen würde — ein trügend Mäntlein umhängt, indem es sich als angebliche Gesetzesauslegung drapiert. Das ist natürlich nur Kulisse: korrektorische Interpretation ist ein Widerspruch in sich. Dieser gewohnheitsrechtlichen Korrektur entgeht auf die Dauer kein Gesetz. Was man die Patina älterer Gesetze nennt, ist nichts anderes als ein sie immer mehr überwucherndes Gewohnheitsrecht. Die Franzosen wissen von ihr längst ein Lied zu singen. Im Libre du Centenaire (1904 II 909) schreibt Larnaude: Nous n'avons plus de Code civil! La France vit aujourd' hui, en fait, presque sous l'empire de la coutume!" In Österreich hat weder ABGB. 8 (Verbot der Usualinterpretation) noch ABGB. 10 (Verbot derogierenden Gewohnheitsrechts) eine vielfach bis an die Wurzel gehende Umgestaltung des ABGB. verhindern können. Auch das deutsche BGB. setzt zusehends Patina an. Und die Festschrift zur Hundertjahrfeier des ZGB. wird seinerzeit gewiß ein gleiches zu vermelden wissen. —

Für heute nur dies. Vertiefte Darlegung würde ein Buch füllen. Ein solches zu schreiben, wäre an der Zeit. Die neueren soziologischen und rechtspsychologischen Forschungen haben treffliche Vorarbeit geleistet. Wird die deutsche Rechtswissenschaft sich der Aufgabe unterziehen? Oder soll ihr die italienische den Rang ablaufen?

III. ZGB. 1 Abs. 2, übereinstimmend mit VE. 1 Abs. 2, heißt den Richter im Mangel gesetzlicher Vorschrift nach Gewohnheitsrecht entscheiden (vgl. auch C. can. 28). Also nur praeter legem. Gestrichen dagegen ist VE. 2, der auch das erläuternde Gewohnheitsrecht (intra legem) ausdrücklich als Bundesrecht anerkannte. ZGB. und VE. stehen also auf dem Boden der Zulassungstheorie.

1. Unterstellt man diese Theorie als richtig, die Vorschrift des ZGB. also als schlechthin rechtsverbindlich, so ergibt sich folgendes:

a) Insoweit ZGB. eine Bestimmung enthält, ist das ältere Gewohnheitsrecht, auch soweit es übereinstimmt, schlechterdings aufgehoben. Für die Zukunft kann sich insoweit höchstens adjutorisches, keinesfalls korrektorisches Gewohnheitsrecht bilden.

b) Insoweit dagegen ZGB. eine Bestimmung nicht trifft (offene oder verdeckte Lücke), entscheidet der Richter nach allfällig entstandenem gemeinschweizerischem Gewohnheitsrecht. Ob dieses seiner Entstehungszeit nach jünger sein müsse oder älter sein dürfe als das ZGB., unterscheide das Gesetz nicht. Mit Recht. Denn ein Gewohnheitsrecht, das heute geübt wird, ist immer jünger als das gestern erlassene Gesetz. Gewohnheitsrechte haben — im Gegensatz zum Gesetz — kein Kalenderdatum! Die Behauptung, nach „älterem" Gewohnheitsrecht dürfe der Richter nie entscheiden, da dieses durch SchlT. 51 aufgehoben sei, schießt sonach ins Blaue. Ihr Ergebnis wäre zudem abgeschmackt. Denn es wäre Widersinn (auch mit der Tendenz ZGB. 1 Abs. 3 kaum vereinbar), wollte man dem Richter die Anwendung eines Gewohnheitsrechtssatzes gerade und bloß deswegen verwehren, weil er schon vor Erlaß des ZGB. bestanden hat, also zur bereits eingewurzelten Überlieferung gehört.

c) Die Entscheidung nach Gewohnheitsrecht geht der Entscheidung nach grundsätzlich richtigem Recht voran (Abs. 2). Nach ihm ist also auch dann zu entscheiden, wenn die gewohnheitsrechtliche Regelung als sachlich unrichtig erscheinen muß — was in gesunden Verhältnissen kaum vorkommen dürfte. Anders läge die Sache, wenn die Geltung des Gewohnheitsrechts durch seine Rationabilität bedingt wäre (was wir ablehnen). Denn dieses Wort bedeutet nichts anderes als sachliche Richtigkeit; ein ungerechtes Gewohnheitsrecht ist also nie rationabel.

Aus dem Gesagten folgt: hat sich eine Regel, die sich als „grundsätzlich richtiges Recht" im Sinne Abs. 2 ausgibt, zu einem Gewohnheitsrecht konsolidiert, so ist sie fernerhin der Prüfung auf ihre Richtigkeit enthoben. Sie rückt also von dritter an zweite Stelle hinauf.

2. Die Zulassungstheorie ist nun aber durchaus verfehlt. ZGB. 1 bedeutet folglich insoweit eine Kompetenzüberschreitung des Gesetzgebers und ist in diesem Umfange unverbindlich. Insoweit ist folglich das vorhin zu a Bemerkte richtigzustellen. Sollte sich also ein dem ZGB. derogierendes Gewohnheitsrecht bereits gebildet haben (was nicht bekannt) oder künftig bilden (was wahrscheinlich), so würde es dem ZGB. derogieren. Niemandem zuleide! Zu dem Ausrufe: Mon Code est perdu! gehörte die Eitelkeit eines Imperators. Die Demokratie treibt keinen Heroenkult. Die Schweiz wird das Andenken ihres Eugen Huber trotzdem unvergessen in Ehren halten. Wissen doch auch die Österreicher bis auf den heutigen Tag, was sie Franz Zeiller schuldig sind.

Das zu b, c Gesagte bleibt zutreffend. Von unserem Standpunkt rückt also sozusagen das Gewohnheitsrecht in Abs. 1 hinauf, und Abs. 2 hat es ausschließlich mit der Entscheidung nach richtigem Recht zu tun.

IV. Auch das Gewohnheitsrecht bedarf der „Auslegung" (der Ausdruck paßt freilich hier schlecht), d. h. der Ermittelung seines Sinnes und seiner Tragweite. Das hierbei geübte Verfahren ist allerdings von dem der Gesetzesauslegung mannigfach verschieden. Es ähnelt vielmehr in manchem dem Verfahren des Sprachforschers, der einen herrschenden Sprachgebrauch, oder des empirischen Moralforschers, der eine geltende Moralanschauung feststellen will. Auch bei Feststellung der „guten Sitten“ wird ein ähnliches Verfahren vielfach geübt.

§ 10. Richtiges Recht[1]).

Was soll geschehen, wenn Gesetz und Gewohnheitsrecht schweigen?

Jede Rechtsfrage muß der Richter entscheiden (C. c. 4). Und zwar nach Rechtsgrundsätzen. Seine Entscheidung muß sich also logisch als Schlußsatz aus einem Obersatz ableiten, der die Eigenschaft eines allgemein anwendbaren Rechtssatzes hat. Es gibt, genau genommen, weder ein „Richterrecht“ noch ein „Fallrecht“. Der Richter ist nie Rechtsschöpfer im Sinne des Rechtsschaffers (creator), er schöpft vielmehr das Recht gleich jenen, der aus Brunnen und Quellen das Wasser schöpft (haustor). So wenig der Taucher die Schätze erschafft, die er vom Meeresgrunde heraufschafft, so wenig erzeugt der Richter die Rechtssätze, die er ins Bewußtsein heraufhebt. Was die Engländer case-law nennen, ist lediglich der Inbegriff der Rechtssätze, die aus Anlaß eines konkreten Rechtsfalles erstmals zur öffentlichen Kundgabe gelangen. Wäre doch sonst die verbindliche Kraft der Präjudizien nicht zu verstehen.

Es fragt sich also, wo der Richter den Obersatz seiner Entscheidung zu suchen und wie er ihn zu ermitteln habe. Hierüber ist mancherlei gemeint worden.

VE. 1 Abs. 2 verfügte, der Richter habe solchenfalls „nach bewährter Lehre und Überlieferung“ zu entscheiden. Mit Recht gestrichen. Denn damit wäre die Aufgabe nur verschoben. Die Lehre nämlich setzt etwas voraus, was gelehrt wird und mit Fug gelehrt werden kann; die sonstige

---

[1]) Wellspacher in Festschrift zur Jahrhundertfeier des ABGB. 1911 I 175; Dniestrzanski, ebenda II 1; L. Cohn, Das objektiv Richtige 1919; Bluntschli (Prof. der Medizin, Frankfurt), der Geist germanischer Demokratie, 1919; M. Rümelin, Gerechtigkeit 1920; Jung, Rechtsregel und Rechtsgewissen, A. c. P. 118 (1920) 1; Del Vecchio, Sui principî generali del diritto 1921 (deutsch von Hellwig 1923), la giustizia 1924; Riezler, Das Rechtsgefühl 1922; Darmstädter, Recht und Rechtsordnung 1925; Swoboda, Das ABGB. im Lichte der Lehren Kants, 1926; Ehrenzweig, ÖPR. I (1925) § 19.

Überlieferung aber bleibt, solange sie nicht zum Gewohnheitsrecht sich verdichtet hat, ein ziemlich chaotischer Stoff, der der Formung noch harrt. Im übrigen ist nicht jede, sondern nur bewährte Lehre und Überlieferung zu befolgen: woran aber erkennt und ermißt man ihre Bewährtheit?

Man hat weiter gemeint, der Richter entscheide nach dem Rechtssatz, den der sogenannte historische Gesetzgeber aufgestellt haben würde, wenn er die Frage seinerzeit bedacht und demgemäß in seinem Sinn geregelt hätte. Er habe also ein Verfahren einzuschlagen ähnlich jenem, das bei Ergänzung lückenhaft abgefaßter Rechtsgeschäfte oft betätigt wird. Schon aus dem oben § 2 über Auslegung Bemerkten ergibt sich jedoch, daß diese Meinung nicht zutrifft. Sie müßte von vornherein versagen, wenn die Zwecksetzung des vormaligen Gesetzgebers zweifelhaft bleibt, insbesondere deswegen, weil die fragliche Lebenserscheinung ihm noch gar nicht vorlag. Geradezu auf Abwege aber würde sie führen, wenn inzwischen die Verhältnisse sich dergestalt verändert haben, daß der heutige Gesetzgeber sich zu der Frage vernünftigerweise ganz anders einstellen würde als der einstmalige. Soll die Ammenmilch, bei der das Kind gedieh, dem Erwachsenen Nahrung sein?

Wieder andere stellen — ausgesprochen oder nicht — schlankweg auf die utilitas publica, deutlicher gesagt, auf die Staatsraison ab. Der Richter, so meint man, entscheide im Zweifel im Sinne des „Staatswohles" oder der „Staatsnotwendigkeit" Nicht nur im Weltkriege, auch in den Nachkriegsjahren spielte diese Denkweise, zumal in den Inflationsländern, eine erschreckende Rolle. Gerichte und Rechtslehrer, die diesen Baalsdienst unter ihrer Würde hielten, wurden frischweg entweder als weltfremd oder gar als landesverräterisch gebrandmarkt. Um so nachdrücklicher sei es gesagt: dieses macchiavellistische Rezept ist Gift durch und durch. Es wirkt überall und ohne Ausnahme verheerend — Berge von Leichen sind seine Opfer —; nirgends aber wirkt es zerstörender als auf dem Gebiete der Rechtspflege. Denn die Staatsraison hat mit der Idee des Rechts nichts, aber auch nichts zu tun. Im Gegenteil: für sie ist selbst das deutlich geschriebene Gesetz letzten Endes nur ein Fetzen Papier, ihre eigenste Maxime ist vielmehr das zynische Wort right or wrong, my country! Es gibt kein Verbrechen des Strafgesetzbuches, das nicht im Namen dieser Staatsraison schon verübt worden wäre; denn ihrem Zweck ist jedes Mittel heilig. Wenn es also wahr ist, daß der Staat auf dem Rechte ruht, so darf man sagen: wahrer Staatsvernunft ist nichts zuwiderer als die Staatsraison. Es gibt keinen schlimmeren Ratgeber des Juristen als diesen. Wenn die Justiz erst einmal auf die schiefe Bahn der utilitas gerät, dann ist des Gleitens kein Ende. Wechselnde volkswirtschaftliche Lehrmeinungen gewinnen ungebührlichen Einfluß; außen- und innenpolitische Ansichten und Strömungen verwirren das Gemüt; betriebsame Interessentenverbände lassen alle Sirenen der Suggestion singen; eine willfährige Presse tut das übrige. Vestigia terrent.

Es gibt nur Einen Weg, der dem Richter hier vorgezeichnet ist: das ist die via regia der Gerechtigkeit, des richtigen Rechts. Der Entscheidung ist diejenige allgemeine Norm zugrundezulegen, die für den als typisch gedachten Fall als die typisch gerechte Regelung erkannt wird. Diese Norm bildet den Obersatz, unter den der Einzelfall subsumiert wird. Die Römer nannten dies die Entscheidung ex bono et aequo.

Neuere Autoren, namentlich freirechtlicher Prägung, drücken diesen Gedanken gern dahin aus, der Richter entscheide nach seinem R e c h t s g e f ü h l. Darin liegt Falsches und Richtiges. Abwegig die Meinung, der Richter entscheide nach subjektivem Empfinden. Denn damit wäre die Entscheidung auf den Triebsand persönlicher Stimmungen und Launen gestellt — Kadijustiz! Falsch aber auch die Meinung, das Gefühl als solches gewähre objektive Erkenntnisse. Denn das Gefühl erkennt überhaupt nicht. Durch nichts ist die Freirechtsbewegung so arg diskreditiert worden, als durch den dort so vielfach beliebten Appell an das Gefühl. Zugegeben sei folgendes: das Bewußtsein, gerecht entschieden zu haben, löst ein Gefühl der Genugtuung und Befriedigung aus. Man darf indes dieses Gefühl weder gleichsetzen jenem Gefühl, das der Entscheidung vorhergeht, noch darf man meinen, es sei ein der Entscheidung von Rechtsfragen eigentümliches. Denn das gleiche „teleologische Lustgefühl" beseelt auch den Mathematiker, der eine schwierige Gleichung richtig aufgelöst, oder den Schachspieler, der aufgabegemäß mit vier Zügen matt gesetzt hat. Richtig ist nur soviel: die Feststellung der gerechten Norm tritt vielfach als Schlußfolgerung aus Prämissen auf, die nicht ins klare Bewußtsein getreten sind. Dieses unterbewußte Moment bezeichnet man dann als Gefühl. In diesem Sinne sprechen etwa die Ärzte von einer „gefühlsmäßigen Diagnose"; sie meinen damit eine summarische Schlußfolgerung, über deren Komponenten sie sich vorerst noch keine bewußte Rechenschaft geben können. Daß man eine Diagnose in Wahrheit nicht „erfühlen", nur „erfolgern" kann, daß mithin jede „Gefühlsdiagnose" der Verifikation durch ein vollbewußtes Schlußverfahren bedarf, dies weiß jeder Arzt, und nicht zuletzt dies unterscheidet ihn vom Kurpfuscher. Auch der Jurist, will anders er kein Kurpfuscher sein — es gibt freilich deren —, muß über das unbestimmte und ungeläuterte Rechtsgefühl hinauskommen. Er tut dies, indem er sich schult, sich die Prämissen seiner Erwägungen bewußt zu machen und sodann im Lichte des Bewußtseins kritisch zu prüfen. Ihm hierzu behilflich zu sein, ist die Aufgabe der juristischen Methodik, der Lehre vom juristischen Denken. Sie gehört in das Gebiet der Rechtsphilosophie. Insoweit muß folglich jeder Jurist ein Stück Philosoph sein: ein βασιλικως φρονιμος ἀνηρ im Sinne Platos, ein verarm philosophiam affectans im Sinne der römischen Meister.

Nach den Grundsätzen des richtigen Rechts entscheidet der Richter auch dann, wenn das Gesetz ihn hierzu nicht ausdrücklich ermuntert. BGB. schweigt; die vortreffliche Bestimmung § 1 Entw. I, der Richter entscheide „aus dem Geiste der Rechtsordnung", ist leider gestrichen. Aber die Streichung änderte sachlich nichts. Denn aus welch anderem Geiste soll der Richter seine Entscheidung entnehmen? Es wäre denn, er entschiede überhaupt ohne Geist. Auch C. c. schweigt. Wenn aber dessen Art. 4 den Richter mit Verantwortung bedroht, der die Entscheidung eines Falles verweigert mit der Begründung, es fehle eine Bestimmung im Gesetze, so verlangt er doch damit eine Entscheidung. Daß diese eine gerechte sein müsse, sagt er nur deshalb nicht, weil er — anders als das redselige ALR. — das Selbstverständliche nicht zu sagen pflegt.

Diejenigen Gesetze, die den Richter ausdrücklich auf das richtige Recht verweisen, bedienen sich hierzu verschiedener Ausdrucksweisen. ABGB. 7 spricht von einer Entscheidung „nach den natürlichen Rechtsgrundsätzen". Gemeint war hiermit ursprünglich das Naturrecht in dem Sinne, in dem man dieses damals verstand und in dem auch Zeiller ein Lehrbuch des natürlichen Privatrechts hinterlassen hat (dessen Neuauflegung übrigens sehr erwünscht wäre). Wenn man aber hieraus lange Zeit gefolgert hat, seit und infolge der Erkenntnis, daß es ein Naturrecht jenes Sinnes nicht gäbe, sei diese Bestimmung gegenstandslos geworden, so blieb man am Worte haften und polsterte über selbstgeschaffene Hindernisse. Denn der Sinn der Bestimmung war doch dieser: als „natürlich" verstand man das Gerechte; die natürlichen Rechtsgrundsätze sind also, richtig verstanden, die Grundsätze des gerechten Rechts. So ausgelegt, ist denn auch § 7 neuerdings in der Rechtsprechung des Obersten Gerichtshofes wieder steigend zu Ehren gekommen. Auch bei der Theorie findet er heute ein willigeres Ohr als früher; besonders Hanausek erwarb sich um seine Nachachtung hohe Verdienste. Ich würde es für Unbill halten, wollte man dem § 7 die Lorbeeren vorenthalten, die ihm gebühren. Wie man über dem Preise der ÖZPO. von 1895 die um 20 Jahre ältere Zürcher ZPO. nicht vergessen soll, so soll man anderseits über den Hymnen auf ZGB. 1 auch den um 100 Jahre älteren § 7 nicht totschweigen. Der tschechoslowakische Revisionsentwurf von 1925 hat von den Bestimmungen des ABGB. recht viele geändert; aber die „natürlichen Rechtsgrundsätze" des § 7 (jetzt

6) hat er stehen lassen. Das sollte zu denken geben. — Der C. c. ital. (disp. gen. a. 3 al. 2) ersetzt das Wort „natürlich" durch „allgemein": der Richter entscheidet secondi i principî generali di diritto. Damit erweiset er vielleicht der zur Zeit seiner Abfassung herrschenden Naturrechtsscheu eine Reverenz; in der Sache selbst ändert er nichts. Dem italienischen Gesetz folgen wörtlich das spanische (C. c. españ. a. 6 al. 2) und andere romanische Gesetze. Aber auch C. can. 20 hat sich, obschon dieses Gesetz ein ius naturale anerkennt, dem italienischen Text angeschlossen. — Von dem „Geiste der Rechtsordnung" war schon die Rede.

Die bisherigen Redeweisen — die letzte vielleicht ausgenommen — leiden an einer gewissen philosophischen Zuspitzung des Ausdrucks. Sie eignen sich besser für ein Lehr- denn für ein Gesetzbuch. Namentlich für ein solches, das zugleich Volksbuch sein, auch vom Laienrichter verstanden sein will. Daher wählte ZGB. 1 Abs. 2 eine andere, mehr konkrete Wendung, indem er den Richter auf die Regel verweiset, die dieser als Gesetzgeber aufstellen würde. Diese Formulierung ist nicht durchaus neu. Denn schon Arestoteles (EN. V 14, 5) sprach von dem, was *ὁ νομοθετης αὐτος ἀν εἰπεν ἐκει παρων, και εἰ ᾐδει, ἐνομοθετησεν ἀν* (quam legislator legem ferret, si videns adesset). Der Unterschied ist nur der, daß Aristoteles den Richter entscheiden heißt nach der Regel, die der als anwesend gedachte Gesetzgeber, ZGB. hingegen ihn entscheiden läßt nach der Regel, die der als Gesetzgeber gedachte Richter aufstellen würde. Einen sachlichen Unterschied vermag ich hierin nicht zu entdecken. Denn es kommt auf das gleiche hinaus, ob der Richter den Gesetzgeber in seine, des Richters, oder ob er sich selbst in des Gesetzgebers Seele versetzt. Dies um so mehr, als beide, Richter wie Gesetzgeber, hier nicht als empirische Individuen (phaenomena), sondern als intelligible Typen (noumena) zu verstehen sind — nicht anders als der „ordentliche Kaufmann" oder der diligens pater familias. Es handelt sich also sachlich nur um zwei Nüanzierungen eines und desselben Gedankens. Pädagogisch genommen, ist freilich auch die Nüanzierung von Belang. Alsdann aber verdient die Formulierung des ZGB. entschieden den Vorzug. Denn sie wehrt schon im Wortlaute den Fehlgedanken ab, der Richter habe die Entscheidung aus dem Geiste des historischen Gesetzgebers zu treffen. Sie stimmt zudem vortrefflich zu der Mentalität des Schweizers, der im Referendumsverfahren oder in der Landsgemeindeversammlung oft genug vor die Frage gestellt wird, ob er „dem Gesetz stimmen" soll oder nicht. Dank der unmittelbaren Demokratie weiß jeder Schweizer von Mündigkeit an, was Gesetze geben heißt. Der Richter, der nach Abs. 2 entscheiden soll, sieht sich also in Gedanken sofort an die wohlbekannte sonntägliche Urne versetzt. Abs. 2 ist sonach ein Appell an das stimmbürgerliche Gewissen des Richters.

Nur ein Wort hätte vielleicht noch glücklicher gewählt werden können. Nicht nach der Regel nämlich hat der Richter zu entscheiden, die er als Gesetzgeber faktisch aufstellen würde, sondern nach jener, die er als Gesetzgeber pflichtgemäß aufstellen sollte. Dies ist unzweifelhaft der Sinn des Gesetzes. Nicht die lex grata, die lex ferenda ist einzusetzen; nicht die volonté individuelle, die volonté générale entscheidet. Dieser Gedanke hätte im Gesetzestext wohl noch deutlicher zum Ausdruck gebracht werden sollen. Denn schon der Anschein sollte vermieden werden, als begünstige Abs. 2 ein subjektivistisches Richterkönigtum, oder als biete er den Schatten eines Vorwandes für parteipolitische Rechtsprechung. Da die schweizerischen Richter — nicht zum Vorteil des Amtes — zumeist aus parteipolitischen Wahlen hervorgehen, so war in dieser Beziehung ein Zuviel an Vorsicht minder bedenklich als ein Zuwenig.

Insoweit das Gesetz den Richter auf sein Ermessen verweiset, hat er die Entscheidung „nach Recht und Billigkeit zu treffen" (ZGB. 4). Die Verwandtschaft dieser Regel mit der hier behandelten leuchtet sofort ein. Ja, im Grunde bestimmen beide nur eines und dasselbe, nämlich die Entscheidung nach richtigem Recht. Daher hätte ZGB. 1 Abs. 2 kurzweg sagen können, im gegebenen Fall entscheide der Richter nach seinem Ermessen. Das weitere hätte sich alsdann aus Art. 4 ergeben.

Die Ermessensentscheidung nach Art. 4 wurde oben als Entscheidung intra legem bezeichnet, da sie auf einer Verweisung des Gesetzes beruhe. Man könnte hieraus folgern, auch die Entscheidung gemäß der in Art. 1 Abs. 2 enthaltenen Verweisung erfolge intra legem. Das wäre jedoch trugschlüssig. Denn es macht denn doch einen Unterschied, ob das Gesetz in einer Frage, die es kennt und regelt, auf genauere Regelung bewußt verzichtet und diese vielmehr dem Richter überstellt, oder ob es in einer Frage, die es insoweit weder kennt noch regelt, dem Richter lediglich eine formale Wegleitung mitgibt. Jene Meinung wäre denn auch mit Abs. 1 schwer vereinbar, der die Entscheidung intra legem offenbar abschließend umgrenzen will, und sie würde zu der absonderlichen Folgerung führen, auch die Entscheidung nach Gewohnheitsrecht erfolge intra legem, da das Gesetz in Abs. 2 auf dieses verwiesen habe. Es geht nicht an, alles, was im Gesetz irgendwie in Bezug genommen wird, als „mittelbaren Gesetzesinhalt" in das Gesetz hineinzuschrauben.

Das richtige Recht ist nur eines. Es duldet wohl Variationen (namentlich in Quantitätsfragen), aber es verträgt in sich keine Widersprüche. Entgegengesetztes kann nicht zugleich Rechtens sein. Daher muß „die Regel, die der Richter als Gesetzgeber aufstellen würde", in der ganzen Schweiz eine und dieselbe sein. Entscheidet ein Richter nach einer abweichenden Regel, so begeht er einen Rechtsirrtum, der die Rechtsbeschwerde begründet. Bei Meinungsverschiedenheit zweier Richter können zwar beide im Unrecht, nie aber beide im Recht sein. Auch kantonale Verschiedenheiten spielen nur im Rahmen eines zulässigerweise eingesetzten Ortsgebrauches eine Rolle. Würden die Richter in Schwyz eine andere Regel zugrundelegen können, als die in Genf, so bestünde insoweit keine gesamteidgenössische Rechtseinheit.

Von der Regel, die e i n Richter einmal kundgetan, kann somit er selbst sowohl wie irgend ein anderer Richter der Schweiz nur dann abgehen, wenn er darzutun vermag, jene Regel sei unrichtig gewesen. Will man hier von „Richterrecht“ sprechen, so sei dies unverwehrt; nur muß man das Wort dann richtig verstehen. Die Regel, die ein Richter kundgetan, bindet nicht deswegen, weil sie ausgesprochen, sondern nur deswegen, weil, und nur dann, wenn sie richtig ist. Nicht weil die Uhr vom Großmünster zwölf schlägt, ist es Mittag, sondern weil es Mittag ist, soll sie zwölf schlagen. Wir dürfen uns nach ihr nicht deshalb richten, weil sie schlägt, sondern nur deshalb, weil sie zu rechter Zeit schlägt, und wir dürften auf sie nicht hören, wenn sie erkennbar falsch ginge.

Manche Autoren lieben es, die nach Abs. 2 getroffene Entscheidung eine Entscheidung nach „freiem Recht“ zu nennen. Diese Bezeichnung betont einseitig das Negative. Freiheit ist überdies ein Relationsbegriff: frei ist man immer nur von etwas. Ein anderes, wenn die Vernunft, ein anderes, wenn die wilde Begierde nach Freiheit ruft (Schiller). Wer also von einer Entscheidung nach freiem Recht spricht, betont damit bloß die Nichtgebundenheit an eine gesetzliche oder gewohnheitsrechtliche Norm; über ihre anderweite Gebundenheit und über ihren positiven Inhalt dagegen sagt er gar nichts. Entscheidung nach „freiem Recht“ bedeutet in Wahrheit Entscheidung nach richtigem Recht. Also Gebundenheit hier wie dort. Desgleichen aber auch „Freiheit“ dort wie hier! Die Entscheidung intra legem (Gesetz, Gewohnheitsrecht) ist rechtsgemäß, wenn sie der gesetzten Norm gemäß ist. Ob sie gerecht, hat und braucht der Richter nicht zu prüfen: Roma locuta est. Analogon: die Kasernenuhr, die für schlechthin maßgeblich erklärt ist, auch wenn sie falsch gehen sollte. Das bedeutet Bindung — an das Gesetz; zugleich aber auch Entbindung — von der Prüfung der sachlichen Richtigkeit. Gerade umgekehrt die Entscheidung nach Abs. 2. Hier Entbindung von der gesetzten „Rechtsregel“, dagegen Bindung an das „Rechtsgewissen“, d. h. die Grundsätze des richtigen Rechts. An die Stelle der Uhr tritt die astronomische Sonnenzeit.

Schlechthinige Freiheit in keinem Falle! Mit dem Gerede vom „freien Recht" sollte man abfahren.

Zum Schluß noch eines. Abs. 2 ist kennzeichnend nicht nur für den Geist des ZGB., sondern für den Geist des schweizerischen Staatswesens überhaupt. Man vergleiche das ZGB. etwa mit dem ALR. Diese beiden Gesetze verhalten sich zueinander wie der schweizerische freie Volksstaat zu dem absolutistischen Polizeistaat Friedrichs II., dessen Geist in Deutschland noch heute fortwirkt. Die Losung der Schweizer Demokratie heißt Vertrauen, die preußische Parole heißt Befehlen und Kontrollieren. Dort eigene Verantwortung, hier strammstehender Gehorsam. Dort Freiheit in verantwortungsfreudiger Pflichterfüllung, hier das unselige System der realen Garantien (Bluntschli). Die deutsche Revolution hat in diesen Dingen der Form nach viel, der Sache nach nicht allzuviel geändert. Von denjenigen Deutschen, die mit vornehmer Miene über die demokratische Republik zu Gericht sitzen, dürften die wenigsten eine Ahnung davon haben, was Demokratie überhaupt bedeutet.

§ 11. Anlehnung.

I. Analogie oder Anlehnung ist die sinngemäße Übertragung einer durch Gesetz oder Gewohnheitsrecht getroffenen Regel auf einen dort nicht geregelten Tatbestand. Sie setzt also eine Lücke voraus, gehört in das Gebiet der Entscheidung praeter legem und hat, was nicht scharf genug betont werden kann, mit Gesetzesauslegung (ZGB. 1 Abs. 1) nichts zu tun. Die Gegenmeinung fußt auf dem Dogma der Allgenugsamkeit des Gesetzes und fällt mit diesem.

1. Man pflegt Gesetzes- und Rechtsanalogie zu unterscheiden. Diese Unterscheidung ist schon im Ausdruck verfehlt. Denn man kann wohl ein Gesetz analog anwenden da, wo es nicht gilt; das Recht hingegen, als welches durchweg gilt, kann man nur anwenden, nicht analog anwenden. Entscheidung kraft Gesetzesanalogie ist Entscheidung nicht auf der Basis eines Gesetzes, sondern in Anlehnung an ein

Gesetz; Entscheidung kraft Rechtsanalogie hingegen ist Entscheidung nicht in Anlehnung an die Rechtsordnung, sondern unmittelbar auf Basis derselben. Gesetzesanalogie bedeutet Entscheidung praeter legem; Rechtsanalogie würde Entscheidung praeter ius bedeuten, was unsinnig wäre. Wirkliche Analogie ist somit nur die Gesetzes- oder Gewohnheitsrechtsanalogie; die sogenannte Rechtsanalogie dagegen ist überhaupt keine Analogie, vielmehr Entscheidung nach richtigem Recht.

2. Man unterscheidet ferner befohlene, freie und verbotene Analogie. Auch diese Unterscheidung ist richtigzustellen.

a) Eine gebundene Anlehnung gibt es nicht. Die gesetzlich gebundene Anlehnung ist keine wirkliche Anlehnung, die wirkliche Anlehnung ist keine gesetzlich gebundene. Einerseits nämlich: hat das Gesetz die entsprechende Anwendung bestimmter Gesetzesregeln angeordnet (Gesetzesverweisung), so vollzieht die Anlehnung das Gesetz selbst, nicht der Richter. Der Richter bewegt sich also hier auf dem Gebiete der Gesetzesanwendung, nicht der Anlehnung. Also zwar Bindung, aber keine Anlehnung. Anderseits: hat das Gesetz allgemein vorgeschrieben, im Lückenfalle solle Analogie platzgreifen (ABGB. 7 Satz 1; C. c. ital. disp. gen. a 3 al. 2; C. can. 20; Entw. I BGB. § 1 Satz 1); so wird damit allerdings auf Anlehnung abgestellt; aber es fehlt die Bindung. Denn ein so allgemeiner Satz bleibt als gesetzlicher Befehl ohne Bedeutung, da er der nötigen Bestimmtheit ermangelt. Er bedeutet nur eine methodische Richtlinie, die in ein Lehrbuch, nicht in ein Gesetzbuch gehört. Daher war denn auch die Streichung des § 1 Entw. I BGB. auf das Verfahren des deutschen Richters insoweit ohne Einfluß, und der schweizerische Richter übt die Anlehnung nicht anders, als er sie üben würde, wenn ihn ZGB. dazu ausdrücklich anleiten würde. Die Unterscheidung der Analogie in befohlene und freie zerrinnt hiernach in nichts.

Hier sei ein Seitenblick auf das anglo-amerikanische Recht gestattet. Dem Gesetz steht Gewohnheitsrecht, der

Verweisung auf entsprechende Anwendung eines Gesetzes (oder Gewohnheitsrechts) steht Verweisung auf sogenannte Präjudizien gleich. Das case-law-System, welches gewohnheitsrechtlich den Richter anweiset, den in anderer Sache ergangenen Rechtsspruch entsprechend zu befolgen, gehört somit in das Gebiet nicht der Anlehnung, sondern der Verweisung.

b) Zu bestreiten ist nun aber auch, daß sich die Anlehnung durch Gesetz wirksam verbieten ließe. Man behauptet dies zwar, namentlich unter Versteifung auf den Satz: nulla poena sine lege (vgl. C. c. 16, C. c. ital. disp. gen. a. 4). Dies beruht indes auf einem Mißverständnis. Wenn nämlich ein Satz dieses oder entsprechenden Inhaltes, er mag kodifiziert sein oder nicht, sich als positiver Satz geltenden Rechts darstellt, so besteht insoweit eine Lücke, die durch Anlehnung ausgefüllt werden könnte und müßte, überhaupt nicht (vgl. die Entscheidungen bei v. Cleric, Rechtsprechung des Bundesgerichts 1925 § 1). Auch die Unterscheidung zwischen freier und verbotener Analogie ist hiernach gegenstandslos: alle Anlehnung ist eine „freie", d. h. praeter legem erfolgende.

Die Freiheit der Anlehnung betätigt sich nach drei Richtungen: Die Anlehnung ist einmal eine freigestellte, d. h. dem Ermessen des Richters bleibt es überlassen, ob er überhaupt von ihr Gebrauch machen soll oder nicht. Zum anderen eine frei auswählende; d. h. der Richter bestimmt, welchen Gesetzessatz er heranziehen will. Drittens endlich eine freibestimmende; d. h. der Richter entscheidet, in welcher Weise er jenen Rechtssatz „entsprechend" anwenden will. Der Richter bewegt sich also hier viel ungehemmter als auf dem Boden des gesatzten Rechtes. Seine „Freiheit" ist aber gleichwohl keine ungebundene. Für die freie Anlehnung gilt vielmehr Gleiches wie für die Entscheidung nach freiem Ermessen (ZGB. 4) oder nach sogenannter freier Rechtsfindung (ZGB. 1 Abs. 2): sie ist zu betätigen nicht nach Gutdünken und Wohlmeinen, sondern nach der objektiv gefestigten Methode des richtigen Rechts.

II. ZGB. behandelt die Anlehnung ex professo überhaupt nicht. Der Gesetzgeber gebietet sie nicht; daß der Richter sich ihrer geeignetenfalls pflichtgemäß bedienen werde, wird als selbstverständlich vorausgesetzt. (Höchstens eine indirekte Empfehlung könnte man aus ZGB. 1 Abs. 3 herauslesen, insofern zur Überlieferung auch das Gesetz selbst gehört.) Noch weniger verbietet er sie. Die Anlehnung bleibt somit in das Ermessen des Richters gestellt.

Es fragt sich nun, in welchem Stadium der richterlichen Erwägung die Anlehnung in Frage kommt. Hier wird zunächst die Feststellung bedeutsam, daß die Anlehnung nicht Gesetzesanwendung, sondern Lückenausfüllung ist. Wäre sie ersteres, so würde sie der Entscheidung kraft richtigen Rechts (Abs. 2) voraufgehen. Ja, diejenigen, die sich mit dem ZGB. auf den Boden der Zulassungstheorie stellen, müßten hinter sie sogar die Entscheidung kraft Gewohnheitsrechtes zurücktreten lassen. Ein durchaus unannehmbares Ergebnis. In Wahrheit liegt die Sache so: der Richter entscheidet in erster Linie nach gesatztem (Gesetz, Gewohnheitsrecht), im Mangel eines solchen aber nach richtigem Recht. Solange nach gesatztem Recht entschieden werden kann, ist für die Anlehnung kein Bedürfnis und kein Raum. Die Anlehnung findet also ihren Platz erst bei Ermittelung des richtigen Rechts. Gebührt ihr nun wenigstens hier das erste Wort? Eine verbreitete Meinung bejaht dies, indem sie die Parömie aufstellt, „Gesetzesanalogie gehe vor Rechtsanalogie". Auch Gesetze (z. B. ABGB. 7) schreiben zuweilen ein Gleiches vor. Diese Meinung findet indes in sachlichen Erwägungen keine Stütze, und dem Sinne des ZGB. wäre sie vollends zuwider. Der Richter hat vielmehr schlechthin nach der Regel des richtigen Rechtes zu entscheiden, vollkommen gleichgültig, ob diese in geltendem Gesetzes- oder Gewohnheitsrecht ein Analogon hat oder nicht. Die Berufung auf Anlehnung ist weder genügend noch erforderlich. Ist die entsprechend anwendbare Gesetzesbestimmung unrichtig, oder würde ihre entsprechende Anwendung zu unrichtigem Ergebnis führen, so hat die Anlehnung zu unterbleiben. Umgekehrt: die Entscheidung nach richtigem Recht ist zutreffend auch dann, wenn sie dem Ergebnis einer Anlehnung deutlich widerspricht. Nur wenn beide Erwägungen im Ergebnis zusammenstimmen, kommt die Anlehnung zum Zuge. Aber auch hier nie aus eigener Kraft oder als das entscheidende Moment. Denn der solchenfalls vom Richter ausgesprochene Satz gilt nicht deswegen, weil er angelehnt, sondern weil er richtig ist. Auf diesem Fuße steht er; einer Anlehnung bedarf er nicht.

Eine methodisch selbständige Rolle spielt sonach die Anlehnung für den schweizerischen Richter überhaupt nicht. Wenn gleichwohl in den Urteilsbegründungen schweizerischer Gerichte die Anlehnung einen ebenso breiten Raum einnimmt wie anderwärts, so ist das nicht so sehr methodologisch zu begründen, als vielmehr psychologisch zu erklären. Nicht das Postulat der Anlehnung, sondern das Faktum des Anlehnungsbedürfnisses führt die Feder. Hier wie sonst wäre wohl zuweilen die Mahnung Kants am Platze: sapere aude: wage es, dich deines eigenen Verstandes zu bedienen!

Hat sich eine bestimmte Anlehnung zum Gewohnheitsrecht verfestigt, so ist sie natürlich schlechthin nachzuachten. Diese Nachachtung bedeutet aber nicht mehr Anlehnung an einen Rechtssatz, sondern einfach Anwendung eines Rechtssatzes.

§ 12. Bewährte Lehre und Überlieferung.

1. Die wissenschaftliche Rechtsdogmatik hat das geltende Recht methodisch zu erforschen, systematisch darzustellen und kritisch zu würdigen. (Ohne kritische Einstellung wäre sie weder der Auslegung noch der Lückenergänzung gewachsen; sie würde aufhören, iusti atque iniusti scientia zu sein.) Nicht über alle Fragen des geltenden Rechts gelangen hierbei die Vertreter der Wissenschaft zu einhelliger Auffassung: ius controversum. Aber weitaus überwiegend ist doch die Zahl der Punkte, über die entweder nie gestritten wurde oder doch der Streit nachgerade begraben ist: communis opinio doctorum, einhellige „Lehre".

Rechtsprechung ist Anwendung des abstrakten Rechtssatzes auf den konkreten Fall. Ihr voraufgehen muß jedoch die Feststellung des Obersatzes. Bei dieser verfährt die Rechtsprechung nach gleicher Methode wie die Rechtswissenschaft. Auch hier bildet sich in vielen Fragen eine gleichmäßige Übung heraus. Namentlich die Rechtsprechung der Höchstgerichte gewinnt eine gewisse Autorität.

Eine feststehende Praxis konsolidiert sich aber auch bei den Rechtsunterworfenen selbst. Wie Verkehrssitten überhaupt, so gibt es auch spezielle „Rechtssitten", d. h. übereinstimmende Auffassungs- und Handhabungsweisen in Hinsicht gewisser Rechtsverhältnisse.

Die vorgenannten Momente — Rechtslehre, Rechtsprechung, Rechtssitte — machen zusammen das aus, was ZGB. 1 Abs. 3 als „Überlieferung" bezeichnet. (Die Lehre ist nur eine Unterart der Überlieferung.)

2. Es fragt sich nun, ob und in welcher Weise diese Überlieferung für den Richter maßgebend sei.

Die Verneinung des Ob würde uns in die finstersten Zeiten jenes Staatsabsolutismus zurückführen, der noch im 18. Jahrhundert (ALR. Einl. § 6) die Berücksichtigung von Meinungen der Rechtslehrer u. dgl. ausdrücklich verbot. Wohin das exklusive „Schriftprinzip" führt, hat auf verwandtem Gebiet die verknöcherte lutherische Orthodoxie sattsam gelehrt. Auch die Verächter der Sunnah (Schiiten) sind eine Sekte geblieben.

Zur Erörterung kann also nur das Wie stehen. Zu weit freilich ging VE. 1 Abs. 2, der die Überlieferung zu einer Art subsidiärer Rechtserkenntnisquelle erhob. (Man vergleiche hierzu, was C. can. 20 über den stilus Curiae und die communis constansque sententia doctorum sagt.) ZGB. 1 Abs. 3 hat in diesen Wein sehr viel Wasser gegossen, indem er sich auf die Wendung beschränkt: der Richter folgt (bei Gesetzesanwendung und Lückenausfüllung) bewährter Lehre und Überlieferung. Noch zurückhaltender der französische Text: il s'inspire . . .

Der Richter soll hiernach die Tradition berücksichtigen. Er soll also unter allen Umständen sich zunächst einmal umschauen, ob eine solche sich gebildet hat. Abs. 3 wendet sich insofern gegen kritiklose Selbstüberschätzung und subjektivistische Eigenbrödelei. Diese Mahnung gilt einmal den Laienrichtern: das ZGB. will zwar gewiß eine volkstümliche Rechtsprechung, aber es will keine Rechtsprechung „unter der Dorflinde" (Meili). Sie richtet sich aber auch an die Juristen: der Meinung, es habe die juristische Theorie dem Rechtspraktiker nichts zu bieten und zu sagen, entzieht Abs. 3 jeden Vorwand.

Das Ergebnis jener „Umschau" wird oft die Feststellung sein, daß eine Überlieferung nicht bestehe. Bei neu auftauchenden Rechtsfragen lassen Lehrbücher und Urteilssammlungen bekanntlich oft im Stich. Aber auch kontroverse Lehre, schwankende Gerichtspraxis, divergierende Verkehrsauffassung vermag eine Überlieferung natürlich nicht zu schaffen. Das gleiche gilt, wenn etwa einhellige „Praxis" mit einhelliger „Theorie" sich in Widerspruch befindet. Es gibt einen Vorrang weder der einen noch der andern.

Ist anderseits das Vorhandensein einer Überlieferung festgestellt, so wäre es falsch, zu meinen, der Richter müsse oder dürfe ihr blindlings folgen. Er muß es nicht; denn bindend in dem Sinne, in dem geltendes Gesetzes- oder Gewohnheitsrecht den Richter bindet, ist die Überlieferung keineswegs. Ja, er darf es nicht einmal; denn nur „bewährter" Überlieferung soll er folgen. Das Wort „bewährt" ist nicht historisch, sondern kritisch zu verstehen. Es bedeutet durchaus das gleiche wie das wiederholt zitierte Wort rationabilis. Nicht darauf also kommt es an, ob eine Tradition lange Zeit faktisch allgemein und unangefochten bestanden und nach der Meinung Beteiligter sich bewährt hat, sondern darauf allein, ob sie heute vor kritischer Prüfung im Sinne des Richtigen stichhält, die Bewährungsprobe besteht. Bewährung und Erjährung haben miteinander nichts zu tun: hundert Jahre Überlieferung sind noch keine Stunde Bewährung. Bewährt ist nicht das faktisch „Erdauerte", sondern das kritisch „Währschafte". Gold ist nicht, was lange Zeit unwidersprochen als Gold galt, sondern das allein, was im Scheidewasser sich als echtes Gold bewahrheitet. In diesem Sinne eine jede Überlieferung auf ihre Bewährtheit zu prüfen, ist Recht und Pflicht des Richters. In der Beantwortung dieser Frage ist er nach beiden Richtungen durchaus frei, d. h. nur an eigene Überzeugung verwiesen. Davon, die Überlieferung habe fundatam intentionem, d. h. für ihre Bewährtheit streite die Vermutung, kann keine Rede sein. Denn das Gesetz verlautet hiervon nichts; die Wissenschaft aber kennt derlei Präsumtionen überhaupt nicht. Daher hat der Richter seine Stellungnahme nicht nur dann zu begründen, wenn er die Bewährtheit verneint, sondern auch dann, wenn er sie bejaht. Es genügt dann also nicht der bloße Hinweis auf die „ständige Rechtsprechung“, sondern es muß weiter dargelegt werden, daß und warum sie Billigung verdiene. Sehr bedenklich wäre es, wollte man gewisse Äußerungen Eugen Hubers (der für bewährte Lehre und Überlieferung viel Sympathie hegte und öfters die Lanze einlegte) dahin verstehen, der Richter habe sein Urteil nur dann zu begründen oder sozusagen zu rechtfertigen, wenn er einmal gegen den Strom der Überlieferung schwimme. Eine Ermunterung des Herdengeistes lag Huber gewiß fern.

So verstanden, bedeutet Abs. 3 weder für den Aufrechten ein Hemmnis, noch für den Bequemen ein Ruhekissen. Die Bedachtnahme auf die Überlieferung soll die Findung des Richtigen möglichst unterstützen, aber niemals behindern. Es gilt hier ganz Entsprechendes, als was BGB. 157 in bezug auf die „Berücksichtigung“ der Verkehrssitte verordnet. Wie diese zwar immer zu erforschen, zu befolgen aber nur dann ist, wenn sie mit Treu und Glauben im Einklang steht, ebenso ist auch die Überlieferung stets zu erfragen, zu befolgen aber nur dann, wenn sie vor dem Urteil des Richters sich als bewährt erweiset. Führt die breite Fahrstraße zum Ziel, so soll man ihrer sich bedienen. Zeigt sich aber, daß sie irgendwo im Holze sich verliert, dann soll ein rechter Wanderer sie meiden und lieber auf steinigem Saumpfad, ja wenn es nottut, auf selbstgebahntem Weg zum Ziele schreiten. Also auch hier: sapere aude!

Das Gesagte gilt nicht zuletzt auch für die Berücksichtigung der bundesgerichtlichen Praxis durch die Instanzgerichte. Das englische Präjudiziensystem ist der Schweiz ebenso fremd wie dem Reiche (während gewisse Ansätze zu einem solchen in Österreich vorhanden sind, Ehrenzweig, ÖPR. I 1925 § 12). Die Entscheidungen des Bundesgerichts haben also gesetzlich keine andere Verbindungskraft als in Deutschland die des Reichsgerichts. Seine Rechtsprechung genießt wohlverdientes Ansehen im In- und Auslande. Aber nie hat sich die Wissenschaft das Recht der Kritik, und nie dürfen die kantonalen Gerichte sich den Mut eigener Überzeugung nehmen lassen. Auch konstante höchstgerichtliche Praxis in jedem Einzelfall auf ihre Bewährtheit zu prüfen. Das Bundesgericht selbst heißt solche Prüfung willkommen. Mit rühmlichem Freimut betonte dies anläßlich der Halbjahrhundertfeier des Bundesgerichts (1925) dessen damaliger Präsident Stooß: „Wir anerkennen gern die Schwäche zahlreicher, auch mancher publizierter Urteile; wir sind jeder sachlichen Kritik, und ebenso der Belehrung zugänglich. Kritik ist gerade gegenüber den Entscheidungen der obersten Instanz wünschenswert; sie liegt im Interesse der Rechtspflege und des Bundesgerichts selbst. Sie veranlaßt dieses, in einem neuen Rechtsfalle seine frühere Rechtsauffassung nachzuprüfen und allenfalls zu korrigieren." Dieser Standpunkt ist der einzig gesunde. Ein Höchstgericht, das gegen Kritik überempfindlich ist, hat die nachteiligen Folgen sich selbst zuzuschreiben.

Zum Schluß ist auch hier ein schon mehrfach gemachter Vorbehalt zu wiederholen. Hat eine Überlieferung sich zum Gewohnheitsrecht verdichtet, so ist sie für den Richter auch dann verbindlich, wenn er sie als „bewährt" nicht anerkennen kann. Dies gilt, wie für die Usualinterpretation zweifelhafter Gesetzesstellen, so auch für die gewohnheitsrechtliche Festlegung lückenausfüllender Normen. Dieser Prozeß der Gewohnheitsrechtsbildung geht auch in der Schweiz unaufhaltsam vor sich. Wer Ohren hat zu hören, der höre!

§ 13. Eidgenössisches und kantonales Recht[1]).

I. Reichsrecht bricht Landrecht (BV. 3). Insoweit daher ZGB. Bestimmungen enthält, sind die kantonalen Rechtssätze ohne weiteres aufgehoben. Innerhalb der Lücken des ZGB. würden sie an sich fortgelten. Das kantonale Recht wäre alsdann in gleicher Weise subsidiär anzuwenden wie die in ZGB. 1 Abs. 2 genannten Normen und zwar genauer unter Vorrang gemeinschweizerischen Gewohnheitsrechts, aber mit Vorrang vor der Entscheidung nach richtigem Recht. Allein dieses Ergebnis würde dem Zwecke der Rechtsvereinheitlichung zuwiderlaufen. Daher hebt SchlT. 51 das kantonale Zivilrecht in globo auf (während SchlT. 60 das frühere Bundeszivilrecht nur im Rahmen der Unvereinbarkeit außer Geltung setzt). ZGB. 1 Abs. 2 übergeht demgemäß das kantonale Zivilrecht mit ablehnendem Stillschweigen. — Entsprechendes im Reiche: vgl. EBGB. 55, 31.

Soweit hiernach das kantonale Recht aufgehoben ist, kann auch neues Kantonsrecht sich nicht bilden. Auch nicht auf dem Wege des Gewohnheitsrechts. Daß partikuläres Gewohnheitsrecht entgegen dem eidgenössischen Recht nicht aufkommen kann, ist selbstverständlich und bedurfte nicht des Ausspruches in VE. 2 Abs. 2. Aber nicht einmal praeter legem kommt kantonales Gewohnheitsrecht zum Zuge. Dies verbietet die Rechtseinheit. ZGB. 1 Abs. 2 bezieht sich also ausschließlich auf gemeinschweizerische Gewohnheitsrechtssätze. Fehlen solche, so entscheidet der Richter nicht nach kantonalem, sondern nach richtigem Recht.

Ein entgegen dem Dargelegten erlassenes Kantonsgesetz ist nichtig und vom kantonalen Richter nicht anzuwenden. Anwendung desselben ist bundesverfassungswidrig und begründet die Weiterziehung an das Bundesgericht (OG. 57, 87). Ein Verfahren analog RV. 13 Abs. 2 sieht die Schweiz nicht vor.

---

[1]) Fleiner, Zentralismus und Föderalismus in der Schweiz 1918; Vetter, Bundeszivilrecht und kantonales öffentliches Recht 1925.

Restlos durchgeführt ist jedoch die Rechtseinheit so hüben wie drüben nicht. Es gibt zahlreiche Vorbehaltsmaterien. Der Gesetzgeber des BGB. verwies sie in das EG. und stellte sie dort Art. 59ff. übersichtlich zusammen — die vielberufene „Verlustliste". ZGB. dagegen streute die Vorbehalte in die einschlägigen Sachnormen ein. — Eine lückenlos durchgeführte Rechtseinheit ist gewiß praktikabler als die buntscheckige Durchsetzung des gemeinen Rechts durch partikuläre Normen. Nicht nur Richter und Anwälte, auch Rechtslehrer empfinden dies täglich. Volle Zivilrechtseinheit war jedoch in der Schweiz noch untunlicher als in Deutschland. Der Gegensatz zwischen Unitarismus und Föderalismus, der jedem Bundesstaat unausrottbar innewohnt, will in dem „Kleineuropa" des mehrsprachigen Gebirgslandes ganz besonders ernstlich bedacht sein. Wie Süddeutschland nicht in allem und jedem von Berlin, so will die romanische Schweiz erst recht nicht in allem und jedem von Bern regiert werden. Gewiß mit Grund. Übertriebener Unitarismus wirkt letzten Endes nicht reichsverbindend, sondern reichszerstörend. Die Reichsverfassung von 1871 hat dies wohl klarer erkannt als die von 1919.

Insoweit kantonales Zivilrecht fortbesteht, gelten nicht nur die bisherigen kantonalen Gesetze und Gewohnheitsrechte (VE. 3 Abs. 2) weiter fort, sondern es können auch fernerhin die Kantone sachbezügliche Normen erlassen, abändern, aufheben und aufs neue erlassen (ZGB. 5 Abs. 1; ebenso EBGB. 218). Dies solange, bis der Bundesgesetzgeber kraft seiner Kompetenzkompetenz sich der Materie seinerseits bemächtigt. So wird beispielsweise ein Eidgenössisches Berggesetz postuliert.

In den einschlägigen Spezialbestimmungen des Kantonsrechts wird naturgemäß oft mit gewissen Begriffen operiert, deren Inhalt bisher anderweiten (namentlich generellen) Vorschriften des kantonalen Zivilrechts entnommen war. Es fragt sich, was geschehen solle, nachdem die letztgenannten nunmehr aufgehoben sind. Sollen sie insoweit kraft stillschweigender Inbezugnahme fortgelten? Oder sollen an ihre

Stelle die entsprechenden Vorschriften des ZGB. treten? Im Sinne der Rechtseinheit liegt das letztere. Daher dürfte, was EBGB. 4 ausdrücklich verordnet, auch dem Sinne des schweizerischen Gesetzes entsprechen. Zustimmend BGPr. 1916, S. 147.

Noch in einem weiteren Punkt greift ZGB. in vorbehaltenes Kantonsrecht ein. Was nämlich SchlT. 2 für das frühere Recht verordnet, muß sinngemäß auch auf das sonst fortgeltende Kantonsrecht anwendbar sein. Insoweit daher eine vorbehaltene kantonale Vorschrift sich in Widerspruch befindet zu einer Bundesrechtsnorm (insbesondere einer Bestimmung des ZGB.), die um der öffentlichen Ordnung oder Sittlichkeit willen aufgestellt ist (Abs. 1), oder anders ausgedrückt, insoweit sie selbst nach der Auffassung des ZGB. der öffentlichen Ordnung oder der Sittlichkeit zuwiderläuft (Abs. 2), ist ihr — und zwar auch vom Richter des beteiligten Kantons — die Anwendung zu versagen. Zuwiderhandlung würde die Kassationsbeschwerde begründen. Damit ist insbesondere einer kantonalen Vorschrift, die nach heutiger Auffassung wider Treu und Glauben verstoßen sollte (ZGB. 2), auch im Rahmen des vorbehaltenen Kantonsrechts die Fortgeltung abgesprochen.

II. Das öffentliche Recht der Kantone wird durch das Bundeszivilrecht nicht beschränkt (ZGB. 3 Abs. 1). Genauer gesagt: es wird nur insoweit eingeschränkt, als das „Bundeszivilrecht", voran ZGB. und OR., seinerseits öffentlichrechtliche Normen aufstellt (BV. 3). Daß es an solchen nicht fehlt, wird der Fortgang ausweisen.

Also das kantonale Zivilrecht grundsätzlich aufgehoben; das kantonale öffentliche Recht grundsätzlich aufrechterhalten. Diese Entgegensetzung ruft eine höchst unerquickliche Frage auf den Plan: diejenige nach der Abgrenzung von Privat- und öffentlichem Recht. Streng rechtstheoretisch läßt sich diese Abgrenzung wohl überhaupt nicht vollziehen, da im letzten Grund alles staatliche Recht öffentliches Recht ist. Die Unterscheidung ist wesentlich technischer Herkunft und dient hauptsächlich dem Hand- und

Hausgebrauch der Praxis. Daher ist sie fließend und wandelbar. Auch politische Zeitströmungen spielen hinein. In Zeitläuften der Staatshypertrophie besteht die Neigung, den Umkreis des sich so nennenden öffentlichen Rechts auf Kosten des Privatrechts hemmungslos zu erweitern. Man braucht hier gar nicht einmal an Sowjetrußland, man braucht nur etwa an das Wohnungsmietrecht der Kriegs- und Nachkriegszeit, überhaupt an den ganzen Unfug und Unsegen der Zwangswirtschaft zu denken (darüber schlagend Stammler, Lehrbuch § 173 A. 9). Ja nicht selten wird das sogenannte öffentliche Recht zum bloßen Feigenblatt für brutalste Gewalt — innen- wie außenpolitisch. Die Schweiz, die von den verrohenden Wirkungen eines Krieges verschont blieb, hat sich von diesen Abwegen ferner gehalten als andere Staaten; aber ganz engelrein blieb wohl auch sie nicht immer.

Dem öffentlichen Recht rechnet man — außer anderen Materien, die hier nicht interessieren — das Verwaltungs-, Straf- und Prozeßrecht zu.

1. Die Abgrenzung zwischen Zivil- und Verwaltungsrecht ist die schwierigste. Denn jede Staatsintervention in Angelegenheiten der einzelnen ist schließlich Verwaltungssache. Daher soll hier nicht einmal der Versuch einer Grenzscheidung unternommen werden. Im Rahmen unseres Themas sei nur folgendes gesagt. Einerseits: insoweit ZGB. verwaltungsrechtliche Bestimmungen enthält, hat es bei diesen natürlich sein Bewenden; die Kantone sind ausgeschaltet. Ein Großteil des Familien-, insbesondere des Vormundschaftsrechts gehört bekanntlich hierher. Anderseits: der Sachenrechtsverkehr wird im allgemeinen dem Privatrecht zugerechnet. Da er indes auch das öffentliche Interesse stark berührt, so wären gewisse Kompetenzstreitigkeiten zu gewärtigen. Um ihnen kurzerhand vorzubeugen, leistet ZGB. 6 Abs. 2 einen freiwilligen Verzicht zugunsten der Kantone. Ein witziger Mann bemerkte hierzu: „Der Klügere gibt nach."

2. Das kantonale Strafrecht bleibt grundsätzlich unverändert in Kraft. Insoweit jedoch die Strafdrohung sich

auf die Verletzung privater Rechte bezieht, die nunmehr durch ZGB. geregelt sind, ist für die zivilrechtliche Präjudizialfrage ausschließlich ZGB. maßgebend. Denn Strafbarkeit setzt Rechtswidrigkeit voraus, diese aber bemißt sich nach der primären, nicht nach der Strafnorm. Der Rahmen der nach kantonalem Strafrecht strafbaren Tatbestände kann daher durch ZGB. teils erweitert, teils verengert worden sein. Erweitert, insoweit ZGB. ein Tun für rechtswidrig erklärt, das im übrigen unter die kantonale Strafdrohung fällt, nach bisherigem kantonalen Zivilrecht aber rechtmäßig war; verengert im Gegenfalle. Nach Kraftbeginn des BGB. wies man beispielsweise auf folgendes hin. Das Schikaneverbot § 226 machte manches Verhalten, das nach bisherigem Landeszivilrecht vielleicht rechtmäßig war, fortan zum unrechtmäßigen und somit ceteris datis strafbaren; anderseits machten seine Bestimmungen über Sachwehr und Notangriff (228, 904) sowie über Spezifikationserwerb (950) manche Tat zur rechtmäßigen und somit straflosen, die bei Zugrundelegung bisherigen Landeszivilrechts unter eine Drohung des RStrGB. fiel. Eine entsprechende Untersuchung auf Schweizerboden wäre verlohnend.

3. Was das Verfahren anlangt, so ist bundesrechtlich bisher nur ein Teil des Vollstreckungsrechts (Schuldbetreibung und Konkurs) geregelt; den eigentlichen Prozeß (Erkenntnisverfahren) normieren dagegen im wesentlichen die Kantone. Während also das Deutsche Reich zuvörderst das gesamte Prozeßrecht, erst 20 Jahre später das materielle Zivilrecht vereinheitlichte, hat die Schweiz so ziemlich den entgegengesetzten Weg beschritten. Erfreulich ist das eine so wenig als das andere. Denn Zivilrecht und Zivilprozeß gehören untrennbar zusammen. Eine schweizerische ZPO. ist denn auch in Vorbereitung; möge sie nicht zu lange auf sich warten lassen.

Der Zivilprozeß ist die hohle Gasse, die das Privatrecht passieren muß, wenn es im Streitfalle sich durchsetzen will. Daher könnte es geschehen, daß einem eidgenössischen Zivilrechtssatz durch eine kantonale Prozeßrechtsnorm der Weg versperrt würde. Das würde aber auf eine Lahmlegung von Reichsrecht durch Landrecht hinauslaufen. Eine kantonale Prozeßrechtsnorm ist daher insoweit bundesrechtswidrig und folglich ungültig, als sie die prozessuale Durchführung eidgenössischer Zivilrechtssätze allgemein vereiteln oder auch nur ungebührlich erschweren würde. Nur eine Nutzanwendung dieses Gedankens stellt ZGB. 10 dar: insoweit Bundeszivilrecht für ein Rechtsgeschäft eine Errichtungsform nicht vorschreibt, darf Kantonsrecht für sie auch keine prozessuale Beweisform (oder gegebenenfalls keine strengere als jenes) erfordern. Könnte doch andernfalls OR. 11 (ZGB. 7) kantonsseitig in foro illusorisch gemacht werden. In entsprechendem Gedankengang entschied BGPr. 1917 S. 39: wer nach ZGB. rechtsfähig sei, müsse ohne weiteres auch vom kantonalen Prozeßrecht als parteifähig anerkannt werden. Für die Prozeßfähigkeit des Handlungsfähigen dürfte das gleiche gelten. Daher dürfte eine kantonale Prozeßordnung einer urteilsfähigen Ehefrau die Prozeßfähigkeit nicht absprechen können, und zwar selbst bei Minderjährigkeit nicht, da Heirat mündig macht (ZGB. 14). Unzulässig und ungültig eine kantonale Prozeßbestimmung, durch welche gewissen zivilrechtlichen Ansprüchen ohne bundesgesetzliche Genehmigung die Klagbarkeit entzogen wird (man beachte den Umkehrschluß aus OR. 186). Ungültig die Normierung einer von Amts wegen zu berücksichtigenden Klageverschweigungsfrist, mag selbst diese hinter der bundesrechtlichen Verjährungsfrist nicht zurückbleiben (OR. 142). Über die Bedenklichkeit der provocatio ad agendum vgl. Schw. JZ. 1925/26 S. 113.

Die Beweislastverteilung gehört in thesi (systematisch) dem Prozeß-, nicht dem materiellen Recht an. In hypothesi aber, d. h. in ihrer praktischen Auswirkung, beeinflußt sie die materielle Rechtslage in entscheidender Weise. Nicht nur das Prozessieren, auch das außerprozessuale Handeln der Parteien wird tiefgreifend durch die Erwägung darüber beeinflußt, wer im Streitfalle das

Risiko des non liquet zu tragen hätte. Durch eine veränderte Beweislastzuscheidung kann daher die praktische Tragweite einer materiellen Rechtsbestimmung bis auf den Grund umgestaltet werden. Die Bestimmungen über Gutgläubigkeit z. B. tragen ein ganz verschiedenes Gesicht, je nachdem sie verordnen, ob die Gut- oder ob die Bösgläubigkeit zu beweisen sei. Bei dieser Sachlage ist es das begreifliche Bestreben jedes Zivilgesetzgebers, wichtige Beweislastfragen dem Prozeßgesetzgeber vorwegzunehmen und von sich aus zu ordnen. Sind beide identisch (BGB. und ZPO.), so entsteht hierbei keine Schwierigkeit. Ein Fragepunkt entsteht erst, wenn sie auseinanderfallen. Er kann zutreffend nur unter dem Gesichtspunkt bereinigt werden, daß materielles Recht wichtiger ist als formales Verfahrensrecht, während der Vorrang des gemeinen Rechts vor dem partikulären hier völlig ausscheidet. Von dieser Einsicht ging die RZPO. von 1877 aus, indem sie die Beweislastregeln der Landeszivilgesetze ausdrücklich anerkannte (EG. ZPO. 16 Nr. 1 = ZPO. 1898 § 292). Sie verzichtete also nicht nur auf das Übergewicht der Reichsgesetzgebung, sondern nahm es auch bewußt in den Kauf, daß ein und derselbe Richter, je nachdem er etwa nach preußischem oder nach römischem Recht zu entscheiden hatte, in der gleichen Rechtsfrage die Beweislast entgegengesetzt verteilte. Den gleichen Standpunkt nimmt — freilich in umgekehrter Parteirolle stehend — der schweizerische Zivilgesetzgeber ein. Für ihn kam hierbei noch eine zweite Erwägung in Betracht, nämlich die Forderung der Rechtseinheit. Diese wäre verkümmert, wollten die kantonalen Gerichte je nach Verschiedenheit kantonsgesetzlicher Beweislastnormen eine und dieselbe Bestimmung des ZGB. bald so, bald so handhaben. Daher macht ZGB. insoweit mit dem Prozeß kurzen Prozeß und nimmt — kraft der Kompetenzkompetenz des Bundes — das Kapitel der Beweislastverteilung den Kantonen kurzweg aus der Hand. Einmal in der Form zahlreicher spezieller Beweislastregeln, die sich teils ausdrücklich als solche geben, teils im Gewande der „Vermutung“ auftreten (Hauptbeispiel: ZGB. 3 Abs. 1). Zum andern aber durch Aufstellung der generellen Beweislastnorm Art. 8. Diese Bestimmung will den Gesamtkomplex der dornigen Frage knapp und klar zur Erledigung bringen. Ich fürchte indes, sie ist mehr knapp als klar. Mit einer so raschen Handbewegung lassen sich so komplizierte Dinge nicht abtun. Will der Gesetzgeber einmal in dieses Wespennest stoßen, so muß er schon ein wenig gründlich zufassen. Man brauchte vielleicht nicht so lehrhaft ins einzelne zu gehen wie Entw. I BGB. §§ 193 ff.; zum allermindesten aber hätte das Gesetz zwischen rechtsbegründenden, rechtsausschließenden, rechtshemmenden und rechtsaufhebenden Tatsachen unterscheiden sollen (vgl. Ung. ZPO. 269). Der Lakonismus des Art. 8 ist um so bedauerlicher, als gerade in der Schweiz die Meinung stark verbreitet zu sein scheint, die Beweislastverteilung sei eine Frage des richterlichen Ermessens. (Vorkämpfer dieser Auffassung ist G a u t s c h i: Beweislast und Beweiswürdigung bei freiem richterlichen Ermessen, 1913; SchwJZ. 1924/25 S. 249 u. ö.). Sogar Art. 4 ZGB., der in dieser Frage gar nichts zu suchen hat, muß zur Begründung dieser Ansicht gelegentlich herhalten. Diese Meinung muß bekämpft werden. Sie ist weder mit Art. 8, noch mit den Grundgedanken des Prozeßrechts, noch mit den Anforderungen einer stetigen Rechtspflege vereinbar. Sollte man sie gar eines Tages auf den Strafprozeß übertragen, so würde das die Preisgabe des Rechtsstaates bedeuten.

Die Frage der B e w e i s k r a f t gehört unzweifelhaft dem Verfahrensrecht an. Die Beweiskraftvorschrift ZGB. 9 (öffentliche Urkunden) bedeutet daher unzweifelhaft einen Einfall in die Gefilde kantonalen Rechts und zwar in Hinsicht nicht nur des Prozesses (vgl. DZPO. 415, ÖZPO. 310, UngZPO. 315, 316), sondern auch des Verwaltungsverfahrens. Ein verfassungsrechtliches Bedenken besteht aber natürlich nicht (BV. 3), und die sachliche Tendenz ist nur zu loben. Es soll verhütet werden, daß öffentlichen Urkunden, die in einem Kanton gemäß den dortigen Vorschriften ordnungsgemäß aufgenommen sind, in einem Schwesterkanton die Beweiskraft abgesprochen werden könnte. Art. 9 bezieht sich hiernach auf alle inländischen, aber auch nur auf inländische Urkunden. Die Beweiskraft ausländischer öffentlicher Urkunden dagegen bemißt sich, soweit nicht Staatsverträge eingreifen, ausschließlich nach kantonalem Prozeßrecht (vgl. Bern. ZPO. 234; s. auch ÖZPO. 293, Ung. ZPO. 315 Abs. 3).

Die Rechtskraft ist ein Prozeßinstitut, daher grundsätzlich vom kantonalen Recht zu ordnen. Einer Überspannung dieses Grundsatzes stehen indes sowohl staats- wie zivilrechtliche Bedenken im Wege. Nicht freundeidgenössisch wäre es, wollte ein Kanton die rechtskräftigen Entscheidungen eines Schwesterkantons nicht anerkennen und insbesondere nicht vollstrecken. Dem beugt BV. 61 ein für alle mal vor. Aber auch die Zivilrechtseinheit könnte in Gefahr kommen. Bedenken wir, daß — praktisch genommen und ohne Rücksicht auf den Streit der Rechtskrafttheorien betrachtet — das rechtskräftige Fehlurteil bald Rechte schafft, bald Rechte vernichtet (Sächs. BGB. 176, 1006). Daher zieht der Zivilgesetzgeber wenigstens Einen wichtigen Punkt an sich, nämlich die Überwirkung der Rechtskraft auf Dritte. Was OR. 193 über die Folgen der Streitverkündung des Käufers sagt, ist auch auf andere Fälle analog anzuwenden. Den Kantonen erwächst daraus einerseits die Pflicht, in ihren Prozeßordnungen für Streitverkündung und Nebenintervention entsprechende Vorkehr zu schaffen, während anderseits kantonale Prozeßbestimmungen, die sich mit der bundesrechtlichen Norm OR. 193 Abs. 2 in Widerspruch setzen sollten, insoweit ungültig wären.

ZUR REFORM DES RECHTS DER UNEHELICHEN KINDER.

Von

THEODOR KIPP.

Seit langer Zeit wird nach verschiedenen Richtungen hin eine Abänderung des Bürgerlichen Gesetzbuchs auf dem Gebiete des Familienrechts gefordert. Im Mittelpunkt der Erörterungen stehen drei Dinge: die Erleichterung der Ehescheidung, die Besserstellung der Frau in der Ehe sowohl in bezug auf das eheliche Güterrecht wie nach der persönlichen Seite und im Zusammenhange damit auch die Erweiterung der mütterlichen Rechte in bezug auf die ehelichen Kinder, endlich aber die Verbesserung der Stellung der unehelichen Kinder[1]). In allen diesen Hinsichten hat die Bebewegung keineswegs erst mit der Staatsumwälzung und der Schöpfung der neuen Reichsverfassung eingesetzt; aber sie hat durch die Weimarer Reichsverfassung erneuten Anstoß erhalten. Die Verfassung bestimmt im Art. 119 Abs. 1: „Die Ehe steht als Grundlage des Familienlebens und der Erhaltung und Vermehrung der Nation unter dem besonderen Schutz der Verfassung. Sie beruht auf der Gleichberechtigung der beiden Geschlechter." Und in Art. 121: „Den unehelichen Kindern sind durch die Gesetzgebung die gleichen Bedingungen für ihre leibliche, seelische und gesellschaftliche Entwicklung zu schaffen wie den ehelichen Kindern."

Von den Reformen, auf die die beiden hervorgehobenen Artikel der Verfassung hinweisen, ist die Neugestaltung des Rechtes der unehelichen Kinder am weitesten vorgeschritten. Dem Reichsrat ist unter dem 22. Mai 1925 von dem Reichsjustizminister der Entwurf eines Gesetzes über die unehelichen Kinder und die Annahme an Kindesstatt

---

[1]) Vgl. die Angaben bei Kipp-Wolff, Familienrecht § 95 Anm. 33.

vorgelegt worden[1]). Der Entwurf behandelt das Recht der unehelichen Kinder einschließlich der Ehelichkeitserklärung; die Annahme an Kindesstatt hat er deshalb in seinen Bereich gezogen, weil die Erleichterung der Annahme an Kindesstatt namentlich vielen unehelichen Kindern zum Eintritt in ein geordnetes Familienleben verhelfen werde. Der Grundgedanke des gesamten Entwurfs ist also der der Förderung des Wohls der unehelichen Kinder.

Die Beurteilung des Entwurfs wird nach der Grundanschauung, mit der der Beurteiler an ihn herantritt, selbstverständlich verschieden ausfallen. Wer in der alten Weise sich von dem Gedanken beherrschen läßt, daß die unehelichen Kinder im Grunde genommen keine Existenzberechtigung haben und mit dem Notdürftigsten zufrieden sein müssen, dem werden die Vorschläge des Entwurfs unannehmbar erscheinen. Wer umgekehrt etwa mit dem Familienrecht von Sowjet-Rußland (Familienrechtsges. 1918 § 133) der Ehe im Familienleben keinerlei Vorzug mehr beigelegt wissen möchte, dem werden die von dem Entwurf vorgesehenen Vorschriften zu Gunsten der unehelichen Kinder nicht weit genug gehen. Wer die Ansicht teilt, die in unserer Reichsverfassung niedergelegt ist, wird im wesentlichen den Entwurf billigen. Die Reichsverfassung, die in der Ehe die Grundlage des Familienlebens sieht und sie deshalb unter den besonderen Schutz der Verfassung stellt, muß wünschen — und mit Recht —, daß die eheliche Abstammung ihrer alten Vorzüge vor der unehelichen nicht völlig entkleidet wird. Sie will eine Besserstellung der unehelichen Kinder in der Tendenz, ihnen für ihre leibliche, seelische und gesellschaftliche Entwicklung gleich günstige Bedingungen zu schaffen, wie den ehelichen Kindern. Eine völlig gleiche Stellung des unehelichen Kindes mit dem ehelichen in der Familie des Vaters ist damit nicht gemeint und zu dem erstrebten Ziele auch nicht erforderlich.

[1]) Drucks. des Reichsrats Tagung 1925, Nr. 108. Der Text des Entwurfs ohne die Begründung ist veröffentlicht im Reichsarbeitsblatt 1925, Nr. 37. Besprechungen: Klumker, Storck, Müller, ZBlJugR. XVII. 157 ff., 234 ff, Brandis, JW. 1925, 2725 ff.

Der Entwurf hat sich mit gutem Erfolg bemüht, das Programm der Reichsverfassung zu verwirklichen, fordert aber in manchen Einzelheiten doch zum Widerspruche heraus.

1. In bezug auf das Verhältnis des unehelichen Kindes zur Mutter hält der Entwurf daran fest, daß das Kind zur Mutter und deren Verwandten die rechtliche Stellung eines ehelichen Kindes hat (§ 1705). Das Kind bekommt, wie früher, den Familiennamen der Mutter, und zwar, wenn diese verheiratet ist, ihren Mädchennamen (§ 1706 Abs. 1, 2). Der Name kann aber geändert werden (§ 1706 Abs. 3 bis § 1706 d). Der Entwurf geht davon aus, daß es dem Kinde am dienlichsten ist, wenn es den Namen desjenigen Elternteils führt, in dessen Hausstande es sich dauernd aufhält, weil hierdurch am besten unnütze Bloßstellungen vermieden werden. (Begr. S. 19, 29.)

Der Ehemann der Mutter kann dem Kinde seinen Namen erteilen (§ 1706a Abs. 1 Satz 1), den auch die Mutter führt. Er hat die dahingehende Erklärung nach dem Entwurf nicht an die bisher zuständige Behörde, sondern an das Vormundschaftsgericht abzugeben. Die Einwilligung des Kindes und die der Mutter ist grundsätzlich wie bisher erforderlich (§ 1706a Abs. 2).

Nach neuer Vorschrift des Entwurfes kann aber auch das Vormundschaftsgericht dem Kinde auf Antrag des Vaters den Namen des Vaters erteilen, nach dem Tode des Vaters auch auf Antrag des Kindes, wenn der Vater zur Zeit seines Todes mit der Mutter verlobt war. (§ 1706a Abs. 1 Satz 2). Erforderlich ist die Einwilligung der Mutter (wenn ihr nicht die Sorge für die Person des Kindes entzogen ist, § 1706c Abs. 2 Satz 2), und sofern nicht das Kind selber den Antrag gestellt hat, auch die Einwilligung des Kindes (§ 1706a Abs. 2 Satz 1). Ist der Vater verheiratet, so bedarf es auch der Einwilligung seiner Frau (§ 1706a Abs. 2 Satz 2), es sei denn, daß sie dauernd rechtswidrig von ihm getrennt lebt (§ 1706c Abs. 2 Satz 2).

Die Begründung S. 29 spricht sich m. E. mit Recht dagegen aus, daß das Kind von Rechtswegen den Namen des Vaters erwerbe. Dem Kinde, das bei der Mutter, vielfach auch im Hause der Eltern der Mutter lebe, dürfe nicht der Name des Vaters aufgezwungen werden, der vielleicht mit der Mutter und den mütterlichen Verwandten wegen des Unterhalts verfeindet sei, der Feststellung der Vaterschaft erbitterten Widerstand entgegengesetzt habe und sich der Gewährung des Unterhalts hartnäckig entziehe. Aber auch gegen ein Recht des Kindes, den Namen des Vaters anzunehmen, wendet sich die Begründung mit Fug. Es könne durch die Ausübung eines solchen Rechts wider den Willen des Vaters das Verhältnis des Kindes zum Vater verschlechtert werden. Sei der Vater mit einer anderen als der Mutter des Kindes verheiratet, so würden zudem wichtige Interessen seiner Ehefrau und seiner ehelichen Kinder verletzt werden. Es wäre noch der Weg denkbar, daß der Vater von sich aus dem Kinde seinen Namen erteilen könnte. Aber der Entwurf hat der Erteilung des Namens durch das Vormundschaftsgericht den Vorzug gegeben, weil auch sonst zur Erteilung väterlicher Rechte an den unehelichen Vater (vgl. unten Nr. 15) nach dem Entwurf ein Beschluß des Vormundschaftsgerichts erforderlich sei, und es mißlich wäre, wenn eine Person, die der Verleihung anderer Vaterrechte nicht für würdig befunden sei, dem Kinde ohne behördliche Mitwirkung ihren Namen erteilen könnte.

Ist das Kind nach der Auflösung der Ehe seiner Mutter unehelich geboren, so führt es an sich den Mädchennamen der Mutter. Nach der Begründung S. 30 sind Fälle denkbar, in denen es eine große Härte für das Kind bedeutet, wenn es einen Namen führen muß, den weder sein Vater noch seine Mutter führt. Daher soll von dem Vormundschaftsgericht auf Antrag des Kindes diesem der Name des früheren Ehemannes der Mutter erteilt werden können, solange die Mutter dessen Namen führt und zu führen berechtigt ist (vgl. § 1577 BGB.). Erforderlich ist die Einwilligung der Mutter und, falls der frühere Ehemann noch lebt, auch seine Einwilligung. Ist er wieder verheiratet, so bedarf es auch der Einwilligung seiner Frau (§ 1706 b). Insoweit ist die Sache ganz in Ordnung. Aber wenn der frühere Eheman verstorben ist, so sind seine Witwe sowie Verwandte und Verschwägerte von ihm nur zu hören und die Namenserteilung hat zu unterbleiben, wenn eine dieser Personen aus wichtigem Grunde widerspricht. (§ 1706 c Abs. 3). An die Wichtigkeit dieser Gründe wird man jedenfalls nicht zu hohe Anforderungen stellen dürfen; denn es ist eine starke Zumutung, daß der Familie des verstorbenen Ehemannes überhaupt, wenn auch nur durch Namenserteilung, ein Kind zugeschoben werden kann, das sie in Wahrheit nicht im geringsten etwas angeht. Unklar ist, ob, wenn dem Kinde der Name erteilt ist zu einer Zeit, zu der die Mutter ihn zu führen berechtigt ist, das Kind nachträglich den Namen verliert, falls der Mann später der geschiedenen Mutter untersagt, den Namen zu führen. Aus dem Text des Entwurfes geht nur hervor, daß dann dem Kinde der Name nicht mehr erteilt werden kann.

Der Antrag des Kindes soll offenbar, wenn das Kind nicht voll geschäftsfähig ist, von seinem gesetzlichen Vertreter gestellt werden können; denn der Entwurf sieht vor, daß das Kind, wenn es das 14. Lebensjahr vollendet hat, zu hören ist, und die Namenserteilung zu unterbleiben hat, wenn es aus wichtigem Grunde widerspricht (§ 1706 c Abs. 3).

Ist ein Name erteilt, so darf eine weitere Namenserteilung nur erfolgen, wenn dies aus besonderen Gründen im Interesse des Kindes geboten erscheint (§ 1706 d). Es wurde früher sogar ausnahmslos angenommen, daß, wenn die Mutter zum zweitenmal verheiratet ist, der zweite Mann dem Kinde seinen Namen nicht erteilen kann, wenn es der erste gültig getan hat[1]). Ein mehrfacher Wechsel des Namens des Kindes ist nicht erwünscht. Der Name des Ehemanns der Mutter kann an zweiter Stelle nicht von ihm selbst erteilt werden, sondern wird auf seinen Antrag vom Vormundschaftsgericht erteilt (§ 1706 d Abs. 1 Satz 2). Solange über einen Antrag des Vaters oder des Kindes auf Namenserteilung nicht rechtskräftig entschieden ist, kann der Ehemann der Mutter dem Kinde seinen Namen nicht erteilen

[1]) Kipp-Wolff, Familienrecht § 94, Anm. 8.

(§ 1706d Absatz 2). Diese Namenserteilung soll also — mit Recht — hinter der Erteilung des Namens des Vaters zurückstehen.

Wie bisher, hat nach dem Entwurf die Mutter an und für sich die elterliche Gewalt über das Kind nicht; sie hat nur die Personensorge ohne Vertretungsrecht, und der Vormund hat, wie bisher, in bezug auf die Personensorge die rechtliche Stellung eines Beistandes (§ 1707). Es konnte jedoch schon bisher die Mutter zum Vormunde des Kindes bestellt werden (§ 1778 Absatz 3 BGB.). Hieran ändert der Entwurf nichts. Er will aber weitergehen und gestattet, daß der Mutter von dem Vormundschaftsgericht auf ihren Antrag die elterliche Gewalt über das Kind verliehen werde, wenn dies aus besonderen Gründen im Interesse des Kindes geboten erscheint[1]). Die Verleihung ist nur zulässig, wenn die Mutter volljährig ist (§ 1707 b), und setzt natürlich voraus, daß die Mutter ihrer ganzen Persönlichkeit und Lage nach sich dazu eignet, die elterliche Gewalt auszuüben, die ihr eine wesentlich freiere Stellung gibt als die Vormundschaft (Begr. S. 31). Wenn das Interesse des Kindes es erfordert, kann die Verleihung der elterlichen Gewalt jederzeit wieder aufgehoben werden (§ 1707g); ein Gegenstück zu der Widerruflichkeit der Entziehungs- und Beschränkungsmaßregeln gemäß § 1671 BGB.

2. In bezug auf die Stellung des Kindes zum Vater bringt der Entwurf weitgehende Verbesserungen. Vor allen Dingen wird der berüchtigte Satz abgeschafft, daß das uneheliche Kind und sein Vater nicht als verwandt gelten. Diese Verwandtschaft wird vielmehr in der Form anerkannt (§ 1589 Abs. 2): „Die Wirkungen der Verwandtschaft zwischen einem unehelichen Kinde und seinem Vater sowie dessen Eltern bestimmen sich nach den Vorschriften des sechsten Titels.“ Wenn die Begründung S. 43 sich veranlaßt fühlt, darauf hinzuweisen, daß es sich bei dieser Neuerung nur darum handele, die Bedeutung der Vorschrift des § 1589 Abs. 2 klarer als bisher hervortreten zu lassen, so mag das

[1]) Ähnlich schon der deutsche Juristentag zu Bamberg 1921, Verh. S. 228.

auf sich beruhen. Eine Verwandtschaft zwischen den Verwandten des Vaters (außer seinen Eltern) und dem Kinde will der Entwurf (trotz § 1310 BGB.) offenbar immer noch juristisch in Abrede nehmen.

3. Der Entwurf unterscheidet zwischen der Vaterschaft eines Mannes und solchen Männern, die für den Unterhalt des Kindes wegen ihrer Beziehungen zur Mutter verantwortlich sind, obwohl ihre Vaterschaft ungewiß ist. Diese auf den ersten Blick sonderbar klingende Unterscheidung ist in Wirklichkeit auch dem geltenden Rechte bekannt. Nach § 1310 Abs. 3 BGB. kommt es in bezug auf das Ehehindernis der Verwandtschaft darauf an, wer nach freier Beweiswürdigung der Vater ist; die Sätze, die bei dem Unterhaltsanspruch zur Anwendung kommen, gelten hier nicht. Für die Legitimation durch nachfolgende Ehe ist Voraussetzung, daß der Mann, der die Mutter heiratet, als Vater des Kindes gilt; unter welchen Voraussetzungen er dafür gilt, ist im § 1720 geordnet, und zwar auf eine Weise, die mit den Vorschriften des § 1718 nicht identisch ist. Wird Ehelichkeitserklärung beantragt, so prüft die Legitimationsbehörde trotz der Anerkennung der Vaterschaft durch den Antragsteller frei, ob dieser der Vater des Kindes ist. Die Anerkennung der Vaterschaft im Sinne von § 1718 BGB. hat weiter gar keine Bedeutung als die, die sogenannte exceptio plurium zu beseitigen. Die Verurteilung zur Unterhaltsleistung ist keine Feststellung der Vaterschaft. Die Klage auf Feststellung der Vaterschaft ist zulässig; das Urteil auf Feststellung der Vaterschaft ist wirkungslos in bezug auf den Unterhaltsanspruch[1]). Der Entwurf hält sich also in ganz bekannten Gedankengängen, wenn er Vaterschaft und Unterhaltspflicht scheidet.

4. Vom Standpunkt des geltenden Rechtes aus gelangt man zum Verständnis des Entwurfes am besten, wenn man von der Unterhaltspflicht bei Ungewißheit der Vaterschaft ausgeht. Der Entwurf will, daß der, der innerhalb der Empfängniszeit der Mutter beigewohnt hat, dem

[1]) Vgl. Kipp-Wolff, Familienrecht § 95 I, 4.

Kinde bis zur Vollendung des 16. Lebensjahres Unterhalt gewähren, auch der Mutter die Entbindungskosten usw. nach Maßgabe von § 1715 Abs. 1 (vgl. unten 13) ersetzen soll (§ 1717 Abs. 1 Satz 1).

Die Empfängniszeit ist im allgemeinen die bisher geltende geblieben (181. bis 302. Tag); aber doch mit einer erheblichen Erweiterung. Steht fest, daß das Kind innerhalb eines Zeitraumes empfangen ist, der weiter als 302 Tage vor dem Tage der Geburt zurückliegt, so gilt zu Gunsten des Kindes dieser Zeitraum als Empfängniszeit. Dieser Satz gilt gegenwärtig zwar für die Frage der ehelichen Abstammung (§ 1592 Abs. 2 BGB.), aber nicht für die Alimentationspflicht des unehelichen Vaters. Vielleicht hätte sich, angesichts der Fortschritte der ärztlichen Kunst, zu früh geborene Kinder am Leben zu erhalten, empfohlen, auch mit einer Verkürzung der Empfängniszeit auf weniger als 182 Tage zu rechnen. Etwas Derartiges weist der Entwurf aber nicht auf, und seine Begründung geht auch auf die Frage nicht ein.

Das Kind kann auch über das 16. Lebensjahr hinaus Unterhalt verlangen unter den gleichen Voraussetzungen, die jetzt für diese Ausdehnung bestehen. Es kommt also darauf an, ob das Kind zur Zeit der Vollendung des 16. Lebensjahrs infolge körperlicher oder geistiger Gebrechen außerstande ist, sich selbst zu unterhalten (§ 1717 Abs. 1 Satz 2).

Die berüchtigte Einrede der mehreren Zuhälter will der Entwurf abschaffen. Es sollen vielmehr, wenn der Haftungsgrund zu Lasten mehrerer Männer gegeben ist, diese Gesamtschuldner sein. Das ist eine entschieden zu begrüßende Neuerung. Das Bürgerliche Gesetzbuch hatte die exceptio plurium mit der Maßgabe aufrecht erhalten, daß der, der nach der Geburt des Kindes die Vaterschaft in einer öffentlichen Urkunde anerkannt hat, die Einrede verliert (§ 1718 BGB.). Schon seit langer Zeit wird in Deutschland gegen die Einrede gekämpft, die freilich auch ihre Verteidiger gefunden hat[1]).

---

[1]) Vgl. (auch über das ausländische Recht) die Angaben bei Kipp-Wolff, Familienrecht § 95, Anm. 14.

Was man für die Einrede sagen kann, beschränkt sich darauf, daß ihre Beseitigung in gewissem Sinne zur Förderung der Unsittlichkeit gereichen könnte (vgl. auch Begr, S. 40). Die Begründung erkennt auch an, daß es etwas Mißliches habe, wenn mehrere Männer, die einer Frau innerhalb eines bestimmten Zeitraumes beigewohnt haben, nebeneinander zum Unterhalt des Kindes herangezogen werden und wenn die Öffentlichkeit oder das heranwachsende Kind im Laufe der Zeit hiervon Kenntnis erlangt. Aber sie setzt sich mit Recht über derartige Bedenken hinweg. Das Recht des Unterhaltes hat sich lediglich auf den Standpunkt zu stellen, daß das Kind leben muß; es darf nicht dahin kommen, daß das Kind deswegen keinen Unterhaltsanspruch hat, weil mehrere Männer möglicherweise sein Vater sein können. Die Teilung der Ansprüche des Kindes unter mehrere ist unbefriedigend, insbesondere für den Vormund des Kindes zu sehr belästigend. Daher ist die solidarische Haftung der Mehreren das Richtige, die auch für das gemeine Recht Deutschlands von vielen verteidigt wurde[1]) und im Sächsischen Bürgerlichen Gesetzbuch § 1872 Anerkennung gefunden hatte[2]).

Die Art, wie der Entwurf § 1717 Abs. 3 die gesamtschuldnerische Haftung zum Ausdruck bringt: mehrere nach Abs. 1 verpflichtete Männer haften als Gesamtschuldner, dem Kinde gegenüber jedoch nur soweit, als ihre Verpflichtungen sich decken, gibt freilich zu starken Bedenken Anlaß. Man sieht hier, wie übrigens auch an anderen Stellen des Entwurfs, daß seine Verfasser die jenseits ihrer besonderen Aufgabe liegenden Vorschriften des bürgerlichen Rechts nicht in dem erforderlichen Maße zu Rate gezogen haben. Es ist erstens vollkommen selbstverständlich, daß mehrere als Gesamtschuldner nur soweit haften können, als ihre Verpflichtungen sich decken, und es ist zweitens sinnlos, auszusprechen, daß die Männer als Gesamtschuldner haften, dem Kinde gegenüber jedoch nur so weit als ihre

---

[1]) Windscheid, Pandekten § 475 zu Anm. 20.

[2]) Auch der Deutsche Juristentag zu Bamberg (1921) hat sich dafür ausgesprochen, Verh. S. 227.

Verpflichtungen sich decken. Denn wem anders als dem Kinde gegenüber sollten die Männer Gesamtschuldner sein können? Vielleicht ist gemeint, daß bei der gesamtschuldnerischen Haftung der Mutter gegenüber aus § 1715 Abs. 1 eine Gesamtschuld bestehen solle, ohne Rücksicht darauf, ob die Verpflichtungen sich decken. Das ist aber etwas völlig Unmögliches. Richtig ist die Bemerkung der Begründung S. 41, daß die Mehreren untereinander zufolge § 426 die Last zu gleichen Teilen zu tragen haben, jedoch, was die Begründung vergißt, mit Einstehen der Zahlungsfähigen für die Zahlungsunfähigen. Daß, wie die Begründung hinzufügt, die Ausgleichungspflicht des einzelnen in keinem Falle weiter gehen kann, als seine Verpflichtung gegenüber dem Kinde reicht, ist zutreffend.

Wie im geltenden Recht, soll nach dem Entwurf der von der Haftung befreit sein, der trotz seines Verkehrs mit der Mutter der Vater des Kindes offenbar nicht sein kann (§ 1717 Abs. 1 Satz 3).

Das Maß des zu gewährenden Unterhalts soll sich, wie bisher, nach der Lebensstellung der Mutter bestimmen (§ 1717 Abs. 2 Satz 1), weil sich das Kind regelmäßig bei der Mutter befindet (Begr. S. 32). Der Unterhalt umfaßt den ganzen Lebensbedarf, die Erziehungskosten und die Kosten der Vorbildung zu einem Berufe (§§ 1717 a, 1708 Abs. 2).

Wenn der Verpflichtete bei Berücksichtigung seiner sonstigen Verpflichtungen außerstande ist, ohne Gefährdung seines standesmäßigen Unterhalts dem Kinde den Unterhalt zu gewähren (vgl. § 1603 Abs. 1 BGB.), so beschränkt sich nach dem Entwurf seine Verpflichtung auf dasjenige, was mit Rücksicht auf die Bedürfnisse sowie auf die Vermögens- und Erwerbsverhältnisse der Beteiligten der Billigkeit entspricht. Dabei soll § 1708 b Abs. 2 zur entsprechenden Anwendung kommen (§ 1717 Abs. 2 Satz 2), d. h. einem volljährigen Kinde und einem solchen gegenüber, das sich verheiratet hat, besteht unter den Voraussetzungen des § 1603 Abs. 1 eine Unterhaltspflicht überhaupt nicht. Der Entwurf (§ 1717 a in Verbindung mit 1708 c) sieht ferner vor, daß das Kind in jedem Falle den Unterhalt insoweit nicht verlangen kann, als die Einkünfte seines Vermögens und der Ertrag seiner Arbeit zu seinem Unterhalt ausreichen. Dies sieht die Begründung S. 41 als geboten an, um denjenigen, der lediglich auf Grund des Verkehrs mit der Mutter haftet, nicht ungünstiger zu stellen als den, der als Vater unterhaltspflichtig ist. Wir kommen auf diese Dinge im Zusammenhange der Unterhaltspflicht des Vaters (unten 6) zurück.

Da die Ansprüche, die § 1717 des Entwurfs bei Ungewißheit der Vaterschaft geben will, sich in manchen Beziehungen von den Ansprüchen gegen den Vater unterscheiden (unten 6), so sagt § 1717 Abs. 1 Satz 1 ausdrücklich, daß jene nur bestehen, wenn der in Anspruch Genommene weder die Vaterschaft anerkannt hat noch als Vater gerichtlich festgestellt ist. Sie bestehen auch nicht, wenn ein anderer als der in Anspruch Genommene als Vater gilt (§ 1717 Abs. 1 Satz 3; vgl. § 1705a). Es kann also wohl vorkommen, daß aus § 1717 mehrere nebeneinander haften, aber nicht, daß einer als Vater haftet, ein anderer aus § 1717, und es kann, wie sich unten zeigen wird, auch nicht eintreten, daß zwei nebeneinander als Väter haften.

5. Es soll nach § 1705a auf zwei Weisen dahin kommen können, daß jemand als Vater des unehelichen Kindes gilt: durch sein Anerkenntnis und durch vormundschaftsgerichtliche Feststellung.

Das Anerkenntnis ist dem Vormundschaftsgericht gegenüber zu erklären (§ 1705a Nr. 1). (Nähere Vorschriften vgl. § 1705b Abs. 2, Abs. 3). Erforderlich ist die Einwilligung des Kindes (§ 1705b Abs. 1). Das ist begreiflich, weil das Kind durch das Anerkenntnis in besondere Beziehungen zu dem Anerkennenden tritt und seine Rechte gegen Dritte verliert. (Vgl. oben 4 a. E.) Weigert sich das Kind, so bleibt die vormundschaftsgerichtliche Feststellung der Vaterschaft offen. Bei Geschäftsunfähigkeit oder wenn das Kind in der Geschäftsfähigkeit beschränkt ist, kann sein gesetzlicher Vertreter die Einwilligung erteilen (§ 1705b Abs. 2 Satz 2). Daß dies schrankenlos über den Kopf des Kindes hinweg geschehen kann, ist m. E. unberechtigt. Es müßte wenigstens, wenn das Kind über 14 Jahre ist, dessen eigene Einwilligung erforderlich sein.

Der Vater kann die Vaterschaft auch in einem öffentlichen Testament anerkennen, nicht in einem Privattestament (§ 1705 b Abs. 4). Auch hier ist Einwilligung des Kindes erforderlich. Einwilligung in dem Sinne, in dem das bürgerliche Recht diesen Ausdruck bekanntermaßen stets gebraucht wissen will, ist aber natürlicherweise nicht gemeint. Die Begründung (S. 25) denkt sich die Sache so, daß nach dem Tode des Vaters das Nachlaßgericht die testamentarische Anerkennungserklärung dem Kinde oder seinem gesetzlichen Vertreter mitteilt und dann die Einwilligung dem Vormundschaftsgericht gegenüber erklärt wird. Das wäre also in der Sprache des Bürgerlichen Gesetzbuchs eine Genehmigung, keine Einwilligung. Es besteht kein vernünftiger Anlaß, die eingeführte Terminologie des Bürgerlichen Gesetzbuches aus Bequemlichkeitsgründen bei der Redaktion von Sondergesetzen, am wenigsten aber bei der Redaktion von Novellen zum Bürgerlichen Gesetzbuch, in Unordnung zu bringen.

Der Vater kann die Anerkennung, das Kind kann die Einwilligung anfechten. Hierüber sind im § 1705 c bis § 1705 f eine Reihe von Vorschriften gegeben, die stillschweigend voraussetzen, daß die Gründe der Anfechtung zunächst dieselben sein sollen, wie bei der Anfechtung jeder Willenserklärung (vgl. Begr. S. 25). Der Vater kann die Anfechtung aber auch darauf gründen, daß er bei der Anerkennung irrtümlich angenommen habe, die Mutter habe in der Empfängniszeit nur mit ihm verkehrt. Entsprechend kann das Kind die Anfechtung auch darauf gründen, ihm sei bei der Einwilligung nicht bekannt gewesen, daß die Mutter in der Empfängniszeit mit dem Anerkennenden nicht oder daß sie auch mit einem andern verkehrt habe oder daß das Kind unmöglich von dem Anerkennenden stammen könne. Unkenntnis vom Verkehr der Mutter mit einem andern ist für die Anfechtung von seiten des Vaters oder des Kindes gleichgültig, wenn es offenbar unmöglich ist, daß das Kind von diesem Dritten stammt (§ 1705 c Abs. 3 Satz 3).

Die Anfechtung erfolgt durch Antrag an das Vormundschaftsgericht, es möge aussprechen, daß die Vaterschaft nicht bestehe, nach dem Tode des Kindes durch Erklärung an das Nachlaßgericht (§ 1705 f). Sie muß binnen drei Monaten nach Kenntnis von dem Anfechtungsgrunde erfolgen (§ 1705 d). Sie ist, trotzdem sie ihren rechtsgeschäftlichen Charakter auch dann nicht verleugnen kann, wenn sie durch Antrag an das Gericht geschieht, doch als widerrufliche Erklärung gedacht (1705 e), was sachlich vollkommen berechtigt ist (vgl. § 1596 Abs. 2 BGB.).

Die Vaterschaft ist gerichtlich festzustellen, wenn der, der als Vater des Kindes bezeichnet ist, der Mutter innerhalb der Empfängniszeit beigewohnt hat; es seien denn den Umständen nach erhebliche Zweifel daran begründet, daß die Mutter das Kind aus dieser Beiwohnung empfangen hat (§ 1705 g). Diese Bestimmung schließt sich an das Schweizer Zivilgesetzbuch Art. 314 an. Wird wegen solcher Zweifel die Feststellung abgelehnt, so ist damit der Mann von seiner gemäß § 1717 begründeten Haftung keineswegs befreit. Zweifel werden besonders bei Mehrverkehr der Mutter begründet sein. Und zwar nimmt die Begründung an (S. 26), daß schon eine hochgradige Wahrscheinlichkeit des Mehrverkehrs erhebliche Zweifel begründet, die die Feststellung der Vaterschaft ausschließen. Ebenso nimmt die Begründung (S. 26) an, daß nicht nur die offenbare Unmöglichkeit, sondern schon die Unwahrscheinlichkeit der Empfängnis aus dem fraglichen Verkehr ausreichende Zweifel begründet, um die Feststellung der Vaterschaft auszuschließen.

Die Feststellung soll auf Antrag des Kindes durch das Vormundschaftsgericht erfolgen. Für ein geschäftsunfähiges oder in der Geschäftsfähigkeit beschränktes Kind kann sein gesetzlicher Vertreter den Antrag stellen. Vor der Entscheidung ist der angebliche Vater und die Mutter des Kindes zu hören (§ 1705h).

Ergibt sich nach der Rechtskraft der Entscheidung, daß die Vaterschaft mit Unrecht festgestellt worden ist, so kann der Vater wie das Kind die Wiederaufnahme des Verfahrens beantragen (§ 1705 i). Dies schlägt der Entwurf als eine folgerichtige Parallele zu dem Recht der Anfechtung der Einwilligung und der Anerkennung vor (Begr. S. 27).

Das Feststellungsverfahren ist offenbar als ein solches der freiwilligen Gerichtsbarkeit gedacht, die bisher eine Wiederaufnahme des Verfahrens nicht kennt. Es wird sich fragen, wie sie gestaltet werden soll. Unklar ist auch, wie man sich die Rechtskraft denkt. Wahrscheinlich ist an sofortige Beschwerde und deren Versäumnis oder Erledigung gedacht.

Es sind auch Vorschriften über Anerkenntnis durch die Erben und die Eltern des Vaters gegeben (§ 1705 k). Auch ist die Wirkung der Anerkennung von seiten des Vaters und der Entscheidung des Vormundschaftsgerichtes gegenüber den Erben den Eltern des Vaters und der Mutter des Kindes genauer geregelt (§§ 1705 l, 1705 m).

Vor der rechtskräftigen Erledigung eines Feststellungs-, Anfechtungs- oder Wiederaufnahmeverfahrens kann die Vaterschaft eines anderen weder anerkannt noch gerichtlich festgestellt werden. Durch die Anerkennung oder Feststellung der Vaterschaft wird die Anerkennung oder die Feststellung der Vaterschaft eines andern ausgeschlossen (§ 1705 n).

Diese Bestimmung ist nach manchen Richtungen bedenklich. Es wird freilich nicht häufig vorkommen, daß sich mehrere zu der Vaterschaft drängen. Aber warum z. B. eine testamentarische Anerkennung nichtig sein sollte, weil sie erfolgt ist, nachdem ein anderer die Vaterschaft anerkannt hatte oder als Vater festgestellt war, ist nicht einzusehen. Es ist auch nicht einzusehen, warum das Anerkenntnis, das ein anderer vor dem Vormundschaftsgericht abgibt, nachdem schon ein Erster sich als Vater bekannt hatte, oder seine Vaterschaft festgestellt war, schlechthin unwirksam sein sollte. Man kann bei Anerkenntnis von mehreren dem Vormundschaftsgericht überlassen, festzustellen, wer der Vater ist, oder zu beschließen, daß wegen erheblicher Zweifel die Feststellung nicht erfolgen könne. Man kann bei Anerkenntnis nach einer Feststellung die Frage aufwerfen, ob es Anlaß zur Wiederaufnahme des Verfahrens bietet; man kann sagen, daß die Wirksamkeit eines späteren Anerkenntnisses sich nicht eher geltend machen kann, als bis das Hindernis dieser früheren Anerkennung oder Feststellung beseitigt ist. Man darf aber doch nicht sagen, daß das Anerkenntnis nicht früher erfolgen kann. Die Verweisung der Begründung S. 27 auf die angebliche Analogie des § 1596 Abs. 3 BGB. ist m. E. unberechtigt, weil es sich dort um etwas ganz anderes handelt.

6. Der Mann, der kraft Anerkenntnisses oder kraft Feststellung als Vater gilt, unterliegt einer weitergehenden Unterhaltspflicht als der, der lediglich wegen seines Verkehrs mit der Mutter haftet, trotzdem seine Vaterschaft problematisch ist. Auch hier wird zwar davon ausgegangen, daß der Unterhalt sich nach der Lebensstellung der Mutter bestimmt; aber es sollen zugunsten des Kindes auch die Vermögens- und Erwerbsverhältnisse des Vaters in Betracht gezogen werden, soweit dies im Hinblick auf die sonstigen Unterhaltsverpflichtungen des Vaters und bei angemessener Berücksichtigung seiner übrigen Verbindlichkeiten der Billigkeit entspricht (§ 1708 Abs. 1 Satz 2). Das läßt erkennen, daß nach freiem Ermessen des Gerichts zu beurteilen ist, inwieweit sonstige Verbindlichkeiten zu berücksichtigen sind, und sehr mit Recht sagt die Begründung (S. 32), daß solche Verbindlichkeiten **nicht** zu berücksichtigen sind, die der Vater dolos eingegangen ist, um den Anspruch des Kindes zu beeinträchtigen. Im Falle der Haftung aus § 1717 soll eine Steigerung der Verpflichtung nach Vermögens- und Erwerbsverhältnissen des Konkumbenten deswegen nicht eintreten, weil hier kein Verwandtschaftsverhältnis bestehe (Begr. S. 40). Das läßt sich hören; aber zwingend ist es nicht.

Die Erstreckung der Unterhaltspflicht über das 16. Lebensjahr hinaus wird im Verhältnis zum Vater in weiterem Umfange anerkannt als im Falle des § 1717. Sie tritt zu Lasten des Vaters auch dann ein, wenn das Kind bei Vollendung des 16. Lebensjahres in seiner Berufsvorbildung ohne sein Verschulden noch nicht so weit vorgeschritten ist, daß es sich selbst unterhalten kann. Der Unterhalt ist dann solange weiter zu gewähren, bis das Kind hierzu in der Lage ist. Die weitere Unterhaltspflicht besteht aber nur, wenn der Vater der Berufswahl zugestimmt oder das Vormundschaftsgericht die Zustimmung ersetzt hat, weil der Vater sie ohne wichtigen Grund verweigert hatte (§ 1708 a Abs. 1, vgl. Begr. S. 33). Die weitere Unterhaltspflicht tritt ferner ein, wenn das Kind zur Zeit der Vollendung des 16. Lebensjahres oder nach diesem Zeitpunkte infolge körperlicher oder geistiger Gebrechen außerstande ist, sich selbst zu unterhalten (§ 1708 a Abs. 2). Das ist eine wesentliche und sehr erfreuliche Neuerung gegenüber dem geltenden Recht, nach welchem ausschließlich der Zustand zur Zeit der Vollendung des 16. Lebensjahres entscheidet. Es ist m. E. bedauerlich, daß der Entwurf diese Verbesserung nicht auch in den Fällen des § 1717 einführen will.

Es kann dem Vater die Sorge für die Person des Kindes oder die elterliche Gewalt über das Kind zustehen (unten 15). Dann erlischt die Unterhaltspflicht nicht vor dem Zeitpunkt, in dem die Sorge oder die elterliche Gewalt endet (§ 1708 a Abs. 3). Etwas Derartiges kann im Falle des § 1717 natürlich nicht vorkommen.

Für den Fall, daß der Vater bei Berücksichtigung seiner sonstigen Verpflichtungen außerstande ist, ohne Gefährdung seines standesmäßigen Unterhalts den der Lebensstellung der Mutter entsprechenden Unterhalt zu gewähren, ist er nach dem Entwurf dem Kinde gegenüber, auch wenn es unter 16 Jahren ist, nur verpflichtet, alle verfügbaren Mittel zu seinem und des Kindes Unterhalt gleichmäßig zu verwenden. Hat der Vater in solcher Lage auch seiner Ehefrau oder einem ehelichen Abkömmling Unterhalt zu gewähren, so entscheidet über den Anspruch des unehelichen Kindes die Billigkeit in Berücksichtigung der gesamten Verhältnisse. Ist das uneheliche Kind volljährig oder hat es sich verheiratet, so hat es bei Dürftigkeit des Vaters überhaupt keinen Unterhaltsanspruch (§ 1708 b).

Bisher stand dem unehelichen Vater ein beneficium competentiae gegenüber dem Anspruch des noch nicht sechzehnjährigen Kindes überhaupt nicht zu. Nur soweit ein Kind nach Vollendung des 16. Lebensjahres noch Unterhalt beanspruchen kann, kommt § 1603 Abs. 1 zur entsprechenden Anwendung. Die Unterhaltspflicht fällt also weg, wenn der Vater bei Berücksichtigung seiner sonstigen Verpflichtungen außerstande ist, ohne Gefährdung seines Unterhalts den Unterhalt zu gewähren. Die Vorschriften des Entwurfs wollen im Ausgleich gegen die anderweiten Fortschritte, die das uneheliche Kind machen soll, den Vater und seine Familie gegen übertriebene Anforderungen des unehelichen Kindes schützen, indem sie dessen Rechte in Schranken einschließen, die auch bei ehelichen Kindern bestehen (Begr. S. 34). Es läßt sich m. E. gegen diesen Gesichtspunkt nichts einwenden. Bei der Haftung des problematischen Vaters ist das beneficium competentiae etwas anders gefaßt (s. oben 4). Grundsätzlich wird man anerkennen müssen, daß es, wenn bei dem Vater, so auch bei dem problematischen Vater am Platze ist.

Insoweit das Kind aus den Einkünften seines Vermögens und dem Ertrage seiner Arbeit leben kann, besteht die Unterhaltspflicht des Vaters nicht, ebensowenig wie die dessen, der aus § 1707 haftet (1708 c, 1717 a; vgl. oben 4). Das ist eine wesentliche, dem Kinde ungünstige Neuerung, soweit es sich um Kinder unter 16 Jahren handelt. Denn insoweit ist gegenwärtig für den Unterhaltsanspruch die Bedürftigkeit des Kindes gleichgültig. Ich erachte aber für berechtigt, daß die unehelichen Kinder insoweit den ehelichen gleichgestellt werden. Nur sollte — im allgemeinen wenigstens — kein Kind, weder das eheliche noch das uneheliche, im Alter unter 16 Jahren auf seine Arbeit verwiesen werden können.

7. Eine wesentliche Neuerung des Entwurfes ist es, daß die Eltern des Vaters dem Kinde Unterhalt zu gewähren haben, soweit der Vater und die Mutter des Kindes bei Berücksichtigung ihrer sonstigen Verpflichtungen außerstande sind, ohne Gefährdung ihres standesmäßigen Unterhalts den Unterhalt zu gewähren und soweit die Unterhalts-

pflicht der Eltern des Vaters nach ihren Vermögens- und Erwerbsverhältnissen, sowie nach den Verhältnissen der mütterlichen Verwandten des Kindes unter Berücksichtigung der diesen Personen sonst obliegenden Verpflichtungen der Billigkeit entspricht. Dem Unvermögen des Vaters oder der Mutter des Kindes steht es gleich, wenn die Rechtsverfolgung gegen sie im Inland ausgeschlossen oder erheblich erschwert ist. Die Eltern haften als Gesamtschuldner, soweit ihre Verpflichtungen sich decken (§ 1708 d).

Es ist wie schon in anderem Zusammenhange betont, überflüssig, ja irreführend, zu sagen, daß zwei Personen als Gesamtschuldner haften, „soweit ihre Verpflichtungen sich decken". Denn anders ist eine gesamtschuldnerische Haftung nicht möglich. In der Sache glaube ich, daß die gesamtschuldnerische Haftung der Eltern des Vaters eine Überspannung ist. Es würde Teilhaftung, wie bei den ferneren Aszendenten ehelicher Kinder (§ 1606 Abs. 2) genügen. Aber das ist untergeordnet. Der Grundsatz, daß die Eltern des Vaters — subsidiär — unterhaltspflichtig sind, ist m. E. durchaus berechtigt, obwohl er auf starken Widerstand stoßen wird. Der Widerstand wird von den Kreisen wohlsituierter Eltern ausgehen, die fürchten, die Kosten der Lebenslust ihrer Söhne tragen zu müssen. Daß sie die unehelichen Kinder von Töchtern im Notfall ernähren müssen, steht fest; aber das sehen sie als eine ferner liegende Möglichkeit an. Das von Gerechtigkeits wegen Entscheidende ist, daß die Eltern des Vaters die Großeltern des Kindes sind und daher mit vollem Recht in subsidium der Eltern — mehr will der Entwurf nicht — zum Unterhalt des Kindes herangezogen werden. Es handelt sich auch nicht um eine absolute Neuerung in Deutschland. Die Eltern des Kindes hafteten schon nach dem Bayerischen Landrecht (I 4 § 7 Nr. 1, 5) und nach dem Preußischen Landrecht (§ 628 ALR. II, 2), dessen dahingehende Bestimmung allerdings 1854 abgeschafft wurde. Vielleicht wird der Widerstand gegen den Vorschlag des Entwurfs übrigens geringer, wenn man gebührend unterstreicht, daß es sich nur um eine Haftung der Eltern des durch seine Anerkennung oder gerichtlichen Beschluß festgestellten Vaters handelt, keineswegs um eine Haftung der Eltern eines jeden gemäß § 1717 Verpflichteten, die allerdings unerträglich wäre. Hervorgehoben sei noch aus § 1708 d Abs. 2, daß der Anspruch gegen die Eltern des Vaters mit ihrem Tode erlöschen, also nicht auf ihre Erben übergehen soll.

8. Der Anspruch gegen die Eltern des Vaters ist, wie bemerkt, subsidiär dem Anspruch gegen die Eltern des Kindes. Im übrigen regelt § 1709 die Reihenfolge der Pflichtigen so: Der Vater soll vor der Mutter und den mütterlichen Verwandten des Kindes pflichtig sein (was bisher die ausnahmslose Regel war). Aber soweit die Billigkeit nach den Vermögens- und Erwerbsverhältnissen der Beteiligten unter Berücksichtigung ihrer sonstigen Verpflichtungen es verlangt, sollen nach dem Entwurf die Mutter und die mütterlichen Verwandten vor dem Vater haften. Soweit die Eltern des Vaters haften, sollen sie neben den mütterlichen Verwandten des Kindes (jenseits der Mutter) stehen.

In dieser Regelung liegt m. E. ein Fehler des Entwurfs. Nach der ganzen Tendenz des weiblichen Geschlechts, dem männlichen gleichgestellt zu werden, ist m. E. die richtige Lösung die, daß die Mutter auf gleicher Stufe solidarisch neben dem Vater verpflichtet ist, vorbehaltlich der Haftung des einen Teiles für das, was der andere nach Maßgabe seines Vermögens und seiner Arbeitskraft nicht leisten kann. Solidarische Haftung beider Eltern ist zur Sicherheit des Kindes unentbehrlich. Eine Teilung der Haftung der Eltern lehnt der Entwurf mit Recht ab (Begr. S. 33); das Prinzip der Teilung der Haftung unter ferneren Aszendenten kann bei den Eltern nicht maßgeblich sein. Die nach § 1717 Haftenden stehen in der Reihe der Pflichtigen mit Recht auf derselben Stufe wie der Vater (§ 1717 a, 1709 Abs. 1, Abs. 3).

9. Macht das Kind sich einer Verfehlung schuldig, welche den Vater oder die Eltern des Vaters berechtigen würde, einem ehelichen Abkömmling den Pflichtteil zu entziehen, so kann das Kind nur den notdürftigen Unterhalt verlangen (§ 1709 a). Das ist eine Neuerung, die aus der Ten-

denz entspringt, die unehelichen Kinder auch in malam partem den ehelichen anzugleichen (§ 1611 Abs. 2 BGB.). Die Bestimmung mag berechtigt sein, wenn es sich um den Vater handelt. Daß sie aber auch Anwendung finden soll, wenn die Haftung sich nur auf § 1717 gründet, ist einigermaßen anfechtbar.

Die §§ 1710—1710b regeln die Art der Unterhaltsleistung. Es genügt hervorzuheben, daß nach § 1710 Abs. 2 neben der regelrechten Rente eine Sonderzahlung in besonderen Fällen, namentlich bei erheblicher Erkrankung des Kindes verlangt werden kann. Richtiger Ansicht nach ist das schon heute so[1]). Es ist merkwürdig, daß bei der Haftung aus § 1717 diese wichtige Vorschrift nicht zur Anwendung kommen soll.

Nach jetzt geltender Vorschrift kann der Unterhalt auch für die Vergangenheit verlangt werden (§ 1711), nach dem Entwurf nur von der Zeit an, zu welcher der Verpflichtete in Verzug gekommen ist oder das Kind einen Antrag auf Festsetzung des Unterhalts bei dem Vormundschaftsgerichte gestellt hat (§ 1711). Die Vorschrift gilt auch bei der Haftung aus § 1717 (§ 1717 a). Hier wird m. E. die Neigung, Vorschriften, die bei ehelicher Verwandtschaft gelten (§ 1613 BGB.), auf das uneheliche Kind zu übertragen, entschieden zu weit getrieben. Den aus § 1717 Haftenden kann man nicht in Verzug setzen und keinen Antrag auf Unterhaltsfestsetzung gegen ihn stellen, ehe man ihn kennt, und gegen den Vater als solchen kann man nicht eher vorgehen, als bis er die Vaterschaft anerkannt hat oder diese festgestellt ist. Es ist doch nicht möglich, daß das Kind für die Zeit bis zur Hebung dieser Hindernisse von nichts oder aus öffentlichen Mitteln leben soll.

10. Die §§ 1712—1712d regeln die Ansprüche nach dem Tode des Vaters, § 1713 die Ansprüche nach dem Tode des Kindes. Es ist grundsätzlich daran festgehalten, daß der Unterhaltsanspruch mit dem Tode des Vaters nicht erlischt. Soweit

---

1) Vgl. Lammers, ZBlJugR. XVII 42 f.

für die Bemessung des Unterhalts die Verhältnisse des Vaters in Betracht zu ziehen sind, treten die Verhältnisse der Erben an deren Stelle. Die Verpflichtung der Erben geht jedoch nicht weiter als diejenige des Vaters, es sei denn, daß der Vater bei seinem Tode einen geringeren als den der Lebensstellung der Mutter entsprechenden Betrag zu leisten hatte. In diesem Falle kann das Kind die Erhöhung des Unterhalts verlangen, jedoch nicht über den Betrag hinaus, welcher der Stellung der Mutter entspricht. Im Falle des § 1709a verbleibt es bei dem notdürftigen Unterhalt. Hierauf beschränkt sich die Verpflichtung der Erben auch dann, wenn die Voraussetzungen der Erbunwürdigkeit vorliegen. Mehrere Erben haften insoweit als Gesamtschuldner, als ihre Verpflichtungen sich decken (§ 1712).

Diese Vorschriften sind ohne die erforderliche Beachtung der allgemeinen Sätze über die Haftung der Erben für die Nachlaßverbindlichkeiten aufgestellt, von denen die Begründung (S. 36) freilich sagt, daß sie zur Anwendung kommen. Zunächst: Wie reimt sich mit den Grundsätzen über die Haftung der Erben für die Nachlaßverbindlichkeiten die vom Entwurf gewollte Berücksichtigung der Verhältnisse der Erben, die dahin führen kann, daß der Erbe mehr schuldig ist als der Erblasser? Den Erben geht das Kind nichts an. Er hat nur, weil er das Vermögen des Vaters überkommen hat, auch für dessen Verbindlichkeiten einzutreten und zwar, wenn er nicht das Inventarrecht der Gläubiger verletzt, nur mit diesem Vermögen. Der Vater ist tot; arbeiten für das Kind kann er nicht mehr, nur das nachgelassene Vermögen steht noch zum Unterhalt des Kindes zu Gebote. Die Möglichkeit, das Kind mit einem Pflichtteilsbetrage aus diesem Vermögen abzufinden, von der sogleich des Näheren die Rede sein wird, weist nicht etwa darauf hin, daß, wenn solche Abfindung nicht erfolgt, die Unterhaltsrente von dem Erben als Eigenverbindlichkeit zu tragen wäre. Die Rente ist Erblasserschuld und darf sich nicht erhöhen, weil der Erbe reicher ist als der Erblasser, Das einzige, worauf es ankommen kann, sind die Verhältnisse der Erbschaft.

Daß mehrere Erben als Gesamtschuldner haften, bedurfte keines Ausdrucks angesichts der allgemeinen Vorschrift des § 2058, und wenn die gesamtschuldnerische Haftung zum Ausdruck gebracht werden sollte, so bedurfte es hier, wie in andern Fällen, nicht des Zusatzes, daß die Solidarität nur so weit eintritt, als die Verpflichtungen sich decken. Die Vorschrift über die gesamtschuldnerische Haftung ist nur geeignet, die irrige Vorstellung zu erwecken, als sollte die gesamthänderische Haftung (§ 2059 Abs. 2 BGB.) nicht eintreten und die sonst bestehende Möglichkeit des Eintritts der sogenannten proratarischen Haftung (§§ 2060 ff. BGB.) abgeschnitten sein. Daß im Innenverhältnis die Erben einander zu Erbteilen verpflichtet sind, sagt die Begründung S. 36 mit Recht. Ihr Zusatz, daß die Ausgleichungspflicht eines Erben keinesfalls weiter geht, als seine Verpflichtung dem Kinde gegenüber reicht, ist von der Vorstellung beherrscht, daß ein Erbe wegen seiner Verhältnisse dem Kinde mehr schulden könne als ein anderer.

Das Recht der Erben, das Kind mit dem Pflichtteilsbetrage abzufinden, d. h. mit dem Betrage, den es als Pflichtteil bekommen würde, wenn es ehelich wäre, will der Entwurf § 1712a auf den Fall beschränken, daß die Erben die Ehefrau und die ehelichen Abkömmlinge des Vaters sind. Die Abfindung soll der Genehmigung des Vormundschaftsgerichts bedürfen, was gegenwärtig nicht der Fall ist.

Andere Erben haben nicht das Recht der Abfindung, sondern umgekehrt: das Kind kann, wenn es will, die Abfindung verlangen. Nämlich an Stelle des Erbrechts des unehelichen Kindes gewährt § 1712b für den Fall, daß die Erben nicht Ehefrau oder eheliche Abkömmlinge des Vaters sind, dem unehelichen Kinde ein Recht auf Abfindung in Höhe des Pflichtteils, gesichert durch Anspruch auf Auskunft und Offenbarungseid. Das Kind muß aber binnen 6 Wochen, seitdem es den Tod des Vaters erfahren hat, den Erben schriftlich erklären, daß es die Abfindung verlangt. Unter Umständen ist die Frist (nach Analogie der Erbausschlagungsfrist) länger. Sie kann aus wichtigem Grunde verlängert werden. Die Abfindung kann nicht verlangt werden, wenn das Kind eine Verfehlung begangen hat, die den Vater berechtigt haben würde, einem ehelichen Kinde den Pflichtteil zu entziehen, oder wenn die Voraussetzungen der Erbunwürdigkeit vorliegen.

Sachgemäß ist die Bestimmung, daß nur alle Erben gemeinsam das Kind abfinden können und umgekehrt das Kind nur von allen gemeinsam die Abfindung verlangen kann (§ 1712 c). Für den Fall, daß die Erben teils Ehefrau und eheliche Abkömmlinge sind, teils Fremde, vgl. § 1712 c Abs. 2.

Steht dem Kinde beim Tode des Vaters ein Unterhaltsanspruch gegen den Vater nicht mehr zu, so kann ihm auf seinen Antrag von dem Teil des Nachlasses, der nicht den ehelichen Abkömmlingen, der Ehefrau, den Eltern und den Geschwistern des Vaters zufällt, als Beitrag zu seinem Fortkommen eine Geldsumme bis zur Höhe des Pflichtteils eines ehelichen Kindes zuerkannt werden, wenn und soweit dies der Billigkeit entspricht. Bedürfnisse, Vermögens- und Erwerbsverhältnisse der Beteiligten, Höhe der Nachlaßverbindlichkeiten sowie Zuwendungen, die dem Kinde vom Vater unentgeltlich oder von Todes wegen gemacht sind, sind in angemessener Weise zu berücksichtigen. Der Antrag ist an Fristen gebunden. Die „Vergünstigung" ist ausgeschlossen wegen pflichtteilswidriger Verfehlung des Kindes, wenn das Kind erbunwürdig ist oder, wenn das Kind von einem anderen als dem Vater an Kindesstatt angenommen ist. Das gleiche gilt, wenn das Kind durch öffentliche beglaubigte Erklärung gegenüber dem Vater auf die Stellung des Antrags verzichtet hat; § 2347 soll entsprechend anwendbar sein (§ 1712 d).

An diesem Plan des Entwurfes berührt sympathisch, daß das uneheliche Kind der Grundidee nach die halbe Stellung eines ehelichen Kindes haben soll. Aber das ist doch in einer Weise beschränkt und verklausuliert, die ich nicht berechtigt finden kann. Es ist berechtigt, daß das uneheliche Kind in die Erbengemeinschaft nicht eintritt und auf einen pflichtteilsartigen Geldanspruch beschränkt wird. Es ist auch berechtigt, daß ein Unterschied gemacht wird, ob die Erben die Ehefrau und ehelichen Abkömmlinge oder ob es Fremde sind. Es ist ferner berechtigt, daß die Initiative der Abfindung in dem ersten Falle auf seiten der Erben, in dem letzten Falle dagegen auf seiten des unehelichen Kindes liegt. Aber ich halte es füı unbegründet, daß, wenn das Kind dem Unterhaltsanspruch gegen den Vater entwachsen war, ihm die Geldsumme nur unter so vielen Einschränkungen zugesprochen wird, wie § 1712 d ergibt. Der Entwurf kann sich von dem Gedanken nicht losringen, daß das uneheliche Kind von seinem Vater nur Unterhalt und endlich einen Beitrag zu seinem Fortkommen zu verlangen hat, im übrigen aber an seinem Erbe keinen Anteil beanspruchen darf. Diese Meinung, der sich freilich vor einigen Jahren auch der Deutsche Juristentag in Bamberg angeschlossen hat [1]), ist m. E. nicht begründet. Es hat in Deutschland schon früher ein Erbrecht des unehelichen Kindes gegeben. So namentlich im preußischen Recht (§§ 652 ff. ALR. II, 2; vgl. Anh. §§ 97, 98; Ges. v. 14. 4. 1854 § 19, § 22 [2]). Auch im französischen Recht hat das anerkannte natürliche Kind ein Erbrecht an dem Vermögen des Vaters (Code civil Art. 757, 758, Ges. v. 25. 3. 1896). Ebenso gibt die Schweiz außerehelichen Verwandten ein Erbrecht, wenn das Kind durch Anerkennung oder Urteil den Stand des Vaters erhalten hat (ZGB. Art. 461). Schief ist es, daß die Höhe der Nachlaßverbindlichkeiten „in angemessener Weise zu berücksichtigen" ist. Wer mit dem Erbrecht halbwegs vertraut ist, weiß, daß sie in ihrem vollen Betrage vorweg abzuziehen sind, wenn eine dem Pflichtteil entsprechende Summe berechnet werden soll. Und warum soll der Verzicht des Kindes durch einseitige Erklärung erfolgen, während der Erbverzicht Vertrag verlangt?

Die Erben eines nach § 1717 Haftenden können das Kind abfinden mit dem Betrage, der ihm als Pflichtteil gebühren würde, wenn es ehelich wäre (§ 1717 c Abs. 1).

---

[1]) Verh. S. 183 ff.

[2]) Anderes vgl. Stobbe, Deutsches Privatrecht V § 195[24].

Durch die Abfindung sollen andere unterhaltspflichtige Männer dem Kinde gegenüber frei werden, wobei in bezug auf die Ausgleichung die sehr bedenkliche Vorschrift des § 1717 b Abs. 2 (unten S. 28 f.) entsprechend gelten soll (§ 1717 c Abs. 2). Die Befreiung der anderen soll im übrigen schlechthin durch die Abfindung von seiten der Erben des einen eintreten. Es ergibt sich also das unglaubliche Resultat: Wenn unter zwei Beteiligten einer ein armer Teufel und der andere ein reicher Mann ist, der erste stirbt und das Kind von seinen Erben eine pflichtteilsgemäße Abfindung von ein für allemal 2,50 Mk. bekommen hat, so ist der reiche Sünder seiner Verpflichtungen ein für allemal quitt. Allerdings kann das Kind, falls ein anderer unterhaltspflichtiger Mann vorhanden ist, die Abfindung durch Erklärung gegenüber den Erben ablehnen (in öffentlich beglaubigter Form mit Genehmigung des Vormundschaftsgerichts). Lehnt es ab, so wird der Erbe gegenüber dem Kinde frei und der Erbe ist ausgleichungspflichtig anderen Schuldnern gegenüber nur in Höhe des Abfindungsbetrages (§ 1717 c Abs. 3). Das Kind kann aber diese Vorsicht nur anwenden, wenn es die anderen Schuldner und ihre besseren Verhältnisse kennt, und es ist auch nicht berechtigt, daß es sich die anderen Schuldner nur gegen Aufopferung des einen erhalten kann. Ein Recht auf Abfindung ist dem Kinde gegenüber den Erben eines nach § 1717 Haftenden nicht zugedacht. Das dürfte angemessen sein; eine Art von Erbrecht des unehelichen Kindes kann man nur dem Vater gegenüber befürworten.

11. Für den Fall des Todes des Kindes hält der Entwurf daran fest, daß der Unterhaltsanspruch erlischt, soweit er nicht auf Erfüllung oder Schadensersatz wegen Nichterfüllung für die Vergangenheit oder auf solche Vorausleistungen gerichtet ist, die beim Tode des Kindes fällig sind (§ 1713 Abs. 1). Für die Beerdigungskosten wird der Vater in der bisherigen Weise verantwortlich gemacht. Neu ist, daß auch die Eltern des Vaters unter den Voraussetzungen, unter denen sie für den Unterhalt des Kindes aufzukommen haben würden, für die Beerdigungskosten haften

sollen, wobei § 1708d (oben 7) entsprechend anwendbar sein soll (§ 1713 Abs. 2).

12. Vereinbarungen über den Unterhalt und eine Abfindung sollen, wie bisher, der Genehmigung des Vormundschaftsgerichts unterstehen (§ 1714 Abs. 1 Satz 1). Einen freiwilligen Abfindungsvertrag (im Gegensatz zu der Abfindung mit dem Pflichtteilsbetrage im Falle des Todes des Vaters oder des nach § 1717 Haftenden) ganz auszuschließen, hat der Entwurf mit Recht abgelehnt (Begr. S. 38ff.). Unentgeltlicher Verzicht für die Zukunft soll, wie bisher, nichtig sein (§ 1714 Abs. 3). Der Genehmigung des Vormundschaftsgerichts wird folgerichtig auch eine Vereinbarung zwischen dem Kinde und dem Erben oder den Eltern des Vaters unterstellt (§ 1714 Abs. 1 Satz 2). Die von dem Vater mit dem Kinde vereinbarte Abfindung erstreckt sich, sofern nicht ein anderes bestimmt ist, auf den Unterhaltsanspruch des Kindes gegen die Eltern des Vaters (§ 1714 Abs. 1 Satz 3). Das bedeutet, daß der Unterhaltsanspruch gegen die Eltern des Vaters durch die mit diesem vereinbarte Abfindung als erledigt anzusehen ist. Von einer Wirkung der Abfindung von seiten des Vaters auf die Erben des Vaters spricht der Entwurf nicht. Das ist korrekt; denn diese Wirkung versteht sich von selbst. Die Begründung (S. 39) ist der Ansicht, wenn einer unter mehreren Erben des Unterhaltspflichtigen das Kind abfinde, so könne er Ausgleichung von den Miterben zu Erbteilen verlangen. Aber hat dann der einzelne Erbe das Recht zu solcher Abfindung mit Wirkung gegen die übrigen? Das ist nach der ganzen Struktur des Miterbenverhältnisses im bürgerlichen Recht ohne Zweifel zu verneinen.

In diesem Zusammenhange ist der Vorschrift des Art. IV des Entwurfs zu gedenken. Es ist bekanntlich eine lebhaft verhandelte Streitfrage, ob und inwieweit eine zwischen dem Vater und dem Kinde vereinbarte Abfindung den Anspruch des Kindes auch für den Fall erledigt, daß infolge späteren Währungsverfalls die gegebene Abfindung zum Unterhalt des Kindes nicht ausreicht. Die obersten Gerichte haben sich auf den Standpunkt gestellt, daß die Kapitalabfindung den Unterhaltsanspruch des Kindes grundsätzlich ablöst und die gegebene Abfindung auf die Gefahr des Kindes steht. Die zur Vertretung der Interessen der unehelichen Kinder berufenen Vormünder, insbesondere Amtsvormünder, und die Untergerichte, die die praktische Bedeutung der Sache aus größerer Nähe sahen, sind damit nicht zufrieden gewesen und haben auch nach dem Erscheinen der in Frage kommenden Urteile des Reichsgerichts und des Bayerischen Obersten Landesgerichts den Kampf nicht aufgegeben. Sie haben darin auch literarische Unterstützung von einigen Seiten gefunden[1]). Ich glaube, daß vom Standpunkt des geltenden Rechts die Ansicht der obersten Gerichte zutreffend war. Der Entwurf will aber dem unehelichen Kinde helfen: Er bestimmt in Art. IV (vgl. Begr. S. 50 f.): Ist eine vor dem Inkrafttreten dieses Gesetzes einem unehelichen Kinde an Stelle des Unterhalts in Mark versprochene oder gewährte Abfindung infolge des Währungsverfalls für den Unterhalt des Kindes unzureichend geworden, so kann das Kind von demjenigen, der nach den bisherigen Vorschriften als Vater gilt, bis zur Vollendung des 16. Lebensjahrs die Entrichtung einer Zusatzrente verlangen, soweit dies bei angemessener Berücksichtigung aller in Betracht kommenden Umstände, namentlich der Vermögens- und Erwerbsverhältnisse der Beteiligten, der Billigkeit entspricht. Die Zusatzrente kann nur für die Zukunft und nur bis zur Höhe des notdürftigen Unterhalts gefordert werden. Im übrigen wird sie in weitem Umfange den Vorschriften unterstellt, die der Entwurf für die Unterhaltspflicht des Vaters gibt. Jedoch finden sich auch Abweichungen, insbesondere soll nach dem Tode des Vaters die Abfindung hinter dem Pflichtteil zurückbleiben können, soweit dies der Billigkeit entspricht. Über den Anspruch auf die Zusatzrente soll das Vormundschaftsgericht unter Ausschluß des Prozeßweges entscheiden. Bei wesentlicher Änderung der Umstände, die für die Gewährung der Zusatzrente und für

---

[1]) Vgl. die Angaben bei Kipp-Wolff, Familienrecht § 95 Anm. 47 und in der Begr. S. 50.

die Bestimmung ihrer Höhe maßgebend waren, kann der Vater die Aufhebung oder Minderung der Rente verlangen. Es ist nicht vorbehalten, daß unter entsprechenden Voraussetzungen das Kind die Erhöhung der Zusatzrente verlangen kann. Warum das so ist, ist nicht zu ersehen. Vielleicht liegt es an der Annahme, daß der Währungsverfall abgeschlossen ist und also nicht damit gerechnet zu werden braucht, daß in der Zukunft durch Währungsverfall die Abfindung in noch höherem Grade unzulänglich werden kann, als bisher. Es ist ausdrücklich vorgesehen, die Geltendmachung des Anspruchs werde nicht dadurch ausgeschlossen, daß eine Nachforderung auf Grund der bisherigen Vorschriften rechtskräftig für unbegründet erklärt worden ist.

Im ganzen verdient der Artikel Billigung. Zu bezweifeln ist aber, ob er recht daran getan hat, seine Vorschrift schlechthin auf den Unterhalt bis zur Vollendung des 16. Lebensjahrs zu beschränken. (Die Begr. S. 51 stützt dies nur auf den Ausnahmecharakter der Vorschrift.) Gegen die Beschränkung auf den notdürftigen Unterhalt ist m. E. nichts einzuwenden.

In den Fällen des § 1717 gelten in bezug auf einen Abfindungsvertrag im allgemeinen die Vorschriften des § 1714 Abs. 1 Satz 1, Abs. 3 (§ 1717a). Es bedurfte aber der Regelung, welche Wirkung der Abschluß eines Abfindungsvertrages zwischen dem Kinde und einem unterhaltspflichtigen Manne auf die Stellung eines anderen Unterhaltspflichtigen haben soll. Nach den allgemeinen Sätzen würde sich bei der bestehenden Gesamtschuldnerschaft ergeben, daß die Abfindung sog. objektive Wirkung hat, wenn sie nach dem Inhalt des Vertrages diese Wirkung haben will (§ 423 BGB.), daß im übrigen im Innenverhältnis der Haftenden gleiche Teilung gemäß § 426 BGB. eintritt. Der Entwurf § 1717b Abs. 1 sieht vor, daß durch den Abschluß eines Abfindungsvertrages zwischen einem unterhaltspflichtigen Manne und dem Kinde ein anderer nur befreit wird, soweit dies nach Lage der Sache der Billigkeit entspricht. Es wäre m. E. im berechtigten Interesse des Kindes richtiger, wenn bestimmt würde, daß der A b s c h l u ß eines Abfindungsvertrages mit dem einen den anderen überhaupt nicht befreit, sondern der andere nur befreit wird, insoweit die von dem einen gegebene Abfindung den Unterhalt des Kindes deckt.

Ohne zivilrechtliche Einsicht gearbeitet sind die Vorschriften im § 1707 b Abs. 2. Nach dessen Satz 1 können dem andern Manne für die ihm gegenüber den Vertragschließenden obliegende Ausgleichungspflicht Teilzahlungen gestattet werden. Jeder Jurist weiß aber, daß ein Gesamtschuldner durch seine privaten Verträge mit dem Gläubiger an den Verpflichtungen der andern nichts ändern kann. Versteht sich der eine zu einer Kapitalabfindung, so ist es völlig unberechtigt anzunehmen, daß an und für sich die andern einen entsprechenden Teil des Abfindungskapitals dem Abfindenden zu zahlen hätten und es eine besondere Gnade wäre, wenn ihnen dabei Teilzahlungen gestattet werden. Auch der letzte Satz des § 1717 b ist unannehmbar. Danach soll aus Billigkeitsgründen der Ausgleichungsbeitrag ermäßigt werden können, wenn auf Seiten des Ausgleichungspflichtigen die Voraussetzungen des § 1603 Abs. 1 vorliegen. Es ist aber ganz klar, daß in solchem Falle der andere Schuldner schon von vornherein nicht zu mehr verpflichtet war, als was gemäß § 1603 Abs. 1 und § 1717 Abs. 2 das Kind von ihm verlangen konnte, und in höherem Maße kann auch ein anderer Schuldner keinen Rückgriff gegen ihn erwerben.

13. Die Ansprüche der Mutter sind durch §§ 1715, 1715 a erweitert: Der Vater soll der Mutter auch die Kosten des Unterhalts für die letzten vier Wochen vor der Entbindung, nicht nur, wie bisher, für die ersten sechs Wochen nach der Entbindung ersetzen müssen; dazu treten wie bisher die Entbindungskosten und sonstigen Aufwendungen (§ 1715 Abs. 1). Aber soweit es nach den Vermögens- und Erwerbsverhältnissen des Vaters und der Mutter unter Berücksichtigung ihrer sonstigen Verpflichtungen der Billigkeit entspricht, hat der Vater der Mutter auch einen sonstigen infolge der Schwangerschaft oder der Entbindung entstehenden Vermögensschaden zu ersetzen (§ 1715 Abs. 2). Stirbt die Mutter infolge der Schwangerschaft oder der Entbindung, so hat der

Vater die Kosten der Beerdigung zu tragen, soweit ihre Bezahlung nicht von den Erben der Mutter zu erlangen ist (§ 1715 Abs. 3). An Stelle des Vaters haften dessen Eltern unter den Voraussetzungen, unter denen sie zur Gewährung des Unterhalts an das Kind verpflichtet sind. § 1708 d soll dabei entsprechend zur Anwendung kommen (§ 1715 Abs. 4). Die Vorschriften sind im allgemeinen zu billigen.

Der § 1715 a entspricht — mit geringen Abweichungen — dem jetzigen § 1715 Abs 2, Abs. 3.

Der § 1716 soll einige Änderungen erfahren. Vor dem Reichsjugendwohlfahrtsgesetz hat man angenommen, daß ein Pfleger zur Wahrnehmung der Rechte des erwarteten Kindes nicht bestellt werden könne. § 38 JWG. hat das geändert. Dementsprechend ist das Antragsrecht im Sinne des § 1716 jetzt neben der Mutter auch einem für die Leibesfrucht bestellten Pfleger zugedacht. Soweit es sich um den Unterhalt der Mutter für die Zeit vor der Entbindung handelt oder soweit eine Aufwendung vor diesem Zeitpunkt notwendig wird, kann nach dem Entwurf angeordnet werden, daß die Zahlung angemessene Zeit vor der Entbindung zu erfolgen hat. Das ist eine erhebliche Verbesserung. Bisher konnte Zahlung nur nach der Entbindung, vor ihr nur Hinterlegung verlangt werden. Rückschrittlich sieht es aus, daß im § 1716 der 2. Abs. gestrichen ist, der der einstweiligen Verfügung den Vorzug gab, von Glaubhaftmachung einer Gefährdung des Anspruchs befreit zu sein. Die Streichung findet aber ihren Grund darin, daß nach dem Entwurf an die Stelle der prozessualen einstweiligen Verfügung eine Anordnung des Vormundschaftsgerichts tritt (Begr. S. 39), bei der der Richter von solcher Glaubhaftmachung unabhängig ist.

Die betrachteten Vorschriften richten sich gegen den Vater. Gegen die Personen, die nach § 1717 haften, sind sie nicht unbeschränkt anwendbar. Solche Personen haben der Mutter die Kosten der Entbindung und die Kosten des Unterhalts für vier Wochen vor der Entbindung und für die ersten sechs Wochen nach der Entbindung zu ersetzen, sowie diejenigen sonstigen Leistungen zu bewirken, die schon nach der bisherigen Fassung des § 1715 Abs. 1 geschuldet wurden.

Aber die nach dem Entwurf § 1715 Abs. 2 und 3 den Vater treffenden Verpflichtungen sind ihnen nicht auferlegt. Es kann sehr fraglich sein, ob diese Einschränkung berechtigt ist. Denn wenn es sich um die Schäden handelt, die pekuniär infolge der Schwangerschaft oder der Entbindung entstehen, oder darum, daß infolge der Schwangerschaft oder der Entbindung die Frau gestorben ist, so scheint mir für die Frage der Haftung wegen solcher Schäden es ganz gleichgültig zu sein, ob der in Anspruch Genommene der Vater des Kindes ist; es kommt darauf an, daß er mit der Mutter zu tun gehabt hat. Im allgemeinen sind nach geltendem Recht die Ansprüche der Mutter zwar gegeben, wenn das Kind totgeboren ist, aber nach der richtigen Auffassung nicht bei einer Fehlgeburt[1]). Es gilt als zu zweifelhaft, ob in solchen Fällen der Verkehr des Beklagten mit der Mutter in die zutreffende Zeit fällt. Aber es fragt sich, ob sich hier nicht Abhilfe schaffen ließe. Der Entwurf scheint auch selbst zu fühlen, daß die Haftung jedenfalls unter Umständen von der Geburt eines Kindes unabhängig sein muß. Denn er spricht davon, daß die Mutter infolge der S c h w a n g e r s c h a f t o d e r der Entbindung stirbt.

Die Vorschriften der §§ 1715 a und 1716 sollen im Falle des § 1717 entsprechende Anwendung finden (§ 1717 a).

Fraglich kann sein, ob bei den Ansprüchen der Mutter nicht gewisse Ausnahmen vorzubehalten wären. Die Fürsorge für das Kind ist immer berechtigt, und die Ansprüche der Mutter auf den Unterhalt vor und nach der Entbindung bestehen im Interesse des Kindes. Aber daß im Verhältnis zwischen der Mutter und dem, der mit ihr verkehrt hat (mag er der Vater sein oder aus § 1717 haften), die ganzen Lasten immer den Mann allein treffen sollen, ist nicht gerecht. Es gibt Fälle, in denen die Frau nicht nur der wohlhabendere Teil, sondern auch der verführende Teil ist.

14. Die sämtlichen Ansprüche des Kindes und der Mutter will der Entwurf § 1718 dem Prozeßwege entziehen und aus-

---

[1]) Vgl. K i p p - W o l f f , Familienrecht § 95 Anm. 55.

schließlich der Entscheidung des Vormundschaftsgerichts unterstellen. Die Vorschrift des § 323 ZPO. soll auf die Entscheidung des Vormundschaftsgerichts zur entsprechenden Anwendung kommen. Nach meiner Überzeugung liegt hierin eine sehr große Gefahr. Es handelt sich doch nun einmal um privatrechtliche Ansprüche, über die eine endgültige Entscheidung nur unter den besseren Garantien des streitigen Verfahrens gefällt werden sollte. Der Vormundschaftsrichter ist der Natur seines Amtes nach zu einseitig auf die Interessen des Kindes eingestellt.

15. Neue und sehr gute Vorschriften stellt der Entwurf auf, indem er es ermöglicht, dem unehelichen Vater ein Recht auf Verkehr mit dem Kinde, die Sorge für die Person des Kindes, ja sogar die elterliche Gewalt zu gewähren.

Das Vormundschaftsgericht kann den Vater auf seinen Antrag ermächtigen, mit dem Kinde persönlich zu verkehren, und kann den Verkehr näher regeln (§ 1707 a Satz 1). Dem Vater soll ermöglicht werden, sich persönlich um das Kind zu kümmern; sein Interesse und seine Zahlungswilligkeit sollen dadurch gesteigert werden (Begr. S. 19, 31). Die Vorschrift hat natürlich Sinn nur für die Zeit der Minderjährigkeit des Kindes, obwohl sie sich nicht — wenigstens den Worten nach nicht — auf diese Zeit beschränkt. Mit wem ein Volljähriger verkehren will, ist ausschließlich seine Sache. Ist aber das Kind minderjährig, so kann der, dem die Sorge für das Kind zusteht, dem Kinde den Verkehr mit dem Vater untersagen und darf den Verkehr verhindern. Diese Berechtigung fällt weg, wenn das Vormundschaftsgericht den Vater ermächtigt hat, mit dem Kinde zu verkehren. Die Ermächtigung zum Verkehr mit dem Kinde kann das Vormundschaftsgericht ohne besondere gesetzlich festgelegte Voraussetzungen erteilen. Die Begründung S. 31 nimmt an, daß sie nur erteilt werden wird, wenn der Vater eine Zeitlang regelmäßig und pünktlich seinen Verpflichtungen nachgekommen ist.

Anders ist es bei der Verleihung der Sorge für die Person. Diese kann dem Vater auf seinen Antrag von dem Vormundschaftsgericht nur dann verliehen werden, wenn es aus besonderen Gründen im Interesse des Kindes geboten erscheint (§ 1707 Satz 2). Das Interesse des Vaters darf hier nicht maßgebend sein. Ist dem Vater die Sorge für die Person verliehen, so hat der Vater doch nicht die Vertretung des Kindes in persönlichen Angelegenheiten. Der Vormund hat, soweit dem Vater die Sorge zusteht, die rechtliche Stellung eines Beistandes (§ 1707a Satz 2, vgl. § 1707).

Das Vormundschaftsgericht kann dem Vater auf seinen Antrag die elterliche Gewalt über das Kind verleihen. Dies ist vorgesehen, weil der Ehelichkeitserklärung, die dem Kinde die volle Stellung einer ehelichen dem Vater gegenüber geben würde, sich Hindernisse in den Weg stellen können (Begr. S. 31 f.). Voraussetzung ist, daß die Verleihung der elterlichen Gewalt aus besonderen Gründen im Interesse des Kindes geboten erscheint. Sie ist nur zulässig, wenn der Vater volljährig ist. Regelmäßig soll ihm die Gewalt nur verliehen werden, wenn er dem Kinde dauernd in seinem Hausstand oder bei Angehörigen Unterhalt gewährt (§ 1707b). Hat er das Kind nach § 1714 abgefunden, so soll ihm die Sorge für die Person oder die elterliche Gewalt nur verliehen werden, wenn er sich verpflichtet, dem Kinde im Falle der Bedürftigkeit den gesetzlichen Unterhalt bis zu dem Zeitpunkt zu gewähren, in welchem die Sorge oder die elterliche Gewalt endet. Diese Vorschrift deckt jeden Fall der Entwertung oder des Verlustes der Abfindung. Mit der oben 12 betrachteten Übergangsvorschrift des Art. IV hat sie nichts zu tun.

Eine wesentliche Ergänzung findet der § 1707c in der Vorschrift des § 1714 Abs. 2, wonach der Vater das Kind nicht abfinden kann, wenn, d. h. solange ihm die Sorge für die Person des Kindes oder die elterliche Gewalt zusteht.

Wenn dem Vater die elterliche Gewalt verliehen ist, so soll das Kind auch den Wohnsitz des Vaters teilen (§ 11 Abs. 1 neuer Satz 2). Ebenso soll in diesem Falle das Kind bis zum vollendeten 21. Lebensjahre zur Verheiratung auch der Einwilligung des Vaters bedürfen und bei einer Meinungsverschiedenheit zwischen Vater und Mutter über die Einwilligung soll das Vormundschaftsgericht entscheiden

(§ 1305 neuer Abs. 2). Der Vater, dem die elterliche Gewalt verliehen ist, soll auch, wenn er sich während der Minderjährigkeit des Kindes verheiraten will, der Vorschrift des § 1314 Satz 1 i. V. mit § 1669 unterworfen sein (§ 1314 Abs. 1 neuer Satz 2).

Der § 1707 d gibt Vorschriften über das Verfahren, insbesondere die erforderlichen Anhörungen vor einer Anordnung über Verkehr des Vaters mit dem Kinde, Verleihung der Personensorge an den Vater, Verleihung der elterlichen Gewalt an Vater oder Mutter. Es ist besonders zu beachten, daß alle genannten Anordnungen unterbleiben sollen, wenn einer Anordnung zugunsten des Vaters die Mutter oder die Frau des Vaters aus wichtigen Gründen widerspricht. Dasselbe gilt, wenn der gesetzliche Vertreter des Kindes oder das Kind, welches das 14. Lebensjahr vollendet hat, aus wichtigen Gründen widerspricht. Welche Personen mit gleichem Erfolg aus wichtigen Gründen der Erteilung der elterlichen Gewalt an die Mutter widersprechen können, tritt in dem Entwurf nicht klar genug hervor. Der Abs. 3 des § 1707 d sagt: Die Anordnung (aus §§ 1707 a—c) soll unterbleiben, wenn von einer der in den Abs. 1, 2 bezeichneten Personen aus wichtigen Gründen Widerspruch erhoben wird. Das führt dahin, daß der gesetzliche Vertreter, das mehr als 14jährige Kind, der Vater, die Mutter und die Frau des Vaters widersprechen können. Das ist aber in Ansehung der Mutter bedeutungslos, weil die Anordnungen ohnehin nur auf Antrag der Mutter ergehen können. In Ansehung des Vaters ist es verständlich. Weshalb aber des Vaters Frau einer Anordnung zu Gunsten der Mutter sollte widersprechen können, ist dunkel.

Aus § 1707 e geht hervor, daß dem Vater die Sorge für die Person des Kindes auch neben der Mutter verliehen werden kann, d. h. so, daß die Mutter die ihr ohnehin zustehende Sorge nunmehr mit dem Vater teilt. In solchem Falle entscheidet bei einer Meinungsverschiedenheit das Vormundschaftsgericht. Auch daran denkt § 1707 e, daß möglicherweise einem Teil nur die Sorge für die Person, dem anderen die elterliche Gewalt zusteht. In solchem Falle soll bei einer Meinungsverschiedenheit die Meinung des Inhabers der elterlichen Gewalt vorgehen. Das Vormundschaftsgericht kann sich aber die Entscheidung selbst vorbehalten. Man kann sich übrigens schwer denken, wie derartige Fälle eintreten können. Denn es erscheint doch seltsam, wenn das Vormundschaftsgericht dazu schreitet, dem unehelichen Vater die elterliche Gewalt mit Ausnahme der Sorge für die Person zu erteilen oder der Mutter die Sorge für die Person zu entziehen und ihr doch die elterliche Gewalt zu übertragen.

Die einem ehelichen Vater oder einer ehelichen Mutter für den Fall einer neuen Eheschließung obliegenden Verpflichtungen legt § 1707 f auch dem Inhaber der elterlichen Gewalt über ein uneheliches Kind auf mit einer sehr berechtigten Ausnahme für den Fall, daß der Vater und die Mutter einander heiraten wollen.

Die sämtlichen Anordnungen der §§ 1707 a—1707 e können jederzeit von dem Vormundschaftsgericht aufgehoben oder geändert werden, wenn das Interesse des Kindes es erfordert (§ 1707 g). Das ist eine durchaus billigenswerte Vorschrift, die dem § 1671 entspricht, wonach Anordnungen des Vormundschaftsgerichts, die in die Personensorge oder die Vermögensverwaltung des Inhabers der elterlichen Gewalt eingreifen, jederzeit geändert oder aufgehoben werden können.

16. Auf die Bestimmungen des Entwurfs über Ehelichkeitserklärung und Annahme an Kindesstatt soll hier nicht näher eingegangen werden. Die Ehelichkeitserklärung soll Sache des Vormundschaftsgerichts werden. Sie soll beim Vorliegen der gesetzlichen Erfordernisse nur versagt werden können, wenn ein wichtiger Grund für die Versagung vorliegt. Die Annahme an Kindes Statt soll schon dann zulässig sein, wenn der Annehmende das 40. Lebensjahr vollendet hat, nicht mehr erst nach vollendetem 50. Jahre. Dies folgt dem Muster der Schweiz (ZGB. Art 264), sowie Österreichs (Teilnov. v. 1914 § 18) und Frankreichs (Ges. v. 19. 6. 23). Die Bestätigung durch das zuständige Gericht soll abgeschafft werden; ausschließlich das Vormundschaftsgericht

soll mitwirken. Die Vertragsfreiheit in bezug auf die nähere Gestaltung des Adoptivverhältnisses wird gesteigert. Neben die Annahme an Kindes Statt will der Entwurf eine „Pflegekindschaft" stellen, für die die Begründung auf die tutelle officieuse des französischen Rechts verweist, ohne irgendwelche Notiz davon zu nehmen, daß Frankreich durch Gesetz vom 19. Juni 1923 dieses Institut als unpraktisch abgeschafft hat.

Ich habe zum Schluß nur noch eine allgemeine Bemerkung zu machen. Der Art. VI des Entwurfs will in der sattsam bekannten Weise die Reichsregierung ermächtigen, zur Durchführung des Gesetzes Rechtsvorschriften und allgemeine Verwaltungsvorschriften zu erlassen. Es ist bekannt genug, wie unheilvoll die Gepflogenheit schon gewirkt hat, Dinge, die Sache der Gesetzgebung sein sollten, dem Verordnungswege zu überweisen. Möge wenigstens der Bau des BGB. — denn um diesen handelt es sich hier — von solchen Einbrüchen der Verordnungsgewalt verschont bleiben.

DIE MEHRHEITSENTSCHEIDUNG.

Ihr Sinn und ihre Schranke.

Von

FRANZ HAYMANN.

Erster Abschnitt.

Rechtsprechung.

Uralt ist die Streitfrage, ob einem oder einer Mehrheit die Ausübung der verschiedenen Funktionen staatlicher Herrschaft anvertraut werden soll. Auf dem Gebiet der Rechtsprechung hatten sich bei uns in Deutschland im Anschluß an die bekannten Vorschläge von Adickes[1]) und unter Hinweis auf englische Rechtszustände eine Reihe gewichtiger Stimmen für die stärkere Bevorzugung des Einzelrichtertums[2]) ausgesprochen. Zwar sind diese Untersuchungen auf die jüngsten Reformen unseres Verfahrens in Zivil- und Strafsachen nicht ohne Einfluß geblieben, aber trotz aller Stärkung der Zuständigkeit des Einzelrichters im einzelnen hat man doch an dem Grundsatz festgehalten, die wichtigeren und besonders verantwortlichen Fragen dem Richterkollegium zur Entscheidung zu überlassen. Nicht nur sind die höheren Instanzen sämtlich kollegial eingerichtet, sondern in der ersten Instanz bleiben nicht nur in Zivilsachen die größeren Objekte der Zivilkammer reserviert, sondern auch in Strafsachen ist für die schwereren Delikte trotz der sehr bedeutenden Erweiterung der Macht des

---

1) Grundlinien durchgreifender Justizreform. 1906.

2) Schon vor nahezu 100 Jahren ist Heffter für die Entscheidung der Rechtsfrage durch den Einzelrichter eingetreten („die besten Repräsentanten der richterlichen Intelligenz sind Einzelrichter für alle Rechtsfragen"), während er die Tatfrage mehreren überweisen will unter Berufung auf Plinius: Melius omnibus quam singulis creditur. Singuli enim decipere et decipi possunt, nemo tamen omnes, neminem omnes fefellerunt. Archiv f. d. zivil. Pr. Bd. 13 S. 64 und 95.

Amtsrichters [1]) (§§ 25—26 GVG.) die Zuständigkeit der Kollegialgerichte (Schöffengerichte, Schwurgerichte, Reichsgericht, Oberlandesgericht) als erkennender Gerichte aufrecht erhalten worden.

Es genügt nicht mit Sauer [2]) die Bedeutung des Kollegialgerichts darin zu erblicken, daß hier die extremsten Anschauungen einander aufheben, und so die Ansicht eines „Normalrichters", ein Durchschnittstypus gewonnen werde. Denn diese segensreiche Wirkung der Aufhebung von Gegensätzen, die nicht geleugnet werden soll [3]), bedeutet nicht bloß einen rein negativen Vorzug, sondern setzt gewissermaßen voraus, daß die zu eliminierenden Anschauungen auf ein und derselben Ebene gelegen sind, wie z. B. bei Bemessung einer Schadensersatzsumme oder einer Buße oder einer Geld- oder Freiheitsstrafe. Aber wie wird der Spruch des „Normalrichters" gefunden, wenn in einer Zivilkammer nach eingehender Beratung der eine Richter verurteilen, der zweite den Kläger als beweisfällig, der dritte die Klage wegen Nichtigkeit des zugrunde liegenden Kaufgeschäfts oder wegen Rücktritt des Beklagten abweisen will, oder wenn in einer „kleinen" Strafkammer ein Richter nach der Beratung für Hehlerei, der zweite für Diebstahl, der dritte für Untreue votiert?

---

[1]) Gegen sie mit beachtlichen Gründen, Eberhard Schmidt Gutachten zum 33. deutschen Juristentag Berlin 1925 S. 145 fg., auch schon Binding, strafr. und strafprozessuale Abhandl. (1915) II, 1 S. 108 fg. Vgl. aber auch andererseits das Gutachten Schlimms a. a. O. S. 156 fg.

[2]) Grundlagen des Prozeßrechts (1919), S. 74. Vgl. aber auch schon die Ausführungen Heinsheimers auf dem 29. deutschen Juristentag in Karlsruhe (1908). Verhandlungen V, 2. S. 642: „Jeder betrachtet die Sache unter eigenen Gesichtspunkten und durch das Zusammenstrahlen der drei Subjektivitäten bildet sich dann eine Gesamtmeinung heraus, die sehr häufig keiner von den dreien für sich allein gefunden hätte."

[3]) Obwohl freilich auch das gerade Gegenteil, die Verführung gemäßigter Elemente durch die aufdringliche Rhetorik von Extremen, im Kollegialgericht und zwar nicht bloß im alten Schwurgericht nicht ganz selten ist. Man denke etwa an die Behandlung der sogenannten Kriegssachen in manchen Strafkammern während des Weltkriegs. Vgl. auch die zutreffenden Bemerkungen Zeilers in Zeitschr. f. d. ges. StrW. 41, S. 533—534.

Die Bedeutung des Kollegialgerichts liegt aber nicht bloß darin, daß es Fehlerquellen unterdrückt, denen der Einzelrichter unterliegen könnte [1]), sondern daß es die geistigen Kräfte mehrerer verbindet und dadurch die Gewähr für einen richtigen Spruch verstärkt. Schon Condorcet hat in diesem Moment die Bedeutung aller kollegialen Arbeit in Dingen des Rechts richtig erkannt und in seinem Essai sur l'application de l'analyse à la probabilité des décisions rendues à la pluralité des voix [2]) die Methode der Wahrscheinlichkeitsrechnung verwendet, um in den einzelnen Fällen die Wahrscheinlichkeit einer richtigen Entscheidung der Majorität in Staatsangelegenheiten zu formulieren, von der Grundthese ausgehend: „Si la probabilité de la voix de chaque votant est plus grande que $^1/_2$, c'est-à-dire, s'il est plus probable qu'il jugera conformément à la vérité, plus le nombre des votants augmentera, plus la probabilité de la vérité de la décision sera grande" [3]). Zunächst geht der scharfsinnige Autor davon aus, que tous ceux qui donnent leurs voix, ont une égale sagacité, une égale justesse d'esprit dont ils ont fait également usage, qu'ils sont tous animés d'un égal esprit de justice enfin que chacun d'eux a voté d'après lui-même, comme il arriverait si chacun prononçait séparément son avis, ou ce qui revient au même, que dans la discussion chacun n'a eu sur l'opinion d'aucun autre une influence plus grande que celle qu'il en a reçue lui-même" [4]).

Erst zum Schluß wird versucht immer mit den Methoden der Wahrscheinlichkeitsrechnung: comment on peut faire entrer dans le calcul la différence de sagacité on de justesse

---

1) Besonders betont von Binding Strafrechtl. und Strafprozess. Abh. II, 1 (1915) S. 109.

2) Paris 1785.

3) Discours préliminaire, p. 23—24.

4) Première partie. Damit wird also zunächst der Erfahrungssatz, daß die größere Zahl das Gefühl der Verantwortung schwächt, einmal ausgeschaltet. Bei der Bestimmung der Zahl der Richter im Kollegialgericht muß es selbstverständlich beachtet werden. Vgl. auch Binding a. a. O. S. 110.

d'esprit des votants, les effets de la partialité et l'influence d'un des votants sur les autres.

Es war ganz im Sinne der Condorcetschen Methode, wenn auf dem 29. Deutschen Juristentag Vierhaus als erster Referent zu der Frage, ob in bürgerlichen Rechtsstreitigkeiten das Kollegialprinzip zu Gunsten des Einzelrichtertums einzuschränken sei, unter dem Beifall der Versammlung dem Kollegialgericht den Vorzug gab, da „allein schon der Umstand, daß drei Richter lesen, hören, sehen, mehr dagegen schützt, daß irgend ein Punkt unbeachtet bleibt," und da „ferner bei der Feststellung des Rechtssatzes auch die Kenntnis dreier Richter weiter reicht — immer normale Fälle vorausgesetzt —, als die Kenntnis eines"[1]).

Man kann der Vierhausschen These, daß das Kollegialgericht größere Gewähr für Findung des richtigen Rechts gewähre, nicht mit der Erwägung des zweiten Berichterstatters Wildhagen begegnen, er habe sich bisher vergeblich bemüht, „oft selbst in gewöhnlichen Fällen Gewißheit darüber zu bekommen, welches die richtige Entscheidung sei," Urteilen sei keineswegs bloß Anwendung eines stets eindeutig feststellbaren Rechtswillens auf einen gegebenen Sachverhalt, sondern der Richter müsse das Recht für den einzelnen Fall erst schaffen, bilden und zwar — aus sich selbst, eine andere Quelle gebe es dafür nicht, weder für die Tat- noch für die Rechtsfrage[2]). Denn einmal ist es eine besonders in der freirechtlichen Literatur verbreitete Übertreibung, wenn bestritten wird, daß in der ganz überwiegenden Zahl der Fälle die Schwierigkeit einer Prozeßentscheidung nicht entweder in der Klarlegung der rechtlich gegebenen Obersätze oder in der Aufhellung des Tatsächlichen oder in der zutreffenden Subsumtion gelegen sei. Die Methode aber zur Bewältigung dieser Aufgaben holt der Richter nicht aus der eigenen Brust, das heißt doch wohl aus einer letzten unkontrollierbaren Eingebung, sondern diese Methoden sind gegeben und lehrbar: Hinsichtlich des ob-

---

[1]) Verhandlungen a. a. O., S. 585—586.

[2]) a. a. O., S. 602—603.

jektiven Rechts in den Methoden wissenschaftlicher Auslegung, die gerade wenn sie richtig, d. h. teleologisch vorgeht, und die praktische Tragweite der fraglichen Rechtsinhalte mit den klarzustellenden Aufgaben der positiven Normierung vergleicht, nicht in der eigenen Brust, sondern draußen aus dem nach seinen Aufgaben erkannten Gesetz und aus der Kenntnis des Lebens die Entscheidung suchen muß. Auch ist es keineswegs ein aus dem Innern rätselhaft quellendes Irrationales, sondern schärfstes Aufmerken der Sinne auf den Gang der Verhandlung und der Beweisaufnahme und reiche Lebenserfahrung, kurz, ein geordnetes Weltbild, das dem Richter die klare Erkenntnis des Tatsachenmaterials verschafft, so wie ihn nicht etwa sein „Inneres", sondern die von den Gefühlsjuristen viel geschmähte Logik bei der richtigen Subsumtion geleiten muß.

Dieses Ineinanderspielen zweier Welten, der des Seins im „praktischen Fall" und der des Sollens in der Klarstellung des maßgebenden Rechtssatzes oder genauer die Beherrschung dieser beiden Welten durch die klaren Gesetze der Verstandes macht den unvergleichlichen Reiz des Berufs des juristischen Praktikers aus, nicht unkontrollierbare Eingebungen, die im reinigenden Feuer der Debatte eines beratenden Kollegiums, das von seiner großen Aufgabe erfüllt ist, zunichte werden. Aber auch dorten, wo das objektive Recht dem Richter größere Freiheit läßt, wie etwa in Fragen der Zumessung einer Strafe[1]) oder einer billigen Entschädigung oder bei Anwendung der elastischen Begriffe von „Treu und Glauben", der guten Sitten, des wichtigen Grundes, sind es nicht, wie uns Rudolf Stammlers gewaltiges Lebenswerk gelehrt hat, unfaßliche Instanzen, das „Gefühl" oder der „Takt" des Richters, Momente, die bei der ungeheuer großen Zahl der zur Befolgung Berufenen zu hoffnungslos disparaten Ergebnissen führen müßten, sondern es sind objektive wenn auch durch wissenschaftliche Begriffsarbeit erst zu klärende Maßstäbe auch hier, nach

[1]) Über die Bedeutung dieser Aufgabe treffend Gleispach, 33. Juristentag a. a. O. S. 124.

denen, nach dem Willen der solche Ermessensfreiheit spendenden Rechtsordnung die passende Regelung vom Unterworfenen erst gefunden werden soll, etwa der maßgebende Zweck des Strafrechts oder die in der sittlichen Arbeit eines Volks kristallisierten „guten Sitten".

Freilich, wäre dem anders, gäbe es nicht bloß auf dem Gebiet des „gelinden" Rechts, sondern selbst im Bereich der festgeformten Paragraphen keinen klaren Maßstab für die „richtige" Entscheidung, wäre die pilatushafte Skepsis Wildhagens berechtigt und sein Ausruf, „wer will unter solchen Umständen von der richtigen Entscheidung reden" [1]), begründet [2]), dann hätte jede Überprüfung eines Urteils durch die höhere Instanz ihren Sinn verloren. Die „richtige" Entscheidung von der der § 563 ZPO. noch redet, wäre nicht bloß nicht gegeben, sondern auch nicht aufgegeben, nichts wie ein Trugbild eines von der modernen Skepsis noch nicht aufgeklärten juristischen Dogmatismus. Auch der alte Grundsatz einer humanen Praxis in dubio pro reo wird sinnlos, wenn erst alles zweifelhaft wird. Vor allem verliert auch jede kollegiale Zusammenarbeit auf dem Gebiet der Rechtsprechung ihr gedankliches Fundament. Denn dieses besteht in der einheitlichen Aufgabe der Entscheidung eines Streits durch Anwendung der zutreffenden Regeln auf den richtig erfaßten Tatbestand des Lebens, welcher Aufgabe die Mehreren, bei

[1]) Die neueste Frucht dieses heute sehr beliebten juristischen „Relativismus" ist Zeilers Forderung nach halbscheidigen Urteilen. Vgl. Zeiler, Unbestimmtheit der Rechtsanwendung 1915, auch Deutsche Richter Z. Bd. 7 S. 465 f. Rheinische Zeitschr. 8, 315. Wenn z. B. von drei Richtern zwei aus verschiedenen Gründen die Klage abweisen wollen, der Dritte nach Antrag auf 1000 verurteilen will, so soll auf $\frac{1000 + 0 + 0}{3} = 333$ verurteilt werden, ebenso in Strafsachen. Mit dem positiven Recht des § 195 GVG. setzt sich Zeiler nicht auseinander.

[2]) Freilich reimt sich mit diesem „Relativismus" nicht, wenn Wildhagen sich weiter auf den Ausspruch eines weitbekannten Richters beruft, daß die Zahl der als Fehlsprüche zu bezeichnenden Entscheidungen aus der amtsgerichtlichen Rechtsprechung nicht erheblich größer sei als aus der erstinstanzlichen landgerichtlichen.

gleicher Treue und Begabung mit mehr Aussicht auf Erfolg sich widmen könnten, als der Einzelne. Aber dieser Vorzug erlischt in dem Augenblick, wo die mehreren nicht zusammentreten, um nach denselben anerkannten Grundsätzen der einen Aufgabe sich mit vereinten Kräften hinzugeben, sondern um aus dem unerforschlichen Quell ihres jeweiligen Innern eine Entscheidung hervorzuzaubern, deren Übereinstimmung wie ein „Wunder" wirken müßte und im Fall des Ausbleibens nur durch ein Nachgeben des von der Zuverlässigkeit seiner inneren Stimme nicht ganz fest überzeugten Mitglieds nachträglich herbeigeführt werden könnte.

Sieht man aber die richterliche Aufgabe in ihren verschiedenen gedanklichen Elementen so wie wir oben sie zu zeichnen versucht haben, so wird erst die Bedeutung und der Reiz kollegialer Rechtsprechung klar ersichtlich und zugleich die tiefe Berechtigung der Ausführungen, mit denen der Referent des ersten Ausschusses der bayrischen Abgeordnetenkammer den Entwurf des bayrischen Gesetzes über die Gerichtsverfassung in den Landesteilen diesseits des Rheins begründet hat und die zugleich die Väter unseres Gerichtsverfassungsgesetzes in den Materialien [1]) zu diesem Gesetz zur Begründung ihrer eigenen Stellungnahme wieder anführen:

„Die kollegiale Behandlung der Rechtsangelegenheiten ist eine Schule für Verbreitung theoretischer und praktischer Rechtsanschauungen unter allen Kollegialmitgliedern. Die geistig kräftigen Mitglieder des Kollegiums üben einen bildenden Einfluß auf die minder befähigten Mitglieder, die wissenschaftlichen Strebungen und Errungenschaften einzelner werden im Weg der kollegialen Beratung im gewissen Grad Gemeingut aller. Das Übergewicht des besseren Juristen paralysiert die Schwäche der geringeren Kollegialmitglieder, die ersteren wissen in der Regel der richtigen Ansicht den Sieg zu verschaffen, ungerechtfertigte Entschließungen zu verhindern und gewisse Präjudizien im Schoß des Kollegiums zu begründen."

---

[1]) Hahn I. S. 30.

Wer, wie ich, 12 Jahre lang an einem der beschäftigtsten Landgerichte des preußischen Staats im Hauptamt Richter gewesen ist, der weiß die Vorzüge kollegialer Zusammenarbeit zu schätzen, der weiß, welche Befriedigung und Belehrung es gewährt in der gemeinsamen Beratung mit klugen Kollegen an der Hand eines praktischen Falls über schwierige Rechtsfragen die Gedanken auszutauschen und in ehrlicher Aussprache, in der jede Scheu vor dem höheren Rang oder Alter oder Einfluß des Kollegen gegenüber der großen gemeinsamen Aufgabe zurücktritt, die praktische Tragweite einer zweifelhaften Regel klarzustellen. Nicht wer auf der Universität oder beim Repetitor seinen Kopf mit Gedächtniswissen angefüllt hat, sondern wer auf der Hochschule in Vorlesung und Übung [1]) juristisch denken gelernt hat, wird hier immer gegenüber dem Präjudizienjäger den Vorrang behaupten.

Was kollegiale Richterarbeit in der Aufhellung des Gehalts unseres bürgerlichen Gesetzbuchs geleistet hat, davon legen die Sammlungen der Entscheidungen unserer höchsten Gerichte ein beredtes Zeugnis ab. Nicht zuletzt auch für die Klarstellung des Gehalts jener königlichen Paragraphen, die wie Treu und Glauben, gute Sitten, wichtiger Grund, Zumutbarkeit, Rechtsmißbrauch, dem Richter wie dem Bürger nicht fixierte Regeln an die Hand geben, sondern, ebenso wie die Idee des Guten in aller Ethik, vorschreiben die konkrete Maxime erst zu finden, deren Befolgung eine Annäherung an den Gedanken einer richtigen Ausgestaltung des streitigen Rechtsverhältnisses, einer rechten Ehe (1353, 1354, 1358 I, 1568), eines rechten Dienst-

[1]) Eine ganz unersetzliche Schulung für die Praxis bietet sowohl hinsichtlich der Klarstellung des Falls, nicht zuletzt des so unendlich wichtigen Parteiwillens wie auch der Rechtsfrage die Pandektenexegese, die den jungen Studenten den Einblick in die geniale Methode der römischen Praktiker vermittelt. Jeder echte Romanist sollte gerade heute, wo der Besuch dieser Übung nicht mehr obligatorisch ist, seine Aufgabe darin sehen, sie dennoch zu einem beliebten Mittelpunkt des Rechtsstudiums zu erheben. Vgl. über die Bedeutung des römischen Rechtes auch schon meine Schrift Rechtsstudium und praktische Ausbildung der Juristen, Berlin, Vahlen, 1912 S. 10—11.

(626) oder Gesellschafts- (723) oder Treuverhältnisses zwischen Eltern und Kind (1666) oder Vormund und Mündel (1826, 1889), eines rechten Familienlebens (maßgebend für den Begriff des angemessenen Hausstandes nach § 811 Ziffer 1 ZPO.) usw. erst ermöglichen, deren Nichteinhaltung aber den vom elastischen Recht gewollten objektiven Zweck jener Beziehungen unmöglich machen. Wenn gerade auf diesen Gebieten, in denen unsere Rechtsordnung in Zivil- wie in Strafsachen (bei der Frage nach der Zumessung der in concreto gerechten Strafe) unserer Rechtsprechung eine sittlich führende Rolle zugewiesen, die Überzeugungskraft der Gründe vielfach mit der Güte der Entscheidung selbst nicht gleichen Schritt gehalten hat, so beruht dies darauf, daß hier schon Stammlers Frage nach methodischen Richtlinien der Beweisführung in einer von Psychologismus und Relativismus geschwängerten Zeit nicht überall die gebührende Beachtung gefunden hat und daß man immer wieder glaubt, sich auf das Gefühl oder den Takt des Richters oder die herrschenden Anschauungen oder die Ansicht aller billig und gerecht Denkenden als auf ein Letztes zurückziehen zu dürfen. Daß freilich gute Ergebnisse in der Praxis des „richtigen Rechts" auch ohne solche kritische Rückbesinnung auf die letzten methodischen Grundlagen möglich sind, das zeigen die Großtaten römischer Rechtsfindung, die sich an die geniale Prozeßformel quidquid paret dare facere oportere e fide bona anschließen. Ebensowenig soll geleugnet werden, daß das Rechtsgefühl eines erleuchteten Richters oder die sittliche Arbeit seines Volks eine wertvolle heuristische Maxime abgeben kann, das sittlich Richtige im bestimmten Fall zu finden. Aber immer muß das zunächst nur dunkel Gefühlte durch ehrliche methodische Begriffsarbeit wissenschaftlich kontrolliert werden, ehe das Ergebnis der Entscheidung nach jenen elastischen Paragraphen zu Grund gelegt werden darf. Sonst wird gerade auf diesem wichtigen Gebiet der Rechtspraxis kollegiale Rechtsprechung ihres Fundaments beraubt: Es fehlt an einer einheitlichen Fragestellung nach dem den Fall beherrschenden obersten Rechtsgrundsatz, wenn jeder Richter

letztlich nur sein Gefühl entscheiden lassen will, und man begreift psychologisch eine Rechtsprechung, die „gute Sitten“ mit der elenden Tautologie begrifflich klären will, es sei die Ansicht aller billig und gerecht Denkenden. Damit aber wird nicht nur die höchste Aufgabe der Rechtsprechung auf dem Gebiet des Sittlichen führend voranzuleuchten zu dem bescheidenen Vorwurf einer Moralstatistik hinabgezogen (obwohl im Grunde jede geisteswissenschaftliche Statistik der begrifflichen Klarstellung der Frage sich nicht entziehen kann, hinsichtlich deren sie die historisch gegebenen Antworten zählen will), sondern im Grund jede kollegiale Rechtsprechung über das in concreto Sittliche nach dem Ergebnis der Majorität gemäß § 196 GVG. unmöglich gemacht. Jedes Mitglied des Kollegiums, das z. B. die Unsittlichkeit eines Knebelungsvertrags nach seinem Anstandsgefühl verneint, hätte ein absolutes Veto gegen eine Entscheidung, die den Vertrag als unsittlich erklären wollte, oder die abweichende Majorität seiner Kollegen bescheinigte damit dem Widerspenstigen, daß er nicht oder nicht mehr zur Gruppe „aller billig und gerecht Denkenden“ gehöre.

Weil ferner nur wissenschaftliche juristische Schulung eine gedeihliche Zusammenarbeit in der Klarstellung der Rechtsfrage und damit auch in der Heraushebung des juristisch wesentlichen Tatsachenmaterials ermöglicht, war die unseren Geschworenen bisher zugewiesene Aufgabe allein ohne die unterstützende Mitwirkung rechtsgelehrter Richter über die Schuldfrage zu entscheiden, eine Versündigung gegen die obersten Grundsätze kollegialer Rechtsprechung, die viel zu spät erst durch die Reform von 1924 beseitigt worden ist. Die Schwächen der Laienjustiz hat niemand treffender als Binding[1]) gekennzeichnet. Der auf diesem Gebiet Erfahrene weiß, wie hilflos der in der Rechtsprechung völlig ungeschulte Geschworene der Aufgabe, einer verwickelten Beweisaufnahme oder Rechtsfrage

[1]) Strafrechtliche und strafprozessuale Abhandlungen II, 1. S. 28 fg. Vortrefflich allerjüngstens Gleispach a. a. O. S. 125, 132 fg.

gerecht zu werden, zumal unter dem Ansturm der Rhetorik eines geschickten Verteidigers oder eines redegewandten Mitgeschworenen, gegenüberstand. Trotz der bestgemeinten und eindringlichsten Rechtsbelehrung des Vorsitzenden mußten solche Richter freilich die Entscheidung aus ihrem unerforschlichen Innern hervorholen, aber nicht weil dies dem Sinn richterlicher Aufgabe oder dem Willen unserer Strafprozeßordnung entsprochen hätte, sondern weil diese Richter ihrer hohen Aufgabe, dem erwiesenen Tatbestand gerecht zu werden, einfach nach ihrer ganzen Vorbildung nicht gewachsen waren.

Indem ferner im alten Verfahren die Aufgabe einer gerechten Bestrafung des Verbrechens zwischen zwei unabhängigen Richterbänken aufgeteilt war, von denen die Geschworenen grundsätzlich nur die Schuld, die rechtsgelehrten Richter nur die Höhe der Strafe feststellen sollten (ohne daß wie in England eine Abhängigkeit der Jury von dem vorsitzenden Richter bestand) wurden die Geschworenen immer wieder in Versuchung geführt, um eine ihnen zu hoch scheinende Bestrafung durch die Richterbank zu vereiteln, entgegen ihrer Richterpflicht, einen ganz zweifelsfreien Schuldspruch zu versagen, z. B. statt der einwandfrei festgestellten vorsätzlichen Tötung nur eine Körperverletzung zu bejahen, während die Richterbank im Widerspruch zu solchem „Wahrspruch" der Geschworenen geneigt war hier (wenn auch zu Unrecht) verneinte Momente dennoch bei der Bemessung der Strafe zu berücksichtigen. Ich habe es selbst als Schwurgerichtsvorsitzender erlebt, daß in einer Session die Geschworenen zwar in einer schwierigen „Indiziensache" wegen Brandstiftung, in der mir der Staatsanwalt den Freispruch trotz des für den erfahrenen Kriminalisten erdrückenden Gewichts der Belastungsmomente als unvermeidlich prophezeite, auf Grund einer sehr eingehenden und — worauf alles bei ungeschulten Laien ankommt — geeignet gruppierten Beweisaufnahme dennoch das Schuldig aussprachen, während sie am anderen Tag die Frage nach vorsätzlicher Tötung verneinten, obwohl die Beweisaufnahme klar ergab, daß der Angeklagte, ein in der Heimat auf

Urlaub befindlicher Frontsoldat, dessen Urlaub ablief, einen anderen Urlauber, der noch daheim bleiben durfte, aus Neid von hinten erstochen hatte, und zwar nur so erkannten, weil dieser Angeklagte — die Masurenschlacht mitgekämpft hatte. Unbeirrt von Leidenschaften, niemandem zuliebe noch zuleide der einheitlichen klar erkannten Aufgabe der praktischen Rechtsfindung zu dienen ist eine schwere Kunst, die in strenger Selbstzucht unter dem Vorbild in solch vornehmem Beruf gestählter Berufsrichter gelernt oder nur durch das edle Beispiel solcher Kollegen angestachelt und geleitet geübt sein will.

Sonst ist kollegiale Rechtsprechung kein Palladium der Volksfreiheit (als welches so lange das Mißtrauen gegen den Beamtenrichter und die Schlagwörterpolitik der Partei das Schwurgericht gewertet haben), sondern der wüste Tummelplatz der Leidenschaft, auf dem der ungezügelte Affekt, nicht die getreue Hingebung an die eine Frage der Gesetzesanwendung das Urteil spricht.

Ein besonderer Vorzug des Kollegialgerichts ist nun aber weiter darin zu erblicken, daß zwar die verschiedene Aufgabe, dem Juristischen und dem Tatsächlichen eines Falls gerecht zu werden, nicht auf verschiedene Schultern verteilt ist, wohl aber die jeweils für die eine oder andere Aufgabe gegebenen Talente und Kenntnisse mehrerer, (die im einzelnen nicht so häufig zusammentreffen), miteinander verknüpft und in der gemeinsamen Beratung der einheitlichen und gemeinsamen Aufgabe dienstbar gemacht werden können[1]). Schon die Gabe, eine Partei oder einen Zeugen

[1]) Dieser Gedanke liegt auch der Zusammensetzung der durch den Artikel 304 des Vertrags von Versailles gebildeten gemischten Schiedsgerichtshöfe zugrunde, deren Rechtsprechung selbstverständlich eine einheitliche Aufgabe für alle Mitglieder, welchem Staat sie auch angehören, sowohl in der Feststellung der maßgebenden Rechtssätze wie in der des Tatbestands voraussetzt. Einheitlich ist auch notwendig die Aufgabe, die der § 2 der Anlage zu diesem Artikel dem Gerichtshof überträgt, sein Verfahren nach „Grundsätzen der Gerechtigkeit und Billigkeit" selbst zu ordnen. Denn der Vertrag unterstellt die Existenz solcher internationalen Grundsätze, er unterstellt eine internationale Methode objektiv gültiger Erzeugung von jus aequum und bildet so auf dem Gebiet des formellen Rechtes eine Etappe zur Er-

geduldig anzuhören (nicht das Gewünschte oder nach den Akten Erwartete durch Suggestivfragen herauszuholen) und sich von dem Vernommenen ein klares Bild zu machen und es also dem Kollegium wiederzugeben, ist nicht jedem Mitglied, leider nicht einmal jedem Vorsitzenden eines Richterkollegiums gegeben. Darum ist Kenntnis aller Schichten seines Volks eine so wichtige Sache für den „Tatrichter" und in der kastenmäßigen Abgeschlossenheit der verschiedenen Stände unseres Volkes, die früher durch den Militärdienst gemildert, durch die Exklusivität unseres Bildungswesens auch heute noch verstärkt wird, liegt eine Gefahr für die sachgemäße Erledigung der Tatfrage, die dem häßlichen Vorwurf der Klassenjustiz leicht Nahrung geben kann. Kann in solcher Mischung der Talente schon der besondere Vorzug eines glücklich zusammengesetzten Kollegiums von Berufsrichtern liegen (einer Kammer oder eines Senats), so liegt in diesem Moment auch die Berechtigung von aus Laien[1]) und Berufsrichtern zusammengesetzten Kollegien, wie Schöffen- und Schwurgerichten (neuester Observanz), von Gewerbe- und Kaufmannsgerichten, Mietergerichten, des in der neuen Verfassung Art. 31 vorgeschriebene Wahlprüfungsgerichts beim Reichstag; und last not least der Kammern für Handelssachen bei den Landgerichten. Als Vorsitzender einer solchen Kammer konnte ich mich überzeugen, was die Lebenserfahrung und das Fachwissen gebildeter Kaufleute für die Aufhellung der Tatfrage, z. B. für die Feststellung von Geschäftsübungen, die Klarstellung des Parteiwillens in mündlichen und schriftlichen Verhandlungen, die Beschaffenheit von Waren, beitragen kann, wie ungerechtfertigt aber auch vielfach die den Ruf nach Laienrichtern begründenden Vorwürfe über die Weltfremdheit

---

richtung eines internationalen Gerichtshofs wie ihn allerjüngstens Schmitt in seiner geistvollen und glänzend geschriebenen Studie Römischer Katholizismus und politische Form (1925) S. 41 beschrieben hat, der „unabhängig, das heißt nicht an politische Instruktionen, sondern nur an Rechtsgrundsätze gebunden wäre" und somit „der Idee der Gerechtigkeit unmittelbar näher stände".

[1]) Über den Laien zur Tatfrage treffend, Gleispach a. a. O. S. 123.

der Berufsrichter waren. Denn fragte man diese Beisitzer nach Dingen, die ihrem besonderen Branchewissen ferner lagen, so erwiesen sie sich vielfach — nicht anders wie die Schöffen — selber als — weltfremd [1]).

Da all diesen Mitgliedern der Kollegien, den gelehrten wie den Laienrichtern, eine einheitliche Aufgabe zur Entscheidung überantwortet ist, in Zivilsachen die durch die Anträge der Parteien definierte Streitfrage, in Strafsachen grundsätzlich das Zutreffen der im Eröffnungsbeschluß fixierten strafbaren Handlung des Angeklagten, so können sie über dieses Problem beraten. Denn ohne gemeinsamen Vorwurf wird die Beratung sinnlos, so wie wenn mich jemand beraten wollte, der gar nicht verstanden hat, was mir am Herzen liegt.

Der Amtsrichter als Einzelrichter hat niemanden, mit dem er eine schwierige Frage amtlich beraten, dem gegenüber er sich aussprechen kann. So ist er oft dankbar, wenn er seine Bedenken einem intelligenten Referendar mitteilen kann, der ihm zur Ausbildung überwiesen ist und dessen Ausbildung gerade durch solche Aussprache mit dem erfahrenen Richter am besten gefördert wird. Aber dem richterlichen Mitglied des Kollegiums sind von Amts wegen die Kollegen zugesellt, daß er mit ihnen seine Gedanken über die Rechts- und Tatfrage austauschen kann. Jeder ist nicht nur berechtigt, sondern von Amts wegen verpflichtet [2]) in der Beratung seine Bedenken gegen die etwa vom Referenten vorgeschlagene Entscheidung zu offenbaren. Damit die Arbeit um die richtige Entscheidung durch keinerlei Nebenströmungen verunreinigt werden kann, ist die Beratung geheim und der Zutritt nicht einmal den dienstlichen Vorgesetzten auch nicht zu dem Zweck, ihre Personalkenntnis zu erweitern, gestattet (193 GVG.).

Haben sich unter der Leitung der Beratung durch den

---

[1]) Dieser Punkt scheint mir in den dem Schöffen günstigen oben genannten Gutachten Schmidts (S. 137) und Schlimms (S. 155) nicht voll berücksichtigt.

[2]) Darum ist eine bloß schriftliche Abstimmung unstatthaft. Hellwig, Lehrbuch. Bd. 2. S. 66, Struckmann-Koch, zu § 195 GVG., Anm. 3.

Vorsitzenden (194 GVG.) die Ansichten im Gefecht der Argumente und Gegenargumente zur Tat- und Rechtsfrage geklärt, so ist nun die Meinung des Kollegiums durch Abstimmung, das heißt durch Antwort jedes einzelnen Mitglieds auf die ihm vom Vorsitzenden, bei Widerspruch durch das Kollegium selbst gestellten einheitlichen Fragen (194 GVG.) festzustellen. Maßgebend ist nach unserem Gesetz (GVG. § 196) grundsätzlich die einfache Mehrheit, nur in Strafsachen bedarf es zu einer jeden dem Angeklagten nachteiligen Entscheidung zur Schuld- und Strafzumessungsfrage einer Zweidrittelmehrheit (§ 263 StPO.).

Wie ist nun aber abzustimmen? Ist nur die Entscheidung zu erfragen oder auch alle die Elemente, die für diese Entscheidung maßgebend sind[1])? Unser Gerichtsverfassungsgesetz gibt im Gegensatz zu früheren deutschen Ordnungen[2]) nur die Auskunft, daß der Vorsitzende die Fragen stellt und bei Meinungsverschiedenheiten „über den Gegenstand, die Fassung und die Reihenfolge der Fragen oder über das Ergebnis der Abstimmung" das Kollegium selbst entscheidet (194 GVG.).

Von welch großer praktischer Bedeutung die Frage ist und daß ihre Entscheidung unmöglich von dem Belieben des Kollegiums im einzelnen Fall abhängig sein kann[3]), mögen folgende praktische Beispiele zeigen. Vor

[1]) Man unterscheidet in hergebrachter Terminologie „Totalabstimmung" und solche nach Gründen. Letztere will Binding, Abhandlungen II, S. 148 Abstimmung nach Teilen genannt wissen, ein Streit, dem meines Erachtens die sachliche Bedeutung mangelt. Denn Totalabstimmung ist natürlich nicht mit Rücksicht auf die gestellte Frage, sondern auf die streitige Endentscheidung gemeint.

[2]) Darüber Heinemann in Zeitschrift für die gesamte Strafrechtswissenschaft. Bd. 15. S. 13 fg.

[3]) Abweichend scheinbar v. Bar in KrVJSchr. Bd. 10, S. 482 und Binding, Abhandlungen II, S. 148. Binding meint freilich, beide Abstimmungsweisen führten zum gleichen praktischen Ergebnis und damit wäre die Streitfrage ohne praktische Bedeutung. Aber dieses in der Tat überraschende Ergebnis wird nur dadurch ermöglicht, daß Binding die Tragweite der Abstimmung nach Elementen verkennt. Er befürwortet sie zwar als Mittel zu wissenschaftlich gündlicher Rechtsprechung (nach Ergebnis und Begründung), auch zu sorgfältiger Berücksichtigung der Verteidigung des

einer Zivilkammer wird eine Kaufpreisklage verhandelt. Nach der Beweisaufnahme stellt sich in der Beratung heraus, daß Richter A. abweisen will, weil der Vertrag wucherisch, Richter B., weil der Kaufpreis durch Verrechnung getilgt, Richter C. hingegen, weil die Ware von schlechter Beschaffenheit gewesen sei. Nach eingehender Beratung wird jeder Entscheidungsgrund mit zwei gegen eine Stimme verworfen. Wird hier nach dem Ergebnis abgestimmt, so wird die Klage einstimmig abgewiesen, wird hingegen zunächst über den Klaggrund abgestimmt, so wird dieser mit 2 gegen 1 bejaht, und es werden hierauf die beiden Verteidigungsmittel des Beklagten mit der gleichen Stimmenzahl verneint, so daß der Beklagte verurteilt werden müßte. Oder: Eine Ehefrau klagt auf Scheidung und stützt die Klage 1. auf Ehebruch, 2. auf Lebensnachstellung, 3. auf Zerrüttung der Ehe durch schwere Mißhandlung. Nach der Beweisaufnahme will der eine Richter aus dem ersten, der zweite aus dem zweiten, der dritte aus dem dritten Grunde die Ehe scheiden, aber das Vorliegen eines jeden der drei Gründe wird mit einer Mehrheit von zwei gegen eine Stimme verworfen. Hier wird, wenn nur über die Berechtigung des Klagantrags abgestimmt wird, die Ehe einstimmig geschieden, wird hingegen über die einzelnen Angriffsmittel getrennt abgestimmt, so wäre die Klage abzuweisen.

Oder: Vor einer Strafkammer von drei Richtern wird eine Körperverletzung verhandelt. In der Beratung wollen alle Richter freisprechen, aber der erste, weil er den Angeklagten für nicht überführt hält, der zweite wegen Notwehr, der dritte wegen Unzurechnungsfähigkeit des Angeklagten. Sämtliche Gründe werden mit zwei gegen eine Stimme verworfen. Danach wäre der Angeklagte zu verurteilen, während er, wenn eine Abstimmung über die ungeteilte Schuldfrage des Eröffnungsbeschlusses stattfindet,

---

Angeklagten, aber er läßt ihr Einzelergebnis gar nicht für den Überstimmten maßgebend sein, sondern diese Teilabstimmungen sind ihm gleichsam nur Anhaltspunkte und Indizien für die jedem Mitglied freibleibende Stellungnahme zur Endentscheidung, die also allein maßgebend ist. Vgl. z. B. S. 157 159 und S. 162 Note 42.

einstimmig freizusprechen wäre. Oder: Vor einer Strafkammer in der früheren Besetzung von fünf Richtern wird eine Beleidigungssache verhandelt. In der Beratung will ein Richter einstellen, weil ein ordnungsmäßiger Strafantrag nicht vorläge, drei andere wollen freisprechen, und zwar der eine mangels Beweises, der zweite weil die rechtlichen Merkmale der Beleidigung fehlten, der dritte weil der Angeklagte in Wahrnehmung berechtigter Interessen gehandelt habe. Nur der fünfte will verurteilen. Jeder Entscheidungsgrund wird mit einer Mehrheit von vier gegen eine Stimme in der Beratung abgelehnt. Ist damit die Abstimmung erledigt, so wäre der Angeklagte zu verurteilen, während bei einer Abstimmung über die ungeteilte Schuldfrage für die Verurteilung nur eine oder höchstens zwei Stimmen einträten.

In Übereinstimmung mit den Materialien[1]) will die heute durchaus herrschende Ansicht in Zivilsachen nach „Gründen[2]), in Strafsachen[3]) hingegen „nach dem Ergebnis" abstimmen lassen[4]). Auf die Notwendigkeit das

---

[1]) Darüber eingehend Heinemann in Liszts Zeitschr. 15. S. 18 f.

[2]) Vgl. etwa Struckmann-Koch, ZPO. zu § 196 GVG. Ziffer 3 (1910). Planck, Lehrbuch des deutschen Zivilprozeßrechts I (1887), S. 161. Hellwig, Lehrbuch § 76; System des deutschen Zivilprozeßrechts I (1912), § 33. Beling in Zeitschr. f. die gesamte Strafrechtswissenschaft. Bd. 37. (1915.) S. 376, auch Bd. 42. (1921) S. 613 f. Löwe-Rosenberg, Kommentar zur Strafprozeßordnung zu § 194 GVG. Stein, Kunst der Rechtsprechung (1900). S. 16 f. Gaupp-Stein-Jonas, Kommentar zur ZPO. zu § 309 I, 3 mit weiterer Literatur.

[3]) Vgl. etwa außer den in Note 21 zitierten noch das Reichsgericht in Entscheidungen Bd. 2, S. 379, 8, 218, bes. 220 und Rechtspr. Bd. 3, 497. Glaser, Handbuch des Strafprozesses II, S. 271 (1885). v. Kriess, Lehrbuch des deutschen Strafprozeßrechts (1892), S. 441 f. Bennecke-Beling, Lehrbuch des deutschen Reichsstrafprozesses (1900), S. 388. Oetker, Verfahren vor dem Schwur- und Schöffengericht (1907), S. 392. Rosenfeld, Reichsstrafprozeß. 1912 § 45. Binding, Strafrechtliche und strafprozessuale Abhandlungen. Bd. 2, S. 141 f. mit weiterer Literatur S. 142, Anm. 3.

[4]) Eine Ausnahme macht nur, wenn ich von dem schwächlichen Kompromißvorschlag Bolgianos im Arch. f. ziv. Praxis. Bd. 78, S. 145 f. (Ergebnisabstimmung aber nur zugunsten des Beklagten im Zivilprozeß) absehe, jüngstens Zeiler in Zeitschr. f. die gesamte Strafrechtswissenschaft 41,

Erkenntnis zu begründen, darf sich diese Lehre nicht berufen, denn Entscheidungsgründe werden von beiden Prozeßordnungen vorgeschrieben (§ 313, I, Ziffer 4, 286, I, Satz 2 ZPO., § 26 7 StPO.).

Man kann über das Bedenken, daß in allen unseren vier Beispielen sich gar keine von der Mehrheit gebilligten Gründe in der Beratung herausgestellt haben, die ein durch Totalabstimmung gefundenes Urteil rechtfertigen könnten, auch nicht etwa mit der Erwägung herumkommen, die von dem Prozeßgesetz vorgeschriebenen Entscheidungsgründe seien gar nicht die Gründe, welche wirklich das Kollegium in der Beratung zu dem gefällten Erkenntnis bestimmt hätten, sondern nur irgendwelche zur Rechtfertigung des Urteilstenors gegebenen Ausführungen, aus denen sich, sei es für das Gericht selbst als eine Art „Selbstkontrolle“[1] und für dritte ergäbe, daß das Kollegium mit Sorgfalt bei der Urteilsfällung vorgegangen sei[2]). Wortlaut und ratio widerstreiten einer solchen Auffassung von den Gründen. Denn „die Gründe, welche für die richterliche Überzeugung leitend gewesen sind“ (286, I, ZPO.), oder „die Umstände, welche für die Zumessung der Strafe bestimmend gewesen sind“ (267, III, StPO.) sind doch nicht gleich irgendwelchen vom Kollegium gar nicht bedachten Momenten, die ein dritter zur Rechtfertigung der Entscheidung heranziehen könnte, so daß etwa das Kollegium, das wegen Alibibeweises freisprach, sein Urteil bei späterer Erleuchtung des Urteilsfassers nur mit rechtlichen Deduk-

S. 528 f., der mit beachtlichen Argumenten gegen den Zwiespalt der Literatur jetzt die Abstimmung nach Gründen einheitlich für Zivil- und Strafprozeß vertritt, dem unterdrückten Minderheitsvotum aber zum Ausgleich Einfluß auf die Höhe der Strafe oder der Klagsumme gewähren will. Eine Begründung aus dem geltenden Recht wird nicht in Anspruch genommen (S. 530). Vgl. oben S. 400 Note 1. Gegen Zeiler jetzt Beling in Zeitschr. 42, S. 599 f.

[1]) So schon die Motive zur StrPO. Vgl. Heinemann a. a. O., S. 27.

[2]) Vgl. z. B. Binding a. a. O., S. 149, dessen temperamentvolle Polemik gegen die wohl abgewogenen Ausführungen in Rosenfelds Strafprozeß (1912), S. 153 über die Bedeutung der Gründe als eines objektiven Referats darüber, wie das Urteil zustande kam, verfehlt erscheint.

tionen begründen durfte[1]). Denn eine solche vom Gesetz gestattete Irreleitung über die wirklichen Motive des Kollegiums würde ja gerade jede Kontrolle darüber, ob das Gericht bei Fällung des Urteils sachgemäß vorging, ausschließen. Darum kann der Prozeßvorschrift nur Genüge getan werden, wenn für den Fall, daß eine Gesamtabstimmung in unseren Beispielen die Entscheidung herbeizuführen hat, die Gründe ehrlich das disparate Ergebnis der Beratung über die Elemente des Urteils angeben[2])[3]).

Dürfen aber oder vielmehr müssen die Gründe des Urteils in Zivil- wie in Strafsachen ehrlich sein, auch wenn sie keine Majorität hinsichtlich der Elemente der Entscheidung melden können, und genügen sie damit trotzdem der Prozeßvorschrift, so fällt damit ein wichtiges Bedenken[4])

---

[1]) Anders Binding a. a. O., S. 149: „Auch wird kein Gericht Bedenken tragen, wenn ihm nach Findung des Urteils noch triftigere Gründe einfallen, als die waren, auf die es gestützt wurde, diese bessern zur Begründung des Urteils zu verwerten."

[2]) Übereinstimmend Zacke, Über Beschlußfassung (1867), S. 64 f. Planck I, S. 161 nach Note 63. Heinemann in Liszts Zeitschr. 15, 244 f. Beling in Liszts Zeitschr. 37, S. 384. Zeiler in Liszts Zeitschr. 41, 560, während die Motive zur Strafprozeßordnung meinen, die Gründe müßten sich hier mit der Wendung begnügen, daß „das Gericht nicht von der Schuld des Angeklagten überzeugt sei."

[3]) Aus § 195 GVG. folgt nichts Gegenteiliges, denn dieser Paragraph bestimmt nichts darüber, über welche Fragen eine Abstimmung, die den Überstimmten bindet, zulässig ist. Auch aus der Lehre Wachs (Handbuch der deutschen Zivilprozeßrechts S. 362), daß das Kollegium eine Einheit sei und einen einheitlichen Willen habe) ergibt sich nichts Gegenteiliges. Denn diese Einheit des Willens („geistige Einheit"; RG. in Rechtspr. 4, 198) bleibt in der durch die Majorität gefundenen Entscheidung, dem Soll des Tenors gewahrt, wenn auch der historische Bericht der Gründe, der insofern das Geheimnis der Beratung notwendig bricht, ausschließende Motive der einzelnen Mitglieder offenbart. Dies gegen Struckmann-Koch a.a.O. und Hellwig, Lehrbuch Bd. 2, § 76. Note 10, ungenau auch RG. in Rechtspr. 2, S. 70, zutreffend schon Planck I, S. 161.

[4]) Es spielt heute hauptsächlich nur noch in der Literatur des Zivilprozesses eine Rolle, die die Ergebnisse zum Strafprozeß zu wenig berücksichtigt. Vgl. z. B. Struckmann-Koch, Hellwig und Gaupp-Stein-Jonas, a. a. O. Widerspruchsvoll ist, wenn Binding S. 157 trotz seiner Auffassung von den Gründen Teilabstimmung wegen § 266, Abs. 1 und 4 (alt) fordert.

gegen die Abstimmung nach dem Ergebnis[1]. Natürlich spricht gegen sie auch nicht die in Zivil- wie in Strafsachen vorgeschriebene Beratung. Denn wenn auch in der kollegialen Rechtsprechung „die Auseinandersetzung von Gegensätzen und Meinungen[2])“, „die Erörterung von Argument und Gegenargument“[2]) zur Rechtspflicht wird, so folgt daraus keineswegs, daß über jedes Argument einzeln abzustimmen ist[3]) und die Ergebnisse dieser Abstimmung eine nach Beendigung der Beratung über sämtliche Punkte zu erfolgende Gesamtabstimmung e r s e t z e n[4]) könnten. Die Auffassung vom Kollegium als einer moralischen Person, einer Art künstlichen Menschen hat hier viele irregemacht. So wie der Einzelrichter von Prämisse zu Prämisse fortschreite, müsse hier auch das Kollegium als solches jeden einzelnen Punkt durch Mehrheitsabstimmung feststellen und es sei der so über jeden Punkt hervortretende Gesamtwille im weiteren Fortschreiten für jedes einzelne Mitglied

---

[1]) Aber auch gegen die Zuziehung eines 2. Amtsrichters im Schöffengericht nach § 29 II GVG, wie es E. Schmidt a. a. O. S. 150 erhebt, während „in der alten Strafkammer über die Gründe hätte abgestimmt und dem von der Mehrheit überstimmten Richter die Gewährung seiner Unterschrift hätte zugemutet“ werden können. Aber die Zulässigkeit der Abstimmung nach Gründen in der alten Strafkammer einmal zugegeben, bot s i e denn in den oben genannten Fällen einen Ausweg?

[2]) S c h m i t t, Die geistesgeschichtliche Lage des heutigen Parlamentarismus (1923), S. 22, 35, der aber diesen „Rationalismus der Balancentheorie“ nur hinsichtlich der Legislative durch das Parlament erwägt.

[3]) So B i n d i n g a. a. O., S. 156 Note 29, weil zur Abstimmung bedeutend mehr Konzentration und Überlegung gehöre, als zum Anhören der Debatte.“ Aber die Abstimmung über den beratenen „Teil“ steckt ja auch in der Endabstimmung. Vgl. später S. 419 u. 424.

[4]) Nur darauf kommt es an. Tritt man für die Abstimmung nach Gründen ein, meint aber, der § 196 GVG. gewähre den hier Überstimmten das Recht zu verlangen, „jetzt müsse noch einmal über das Urteil im ganzen abgestimmt werden“ (so P f i z e r für Zivilsachen in Buschs Zeitschr., Bd. 15, S. 368), so verliert die Streitfrage ihre praktische Bedeutung. Dies gilt auch gegen B i n d i n g a. a. O., S. 157, 159 und 162, Note 42, der zwar S. 156 Teilabstimmung befürwortet, in der Sache aber nur die Stellung des einzelnen zur Endentscheidung maßgebend sein läßt.

bindend[1]), er absorbiere den konträren Einzelwillen. In einem Bericht vom 16. März 1839 an den Justizminister Mühler führt der Präsident v. Scheibler aus: „Ein Kollegium unterscheidet sich von dem einzelnen Individuum nur dadurch, daß es seine Gedanken durch Stimmenmehrheit ausspricht. Der Ideengang muß derselbe sein, wie er sich bei dem einzelnen entwickelt. Das Kollegium hat dieselbe Aufgabe zu lösen[2]).“ Aber das alles sind nur verwirrende Anthropomorphismen. Das Kollegium ist keine reale Gesamtperson, die logisch denken könnte, sondern logisch denken und beraten und abstimmen können stets nur die einzelnen Mitglieder, die in ihrer Mehrheit den Willen des Kollegiums darstellen. In welchem Moment aber dieser Wille der Mehrheit durch Abstimmung festgestellt werden soll, ist noch offene Frage. Man hat gegen diese Abstimmung nach Gründen für das Gebiet des Strafprozesses eingewandt, sie verstoße gegen das natürliche Gefühl[3]) oder gegen das Prinzip in dubio pro reo[4]), aber trotz der Schärfe der Ablehnung[5]) will diese Argumentation nicht recht überzeugen, da unser Gerichtsverfassungsgesetz nun einmal Zweifelhaftes durch Mehrheitsentscheid ohne Unterscheidung zwischen Zivil- und Strafprozeß entschieden wissen will und man an der bekämpften Methode in Zivilsachen keinen Anstoß nimmt.

Andererseits behaupten die Zivilprozessualisten gern die Abstimmung nach Gründen als ein Gebot der Logik. „Wenn z. B. von den Richtern einer im Gegensatz zu zweien die tatsächlichen Grundlagen des klägerischen Darlehnsanspruchs für nicht erwiesen, ein zweiter im Gegensatz zu den beiden andern den Anspruch für verjährt erklärt, so widerspricht

---

[1]) Sehr charakteristisch das preußische Justizministerialreskript vom 1. 2. 1834 bei Zacke a. a. O., S. 62 f., bes. S. 64.

[2]) Zacke, a. a. O., S. 67—68.

[3]) v. Bar in Kr. V. Schr. Bd. 10, S. 473.

[4]) Rosenfeld, Lehrbuch des Reichsstrafprozeßrechts. 1912. S. 151.

[5]) „verblüffend und absurd“ (Rosenfeld), „widersinniges Resultat“ (Bennecke-Beling, Lehrbuch des deutschen Reichsstrafprozeßrechts, 1900, S. 388). Demgegenüber nennt Binding a. a. O. S. 147 Note 14 die Ansicht Rosenfelds selbst — verblüffend.

es allen Grundsätzen der Logik den Anspruch abzuweisen, obwohl die Mehrheit des Kollegiums das Darlehn für erwiesen und zugleich für nicht verjährt erachtet[1]). Aber wenn überhaupt über die Frage, in welcher Weise die Abstimmung vorzunehmen ist, um den Willen des Kollegiums über den Ausgang des Prozesses festzustellen, die Logik zu entscheiden hätte[2]) und nicht vielmehr der teleologisch zu ermittelnde Sinn des positiven Prozeßrechts selbst, so wäre noch sehr die Frage, ob es der Logik entspricht, daß als Wille des Kollegiums die Verurteilung des Beklagten festgestellt wird, obwohl die Mehrheit oder gar alle seine Mitglieder das Gegenteil, die Abweisung der Klage in logisch unanfechtbarem Schlußverfahren jedes aus seinen Prämissen als richtig abgeleitet hat.

Man hat zu Gunsten dieser verschiedenen Behandlung vielfach angeführt, in Strafsachen handle es sich (von Konkurrenz einmal abgesehen), stets um die eine auf den einen verbrecherischen Willen des Angeklagten zurückzuführende Handlung, während im Zivilprozeß oft ganz getrennte Fakta in Frage kämen[3]). Aber wie häufig können Straf- und Zivilsachen gerade in dieser Hinsicht ganz gleich liegen! Ist es „absurd", daß der Angeklagte wegen Körperverletzung zu Strafe oder Buße (§ 231 StGB., § 404 III StPO.) verurteilt werden soll, obwohl ein Richter mangels Beweises, ein anderer wegen Notwehr, der dritte wegen Unzurechnungsfähigkeit freisprechen will, freilich jedes Argument von den Mitrichtern abgelehnt wird, so scheint es mir nicht minder absurd, wenn der Verletzte gegen den Freigesprochenen auf Grund des § 823 BGB. auf Schadensersatz klagend, von der vielleicht aus denselben drei Richtern zusammengesetzten Zivilkammer gegen den Beklagten ein verurteilendes Erkenntnis erzielen könnte, in dessen Gründen auf Grund des gleichen Ergebnisses der Beratung fest-

[1]) Struckmann-Koch zu § 196 GVG. Ziff. 3.

[2]) Dagegen zu Recht jetzt Beling, Zeitschr. f. Str.-W. 42 S. 603 ff.

[3]) Statt aller v. Bar in Kr. V. Schr. Bd. 10 S. 489 und im neuen Magazin für Hannöversches Recht Bd. 4 S. 417. Zutreffend gegen diese Erwägung neuerdings Zeiler a. a. O. S. 531.

gestellt werden müßte, der Beklagte sei der Körperverletzung schuldig, sei auch weder in Notwehr noch unzurechnungsfähig gewesen. Andererseits kann im Strafprozeß das Schuldig etwa eines Anstifters von der Feststellung ganz selbständiger Handlungen abhängen, während im Zivilprozeß das Schicksal der Klage vielleicht nur an einem bestrittenen Wort des Beklagten hängt.

Andere fordern in Zivilsachen die Abstimmung nach Gründen nur insofern, als nach der Prozeßordnung der „Grund" Gegenstand einer abgesonderten Entscheidung werden kann [1]). Dann hätte die Einschränkung der Zwischenurteile in der letzten Prozeßnovelle (§ 303 bis 304 ZPO.) also auch die Abstimmung nach den Elementen des Urteils in Zivilsachen eingeschränkt. Nun ist freilich zweifellos, daß dorten, wo das Kollegium von der prozessualen Möglichkeit einen Punkt durch Zwischenurteil vorab zu entscheiden, Gebrauch macht, der Tenor dieses Erkenntnisses durch Abstimmung festgestellt werden muß. Aber das bedeutet dann doch gerade eine Abstimmung nach dem Ergebnis nicht nach Einzelelementen — eben dieses Zwischenurteils. Aber wenn das Kollegium solche logischen Elemente der Endentscheidung gar nicht durch Zwischenurteil isolieren will, warum soll es denn trotzdem gezwungen sein, sie durch getrennte Abstimmung zu isolieren und das Ergebnis solcher Abstimmung der weiteren Beratung als gebundene Marschroute aufzuerlegen? Wenn in einem Schadensersatzprozeß der eine Richter abweisen will, weil er den Grund, der zweite weil er einen Schaden nicht für gegeben ansieht, während der dritte verurteilen will, warum muß hier der Grund durch eine gesonderte Abstimmung mit zwei Stimmen gegen eine festgelegt werden, obwohl das Kollegium gar kein Urteil nach § 304 ZPO. erlassen will? Natürlich dürfte, wenn dies richtig wäre, der überstimmte Richter, der mit dem dritten den Schaden für gegeben ansieht, nach § 195 GVG. die Abstimmung über die Höhe des Schadens nicht ablehnen,

[1]) Planck, Lehrbuch des deutschen Zivilprozeßrechts I (1887) S. 161, Struckmann-Koch a. a. O. Heinemann a. a. O. S. 36.

und das Ergebnis wäre die Verurteilung des Beklagten, obwohl zwei Richter die Klage abweisen wollten. Ebenso wäre es noch unter der Herrschaft der alten Prozeßordnung gewesen, wenn die drei Verteidigungsmittel des Beklagten 1. Wandlung, 2. Verjährung, 3. Aufrechnung in drei gesonderten Abstimmungen mit zwei gegen eine Stimme (aber jedesmals eines anderen Mitglieds) verworfen worden wären. Auch hier wäre zu verurteilen, obwohl alle drei Richter zu Gunsten des Beklagten erkennen wollen. Andererseits hätte in dem oben gegebenen Beispiel einer auf drei Gründe gestützten Ehescheidungsklage unter der Herrschaft der alten Fassung des § 303 ZPO. gegen den Willen sämtlicher Richter eine Abweisung der Klage ausgesprochen werden müssen.

Der von Beling[1]) zur Erklärung dieser verschiedenen Methoden angegebene Grund, im Zivilprozeß gelte die Verhandlungsmaxime und es sei die Behauptungs- und Beweislast unter den Parteien verteilt, und dadurch habe hier das Einstehen des Gerichts für die Richtigkeit seiner Entscheidung einen ganz anderen Sinn, würde im letzten Beispiel jedenfalls nicht passen. Aber auch im vorletzten Fall kann von einer Verteilung der Beweislast jedenfalls insofern nicht die Rede sein, als das Tatsachenmaterial für sämtliche drei Verteidigungen vom Beklagten zu beweisen ist. Doch es muß überhaupt bestritten werden, daß die Frage ob Verhandlungs- oder Inquisitionsmaxime für die Frage der Abstimmungsmethode von Bedeutung sei. Für die Frage der richtigen Entscheidung trägt in beiden Prozeßarten das Gericht die Verantwortung, ob nun der öffentliche Ankläger oder die Parteien das Tatsachenmaterial sammeln. Auch ist nicht einzusehen, warum der Umstand, daß im Zivilprozeß das non liquet hinsichtlich bestimmter tatsächlicher Angaben dem Kläger, hinsichtlich anderer dem Beklagten schadet, eine Abstimmung nach Gründen gebieten soll. Die Konsequenzen aus dieser Verteilung der Behauptungs- und Beweislast zu ziehen, kann doch ebensogut

---

[1]) Zeitschr. f. d. ges. Str.-W. 37, S. 376.

dem einzelnen Mitglied des Kollegiums überlassen bleiben, so daß seine in eigener unabhängiger Erwägung gefundene Folgerung sich erst in seiner Endabstimmung auswirkt.

Neuerdings hat Beling[1]) noch ausgeführt, die Unterscheidung zwischen Ergebnis und Gründen sei je nach der Prozeßlage und in ihr geltendem Recht relativ und flüssig, das Kriterium läge auch nicht in der Verdichtung zu einem End- oder Zwischenurteil, sondern eine Frage habe dann besonderen „Entscheidungswert" und bedürfe darum eigener Ergebnisabstimmung, wenn das Prozeßrecht selber die richterliche Gesamtaufgabe derart teile, daß „nach Erledigung einer im Syllogismus liegenden Staffel die Richter, die die Arbeit fortsetzen, nunmehr bloß noch die Verantwortung für den Arbeitsrest tragen." Ein Hauptgrund für solche Teilung sei, daß im Zivilprozeß die Beweislast unter den Parteien aufgeteilt sei. Deshalb sei die Feststellung, ob der Klaggrund bewiesen sei, sachlich von selbständigem Entscheidungswert, ebenso wie die Feststellung actio an sit exceptionibus elisa. Deshalb habe die Zivilkammer den Beklagten zu verurteilen, wenn Richter A. den Beweis der Darlehnshingabe vermißt, B. das Darlehn als zurückgezahlt erachtet und nur C. verurteilen will[2]). Klagabweisung wegen Mangel am Klaggrund sei das eine, Klagabweisung wegen Schuldtilgung das andere „Ergebnis", jedes von selbständigem Lebenswert. (?) Diese Ausführungen erscheinen wenig überzeugend. Weder die Prüfung der Frage nach der Schuld ist von der nach dem Strafmaß, noch die Prüfung des Klaggrunds von der Höhe des geschuldeten Betrags, noch die Prüfung des Klaggrunds von der Erwägung von Einreden (im Sinn des Prozeßrechts — oder gar des BGB.) nach unserem Prozeßrecht derart abgetrennt, daß nicht in jedem Augenblick das Kollegium, das sich noch nicht durch ein Zwischenurteil die Hände gebunden hat, das Recht hätte von der Erwägung der Strafzumessung wieder zur Schuldfrage zurückzukehren und von der Erwägung von Einreden wieder zum Klaggrund. Zwar be-

[1]) Zeitschr. f. ges. Str.-W. 42, S. 613 ff.

[2]) So doch wohl der Sinn des etwas verdorbenen Textes.

steht für den Strafrichter eine obligatorische Staffelung der Arbeit in dem Sinne, daß nicht die Bestrafung ausgesprochen werden darf, ehe nicht die Schuldfrage entschieden ist, aber das gilt gerade nur für ihn und nicht für den Zivilrichter. Dieser kann, wenn die Klage nach Grund und Betrag streitig ist, und zwei Richter von dreien das Vorliegen eines Schadens verneinen, die Klage abweisen und das Gegebensein des Grunds dahingestellt sein lassen, das Jugendgericht aber kann niemals entscheiden, es sei von Strafe abzusehen und in den Gründen sagen, es bleibe dahingestellt, ob der Angeklagte unschuldig sei, jedenfalls genügten auch im Fall seiner Schuld Erziehungsmaßnahmen oder der Fall liege besonders leicht (§§ 6 u. 9 des Jug.-G.-G. Ebenso kann der Zivilrichter jederzeit, auch wenn bei der vorangegangenen Beratung für den Klaggrund eine Mehrheit sich aussprach, später sich dahin entscheiden, man wolle den Klaggrund dahingestellt lassen und auf Grund einer von sämtlichen Richtern für begründet gehaltenen Einrede die Klage abweisen, wie ja auch gar nichts im Wege steht, ja sogar es nach § 300 I ZPO. geboten sein kann (bei bestrittenem Klaggrund), daß die Beratung sofort mit der vielleicht besonders einfachen Frage solcher Einrede beginnt und nun ihre Prüfung ohne weiteres zur Klagabweisung führt.

Es bleibt also für den selbständigen Lebenswert nichts als die verschiedene Behandlung hinsichtlich der Beweislast. Aber das müßte jedenfalls dazu führen, daß über alles Vorbringen, das zur Beweislast einer Partei stände, auch nur einheitlich abzustimmen wäre, wie es ja die Formulierung Belings actio an sit e x c e p t i o n i b u s elisa auch nahelegt. Auf die alternative Frage, ob die Klage durch Wandlung oder Einrede aus 853 BGB. oder Verjährung geschlagen werde, könnten also alle drei Richter mit ja antworten, und nach Beling wäre abzuweisen, obwohl jeder der drei Richter der Zivilkammer mit Rücksicht auf eine andere Einrede das Ja ausspricht. Aber auch wenn der Beklagte sich gegenüber einer rei vindicatio damit verteidigte 1. der Kläger sei beim Erwerb vom Nichteigentümer nicht im guten Glauben, 2. die Sache sei dem Eigentümer abhanden gekommen gewesen, 3. Beklagter habe ein Zurückbehaltungsrecht wegen Impensen, müßte nach Beling eine einheitliche Fragestellung über diese sämtlich zur Beweislast des Beklagten stehenden Punkte erlaubt sein, so daß jeder der drei Richter mit Rücksicht auf einen anderen Punkt die Begründetheit der Verteidigung des Beklagten bejahen könnte. Aber das Unbefriedigende dieser übrigens weit von der herrschenden Ansicht entfernten Ergebnisse zeigt wohl am deutlichsten, wie wenig die vielfach von der Lebenserfahrung abhängige Beweislastverteilung (Regel oder Ausnahmetatbestand) über die Methode der Abstimmung etwas ausmachen kann.

Man hat die Totalabstimmung in der kollegialen Rechtsprechung seit alters auch unter Hinweis auf andere Fälle des öffentlichen und privaten Lebens rechtfertigen wollen, in denen gleichfalls einer Mehrheit die Entscheidung über ein geplantes Unternehmen anvertraut sei, ohne daß diese Mehrheit daran dächte, sich von ihrem positiven oder negativen Willensentschluß durch den Umstand abbringen zu lassen, daß die für den einzelnen jeweils maßgebenden Motive nicht den Beifall der Mehrheit fänden: z. B. eine Körperschaft, die über einen Gesetzesvorschlag, eine Verwaltungsbehörde, die über eine zu errichtende Eisenbahn, eine Mehrheit von Bekannten, die über einen Ausflug oder ein Kollegium von Ärzten, das über die Vornahme einer Operation zu beratschlagen hätte[1]. Man kann die Beweiskraft der Parallele nicht durch die Erwägung beseitigen, ein richterliches Urteil sei im Recht begründet, alle diese Maßnahmen hingegen hingen von reinen Zweckmäßigkeitserwägungen ab[2]. Denn auch die Entscheidung eines richterlichen Kollegiums ist ein Willensakt, der auf

[1]) Vgl. Waldeck im neuen Archiv für preußisches Recht Bd. 7 (1841) S. 433, Zacke a. a. O. S. 79 ff., v. Bar in Kr.V.J.Schr. 10 S. 447 ff., Bennecke-Beling a. a. O. S. 388.

[2]) v. Bar in Kr.V.J.Schr. 10 S. 479 u. Heinemann in Zeitschr. f. die gesamte Strafrechtswissenschaft Bd. 15 S. 27. Allerjüngstens Karl Schmitt in Veröffentlichung der deutschen Staatsrechtslehrer. 1924, S. 97 fg.

eine Einwirkung auf die Rechtswelt gerichtet ist und findet vielfach seine Begründung in der Tauglichkeit, vom Gesetz vorgeschriebene Zwecke zu verwirklichen, so wenn eine Strafkammer darüber beschließt, ob der Strafzweck durch eine Geldstrafe erreicht werden kann (§ 27 b StGB.) oder ein Jugendgericht, ob Erziehungsmaßnahmen ausreichend sind, so daß von Strafe abgesehen werden kann (§ 6 des Jugendgerichtsgesetzes), oder eine Zivilkammer als Beschwerdegericht, ob ein unter elterlicher Gewalt stehendes Kind der Einwirkung des Vaters entzogen (§ 1666 BGB.) oder eine Pfändung eines Kinderbetts oder einer Nähmaschine, oder einer Taschenuhr aufzuheben sei, weil diese Gegenstände entweder zur Erhaltung eines angemessenen Hausstands oder zur persönlichen Fortsetzung der Erwerbstätigkeit des Vollstreckungsschuldners unentbehrlich seien (§ 811 Ziffer 1 und 5 ZPO.).

Wohl aber ist zu beachten, daß die Mitglieder eines Parlaments gar nicht verpflichtet sind, ihre Motive für ihre Abstimmung anzugeben, so wenig wie Bekannte für ihren Entschluß einen gemeinsamen Ausflug zu machen, so daß hier eine Abstimmung über die Gründe gar nicht in Frage kommt, während die Mitglieder eines Richterkollegiums mindestens überall dort zur Angabe ihrer Gründe verbunden sind, wo das Gesetz eine Begründung ihrer Entscheidung fordert. Ob aber ein Medizinalkollegium von drei Ärzten, die sämtlich eine schwere Operation befürworten, aber ein jeder aus einem Grunde, den die beiden anderen für verkehrt halten, nun ein Gutachten im bejahenden Sinn abgeben soll, ist überhaupt noch die Frage[1]).

Nach welchem Gesichtspunkt könnte aber hier mit einiger Aussicht auf Überzeugungskraft eine Antwort versucht werden? Meines Erachtens nach keinen anderen Grundsätzen als denen der Wahrscheinlichkeitsberechnung,

[1]) Vgl. v. Bar a. a. O. S. 482 Note: Die von der Majorität verworfenen Theorien können sämtlich auf so schwachen Füßen stehen — was eben durch die Differenz der Vota angezeigt wird — daß es faktisch besser ist, nicht zu operieren: dann stirbt der Mensch nicht und behält seinen Körper unverstümmelt. (?)

nach denen wir auch früher der Entscheidung eines Kollegiums vor der eines Einzelrichters den Vorzug gegeben haben. Wir werden sogar sagen, wenn drei medizinische Sachverständige nach eingehender Beratung des Für und Wider ein jeder für eine Operation eintritt und jeder bei seinen Gründen verharrt, obwohl gerade sie von der Mehrheit bekämpft worden sind, so ist die Wahrscheinlichkeit, daß in einem dieser drei Fälle die Mehrheit gegenüber dem einzelnen Unrecht hat, bei weitem größer als die Wahrscheinlichkeit, daß das von allen dreien übereinstimmend votierte Ergebnis verkehrt sei. Betrug die Wahrscheinlichkeit, daß die Mehrheit gegenüber dem ersten Arzt im Recht war, noch $^2/_3 : ^1/_3$, so betrug die zusammengesetzte Wahrscheinlichkeit [1]), daß die Wahrheit sowohl im ersten wie auch im zweiten Fall Recht hat nach dem bekannten Lehrsatz der Wahrscheinlichkeitsrechnung, daß die zusammengesetzte Wahrscheinlichkeit gleich dem Produkt aus den Wahrscheinlichkeiten der einzelnen Ereignisse ist, nur noch $^2/_3 \times ^2/_3 = ^4/_9$, die Wahrscheinlichkeit aber, daß die Mehrheit gegenüber allen drei Ärzten im Recht war, nur noch $^2/_3 \times ^2/_3 \times ^2/_3 = ^8/_{27}$, also weniger als ein Drittel.

Dasselbe gilt selbstverständlich auch für ein Kollegium von juristischen Fachleuten. Die Angriffe Zeilers [2]) gegen die im Ergebnis mit unserer Berechnung übereinstimmenden Ausführungen von v. Krieß [3]) sind danach unbegründet. Zeiler meint, wenn zwei Entscheidungsgrundlagen eines Prozesses a und b streitig seien und jede von zwei Richtern bejaht und von einem verneint werde, so sei jede Grundlage mit der Stimmkraft von $2 \times ^1/_3$ bejaht, also $\frac{2a}{3}$ und $\frac{2b}{3}$, also sei auch die Gesamtgrundlage mit Zweidrittelmehrheit bejaht. Aber es kommt auf die Wahrscheinlichkeit an, daß die Gesamt-

[1]) Das ist bekanntlich die Wahrscheinlichkeit, daß mehrere voneinander unabhängige Ereignisse gleichzeitig oder nacheinander eintreten. Vgl. Hercher, Lehrbuch der Arithmetik u. Algebra, Leipzig 1904, S. 64 ff.

[2]) Deutsche Richt. Zeit. 7 S. 154.

[3]) Lehrbuch des deutschen Strafprozeßrechts S. 441—442. Übereinstimmend Rosenfeld a. a. O. S. 151.

grundlage zu Recht bejaht worden ist. Diese aber ist nach den Gesetzen der Wahrscheinlichkeitsrechnung nicht gleich der halben Summe, sondern gleich dem Produkt aus den Wahrscheinlichkeiten für die Richtigkeit jeder Einzelabstimmung, das ist nicht $^2/_3$, sondern $^4/_9$. Haben wir also im Beginn unserer Untersuchung gesehen, daß unser Gesetz das Richterkollegium dem Einzelrichter darum vorzieht, weil dieses Kollegium, wenn es mit gleichen Gaben ausgestattet, sich der einheitlichen Aufgabe mit gleicher Treue hingibt, eine größere Gewähr für die richtige Entscheidung gibt, so muß auch bei der Feststellung dieser Entscheidung diejenige Methode gewählt werden, welche ihrerseits nach den Regeln der Wahrscheinlichkeit die größere Gewähr in dieser Hinsicht liefert. Dieses aber ist, wenn die Mitglieder über die einzelnen Momente der Entscheidung auseinander gehen, die Abstimmung auf die Frage nach dem Inhalt der Entscheidung und nicht nach den einzelnen Momenten, die für diesen Inhalt von Belang sind. Wer hingegen durch fortgesetzte Abstimmung über die einzelnen zweifelhaften Elemente künstlich dem Kollegium die Bahn zu einer Entscheidung festlegen will, die vielleicht kein einziges Mitglied gutheißt, möge auch bedenken, daß jede solche Majoritätsentscheidung, durch die ein Gegenargument eines Mitglieds, auf dem dieses trotz eingehender Beratung beharrt[1]), beseitigt wird, selbst wieder auf Einzelerwägungen

[1]) Daß der Widerspruch einer Minorität nach der Debatte ein ganz anderes Gewicht erhält, führt Heinze vortrefflich aus in seiner Arbeit über die Einstimmigkeit des Juryverdikts aus (Goltdammer Archiv Bd. 13, S. 678): „Und insofern die Debatte der Probierstein ist für die Stichhaltigkeit der einander bekämpfenden Meinungen, hat jede während und nach derselben festgehaltene Ansicht nicht mehr bloß die positive Funktion, die richtige Entscheidung in der von ihr eingeschlagenen Richtung zu erblicken, sondern zugleich die negative Eigenschaft, ein Protest gegen die Überzeugungskraft der von den anders Stimmenden vorgebrachten Gründe zu sein . . . Vor dem Beginn der Debatte drückt die Existenz einer Minderheit sozusagen nur einen persönlichen Zweifel aus, nach der Beratung ist dieser Zweifel mit einer gewissen sachlichen Berechtigung ausgestattet. Die Belehrungen durch die Majorität sind als Belehrungen nicht anerkannt worden oder doch einflußlos geblieben. Die Einwände, welche die Mehrheit erhoben hat, die Prüfungen, welche dadurch angeregt worden sind, haben die Minorität nicht wanken gemacht."

der einzelnen Mitglieder dieser Mehrheit beruht, die den anderen Gliedern vielleicht selber anfechtbar erscheinen und, falls über sie eine Abstimmung erfolgte, zerstört würden, derart, daß dieses Mitglied der bisherigen Mehrheit vielleicht genötigt würde dem Überstimmten beizutreten. Z. B. in dem obigen Beispiel[1]) der vor der kleinen Strafkammer verhandelten Körperverletzung tritt der Richter B. dem Votum des A. für Notwehr nur darum nicht bei, weil er, was nicht zum Vorschein kommt, den Begriff des gegenwärtigen Angriffs verkennt, während A. und C. über die Unrichtigkeit dieser Prämisse des B. einig sind. Oder einer der beiden Richter A. und B., die über die Tatfrage zur Zurechnungsfähigkeit einig sind und darum den dritten, C., überstimmen, sind es nur dadurch, daß der eine, A., den Zeugen X offenbar mißverstanden hat, worüber wieder B. und C. bei eventueller Abstimmung einig wären, oder weil B. einem anderen Zeugen Y. nicht glaubt auf Grund einer Erfahrungsmaxime („Vorbestraften oder nahen Verwandten oder Dirnen glaube ich prinzipiell nicht"), die wieder A. und C. bei einer Abstimmung verwerfen wurden. Gerade weil jede Einzelabstimmung über die Elemente des Urteils selbst wieder auf so unsicheren Fundamenten ruht, tut man gut, nicht in einem schließlich unendlichen regressus Elemente auf Elemente durch Mehrheitsabstimmung festzulegen, sondern zu vertrauen, daß das, was die Mehrheit nach eingehender Beratung aller für und gegen einen Vorschlag sprechenden Momente über diesen Entscheidungsvorschlag beschließt, das Richtige treffen werde[2]). Dazu kommt der Gewissens-

[1]) S. 410.

[2]) Keineswegs darf aber mit Zeiler (Ztschr. f. d. ges. Str.-Wiss. 41, 555) aus der Richtigkeit der Ergebnisabstimmung gefolgert werden, es müsse nun auch der Einzelrichter befugt sein, die Klage abzuweisen, wenn er zwar keinen von zwei oder drei Einwänden für sicher begründet hält, aber doch der Meinung sei, „für jeden spreche ungefähr halb soviel wie gegen ihn spreche". Denn das auf Grund eingehender Beratung und Erwägung aller Einzelbedenken etwa in Überwindung aller solchen rationes dubitandi endgültig gefällte Votum des einzelnen Kollegialmitglieds zur Endentscheidung kann doch nur mit dem ebenso gefundenen Entscheidungsvotum des Einzelrichters, nicht aber mit dessen einzelnen Bedenken oder deren Summe verglichen werden, solange

zwang, den die Abstimmung nach Elementen vielfach dem einzelnen Überstimmten auferlegt und die Gefahr, die damit für seine weitere Arbeit erwächst, die sich auf Prämissen aufbauen muß, die die Majorität ihm gegen seine bessere Überzeugung aufzwingt. Wie schwer ist es häufig für den über Notwehr oder Zurechnungsfähigkeit abzustimmen, der entgegen der Mehrheit den Angeklagten nicht für den Täter hält, oder über Verzeihung für den, der den Klaggrund des Ehebruchs nicht für erwiesen ansieht.

All diese Erwägungen führen zu einer einheitlichen Beantwortung der alten Streitfrage für Zivil- und Strafsachen. Grundsätzlich ist nach dem Ergebnis, nicht nach den logischen Zwischengliedern, die zu diesem Ergebnis führen, abzustimmen. Eine Ausnahme gilt selbstverständlich überall dort, wo das Gesetz die Entscheidung von Vorfragen fordert, ehe zur Sachentscheidung oder zur endgültigen Entscheidung vorgeschritten werden darf, wie z. B. hinsichtlich der Ordnungsmäßigkeit von Rechtsmitteln oder der Prozeßvoraussetzungen des § 274 ZPO., auch wenn über sie nicht durch Zwischenurteil entschieden wird, oder des Vorliegens eines ordnungsmäßigen Strafantrags in einer Strafverhandlung wegen Beleidigung nach §§ 194 ff. StGB., 260 StPO. oder der Voraussetzungen, an die der § 266 StPO. die Verurteilung des Angeklagten wegen einer Tat knüpft, die nicht Gegenstand des Eröffnungsbeschlusses ist, oder stets hinsichtlich der Schuldfrage, ehe über die Bestrafung entschieden werden kann. Das folgt schon aus dem Grundsatz des § 2 StGB., den v. Liszt nicht zu Unrecht die magna charta des Verbrechers genannt hat.

Darum ist eine Verurteilung ausgeschlossen, wenn von drei Richtern einer Strafkammer einer wegen Hehlerei, einer wegen Untreue und einer wegen Diebstahls verurteilen will,

---

diese Bedenken als nicht durchschlagend von dem einzelnen abgeschüttelt werden. Bedenken, über die der Richter Herr geworden ist, sind tot und können auch nicht durch Summierung wieder Einfluß auf die Entscheidung gewinnen, Erwägungen aber, bei denen das Mitglied des Kollegiums trotz des Widerspruchs der Mehrheit in der Beratung stehen bleibt, wirken zu Recht auf das Ergebnis der Abstimmung ein.

während im Zivilprozeß der Verurteilung nichts im Weg steht, wenn einer der drei Richter der Zivilkammer die Klage als unschlüssig abweisen, der zweite aus Vertrag, der dritte aus Kondiktion nach dem Klagantrag verurteilen will.

Auch über streitige Rechtsfragen[1]) oder Strafaufhebungsgründe[2]) ist keine besondere Frage zu stellen, so wenig wie im Zivilprozeß über selbständige Angriffs- oder Verteidigungsmittel die nicht Gegenstand einer besonderen Entscheidung sind. Will in einem Kollegium ein Richter freisprechen (oder abweisen), einer verurteilen, und der dritte noch Beweis erheben, so bedarf es auch darum keiner Abstimmung nach den Elementen[3]), sondern da die beiden extremen Anschauungen, die schon jetzt die Entscheidung geben wollen, mit je zwei Stimmen verworfen werden, gilt die mittlere, die bedingt dem einen Kollegen, unter der gegenteiligen Bedingung dem andern beipflichtet. Das wiederholt sich so lang, bis der Vorschlag einer Entscheidung die absolute Majorität gewinnt[4]). Es kann keine Rede davon sein, daß, wie Hellwig[5]) mit der herrschenden Ansicht lehrt, falls ein Richter A., den Klaganspruch als nicht entstanden, B. als erloschen, C. als durch aufschiebende Einrede entkräftet abweisen will, zuerst über die Meinung des A., dann über die des B. und dann über die des C. abzustimmen wäre. Auch wenn jedes Argument mit zwei Stimmen gegen eine abgelehnt würde, so dürfte doch nicht verurteilt werden, weil dies dem Willen aller drei widerstritte. Daß nicht aus dem Erfordernis von Entscheidungsgründen das Gegenteil folgt, wie Hellwig meint, ist schon oben[6]) ein-

---

1) Anders z. B. v. Kries a. a. O. S. 451 Binding S. 153, 163 und viele. Hiergegen schlagend Beling Goltdam. Arch. 67, 152 ff.

2) Abweichend viele, aber richtig Beling, Zeitschr. f. Str.-W. 42, S. 614 Note 8.

3) Gerade dieser Fall soll nach v. Lang (Buschs Zeitschrift 26, S. 67 ff.) die Notwendigkeit der Abstimmung nach Gründen beweisen.

4) Man könnte auch daran denken, den Gedanken des § 196 GVG. analog anzuwenden, was zum selben Ergebnis führte.

5) System § 33.

6) S. 412 fg.

heitlich für Straf- und Zivilprozeß erörtert worden. Auch für die Revisionsinstanz gilt nichts Besonderes[1]), insoweit das Revisionsgericht in der Sache selbst endgültig ent-

[1]) Hingegen will Beling nach dem Vorgang von Löwe zu § 352 Ziff. 4, Heinemann (S. 84), Binding S. 152 Note 23 und Zeiler (d. Richt. Z. Bd. 7 S. 7, 152) hier stets über jede Rechtsfrage getrennt abstimmen und von dem Ergebnis dieser Abstimmung abhängig lassen, ob überhaupt das Urteil aufzuheben sei. Erst im bejahenden Fall sei über die „Prozeßfrage" abzustimmen, ob in der Sache selbst zu erkennen und wie, ob zurückzuverweisen und wohin (Goltdammers Archiv Bd. 67 S. 159 ff.). Das würde dazu führen, daß wenn am Reichsgericht auf Grund der einwandfrei getroffenen Feststellungen des Instanzgerichts der eine Richter wegen Verkennung der Notwehr, der zweite des Begriffs des untauglichen Versuchs, der dritte der Unzurechnungsfähigkeit das verurteilende Erkenntnis aufheben und nach § 354 I StPO. freisprechen möchte, aber jeder Grund mit den Stimmen sämtlicher anderer 4 Richter abgelehnt würde, das angefochtene Urteil bestehen bleiben müßte, obwohl die Mehrheit des Kollegiums freisprechen will. Das Gesetz zwingt nicht zu diesem unbefriedigenden Ergebnis und mit Belings These: „Richtig und gerecht im Sinne des positiven Rechts, ist der Urteilsinhalt nur, wenn die Mehrheit der Richter die Frage nach dem vorzunehmenden volitiven Denkakt, die Frage, ‚sollen wir so entscheiden', bejaht" (S. 154 bis 155), steht es erst recht nicht im Einklang. Ebenso wäre m. E. zu entscheiden, wenn in einem Zivilprozeß von 5 Reichsgerichtsräten je einer unter Widerspruch jedesmal der 4 anderen auf eine Vertragsklage hin die angefochtene Verurteilung aufheben und auf Abweisung der Klage, der eine wegen Verkennung von Formvorschriften, der zweite solcher über den Wucher, der dritte über Irrtum erkennen möchte. Aus der Aufgabe des Reichsgerichts, die Rechtseinheit zu wahren, folgt nichts Gegenteiliges. Denn in erster Linie hat auch das höchste Gericht die konkrete Gerechtigkeit gemäß dem positiven Recht zu schützen, nicht abstrakte Rechtsfragen zu begutachten auf Kosten der Parteien. Das Gegenteil bedeutete auch hier nach Belings (GoltdA. 67, 166) treffendem Worte: Anatomie am lebenden Leibe treiben. Eine Ausnahme gilt natürlich im Fall des § 136 GVG. In dem Zeilerschen Fall einer erstinstanzlichen Verurteilung wegen Betrugs besteht also keineswegs die von Zeiler beklagte positiv rechtliche Notwendigkeit einer Zurückweisung der Revision, wenn 3 Revisionsrichter (von 7) mit der Revision annehmen, nach den tatsächlichen Feststellungen fehle es an der Vemögensschädigung, drei andere mit ihr, es fehle an der Rechtswidrigkeit des erstrebten Vermögensvorteils, während der siebente beide Merkmale bejaht, sondern nach § 354 I StPO. erkennt hier das Gericht mit 6 Stimmen auf Freisprechung. So wäre übrigens m. E. nach § 263 StPO. auch zu entscheiden, wenn nur den ersten Revisionsgrund drei Richter bejahten. Denn dieser Paragraph gilt auch für die Revision. Anders die herrschende Lehre mit Löwe zu 352 Ziff. 4.

scheidet (§§ 563, 565 III, ZPO., 354 I, StPO.). Nur wenn in die Instanz zurückverwiesen wird, müssen die einzelnen rechtlichen Punkte, die zweifelhaft sind, durch Abstimmung geklärt werden, weil hier ja das Instanzgericht an die rechtliche Auffassung des Revisionsgerichts bei seiner Entscheidung gebunden ist (565 II ZPO., 358 I StPO.). Hier haben in der Tat die Gründe einen selbständigen Rechtswert, weil sie die Regel enthalten, nach der das Instanzgericht seine neue Entscheidung fällen muß. Ein solcher selbständiger Rechtswert wäre auch dann gegeben, wenn die Entscheidungsgründe in Rechtskraft erwüchsen, wie dies bekanntlich die Lehre Savignys war. So war es denn nur folgerichtig, wenn der große Rechtslehrer sich von seinem Ausgangspunkte aus für die Abstimmung nach Gründen aussprach [1]).

Zweiter Abschnitt.

Gesetzgebung.

Οὐκ ἀγαθὸν πολυκοιρανίη, εἷς κοίρανος ἔστω, εἷς βασιλεύς . . .

Das homerische Wort wird nicht nur zur Verteidigung des Einzelrichters, sondern vor allem auch des einzelnen als ausschließlichen Trägers der Gesetzgebungsgewalt (absolute Monarchie, Diktatur) ins Feld geführt. Kann auch hier die gegenteilige These, die einer Mehrheit gesetzgeberische Funktion zuspricht, etwa einer bevorzugten Klasse (Aristokratie) oder einem Parlament (konstitutionelle Monarchie, repräsentative Demokratie oder dem „Volk" (unmittelbare Demokratie) mit der Erwägung gerechtfertigt werden, daß die Mehreren für die sachgemäße Erledigung der einheitlichen Aufgabe aller Gesetzgebung bessere Gewähr böten als der Einzelne? Besteht hier überhaupt eine gemeinsame Aufgabe, wie im Kollegium der Richter?

Greifen wir hier den für die modernen Staaten wichtigsten gesetzgebenden Faktor, das Parlament, einmal her-

[1]) System des heutigen römischen Rechts. Bd. 6 (1847) S. 408.

aus, so hat sich mit seiner „ratio" der Bonner Staatsrechtslehrer Carl Schmitt neuerdings in einer geistvollen Abhandlung[1]) beschäftigt. Im Anschluß an eine oft zitierte Ausführung von Smend[2]), die das Wesen des Parlamentarismus im „dynamisch-dialektischen" „Integrationsfaktor" (durch den „der Staat zur Einheit integriert" wird) erblickt, in „einem Vorgang der Auseinandersetzung von Gegensätzen" „durch Kämpfe der öffentlichen Meinung und Wahlen, durch parlamentarische Erörterung und Abstimmung," sieht jetzt Schmitt diese ratio gleichfalls in einem „Prozeß der Auseinandersetzung von Gegensätzen und Meinungen, aus dem sich der richtige staatliche Wille als Resultat ergibt[3]). Das Verständnis der Schmittschen Gedanken leidet darunter, daß schon hier im Eingang nicht klar erhellt, ob hier „Gegensätze" und „Meinungen" synonym gebraucht werden (also etwa in dem Sinn von entgegengesetzten Meinungen) oder ob sich unter dem Wort „Gegensatz", der sich auch bei Smend findet, ein besonderer Begriff birgt. Man ist versucht, das letztere anzunehmen, wenn man in der weiteren Ausführung dieses Grundgedankens liest, in jeder Kammer werde „infolge eines besonderen Rationalismus eine Balanzierung von Interessen und Meinungen in Funktion gesetzt"[4]). Denn Interesse bedeutet Bedürfnis oder Neigung und darauf gegründeten Trieb oder Strebung, Meinung aber ein Fürwahrhalten. Daß das Parlament jederzeit ein Kampfplatz für die Auseinandersetzung auf beiden Gebieten gewesen ist, daran ist natürlich kein Zweifel. Aber es ist doch sehr wichtig zu wissen, ob nach der Auffassung der von Schmitt zitierten Schriftsteller und Politiker die Bedeutung des Parlaments

[1]) Die geistesgeschichtliche Lage des heutigen Parlamentarismus 1923.

[2]) Die politische Gewalt im Verfassungsstaat und das Problem der Staatsform. Tübingen 1923 S. 22. Darüber jetzt Kelsen, Allgem. Staatslehre S. 326 ff.

[3]) a. a. O. S. 22. Die Sperrung rührt von mir her. Smend sagt zurückhaltender, aus der Auseinandersetzung von Gegensätzen werde die Resultante der allgemeinen staatlichen Richtung und Wesensart immer wieder neu gewonnen.

[4]) S. 29 (Sperrung von mir).

nicht bloß darin gelegen sei, daß es „durch öffentliches Verhandeln von Argument und Gegenargument, öffentliche Debatte und öffentliche Diskussion" die Wahrheit erzeugt, sondern ob dieses Resultat auch schon durch einen Kampf und eine „Balanzierung entgegengesetzter Kräfte" im Parlament als prästabilierte Harmonie erbracht werden kann. Daß auch letzteres gemeint ist, dafür spricht Schmitts besonderer Hinweis darauf, daß der Gedanke des Liberalismus von freier Konkurrenz und aus ihr erfolgendem Reichtum und Harmonie der Interessen nicht bloß von der freien wirtschaftlichen Konkurrenz privater Individuen zu verstehen sei, sondern auch von dem „freien Kampf der Meinungen, aus dem die Wahrheit entsteht, als die aus dem Wettbewerbe von selbst sich ergebende Harmonie" (S. 23). Schmitt meint, beides sei „nur ein Anwendungsfall des allgemeinen liberalen Prinzips," und „durchaus dasselbe," Aber dieser letztere Wettbewerb von Wahrheitssuchern hat mit der wirtschaftlichen Konkurrenz in Vertrags-, Handels- und Gewerbefreiheit gegeneinander kämpfender Individuen oder Interessentenverbände nicht viel mehr als den Namen gemeinsam.

Dort ein gemeinsames Mühen — trotz aller Leidenschaft im Kampf entgegengesetzter Versuche — um ein geistiges Gut, um einen Sinngehalt, der seinem Wesen nach Ordnung im Chaos widersprechender Vorstellungen und Strebungen bedeutet, der einmal errungen, allen gehören kann und dadurch nichts an Köstlichkeit zu verlieren braucht, ja dessen Besitz durch Mitteilung und Lehre nur um so sicherer gefestigt wird (weshalb denn auch der die Wahrheit Verschweigende als „erbärmlicher Wicht" erscheint), hier ein brutales Aufeinanderplatzen entgegengesetzter blinder Instinkte und Triebe oder auch raffinierter Strebungen um ausschließliche Beherrschung von Gütern, das die Kämpfenden nicht eint, sondern isoliert, weil der Besitz des einen den sicheren Verlust des anderen bedeutet. Was hat die Wahrheit mit dem Brett des Karneades gemeinsam? Daß aber gerade der Kampf um solche realen Interessen, um Macht und Gut im Parlament die „prästabilierte Harmonie" erzeugen soll, das zeigt auch Schmitts Hinweis auf die „Gewaltenteilungslehre, richtiger die Lehre von der Balanzierung entgegengesetzter Kräfte, aus welcher Balanzierung sich das Richtige als Gleichgewicht von selbst ergeben soll" (S. 24). Aber was hat die „menschliche Machtgier" (S. 29), aus der sich das Gebot le pouvoir arrête le pouvoir ergibt, was hat überhaupt die Zügelung der pouvoirs oder die Balanzierung in einer Handelsbilanz, oder im europäischen Gleichgewicht, oder im kosmischen Gleichgewicht von Attraktion und Repulsion oder — recht bezeichnend — der Leidenschaften bei Malebranche (S. 28) mit der Tatsache zu tun, daß die pouvoirs nach Guizot „immer gezwungen sind zu diskutieren und dadurch gemeinsam die Wahrheit zu suchen" (22) oder „daß das Parlament den notwendig allgemeinen Inhalt seiner Gesetze im Wege des Parlamentierens, durch Abwägung von Argument und Gegenargument" (32) findet? Was hat der „Kampf" leidenschaftlich von ihrer gemeinsamen Aufgabe erfüllter Richter in der erregten Diskussion der geheimen Beratung (die nicht zuletzt auch gerade darum geheim ist, weil dieser Kampf und seine Formen ein Internum des „Kollegiums" bleiben soll), mit dem Kampf mächtiger Interessentengruppen gemein, dem Kampf von Produzenten und Konsumenten, von Arbeitgebern und Arbeitnehmern, von Hausbesitzern und Mietern? Zwischen jenem Kampf der Meinungen und der Interessen ist derselbe begriffliche Unterschied, wie im Privatrecht etwa zwischen der Stellung der „Parteien" im Gesellschaftsvertrag einerseits, im Kauf- oder Mietvertrag oder Arbeitsvertrag andrerseits. Zwar faßt die Theorie all diese Geschäfte unter der Rubrik der gegenseitigen Verträge zusammen, weil hier überall das Geschäft wechselseitige Leistungen von selbständiger Bedeutung von den Parteien fordert, aber bei der Gesellschaft besteht doch ein ius quodammodo fraternitatis[1]) (Ulpian), weil alle Beiträge der Gesellschafter eben Beiträge zu einem gemeinsamen Zweck und inhaltlich auf diesen Zweck abgestimmt sind

[1]) l. 63 pr. D 17,2.

und in diesem gemeinsamen Ziel, auf das hin alle Parteien arbeiten, letztere selbst vereinigt sind (mag auch die „entferntere Absicht", sich selbst durch den Gewinn zu bereichern, sie letztlich wieder isolieren), für das echte Synallagma im Tausch und Kauf, in Miete und Dienst- und Werkvertrag dagegen ist gerade charakteristisch, daß die Leistungen der Kontrahenten keine sachliche Beziehung zueinander haben, nicht durch einen gemeinsamen Zweck aufeinander abgestimmt sind[1]), sondern nur als Motivationsmittel, als Köder und Lockung auftreten, um die völlig voneinander getrennt bleibenden Parteien zur Erbringung gegenseitiger Leistungen an einander zu vermögen. Hier haben Opfer und Gegenopfer nichts miteinander sachlich gemein, sie werden nicht in gemeinsamem Suchen nach dem „Richtigen" oder auch nur den richtigen Mitteln zu einem gemeinsamen Zweck, durch Erörterung von Argument und Gegenargument, sondern durch das brutale Faktum von Angebot und Nachfrage, durch hartherziges Markten und Feilschen zweier „Gegner" festgestellt, die nur, weil sie einander brauchen, miteinander einig werden. Ob sie sich wirklich auf der „mittleren Linie" treffen oder ob der „Wert" von Leistung und Gegenleistung in „auffälligem Mißverhältnis" zueinander steht, kümmert hier die Kontrahenten am wenigsten. Diese seelische Haltung der Parteien im Umsatzgeschäft haben die Kaiser Diocletian und Maximinianus in einem Reskript[2]) plastisch gezeichnet: Quod videlicet si contractus emptionis atque venditionis cogitasses substantiam et quod emptor viliori comparandi, venditor cariori distrahendi votum gerentes ad hunc con-

---

[1]) Wie etwa jede Rückgabeleistung, wie überhaupt jede Einschränkung einer Gabe, aber auch jedes datum ob causam, z. B. die Zession einer Forderung zum Inkasso oder zur Sicherung, aber auch die „Hingabe" zur Reparatur oder Verwahrung, Geschäfte, die nur darum nicht gegenseitig sind, weil ihr Zweck nur dem Interesse des einen dient, aber sofort gegenseitig werden, wenn der Empfänger durch einen dem Inkasso- oder Reparatur- oder Verwahrungszweck fremden Gegenvorteil, ein Entgelt sich zur Arbeit bestimmen läßt. Vgl. auch meine Schenkung unter einer Auflage (1905) § 2 ff. und meine Abhandlung in Jherings Jahrb. 56, 86 ff.

[2]) c. 8 C. 4,44.

tractum accedant, vixque post multas contentiones, paulatim venditore de eo quod petierat, detrahente, emptore autem huic quod obtulerat addente, ad certum consentiant pretium.

Schauen wir nach diesen notwendigen Vorbemerkungen nun etwas genauer zu, ob etwa die Bedeutung des Parlaments darin beruht, daß durch einen solchen Kampf entgegengesetzter Kräfte sich als „prästabilierte Harmonie", wir können auch sagen als Reflexwirkung „Wahrheit und Gerechtigkeit" [1]) ergeben soll. Wir sahen schon früher, daß dies nicht die Meinung von Guizot ist, des „absolut typischen Repräsentanten des Parlamentarismus" (S. 22), denn nach ihm wird das „Recht" im Gegensatz zur „Macht", gerade dadurch garantiert, daß die „pouvoirs immer gezwungen sind zu diskutieren und dadurch gemeinsam die Wahrheit zu suchen [2])," aber auch von Hamilton nicht, nach dem „Gesetzgebung Deliberation ist und deshalb von einer größeren Versammlung wahrgenommen werden muß" [3]). Besonders lehrreich ist, wie deutlich dieser Gegensatz zwischen dem Kampf von Interessen und von Meinungen Condorcet bewußt ist, der in seinem Essai sur l'application de l'analyse à la probabilité des décisions im ersteren Gegensatz das Wesen der antiken, im letzteren das der modernen Versammlungen erblickt:

„En réfléchissant sur ce que nous connoissons des constitutions des anciens peuples, on voit qu'ils cherchèrent beaucoup plus à contrebalancer les intérêts et les passions des différents corps qui entraient dans la constitution d'un état, qu'a obtenir de leurs décisions des résultats conformes à la vérité."

Les mots de liberté et d'utilité les occupoient plus que ceux de vérité et de justice; et la liaison de ces objets entre eux, aperçue peut-être par quelques-uns de leurs philosophes, n'étoit pas assez distinctement connue pour servir de base à la politique.

Dans les nations modernes, où la scolastique introduisit

1) Schmitt a. a. O. S. 38.
2) a. a. O. S. 22.
3) a. a. O. S. 34.

un esprit de raisonnement et de subtilité qui peu à peu s'étendit sur tous les objets, on aperçoit, même au milieu des siècles d'ignorance, quelques traces de l'ideé de donner aux tribunaux une forme qui rend probable la vérité de leurs décisions"[1]).

Ist aber die Wahrheit und Gerechtigkeit zu finden, die klar erkannte Aufgabe der modernen Versammlung, so ist die Gesetzgebung dem gesamten Volk anzuvertrauen, höchstens dort mit diesem Zweck nach Condorcet verträglich wo das Volk noch auf primitiver Stufe steht, où une ignorance égale rend tous les hommes à peu près également éclairés. Sobald sich aber Intelligenzunterschiede bemerkbar machen, folgt schon aus der dann gegebenen größeren Gewähr für richtige Resultate, daß die weniger Erleuchteten sich der Entscheidung der Versammlung der Erleuchteteren unterwerfen[2]). Nach derselben Methode wird dann weiter untersucht, wie groß die Stimmenmehrheit sein muß, damit genügende Wahrscheinlichkeit für das Finden guter Gesetze durch das Parlament gegeben ist. Und ganz Rousseauisch wird dann diese Unterwerfung des einzelnen unter den Mehrheitsbeschluß der gesetzgebenden Versammlung damit gerechtfertigt, daß in dem Beschluß die auch für ihn maßgebende Vernunft zur Geltung gekommen ist: „En effet tout homme a le droit de se conduire d'après sa raison; mais lorsqu'il s'unit à une société, il consent à soumettre à la raison commune une partie de ses actions qui doivent être réglées par tous d'après les mêmes principes; la propre raison lui prescrit alors cette soumission, et c'est encore d'après elle qu'il agit, même en renonçant à en faire usage. Ainsi lorsqu'il se soumet à une loi contraire à son opinion, il doit se dire: Il ne s'agit pas ici de moi seul, mais de tous; je ne dois donc pas me conduire d'après ce que je crois être raisonnable, mais d'après ce que tous, en faisant comme moi abstraction de leur

---

1) Discours préliminaire p. 3 der 1785 in der imprimerie Royale gedruckten Ausgabe.

2) a. a. O. 25.

opinion, doivent regarder comme étant conforme à la raison et à la vérité[1]).

Schmitt beruft sich zum Beweis der „zentralen Bedeutung dieser universalen[2]) Vorstellung" (nämlich der Balance) (S. 28) auch auf Rousseau selbst, der (natürlich nicht in Anwendung auf das Parlament) von der Balanzierung der Interessen in der volonté générale in seinem contrat social[3]) spreche[4]). Die von Schmitt dafür angeführten Belegstellen

---

[1]) a. a. O. S. 106—107. Die Sperrung schon im Original.

[2]) Demgegenüber sei ein Hinweis auf die verächtlichen Worte gestattet, mit denen der junge ganz Rousseau- und revolutionstrunkene Fichte das europäische Gleichgewicht als Vorwand für den Absolutismus machtgieriger Monarchen abtut: Beiträge zur Berichtigung der Urteile des Publikums über die französische Revolution. Ausgabe von Strecker S. 57 ff. Ähnlich schon Rousseau in der Beurteilung des Friedensprojekts des Abbé Saint Pierre. Vgl. die folgende Note.

[3]) Schmitt hätte sich auch auf die interessante Darstellung des europäischen Gleichgewichts berufen können, die Rousseau in dem Extrait du projet de paix perpétuelle de l'Abbé de Saint Pierre gibt, vor allem aber auf das 9. Kapitel der Rousseauschen Darstellung der Polysynodie desselben Autors. Hier heißt es: Plus ces intérêts particuliers trouvent de gêne et d'opposition, moins ils balancent l'intérêt public.

[4]) Schmitt zitiert — ich folge seiner Reihenfolge —: II, 9 Absatz 4, aber sie handelt nicht von volonté générale im Staat, sondern von dem Expansionsdrang der Staaten und der Möglichkeit, dem dadurch drohenden Vernichtungskrieg durch ein künstliches Gleichgewicht zu begegnen; auch die dann zitierte Note von II, 11 hat es nur mit der vom Gesetzgeber zu bekämpfenden Ungleichheit zwischen Reichen und Bettlern zu tun, die dann zitierte Stelle IV, 4 Absatz 25 spricht allerdings von der Balanzierung der Macht des Senats durch den Einfluß des Volks in den römischen Kuriatkomitien, wenn auch ohne Hinweis auf die volonté générale. Dasselbe gilt von IV, 5, das von der ausgleichenden Stellung des Tribunats und den Gefahren seiner Entartung redet. Ebensowenig handelt von der volonté générale, die „besonders" zitierte Stelle I, 8 Absatz 2, vielmehr von der „balance", d. h. Gegenüberstellung der Vorteile und Nachteile der Lage des einzelnen im Naturzustand einerseits und im Staat andrerseits. Das Wort balance (hier etwa „Vergleichung", „Balanzierung") ist freilich sehr vieldeutig und kennzeichnet noch lange kein einheitlich klares Problem. Die als „besonders" dann zitierte II, 6. Abs. 10 handelt von der mangelnden Einsicht der zur Gesetzgebung berufenen Volksmenge, von balancer aber nur in dem Sinn, als es nötig sei, um kurzsichtige Entscheidungen dieses Volks zu verhüten: „balancer l'attrait des avantages présents et sensibles par le danger des maux éloignés et cachés". Das hat mit dem Schmittschen Problem einer Balanzierung der

beweisen das zwar nicht, aber trotzdem ist der Gedanke richtig, es fragt sich nur, in welchem Sinne diese „für das demokratische Denken fundamentalen Ausführungen" (S. 14) aus der Balanzierung der Interessen die volonté générale, die souveräne Herrscherin im Staat hervorgehen lassen.

Freilich das Problem verlöre jedes Interesse, dürfte man diesen schwierigen und tiefsten Grundgedanken der Rousseauschen Sozialphilosophie mit Schmitt dahin trivialisieren, daß „in der Demokratie der Bürger auch dem Gesetz zustimme, das gegen seinen Willen ergehe, denn das Gesetz sei die volonté générale und das sei wiederum der Wille der freien Bürger; der Bürger gebe also eigentlich niemals einem konkreten Inhalt seine Zustimmung, sondern in abstracto dem Resultat, dem aus der Abstimmung sich ergebenden Generalwillen, und gebe diese Stimme nur ab, damit die Kalkulation der Stimmen, aus der man diesen Generalwillen erkenne, möglich sei. Weiche das Resultat von dem Inhalt der Abstimmung des einzelnen ab, so erfahre der Überstimmte, daß er sich über den Inhalt des Generalwillens geirrt habe." Diese überraschende Rousseau-Auslegung beschert uns Schmitt, um seine Prämisse darzutun, daß für die „Definition der Demokratie" nur eine „Reihe von Identitäten" bleibe, daß zu ihrem Wesen gehöre, daß „alle Entscheidungen, die getroffen werden, nur für die Entscheidenden selbst gelten," daß das Ignorieren der überstimmten Minorität „nur theoretisch und nur

Kräfte ebensowenig etwas zu tun, wie die schließlich noch als „besonders" zitierte Stelle III, 8 Abs. 10, die überhaupt nicht von volonté générale handelt, sondern vom — Einfluß von Klima und Fruchtbarkeit eines Landes auf seine Staatsform und im Hinblick hierauf will laisser en balance l'Angleterre avec la Sicile et la Pologne avec l'Egypte". — In seiner Diktatur zitiert Schmitt neben II, 6 Abs. 10 u. III, 8 Abs. 10 noch I, 8 Abs. 2 und IV 6 Abs. 3 zum Beweis für die „suggestive Wirkung des Bildes von der Balance" für Rousseau, aber statt eines sachlichen Problems ist dort von Balance als Parallele zwischen Natur- und Rechtszustand, hier von balancer im Sinne von wettmachen, gleichkommen (nämlich der Gefahr einer Störung der öffentlichen Ordnung) die Rede!

scheinbar Schwierigkeiten" bereite, da nach der „demokratischen Logik" „der Wille der überstimmten Minorität in Wahrheit mit dem Willen der Mehrheit identisch ist" (S. 13—14).

Wie unverständlich diese Äußerungen auch erscheinen mögen, wie unbegreiflich es wäre, daß gerade sie für das demokratische Denken fundamental und für Rousseau, den „vielleicht bedeutendsten Theoretiker der Demokratie"[1]), den Kant als Newton der Moral gefeiert hat[2]), charakteristisch sein sollen, so rühren sie doch an den Kerngedanken Rousseauscher Rechtsphilosophie. Seine Aufhellung und Richtigstellung[3]) bedeutet zugleich einen Beitrag zur ratio des Parlaments und jeder gesetzgebenden Versammlung.

Rousseaus Freiheit im Naturzustand ist die rein negativ verstandene Unabhängigkeit von menschlicher Herrschaft[4]), sie hat nichts gemein mit der liberté civile, der Freiheit des Bürgers[5]) in und trotz der staatlichen Herrschaft, einem durchaus positiven Begriff, der nicht etwa durch Ausscheidung bestimmter Sphären aus dem Bereich staatlicher Herrschaft gebildet wird. Der scharfsinnige Rousseau glaubt ebensowenig wie sein kongenialer Vorgänger Hobbes an die absolute Kraft von „Grundrechten" oder an eine lex semper valitura[6]). Freiheit be-

---

[1]) Kelsen, Vom Wesen und Wert der Demokratie. 1920 S. 6.

[2]) Schmitt, Politische Romantik, 2. Aufl. (1925) S. 155.

[3]) Für das Nähere, insbesondere für die Auslegung der zahlreichen schwierigen Einzelstellen muß ich auf meine beiden früheren Arbeiten: Jean Jacques Rousseaus Sozialphilosophie (1898 bei Veit & Co.), und Weltbürgertum und Vaterlandsliebe in der Staatslehre Rousseaus und Fichtes (1924 im Pan-Verlag) verweisen.

[4]) C. s, I, 8. Lettres de la montagne 18me. Dazu Montesquieu Esprit XI, 2, dazu R.'s Sozialphilosophie S. 50 ff.

[5]) nicht etwa der Person des Kollektivwesens Staat, wie Kelsen meint (Wesen und Wert der Demokratie S. 11, jetzt auch allgem. Staatslehre S. 325) Vgl. dagegen etwa Contr. soc. I, 6 die grundlegende Problemstellung im Abs. 4, auch Abs. 5 und I, 7 letzter Absatz, vor allem I, 8, II, 4, Abs. 2 u. 5 und Schlußabsatz, II, 6 Abs. 7 IV, 2 Abs. 5—7.

[6]) C s. I, 7 Abs. 2, I, 9 vorletzter Absatz, II, 4 Abs. 1, II, 12 Abs. 2 III, 18 Schluß IV, 2, Abs. 5—7. Auch Emile Livre 5me: Par où l'on voit

deutet vielmehr in engster Anlehnung an den Platonischen Grundgedanken der Identität des Grundgesetzes von Individual- und Sozialethik, das die Politeia dem blöden Auge des Schülers in den großen Lettern staatlicher Gerechtigkeit zunächst deutlicher aufweisen kann[1]), eine solche inhaltlich unbeschränkte Beherrschung des Individuums durch den Staat, daß das im Naturzustand für jeden geltende Gesetz der Aufrechterhaltung seines eigenen Wohls als Maxime gewährleistet bleibt. Der Staat darf also nur nach der Maxime des Gemeinwohls, der allen gemeinsamen Interessen herrschen. Diese Maxime heißt volonté générale und genau so wie Platon in den Wächtern und der ihnen gegebenen Erziehung die Möglichkeit entdeckt, auf dem Boden der Erfahrung einen zuverlässigen Träger der Idee des Guten in der Gemeinschaft zu bilden, so behauptet Rousseau das „Volk", das heißt die Gesamtheit aller erwachsenen Männer, die freiwillig in den Staat eintreten, en prenant les hommes tels qu'ils sont[2]), als den einzig

qu'il n'y a ni ne peut y avoir d'autre loi fondamentale proprement dite que le seul pacte social.

[1]) Staat II, 10.

[2]) Schmitt (Politische Theologie S. 51 vgl. auch schon Diktatur 123) meint, im Contrat social sei der Mensch noch keineswegs von Natur gut, erst in Rousseaus „späteren Romanen" entfalte sich, wie Seillière vortrefflich nachgewiesen habe, die berühmte „rousseauistische" These vom „guten Menschen". Aber die beiden Romane, die Rousseau überhaupt geschrieben hat — die Confessions sind kein Roman (Hensel, Rousseau S. 70) — sind die 1755 verfaßte und 1761 erschienene Nouvelle Héloise und der im selben Jahr, wie der Contrat social, nämlich erst 1762 erschienene Emile. Hier aber findet sich im 4. Brief (œuvres complètes, Francfort-sur-le-Main 1856 H. Bechhold, tome 6 p. 377) die Stelle: Ah ne gâtons point l'homme; il sera toujours bon sans peine et toujours heureux sans remords. Les coupables qui se disent forcés au crime, sont aussi menteurs que méchants. Comment ne voient-ils point que la faiblesse dont ils se plaignent, est leur propre ouvrage, que leur première dépravation, vient de leur volonté... Sans doute il ne dépend plus d'eux de n'être pas méchants et faibles, mais il dépendit d'eux de ne pas le devenir... Demgemäß erklärt der gleichzeitige Contrat social nur junge unverbrauchte Völker für fähig, Freiheit durch Gesetze zu geben und zu empfangen (II, 8), nur die einfältigen und geraden Landleute, die unter einer Eiche mit Verständnis für ihre einfachen Bedürfnisse gemäß dem Gemeinwohl ihre Angelegenheiten regeln, das Musterbild des Rousseauschen

zuverlässigen Träger dieser Maxime des intérêt commun. Da niemand sich selbst Unrecht tun will und da dem souveränen Volk nur die Beschlußfassung über alle in gleicher Weise angehenden Dinge (objets généraux) durch lois, nicht über objets particuliers, Privatangelegenheiten des einzelnen, die ihn aus der Masse herausheben und mit seinem Interesse in Gegensatz stellen, durch décrets anvertraut ist, so glaubt Rousseau, durch solche Kautelen im Volk einen zuverlässigen Träger des Grundgesetzes gesichert zu haben.

Alle Abstimmung des souveränen Volks hat nur Sinn und Verbindlichkeit als Antwort auf eine einheitliche allen Abstimmenden in gleiche Weise vorgelegte Frage: Ist dieser Gesetzesvorschlag dem Staatsinteresse, d. h. nicht etwa dem Interesse eines mystischen, von diesen einzelnen unabhängigen Kollektivwesens, sondern dem gemeinsamen Interesse aller einzelnen im Staat förderlich, nicht aber: ist er mir und meinen Sonderinteressen nützlich? Kann die Abstimmung aller als Antwort auf diese erstere einheitliche Frage gelten, dann ist die Übereinstimmung aller die volonté de tous zugleich volonté générale, ja sogar die Ansicht der Majorität kann kraft dieses Rechtstitels auch die überstimmte Minderheit binden[1]). Dann ist zwar nicht

Souveräns (IV, 1), sind durchaus nach dem Vorbild jener noch ungeselligen Wilden geschildert, deren natürliche Güte neben natürlicher Selbstsucht Rousseau besonders im ersten Teil des 1754 erschienenen Discours sur l'origine et les fondements de l'inégalité parmi les hommes nicht genug hervorheben kann. Die Schilderung dieser Primitiven im Discours, deren Handeln von den beiden Grundtrieben der Selbsterhaltung und des Mitleids bestimmt wird, entspricht der seelischen Verfassung jener unverbildeten Völker, die Rousseau allein in der 1755 erschienenen Economie politique und dem Contrat social für fähig erklärt, bürgerliche Freiheit durch Gesetzgebung zu empfangen, zu ertragen und zu bewußtem Gemeinsinn erzogen zu werden.

[1]) Niemals aber gibt Rousseau, wie Schmitt Diktatur S. 123 behauptet, einer tugendhaften Minorität irgendwelche Gewaltmittel gegenüber einer verderbten Mehrheit. Als einziger Beleg soll das „on le forcera d'être libre" in C. s. I, 7 Abs. 8 dienen, obwohl die Widerlegung für die geradezu groteske Auslegung sich aus den unmittelbar vorangehenden Worten klar ergibt: „quiconque refusera d'obéir à la volonté générale y sera contraint par tout le corps." Über corps I, 6 Schlußabsatz. Eine

wie Schmitt referiert, was übrigens glatter Unsinn wäre, „der Wille der überstimmten Minorität in Wahrheit mit dem Willen der Mehrheit identisch“[1]), nicht der Inhalt

Herrschaft einer Minorität auch der tugendhaftesten würde nach Rousseau stets eine Verletzung des contrat social etwas rein „Metajuristisches“ bedeuten, eine Rückkehr in den rechtlosen Naturzustand (C. s. I, 6 Abs. 5, IV, 2 Abs. 5—8). Ist die Mehrheit nicht mehr Träger der Maxime des Gemeinwohles, so gibt es nach Rousseau keine Freiheit und somit keinen Staat mehr, wie schon C. s. IV, 2 Abs. 9—11 klar zeigt und wie ich schon 1898 in meinem Werke über Rousseaus Sozialphilosophie S. 131—178 unter Verwendung des gesamten Quellenmaterials nachgewiesen habe. Die Schmittschen Folgerungen (Diktatur 123) nach Rousseau sei der „politische Gegner moralisch korrupt, ein Sklave, der unschädlich gemacht werden müsse“, „die tugendhafte Minorität (trotz II, 4 Abs. 5: la volonté générale doit partir d e t o u s und IV, 2, 9) könne alle Gewaltmittel anwenden, um der vertu zum Sieg zu verhelfen“ (sic!), „der T e r r o r , den sie ausübe, sei n i c h t e i n m a l Z w a n g zu nennen“, sei nur das Mittel, dem unfreien Egoisten zu s e i n e m w a h r e n e i g e n e n W i l l e n (?) zu verhelfen, den citoyen in ihm zu wecken“, sind der Rousseauschen Lehre vor und nach dem contrat social (wenn auch nicht ganz der Fichtes) völlig fremd (meine Sozialphilosophie S. 136 fg., 176 fg.) ebenso wie das Schmitt'sche Resumé, der contrat social diene zur Rechtfertigung einer Diktatur und liefere die Formel für den Despotismus der Freiheit, völlig haltlos ist und höchstens Schmitts These (S. 123) unterstützen kann, daß der contrat social — „ein so mißverständliches Buch“ sei. Rousseaus Lehre von der volonté générale ist für die Schreckenstaten, die in der großen französischen Revolution im Namen der Vernunft verübt worden sind, ebensowenig verantwortlich, wie die reine Lehre Christi für die Schreckenstaten der Inquisition. Nicht die Unfreien will Rousseau vernichten, sondern die I n t o l e r a n z. Das ist das einzige negative Dogma seiner Staatsreligion; C. s. IV, 8, drittletzter Absatz. — Hinsichtlich der Bedeutung von I, 7 Schluß für die moderne Tarifgemeinschaft vgl. Entsch. des RG. Bd. 81, S. 7!

[1]) Ähnlich freilich schon und nicht minder mißverständlich Simmel, Soziologie S. 192: „Es liegt dem die Überzeugung zugrunde, daß man als Gruppenelement nichts a n d e r e s w o l l e n k ö n n e als den Willen der Gruppe“. Es ist der alte Fehler des Empirismus: Maxime und Materie des Wollens nicht getrennt halten zu können. Der Newton der Moral denkt natürlich nur an die Form, nicht an den Stoff. Da Simmel das nicht klar auseinanderhält, so bleibt es auch unklar, wenn es später (S. 193) heißt, die Übereinstimmung des einzelnen werde als Offenbarung eines „sozusagen ideell bereits bestehenden Willens einer maßgebenden Einheit“ tiefer begründet. Was vor der Abstimmung im echten Staat bereits ideell besteht, ist nach Rousseau nur die Maxime des Gemeinwohls, la volonté constante de tous les membres de l'état (IV, 2 Abs. 8), der stoffliche wandelbare Inhalt

des Willens, sondern seine Maxime, die Berücksichtigung des Gemeinwohls, durch dessen Beachtung die Gesamtheit der Abstimmenden überhaupt erst zu einer großen Arbeitsgemeinschaft geeinigt, und aus der Isolierung des Naturzustands in dem gemeinsamen Beraten und Beschließen über die richtigen Mittel zu sozialer Gerechtigkeit als corps législatif als Souverän verbunden wird. Freilich, wenn man wie Schmitt volonté générale trotz der klaren Ausführungen in der économie politique[1]) und dem contrat social[2]) mit dem wenig deutlichen Terminus Generalwillen wiedergeben dürfte, dann könnte man Rousseaus tiefsinnige Ausführungen über den Sinn der Abstimmung des gesetzgebenden Volks in den offenbaren Unsinn verkehren, der Bürger gebe eigentlich niemals „einem konkreten Inhalt" seine Zustimmung, sondern in abstracto „dem Resultat, dem aus der Abstimmung sich ergebenden Generalwillen." Als ob die Abstimmung über einen konkreten Vorschlag — und das ist doch jede Abstimmung, die Rousseausche so gut wie auch die lex rogata der römischen Republik — sich reduzieren ließe auf die Gutheißung eines unbekannten Resultats. Das wäre denn etwa in Umkehrung eines bekannten Paradoxon die Maxime: Ich kenne die Absichten des Souveräns nicht, aber ich — billige sie. Aber freilich durch solche Frage: Stimmst du der Mehrheit zu? würde jedes konkrete Abstimmungsergebnis ausgeschlossen[3]). Darum verlangt der Schmittsche Rousseau, daß der Einzelne seine

---

der Gesetze wird aber erst durch die Abstimmung aller nach dieser Maxime bestimmt.

[1]) Absatz 12 und folgende.

[2]) Vgl. etwa I, 7 vorletzter und letzter Absatz, I, 8 Mitte, vor allem aber in musterhafter Klarheit II, 1, ferner II, 3, II, 4 Abs. 5, 6, 7, 8 2. Hälfte, besonders scharf auch III, 2 Abs. 5 u. folg. und IV, 1 Abs. 6.

Dieselbe Scheidung zwischen dem intérêt commun, intérêt de corps et intérêt personnel (par lequel chacun s'isole ne songeant qu'à soi) übernimmt Sieyès, Que'est-ce que le tiers-état? p. 91.

[3]) Darum hätte Schmitt nicht sagen dürfen (S. 14), und gibt „diese" Stimme ab, denn die Abstimmung über den Gesetzesvorschlag ist etwas anderes als die in blanco Gutheißung eines noch unbekannten Ergebnisses der Abstimmung. Diese muß doch selbst einen Sinn haben.

Stimme abgebe, das heißt doch wohl Ja oder Nein zu dem Gesetzesvorschlag sage, aber „nur damit die Kalkulation der Stimmen, aus der man diesen Generalwillen erkennt, möglich ist.“ Aber die Aufklärung des Sinns dieser Abstimmung zur Sache, das heißt des Sinnes der Frage, als deren Beantwortung das Ja oder Nein des Stimmenden erscheint, ist ja das einzige Problem, das dem genialen Sozialphilosophen Rousseau, dem großen Schüler Platons am Herzen liegt. Hätte diese Abstimmung, wie es bei Schmitt herauskommt, überhaupt keinen Sinn, wäre sie nur in blanco Gutheißung eines noch unbekannten Abstimmungsergebnisses, so könnte der Überstimmte doch gar nicht sagen: Je m'étais trompé et ce que j'estimais être la volonté générale, ne l'était pas (Contrat social, IV, 2, Abs. 8). Insoweit der Abstimmende nur in omnem eventum zustimmt, kann er gar nicht irren, so wenig wie im Privatrecht der wegen Irrtums seine Unterschrift anfechten kann, der unangesehen des Inhalts der Urkunde für alle Fälle unterschreiben wollte. Der Irrtum, von dem Rousseau spricht, bezieht sich vielmehr auf die Antwort, die der Überstimmte auf die allen vorgelegte Frage: ist der konkrete Gesetzesvorschlag dem Staat nützlich? gegeben hatte. Weil nach Rousseaus tiefsinnigen Ausführungen der einzelne Abstimmende nicht gefragt wird, ob ihm persönlich, sondern ob dem Staat der Vorschlag nützt, so kann die übereinstimmende Ansicht der Mehrheit über das einheitliche Problem ihn an seinem abweichenden Ergebnisse irre machen und es behält Sinn, sich der Ansicht der Mehrheit zu beugen, so wie der überstimmte Richter im Kollegium sich der Majorität beugen muß, die mit ihm um dieselbe Aufgabe gerungen hat. Hätte hingegen die Abstimmung jedes einzelnen nur die Bedeutung car tel est mon plaisir, so hätten wir so viel Fragen wie Stimmen und jede Übereinstimmung der vielen im Ergebnis wäre blinder Zufall, der für die Dissentierenden keinerlei Gewicht beanspruchen könnte: Quand on propose une loi dans l'assemblé du peuple, ce qu'on leur demande n'est pas précisément s'ils approuvent la proposition ou s'ils la rejettent, mais si elle est conforme à la volonté générale qui est la leur; chacun en donnant son suffrage dit son avis là-dessus[1]). Nach dem Grundvertrag gilt die Antwort der Mehrheit auf diese Frage als für alle verbindliche Norm und darum seine abweichende Antwort als Irrtum. Aber wegen des Irrtums ist der Überstimmte nicht unfrei, wie Schmitt meint[2]), sondern er war und ist frei, obwohl er sich der Mehrheit fügen muß, da er gemäß dem Grundvertrag nach der maßgebenden Maxime der volonté générale gestimmt und auch in Zukunft nur der nach derselben Maxime erteilten Antwort der Mehrheit folgt[3]). Im Sinne der konstanten Frage, nicht im unberechenbaren Zufall des Ergebnisses der Abstimmung liegt seine Freiheit beschlossen: Ainsi la loi de l'ordre public dans les assemblés n'est pas tant d'y maintenir la volonté générale, que de faire qu'elle soit toujours interrogée et qu'elle réponde toujours (IV, 1).

Unfrei wäre der Überstimmte nur, wie Rousseau klar hinzufügt, wenn entgegen dem im contrat social eingegangenen Versprechen die Stimme des Überstimmten durchgeführt würde, eine Minorität, wenn auch im Namen der vertu, sich durchsetzte!

Volonté générale bedeutet somit bei Rousseau einmal den auf das Gemeinwohl, die gemeinsamen Interessen eines Verbands gerichteten Willen[4]), dann aber auch das Ergebnis der Abstimmung der solcherart gerichteten

---

[1]) Condorcet — vgl. oben S. 435 hat das noch verstanden. Verwischt man aber den fundamentalen Unterschied von volonté générale und volonté de tous durch den schillernden Terminus „Generalwillen", so entstehen erst die Identitäten, die man Rousseau und seiner „Jakobinerlogik" in die Schuhe schiebt.

[2]) Derselbe Fehler bei Kelsen, Vom Wesen und Wert der Demokratie S. 6.

[3]) Vgl. etwa Contrat social I, 6 Abs. 4, I, 7 Schlußabsatz I, 8, II, 4 Abs. 7 gegen Ende, II, 6, Abs. 7 und die ausgezeichnete Paraphrase Condorcets oben S. 435f.

[4]) Sehr lehrreich z. B. IV, 1 Abs. 4: Wenn Parteiungen entstehen: La volonté générale (als Maxime) n'est plus la volonté de tous.

Willen der einzelnen Verbandsglieder durch Mehrheitsentscheid[1]). Und damit wird erst verständlich, inwiefern die „Balanzierung der Interessen in der volonté générale“[2]) bei Rousseau eine Rolle spielt. En prenant les hommes tels qu'ils sont, weiß Rousseau wohl, daß der einzelne Abstimmende trotz der abstrakten Formulierung der ihm zur Entscheidung vorgelegten Gesetzesvorschläge sich in einem einzelnen Fall, in dem sein Sonderinteresse von dem Staatsinteresse abweicht, von ersterem wird leiten lassen und den Sinn der ihm gestellten Frage: il est avantageux à l'Etat dahin verkehren kann: il est avantageux à tel homme ou à tel parti que tel ou tel avis passe[3]). So lang diese Sonderinteressen isoliert sind, ist diese Gefahr der Fälschung der Abstimmung nicht groß: Die einander entgegengesetzten Sonderinteressen werden sich, wie Rousseau in einer der berühmtesten Stellen des „contrat“ sagt „wie Plus und Minus gegenseitig aufheben“[4]). Oder wie Sieyès den Rousseauschen Gedanken von der „Balance“ formuliert: L'intérêt personnel n'est point à craindre; il est isolé. Chacun a le sien. La diversité est son véritable remède“[5]). Aber wenn sich die Sonderinteressen in Kliquen vereinigen, dann besteht die Gefahr, daß das gemeine Interesse solchen Interessenverbands, das doch nur volonté particulière vom Ganzen des Staats aus gesehen ist[6]), in der staatlichen Gesetzgebung die Oberhand, das heißt die Majorität gewinnt. Dann ist der Sinn der Abstimmung verkehrt: die siegreiche Majorität antwortet auf eine andere Frage als die Minorität und jener Antwort bedeutet für diese nichts mehr. On peut dire alors qu'il n'y a plus autant

---

[1]) Damit erledigen sich auch die Einwendungen Kelsens (Demokratie S. 11 Note 9). Vgl. auch später S. 451 ff.

[2]) Schmitt a. a. O. S. 29 Note 1.

[3]) IV, 1 Abs. 6.

[4]) II, 3 Abs. 2. Dazu jetzt meine Ausführungen in Weltbürgertum und Vaterlandsliebe S. 7 ff. und die gute Greifswalder philosophische Doktordissertation von M. Krienitz, Das Wesen des Gemeinschaftswillens bei Jean Jacques Rousseau 1925.

[5]) Qu'est-ce que le tiers-état? 1789 p. 91.

[6]) Siehe die Stellen S. 442 Anm. 1 u. 2.

de votants que d'hommes; mais seulement autant que d'associations. Les différences deviennent moins nombreuses[1]) et donnent un résultat moins général. Enfin quand une de ces associations est si grande qu'elle l'emporte sur toutes les autres, vous n'avez plus pour résultat une somme de petites différences, mais une différence unique; alors il n'y a plus de volonté générale, et l'avis qui l'emporte, n'est qu'un avis particulier[2]). Der Staat ist zerfallen, die volonté générale die ihn allein beherrschen darf, ist stumm[3]).

So sieht in Wahrheit das radikale Ergebnis der „demokratischen Logik" aus, die darin bestehen sollte, daß „der Wille der überstimmten Minorität in Wahrheit mit dem Willen der Mehrheit identisch" sei. Wir sehen vielmehr: Die Balancierung der entgegenstehenden Interessen erzeugt also nicht bei Rousseau schon die Wahrheit und Gerechtigkeit, sondern weil, wie Rousseau gegenüber dem Marquis d'Argenson bemerkt[4]), l'accord de tous les intérêts se forme par opposition à celui de chacun, so läßt die wechselseitige Schwächung der Sonderinteressen in einem harmonischen Staatsgefüge stets das commun intérêt zu Worte kommen. Nur die Abstimmung des also durch die einheitliche Frage nach dem Staatswohl geeinten Volks (II, 4 Abs. 7) ist kein Machtspruch, der die Minorität durch ein brutales sic volo vergewaltigt. Dies Irrationale der Sonderinteressen, der impulsion physique, der penchants[5]) muß tot sein, damit erst dadurch Beratung und Abstimmung aller die eine Frage nach dem Gemeinwohl beherrschen und in der dadurch ermöglichten Auseinandersetzung der Meinungen (über die eine Frage)

---

[1]) Das heißt, es gibt nicht mehr so viele, aber keine Gefahr bildenden Zwiespältigkeiten zwischen den unverbundenen Einzelnen, aber dafür um so gefährlichere Spaltungen zwischen den Interessenverbänden.

[2]) C. s. II, 3 Abs. 3.

[3]) IV, 1 Abs. 5.

[4]) C. s. II, 3 Note. Ganz ebenso in der Rousseauschen Darstellung der Polysynodie von Saint Pierre, Kapitel 9.

[5]) I, 8.

der richtige staatliche Wille sich durchsetzen kann. Daß aber das von dem Gemeinwohl geleitete Volk bei der einzelnen Abstimmung wirklich das Richtige treffe, daß sich die Mehrheit, ja gar die Gesamtheit nicht in den Mitteln zu dem Staatsbesten vergreifen könne, hat Rousseau niemals behauptet. Sein Optimismus bezieht sich nur auf die Aufrechterhaltung der Maxime in einem gesunden Staatswesen, nicht aber auf die Richtigkeit der Subsumtion. De lui-même, le peuple veut toujours le bien, mais de lui-même il ne le voit pas toujours. La volonté générale est toujours droite, mais le jugement qui la guide, n'est pas toujours éclairé[1]). Jamais on ne corrompt le peuple, mais souvent on le trompe, et c'est alors seulement qu'il paraît vouloir ce qui est mal[2]). Und schließlich nicht minder charakteristisch und folgerichtig: „D'ailleurs en tout état de cause, un peuple est toujours le maître de changer ses lois, même les meilleures; car s'il lui plaît de se faire mal à lui-même, qui est-ce qui a le droit de l'en empêcher[3])?

Die wohlfeile Kritik Redslobs[4]), Rousseau habe selbst den Vorwurf verdient, Gaukelei und Schwarzkunst zu treiben, er verwechsele absichtlich den Willen des Menschen mit seinem Interesse, er mache willkürlich die Annahme, daß der Mensch seinen Willen immer nach seinem wohlverstandenen Vorteil richte, wird schon durch solche Stellen widerlegt. Hier wird grundlegend verkannt, daß der Contrat social kein Zaubermittel für gute Gesetze weiß, sondern nur Garantien dafür schaffen will, daß auch das objektiv verkehrte Gesetz nach allverbindlicher Maxime zustande komme.

Die letztgenannten Belegstellen widerlegen aber zugleich die Behauptung Carl Schmitts[5]), „bei Rousseau sei die Politisierung theologischer Begriffe gerade beim Souveräni-

---

[1]) II, 6, Schluß.

[2]) II, 3 Abs. 1.

[3]) III, 12 Abs. 2.

[4]) Die Staatstheorie der französischen Nationalversammlung. S. 32 ff.

[5]) Politische Theologie (1922), S. 43—44.

tätsbegriff so auffällig, daß sie wohl kaum einem wirklichen Kenner seiner politischen Schriften entgangen sei." Schmitt beruft sich dabei auf einen Satz von Boutmy: „Rousseau applique au souverain l'idée que les philosophes se font de Dieu: Il peut tout ce qu'il veut, mais il ne peut vouloir le mal." Aber die einzige Belegstelle, die Schmitt aus Rousseaus Schriften anführt, das imiter les décrets immuables de la Divinité durch die menschliche Gesetzgebung wird doch nur in der Economie politique als inspiration céleste gefeiert, die moralische Freiheit neben strenger Ordnung ermöglicht habe; aber dieser Hymnus auf die wohltätigen Wirkungen des Gesetzes erlaubt noch keinerlei Parallele zwischen Rousseaus Auffassung von der Gottheit einerseits, dem Volk als Souverän andrerseits. Bei Hobbes freilich ist der Leviathan Staat mortalis Deus, der über Recht und Unrecht maßgebend entscheidet und in dem alle staatliche Macht vereinigt ist, aber was hat der Rousseausche Gott, die divinité puissante, intelligente, bienfaisante, prévoyante et pourvoyante[1]) der religion civile des Contrat oder die „volonté puissante et sage" des Glaubensbekenntnisses des savoyischen Vikars[2]) mit jenem Volk, dem irdischen Souverän gemeinsam, von dem Rousseau schon in der Economie politique sagt, es sei Wachs in den Händen seiner Regierung, guerriers, citoyens, hommes quand il le veut, populace et canaille quand il lui plaît, was hat Gott gemein mit jener multitude aveugle, qui souvent ne sait ce qu'elle veut, parce qu'elle sait rarement ce qui lui est bon." Ist es nicht Gotteslästerung, den Allweisen mit jener kurzsichtigen Menge zu vergleichen, deren blödes Auge man erst öffnen, der man den rechten Weg erst zeigen und die man erst lehren muß, nicht ein Opfer der Versuchungen ihrer Sonderinteressen zu werden[3]). Dieses Rousseausche Volk hat so wenig von göttlicher Einsicht, daß es der législateur, keineswegs ein „Welt- und Staats-

[1]) Contr. soc. IV, 8.
[2]) Emile livre 4.
[3]) C. S. II, 6, Schlußabsatz.

baumeister im Sinne der Philosophen[1]), sein genialer Ratgeber nur dadurch zu richtiger Ausübung seiner Souveränität zu bestimmen vermag, daß er seine Ratschläge, eine gute Verfassung anzunehmen, als Eingebung der Gottheit ausgibt (C. s. II, 7). Und so stark bleibt Rousseaus Mißtrauen gegen dieses Volk als Souverän, daß er ihm nur gestattet, alle Bürger in gleicher Weise angehende Dinge objets généraux durch Gesetze zu regeln, nicht, wie Schmitt meint, weil es nach Descartes und Malebranche[2]) auch dem Wesen Gottes entspreche, durch allgemeine Gesetze zu herrschen, im Gegenteil: Il y a mille sortes d'idées qu'il est impossible de traduire dans la langue du peuple. Les vues trop générales et les objets trop éloignés sont également hors de sa portée (C. s. II, 7) — sondern weil niemand sich selbst Unrecht tun will, und so die Maxime des Gemeinwohls, wenn auch nicht die richtige Subsumtion unter diese Maxime Rousseau gesichert erscheint. Nur durch Fernhaltung aller objets particuliers[3]) von diesem „göttlichen" Volk gelingt es, daß le peuple veut toujours le bien, wenn auch de lui-même il ne le voit pas

---

[1]) So Schmitt, Politische Theologie 43. („legitimierende Autorität".) Vgl. demgegenüber die treffende Darstellung in der Diktatur S. 127—129.

[2]) Diktatur S. 107 fg. Pol. Theologie 44. — Die Allgemeingültigkeit des Rechtsgesetzes betont schon Demosthenes (or. adv. Aristogitonem vol. 1 p 774. Reisk, unter Berufung auf das privilegia ne irroganto der 12 Tafeln (VIII, 1) Cicero de legibus III, 19, 44, ihnen folgend die römischen Klassiker Papinian und Marcian (l 1 u. 2 D. 1, 3) und schon vorher die republikanische Staatslehre. Vgl. Gellius, Noctes atticae X, 20 und Festus, Sub verbo rogatio bei Bruns fontes Jur. Romani editio VII, 2 p 33. Aber das alles hat mit der psychologistischen Methode Rousseaus die Maxime der Volonté générale bei der Abstimmung zu sichern, nicht das Mindeste zu tun, so wenig wie die Universalität des Gesetzes bei Descartes.

[3]) Übereinstimmend allerjüngstens Schmitt in einem Gutachten über die Abfindung der früher regierenden Fürstenhäuser (Walter de Gruyter 1926, S. 29 fg.). Diese „Politisierung theologischer Begriffe" wird aber nicht auf Rousseau oder Descartes gegründet, sondern — auf Art. 109 RV. — Aber bedeutet die Zugehörigkeit zu einem regierenden Haus nicht eine genügende generelle Differenzierung? Vgl. Contr. soc. II, 6, 6 und zu dieser Auslegung von Art. 109 überhaupt Anschütz 1926.

toujours. Aber was verschlägt das gegenüber der furchtbaren Gefahr des Despotismus oder „Dezisionismus"? La pire des lois vaut encore mieux que le meilleur maître, car tout maître a des préférences et la loi n'en a jamais. (Lettre 8me de la montagne.)

Auf die Gefahr hin, nicht von Schmitt zu den „wirklichen" Kennern der politischen Schriften Rousseaus gezählt zu werden, möchte ich behaupten, daß Rousseau keinerlei politische Theologie getrieben hat. Im Gegenteil: Mit Hohn und Spott hat er die behandelt, die es gewagt haben, ihre persönliche Herrschaft mit dem göttlichen Willen zu rechtfertigen:

Voilà un homme constitué en dignité: Dieu veut qu'on le respecte; bientôt voilà une puissance: Dieu veut qu'on lui obéisse. Le dépositaire de cette puissance en abuse-t-il, c'est la verge dont Dieu punit ses enfants" (C. s. IV, 8).

Freilich nicht erst in Amerika wird, wie Schmitt es darstellt (S. 44), der Gedanke der Volkssouveränität „zu dem vernünftig pragmatischen Glauben, daß die Stimme des Volkes Gottes Stimme sei," sondern dieser Satz findet sich auch bei Rousseau und zwar nur zwei Seiten entfernt von der einzigen Belegstelle, die Schmitt für die Politisierung theologischer Begriffe bei Rousseau anführt, in derselben Economie politique, aber auch damit wird das Volk nicht mit Gott in Parallele gesetzt, sondern nur hervorgehoben, was wir längst wissen, daß nur das Volk, solange es nicht durch Parteien und Kliquenwesen gespalten und verdorben ist, als zuverlässiges Organ der volonté générale und damit als Träger des Guten dem sozialen Betrachter und Architekten sich darbietet. Aber damit wird der Rousseausche Souverän nicht wie der Hobbessche zum Deus mortalis, er kann keineswegs, wie Boutmy und Schmitt meinen, alles was er will, denn „le souverain ne peut parler que par des lois et si la loi ne peut jamais avoir qu'un objet général et relatif également a tous les membres de l'Etat, il s'ensuit que le souverain n'a jamais le pouvoir de rien statuer sur un objet particulier." (Emile livre 5 oeuvres VII, 159). Der Rousseausche Souverän entspringt nicht einem theologischen

Begriff, sondern dem Mißtrauen gegen die egoistische Menschennatur.

Wir können somit abschließend sagen: In der Rousseauschen Soziallehre ist die Abstimmung der gesetzgebenden Versammlung so wenig eine irrationale Willensentscheidung oder eine Machtprobe, wie dies die Abstimmung eines Richterkollegiums ist, sondern beide suchen durch gemeinsame Beratung die Wahrheit: die einen in der Frage nach den wirksamen Mitteln zur Förderung des Gemeinwohls, die anderen in der dem positiven Gesetz entsprechenden Entscheidung eines konkreten Streitfalls. Und so wie die Bestimmungen über die Unabsetzbarkeit und Unversetzbarkeit der Richter oder über ihre Ausschließung im Fall besonderer Beziehung zum Streitfall oder den Parteien oder über das Geheimnis der Beratung nur diese Herrschaft der sachlichen Aufgabe aller Rechtsprechung über subjektive Gegenantriebe in der Seele des einzelnen gewährleisten sollen, so soll die Niederhaltung der Sonderinteressen und die Beschränkung der Abstimmung auf allgemeine Fragen die Herrschaft des Gemeinwohls in der Abstimmung des gesetzgebenden Volks garantieren. Hätte Rousseau dem Staat in dem jeweiligen Willen der ungeordneten Masse sein Gesetz gegeben, so hätte Kant ihn nicht als Newton der Moral feiern können. Er konnte es, weil Rousseau es war, der der Abstimmung dieser Masse erst in der volonté générale ihre einheitliche Frage und damit dem Chaos ihrer Stimmen Einheit und Gesetz verlieh. So wie die Herrschaft der Wächter in der Politeia Platons in der *ἰδέα τοῦ ἀγαθοῦ* ihre Einheit findet, so findet die Abstimmung und Beratung der Rousseauschen Volksversammlung in der Herrschaft des Gemeinwohls ihre Einheit und Harmonie[1]). Und so wie die

[1]) Eine treffende Hervorhebung des Grundgedankens bei R. Thoma, „Der Begriff der modernen Demokratie in seinem Verhältnis zum Staatsbegriff" in Hauptprobleme der Soziologie. Bd. 2. S. 57 und bei Richard Schmidt, der Volkswille als realer Faktor des Verfassungslebens und Daniel Defoe in Berichte über die Verhandlungen der sächsischen Akademie d. Wissensch. zu Leipzig, phil. hist. Kl. 1924 Heft 1 S. 5.

σωφροσύνη der dritten Klasse darin besteht, der Herrschaft der Erleuchteten und damit der Herrschaft der allgemeingültigen Idee sich anzuvertrauen[1]), so besteht die Freiheit des Rousseauschen Bürgers darin, daß er, wenn auch überstimmt, doch nur in dem Gesetz der Mehrheit der Maxime der volonté générale unterworfen ist, die auch für ihn verbindlich ist.

Beide glauben noch an die Herrschaft des Guten in der Seele der Herrscher und so tragen sie in ihrem Enthusiasmus für die Herrschaft des Objektiven kein Bedenken, den Naturinstinkt nach Unabhängigkeit der Herrschaft der Gerechtigkeit zu opfern[2]). Den modernen Demokraten mag das bedenklich erscheinen. Sie fürchten den Fichteschen Zwingherrn[3]), der sich doch auch nur, gleich dem königlichen Arzt, den Platons *Πολιτικός* zeichnet[4]), als überragender Träger der Wahrheit legitimieren kann, und indem sie die Relativität, d. h. Nachprüfbarkeit aller konkreten Werturteile (Macht, Ehre, Glück usw.), unter der Idee einer letzten Gesetzmäßigkeit nicht von der Unbedingtheit, dem Absoluten dieses alles bedingenden formalen Maßstabs der Ordnung selbst zu trennen vermögen, wird ihnen jede menschliche Herrschaft, die sich als „Zwangsversuch zum Richtigen" ausgibt, selbst suspect, und sie geben sich in einem müden Skeptizismus — wenn überhaupt Staat sein soll — der gesetzlosen Herrschaft der Mehrheit nur in die Hände, weil hier, wo zwischen Mehrheit und Minderheit kein verbindlicher Maßstab gefunden werden kann, die Anzahl derer, die dem gegen ihren Willen zustandegekommenen oder aufrecht erhaltenen Gesetz gehorchen müssen, auf die möglichst geringe Zahl beschränkt ist. So entfernt sich, um ein besonders prägnantes Beispiel herauszugreifen, die

---

[1]) Politeia IV, 9.

[2]) Vgl. die Rousseauschen Worte über die Erziehungsfunktion des Platonischen Staats im ersten Buch des Emile.

[3]) Staatslehre, herausgegeben von Medicus, 2. Auflage, S. 76 ff. und dazu mein Weltbürgertum und Vaterlandsliebe. S. 69 ff.

[4]) Vgl. später S. 453 fg.

Staatslehre Kelsens[1]) in ihrer jüngsten Ausprägung ebenso von der Platonischen, wie von der Rousseauschen Gedankenwelt. Freilich meint Kelsen[2]) sich auf Platon berufen zu können, der in der Politeia (III, 9) das Genie über die Grenze geleitet habe, was dem demokratischen Ideal der Führerlosigkeit und der demokratischen Forderung der Gleichheit entspreche. Aber hier scheint nicht beachtet, daß Platon hier (wie überhaupt in dem ganzen Abschnitt nur von dem Einfluß der Kunst auf die Erziehung der Krieger) nur von dem in allen Sätteln der Nachahmungskunst bewanderten Dichter[3]) handelt, nicht von dem Staatsmann und Führer, dem er in den Wächtern und der Methode ihrer Erziehung in schärfstem Gegensatz zu aller demokratischen Nivellierung[4]) ein unsterbliches Denkmal gesetzt hat. Der Platonische Glaube an die Macht des Guten und an die Sendung ihrer erleuchteten Träger weist das Genie nicht aus dem Staat, sondern überläßt den Philosophen und nur ihnen, als den wahren Königen, die Herrschaft im Staat. Wie weit der unsterbliche Begründer der Aristokratie von demokratischer Führerlosigkeit und Gleichheit entfernt ist, zeigt sich besonders eindringlich im „Staatsmann", Kap. 32, wo er dem ganz seltenen Menschen[5]), dem die Gabe der Staatskunst verliehen ist, auch jede Bindung durch starre Gesetzesfesseln abnehmen möchte, damit der wahre

---

[1]) Vom Wesen und Wert der Demokratie (1920) und die jüngste glänzende Darstellung in der Allgemeinen Staatslehre. 1925.

[2]) Demokratie. S. 29—30 mit Note 36.

[3]) Von dem *ανὴρ δυνάμενος ὑπὸ σοφίας παντοδαπὸν γίγνεσθαι καὶ μιμεῖσθαι πάντα χρήματα* (der auf Grund seiner Geschicklichkeit allerlei Gestalt annehmen und alle Dinge nachahmen könnte) *εἰ ἡμῖν ἀφικοιτο εἰς τὴν πόλιν αυτός τε καὶ τὰ ποιήματα βουλόμενος ἐπιδεῖξασθαι*. Statt seiner will sich Platons Staat im Interesse der Krieger nur des *αὐστηροτέρῳ καὶ ἀηδεστέρῳ ποιητῇ* (des strengeren und herberen Dichters) bedienen nach dem Grundsatz, daß *ἕκαστος ἓν πράττει* (397 DE, 398 A).

[4]) Vgl. etwa noch über Platons Stellung zum großen Haufen. Staat VI, 8 und 12 am Ende VII, 5. Gorgias, Cap. 77—78.

[5]) *Τὴν μὲν ὀρθὴν ἀρχὴν περὶ ἕνα τινὰ καὶ δύο καὶ παντάπασιν ὀλίγους δεῖν ζητεῖν, ὅταν ὀρθὴ γίγνηται.* (Kap. 32, 293). Siehe denselben Gedanken im Beginn des Kap. 36.

Fachmann unbehindert durch die Schablone des Gesetzes mit seiner königlichen Einsicht die Menge beherrsche, selbst wenn er ihr wider ihren Willen Schmerzen zufügen muß, um sie zum Guten zu zwingen[1]).

Wie wenig aber auch der Rousseausche Staat auf jenem „Urinstinkte des geselligen Lebewesens" der Reaktion gegen fremde Herrschaft[2]) aufgebaut ist, das hat unsere frühere Betrachtung gezeigt. Der negative Trieb nach Unabhängigkeit hat nichts mit der liberté civile gemeinsam, in der trotz des eudämonistischen Grundcharakters der Kantische Gedanke der Autonomie antizipiert ist. Der negative Trieb nach Freiheit, der in Wahrheit Sklaverei ist (C. s. I, 8 Schluß), findet schon bei Rousseau keine Gnade; nur ob das den Trieb zügelnde objektive Gesetz der volonté générale bei der Herrschaft von Menschen über Menschen gewahrt ist, kümmert den Schüler Platons, und er überantwortet dem Volk die Herrschaft nicht darum, weil durch die Zustimmung der Mehrheit der Trieb nach Freiheit zu seinem Recht kommt, — der erzeugt nach Rousseau nur Sklaverei und damit Heteronomie, — sondern weil ihm dieses Volk als zuverlässiges Organ des alle Sondertriebe beherrschenden Gemeinwohls erscheint.

Fragen wir, worin all die bunte Mannigfaltigkeit, in der in Gesetzgebung und Erziehung Menschen auf menschliche Seelen einwirken, ihren letzten Sinn und Inhalt empfängt, so bleibt uns, wenn wir ausdenken, nichts anderes als der Gedanke eines letzten Zieles, in der Richtung auf das alles menschliche Drängen und Streben Ordnung und Einheit empfängt. Daß auch moderne Gesetzgebung nur durch die Richtung auf eine Gemeinschaft, deren Wesen durch Unterordnung unter solche Einheit bestimmt wird, ihre Rechtfertigung und für ihre konkreten Mittel die Methode ihres Beweisverfahrens empfangen kann, hat unser verehrter Jubilar, der große Erneuerer Platonischer und Kantischer

---

[1]) Das wäre dann die „Diktatur der Vernunft", die Schmitt (Diktatur 123 fg.) bei Rousseau finden wollte. Natürlich bedeutet die Platonische Leitung nicht, „daß man die Unfreien vernichtete", wie Schmitt meinte (124).

[2]) Kelsen, Demokratie. S. 4.

Lehre in mustergültiger Klarheit und Energie uns Modernen ins Bewußtsein gebracht. Wir glauben zwar nicht mehr mit Rousseau, daß der Einklang mit solchem Grundgesetz rechtliche Gemeinschaft überhaupt erst begründen, daß ein menschlicher Gewalthaber positives Recht nur erzeugen könne, wenn er seine Herrschaft als Instrument der volonté générale erweist, weil wir die Werthaftigkeit nicht mehr mit den Naturrechtlern alten und neuen Schlags[1]) zum Begriffsmerkmal positiv-rechtlicher Gemeinschaft erheben. Es gibt auch schlechtes, verwerfliches Recht, gemessen nicht nur an seinem Inhalt und seinen Wirkungen, sondern auch an der Tendenz seines menschlichen Urhebers[2]). Darüber darf das Schillernde des Worts nicht hinwegtäuschen. Aber gerade weil die positivrechtliche Macht letztlich auf das brutale Faktum des ständigen Gehorsamwillens der Angeredeten sich gründet, bedarf es eines selbständigen Verfahrens, in dem menschliche Gesetzgebung ihren Einklang mit dem letzten Grundgesetz menschlichen Handelns, das heißt ihre Gerechtigkeit dartut. Gerade Stammlers eminentes Verdienst ist es, gegenüber den Unklarheiten des modernen Relativismus gezeigt zu haben, daß der Mangel unumstößlicher Ergebnisse auf diesem Gebiet gegen die wissenschaftliche Bedeutung objektiver Wertung in Moral und Politik nichts ausmacht. Unumstößliche Ergebnisse gibt es auch

---

1) Vgl. darüber meine Festrede Kants Kritizismus und die naturrechtlichen Strömungen der Gegenwart (Pan-Verlag 1924), S. 15 ff. Diese Richtung verkennt grundsätzlich, daß nicht das zu messende Material menschlicher Herrschaft sein unterscheidendes Merkmal von seinem idealen Maßstab und Ziel, sondern der Maßstab darin sein unterscheidendes Merkmal empfängt, daß er sich als der letzte Richtpunkt für eben jenes empirische Material menschlichen Wollens darstellt. In der gegenteiligen Vermengung von Begriff und Idee liegt auch der Grundfehler der Rechtslehre B i n d e r s, auch in seinem letzten eindrucksvollen Werk, der Philosophie des Rechts (1925) auch hier vielleicht von Hegel beeinflußt, der alles Unvernünftige als „Schutt des Daseins" ignoriert. Richtig hingegen Schmitt, Römischer Katholizismus S. 41 oben.

2) Soziologisch gesehen, wird sich freilich auf die Dauer nur die Rechtsmacht behaupten können, die eine Idee repräsentiert. Von Schmitt trennt mich hier nur seine Annahme, die Idee bedeute immer „eine Autorität von oben". Vgl. a. a. O. S. 37 und besonders charakteristisch S. 44, wo jeder Anarchismus als Atheismus bezeichnet wird. Und Tolstoi?

nicht im Bereich der Naturwissenschaft. Sie kann auf beiden Gebieten des Seins wie des Sollens nur erwarten, wer den absoluten Gedanken der Ordnung überhaupt mit Einzelsynthesen im Bereich des empirischen Materials verwechselt, deren Anspruch auf Objektivität der Nachprüfung vor jenem höchsten formalen Maßstab allseitiger Harmonie im Mannigfaltigen notwendig offensteht.

Somit ist menschliche Gesetzgebung zwar nicht ihrem Begriff nach gerecht, aber um so gewisser folgt, daß vom Standpunkt des sittlichen Gesetzes jeder Gesetzgeber verpflichtet ist, nach gerechter Ausgestaltung der ihm anvertrauten Gemeinschaft zu streben. Es war eine Großtat des genialen Rousseau, in der einheitlichen Aufgabe des Staatsinteresses Sinn und Schranke aller menschlichen Gesetzgebung, auch der des souveränen Volks, aufgezeigt zu haben.

Besteht diese Schranke auch für die Instanzen, denen nach unserem geltenden Reichsstaatsrecht die Gesetzgebung anvertraut ist, besteht solche Rechtspflicht, nach objektiv richtiger Ausgestaltung des Staats zu trachten, insbesondere für unser gesetzgebendes Parlament? Ist auch ihm, so wollen wir zum Schluß dieser Betrachtung fragen, wie dem Richterkollegium und dem Rousseauschen Souverän in dem Staatsinteresse von Rechts wegen eine einheitliche Aufgabe und Schranke gesetzt?

Es ist bekannt, wie die Rousseauschen Ideen durch den gewaltigen Einfluß des Abbé Sieyès Eingang in das Staatsrecht des revolutionären Frankreich gefunden haben[1]). Zwar konnte das gewaltige Land nicht durch die Versammlung des gesamten Volks, sondern nur durch eine solche seiner Abgeordneten seine Gesetze empfangen[2]). Diese

[1]) Zum folgenden vgl. Rieker in d. Zeitschr. f. Literat. u. Gesch d. Staatswiss. Bd. 2. S. 17ff. Jellinek, Allgemeine Staatslehre. Kap. 17. und Redslob, Die Staatstheorien der französischen Nationalversammlung, besonders Kap. 5.

[2]) Es siegt der Gedanke Montesquieus im Esprit des loix XI, 6: Le grand avantage des représentants, c'est qu'ils sont capables de discuter les affaires. Le peuple n'y est point du tout propre. Siehe auch Rousseau selbst in C. s III, 15, Schluß.

Abgeordneten sind zwar nach dem réglement du roi pour la convocation des Etats généraux noch Vertreter der drei Stände und verpflichtet, nach den Weisungen (cahiers) ihrer Wähler zu stimmen. Aber schon am 17. Juni 1789 treten unter dem Einfluß von Sieyès die Abgeordneten des tiers état als assemblée nationale zusammen, der sich Adel und Geistlichkeit dann anschließen. Der König gibt nach, erklärt die cahiers impératifs als für die Zukunft nicht mehr wirksam, sie seien nur Instruktionen, die dem Gewissen und der freien Überzeugung der Abgeordneten unterstellt seien[1]). In welchem Sinn das Gewissen aber seine Kontrolle ausüben sollte, war klar: Nicht mehr der Machtspruch der Wähler, sondern das Interesse der gesamten Nation sollte von Rechts wegen die einzige Richtschnur für die Tätigkeit der Deputierten sein[2]). 1791 unterscheidet Barnave den Abgeordneten nur dadurch von dem Staatsbeamten, daß letzterer für die ganze Nation nur handeln, ersterer aber wollen könne. Demgemäß heißt es gut Rousseauisch in der constitution francaise von 1791: La loi est l'expression de la volonté générale und von den Abgeordneten: Les représentants nommés dans les départements, ne seront pas représentants d'un département particulier, mais de la nation entière, et il ne pourra leur être donné aucun mandat.

Da die loi der Ausdruck des allgemeinen Willens ist und da tous les citoyens ont droit de concourir personellement ou par leurs représentants à sa formation (art. 6), so bedeutet die Aufhebung des mandat impératif nichts anderes, als daß die Abgeordneten bei der Gesetzgebung nach keines Menschen Befehl, sondern nur nach dem Wohl des ganzen Volks ihre Entscheidung fällen sollen[3]).

---

[1]) De simples instructions confiées à la conscience et à la libre opinion des députés (Buchez et Roux, Histoire parlementaire de la révolution française II, p. 14).

[2]) Vgl. die Ausführungen von de Lolme, Talleyrand und Barnave bei Redslob a. a. O., S. 116 ff.

[3]) Für das heutige Staatsrecht Frankreichs ganz entsprechend. Vgl. z. B. Esmein, éléments de droit constitutionnel (4) p. 15, der das Gesetz definiert

Wir finden diese Gedanken in glücklichster Fassung in der Steinschen Städteordnung von 1808, § 110 hinsichtlich der Stadtverordneten.

„Das Gesetz und ihre Wahl sind ihre Vollmacht, ihre Überzeugung und ihre Ansicht vom gemeinen Besten der Stadt ihre Instruktion, ihr Gewissen aber die Behörde, der sie deshalb Rechenschaft zu geben haben."

So heißt es denn auch nach dem Vorgang der alten Verfassungen, z. B. der preußischen von 1850 Art. 83, der alten Reichsverfassung Artikel 29 im Artikel 21 unserer heutigen Reichsverfassung von den Abgeordneten zum Reichstag:

Die Abgeordneten sind Vertreter des ganzen Volks. Sie sind nur ihrem Gewissen unterworfen und an Aufträge nicht gebunden.

Allzuviel ist schon unter der Herrschaft des konstitutionellen Staatsrechts die Frage erörtert worden, ob und inwieweit hier der privatrechtliche Begriff der Vertretung Anwendung finden könne. Gewiß sind die Wähler nur Organ der Kreierung, und es kann keine Rede davon sein, daß sie wie Auftraggeber durch Weisungen die Gewählten zu bestimmtem staatlichen Handeln verpflichten könnten oder daß nach den privatrechtlichen Grundsätzen der direkten Stellvertretung das Handeln des Parlaments als Handeln der gesamten Wählerschaft oder gar des gesamten Reichsvolks behandelt werden dürfte. Aber sie sind doch in dem Sinn Volksvertreter als sie in guten Treuen dazu bestellt sind, um die richtig verstandenen Belange des gesamten Volks, nicht ihre Privatinteressen wahrzunehmen. So wie ein Vormund in Erziehung und Verwaltung von Rechts wegen nach dem Besten des seiner Obhut Anbefohlenen sich richten, so handeln soll, wie letzterer handeln müßte, wenn er seine Angelegenheiten richtig erledigen

als règle impérative ou prohibitive posée par le souverain qui statue non dans un intérêt particulier, mais dans l'intérêt commun.

wollte[1]), in diesem Sinn den vernünftigen Willen des Mündels vertritt, so und in dem gleichen Sinn ist der Abgeordnete Vertreter des gesamten Volks, er ist Vertreter des Reichsinteresses und damit des gerechtfertigten Interesses des Reichsvolks, einerlei ob dieses Volk in seiner Mehrheit selbst die richtigen Wege erkannt, bekannt hat oder überhaupt hätte erkennen können. Gerade indem der Artikel 21 zunächst betont, daß die Abgeordneten nur ihrem Gewissen unterworfen sind, lehnt er nicht nur jeden herrischen Einfluß von außen ab, sondern betont zugleich, daß über ihr staatliches Tun nicht ihre Willkür, ihre Laune und ihr Belieben, sondern eine objektive Instanz, ihr Gewissen entscheiden soll. Diesen objektiven Warner im Kampf der subjektiven Triebe gegen das Staatsinteresse zu hören, sind sie rechtlich[2]) verpflichtet. Nicht nur das Eigentum[3]) (Art. 153, III RV., sondern auch die öffentlichrechtliche Macht als Abgeordneter verpflichtet nach unserer Reichsverfassung, verpflichtet von Rechts wegen zum Dienst für das gemeine Beste[4]). Für die moderne Rechtsordnung ist überhaupt diese Tendenz zur Verpflichtung des zunächst schier allmächtigen Inhabers subjektiver Rechte zu einer objektiven Ausübung in einer parallel gehenden Entwicklung des bürgerlichen und des öffentlichen Rechts charakteristisch. So sehen wir, wie aus dem unbeschränkten Herren-

---

[1]) Vgl. die treffenden Worte Talleyrands (bei Redslob, S. 119): „Qu'est-ce que le député d'un baillage ? C'est l'homme que le baillage charge de vouloir en son nom, mail de vouloir comme is voudrait lui-même, s'il pouvait se transporter au rendez-vous général, c'est-à-dire après avoir mûrement délibéré et comparé entre eux tous les motifs des diffé rents baillages."

[2]) Übereinstimmend Anschütz zu Art. 21 RV. Thoma, a. a. O., S. 48. Wohl auch Stier-Somlo, Reichs- und Landesstaatsrecht I, 563—564. Abweichend Giese (6) zu Art. 21, Ziff. 2. Wie hier für die älteren Verfassungen auch schon Rieker, a. a. O., S. 61 unten, gegen die Rechtsnatur der Schranke Jellinek (2) S. 565—566, 569—570. Vgl. auch Schmitt Diktatur S. 24.

[3]) Darüber Martin Wolff in der Berliner Festgabe für Kahl (1923).

[4]) Über ähnliche Rechtspflichten der Volksvertreter nach früheren deutschen Verfassungen, siehe Rieker a. a. O. S. 32, Note 1.

recht des Familienhaupts[1]), das zunächst nur durch Herkommen und Sitte gemildert ist, sich allmählich eine Munt- und Erziehungsgewalt im Interesse der schutzbedürftigen Familienglieder entwickelt oder wie die sittlichen Pflichten der Begüterten sich zu Rechtspflichten des Eigentümers im Interesse der Gesamtheit auswachsen[2]). In ähnlicher Entwicklung wird aus dem absoluten Monarchen, der sich höchstens religiös oder sittlich einem Höheren bei Ausübung seiner Herrschaft verantwortlich weiß, unter dem Einfluß des christlichen und weltlichen Naturrechts in der modernen Staatslehre ein Organ des Staats und in den modernen Verfassungen ist kein Zweifel, daß das Parlament, auf das die rechtsetzende Gewalt des Monarchen ganz oder teilweise übergegangen ist, in all seinen Gliedern nicht nach dem Grundsatz car tel est mon plasir seine Gewalt ausüben darf, sondern als Organ des Staates bei Ausübung seiner Funktionen an diese Interessen der Gesamtheit rechtlich gebunden ist. Wenn in der erregten Debatte über unsere neue Aufwertungsgesetzgebung Reichstagsabgeordnete einander vorgeworfen haben, ihre Abstimmung sei von persönlichen pekuniären Interessen (sei es als Gläubiger von Obligationen, Hypotheken usw. oder als Schuldner) geleitet, so bedeutete diese unerhörte Anschuldigung nicht nur den Vorwurf, in Ausübung ihrer öffentlich-rechtlichen Befugnisse gegen das Sittengesetz, sondern zugleich auch gegen die Verfassung verstoßen zu haben. Wenn der neue Entwurf eines allgemeinen deutschen Strafgesetzbuchs im § 105 nicht mehr nur wie der § 109 des geltenden Gesetzes das Kaufen oder Verkaufen einer Wahlstimme, sondern jede Bestechung bei Wahlen und Abstimmungen auf Grund von Rechtsvorschriften in öffentlichen Angelegenheiten (§ 102)

---

[1]) Vgl. darüber jetzt Bohne, Die Freiheitsstrafe. Teil 2. (1925.) S. 187 ff.

[2]) Auch die Einschränkung der Verfügung über einer Auflageforderung von öffentlichem Interesse etwa kraft des objektiven Rechts der constitutio divi Marci ad Aufidium Victorinum oder des § 525 II BGB. gehört hierher: Vgl. meine „Freilassungspflicht und Reurecht" (Berlin 1905, Vahlen) S. 1 fg. und meine Schenkung unter einer Auflage § 14.

mit Strafe bedroht, so bedeutet das, im Fall ein Abgeordneter zum Reichstag der Täter ist, eine Sanktion gegenüber einer besonders schändlichen Verletzung der Rechtspflicht aus Artikel 21 der RV.

Könnte der Abgeordnete von Rechts wegen mit seiner Stimme „nach Belieben verfahren‘ (903 BGB.), so wäre nicht einzusehen, weshalb ein Verkaufen strafbar sein sollte[1]). Dann läge aber in der Entgegennahme von Vorteilen für eine bestimmte Ausübung seiner Machtgewalt auch nichts Unsittliches oder Rechtswidriges, das ihn mangels eigener turpitudo des Gebers zur Rückgabe nach § 817 BGB. verpflichtete. Im übrigen haben wir freilich eine lex imperfecta, deren bedeutsamer Gehalt aber jederzeit etwa durch Eid[2]) oder eine Verantwortlichkeit vor einem unabhängigen Gerichtshof entsprechend der Verantwortlichkeit der im Art. 59 RV. genannten Reichsorgane oder durch Kassation des vitiös, etwa durch strafrechtlich festgestellte Bestechung zustandegekommenen Gesetzes durch eine unabhängige Behörde nach Art des Ausspruchs des römischen Senats ea

---

[1]) Nach englischem Parlamentsrecht muß sich der Abgeordnete, der an der zur Beratung stehenden Angelegenheit ein besonderes unmittelbares pekuniäres Interesse hat im Gegensatz zu den übrigen Staatsbürgern oder den allgemeinen Staatsinteressen, der Stimme enthalten. Das ist echt Rousseauisch gedacht und hat selbstverständlich nur Sinn, wenn man eine Verpflichtung des Mitglieds nur nach dem Staatsbesten zu stimmen unterstellt. Die Kontrolle der Regel liegt hier beim speaker. Vgl. Redlich, Recht und Technik des englischen Parlamentarismus, S. 509, über den Grundgedanken der Aufgabe jedes Mitglieds des englischen Parlaments vergleiche man Blackstone, commentaries I, 2 (1765), S. 159: Every member, though chosen by one particular district when elected and returned, serves for the whole realm. For the end of his coming thither is not particular, but general: not barely to advantage his constituents, but the commonwealth. Vgl. auch Jellinek, Allg. Staatslehre (2), S. 558. Über die Parallelen in unserem Privatrecht bei „Interessenkollisionen" siehe den letzten Abschnitt.

[2]) So hatte jedes Mitglied der bayrischen Ständeversammlung einen Eid dahin zu leisten, daß es in der Ständeversammlung nur des ganzen Landes allgemeines Wohl und Beste ohne Rücksicht auf besondere Stände oder Klassen nach seiner direkten Überzeugung beraten werde. Vgl. Rieker, a. a. O., S. 16.

lege non videri populum teneri stärker garantiert werden könnte. Kaum der Betonung bedarf es, daß man die rechtliche (nicht bloß moralische) Natur dieser Verpflichtung nicht darum bestreiten darf, weil diese selben verpflichteten Reichstagsabgeordneten durch verfassungsänderndes Reichsgesetz die Rechtsnorm aufheben könnten, die ihre Verpflichtung, nach dem Besten des Reichs abzustimmen, begründet. Erwägt man die objektiven Bedingungen solcher Aufhebung, so liegt der Gegensatz zu einer in ihrer Geltung von dem Belieben der „Unterstellten" abhängigen Konventionalregel im Sinne Stammlers (die in Wahrheit darum keine Pflichten erzeugen kann) auf der Hand.

Sehr viel wichtiger ist, sich gegenüber den Angriffen auf den Parlamentarismus von links und rechts klar zu machen, daß die Parlamente nach der ihnen in der Vergangenheit wie in der Gegenwart vom Recht[1]) gestellten Aufgabe keine „Schwatzbuden" sind, aber auch keineswegs ein Tummelplatz für die blinden Kämpfe und Gegensätze mächtiger Interessenverbände, aus denen durch das Wunder einer prästabilierten Harmonie das Richtige „von selbst" hervorginge, sondern Versammlungen von Vertrauensmännern des Volks, die in gemeinsamer Arbeit das Beste dieses Volkes beraten und beschließen sollen. Nur aus dieser großen und hohen Aufgabe lassen sich die Vorrechte unserer Abgeordneten, nicht nur das Verbot eines mandat impératif, sondern insbesondere ihre Verantwortungsfreiheit nach Art. 36 RV. begreifen, wie die schon in der Reichsverfassung gewährleistete Unabhängigkeit unserer Gerichte (Art. 102 ff.) oder ihre Ausschließung im Fall persönlicher Befangenheit (§§ 41 ff. ZPO., 72 ff. StPO.) oder die Bestimmung über Richterbestechung nach §§ 334 f. StGB. sich nur aus dem Gedanken erklären, die ihnen anvertraute Aufgabe positivrechtlicher Gerechtigkeit vor jeder unsachlichen Beeinflussung und Verunreinigung zu schützen.

[1]) Daß die Wirklichkeit nicht diesem Postulat voll entspricht, ist oft betont worden. Vgl. etwa Rieker, a. a. O., S. 64 James Bryce Moderne Demokratien München 1923 I S. 166 und jetzt Schmitt, Parlamentarismus S. 38 ff.

Sahen wir früher, daß der Vorzug des Richterkollegiums vor dem Einzelrichter darin bestand, daß die Mehreren in ihrer gemeinsamen Arbeit grundsätzlich eine größere Gewähr bieten für die richtige Entscheidung, so beruht auch der Vorzug der mehreren Gesetzgeber, der Vorzug des Parlaments auf der einfachen Erwägung, daß gerade in Rücksicht auf die aller Gesetzgebung gestellte Aufgabe einer sachlich richtigen Regelung der Gemeinschaft die mehreren mehr sehen, hören und verstehen als der einzelne und (ebenso wie Richter im Kollegium) den reichen Schatz ihrer Lebenserfahrung und sonstiger Kenntnis auf allen Gebieten miteinander austauschen und der gemeinsamen großen Aufgabe objektiver Regelung zur Verfügung stellen können[1]).

Nur durch die große einheitliche Aufgabe bekommt auch die Beratung im Parlament überhaupt einen Sinn. Ohne sie bliebe nur eine brutale Machtprobe oder die Debatte würde zum Geschwätz oder zur Heuchelei. Gewiß ist Rechtsprechung und Politik ihrem Wesen nach verschieden. Dort handelt es sich darum, Streit zu schlichten, indem das geltende Recht[2]) auf den konkreten Fall des Lebens angewandt wird, hier durch Änderung der Gesetze eine bessere Ausgestaltung der Gemeinschaft herbeizuführen. Ist dort der zu ermittelnde „Tatbestand" dem Gesetz gemäß zu behandeln, so ist hier die nach der Erfahrung ermittelte Ausgestaltung der Gemeinschaft und die von der beabsichtigten Gesetzesänderung nach den Gesetzen sozialer Empirie erwartete Abänderung dieser Gestaltung nach einem für alle maßgeblichen Ziele zu vergleichen und abzuschätzen und danach die Entscheidung zu finden. Kenntnis der Tatbestände des Lebens und Beherrschung der maßgebenden Normen wird aber für Rechtsprechung wie

---

[1]) Treffend Trendelenburg, Naturrecht, S. 148.

[2]) Daß dieses Recht selbst häufig den Richter verpflichtet, die maßgebliche Entscheidung daraufhin auszuwählen, ob sie sich als geeignetes Mittel zu einem vom positiven Recht erstrebten Ziel erweist, ist schon früher betont worden. Vgl. oben S. 402 f., 422. Hier nähert sich die Tätigkeit der Gerichte am meisten der „Verwaltung" oder geht in sie über.

für Gesetzgebung verlangt. Die Norm liegt dort im positiven Recht oder den von ihm für maßgebend erklärten Zielen, hier in dem Gedanken des Staatsinteresses. So etwa wenn ein Jugendgericht darüber berät, ob an Stelle der Strafe nach § 6 JGerG. Erziehungsmaßregeln gegen den jugendlichen Angeklagten „ausreichend", oder eine gesetzgebende Versammlung, ob und welche gesetzgeberischen Maßnahmen zur Verhütung weiterer Verwahrlosung der Jugend geboten seien. Vielfach mag bei solcher Beratung von Kollegien beiderlei Art der maßgebende konkrete Zweck für alle feststehen, der Schutz von Leib und Leben, der vitalsten Regeln geschlechtlichen Anstands bei einer Beratung der Richter nach 138, 618, 1568, 1666 BGB. oder nach § 811 ZPO. oder der Abgeordneten bei Beratung von Gesetzen zur Verhütung ansteckender Krankheiten, zur Bekämpfung der Unzucht in Wort und Bild und Schrift, zur Unterstützung von Kriegsblinden oder der Opfer eines Erdbebens oder des Währungsverfalls. Bald mag der durch die zu beratende Entscheidung zu verwirklichende Zweck selbst noch im Kollegium der Richter oder Abgeordneten bestritten sein, etwa die bei Vertragsverhandlungen oder innerhalb eines Miet- oder eines Gesellschafts- oder eines ehelichen Verhältnisses von den Kontrahenten gegeneinander oder im Prozeß gegen Richter und Gegner zu übende Aufrichtigkeit oder das Maß von Freude oder von Schmuck des Daseins, das junge oder alte Menschen, das Fabrikarbeiter oder Heimarbeiter oder das selbst Vollstreckungsschuldner oder Strafgefangene, das Kinder von Eltern, Ehegatten voneinander oder vom Staat erwarten dürfen. Immer muß nach dem Sinn des Gesetzes, das diese Mehrheit im Plenum oder Ausschuß zu gemeinsamer Beratung beruft, ein für alle maßgebender Zweck vorausgesetzt werden, im Hinblick auf den erst die Berechtigung jenes streitigen Ziels in der gemeinsamen Beratung entschieden werden kann. Überall bleibt für beide Arten von Kollegien eine gemeinsame Aufgabe der Klärung nach der Seins- oder nach der Sollens-Seite, die erst ihrer Diskussion und Beratung Sinn und Halt und Aussicht auf Erfolg verleiht. Auch wenn der Streit auf sogenannte Weltanschauungsfragen übergreift — und das ist in der Beratung von rechtsprechenden Richtern, die häufig, oder von gesetzgebenden Abgeordneten, die stets im Hinblick auf ein letztes Ideal die richtige Entscheidung gemeinsam finden sollen, gar nicht zu vermeiden — muß von Seiten der „Kollegen" daran festgehalten werden, daß in der gemeinsamen Aufgabe einer richtigen Ausgestaltung der Gemeinschaft sie alle nach dem Willen des Gesetzes verbunden sind.

So, wenn eine Beschwerdekammer darüber berät, ob eine Person mit Rücksicht auf das religiöse Bekenntnis des Mündels nach § 1779 II BGB. als Vormund geeignet oder die Reichstagsabgeordneten in pleno oder im Ausschuß darüber verhandeln, ob Bekenntnis- oder weltliche Schulen grundsätzlich einzurichten sind. Vielleicht besteht hier zwischen weltgesinnten Atheisten und Anhängern der civitas dei keine Brücke, aber auch dann mögen beide „Parteien" bewußt bleiben, daß jeder Teil seine Weltanschauung im Ringen nach der Wahrheit gefunden und daß in dieser letzten Zielsetzung, die ihren Wesen nach n o t w e n d i g (nicht wie stoffliche Ziele willkürlich zufällig nur für dieses oder jenes Subjekt), die l e t z t e und a l l u m f a s s e n d e ist, auch die Anhänger der entgegengesetzten Parteianschauungen miteinander nach dem Willen unseres Gesetzes vereinigt sind. Freilich dieser maßgebende Gedanke einer allumfassenden Ordnung ist „nur eine Idee", ist nur formal, aber das nimmt ihm seinen „Wert" nur für diejenigen, die trotz des Kritizismus nichts gelernt und nichts vergessen haben, für eine Welt, die bald himmelstürmend durch „Metaphysik" das Absolute zu erhaschen trachtet, bald verzweifelnd am Gelingen sich einem müden Relativismus gefangen gibt, dessen abgeklärte Reife darin besteht, daß er jedem Trieb seinen „Wert" läßt. Solcher Relativismus liegt unserem Gesetz nicht zu Grunde. Sonst könnte es nicht die Richter im Kollegium zur gemeinsamen Beratung und Entscheidung nach nicht festgefügten Paragraphen eines ius aequum, die Abgeordneten nicht zur gemeinsamen Entscheidung über das Staatsbeste zusammenrufen. Denn nicht durch blindwütigen

Anprall und Kampf feindlicher Kräfte, der nur durch brutales Niederzwingen des Gegners endgültig oder faules Kompromiß scheinbar beendigt werden könnte, sondern durch Erörterung von Argument und Gegenargument in sachlicher Beratung soll in beiden Versammlungen die richtige Lösung des gemeinsamen Problems gefunden werden. Diese Einheit der letzten Aufgabe einer freien Rechtsprechung und ihrer Aufgabe gerecht werdender Gesetzgebung kommt in dem berühmten § 1 des Schweizer Zivilgesetzbuchs zu klarem Ausdruck. Denn wenn hier dem Richter befohlen wird, mangels Anhalt im positiven Recht nach der Regel zu entscheiden, die er als Gesetzgeber aufstellen würde, so setzt die Befolgung dieser Regel voraus, daß der Schweizer Gesetzgeber bei seiner Regelung nicht nach Gefühl und Laune, sondern nach objektiven Maßstäben verfährt, die der Richter von ihm entlehnen, beziehungsweise von der Wissenschaft entlehnen kann, der in philosophischer Besinnung die Klarstellung solcher letzten Richtpunkte obliegt. Auch über den Maßstab der bewährten Lehre und Überlieferung, die den Richter bei solcher Aufgabe geleiten sollen, können ja nur sie eine befriedigende Antwort geben.

Nun wird man einwenden, unsere Betonung der Rechtspflicht des Parlaments, von dem Staatsbesten sich leiten zu lassen, sei graue Theorie. Denn in praxi werde der Abgeordnete, der sich von unlauteren Motiven der Gewinnsucht oder auch von dem einseitigen Bestreben, seiner Klasse oder seinem Stand oder Interessenverband zu nützen, zu seinem Votum habe verleiten lassen, dennoch seine Haltung als von der Erwägung des Staatsbesten ausschließlich diktiert zu rechtfertigen und zu beschönigen wissen. Das wird gewiß vielfach versucht werden und gewiß auch manchmal Eindruck machen. Aber durchaus nicht immer. Freilich der Inflationsgewinnler, der gegen eine höhere Aufwertung stimmt, wird sich darauf berufen, ihre Lasten seien für Industrie und Handel untragbar, der einseitig nur einem Stand oder einem Interessenverband ohne Rücksicht auf das Gesamtwohl Dienende wird sagen, gerade mit dem Gedeihen dieses seines Stands oder Verbands, sei das Gedeihen des Staats untrennbar verknüpft. Aber vielleicht lassen sich diese Argumente als irrig, womöglich als Heuchelei dartun, indem in objektiver Erörterung die Tragbarkeit höherer Aufwertungslasten erwiesen oder dargetan wird, daß, ehe daß der Staat moralisch oder physisch versinken darf, selbst von den wichtigsten Gliedern die größten Opfer an Gut und Blut gefordert werden dürfen. Übrigens darf die Aufhellung eines für die Bedeutung unseres Parlaments so wichtigen Rechtsgebots doch nicht darum unterbleiben, weil der Beweis seiner Übertretung im einzelnen Fall auf unüberwindliche Schwierigkeiten stoßen mag. Auch die Betonung der sittlichen Verwerflichkeit von Lug und Trug und der objektive Beweis dieser These darf nicht darum unterbleiben, weil so viele Lügner und Betrüger unentlarvt herumlaufen.

Dazu kommt aber noch ein Zweites. Bleibt man sich bewußt, daß alle Abgeordneten in der richtigen Ausgestaltung der staatlichen Gemeinschaft eine letzte gemeinsame Aufgabe haben, so werden damit auch die Parteiprogramme ihres absoluten und dadurch isolierenden Charakters entkleidet. Sie sind nur noch steter Nachprüfung unterworfene Versuche, durch bestimmte Mittel diesem letzten Ziel näherzukommen[1]). Auch Erbmonarchie oder Volkssouveränität, größte Ausdehnung von Heer und Flotte, Wohlleben und ungestörter Besitz des Individuums, Schutzzoll oder Handelsfreiheit sind kein Letztes, die davor befreit wären, vor einem letzten Zielpunkt ihre Berechtigung in concreto darzutun. Das Vaterland über der Partei[2]). Das heißt nicht nur, jedes mandat impératif von Partei wegen widerstreitet unserer Verfassung, die unsere Abgeordneten verpflichtet, nach ihrer freien Überzeugung in jedem Fall

[1]) Treffend Stammler, Lehrbuch der Rechtsphilosophie. § 174.

[2]) Über Nutzen und Schaden von Parteien vgl. die fein abgewogenen Ausführungen von R. Schmidt, Allgemeine Staatslehre I, S. 24 ff., allerjüngstens in Zschr. f. Pol. Bd. 15 S. 214 fg. mit trefflicher Betonung der vorbildlich überparteilichen Tradition unseres Berufsbeamtentums, ferner Bryce a. a, O. S. 124 fg, 171.

ihrer amtlichen Tätigkeit das Richtige zu suchen, sondern auch alle Parteien in all ihren Mitgliedern von den Völkischen bis zu den Kommunisten müssen sich in dem Bewußtsein ihrer hohen gemeinsamen Aufgabe verbunden fühlen. Dann wird der Kampf ritterlich und vornehm bleiben, und man wird in der sachlichen Debatte in dem Gegner nicht den feindlichen Widersacher, sondern den Kollegen sehen, der um dieselbe Aufgabe sich redlich müht, nur mit anderen Mitteln glaubt sie bewältigen zu müssen. Das Bewußtsein aber von der hohen Aufgabe eines Volksvertreters wird zugleich am sichersten die Schranken festlegen, die das Volk vor unwürdigen oder unfähigen Vertretern schützt. Damit aber würde zugleich die Zusammenarbeit mit der Regierung nicht nur erleichtert, sondern veredelt und vertieft. Hätte vor allem unter dem konstitutionellen System die Regierung in den Volksvertretern stets die Mitarbeiter am Staatsbesten gesehen oder sehen dürfen, so hätte man in dem Parlament nicht, wie es häufig doch geschah, nur eine lästige oder gar überflüssige Fessel und Schranke, sondern ein vollberechtigtes Organ der Gesetzgebung gesehen.

Bleibt sich das moderne Parlament dieser seiner hohen Aufgabe in all seinen Gliedern stets bewußt, so behält seine Beratung und Abstimmung auch dasselbe geistige Fundament wie in den Tagen von Condorcet und Sieyès. Wenn die Wirklichkeit des parlamentarischen und parteipolitischen Lebens vielfach ein anderes Bild zeigt, so zwingt uns das, die dem Parlament in den modernen Verfassungen gesetzte Aufgabe, im Streit der Meinungen das politisch Richtige zu finden, nur um so nachdrücklicher zu betonen, nicht aber dem Parlamentarismus mit Schmitt seine „geistige Basis" und dem „ganzen System von Rede-, Versammlungs- und Preßfreiheit und parlamentarischen Immunitäten und Privilegien jede ratio" abzustreiten[1]). Freilich, wenn man des Glaubens ist, man könne das nie endende Ringen um die Wahrheit durch die „Entscheidung"

[1]) a. a. O., S. 39.

eines weltlichen oder geistlichen Machthabers ersetzen, dann kann man dazu kommen wie Donoso Cortes, dessen „selbstbewußte Größe“ Schmitt als die „eines geistigen Nachfahren von Großinquisitoren“[1]) feiert, die Diskussion von Wahrheitssuchern als „abwartende Halbheit“[2]) und als ein Ausweichen vor der „blutigen Entscheidungsschlacht“ zu verachten. Wir Modernen aber, die die Errungenschaften des Kritizismus nicht für das Mittelalter preisgeben wollen, wir wissen, daß der Satz des „Dezisionismus“ autoritas non veritas facit legem, nicht das Ende, sondern nur den Anfang einer wissenschaftlichen Sozialphilosophie bedeutet[3]), daß aber am Ende steht — niemals zu greifen durch brutalen Machtspruch — die Idee der Gerechtigkeit, um die zu ringen in allen staatlichen Dingen in unablässiger, notwendig nie endender Diskussion von Argument und Gegenargument[4]) keine Feigheit und Halbheit des „Liberalismus“ bedeutet, sondern den Sinn wissenschaftlicher Forschung wie aller politischer Diskussion, der das Absolute niemals gegeben, sondern immer in unendlichem Vorwärtsschreiten nur aufgegeben ist. Dadurch aber wird das Einzelergebnis nicht „relativ“[5]), solange nur die Idee der Wahrheit die unerschütterliche gemeinsame Grundlage ist.

Man könnte schließlich fragen, ob auch das Reichsvolk dorten, wo ihm unsere neue Verfassung in Volksbegehren und Volksentscheid eine unmittelbare Einwirkung auf die Gesetzgebung gewährt (Art. 73—76), verpflichtet ist, das Beste des Reichs bei seiner Stellungnahme zu bedenken oder ohne jede Schranken nach persönlicher Laune und Willkür seine Haltung wählen darf. Auch wenn man mit Smend[6]) das Wesen des Plebiszits darin sieht, daß es autoritär und unwidersprechlich wirkt, so wird es doch, wie

---

1) Politische Theologie. S. 51.

2) a. a. O., S. 54.

3) Mein Kants Kritizismus, 22 f.

4) Über ihre Bedeutung für die Durchsetzung einer begründeten öffentlichen Meinung vgl. Bryce a. a. O. S. 170 fg.

5) Schmitt, Parlamentarismus, 35.

6) a. a. O., S. 25.

Smend gleichfalls betont, nationalrepräsentierend und zusammenschließend gerade dadurch wirken, daß nicht ein subjektives Belieben die einzelnen isoliert, sondern der Gedanke an das Beste des gemeinsamen Staats die Massen verbindet. Auch spricht für die letztere Auslegung der Umstand, daß das gesetzgebende Reichsvolk in unserer Verfassung nur als eine Art oberer nachprüfender Instanz über dem gesetzgebenden Reichstag erscheint und es dem Geist dieser Einrichtung schwerlich entspräche, wenn diese Überprüfung und Kontrolle nach anderen Maßstäben, als sie für das zunächst zur Entscheidung berufene Parlament gelten, oder gar nach blinder Willkür erfolgen dürfte. Auch der Umstand, daß der Entwurf des neuen Strafgesetzbuchs im § 105 aktive wie passive Bestechung eines im Volksbegehren oder Volksentscheid Stimmenden unter Strafe stellt, spricht dafür, daß auch diese gesetzgeberische Tätigkeit nach objektivem Maßstab ausgeübt werden soll.

Dritter Abschnitt.
Verwaltung.

Es bedarf nur weniger Worte, um zu zeigen, daß die vorangegangenen Ausführungen auch außerhalb des Bereichs von Rechtsprechung und Gesetzgebung im weiten Gebiet der öffentlichen Verwaltung überall dorten Geltung beanspruchen dürfen, wo immer hier die Entscheidung einer Mehrheit von Personen, der Reichsregierung, dem Staatsministerium, einer Bezirksregierung, einem Kreisausschuß oder einem Magistratskollegium usw. anvertraut ist. Hier überall wird die Verpflichtung, sich bei Beratung und Abstimmung über öffentliche Angelegenheiten nur von den dem Kollegium anvertrauten öffentlichen Interessen, dem Besten des Reichs oder Landes oder Bezirks oder Körpers der Selbstverwaltung usw. leiten zu lassen, für jedes einzelne Mitglied schon aus dem maßgebenden Beamtenrecht sich ergeben. Damit wird auch hier schon die Arbeit der Mehreren verbunden und das Ergebnis der Abstimmung als Antwort auf die einheitliche Frage gekennzeichnet. So wie im Privatrecht ein Gesellschafter, dem mit anderen nach §§ 709 oder 710 BGB. die Führung der Geschäfte anvertraut ist, gegen seine Vertragspflichten verstoßen und sich ersatzpflichtig machen würde, wenn er bei der gemeinsamen Beratung und Abstimmung nicht von den Interessen der Gesellschaft, sondern von seinen Sonderinteressen sich leiten ließe[1]), so bedeutete ein entsprechendes Verhalten eines Mitglieds eines zur Verwaltung öffentlicher Angelegenheiten berufenen Kollegiums einen flagranten Verstoß gegen seine öffentlich-rechtliche Pflicht. Solcher Gesellschafter oder Beamter würde mit den anderen nicht durch den gemeinsamen Zweck seelisch verbunden, sondern durch Verfolgung des egoistischen Sonderzwecks getrennt sein. Nur soweit diese Sonderzwecke nicht berührt werden, läßt er den gemeinsamen Zweck gelten. Auch hier gelten die feinen Bemerkungen Rousseaus im contrat social (IV, 1, Abs. 6):

Chacun, détachant son intérêt de l'intérêt commun, voit bien qu'il ne peut l'en séparer tout-à-fait, mais sa part du mal public ne lui paraît rien auprès du bien exclusif qu'il prétend s'approprier. Ce bien particulier excepté il veut le bien général pour son propre intérêt tout aussi fortement qu'aucun autre. Même en vendant son suffrage à prix d'argent *il n'éteint pas en lui la volonté générale, il l'élude. La faute qu'il commêt est de changer l'état de la question et de répondre autre chose que ce qu'on lui demande*: en sorte qu'au lieu de dire par son suffrage il est avantageux à l'Etat, il dit il est avantageux à tel homme ou à tel parti que tel ou tel avis passe.

Interessant ist, wie auch auf dem Gebiet des Arbeitsrechts die früher (S. 459) gekennzeichnete Tendenz nach Einführung objektiver Schranken für die Ausübung subjektiver Rechte eine gemeinsame Beratung zwischen Arbeitgebern

---

[1]) Auch der Mehrheitsbeschluß nach § 745 BGB. ist an die objektive Schranke *ordnungsmäßiger* Verwaltung gebunden.

und Arbeitnehmerschaft ermöglicht hat, die sich bisher[1]) in dem Synallagma des Dienstvertags nur als Träger entgegengesetzter Interessen wie feilschende Parteien isoliert gegenüberstanden. Schon die am 15. Nov. 1918 zwischen Unternehmertum und Arbeiterschaft begründete Zentralarbeitsgemeinschaft bedeutete einen Sieg des Gedankens gemeinsamer sozialpolitischer und wirtschaftlicher Arbeit über die bisherige Kampfstellung einander feindlicher Interessenverbände, die nur aus der Niederzwingung des Gegners das Heil erwartete. Was bisher[2]) die Leitung des Betriebs, die Verwendung der Produktionsmittel und der Arbeitsleistung dem völlig freien und unbeschränkten Ermessen des Unternehmers überantwortet, so ist jetzt in dem Betriebsrätegesetz vom 4. 2. 1920 §§ 66ff. in der wirtschaftlichen Vervollkommnung des Betriebs Arbeitgeber- und Arbeitnehmerschaft eine gemeinsame Aufgabe gesetzt, bei welcher der Betriebsrat die Betriebsleitung durch seinen Rat zu unterstützen hat, „um dadurch mit ihr für einen möglichst hohen Stand und für möglichste Wirtschaftlichkeit der Betriebsleistungen zu sorgen" (§ 66, Ziffer 1) oder „an der Einführung neuer Arbeitsmethoden fördernd mitzuarbeiten" (Ziffer 2), oder „den Betrieb vor Erschütterungen zu bewahren" (Ziffer 3). Der Betrieb wird hier nicht mehr als ein einseitiges Instrument der privaten Interessen des Arbeitgebers gedacht, mit dem dieser wie mit seinen Produktionsmitteln „nach Belieben verfahren kann," sondern dieser Betrieb wird als gemeinsame Aufgabe beider Parteien gleichsam objektiviert und seine Förderung ihrer gemeinsamen Beratung und Kritik unterstellt, wenn auch die Entscheidung dem Unternehmer verbleibt. Der Kampf entgegengesetzter Interessen soll in der Beratung der gemeinsamen Aufgabe gemildert, wenn nicht gar erstickt werden.

Eben dieser Gedanke war es, der im Verkehr der Staaten untereinander in diesen Tagen zum Vertrag von

[1]) Vgl. oben S. 432 ff.

[2]) Über die einzelnen Daten dieser Entwicklung einer Einschränkung der ausschließlichen Macht des Unternehmers vgl. Freisler, Grundsätzliches über die Betriebsorganisation (1922) S. 5 fg.

Locarno geführt hat. Die Völker, die eine vom einseitigen Machtgedanken beherrschte Politik entzweit und in den Weltkrieg geführt hatte, sollen sich wieder auf ihre gemeinsame Menschheitsaufgabe zurückbesinnen und in einer von solchem Geist beseelten gemeinsamen Beratung nach den Mitteln einer wahren Befriedung Europas suchen, ein Ziel, das ein mit Gewalt aufgezwungenes Friedensdiktat eines von Rache erfüllten Siegers niemals hätte erreichen können. Hat sich erst einmal in allen Staaten der Fichtesche Gedanke durchgesetzt, daß Vaterlandsliebe gar nichts anderes ist, als Verfolgung der einheitlichen Menschheitsaufgabe im eigenen Land und Volk [1]), dann erst ist für eine internationale Rechtserzeugung, Rechtsprechung und Verwaltung ein objektiver Maßstab gefunden, der eine gemeinsame Arbeit der Völker verbürgt, eine Entscheidung durch Abstimmung ohne Vergewaltigung der Minorität ermöglicht, ein Maßstab, der von aufrechten und aufrichtigen Führern gehandhabt, Aussicht bietet, den Krieg als die ultima ratio der Entscheidung von Völkerkonflikten wenn nicht gar abzulösen, so doch zurückzudrängen. Nirgends würde im Leben der Völker der Triumph der allgemeingültigen Idee über die Selbstsucht von größerem Segen sein.

Ist man sich in Verwaltungsfragen über den Zweck einig, so betrifft die Beratung nur die technische Frage nach den wirksamen Mitteln; ist das Projekt selbst noch streitig, so muß es selbst als geeignetes Mittel im Hinblick auf im Kollegium anerkannte Zwecke gerechtfertigt werden. Auch hier liegt der Reiz und die Stärke der kollegialen Beratung darin, daß sich die Charakterstärke, Kenntnis und Lebenserfahrung der mehreren zur Erreichung des gemeinsamen Zieles durch Erörterung des Für und Wider in offenherziger Beratung verbinden. Fehlt es daran, werden die wahren Beweggründe, weil sie das Tageslicht nicht vertragen, verschwiegen und durch Scheingründe verdeckt, deren Widerlegung das einzelne Mitglied natürlich doch

[1]) Vgl. mein Weltbürgertum und Vaterlandsliebe in der Staatslehre Rousseaus und Fichtes S. 77 fg.

nicht von seiner Stellungnahme abbringt, dann liegt über solcher Debatte leicht ein Schleier von Unaufrichtigkeit, der die Atmosphäre vergiftet und dem Ergebnis der Abstimmung, weil es gar nicht durch Zusammenarbeit an demselben Problem gewonnen ist, jede innere Autorität raubt.

Haben sich nun in der Debatte die Meinungen über das Sollen (den Zweck) und das Sein (die Wirksamkeit der Mittel) geklärt, so ist abzustimmen, auch hier nicht etwa über die „Gründe", sondern über die strittige Maßnahme selbst, also z. B. ob der betreffende Beamte ernannt oder vorgeschlagen, nicht erst in einzelnen Abstimmungen, ob er 1. nach Charakter, 2. nach Kenntnissen, 3. nach Vergangenheit usw. sich am meisten für die zu besetzende Stelle empfehle. Das muß auch hier das einzelne Mitglied des Kollegiums mit sich selbst abmachen, nachdem ihm die gemeinsame Beratung dazu die geeignete Unterstützung gewährt hat, genau wie der einzelne Richter oder Abgeordnete die einzelnen Gedankenglieder, die ihn zu seinem Votum führen, nach der Erörterung in der gemeinsamen Beratung selbständig wählen und verknüpfen muß. Das Ergebnis, in dem so alle oder die Mehrheit übereinstimmt, trägt hier die gleiche Gewähr für sachliche Richtigkeit wie unter den gleichen Umständen der Spruch des Kollegialgerichts oder die Entscheidung des Parlaments. Eine solche Rechtspflicht, den zur Ausübung der gesetzlichen Funktionen geeignetsten Kandidaten auszuwählen, besteht m. E. auch für das Volk, soweit ihm die Verfassung wie bei der Wahl des Reichspräsidenten nach Art. 41 die Entscheidung anvertraut. Nur durch solche Einschränkung auf einen objektiven Maßstab wird es verständlich, daß dem einzelnen Glied eines Wahlkörpers vielfach auch die Macht erteilt ist, sich selber die Stimme zu geben. Die Rechtsordnung vertraut hierauf, daß jeder einzelne Wähler alle Versuchungen der Selbstsucht überwinden und nur nach objektivem Maß die Entscheidung fällen werde.

Dieselbe optimistische Anschauung vertritt bekanntlich das Reichsgericht bei der gleichen im Vereinsrecht des BGB. und dem Handelsrecht auftauchenden Frage[1]) in einer freilich nicht unbeanstandet gebliebenen[2]) einschränkenden Auslegung des § 34 BGB. und der ähnlichen Paragraphen des Gesellschaftsrechts, nämlich § 252 III HGB., § 47 IV G. m. b. H. G. § 43 III, Gen. G. § 36 I, Priv. Vers.-Unt. G., nach denen ein Mitglied nicht stimmberechtigt ist, wenn die Beschlußfassung die Vornahme eines Rechtsgeschäfts mit ihm oder die Einleitung oder Erledigung eines Rechtsstreits zwischen ihm und dem Verein (§ 34 cit.) oder seine Befreiung von einer Verbindlichkeit oder Entlastung (§ 252 III cit.) betrifft. Die Ausschließung des Stimmrechts bei zweifelloser Interessenkollision will natürlich hier überall nur der Gefahr vorbeugen, daß das persönlich beteiligte Mitglied der Versuchung unterliegt, bei der Abstimmung die Interessen des Verbands seinem persönlichen Vorteil zu opfern, daß somit solche Abstimmung nicht als Antwort auf die ihm mit allen anderen einheitlich gestellte Frage nach dem Gesellschaftszweck entsprechenden Handeln erscheinen könnte. Wäre die Abstimmung in der Mitglieder- oder Generalversammlung eine reine Machtprobe, dürften die Mitglieder nur nach ihrem Sonderinteresse anstatt nach dem Interesse des Vereins oder der Gesellschaft abstimmen[3]), so wäre jede solche Einschränkung ihres Stimm-

[1]) Vgl. Staub HGB. 9. Aufl. zu § 252 Anm. 24 fg., Kommentar der RG.-Räte zu § 34 mit Zitaten. Ganz Rousseauisch ist die Begründung in Entsch. d. RG. Bd. 74 S. 279: der Gesellschafter mag bei seiner Wahl auch an die Förderung seiner eigenen Interessen denken. . . „Der Gesellschafter kann ferner seine eigenen Interessen am besten fördern, wenn er den Interessen der Gesellschaft dient." Dazu Contrat social II, 4. Siehe noch RG.-Entsch. Bd. 81, S. 37 und Bd. 104 S. 186.

[2]) Marquardsen in JurW. 1914 S. 1031 fg.

[3]) In diesem Sinne sind die Ausführungen v. Tuhrs Allgem. Teil I S. 511 oben einzuschränken. Vorsichtiger formuliert das von v. Tuhr zitierte RG. Bd. 68 S. 246: „Eine Verpflichtung der Mehrheit die Interessen der Gesellschaft in dem Sinne zu wahren, in welchem die Minderheit diese Interessen auffaßt, besteht nicht". Richtig auch RG. Bd. 57 S. 208: Unsittlichkeit und darum Ungültigkeit eines Versprechens eines Gesellschafters eine Wahl zum Aufsichtsrat abzulehnen, als „der Idee der Gesellschaft widersprechend".

rechts wegen der Gefahr von „Interessenkollision“ sinnlos, ebenso wie das Verbot des Stimmenverkaufs nach § 317 HGB. oder auch § 243 KO. Ebenso sinnlos schließlich wäre die aus dem gleichen Grund erfolgte Einschränkung der Vertretungsmacht eines Vaters oder Vormunds nach § 1795 oder 1796 BGB., wenn diesen Verwaltern gestattet wäre, ihre Macht statt zum Wohle ihrer Pflegebefohlenen zu persönlichen Sondervorteilen auszuüben, nicht anders wie die Bestimmungen über die Ausschließung oder Ablehnung von Richtern, dürfte man annehmen, daß den Richtern gestattet wäre nach persönlichen Interessen oder Neigungen ihr Amt zu verwalten. Überall ist es das Interesse der Rechtsordnung an der Abstimmung nach einheitlichem sachlichen Gesichtspunkt, das alle diese Vorschriften wahren wollen. Überall wird die Mehrheit nur durch die allen Abstimmenden gemeinsame Richtung auf das Gesamtinteresse gerechtfertigt.

Dieser unser Grundgedanke, daß alle Mehrheitsentscheidung nur in der allen Abstimmenden gemeinsamen Richtung auf die gleiche Frage ihren Sinn und ihre Schranke empfängt, gilt somit auch jenseits der Grenzen rein staatlichen Wirkens in Rechtsprechung, Gesetzgebung und Verwaltung, das wir bisher vorwiegend in Betracht zogen. Auch in aller religiösen Gemeinschaft, die in dem gemeinsamen Gottesglauben, in aller nationalen Verbindung, die in der Idee eines einheitlichen Volkstums, in aller wissenschaftlichen Gemeinschaft, die in der gleichen wissenschaftlichen Problemstellung, in aller sittlichen Verbindung von Menschen, die in der Anerkennung eines letzten richtunggebenden Gesetzes für alles menschliche Handeln wurzelt, ist die etwa einer Mehrheit anvertraute Entscheidungsmacht nicht als das Ergebnis eines blindwütigen Anpralls feindlicher Strebungen und Kräfte, sondern nur eines ehrlichen und getreuen Ringens aller Stimmberechtigten um die solche Gemeinschaft überall erst begründende letzte Idee gerechtfertigt.

STAAT UND RECHT
IN IHREM BEGRIFFLICHEN VERHÄLTNIS.

Eine Studie über die Konsequenzen der Stammlerschen Rechtslehre.[1])

Von

EDGAR TATARIN-TARNHEYDEN.

I.

Diese Untersuchung will zu einem Problem Stellung nehmen, welches Radbruch[2]) als ein aussichtsloses bezeichnet hat: zum Problem des begrifflichen Verhältnisses zwischen Staat und Recht. „Der Staat ist Rechtsquelle und geht als solche dem Rechte voran, sagen die einen — und die andern entgegnen: der Staat ist selbst Rechtsgebilde, er ist in seiner juristischen Existenz das Produkt des Verfassungsrechts und setzt also seinerseits das Recht voraus.“ Radbruch glaubt die Aussichtslosigkeit der Beantwortung dieses Problems ohne weiteres annehmen zu dürfen, er vermutet hier Unrichtigkeit der Fragestellung. In diesem Glauben gibt er sich selbst eine Stütze durch Übernahme der Kelsenschen Formulierung, Staat und Recht seien zwei Seiten der gleichen Medaille oder wie Radbruch sagt, „nur verschiedene Modi einer Substanz, nur verschiedene Betrachtungsweisen derselben Gegebenheit.“ Das mag historisch und vom Standpunkte einer formaljuristischen Praxis aus in vielen Hinsichten stimmen, obgleich es historisch — d. h. hinsichtlich der ersten Entstehung von Staat und Recht — nicht bewiesen werden kann, vom Standpunkte der praktischen Vernunft aus aber eines exakten Beweises gar nicht bedarf. Wissenschaftlich dagegen, d. h. begrifflich kann es keines-

---

[1]) Die erste Konzeption des folgenden Gedankengangs lag zwei an der Herderhochschule zu Riga am 3. und 5. September 1923 gehaltenen Vorträgen zu Grunde.

[2]) Grundzüge der Rechtsphilosophie 1914 S. 83.

wegs befriedigen. Alle Wissenschaft von Staat und Recht trennt diese Begriffe, operiert mit ihnen gesondert. Warum sprechen wir denn von „staatlichem Recht", von „Staatsrecht" einerseits, von „Rechtsstaat" andererseits? Eine Klarheit in staatlichen und rechtlichen Dingen ist nur möglich, wenn über das begriffliche Verhältnis zwischen Staat und Recht Klarheit besteht. Man möchte diese Frage als das A und O aller Staats- und Rechtsphilosophie bezeichnen, ohne deren Beantwortung alle soziale Normwissenschaft aussichtslos ist. Wenn wir zwei feststehende Begriffsprägungen haben, mit denen wir täglich operieren, die wir vor allem — und das tut ungewollt auch Kelsen, von Radbruch gar nicht zu reden — täglich zueinander in Gegensatz bringen, so muß auch ihr begriffliches Verhältnis klargestellt werden können.

Es ist hierbei dreierlei möglich: entweder der Staatsbegriff ist logisch primär, der Rechtsbegriff sekundär; oder der Rechtsbegriff ist primär und der Staatsbegriff sekundär; oder keines ist primär, keines sekundär, dann müssen aber die Begriffe Staat und Recht unabhängig voneinander gewonnen werden können. Keineswegs aber ist es angängig, den Staat logisch durch das Recht und das Recht seinerseits durch den Staat zu fundieren, im Rechtsbegriffe den Staatsbegriff, im Staatsbegriff den Rechtsbegriff vorauszusetzen.

Logisch erfordert dieses Problem eine Lösung, daher ist es unzulässig, dasselbe mit dem Worte aussichtslos beiseite zu schieben. Bei einer scharfen Durchdenkung ist es durchaus nicht unlösbar, und es ist erstaunlich, daß die Wissenschaft gerade um diesen heiklen Punkt meist herum gegangen ist. Die Kelsensche Ausschaltung dieses Problems [1])

[1]) Hauptprobleme der Staatsrechtslehre S. 253 Anm., 406, 434. Neuerdings — in seiner Arbeit „Der soziologische und der juristische Staatsbegriff" 1922 macht Kelsen den Versuch, die Duplizität des angeblich identischen Begriffs „Staat" und „Recht" als eine an mythologische Weltanschauungen erinnernde künstliche Verdoppelung des zu bewältigenden Gegenstandes durch das Denken selber, den Gegensatz zwischen Staat und Recht aber als ein Scheinproblem hinzustellen (S. 206 u. 208). Im Grunde „muß die Rechtswissenschaft den Staat als ein von der Rechtsordnung verschiedenes Wesen

mag von seinem Standpunkte aus konsequent sein, kann aber ebensowenig befriedigen wie die rechtsformalistische auf ein unbekannt woher entspringendes reines Sollen gegründete Staatsrechtslehre Kelsens überhaupt[1]). Jellinek aber tritt an unsere Frage im Grunde nicht vom logischen, sondern vom historischen Standpunkt heran, und daraus erklärt sich das Widerspruchsvolle seiner Erörterung[2]). Auf die klare Einsicht aber, daß es sich hier um die erkenntnistheoretische und nicht um die historisch-genetische Frage handelt, kommt es hier ebenso an, wie es für das richtige Verständnis der Hobbes'schen und Lockeschen Staatslehre notwendig war zu erkennen, daß Hobbes, ähnlich wie Rousseau, bei der Ableitung des Staatsbegriffs aus dem bellum omnium contra omnes und aus dem dasselbe beendigenden Vereinigungsvertrag den Staat als solchen rationalisieren wollte, während Locke im Gegensatz dazu den historischen Ursprung des Staats zu erklären unternahm.

Es soll im folgenden der Versuch gemacht werden, eine Lösung der Frage nach dem begrifflichen Verhältnis von Staat und Recht in großen Zügen vorläufig zu skizzieren. Wegweiser soll hierbei die Stammlersche Rechtslehre sein, von der eine Reihe wertvollster Ergebnisse übernommen werden darf. Freilich denke ich die Gedanken meines hochverehrten Lehrers weiter. Es mag auch manches auf eine

---

aus ihrem Bereich ausscheiden. In diesem Sinn wird es dann . . . eine Staatslehre ohne Staat geben (und das wird die Rechtslehre sein) . . . Als Ausdruck für die Einheit der Rechtsordnung mag die Bezeichnung ‚Staat' oder ‚Staatsperson' immerhin stehen bleiben. Nur muß man sich dieses ihres Charakters bewußt bleiben und alles vermeiden, was zu einer Hypostasierung dieses Gedankendings führen kann." Den obigen Gegensatz versucht er — durch eine Analogie mit der z. B. in der Trinitätslehre und der Christologie liegenden Methode der Theologie, denselben Stoff nur je unter anderem Gesichtspunkt zu behandeln (vgl. S. 233 ff.) — als einen im Grunde nicht vorhandenen nachzuweisen (vgl. S. 248). Weiter konnte die Kunst einer vollendeten Dialektik nicht getrieben werden!

[1]) Vgl. dazu die Stellungnahme E. Kaufmanns in der Kritik der neukantischen Rechtsphilosophie, 1921 S. 20 ff., der ich in allen Hinsichten zustimme. Vgl. auch den sarkastischen Aufsatz L. Spiegels „Kelsens Rechtslehre" in der Prager Jurist. Ztschr. 1. Jhrg, Hft. 1/2, 1921.

[2]) Vgl. Allg. Staatslehre S. 364 ff.

eigene Weise aufgefaßt sein; das möge besonders aus dem Bestreben erklärt werden, die Ergebnisse Stammlers der Allgemeinen Staatslehre und dem öffentlichen Rechte dienstbar zu machen. Sind Stammlers Feststellungen richtig, so wird in jenem Versuche gewissermaßen eine Probe auf das Exempel liegen. Sollte diesem Versuche mit dem Vorwurf begegnet werden, die Stammlersche Lehre wäre hier zu stark im soziologischen Sinne umgedeutet, so mag dem entgegengehalten werden, daß eine solche Konsequenz jener Lehre in der Linie, die von „Wirtschaft und Recht" (1896) über die „Lehre von dem richtigen Rechte" (1902) zur „Theorie der Rechtswissenschaft" (1911) und vor allem zum „Lehrbuch der Rechtsphilosophie" führt, deutlich erkennbar ist. Der oftmals laut gewordene Zweifel, was die Reinheit der Stammlerschen Rechtslehre im Grunde bedeute, ob es sich hier etwa um eine Apriorität im kategorischen Sinne der Transzendentalphilosophie handle[1]), hat Stammler selbst eindeutig in negativem Sinne beantwortet[2]); auch liegt eine Lösung im soziologischen Sinne als ein hic Rhodus, hic salta im Zuge der ganzen Entwicklung der deutschen Wissenschaft von Staat und Recht. Das hat E. Kaufmann in seiner Kritik der neukantischen Rechtsphilosophie sehr klar und tief erkannt, indem er dem Neukantianismus vorwirft, er habe nicht die Kraft gehabt, die in Kants Teleologie-Lehre und Geschichtsphilosophie enthaltenen Ansätze zu einer Soziologie des geistigen Lebens um- und weiterzubilden, er sei zu einem „rechts-technischen Formalismus" entartet und habe zu einer „Unterschätzung der soziologischen Kräfte, wie zu einer Überschätzung der Rechtsformen geführt"[3]); als extremster Repräsentant dieser Richtung erscheint ihm Kelsen mit seinem „formaljuristischen Purismus"[4]). Sofern Stammler überhaupt zu den Neukantianern zu rechnen ist, müssen ihm solche Vorwürfe allerdings erspart bleiben, denn richtig verstanden führt seine Lehre von selber durch ihre weiter

1) Somlò, Jurist. Grundlehre, 1917 S. 47.
2) Lehrb. der Rechtsphilosophie S. 53 Anm. 3.
3) S. 94, 95.
4) S. 20 ff., 51, 79 f.

aufzuzeigenden Grundelemente zu einer sozialwissenschaftlichen Fundierung des Rechtsbegriffs.

Im Grunde erforderte das auf diesen Seiten behandelte Problem ein Buch von größerem Umfange. Aber von dem Standpunkte aus, daß alle Wahrheit einfach ist und daß das einmal klar Erkannte sich in nicht zu vielen Worten ausdrücken lassen muß, soll hier der Versuch unternommen werden, was ich bereits seit mehreren Jahren vom Katheder aus lehre in die kürzeste Form zu bringen. Es sei hier versucht, im Gegensatz zur Methode mancher Wissenschaftler wenige Gedanken durch verschiedenste Paraphrasen und ungezählte Polemiken zu einem dickleibigen Bande aufzubauschen, einmal ein System zusammenhängender Gedanken auf die ungelehrteste und einfachste Weise auszudrücken.

Vom Standpunkte des gestellten Problems aus kann — unter Beiseitelassen speziellerer Einteilungen — die moderne Scheidung der Geister in bezug auf den Rechtsbegriff in der Hauptsache wohl auf die kurze Formel gebracht werden: objektive und subjektive Rechtstheorien[1]).

1. Die objektiven Theorien verstehen unter dem Recht Normen, die für das äußere Verhalten der Menschen zueinander bestimmt sind, die an die Menschen von außen herantreten und deren absolute Verbindlichkeit durch die höchste irdische Macht — den Staat — gesichert ist. Nach diesen Theorien gehört der Zwang, der in einem von einer äußeren Macht diktierten Sollen liegt, durchaus zum Wesen des Rechts. So vor allem Rud. v. Jhering, der uns die formale Definition gibt, das Recht sei der Inbegriff der im Staate geltenden Zwangsnormen[2]). Aber auch Jellinek[3]) ist zu den Vertretern der objektiven Theorie zu rechnen. Allerdings präzisiert er seine Rechtsauffassung zu-

[1]) Vgl. dazu auch Kelsen, Hauptprobleme S. 253 f. — freilich in etwas anderem Sinne.

[2]) Der Zweck im Recht I, 1877, S. 318.

[3]) Allgemeine Staatslehre, S. 332 ff. Vgl. dazu Kelsen, Hauptprobleme, S. 223 Anm. 1.

nächst dahin, das Recht sei, nicht etwa wie es das Naturrecht lehrte eine in dem objektiven Wesen des Seienden gegründete Macht, sondern eine psychologische, d. h. innermenschliche Erscheinung," es sei „ein Teil der menschlichen Vorstellungen", es existiere „in unseren Köpfen" als „ein Teil unseres Bewußtseinsinhalts". Aber der hierdurch erweckte Eindruck, als wäre Jellinek ein Anhänger der subjektiven Theorie, erweist sich als irrig, sobald man die Jellinekscbe Begriffsbestimmung des Rechts näher betrachtet. Die drei von ihm gegebenen Merkmale: 1. Normen für das äußere Verhalten der Menschen zueinander, 2. die von einer anerkannten äußeren Autorität ausgehen und 3. deren Verbindlichkeit durch äußere Mächte garantiert ist, zeigen, daß Jellinek gar nicht bei dem innermenschlichen Wesen des Rechts stehen bleibt, denn im Zentrum der für seinen Rechtsbegriff maßgebenden Merkmale steht die Forderung, daß die Normen von einer anerkannten äußeren Autorität ausgehen. Nur die Gültigkeit der Rechtsnormen führt er auf ihren motivierenden Charakter — auf die „nicht weiter ableitbare Überzeugung" zurück, „daß wir verpflichtet sind, sie zu befolgen." Wenn auch die Jellinekschen Ausführungen über den Rechtsbegriff etwas stark Schillerndes zeigen, so ist er doch seiner Grundeinstellung nach ein typischer Vertreter der objektiven und nicht der subjektiven Theorie: der Ausgangspunkt des Rechts ist ihm eine äußere Autorität, eine äußere Macht, was allerdings der Behauptung, das Recht sei eine innermenschliche Erscheinung, widerspricht. Man kann diese Theorie als Theorie der „garantierten" Normen bezeichnen [1]).

Von Neueren definiert z. B. Somlò: Recht bedeutet Normen einer gewöhnlich befolgten umfassenden und beständigen höchsten Macht [2]). Somlò spricht ebenso wie Jellinek den Namen des Staates nicht aus, offenbar um sich im Gebrauche des Wortes Recht nicht von vornherein zu beschränken; aber ist das im Grunde nicht nur ein Versteckspielen? Denn

---

[1]) Vgl. dazu Kelsen a. a. O. S. 222.

[2]) Juristische Grundlehre S. 105 und besonders § 49.

höchste irdische Macht bedeutet den Staat. Im Grunde genommen ist auch Wenzel in seinem beachtenswerten konstruktiven Werke „Juristische Grundprobleme" ein Vertreter der objektiven Rechtstheorie, wenn er auch eine ausdrückliche Definition des Rechts vermeidet. Das zeigt sich in dem ausgesprochenen Rechtspositivismus seiner Lehre, die für eine Konstruktion der juristischen Grundbegriffe vom Begriff des staatlich gegebenen Gesetzes ausgeht (er nimmt zum Ausgangspunkte den Gesetzesbegriff des preuß. ALR.[1]), es zeigt sich ferner in der Tendenz zur Identifizierung des Rechts mit dem Gesetze[2]), vor allem aber in dem Versuche, das Völkerrecht rein positiv-staatsrechtlich aufzufassen, es gewissermaßen als „Untergesetzesrecht"[3]) zu konstruieren, d. h. als ein Recht, das seinem Wesen nach auf das staatliche Gesetz zurückzuführen ist[4]) und das seine Imperative niemals an Privatpersonen, sondern nur an Staatspersonen richtet, als ein Recht, das ein gemeinsames staatliches Recht darstellt und an das der Staat nur kraft souveränen Beliebens gebunden ist[5]).

In der sogenannten Zwangstheorie, die den Zwang im Sinne von Gewalt auffaßt und die im übrigen von vielen Richtungen der objektiven Theorie — so von Somlò — bekämpft wird, erreicht diese objektive Theorie ihren Höhepunkt. Konsequenteste Vertreter derselben sind wohl Lasson[6]) und Zorn[7]). Vor allem aber ist Kelsen hierher zu rechnen, wenn es auch scheinen mag, daß in seiner Begriffsbestimmung des Rechts, — dasselbe stelle „ein hypothetisches Urteil über einen Willen des Staats zu einem bestimmten eigenen Verhalten" dar, das sich bei dem das

[1]) Jurist. Grundprobleme S. 1 ff., insbesondere S. 5, 6 ff.

[2]) a. a. O. S. 71, 76, 77.

[3]) Ein von Verdroß gebrauchter Ausdruck (vgl. Die Einheit des rechtl. Weltbildes auf Grundlage der Völkerrechtsverfassung, 1923, § 14).

[4]) Jurist. Grundprobleme S. 402 ff.

[5]) a. a. O. S. 369, 406, 408. Zu den oben wiedergegebenen Ausführungen vgl. die Kritik Gieses im Archiv d. öff. R. Bd. XLII S. 380 und A. v. Verdroß' in der gen. interessanten Schrift.

[6]) System der Rechtsphilosophie 1882, S. 207.

[7]) D. Staatsr. des Deutschen Reichs I 1895, S. 392 ff.

Handeln und Unterlassen der Untertanen normierenden Rechtssatze i. e. S. als ein Verhalten des Strafens und Exquierens zeige[1]) — durch das Wort „hypothetisches Urteil" das reine Denken als eine innerliche psychische Funktion zum Ausgangspunkte einer kritischen Analyse des Rechtsbegriffs gemacht werden soll. Man sucht jedoch bei Kelsen vergeblich nach einer solchen Besinnung auf den mit dem Rechtsbegriffe verbundenen Bewußtseinsinhalt. Bei Feststellung des Rechtsbegriffs rechnet Kelsen bereits mit der Existenz des Staats und dessen Zwang, und wer das hypothetische Urteil fällt, das das Recht darstellen soll, darüber verlautet bei ihm kein Wort. Diese Methode ist aber um so unzulässiger, als Kelsen Recht und Staat nur als „zwei verschiedene Seiten desselben" bezeichnet, damit wird seine Definition zur Tautologie[2]) und eine Rückbeziehung des Rechtsbegriffs auf den Staatsbegriff unzulässig. Wenn er den Straf- und Exekutionswillen des Staats als ein essentiale des Rechtssatzes i. e. S. hinstellt[3]), so bedarf es kaum noch des ausdrücklichen Bekenntnisses zur Zwangstheorie, das er wiederholt ablegt[4]). Aber auch sein Rechtssatz i. w. S. setzt den Staat und seine Macht begrifflich voraus[5]).

---

[1]) Hauptprobleme, S. 212 ff., insbesondere 216, ferner S. 251 ff., Allgemeine Staatslehre S. 54. Es soll hier in der Hauptsache allerdings von den früheren Kelsenschen Werken ausgegangen werden, in denen Kelsen seine Begriffe formt. Seine neuerdings (1925) erschienene Allgemeine Staatslehre (Kohlrausch-Kaskelsche Enzyklopädie der Rechts- und Staatswissenschaften, Bd. XXIII) reproduziert ja nur mit geringfügigen Veränderungen seine früher gewonnenen Ergebnisse.

[2]) Sie fällt aber völlig in ein Nichts zusammen, wenn man bedenkt, daß das „hypothetische Urteil" gar nicht zum Rechtsbegriffe gehören kann, sondern offenbar nur bedeuten soll, daß diese Definition an sich, d. h. die Begriffsbestimmung ein „hypothetisches Urteil" des Beurteilers darstellt.

[3]) a. a. O. S. 225.

[4]) a. a. O. S. 212, 216, 219, 221., Allg. Staatslehre S. 17 u. 52 ff.

[5]) a. a. O. S. 245 ff., Allgem. Staatslehre S. 16. — Auf den ursprünglichen Apologeten, heutigen teilweisen Renegaten der Kelsenschen Rechtslehre Fr. Sander (Rechtsdogmatik oder Theorie der Rechtserfahrung in der Zeitschr. f. öff. R. II. Bd. 1921 S. 511 ff., Staat und Recht, 2 Bde., 1922) kann hier nicht eingegangen werden.

2. Im Gegensatz zur objektiven führt die subjektive Theorie das Recht auf die menschliche Psyche zurück. Ansätze dazu sahen wir bereits bei Jellinek. Das Recht hat nach dieser Auffassung seinen Ursprung nicht in einer höchsten objektiven Macht, sondern in den Menschen selber, für die es gilt. Ihr Bewußtsein schafft das Recht, in ihrem Bewußtsein wird es lebendig, wird es zur Wirklichkeit. Man kann diese Auffassung vom Recht als die gesellschaftliche oder soziale bezeichnen, denn es kann in ihr natürlich nicht die Behauptung liegen, als wenn die Besinnung des völlig isolierten Einzelmenschen auf seinen bloß auf ihn selber und auf die ihn umgebende Natur bezüglichen Bewußtseinsinhalt schon den Rechtsbegriff ergeben könnte. Wohl ist nach dieser Auffassung das Recht ein Teil des menschlichen Bewußtseinsinhalts, aber doch ein Teil des Bewußtseins des in der Gesellschaft, d. h. in der Verbindung mit anderen stehenden Menschen.

Vielleicht einer der ersten, der diese Rechtsauffassung mit der ganzen lebendigen Glut seiner großen wissenschaftlichen Intuition erfüllt hat, ist Otto v. Gierke. Geschichtlich in seinem „Deutschen Genossenschaftsrecht", dogmatisch in seinem „Deutschen Privatrecht" wie auch in dem Werke „Die Genossenschaftstheorie und die deutsche Rechtsprechung" vor allem aber in seiner theoretischen Schrift „Die Grundbegriffe des Staatsrechts und die neuesten Staatstheorien"[1]) hat er diese Lehre durchgeführt. Das Wesen des Rechts, als des Ausflusses des allgemeinen Bewußtseins, besteht ihm in der Begrenzung der äußeren Willensherrschaft innerhalb der menschlichen Gesellschaft. Das Recht entspringt nicht, wie solches von dem Vertreter der objektiven Theorie M. v. Seydel damals behauptet wurde, aus dem Staat, sondern kann auch ohne ihn bestehen, so das Völkerrecht, so das Recht der staatlich zersplitterten Nationen[2]). „Wo immer in einer Gemeinschaft eine den Gliedern gegenüber

[1]) In der Zeitschr. f. d. ges. Staatswiss. 1874, Heft 1 u. 2, Sonderneudruck 1915.

[2]) Die Grundbegriffe des Staatsrechts usw. S. 104.

selbständige Persönlichkeit des Ganzen anerkannt ist," dort hebe „überhaupt ein Rechtssystem höherer Ordnung an . . ., an welches das System der individualistischen Rechtsbeziehungen nicht heranreicht"[1]). „Zur Rechtserzeugung befähigt ist jede organisierte Gemeinschaft. Wie die Weltgeschichte vor allem Völkergeschichte ist, so sind auch die Völker von je die vornehmsten Träger der Rechtsbildung gewesen. Aber die Völker sind zu engeren und weiteren Lebensgemeinschaften verbunden, denen internationales Recht entspringt, ja zuletzt sind sie Glieder einer Menschheit, deren Einheit sich in der gemeinschaftlichen Geltung der Rechtsidee abspiegelt. Sodann gliedern sich die Völker in engere Gemeinschaften, in Stämme, oder landschaftliche Gruppen, die ihr besonderes Recht hervorbringen können. Und endlich können Gemeinschaften, die sich nur auf eine bestimmte Lebensfunktion erstrecken, wie Religionsgemeinschaften, Stände, Berufsklassen ein Recht erzeugen[2])." Die Folge ist, daß das staatliche Recht nur einen Teil des gesamten aus der Gesellschaft hervorgewachsenen Rechts darstellt. Daraus entspringt dann der Begriff des Sozialrechts als des unabhängig vom Staate entstandenen Rechts — ein Begriff, den ebenfalls Gierke geprägt hat[3]). Zu dieser Auffassung wurde Gierke hauptsächlich dadurch geführt, daß er sich mit dem Rechte der deutschen Vergangenheit befaßte. Hier zeigte sich, daß nach altdeutscher Rechtsauffassung jeder genossenschaftlich zusammengeschlossene Rechtskreis die Fähigkeit besaß, sich ein autonomes Recht zu setzen — ohne daß es einer besonderen Verleihung dieses Rechtsetzungsrechts durch den Staat bedurft hätte. Man unterschied damals von der potestas leges ferendi, die Kaiser und Papst zustand, die potestas statuendi der Territorien, der Stände, der autonomen Städte, der Zünfte, ja einzelner Berufsstände[4]). Es hätte

---

1) Die Genossenschaftstheorie und die deutsche Rechtsprechung S. 9.

2) Deutsches Privatrecht I S. 119 f.

3) Gierke, Dt. Privatrecht I S. 151, Das Wesen der menschlichen Verbände 1902 S. 27 ff., zuletzt in den Grundzügen des dt. Privatrechts in der Holtzendorff-Kohlerschen Enzyklopädie Bd. 1 S. 187.

4) Gierke, Dt. Privatrecht I S. 144. Vgl. dazu den ausgezeichneten

danach eine erhebliche Befangenheit in den während der Hauptschaffensperiode Gierkes noch stark nachklingenden Anschauungen aus der Epoche des absoluten Staats bedeutet (von denen sich auch ein Laband in seinen öffentlichrechtlichen Konstruktionen nicht immer frei zu halten wußte), wenn Gierke bei seinem Suchen nach dem Rechtsbegriff sich dem verschlossen hätte, was einstens war und was vielleicht wieder einmal sein würde. Es hätte eine Befangenheit in der ihn umgebenden Gegenwart bedeutet, wenn er die politische Monopolisierung aller Rechtsbildung durch den Staat als ein notwendiges Merkmal des Rechtsbegriffs an sich anerkannt hätte. Den Rechtsbegriff aufstellen mußte doch bedeuten: einen Begriff geben, der alles Recht — nicht nur das staatliche Gesetz — umfaßt, der das Recht der Gegenwart wie der Vergangenheit in sich schließt.

Zu den subjektiven Theorien ist zunächst jene große ältere Gruppe zu zählen, die man meist mit der Gesamtbezeichnung Anerkennungstheorie zu charakterisieren pflegt und deren Gedankengänge oft den Mitbestandteil anderer Theorien bilden. Elemente derselben sahen wir auch in den Definitionen Jellineks und Somlòs[1]). Anknüpfend an den naturrechtlichen Gedanken eines Gesellschaftsvertrages, den sie nur von den eigentlichen naturrechtlichen Elementen zu säubern streben, erkennen die Vertreter dieser Gruppe als ein essentiale des Rechtsbegriffs die Anerkennung der Norm durch die Rechtsunterstellten. Der ausgesprochenste Vertreter dieser Richtung ist Bierling[2]), in mehr verallgemeinernder Weise gehört ihr Hold v. Ferneck[3]) an, aber in gewissem Sinne klingt der daraus resultierende Gemeinschaftsgedanke auch in der Kulturnormentheorie M. E. Mayers nach[4]).

Artikel Schückings „Autonomie" im v. Stengel-Fleischmannschen Wörterbuch des Dt. Staats- und Verwaltungsr. I.

[1]) Ähnlich auch bei Sauer, Grundlagen der Gesellschaft S. 411, 425.

[2]) Zur Kritik der jurist. Grundbegriffe, 2 Bde. 1877 und Jurist. Prinzipienlehre, 5 Bde. 1894—1917.

[3]) Die Rechtswidrigkeit, 1903.

[4]) vgl unten S. 493. Anm. 3.

Besonders erwähnt sei hier noch als Vertreter der subjektiven Auffassung Ehrlich [1]), der den Nachweis zu erbringen versucht hat, daß das Recht dem Staat historisch vorausgehe.

Es gehört demgegenüber zu den größten Verdiensten Rudolf Stammlers, daß er — im Gegensatz zu dieser genetischen Fragestellung — systematisch [2]) und an der Stelle einsetzend, an der Rud. v. Jhering mit seinem Zweckbegriffe einst sein „Kap Horn" gefunden hatte, das Prius des Rechtsbegriffs vor dem Begriffe des Staats und seiner Machtorganisation begründete. Es hat keiner vor ihm in logisch gleich scharfer und konsequenter Weise die Notwendigkeit eingesehen, den Rechtsbegriff unabhängig von dem Staatsbegriffe zu gewinnen [3]). Dazu diente ihm die erkenntnis-kritische Methode, die, an kantischen Grundsätzen geschärft, nach allgemeingültiger Einsicht strebt und in letzter Linie auf einer kritischen Besinnung auf die mögliche Vereinheitlichung unseres Bewußtseinsinhalts beruht [4]). Nur wenn wir den Rechtsbegriff als eine bedingende Art und Weise gewisses Begehren grundlegend zu bestimmen fassen [5]), kann der reine allgemeingültige Rechtsbegriff gewonnen werden. Die Feststellung des Rechtsbegriffs kann jedoch nicht aprioristisch geschehen — dieses hat Stammler noch neuerdings [6]) einer Reihe von Auseinandersetzungen mit seiner Lehre gegenüber [7]) ausdrücklich von neuem konstatiert. Sehr treffend hat hier Somlò betont, der Rechtsbegriff bedeutet allerdings „ein Apriori für die Rechtswissenschaft, aber er bedeute kein Apriori der Erfahrung gegenüber. Das Recht ist zwar keine juristische Tatsache in dem

[1]) Grundlegung der Soziologie des Rechts, 1913, insbesond. S. 129 f., Die juristische Logik im Archiv für zivilist. Praxis Bd. 115, 1917, S. 125 ff., insbesond. S. 205 ff.

[2]) R. Stammler, Lehrb. der Rechtsphilosophie S. 51 Anm. 5.

[3]) Vgl. Theorie der Rechtswiss. S. 423 f. u. Lehrb. d. Rechtsphil. § 136.

[4]) Lehrb. d. Rechtsphil. S. 45, 51.

[5]) a. a. O. S. 52.

[6]) a. a. O. S. 53, vgl. auch Theorie der RWiss. S. 46, 73.

[7]) Vgl. dazu insbesondere Binder, Rechtsbegriff und Rechtsidee, 1915, S. 15 ff. und E. Kaufmann, Kritik der neukantischen RPhil., S. 11 ff.

engeren Sinne des Wortes, indem darunter etwas aus dem Rechtsinhalte Feststellbares verstanden wird, aber es ist eine soziale Tatsache. Für die Rechtserscheinungen ist diese natürlich schon vorausgesetzt, aber sie ist es noch nicht, wenn wir unseren Ausgangspunkt von sozialen Erscheinungen überhaupt nehmen[1])." Diesen sonnenklaren Sätzen entsprechend stellt Stammler fest[2]), daß es für die Gewinnung des Rechtsbegriffs nötig ist, „das Ganze der sozialen — nicht: der rechtlichen — Erfahrung zu untersuchen, in dem der Rechtsgedanke auftritt." Insofern kann man auch den Stammlerschen Rechtsbegriff als sozialen bezw. sozialwissenschaftlichen auffassen. Der Rechtsbegriff kann nur aus einer außerhalb des Rechts selber liegenden Sphäre, d. h. nur metarechtlich gewonnen werden. Und wenn Stammler ausdrücklich betont, daß der Staat nur „eine besonders geartete rechtliche Ordnung" darstelle[3]), so folgt schon hieraus, daß der Rechtsbegriff auch nicht aus dem Staatsbegriffe abgeleitet werden kann, da der Staatsbegriff nach Stammler bereits den Rechtsbegriff voraussetzt. So bleibt, da es sich bei dem Rechtsbegriffe um eine Regelung der äußeren Beziehungen zwischen den Menschen, d. h. zwischen den Menschen in ihrem gesellschaftlichen Leben handelt, nur der soziale Ausgangspunkt für den Rechtsbegriff übrig. Stammler hat nun wiederholt ausgesprochen, der Gedanke des Rechts stelle eine reine Form des Bewußtseins, eine reine Denkform dar[4]). Das ist oft in dem Sinne mißverstanden worden, als wenn es sich hier um „eine völlige Losgelöstheit von allem Empirischen, von allem Psychologischen und Soziologischen"[5]) im Sinne der kantischen reinen Intelligibilität handle. Davon mag Stammler ausgegangen sein, es hat seine Methode auf das tiefste befruchtet, aber seine oben zitierten Äußerungen zeigen, daß er sich jener Betrachtung der empirischen Welt des sozialen Lebens für die Gewinnung seines Rechts-

[1]) Juristische Grundlehre S. 127. Ganz ähnlich Sauer a. a. O. S. 414.

[2]) Lehrb. d. RPhil. S. 49.

[3]) a. a. O. S. 278.

[4]) Theorie der RWiss., Einl. 4.

[5]) E. Kaufmann a. a. O. S. 91.

begriffs nicht entziehen will, nicht entziehen kann. Jener „reine Rechtsbegriff" bedeutet bei Stammler nur eine Scheidung der Form vom Stoffe — der Rechtsbegriff ist ihm eine formelle Art und Weise, sich einen empirisch festgestellten Rechtsinhalt vorzustellen [1]). Daher ist auch die Einbeziehung Stammlers in den Kreis der sogenannten Neukantianer durchaus cum grano salis aufzufassen. Eine notwendige reine Denkform im kantischen Sinne der reinen Vernunft vermag ja das Recht schon aus dem Grunde nicht darzustellen, weil der Rechtsbegriff, wie auch Stammler zeigt, nicht aus dem Bewußtseinsinhalt des isolierten Menschen zu gewinnen ist. Das Recht ist nach Stammler ein verbindendes, d. h. ein gesellschaftliches Wollen — mit anderen Worten: es ist erst aus der Erfahrung des in der Gesellschaft stehenden Menschen zu gewinnen. Es liegt aber eine strenge Konsequenz und eine große logische Schärfe Stammlers schon darin, daß er bei der Entwicklung seines Rechtsbegriffs den Staatsbegriff aus dem Spiele läßt. Wenzel hat in seinen „Juristischen Grundproblemen" wohl von einem ähnlichen Instinkte getrieben den Versuch gemacht, den Begriff des Gesetzes zu entwickeln ohne den Namen des Staats zu gebrauchen. Dieser Versuch konnte nicht glücken, weil das Gesetz die Form des staatlichen Rechts *κατ' ἐξοχήν* darstellt, und nicht ohne Berechtigung meint Giese [2]), infolge der Ausschaltung des Staatsbegriffs schwebte hier die Erörterung Wenzels in der Luft.

In der rein erkenntnistheoretischen Fundierung des Rechtsbegriffs auf der Grundlage unserer sozialen Erfahrung unterscheidet sich Stammler von dem ebenfalls als Neukantianer bezeichneten Kelsen, der aber im Gegensatz zu dieser schulmäßigen rein methodologischen Rubrizierung richtiger als der Antipode Stammlers bezeichnet werden müßte. Die Rechts- und Staatslehre Kelsens, die völlig im positivistischen Fahrwasser Labands segelt und die von dem Irrglauben getragen ist, man könnte eine Rechtswissenschaft

[1]) Lehrb. d. RPhil. S. 50.

[2]) Archiv des öff. R. Bd. XLII S. 365.

treiben, die rein juristisch ist, die allein mit Rechtsbegriffen operiert und von allen metarechtlichen Bestandteilen gesäubert sein muß, ist ja erkenntnistheoretisch völlig unfruchtbar. Es handelt sich in ihr um einen verzauberten Kreis, aus dem man nicht herauskommt und in dem immer nur dialektisch mit denselben aufeinander bezogenen Formeln kunstvoll jongliert wird. Kelsen setzt bei seiner oben zitierten Definition des Rechts den Staatsbegriff voraus, fragt man aber nach dem Staatsbegriffe, so erhält man zur Antwort, daß der Staat nur eine juristische (d. h. eine durch den Rechtsbegriff bedingte) Konstruktion sei [1]) — mit anderen Worten: das Recht wird auf den Staat, der Staat auf das Recht bezogen. Staat und Recht seien nur zwei verschiedene Seiten, zwei verschiedene Modi desselben [2]). Was aber dieses eine sei, dessen zwei Seiten Staat und Recht darstellen, das sagt uns Kelsen nirgends.

Was die Art Stammlers wissenschaftlich so bedeutsam erscheinen läßt, ist sein Streben, das Wissen vom Recht in die Allheit unseres Wissens einzufügen, es als ein Glied unseres gesamten Bewußtseinsinhalts zu erfassen und nach einer absolut gültigen Methode des Ordnens ihm hier seine richtige Stelle anzuweisen [3]). Stammler bestimmt eben, was das einzige Richtige ist, den Rechtsbegriff von Begriffen her, die logisch vor dem Rechte liegen. Er erkennt, daß es unmöglich ist, den Rechtsbegriff „juristisch", d. h. durch Rechtsbegriffe zu bestimmen, daß es aber ebensowenig möglich ist, diesen Begriff von einem auf das Recht bezogenen Staatsbegriffe aus zu bestimmen.

---

[1]) Hauptprobleme S. 184, 226, 438.

[2]) a. a. O. S. 434. Der soziologische und der jurist. Staatsbegr. S. 204.

[3]) Lehrb. d. RPhil. S. 52. Das bedeutet aber noch keineswegs, daß der Rechtsbegriff etwas inhaltlich Gefülltes, wie es die Naturrechtsschule wollte, darstellt. Wenn freilich der Rechtsbegriff, wie oben festgestellt, auch keine apriorische Denkform bedeutet, so führt uns doch die Stammlersche Methode über die bloße Induktion (vgl. Binder, Rechtsbegr. u. Rechtsidee 18, 19 f., derselbe, Philosophie des Rechts S. 123 ff., 259) hinaus, indem Stammler die Form vom Inhalt scheidet. Der Rechtsbegriff ist eine formelle Art und Weise, sich einen empirisch festgestellten Rechtsstoff vorzustellen Stammler, a. a. O. S. 50).

So hat Stammler als anerkannt Erster den Versuch gemacht, die kantische kritizistische Methode — wenn auch in modifizierter Weise — auf die Erkenntnis der Grundlagen der Rechtswissenschaft anzuwenden. Als eine Konsequenz ergab sich ihm die Unterscheidung der Rechtsidee gewissermaßen als einer Forderung der praktischen Vernunft von dem reinen Begriffe des Rechts, wovon noch unten zu handeln sein wird. In dieser Hinsicht — gerade in dieser — hat er stärksten Einfluß geübt.

Die Philosophie Radbruchs[1]) ist ohne Stammler nicht denkbar, sie übernimmt von ihm die Methode, wenn sie auch freilich durch dieselbe zu einem ausgesprochenen Relativismus in bezug auf das in der Rechtsidee verkörperte soziale Ideal gelangt, das Radbruch je nach der Weltanschauung — Personalismus, Transpersonalismus oder Kulturgemeinschaftsgedanke — wechseln läßt, was um so bedenklicher erscheint, als nach Radbruch auch der Rechtsbegriff aus der Rechtsidee abzuleiten ist. Alles Recht ist nach Radbruch Gemeinschaftsregelung, es ist zugleich „dasjenige, was gerechtes Recht sein sollte, gleichviel ob es wirklich gerechtes Recht ist“ [2]). Dadurch schwankt aber das ganze theoretische Gebäude Radbruchs.

---

[1]) Grundzüge der Rechtsphilosophie, 1914 und Einführung in die Rechtswissenschaft, 5.—6. Aufl. 1925, welch letzteres Büchlein für die Radbruchschen Gedanken in selten feuriger und hinreißender Weise wirbt.

[2]) Grundzüge S. 42, 39. Ähnlich auch Binder, der in seiner Schrift Rechtsbegriff und Rechtsidee, 1915, zwar von einer Kritik der Stammlerschen Lehre zu einer Übersteigerung der Kant-Stammlerschen Methode gelangt war, indem er den von ihm als Norm des Rechts bezeichneten, aber im Grunde mit der Rechtsidee identifizierten Rechtsbegriff (a. a. O. S. 59) als eine reine Denkkategorie völlig aprioristischen Charakters auffaßte, neuerdings aber in das Gegenteil umgeschlagen ist (Philosophie des Rechts, 1925). Jetzt leitet er den Rechtsbegriff völlig aus der Rechtsidee ab, indem er das empirische Recht als dasjenige bezeichnet, worin die transzendentale Rechtsidee funktioniert (S. 230, 238, 255, 415 f.). Diese aber, die keineswegs (wie angeblich bei Stammler) inhaltsleer sein kann und die Binder prima facie als die Idee einer Zwangsgemeinschaft unter Menschen bestimmt (S. 215), führt er im letzten Grunde auf das Reich der Werte, auf die kategorischen Forderungen zurück, die in der Welt der Ideen überhaupt für den Menschen begründet sind (S. 282). Damit verzichtet Binder allerdings auf eine Trennung

Ohne Stammler war aber auch die nach der Kultur- bezw. Humanitätsidee orientierte Rechtsphilosophie Max Ernst Mayers[1]) nicht möglich. Nach Mayer sind Rechtsnormen i. w. S. die von einer organisierten Gesellschaft aufgestellten allgemeinen Bedingungen über Dürfen und Sollen der Gesellschaftsorgane und Gesellschaftsmitglieder[2]), deren Geltung (oder Wirkung) aber darauf beruht, daß sie eine Anerkennung von Kulturnormen durch diese Gesellschaft darstellen[3]). — So viel jedenfalls dürfte nach dem Gesagten klar sein: daß sowohl die Radbruchsche als auch die Mayer-

der Wissenschaft des Rechts von der über die objektive Erkenntnis hin ausragenden Welt des reinen Schauens, des Glaubens, der Werte, der kategorischen Imperative. Eine Einbeziehung der Wissenschaft in diesen Kreis — womit aber die Wissenschaft im Grunde aufgelöst wird — ist besonders typisch für die Religionsphilosophie Fr. Brunstaeds (vgl. seine Schrift Reformation und Idealismus, 1925). Diese Richtung im Sinne einer Reaktion gegen die noch vor kurzem herrschende materialistische Geschichtsauffassung ist der Gegenwart überhaupt eigen. Damit wird aber das Wissen mit dem in Gefühlswerten wurzelnden Glauben vermengt. Bei Brunstaed liegt das logisch Bedenkliche in der (a. a. O. S. 12) vorgenommenen Identifizierung der Kantischen Vernunft mit dem Glauben. Die Vernunft ist aber der höhere Begriff, der Wissen und Glauben umspannt. Es gibt zwei Wege zur Wahrheit: Glauben und Wissen = Erkennen i. e. S. Das wußte Kant sehr wohl. Dem einen ist die Deduktion, dem anderen die Induktion das eigentliche Element. Ein Zusammenfließen beider ist zwar unser tiefstes Sehnen, muß aber dem Menschen unerreichbar bleiben.

[1]) Rechtsnormen und Kulturnormen, 1903 in den „Strafrechtl. Abhandlungen" und Rechtsphilosophie, 1922 in der Kohlrausch-Kaskelschen Enzyklopädie der Rechts- und Staatswissenschaft.

[2]) RPhil. S. 56.

[3]) a. a. O. S. 58. Hinsichtlich des von M. E. Mayer aufgestellten Begriffs der Kultur, worunter er die Pflege eines gemeinsamen Interesses und den dadurch geschaffenen wertbetonten Zustand versteht (S. 33), ist allerdings insofern Kritik zu üben, als es auf die Gemeinsamkeit der Interessen bei der Kultur nicht ankommt, dieses Merkmal betrifft vielmehr — die Zivilisation. Ein einzelner kann durchaus Kultur haben, nicht aber Zivilisation im Sinne von etwas Persönlichem. Wäre es nicht richtiger zu definieren: Kultur ist das Produkt der Pflege menschlicher Verhältnisse nach dem Blickpunkte einer einheitlichen Idee? Die Folge ist stets ein Wert bzw. ein wertbetonter Zustand, den man (i.S. des Produkts) gleichfalls als Kultur bezeichnet. Freilich wird hiermit die Rechtsidee Mayers ihres Inhalts beraubt, was aber überhaupt an der Fruchtbarkeit seiner Ausführungen Zweifel aufkommen läßt.

sche Rechtstheorie, die beide stark unter dem Einflusse Stammlers stehen, von unserem Gesichtspunkte aus ganz und gar subjektiven Theorien zuzuzählen sind, denn alles Recht stellt sich in ihnen als eine Widerspiegelung der in den Menschen lebendigen seelischen Werte dar. Es zeigt sich also, daß die modernste Richtung der Rechtsphilosophie einen ausgesprochen subjektiven Charakter aufweist[1]).

Im folgenden soll nun der Rechtsbegriff Stammlers zum Ausgangspunkt der weiteren Erörterung gemacht werden. Nach der Stammlerschen Lehre ist das Recht ein unverletzbar selbstherrliches verbindendes Wollen. M. E. Mayer hat allerdings diese Formel als eine „in Chiffern abgefaßte Definition" bezeichnet, „die rätselhaft bleibt, solange . . . der Schlüssel unbekannt ist" [2]). Das mag zugegeben sein, aber dieser Schlüssel ist nicht so schwer zu finden, wie es auf den ersten Blick erscheinen mag. Es soll hier, damit die weiteren Konsequenzen aus dem Stammlerschen Rechtsbegriff gezogen werden können, zunächst der Gedankengang Stammlers in bezug auf den Rechtsbegriff an Hand eines Dichterworts kurz entwickelt werden. Es sei hierbei eine gewisse Freiheit gestattet[3]). Wie es zwar einerseits wichtig ist, das in der Lehre eines anderen für richtig Erkannte ohne eine Bekrittelung des

---

[1]) Das zeigt sich insbesondere auch an der völlig soziologisch orientierten Jurisprudenz W. Sauers, Grundlagen der Gesellschaft, 1924 (vgl. insbesondere S. 408 f.) und Fr. W. Jerusalems, Soziologie des Rechts I 1925. Es fragt sich allerdings, ob der Versuch des letzteren, auch die inhaltliche Gesetzmäßigkeit des sozialen Lebens in der Jurisprudenz wiederzufinden, nicht im Grunde zu einem neuen Naturrecht führen muß. Das wäre das völlige Gegenteil der Stammlerschen Ergebnisse. Freilich faßt Jerusalem die „Gesetzmäßigkeit" in einem weiteren, über das Naturgesetz hinausgehenden Sinne (vgl. S. 8 ff.). Ob damit aber nicht „Gesetzmäßigkeit und Kollektivität", Kausalitäts- und Zweckprinzip ineinander verschwimmen? Ob der 2. Bd. des Werkes der Jurisprudenz wohl etwas Neues bringen wird, ob er nicht nur abseits von der eigentlich juristischen Methode rein soziologische Ergebnisse zeitigen wird?

[2]) RPhil. S. 53.

[3]) Im ganzen darf dem Abschnitt II dieser Studie der Gedankengang Stammlers zu Grunde gelegt werden, wie er sich in der Theorie d. RWiss. S. 49—113 (vgl. insbes. S. 107, 108) u. i. Lehrb. d. RPhil. S. 54—93. findet.

Unwesentlicheren zu übernehmen — denn käme die Wissenschaft überhaupt je vorwärts, wenn jeder stets von vorne beginnen wollte? —, so ist es andrerseits nicht möglich, das Fremde in voller geistiger Freiheit zu verwerten, wenn es nicht zu einem Bestandteil des eigenen Denkens geworden ist. Eine solche Wiedergabe ist auch an sich keine überflüssige Wiederholung. Abgesehen davon, daß diese Studie den Ausfluß eines geschlossenen Gedankengangs darstellt, ist doch gerade der eigentliche Kernpunkt der Stammlerschen Rechtslehre viel weniger beachtet worden, als seine Lehre von der Idee des Rechts bzw. vom richtigen Rechte. Schon aus diesem Grunde verlohnt es sich der Mühe, gerade auf seine Stellungnahme zum Rechtsbegriff einmal nachdrücklich den Finger zu legen. Hierbei wird es sich allerdings zeigen, daß trotz des oben gekennzeichneten Auseinandergehens jener zwei grundverschiedenen wissenschaftlichen Anschauungen — der objektiven und der subjektiven Theorie — heute in der Wissenschaft in bezug auf die Gegensätze, aus denen der Rechtsbegriff zu entwickeln ist, dennoch erhebliche Übereinstimmung herrscht — eine Übereinstimmung, wie sie vor allem durch die weitausschauenden Lehren Rud. v. Jherings und Otto v. Gierkes ermöglicht worden ist. Wäre dem nicht so, wäre Verständigung unter den Juristen im Grunde überhaupt ausgeschlossen. Verständigung über die Grundlagen ist aber Voraussetzung aller fruchtbaren Wissenschaft und daher letztes Ziel jeder wissenschaftlichen Erörterung. Solange die Schulen streiten, ist man objektiver Erkenntnis noch sehr fern. Das Wort, daß man zum Mitlieben nicht zum Mithassen da sei, sollte nirgendwo einen fruchtbaren Boden haben, als im Kreise jener, die verbunden nach Erkenntnis und Wahrheit streben.

II.

Nach ewigen, ehrnen,
großen Gesetzen
müssen wir alle
unseres Daseins
Kreise vollenden.

Nur allein der Mensch
vermag das Unmögliche;
er unterscheidet,
wählet und richtet;
er kann dem Augenblick
Dauer verleihen.
Er allein darf
den Guten lohnen,
den Bösen strafen,
heilen und retten,
alles Irrende, Schweifende
nützlich verbinden.

Aus vier großen Gegensätzen entwickelt Rudolf Stammler den **Rechtsbegriff.** Es ist merkwürdig, wie diese Gegensätze sich in jenen Versen Goethes wiederfinden — in jenen Versen, die, indem sie es auf die Erfassung „des Göttlichen" abstellen, den Menschen und sein Wesen in dem All unseres Wissens und Ahnens, in dem Bereich unserer Begriffe und Ideen als einen Teil dieses Alls zu bestimmen streben.

1. Man unterscheidet in bezug auf das Werden der Dinge zweierlei Normen. Wenn sich in jungen Erdentagen der Bewußtseinshorizont des Kindes zu lichten beginnt, wenn der Tag anbricht, an dem das Kind zum ersten Male das Wörtlein „ich" ausspricht — diesen Tag hat übrigens der Philosoph Fichte als den eigentlichen Geburtstag seines Sohnes bezeichnet —, dann sind es zwei Welten, die sich dem Kinde zu erschließen beginnen — eine äußere und eine innere: die Materie, das Reich der Natur, deren der Mensch durch Wahrnehmung teilhaftig wird und die seelische Sphäre, das Reich des Erlebens, das dem Menschen durch sein Fühlen, sein Denken, sein Wollen zum Bewußtsein wird. An einem Punkte berühren sich diese zwei Welten; dieser Punkt ist der menschliche Wille. Zweierlei Ketten verbinden die Außenwelt und die innere Welt des Menschen. Betrachten wir das Weltbild unter dynamischen Gesichtspunkten, d. h. unter dem Ge-

sichtspunkte des Werdens — der Gegensatz wäre der statische Gesichtspunkt der Ruhe, des Seins — [1]), so müssen uns alsbald jene zwei Ketten des Geschehens zum Bewußtsein kommen: einmal die Kette Ursache und Wirkung, die die Welt der äußeren Wahrnehmung, das Naturgeschehen beherrscht, und zum anderen die Kette Mittel und Zweck, die für den menschlichen Willen, die Welt des Wollens bestimmend ist. In der einen Kette des Geschehens, in der Kette Ursache und Wirkung führt die Gegenwart durch die Vergangenheit bestimmt: ein gegebener Tatbestand in der Welt der äußeren Erscheinungen löst als Ursache eine bestimmte Wirkung aus; diese Kette erfaßt auch den Menschen durch seinen Körper und

[1]) In der Kelsenschen Lehre ist es — trotz Kant — methodologisch unrichtig, wenn Kelsen von einem Gegensatze zwischen Sein und Sollen ausgeht (vgl. Hauptprobleme S. 3 ff.). Das eine ist ein rein Formales, das zweite etwas inhaltlich Bestimmtes, das außerdem keineswegs primärer Art ist. Der Gegensatz des Seins ist allein das Werden. Alles Sollen setzt bereits ein Wollen voraus. Das liegt schon in der Kelsenschen Definition der Norm im Sinne von Sätzen, die die Forderung eines gewissen Verhaltens aufstellen (S. 6). Der Begriff der Forderung setzt bereits den Willen voraus. Sage ich selber: „Du sollst", so ist mein Wille vorausgegangen. Wird mir das „Ich soll" unbekannt woher zuteil, so setze ich als primär einen dahinter stehenden Willen voraus, sei es der meinige, sei es ein höherer mich unterwerfender. Gewiß hat Kelsen recht, wenn er von einem Gegensatze zwischen „Ich und Welt, Seele und Leib" (a. a. O. Vorrede S. V, VI) ausgeht und wenn er daraufhin den Unterschied zwischen Kausal- und Normwissenschaft macht. Nur handelt es sich hier eben um einen Gegensatz zwischen „Form und Inhalt", diese dürfen jedoch nie als koordiniert behandelt werden, was Kelsen tut. Richtiger wird der Gegensatz von Spengler in seinem Untergang des Abendlandes" verwertet (dieser Ausgangspunkt deckt sich in der Hauptsache mit dem oben akzeptierten Stammlerschen), wenn er der „Welt als Natur" die „Welt als Geschichte", der „Notwendigkeit von Ursache und Wirkung" die „Notwendigkeit des Schicksals" gegenüberstellt (a. a. O. Bd. I S. 7, 9, 165). — Wenn Rud. Laun in seinem Vortrag „Recht und Sittlichkeit", 1925, in dem er übrigens ganz auf dem Boden der oben (S. 492 Anm. 2) charakterisierten Gegenwartströmung steht, alles Sollen als ein angeblich autonomes auf das Gewissen, auf ein Urerlebnis zurückführt (S. 10, 12 ff.), so identifiziert er damit unberechtigter Weise das Sollen mit der sittlichen Pflicht (nicht zu verwechseln mit der Rechtspflicht). Er erfaßt damit nur das sittliche Sollen. Daneben gibt es aber ein heteronomes Sollen.

wird durch Vermittlung der menschlichen Sinne und sein seelisches Empfinden (Fühlen) zum Motiv[1]). Die andere Kette aber führt aus diesem Willen wieder in die Welt der Wahrnehmung, in die Welt der äußeren Erscheinungen zurück. In der Kette Mittel und Zweck wirkt sich der menschliche Wille aus, in ihr wird die Gegenwart durch die Zukunft bestimmt: hier ist die Folge das Primäre, das logisch Sekundäre aber wird äußerlich zum Primären gemacht, indem es als Mittel für die Erreichung eines bestimmten Zwecks eingesetzt wird. Die Kette Zweck und Mittel beherrscht den dynamischen Willensbereich des menschlichen Innenlebens; die Natur aber kennt keine Zwecke. Ich will einen bestimmten Zweck, d. h. eine bestimmte Veränderung in der Welt der äußeren Erscheinungen erreichen und setze dafür ein bestimmtes Mittel ein. — Man muß eben vom Standpunkte des Werdens, des heraklitischen *πάντα ῥεῖ*, der Welt der Wahrnehmung, der Welt als Vorstellung die Welt des Willens gegenüberstellen. Das tut Stammler in Anlehnung an den großen Schopenhauerschen Gedanken (Welt als Wille und Vorstellung), wenn auch freilich in einem etwas anderen Sinne. Erschöpft ist mit dieser Gegenüberstellung unser Bewußtseinsinhalt, wie das nach Stammler scheinen könnte, freilich noch nicht, denn der Wille allein bedeutet nicht unsere innere Welt: Denken und Fühlen[2]) können im Willen nicht aufgehen. Aber vom rein dynamischen Standpunkt des Werdens, des

---

[1]) Das Motiv ist aber keineswegs „psychologische Kausalität", wie Kelsen annimmt. Es ist irrig, wenn Kelsen behauptet, das Wollen gehöre der Welt des Seins (im Sinne von Materie) an, es sei ein psychisches Geschehen und darum (?) etwas Wesensverschiedenes vom Sollen (a. a. O. S. 10). Hierin zahlt er seinen Tribut der — heute hoffentlich überwundenen — materialistischen Geschichtsauffassung des 19. Jahrh. Auch Laun akzeptiert (a. a. O. S. 5) trotz seiner diametral andersartigen Einstellung jene Kelsensche Behauptung. Vgl. weiter unten S. 500 f.

[2]) Im Gegenteil — es besteht eine Richtung, die den Willen als etwas Abgeleitetes, Heterogenes, als ein Produkt des Denkens und Fühlens ansehen will. Vgl. Eisler, Philosophisches Wörterbuch, III, 1910 S. 790 und Mauthner, Wörterbuch der Philosophie II, Artikel „Schopenhauer" S. 344 ff.

Weltgeschehens aus läßt sich jener Gegensatz als ein ausschließlicher wohl rechtfertigen.

Entsprechend jener Welt der Wahrnehmung und dieser Welt des Willens unterscheidet man nun zweierlei Gesetze oder Normen i. w. S.: Gesetze des Naturgeschehens (Gesetze i. e. S.) und Gesetze für den menschlichen Willen. Die ersteren, die Naturgesetze, stellen den Kausalzusammenhang zwischen Ursache und Wirkung fest. Die zweiten aber, die Normen i. e. S., sind diejenigen Regeln, die das besondere menschliche Leben, seinen Willen mit einer Reihe von Regeln umstellen. Hier wird die Zweckerreichung des Menschen geregelt. Indem der Mensch etwas will, setzt er ein Mittel für einen bestimmten Zweck ein — hier wird durch die Regel die Bestimmung der Gegenwart durch die Zukunft normiert[1]). Daß jene Gesetze i. e. S. und jene Normen i. e. S. völlig verschiedenen Charakters sind, ergibt sich aus allem Dargelegten; darüber darf man sich trotz ihrer Umspannung durch die gemeinsame Bezeichnung „Gesetze i. w. S." keiner Täuschung hingeben — der eigentliche gemeinsame Oberbegriff liegt in dem Begriffe der Regel bzw. Regelung[2]).

---

[1]) Nicht immer brauchen diese Regeln — die Normen — in imperativischen Geboten und Verboten zu bestehen. Oft handelt es sich um die Form des Urteils über das Geschehensollende (vgl. dazu Wenzel, Jur. Grundprobleme S. 32 ff.). Freilich hat das mit der Frage der Geltung (vgl. unten S. 519 f) nichts zu tun.

[2]) Hier muß allerdings bemerkt werden, daß die Stammlersche Entwicklung des Rechtsbegriffs den Begriff der Norm nicht kennt. Stammler geht offenbar davon aus, daß die Unterscheidung zwischen objektivem und subjektivem Recht primär nicht zu machen sei (vgl. Lehrb. d. RPhil. § 133, 3, dazu Anm. 5). Ob der Begriff der Norm aus dem Rechtsbegriff eliminiert werden kann, mag trotzdem zweifelhaft erscheinen. Meines Erachtens liegt er implicite in einem weiteren Merkmal des Stammlerschen Rechtsbegriffs. Vgl. unten S. 513 Anm. 2. Aus Gründen der besseren Verständlichkeit meines durch Stammler angeregten Gedankengangs hielt ich es jedoch für zweckmäßig, den Begriff der Norm, der dem Rechtsbegriff durchaus wesentlich ist, schon an dieser Stelle einzuführen. Ich gehe bewußt vom Begriffe des Rechts im objektiven Sinne als eines Normenkomplexes (nicht zu verwechseln mit den oben besprochenen objektiven Rechtstheorien) aus; das subjektive Recht ergibt sich mir als eine Folge, in gewissem Sinne als ein „Reflex des

Hier haben wir den ersten Stammlerschen Gegensatz: Reich der Wahrnehmung — Reich des Wollens. Wie sagte doch Goethe? Nach „ewigen ehrnen großen Gesetzen" müßten wir alle — die wir doch Naturwesen sind — „unseres Daseins Kreise vollenden." Aber der Mensch — allein der Mensch, im Gegensatz zu all den übrigen Wesen — „vermag das Unmögliche." Er setzt Zwecke: „er unterscheidet, wählet und richtet." Der Mensch will —, und darin hebt er sich hinaus über alle Kreatur!

Wenn Kelsen[1]) Stammler entgegenhält, daß zwischen Kausalität und Teleologie ein Gegensatz nicht bestehe und daß die Anwendung des Zweckprinzips nur unter der Voraussetzung des Kausalitätsprinzips möglich sei, so ist das nicht stichhaltig. Dadurch wird Stammler nicht widerlegt. In der Kette von Ursache und Wirkung verkennt nämlich Kelsen den Charakter des menschlichen Wollens, das wohl durch das Medium einer Körperbewegung zur Ursache zu werden vermag, aber selbst nicht in Wirkung und Ursache auflösbar ist. Wenn Kelsen behauptet, jede Zweckvorstellung schließe die Kausalvorstellung in sich, so hat er in gewissem Sinne recht, indem hier die Wirkung der Willenshandlung ex post antizipiert wird, aber in der Zweckvor-

---

objektiven Rechts" (G. Jellinek, Syst. der subj. öff. Rechte S. 67 ff.) im Hinblick auf die Rechtsunterstellten (vgl. Stammler a. a. O. S. 274). Hierin zeigt die obige Entwicklung des Rechtsbegriffs ihre wesentlichste Abweichung von der Stammlerschen Lehre. — Es sei hier übrigens noch festgestellt, daß, entsprechend dem oben über unseren Bewußtseinsinhalt Ausgeführten, auch durch die Naturgesetze und die Willensnormen der Begriff des Gesetzes im weitesten Sinne keineswegs erschöpft ist. Hier kann nur nicht die Rede sein von jenen anderen Gesetzen unserer Innenwelt, die die anderen Kräfte unserer Seele — unser Denken und unser Fühlen betreffen und die in der Logik und in der Ästhetik ihren Ausdruck finden. Dieselben ordnen unseren Bewußtseinsinhalt nicht als ein Nacheinander in der Zeit, nicht als ein Werden, sondern als ein gleichzeitiges Sein. Selbst die Kunstwerke der Musik sind ihrem Wesen nach zeitlos, wenn es auch anders scheinen mag, weil sie unseren Sinnen nur durch das Medium der Erscheinungswelt als zeitliche Tonfolge vermittelt werden können (vgl. dazu meine „Berufsstände" S. 48 — Begriffsbestimmung der Kunst — und überhaupt daselbst S. 29—31, 41—53 die Einteilung der geistigen Berufe).

[1]) Hauptprobl. S. 58 ff.

stellung liegt ein Mehr — die Vorstellung des bewirkenden Willens, in welcher Vorstellung die Vorstellung [1]) einer Bestimmtheit des Willens selber durch eine causa efficiens fehlt. Unbewußt nimmt hier Kelsen die überholte Jheringsche „psychologische Kausalität“, die im Geiste eines materialistischen Zeitalters lag [2]), als ein Axiom hin, während er beweispflichtig war. Damit steht und fällt aber sein ganzes Gebäude.

2. Wir haben aus unserem unter der Kategorie des Werdens stehenden Bewußtseinsinhalt das Naturgeschehen und die es beherrschenden Naturgesetze ausgeschieden. Es blieb uns die Welt des Wollens und die dieses Wollen bestimmenden Normen.

Um bei dem Bilde des zum Bewußtsein erwachenden Kindes zu bleiben, so ist es ein großer Komplex von Willensnormen, die nach und nach in sein Bewußtsein dringen — eine ganze Welt des Sollens. Zunächst sind es fast ausschließlich heteronome Normen, die den Willen des Kindes von außen her binden. Die Mutter lehrt es, was es Gott und sich selber schuldig sei, wie es sich im Hause und Fremden gegenüber zu benehmen habe; hier wird meist der Weg des bloßen Urteils — in die Form der Ermahnung, der Maxime gekleidet — gewählt. Den Geboten des Vaters aber folgt meist die Strafe auf dem Fuß. Von den Geboten des Staats und der Gemeinde erfährt das Kind als von etwas von ferne an es Herantretendem — die Eltern machen darauf aufmerksam, daß wenn den Geboten zuwider gehandelt würde, die Polizei käme, oder gar Gericht und Gefängnis. Später gibt die Schule Regeln auf den Weg, und das Kind lernt die zehn Gebote: Du sollst nicht töten, du sollst nicht stehlen, du sollst nicht ehebrechen, du sollst nicht begehren...

Das sind alles Normen, in denen ein Wollen geregelt wird. Der werdende Mensch ahnt: irgendwo hier beginnt das Gebiet des Rechts. Aber wo? Sind alle jene Normen Recht?

---

[1]) Mit diesem Worte bekämpfe ich Kelsen vermittelst seiner eigenen Waffen.

[2]) Vgl. oben S. 498 Anm. 1.

Es scheint, als wenn das Gebot: Du sollst nicht töten, nicht stehlen schon Recht wäre. Aber wie liegt es mit dem Gebote: Du sollst nicht begehren, oder gar mit jenem ins Zentrum der christlichen Lehre gerückten Gebot: Du sollst deinen Nächsten lieben als dich selbst? Woher kommt das Recht? Und wie muß eine Willensnorm beschaffen sein, damit wir sie Recht nennen können?

Leben bedeutet Bedürfnisbefriedigung. Wie der Mensch zugleich Körper und Seele ist, so sind auch seine Bedürfnisse physischer und geistiger Art. Nur in beschränktem Maße vermag er diese Bedürfnisse — und insbesondere die geistigen — allein ohne Zutun anderer und ohne Auseinandersetzung mit anderen zu befriedigen. Darauf beruht sein Charakter als *ζῶον πολιτικὸν* — es ist ihm „nicht gut, daß er allein sei." Je komplizierter die Lebensbedürfnisse, um so mehr ist Mensch auf den Menschen angewiesen. Schon durch die Objekte der Bedürfnisbefriedigung werden die einzelnen Willen miteinander verbunden: es brauchen sich nur zwei Willen auf dasselbe Objekt zu richten — und die Verbindung ist da. Damit ist der Begriff der Gesellschaft gegeben. Es ist aber selbstverständlich, daß im Zusammenwirken eine rücksichtslose Durchführung des Einzelwollens nicht mehr möglich ist. Eine solche müßte einen allgemeinen Kampfeszustand entstehen lassen, wie ihn Hobbes mit seinem bellum omnium contra omnes gemeint hat; und schon Hesiod bezeichnete jenen Zustand in seinen *Ἔργα καὶ ἡμέραι* mit den Worten: *Ἔσθέμεν ἀλλήλους, ἐπεὶ οὐ δίκη ἐστὶν ἐν αὐτοῖς.* Das kann nur vermieden werden, wenn über dem auseinanderstrebenden Wollen ein höheres Wollen entsteht, das die Disharmonien vereinzelten Wollens im Zusammenleben auflöst, das das einzelne Wollen gegenseitig als Mittel füreinander bestimmt. Darin besteht nun die Funktion des Rechts. Das Recht ist ein verbindendes Wollen; in seinen Regeln werden die einzelnen den Kampf ums Dasein nicht mehr als einzelne führend gedacht, sondern als Verbundene. Das Recht gehört zu jenen Regeln, die dazu bestimmt sind, Willenskonflikte auszugleichen, das Wollen in der Verbindung mit anderen möglich zu machen. Gewiß kann der Mensch auch in der Vereinzelung gedacht werden: Der Adam im 1. Buche Mose und der Robinson Crusoe des Defoe sind die klassischen Beispiele dafür, aber die Wirklichkeit zeigt uns ein anderes Bild. Solange jedenfalls der Mensch mit der Natur allein ist, gibt es für ihn kein Recht und kein Unrecht. Erst wo sich dem Adam die Eva, dem Robinson der Freitag hinzugesellt, kann Recht und Unrecht entstehen. Die gegenteilige Annahme, ein in den Sternen geschriebenes Recht war der große Irrtum der Naturrechtslehrer.

Aber damit ist nicht gesagt, daß es für den einzelnen Menschen nicht eine andere Art von Willensnormen geben kann, Normen, die ihm von seinem Gott, von seinem Gewissen kommen. Nur wenden sich diese Normen nicht an sein soziales Wollen, sie sollen nicht die Tat treffen, sondern die Gesinnung. Auf die Lauterkeit, die Reinheit der Gesinnung sehen sie es ab. Diese Normen gehören dem Gebiete der Moral, der Sittlichkeit an. Die Moral gibt Normen für ein Einzelwollen. Sittliche Normen bestehen auch für einen Robinson Crusoe. Um den Konflikten mit dem Recht zu entgehen, um allein der inneren Läuterung leben zu können geht der Einsiedler in die Einsamkeit. Während es das Recht auf die Auswirkung des Willens in der Außenwelt anderem Wollen gegenüber abstellt, kommt es der Moral auf das innerliche Verhalten des Willens an. Weil das Recht Verhältnisse nicht regeln kann, die einseitig in der Gesinnung liegen, wie Liebe, Freundschaft, Gottesfurcht, verdammte Tolstoi das Recht als eine seelenlose Äußerlichkeit. Während das Recht nur in der Gesellschaft möglich ist als ein soziales, ein verbindendes Wollen, während die Rechtspflicht einer aus dem Zusammenschluß des Wollens entstehenden gesellschaftlichen Ordnung gegenüber besteht, besteht die moralische Pflicht nur uns selbst, nur dem Gott in unserer Brust gegenüber. In weitestem Sinne gefaßt umspannt der Begriff der Moral und die Lehre von derselben, die Ethik, sowohl die Normen der Sittlichkeit i. e. S. als auch die der Religion; bei deren Unterscheidung kommt es nur darauf an, ob Gott oder Gewissen als Urquell derselben gesetzt werden. In diesem Sinne gilt das von Stammler in anderem Zusammenhang zitierte Schillerwort:

Nehmt die Gottheit auf in euren Willen
und sie steigt von ihrem Weltenthron!

Jetzt vermögen wir auch den Charakter der zehn Gebote zu bestimmen. Die Normen „Du sollst nicht töten, nicht stehlen, nicht ehebrechen“ sind zweifellos sakrales Recht. Sie dienen zunächst dem Ziele, Willenskonflikte auszuschalten und durch die Fixierung eines höheren verbindenden Wollens einerseits das subjektive Wollen zu beschränken, andererseits ein solches in der Gemeinschaft sicherzustellen. Aber die Normen: Du sollst nicht begehren, oder gar: Du sollst keine Götter haben neben mir, vor allem aber das große Gebot der Nächstenliebe wenden sich ganz und gar an den Einzelwillen, an die Gesinnung. Gewiß ist in den Geboten: Du sollst lieben, du sollst nicht begehren — das Individuum in Beziehung zu anderen Menschen gebracht; aber ihr Ziel ist nicht die Tat, sondern die Gesinnung. Die Tat kann äußerlich selbst einen Rechtsbruch darstellen und dennoch gerechtfertigt sein durch die Reinheit des Wollens. Wir können uns einen Diebstahl denken um das Gebot zu verwirklichen: Liebe deinen Nächsten als dich selbst! Aber freilich — trotz ihres begrifflichen Gegensatzes stehen Recht und Moral in einem innigen Verhältnis zueinander. Das zeigt sich besonders, wenn man von dem Begriffe des Rechts zur Idee desselben fortschreitet, wovon noch zu reden sein wird. Aber auch schon unabhängig von einem richtigen oder gerechten Rechte fallen die Normen des Rechts und der Moral nur zu oft zusammen. Die Gebote Du sollst nicht töten, nicht stehlen, nicht ehebrechen sind zugleich Normen des Rechts und der Moral, das mosaische Gesetz war wohl vor allem als ethische Norm gedacht. Besonders in Zeiten primitiver Kultur kann der Gesetzgeber den Forderungen der Sittlichkeit oft nicht anders zum Siege verhelfen, als indem er sie zum Rechte erhebt. Aber auch in Zeiten höherer Kultur wird eine Rechtsnorm um so höher stehen, je adäquater sie einer sittlichen Gesinnung, je eher sie eine solche zu fördern geeignet ist[1]). Oft genug freilich geraten im täglichen Leben Recht und Moral miteinander in Konflikt: die Handlungsweise des Shylock entspricht zwar einem formalen Recht, aber es ist tief unsittlich.

Hier liegt nun der zweite Stammlersche Gegensatz: wenn wir vom Rechte sprechen, hat die Moral begrifflich auszuscheiden. Das Recht ist ein gesellschaftliches, ein soziales, oder wie Stammler sagt ein verbindendes Wollen — im Gegensatz zum Einzelwollen der Moral. Zwischen Recht und Moral besteht begrifflich kein bloßes Mehr- und Minderheitsverhältnis, wie das manchmal behauptet worden ist [2]). Freilich ergibt sich aus ihrer praktischen Vereinbarkeit, daß sie keine Antithese, sondern eine logische Antinomie darstellen[3]).

Gerade der Begriff des verbindenden Wollens bei Stammler oder, wie man auch sagen könnte, der Willensverbindung als einer logischen Voraussetzung des Rechtsbegriffs sowie des diesem zu Grunde liegenden Begriffs der Gesellschaft[4]), ohne den eine susammenstimmende Tätigkeit der Menschen gar nicht gedacht werden kann, ist nun in der Literatur vielfach überhaupt nicht verstanden worden. Es mag daher nicht überflüssig sein, einige Worte darüber zu sagen, wie eine solche Willensverbindung praktisch zustande kommt. Es wäre ein Irrtum, wollte man glauben, daß in dem Merkmal der Willensverbindung die

---

[1]) Die Auflösung des Rechts in der Sittlichkeit (im Sinne einer Sozialethik) geht wie ein roter Faden durch die Schrift Launs, Recht u. Sittlichkeit, 1925. Aber damit wird die begriffliche Klarheit nicht gefördert. Die Folge ist, daß für Laun Recht nur dort gegeben ist (a. a. O. S. 18, 29), wo Stammler „richtiges Recht" sehen würde, daß ihm hingegen das positive Recht schlechthin Gewalt bedeutet (S. 8).

[2]) G. Jellinek, Die sozialethische Bedeutung von Recht, Unrecht und Strafe, 1908 (2. Aufl.) S. 45: hier wird das Recht als „ethisches Minimum" bezeichnet.

[3]) Hier mag die Feststellung Natorps das Richtige treffen, wenn er meint (Kant-Studien Bd. 18, Recht und Sittlichkeit), im Recht werde das Innere von außen her, in der Moral das Äußere von innen her bewertet.

[4]) Vgl. Lehrb. d. RPhil. S. 76.

Behauptung enthalten wäre, alles Recht sei Sozialrecht im Gierkeschen Sinne. Hier ist das Wort Stammlers von Bedeutung: „Wer freilich das Subjekt ist, das ein formal so geartetes Wollen im einzelnen Falle hegt und durchführt, das ist für die Begriffsbestimmung des verbindenden Wollens völlig gleichgültig“ [1]). Praktisch hat man sich die Entstehung jener Willensverbindung folgendermaßen zu denken. Die Verbindung kann auf eine zwiefache Weise hergestellt werden — es gibt, um an den Gierkeschen Begriff des herrschaftlichen und genossenschaftlichen Verbandes [2]) anzuknüpfen, eine genossenschaftliche und eine herrschaftliche Verbindung. Im ersteren Falle bildet das höhere, das verbindende Wollen gleichsam einen Kuppelbau über dem vielen auseinanderstrebenden Einzelwollen, einen Kuppelbau, dem doch ein jeder der einzelnen Willen als ein Pfeiler dient — politisch gesprochen liegt hier die ideale Rechtsform der demokratischen Weltanschauung. Oder aber — im zweiten Falle, d. h. bei der herrschaftlichen Verbindung — kommt nicht ein ganz neues Wollen auf, sondern einer der ursprünglich im Konflikt begriffenen Willen (der auch bereits das Ergebnis einer Willensverbindung darstellen kann) schwingt sich zur Überordnung auf und stellt die Verbindung zum übrigen Wollen und zwischen dem übrigen Wollen durch seine Überlegenheit her. Hier gleicht der Rechtsbau den gotischen Domen, in denen sich das Ganze zur kühnen Spitze gipfelt, die den Unterbau herrschend überragt. Hier haben wir die herrschaftliche Rechtsform, der im Staate das monarchische Gepräge am vollkommensten entspricht [3]).

So haben wir denn das Recht als eine der Formen des Wollens und zwar des Wollens der Menschen in der Gesellschaft erkannt. Im Begriffe der Willensverbindung liegt zugleich das formale Moment alles Rechts — das Recht als eine Form des Wollens ist unabhängig vom Inhalt seiner Normen, insbesondere auch davon, ob dieser Inhalt gerecht

---

1) a. a. O., S. 67 Anm, 5

2) Vgl. Gierke, Genossenschaftsrecht I S. 14, 89, II S. 42 ff.

3) Vgl. hierzu Tatarin-Tarnheyden, Die Berufsstände S. 19.

ist [1]). Für die Frage, ob eine Norm Recht darstellt, ist es allein ausschlaggebend, ob sie eine Verbindung der Zwecksetzung, die das Wollen bedeutet, in der Weise darstellt, daß der Zweck des einen als Mittel des anderen gesetzt wird und umgekehrt. Das Recht ist ein verbindendes Wollen. Vielleicht wäre es noch treffender von einer Willensverbindung zu sprechen.

Allein der Mensch . . . „darf . . .
alles Irrende, Schweifende
nützlich verbinden."

3. Wenn bisher das Recht als ein verbindendes Wollen bestimmt wurde, so ist doch festzuhalten, daß nicht alles verbindende Wollen Recht ist. Alles was bisher vom Recht ausgesagt wurde, paßt genau so gut auf die Sitte, die Konvention. Die Sitte ist keinesfalls mit der Sittlichkeit, mit der Moral zu verwechseln. Was hier gemeint ist, ist eine Art des verbindenden Wollens, die Sitte im Sinne von Herkommen. Wenn z. B. § 534 (und andere) des BGB. von einer auf den Anstand zu nehmenden Rücksicht spricht oder wenn die §§ 151 und 242 BGB. auf die Verkehrssitte Bezug nehmen, so greift hier die Rechtsnorm auf eine andere Art gesellschaftlicher, sozialer Regelung zurück. Mit Konventionalregeln haben wir es außer den Regeln des Anstandes oder Verkehrs auch in bezug auf die Vorschriften des studentischen Komments, der ritterlichen Ehre, der Mode zu tun. Ein interessantes Beispiel bieten die Kleider- und Tafelordnungen des Mittelalters [2]). Stammler betrachtet auch die Regeln der Grammatik als Konventionalregeln, aber dieselben können durch Festlegung durchführbarer Folgen und ständige Überwachung einer solchen Durchführung auch zur Bindung der Rechtsregel gelangen: so z. B. die offizielle russische Rechtschreibung des Zarentums (nach der v. Grotschen Orthographie) einerseits, des

---

1) Letzteres gehört zum Problem der Idee des Rechts. Vgl. unten S. 546 ff.

2) Noch heute bedeutet der Frack des Kellners eine solche Konvention und zwar eine Weltkonvention.

heutigen Ssowjetstaats andererseits [1]). Eine Konventionalregel ist z. B. die Verkehrsregel: rechts ausweichen, links vorfahren; aber in Österreich oder in Schweden lautet die Regel gerade umgekehrt.

Worin besteht nun das Unterscheidungsmerkmal zwischen Recht und Konvention (Sitte)? Auch die Konvention, die Sitte stellt ein verbindendes Wollen dar, eine Willensnorm, die das auseinanderstrebende Wollen der einzelnen verbindet. Jhering [2]) hat versucht, die Konvention auf die Gesellschaft, das Recht auf den Staat zurückzuführen. Das trifft jedoch nicht zu — es gibt auch ein außerstaatliches, ein Sozialrecht: insbesondere das Kirchenrecht, das Völkerrecht, aber auch große Teile des Arbeitsrechts stellen ein solches dar. Vor allem aber: alles Gewohnheitsrecht entsteht unabhängig von der Staatsgewalt [3]). Es ist auch falsch, die Sitte begrifflich auf die Sittlichkeit, die Moral zurückzuführen. Diese Verbindung ist praktisch durchaus möglich, so z. B. wo das BGB. von den „guten Sitten" spricht (z. B. § 138), aber sie betrifft nicht das Wesen der Konventionalregel [4]). Was hat z. B. der Frack des Kellners

---

[1]) Eine Übersteigerung jener Auffassung bedeutet es, wenn ein neueres Gesetz Lettlands fehlerhafte öffentliche Aufschriften in lettischer Sprache mit Strafe bedroht.

[2]) Der Zweck im Recht II 1883, S. 174 ff. insbesondere S. 179. Ähnlich neuerdings Sauer, Grundlagen der Gesellschaft (vgl. S. 12, 155 ff., 416 ff.), nur daß Sauer nach dem Vorgange von Tönnies an die Stelle der Gesellschaft die Gemeinschaft rückt (vgl. S. 131 und 143 ff.).

[3]) Hier hat z.B. Verdroß (Die Einheit des rechtl. Weltbilds, S. 57) Wenzel zum Vorwurf gemacht, er ziehe bei seiner Konstruktion des Völkerrechts das völkerrechtliche Gewohnheitsrecht nicht in den Bereich seiner Prüfung (Wenzel, Jurist. Grundprobleme S. 344 ff.).

[4]) Wenn auch im § 138 BGB. durch das Beiwort „guten" das moralische Moment mit berücksichtigt wird, so kommt es in ihm doch auf das Herkömmliche, das Konventionelle, auf den Verstoß gegen Regeln an, die nach gesellschaftlicher Übereinstimmung ein bestimmtes Verhalten als unzulässig kennzeichnen. Der Grund für die Nichtigkeit des Rechtsgeschäfts liegt hier nicht in dem Unmoralischen an sich, sondern in der gesellschaftlichen Anerkennung der Verwerflichkeit solchen Handelns (in diesem Sinne kann man von Sozialethik sprechen). Die gesellschaftlichen Anschauungen aber darüber, was als ein Verstoß gegen die guten Sitten angesehen werden muß, können wechseln,

oder die Rechtschreibung mit der Sittlichkeit zu tun? — Worin liegt aber dann der Unterschied? Man darf sich nicht verhehlen, daß die Unterscheidung keine ganz einfache ist. Die Grenze ist eine verschwimmende; man darf nach dieser Richtung hin von „geränderten" Begriffen sprechen [1]). Insbesondere Gewohnheitsrecht und bloße Sitte sind oft nur schwer zu unterscheiden. Radbruch [2]) bezeichnet sogar diese Frage — und nicht, wie Jhering, den Unterschied zwischen Recht und Sittlichkeit — als das eigentliche „Kap Horn der Rechtsphilosophie". Man wird wohl zum Ergebnis gelangen müssen, daß hier tatsächlich nur ein Gradunterschied vorliegt, der in der Stärke der Bindung zu suchen ist. Man hat nicht unzutreffend die Sitte als „Vorschule des Rechts" bezeichnet: Normen, die die Prüfung bestanden haben, werden rechtlich rezipiert [3]).

Stammler hat für diesen seinen dritten Gegensatz das Unterscheidungsmerkmal der *Selbstherrlichkeit* des Rechts aufgestellt. Er bezeichnet die Konvention als ein bloß „einladendes verbindendes Wollen", als eine Verbindung, eine Regelung bloß von Fall zu Fall. Und diesen Ausdruck greift auch M. E. Mayer auf, der in der Hauptsache den Unterschied darin erblicken möchte, daß das Recht eine organisierte Gesellschaft, die Sitte eine unorganisierte voraussetzt [4]) und daß daher ihr soziales Leistungsvermögen gering ist, m. a. W. daß ihr das Merkmal der Verbindlichkeit nicht in gleichem Maße eigen ist, wie dem Recht. Man könnte hier vielleicht im Gegensatz zur „selbstherrlichen Willensverbindung" von einem erst *rechtswerbenden* Wollen sprechen. Die Rechtsnorm dagegen tritt selbstherrlich auf, das Recht regelt in unbedingt allgemein-

so daß zu verschiedenen Zeiten der innere Sinn des § 138 ein verschiedener sein kann.

[1]) Ein von Somlò a. a. O. S. 106 gebrauchter charakteristischer Ausdruck. Vgl. übrigens daselbst die treffenden Bemerkungen Somlòs über den Rechtsbegriff überhaupt.

[2]) Grundzüge der Rechtsphil. S. 75.

[3]) M. E. Mayer, RPhil. S. 50.

[4]) Der Zugrundelegung dieses Merkmals kann allerdings im Hinblick auf den unten (S. 114) aufgestellten Organbegriff nicht zugestimmt werden.

gültiger Weise, indem es selbst bestimmt, wer an es gebunden ist; während die Konvention von dem Wollen derer, die es binden will, noch nicht losgelöst ist [1]). Es muß der Versuch Stammlers, den Unterschied zwischen Recht und Sitte auf ein rein formales Moment — die Festigkeit der Bindung — zurückzuführen, als der bisher erfolgreichste Versuch angesehen werden, jenes zwischen zwei geränderten Küsten aufragende Kap zu überwinden [2]). Jedenfalls mußte der Versuch, hier einen inhaltlichen Unterschied festzustellen, scheitern.

Es ist charakteristisch und für die Schwierigkeit der Unterscheidung zwischen Recht und Sitte bezeichnend, daß auf weiter zurückliegenden Kulturstufen diese beiden Normenarten — und dazu traten meist auch noch die Normen der Moral — von einem gemeinsamen Oberbegriff ununterschieden umschlossen wurden. Das sogenannte „Li“ der alten Chinesen umfaßt alles, was denselben Religion ist: die Pflichten gegen die Gottheit, gegen den Staat, gegen die Nebenmenschen, die Summe der ethischen Forderungen, wie auch den guten Ton in allen Lebenslagen. Das „Li“ ist so zu sagen „die rechte Form für die rechte Gesinnung“ [3]).

[1]) Wollte man hier einwenden, auch die Konventionalregel zeige „Selbstherrlichkeit“, auch sie wolle unabhängig von der Zustimmung der Unterstellten gelten, das äußere sich darin, daß der sich ihr nicht Fügende aus der Gemeinschaft ausgeschlossen würde, so wäre das nicht stichhaltig. Denn wer sich dem Rechte nicht fügt, der wird keineswegs aus der Rechtsgemeinschaft ausgeschlossen, sondern er bleibt weiter an die Norm gebunden, er kann sich auch nicht außerhalb stellen, was der Sitte gegenüber möglich ist. Das wäre auch Kelsen auf seine kritischen Bemerkungen (Hauptprobl. S. 36 Anm. 1) zu erwidern. Im übrigen ist das Kelsensche Unterscheidungsmerkmal: daß beim Rechte neben dem Befolgtwerden auch noch das Angewendetsein durch das Gericht gegeben sei, überhaupt nicht brauchbar; es beruht auf rein positivistischer Argumentation, und ob es sich um eine Norm handelt, die das Gericht anzuwenden habe, hierfür muß ja gerade erst dem Gericht der Maßstab gegeben werden.

[2]) Gerade in dieser Hinsicht aber ist Stammler am meisten angegriffen worden, ohne daß bisher ein treffenderes Unterscheidungsmerkmal gefunden wäre (vgl. auch Jerusalem a. a. O. S. 120, der übrigens Moral und Sitte durcheinandergehen läßt).

[3]) Lian Schang Kuo, Chinesische Rechts- und Staatstheorien in der Zeitschr. für vergl. Rechtswiss. 1923, Bd. 40, Heft 1.

Ähnlich das ‚dhárma' der Inder, das hebräische ‚mischpat', aber auch der altgriechisches *νόμος*. Heute aber hat sich jene Abschichtung vollzogen. Die Sitte wie auch die Sittlichkeit scheidet aus dem Rechtsbegriffe aus.

Recht ist nur die selbstherrliche Willensverbindung. Bei der Konvention handelt es sich um etwas weniger Unverbrüchliches, um etwas Werbendes. Es kann nichts das Wesen des Rechts schärfer kennzeichnen, als daß in ihm der Mensch zum Richter wird, der allein

> Den Guten lohnen,
> den Bösen strafen,
> heilen und retten

darf.

4. Aber nicht alles selbstherrlich verbindende Wollen ist Recht. Auch die willkürliche Gewalttat des Tyrannen ist verbindendes Wollen, auch sie ist selbstherrlich. Auch sie verbindet in unverbrüchlicher Weise das Wollen des Einen oder der Wenigen mit dem Wollen der unterlegenen Vielen. Aber auch dieses Wollen verbindet nur von Fall zu Fall, wenn auch in anderer Weise als oben gemeint. In der Intensität steht diese Bindung der rechtlichen Bindung nicht nach, doch in bezug auf die Gleichmäßigkeit läßt sie sich mit jener nicht vergleichen. Sind die Laune des Gewalttätigen, sein Interesse morgen andere als heute, so stößt er morgen um was er heute dekretierte. Seine Gebote und Verbote, auch wenn er ihnen eine scheinbare Verallgemeinerung gibt, sind Willkür. Unter solchen Scheinnormen sind wir trotz Gewährung von Gewissensfreiheit in unserer Religionsübung nicht geschützt, trotz Zusicherung der Unantastbarkeit des Eigentums vor stündlicher Enteignung nicht sicher. Der Gewalthaber kann manchmal sehr Angemessenes dekretieren, aber was er ausspricht ist nicht Recht, weil es nicht unverletzbar ist. Mit Fug beruft sich hier Stammler auf das Wort des Psalmisten (94, 15): Recht muß doch Recht bleiben. Und ein altgermanisches Rechtssprichwort sagt: Die Faust des Gesetzes schmerzt weniger als der kleine Finger

der Willkür. Neubecker[1]) hat einmal der sogenannten Gesetzgebung der Ssowjetmachthaber gegenüber die Frage aufgeworfen, inwiefern diese Recht schaffe. Das muß zum größten Teil negativ beantwortet werden. Die vielen Dekrete dieser sogenannten Gesetzgebung haben meist bisher kein Recht geschaffen, denn der Bolschewismus bricht heute was er gestern versprach, und seine „Rechtsprechung" ist nichts als Klassenpolitik [2]). Es mag einem hier der Ausruf der Isabella dem Tyrannen gegenüber in Shakespeares „Maß für Maß" einfallen:

O gleißnerischer Mund,
der mit der einen und derselben Zunge
Verdammnis spricht und Billigung zugleich!
Der das Gesetz nach Willkür schweigen heißt
und krümmt nach seinen Lüsten Recht und Unrecht
sich ihm zu schmiegen!

Demgegenüber ist das Merkmal des Rechts seine innere Unverletzbarkeit. Wohl kann gegen die Rechtsnorm verstoßen werden, aber die Norm selber bleibt gleichmäßig bestehen. Daher konnte eine Einrichtung wie das Fehderecht des Mittelalters, das scheinbar auf gewalttätiger Selbsthilfe beruhte, Recht sein, weil es eine jahrhundertelang unverletzbare Ordnung des mittelalterlichen sozialen Lebens darstellte.

---

[1]) Besprechung der v. Freytag-Loringhovenschen Bücher: Die Gesetzgebung der russ. Revolution, 1920, und Die Entwicklung des Bolschewismus in seiner Gesetzgebung, 1921, in der „Jur.Wochenschr." 3/1921, vgl. auch meine Besprechungen der gleichen Bücher in „Schmollers Jahrb." Bd. 46, 1922, S. 318 ff. und in der „Zeitschr. f. vergl. RWiss." 1923, S. 412 ff.

[2]) Der neueste Versuch des Dr. Engländer, Wien (in der DJZ. 1925 S. 1233 ff.), das heutige Rußland im Hinblick auf seine neuen Kodifikationen als Rechtsstaat hinzustellen, beweist gerade das Gegenteil dessen was er beweisen wollte. Daß Rußland auch heute noch kein Rechtsstaat ist, wird von allem durch zwei von Engländer selber gmeachte Feststellungen erwiesen: Rußland kennt ein Verwaltungsrecht überhaupt nicht, und nach der russischen Zivilprozeßordnung ist letzte Entscheidungsquelle das revolutionäre Klassenbewußtsein des Richters und die allgemeine Politik des Ssowjetstaats (vgl. dazu auch das Sammelwerk Das Recht Ssowietrußlands, Verlag J. C. B. Mohr, Tübingen 1925.).

Und wiederum finden wir jene Unverletzbarkeit des Wollens in den Goetheschen Worten:

Er kann dem Augenblick
D a u e r v e r l e i h e n.

Das ist es. Nur die Erhebung des zeitlich begrenzten Wollens zur dauernden Regelung vermag das Recht von der Willkür zu scheiden. Im Merkmal der Unverletzbarkeit der selbstherrlichen Willensverbindung liegt zugleich das Hauptmerkmal der Norm, denn durch die Unverletzbarkeit des verbundenen Wollens wird erst jene dauernde Forderung geschaffen, die einerseits alle Normen überhaupt auszeichnet, andererseits die Objektivierung des subjektiven Wollens zur bestimmenden Regel herbeiführt [1]) und daraus erklärt sich wohl, daß Stammler das Wort „Norm" nicht ausdrücklich in seine Begriffsbestimmung aufnimmt [2]), ihr Hauptmerkmal ist in dem Worte „unverletzbar" enthalten.

Damit hat sich der Ring unserer Untersuchung über den Rechtsbegriff geschlossen. Der Schlüssel zur Stammlerschen Formel wäre gegeben. Indem hier versucht wurde, den Sinn eines Teils der Stammlerschen Lehre in freier Paraphrase wiederzugeben, hat sich einerseits gezeigt, daß Stammler in bezug auf seinen Rechtsbegriff zum Teil mit Feststellungen arbeiten konnte, die als ein Allgemeingut der Wissenschaft angesehen werden dürfen, andererseits —,

[1]) Insofern ist die Stammlersche Identifizierung von „verbindend" und „äußerlich regelnd" (Lehrb. d. RPhil. S. 77) durch das Wort „oder" nicht ganz korrekt — erst die Unverletzbarkeit der Verbindung macht dieselbe zur „Regelung".

[2]) Es mag fraglich sein, ob die vierte Stelle für dieses Merkmal in der Entwicklung des Rechtsbegriffs die logisch ganz zutreffende ist, denn die Unverletzbarkeit des Wollens wird begrifflich sowohl bei der Moral als auch bei der Sitte gegeben sein, sofern es sich um Normen für jene Gebiete des Wollens handelt. Trotzdem ist oben die Stammlersche Reihenfolge beibehalten, die übrigens, wie sich weiter zeigen wird, auch der Klarstellung des begrifflichen Verhältnisses von Staat und Recht förderlich ist. Jene logische Erwägung war hier aber die Veranlassung, den Begriff der Norm bei der Entwicklung des Rechtsbegriffs schon früher aufzunehmen. Vgl. oben S. 499 Anm. 2, weiter S. 514, Anm. 3.

daß in den Hauptstücken sein Gedankengang einer eingehenden Prüfung standhält. Es hat jedenfalls niemand in gleich scharfer, logisch geschlossener Weise diesen Begriff zergliedert und in seine Grundelemente zerlegt. Erst dadurch ist derselbe zu einem brauchbaren Instrument für weitere wissenschaftliche Erörterungen geworden, und auch die vorliegende Untersuchung wäre ohne die geschaffene Klarheit über den Begriff des Rechts eine „aussichtslose". — Es hat sich allerdings bei unserer Analyse auch eine geringe Abweichung von der Stammlerschen Auffassung gezeigt. Einmal erscheint es treffender, den Ausdruck „verbindendes Wollen" durch Willensverbindung zu ersetzen, weil im Rechtsbegriff bereits das Ergebnis, die Synthese des vielen Einzelwollens — die Verbindung desselben gegeben ist, und im Grunde meint ja Stammler dasselbe, wenn er sagt, daß das verbindende Wollen als ein solches gedacht wird, das „über" den verbundenen Willensinhalten „bestimmend steht" [1]). Dann aber erscheint es künstlich, wenn Stammler den Begriff der Norm aus dem Begriffe des Rechts geflissentlich fortläßt. Es liegt im Sinne der Objektivierung, die eine „unverletzbare" Willensverbindung mit sich bringt, daß hier zum vollen Begriffe der Norm fortgeschritten werden muß, die im engeren Sinne [2]) eine in bezug auf ein bestimmtes Geschehen aufgestellte innerlich unverletzbare Forderung bedeutet [3]).

Aus allem Dargelegten hat sich uns in Anlehnung an Stammler und unter geringer Modifizierung seiner Formel ergeben, daß das Recht eine in Normen verkörperte unverletzbar selbstherrliche Willensverbindung bedeutet. Man mag statt der von Stammler gewählten Ausdrücke vielleicht allmählich zu noch treffenderen ohne „einen Schlüssel" verständlichen Worten gelangen, dem Sinne nach wird man das Wesen des Rechts

[1]) Lehrb. d. RPhil. S. 67, vgl. auch S. 77 Anm. 2.

[2]) Vgl. oben S. 499.

[3]) Vgl. dazu die Begriffsbestimmungen von Wundt, Ethik II, S. 539, Kelsen, Hauptprobleme S. 6, Somlò a. a. O. S. 60, die ich jedoch alle für nicht völlig korrekt halte.

schwerlich viel genauer treffen, als es die kritische Untersuchung Stammlers vermocht hat. Nicht in letzter Linie mögen auch jene Goetheschen an die Spitze unserer Untersuchung gestellten Worte einen Prüfstein hierfür abgeben. Gewiß hat Goethe in ihnen nicht eine Begriffsbestimmung des Rechts geben wollen, aber er hat hier intuitiv den Gegensatz zwischen den Gesetzen der Natur und den vom Menschen gegebenen Gesetzen klarstellen wollen und hierbei fraglos in erster Linie an das Recht gedacht. Es kennzeichnet die Genialität unseres größten Dichters, daß seine Intuition den Nagel geradezu auf den Kopf traf.

Den zurückgelegten Weg der logischen Erörterung und die gewonnene Begriffsbestimmung mag hier die folgende graphische Darstellung veranschaulichen.

(Tafel 1.)

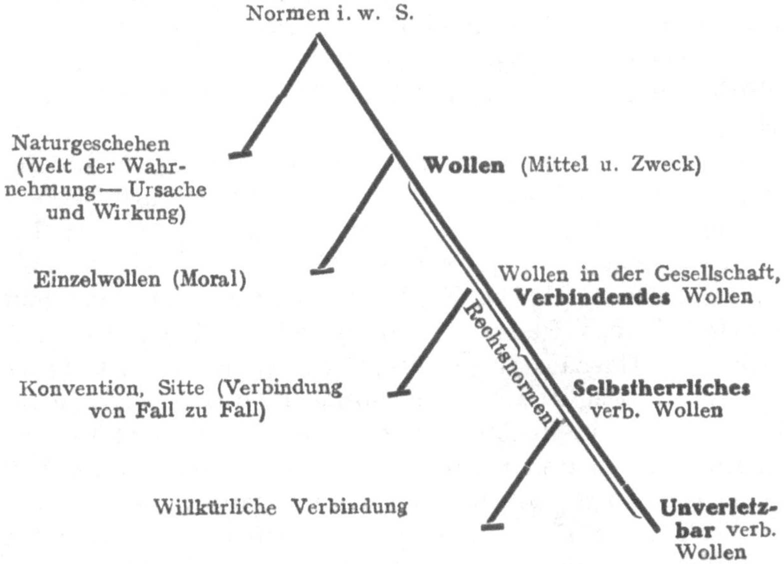

III.

Die wesentlichsten Konsequenzen der hier entwickelten Rechtsauffassung sind folgende.

1. Stammler hat durch seine Lehre — und darin hat er zweifellos für die durch die soziologische Richtung Auguste

Comtes und die durch die materialistische Geschichtsauffassung der Marx und Engels getragenen Lehren seiner Zeit ein offenes Ohr gehabt[1]) — mit der Theorie aufgeräumt, als gebe es ein Vernunftrecht, ein Naturrecht, das es gleich den Naturgesetzen nur zu erkennen gelte, ein Recht, das schon vor dem Menschen da war. Das war die Auffassung der Hugo Grotius, Hobbes, Locke, der Althusius, Pufendorf, Thomasius, Christian Wolf. Der Lehre des Naturrechts und den bis in die neueste Zeit fortdauernden Nachwirkungen desselben[2]) setzte Stammler den Satz entgegen, daß es ein absolutes, inhaltlich bestimmtes Recht nicht gebe. Allgemeingültiges läßt sich nur über die Rechtsformen aussagen, der Rechtsinhalt wechselt mit dem Ort und der Zeit[3]). Daraus folgt, daß es auf den positiven Rechtsinhalt gar nicht ankommt, um einer bestimmten Norm den Charakter einer Rechtsnorm zuzuerkennen. Es kommt einzig auf den funktionellen Charakter der Norm an, d. h. darauf, ob sie eine selbstherrliche und unverletzbare Willensverbindung herstellt.

Das Recht trägt nach allem oben Dargelegten die Bestimmung in sich, die Konflikte, die zwischen dem Wollen der einzelnen bei ihrer Bedürfnisbefriedigung im sozialen Leben entstehen, durch jene Regelung auszugleichen und zu überbrücken. Unsere Begriffsbestimmung war eine rein formale, die das Recht als eine gesellschaftliche Funktion bestimmte. Deshalb ist es falsch, wie es Rudolf Steiner in seiner „Dreigliederung des sozialen Organismus" (1919) versucht hat, ein Rechtsleben der Gesellschaft ihrem Wirtschafts- und Geistesleben zu koordinieren. Das soziale Leben der menschlichen Gesellschaft kann inhaltlich — je nach der Art der der Doppelnatur des Menschen entsprechenden Bedürfnisse — nur ein zwiefaches sein: entweder ein Wirt-

---

1) Vgl. insbesondere Stammler, Recht und Wirtschaft.

2) Vgl. dazu Bergbohm, Jurisprudenz und RPhilosophie, 1892.

3) Stammler, Wirtschaft und Recht § 31 ff. vgl. auch Wesen des Rechtes und der RWiss. in der „Kultur der Gegenwart", T. II. Abt. VIII. Systemat. RWiss. 1913, S. 5 ff.

schafts- oder ein Geistesleben. Das erstere entsteht aus dem Zusammenwirken der einzelnen zur Befriedigung ihrer wirtschaftlichen, das letztere zur Befriedigung ihrer geistigen, d. h. ihrer wissenschaftlichen, ethisch-religiösen und künstlerischen Bedürfnisse. Eine andere Materie, einen anderen Stoff des sozialen Lebens kann es nicht geben [1]), und es ist daher unzutreffend, wenn Steiner Wirtschafts-, Geistes- und Rechtsleben einander koordiniert. Das Rechtsleben ist eine formale Funktion der Gesellschaft [2]), die es auf die Ausgleichung der Willenskonflikte auf den zwei inhaltlich zu unterscheidenden Gebieten des sozialen Wirtschafts- und Geisteslebens abstellt. Die Funktion des Rechts kann sich nur darin äußern, daß alle einseitige Überwältigung eines Willens durch den anderen, sei es auf physisch-wirtschaftlichem, sei es auf kulturell-geistigem Gebiete durch ein höheres verbindendes Wollen selbstherrlich überwunden werde. Daher ist das „Rechtsleben" jenen zwei materiell bestimmten Gebieten, als die Form im Verhältnis zum Stoffe, übergeordnet.

Eine solche rein formale Begriffsbestimmung, die das Recht als eine unwandelbare Form menschlichen Wollens festlegt, nähert sich in vieler Hinsicht der Auffassung Kants von Raum und Zeit als reiner Anschauungsformen. Nur daß die Apriorität des Rechtsbegriffs, wie oben (S. 488 f.) dargelegt, bloß für die Rechtswissenschaft, nicht für die Erfahrung an sich besteht. Tatsächlich wird hier für das Recht der naturrechtlichen Auffassung gegenüber Ähnliches erwiesen, wie es Kopernikus in bezug auf den Raum, Einstein in bezug auf die Zeit nachgewiesen hat. Formal bleiben Raum und Zeit sich stets gleich, aber der Raum des Sonnensystems ist ein anderer als der Raum des

---

[1]) Vgl. hierzu auch Tatarin-Tarnheyden, Die Berufsstände, S. 30, N. 2. In „Wirtschaft und Recht" mag Stammler noch zu einseitig das wirtschaftliche Element als Materie des sozialen Lebens berücksichtigen. Freilich sucht er den Begriff der „Wirtschaft" in sehr weitem Sinne zu fassen. Vgl. dazu Lehrb. d. RPhil. S. 105 ff.

[2]) Vgl. Gierke, Dt. Privatr. I, S. 120.

Fixsternhimmels, und jedes bewegliche System hat seine eigene Zeit: die Zeit eines fliegenden Luftschiffes ist eine andere, als die Zeit der um ihre Achse rotierenden und um die Sonne kreisenden Erde, diese eine andere als die Zeit des Sonnensystems, diese wieder eine andere als die Zeit des um einen Punkt im Weltall kreisenden größeren Systems, in dem das ganze Sonnensystem nur eine dahinrasende Einheit ist! So ist es auch mit dem Recht. Wenn wir das Recht als ein verbindendes Wollen bezeichnen, so kommt es eben darauf an, daß es diese verbindende Funktion ausübt, nicht aber darauf, wie es inhaltlich beschaffen ist. Was für die eine Menschenvielheit zur Verbindung wird, kann für die andere trennend wirken. Das Recht ist eine soziale Funktion. Überall wo aus der Vielheit des Wollens eine selbstherrliche in sich unverbrüchliche Einheit wird, muß Recht entstehen. Wenn der Rechtsstaat eine Einheit darstellt, so bedeutet das, daß es ein Recht gibt, das das Wollen der Vielen, die seine Grundlage bilden, miteinander verknüpft — ein staatliches Recht. Aber auch wenn drei einen Verein bilden, kann zwischen ihnen ein selbständiges objektives Recht entstehen, das ihr autonomes Vereinsrecht ist. Dieses Recht ist durchaus zu unterscheiden von dem staatlichen Recht, durch das dieser Verein anerkannt, in die Gesamtheit des staatlichen Rechtssystems eingegliedert wird [1]). So haben Berufsverbände, Gewerkschaften, geistige Genossenschaften neben dem ihnen von der staatlichen Rechtsordnung zugeteilten Recht ihr autonomes Recht, das nur ihre Gemeinschaft verbindet und ihnen vom Staate oft einfach nicht genommen werden kann [2]). Ein solches Recht hatten im Mittelalter, und in

---

[1]) Vgl. hierzu die treffenden Feststellungen Schückings im Art. „Autonomie" im v. Stengel-Fleischmannschen Wörterbuch d. dt. St.- u. VerwR. I, S. 290 f.

[2]) Von Interesse ist hier die Geschichte der §§ 152 II, 153 der GewO. (letzterer seit dem Mai 1918 aufgehoben). Ich muß mich hier zu diesem interessanten Problem auf den Hinweis auf das in meinen Berufsständen (S. 10 und daselbst Anm. 2) Gesagte beschränken.

Mecklenburg und im Baltikum noch bis in die jüngste Zeit hinein, die Stände. Die Kirche ist nichts weiter als die Verbindung von Menschen des gleichen christlichen Bekenntnisses zu einer umfassenden organisierten Gemeinschaft; sie hat ebenso ihr Recht wie der Staat; Kirchenrecht kann zu staatlichem Rechte werden, wenn es der Staat zu einem Gliede in seinem Rechtssystem macht. Im Staate haben vor allem auch die Gemeinden, Kreise, Provinzen ihre — wenn auch vom Staate stark beschränkte — Autonomie, deren Früchte man Statuten oder Satzungen nennt. Und außer diesen, in und neben der staatlichen Rechtsordnung stehenden selbständigen Rechtsordnungen erhebt sich über den Staaten die selbständige Rechtsordnung des Völkerrechts.

Das staatliche Recht also ist nicht das einzige Recht. Neben, in und über der staatlichen Rechtsordnung, d. h. neben dem Gesamtsystem staatlicher Rechtsnormen kreisen die Rechtssysteme der parallelen, größeren und kleineren Menscheneinheiten, genau wie Monde um Planeten, Planeten um Sonnen, Sonnen um Zentren des Fixsternhimmels. Aber solche Rechtskreise innerhalb des Staats sind immer nur von relativer Selbständigkeit, weil darin ja gerade das Wesen des Staats besteht, daß er die höchste Herrschermacht in einem bestimmten Gebiete innehat — er stellt den Sieg der stärksten gesellschaftlichen Macht dar. Damit drängt sich uns schon von selber die Frage auf nach dem Verhältnisse von Staat und Recht. Vor Erörterung dieses Problems gilt es allerdings, noch eine zweite Konsequenz aus dem gewonnenen Rechtsbegriffe zu ziehen. Zunächst sei festgestellt, daß sich uns bisher einerseits der rein formale Charakter des Rechtsbegriffs, andererseits — entsprechend der Relativität des Raumes und der Zeit — die Relativität des Rechts im Sinne einer Relativität des Rechtsinhalts ergeben hat.

2. Eine wesentliche Frage, die erst neuerdings in der Rechtsphilosophie zum Gegenstand eingehender Erörterungen gemacht worden ist, ist die Frage nach der Gel-

tung des Rechts. Nicht alles Recht gilt. Das hat mit der Frage der Verbindlichkeit einer Rechtsnorm nichts zu tun — die Willensbindung die aus der selbstherrlichen Willensverbindung entspringt, ist dem Rechte schon begrifflich eigen. Mit dem Begriffsmerkmal der Selbstherrlichkeit ist der Begriff der Geltung des Rechts nicht zu verwechseln. Zum aufgeworfenen und von der objektiven Theorie meist in bejahendem Sinne entschiedenen Problem, ob die Geltung des Rechts zum Rechtsbegriff gehöre, ist Kelsen gegenüber [1]) festzuhalten, daß wohl der selbstherrliche Geltungsanspruch, nicht die Geltung selbst zum Rechtsbegriff gehört. Unter Geltung versteht man die Fähigkeit des Rechts sich in der Wirklichkeit durchzusetzen; das geht über den Begriff und über die Idee des Rechts hinaus — es betrifft die Welt der Wahrnehmung: ein als Recht bestimmtes Wollen soll in die Tat umgesetzt werden, und zwar nicht nur sinnlich empfunden werden [2]), sondern bestimmten Menschen gegenüber Wirkung üben. Treffend kennzeichnet Stammler [3]) die Frage nach der Geltung des Rechts als ein massenpsychologisches, nicht erkenntniskritisches, Problem. Es hilft noch nichts, daß ein Recht den praktischen Lebensverhältnissen gerade entspricht und recht eigentlich ein verbindendes Wollen verkörpert, wenn es sich nicht auch durchzusetzen vermag. Auch der Dieb und der Mörder brauchen durchaus noch nicht das Bestehen einer ihnen entgegenstehenden Rechtsnorm zu bestreiten, die ihnen gebot, ihr Tun zu unterlassen. Aber erst durch die Strafe und die dahinter stehende Staatsmacht erhält dieser Befehl Geltung, erst dadurch werden jene dazu gebracht von dem Befehle bestimmt zu werden, denselben in wirksam motivierender Weise in den Inhalt ihres Wollens aufzunehmen.

---

[1]) Vgl. seine kritischen Bemerkungen in der Anm. S. 37 der „Hauptprobleme." Diese beziehen sich übrigens auf die ältere Lehre Stammlers in „Wirtsch. u. Recht", die heute von Stammler selbst zurechtgerückt worden ist. Vgl. insbesondere Theorie der RWiss. II. Abschn. u. Lehrb. d. RPhil. §§ 67 ff.

[2]) Stammler, Lehrb. d. RPhil. S. 145 u. 146.

[3]) Vgl. Theorie d. RWiss. S. 147 ff.

Jellinek [1]) glaubt, die Geltung der Rechtsnormen vorwiegend auf die Überzeugung von ihrer Gültigkeit zurückführen zu können, M. E. Mayer [2]) sieht als Faktoren ihrer Durchschlagskraft neben dem Zwang und der Vernünftigkeit auch ihr bloßes Dasein an: das Vorhandensein einer Rechtsordnung erspart den Menschen die Überlegung durch ein System fertiger Regeln. Gewiß sind diese Momente sehr wesentlich. Aber das Gewöhnliche ist doch, daß erst die Macht des Staates der Norm ihre Geltung verschafft. Insofern ist es für das Recht außerordentlich wertvoll, wenn hinter ihm der Staat mit seinen Gewaltmitteln, wenn hinter ihm Polizei, Soldaten und Kanonen stehen. Aber das hat noch nichts mit dem Wesen des Rechts zu tun. Recht muß doch Recht bleiben — auch ohne physische Gewalt.

Im Gegenteil — manchmal sind dem Rechte die Soldaten und Kanonen direkt schädlich. Hatte sich nicht Frankreich im Ruhrgebiete mit seinen rohen Gewaltmitteln vor der ganzen Welt ins Unrecht gesetzt? Wurde es hier nicht so recht klar, daß die Macht des Staates und das Recht nicht dasselbe sind? Und hatte nicht Finnland ohne einen Schein von Recht jahrzehntelang eine ähnliche Vergewaltigung durch Rußland erlebt? Und widerfährt nicht Südtirol heute dasselbe? — Keine einseitig vom französischen Standpunkt aus an der Ruhr erlassenen Befehle, keine gerichtsähnliche Komödie, durch die — z. B. im Krupp-Prozeß — die Gewalt notdürftig verhüllt werden sollte, konnte über das französische Unrecht hinwegtäuschen. Abgesehen davon, daß der Versailler Vertrag keine Handhabe für eine Besetzung deutschen Territoriums über die ursprüngliche Okkupation hinaus bot und abgesehen davon, daß überhaupt Sanktionen nur durch die Gesamtheit der Alliierten statthaft waren, stellte das ganze System der der Ruhrbevölkerung einseitig aufoktroyierten Normen nackte

[1]) Allg. Staatslehre S. 333 ff.

[2]) RPhil. S. 59. Hier macht sich fraglos ein Einfluß der Machschen Lehre von der Gedankenökonomie geltend. Vgl. E. Mach, Die ökonomische Natur der physikalischen Forschung, 1882 (Almanach d. Wiener Akad.) und Die Analyse der Empfindung, 6. Aufl., 1906.

Willkür dar. Kennt etwa das Völkerrecht — ähnlich wie es Regeln für den Fall der occupatio bellica aufgestellt hat — eine solche gewaltsame Normenaufzwängung einem Kulturvolke gegenüber mitten im Frieden? eine Normenaufzwängung, auf Grund deren Deutsche, weil sie ihrem Vaterlande dienten, in Schmach und Tod geworfen werden konnten? Es fehlte hier völlig die Willensverbindung wie sie etwa in den Normen des Völkerrechts liegt. Und diese vermochten die Kanonen allein nicht zu schaffen.

IV.

Mit diesen Erwägungen stehen wir nun mitten drin in dem uralten Problem des Verhältnisses von Staat und Recht. Um hier die notwendige Einsicht zu gewinnen, gilt es vor allem sich über den **Begriff des Staats** volle Klarheit zu verschaffen. Zweifellos ist diese Frage eine viel weniger umstrittene als die Frage nach dem Wesen des Rechts. Wenn wir absehen von jener einer älteren Ideologie[1]) entsprossenen österreichischen Schule der sogenannten „reinen Rechtslehre", die dem Staatsbegriff überhaupt keine selbständige Bedeutung einräumt und daher auch keine eigentliche Staatsdefinition gibt, sondern den Staat nur als eine Personifikation der Rechtsordnung bestimmt[2]), so besteht in der Staatslehre bezüglich des Staatsbegriffs heute eine gewisse Einmütigkeit. Man definiert ihn

---

[1]) Vgl. auch Jerusalem a. a. O., S. IV unten.

[2]) Ihr Hauptvertreter ist Kelsen mit seinen Werken; Hauptprobleme der Staatsrechtslehre, 1911, Das Problem der Souveränität und die Theorie des Völkerrechts, 1920, Der soziologische und der juristische Staatsbegriff, 1922 und Allgem. Staatslehre 1925, vgl. auch Ztschr. f. öff. R. Bd. V 1. Heft. Elemente dieser Auffassung zeigen sich ferner bei Ad. Merkl, Sander, Verdroß, Weyr, Schreier, Pitamic, Henrich u. a. Kelsen hat neuerdings die Unhaltbarkeit seiner Zwei-Seiten-Theorie erkannt (vgl. oben S. 6 und Vorrede zur 2. Aufl. der Kelsenschen Hauptprobleme S. XX) und vertritt jetzt eben jenen oben im Text gekennzeichneten Standpunkt, der darauf hinausläuft, „daß der Begriff des Staats anders denn als Rechtsbegriff nicht möglich sei" und daß auch der soziologische Staatsbegriff (als wenn es von ein und demselben Ding zwei Begriffe geben könnte!) nur ein Rechtsbegriff sei. (Der soziolog. u. der jurist. Staatsbegriff.)

als die Vereinigung der Menschen eines bestimmten geographischen Gebiets unter einer höchsten Herrschermacht[1]). Freilich ist damit das Wesen des Staats noch nicht restlos aufgeklärt. Es ist danach zwar unzweifelhaft, daß der Begriff des Staats keine reine Denkform im oben dargelegten Sinne — wie das Recht — darstellen kann; das ist schon dadurch ausgeschlossen, daß seine Elemente Land und Leute als sinnlich greifbare Dinge der Welt der Wahrnehmung angehören und daß das dritte Element, die Herrschermacht, zwar einen gemischten Begriff darstellt, aber seinem Hauptinhalt nach ebenfalls auf die Vorstellung von dem Kausalzusammenhang zwischen einer menschlichen Willensauswirkung und dem Tun eines anderen zurückführt, somit ebenfalls in der Welt der Wahrnehmung wurzelt. Aber es bleibt in dieser Begriffsbestimmung noch die Frage offen, was es denn eigentlich ist, was aus jenen drei Grundelementen des Staatsbegriffs: den Menschen, dem Gebiet und der Herrschermacht die Einheit des Staats entstehen läßt, mit anderen Worten, welcher Art jene Vereinigung ist, die den Staat bedeuten soll. Um es bildlich auszudrücken: es ist in gewissem Sinne die Frage nach dem Kitt zwischen jenen drei Grundelementen aufzuwerfen. Diese Frage, die man auch als die Lehre von der Rechtfertigung des Staats oder auch von seinem Wesen im Gegensatz zu der Lehre vom Staatsbegriffe bezeichnet hat, bildet den Inhalt einer langen Reihe von Staatstheorien, die bis in die ältesten Zeiten zurückreichen.

1. a) Man kann unter denselben zwei Kategorien unterscheiden: die nichtjuristischen und die juristischen. Die ersteren suchen den Begriff des Staats aus Erfahrungen und Begriffen zu gewinnen, die logisch vor dem Rechte sind, die juristischen aber sehen den Staat als eine Rechtserscheinung an, sie suchen ihn juristisch zu konstruieren,

---

1) Vgl. hierzu die Begriffsbestimmungen Jellineks (Allg. Staatslehre, S. 180) und Anschütz' (im Deutschen Staatsrecht der Holtzendorff-Kohlerschen Enzyklopädie der Rechtswiss. 1914, Bd. 4, S. 7) und neuerdings Sauers a. a. O. S. 409 f.

setzen also die begriffliche Priorität des Rechtes voraus, ähnlich wie Rousseau in seinem contrat social die verbindliche Kraft der Verträge bereits etwas Gegebenes ist.

Wohl die älteste Gruppe der nichtjuristischen Staatstheorien bilden die religiös-theologischen. Danach ist der Staat von Gott eingesetzt worden; jene Einheit der Menschen, die der Staat darstellt, jene Zusammenfassung insbesondere durch die Herrschermacht eines Monarchen — im Sinne eines rein tatsächlichen Verhältnisses — wird auf den göttlichen Willen zurückgeführt. So der Gedankengang der berühmten Zweischwertertheorie Gregors VII. Aus dem einfachen Texte des Evangeliums Lukas XII, 38 hatte hier der Papst jene Lehre gestaltet, nach der Gott dem Papste als dem Stellvertreter Christi auf Erden zwei Schwerter verliehen hätte — das geistliche und das weltliche; das eine wäre von der Kirche, das andere vom Kaiser für die Kirche zu führen. Der Kaiser stellte dem zwar, wie es sich noch im Sachsenspiegel (1225) zeigt, den Satz entgegen, daß er, der Kaiser, mit seinem Schwerte von Gott belehnt sei, aber schon der Schwabenspiegel (1275) zeigte den Sieg der päpstlichen Auffassung. Zu neuer Bedeutung gelangte die religiös-theologische Theorie auch in der Zeit der Heiligen Allianz vor etwa hundert Jahren in der Lehre vom Gottesgnadentum und von der Legitimität, wie sie besonders von dem Berliner Staatsrechtslehrer Stahl vertreten wurde. Aber auch alle katholische Staatslehre ist noch heute von solchen Gedanken getragen (Görres, Kathrein, Graf Hertling).

Eine weitere große Gruppe der nichtjuristischen Theorien sind die sogenannten Machttheorien, nach denen die Einheit des Staates ganz und gar auf der Macht beruht. Um hier nur einen Namen zu erwähnen — dem Philosophen Nietzsche war der Staat der große Götze, Wille zur Macht, zum Kriege, zur Eroberung, zur Rache, im ganzen — organisierte Unmoralität[1]). Der Ursprung dieser Macht wird

[1]) Nietzsche, Wille zur Macht. 3. Buch III 717, Verlag A. Kroner Bd. XVI 1911, Also sprach Zarathustra, Vom neuen Götzen (vgl. auch Nachgelassene Schriften in d. Ausg. von C. G. Naumann, Abt. II, Bd. XIII, S. 194ff., XV S. 180, 232 ff., XVI S. 174).

nun sehr verschieden erklärt, sei es auf rein naturwissenschaftlichem[1]), sei es auf soziologischem Wege[2]) unter Berücksichtigung vor allem auch der psychischen Momente und der geistigen Mittel. Im ganzen lassen sich diese Theorien in zwei Hauptrichtungen zusammenfassen: einerseits die positiven Machttheorien, die aus der Erkenntnis der Machtgrundlagen des Staats heraus seine Macht bejahen, andrerseits die negativen, denen jene Erkenntnis nur der Anlaß dazu ist, den Staat als Einrichtung zu bekämpfen. So der moderne Sozialismus und Kommunismus — beide sehen den Staat als Produkt des Klassenkampfes an; wissenschaftlich hat Gumplowicz[3]) versucht, diesen Standpunkt als soziologische Kampftheorie zu begründen, und Franz Oppenheimer[4]) will alle politischen Mittel auf eine inäquivalente, d. h. allein auf der Macht beruhende Beschaffung von Wertdingen für die menschliche Bedürfnisbefriedigung zurückführen.

Unter den nichtjuristischen Theorien treten besonders hervor die sogenannten organischen Theorien, denen der Staat ein lebendiger Organismus aus Menschenzellen ist. Anknüpfend an die im Mittelalter verbreitete Lehre des Johannes v. Salisbury (1115—1180), der die Kirche als ein corpus mysticum Christi konstruierte, ist die neue auf den Staat bezügliche organische Theorie hauptsächlich auf den Lehren Schellings und Hegels erwachsen. Aber schon Johannes Althusius lehrte 1603 in seiner „Politik", daß die Volkssouveränität, die Teilnahme der einzelnen am Staat nur

---

[1]) So z.B. Menzels Energetische Theorie, entwickelt (im Anschluß an W. Ostwald, Die energet. Grundlagen der Kulturwissenschaft, 1909) in der Dt. Revue 1916 „Zur Psychologie des Staates; in dem Art.: Eine realist. Staatstheorie in der österr. Ztschr. f. öff. R., Bd. 1 S. 121 ff. und im Hdbch. d. Politik I S. 47 ff.

[2]) So insbesondere Herb. Spencer und seine Schule (vgl. dazu insbesondere Ad. Menzel, Über Spencers Staatslehre in d. österr. „Ztschr. für öff. R." Bd. 2 S. 395 ff.). In der deutschen Literatur vor allem G. Ratzenhofer, Wesen und Zweck der Politik, 1893 und Die soziolog. Erkenntnis, 1898.

[3]) Gumplowicz, Die soziolog. Staatsidee 1892, Grundriß der Soziologie, 2. Aufl. 1905.

[4]) Franz Oppenheimer, Der Staat, Neuaufl. 1923, sowie Staat u. Gesellschaft im Hdbch d. Politik 1 S. 117 ff.

bei einem zellenartigen Staatsaufbau möglich wäre, der sich in der pyramidenähnlichen Stufenfolge: Familie, Korporation, Gemeinde, Provinz, Staat verkörpern sollte [1]). Ihre glänzendste wissenschaftliche Vertretung hat diese Theorie durch Otto v. Gierke erfahren. Es ist von Interesse, daß ein so hervorragender Rechtsgelehrter wie Gierke, der wie wenige der Rechtswissenschaft frischen Odem eingehaucht, neue Wege und Begriffe aufgezeigt hat, es nicht für möglich erachtete, den Staatsbegriff juristisch zu fundieren. Gierke zeigt uns, wie es neben den Individuen überall menschliche Gemeinschaften gibt, wie aus dem Einzelwollen überall kleinere und größere Menscheneinheiten entstehen, die alle einen aus den Willenssplittern entstandenen Gesamtwillen besitzen und durch diesen ein selbständiges Leben, genau wie die einzelnen, führen. Der Staat ist nur die höchste unter diesen real vorhandenen Einheiten. Er ist aber genau so ein „naturwüchsiges Erzeugnis des unbewußten Gesellschaftstriebs" wie jene. Er ist „die machtvolle Durchführung des allgemeinen Willens". Aus dieser zellenartigen Entstehung, aus diesem zellenartigen Aufbau entspringt die Auffassung vom Staat als dem höchsten „menschlichen Gesellschaftsorganismus" [2]). Jellinek hat zwar vieles gegen die Verwendung des Begriffes „Organismus" für die Bestimmung des Wesens des Staats vorgebracht [3]), aber er selber nähert sich doch stark jener Auffassung, wenn er den Staat in seiner Grunddefinition als „Verbandseinheit" bezeichnet, der er „ausgebildetste und umfassendste Organisation" zuspricht. Der Verbandsbegriff soll bei Jellinek kein Rechtsbegriff sein, sondern die uns „notwendig als Einheit" erscheinende „durch dauernde Zwecke miteinander verbundene Vielheit" darstellen. Die Verbandseinheit ist ihm eine „organisierte,

[1]) Vgl. O. v. Gierke, Johannes Althusius, 1880, S. 21 ff.

[2]) Diese Lehre zieht sich wie ein roter Faden vor allem durch Gierkes gewaltiges „Genossenschaftsrecht", ist dann aber theoretisch fundiert in den „Grundbegriffen des Staatsrechts" (Sonderabdr. aus der Zeitschr. f. d. ges. Staatswiss. 1874 vom Jahre 1915) — vgl. insbesondere S. 26 ff. u. 93 ff., sowie Gierkes Rektoratsrede, D. Wesen der menschl. Verbände, 1902, S. 12 ff.

[3]) Allg. Staatslehre S. 150 ff. (Vgl. dazu auch vor allem Kelsen, Hauptprobl. S. 450 ff.).

aus Menschen bestehende Zweckeinheit", eine „teleologische", aus der Verbundenheit der Zwecke entspringende Einheit [1]). Damit setzt er aber den Organbegriff bei seiner Begriffsbestimmung bereits selber voraus. Im Grunde genommen versteht Gierke, wenn er auch den Begriff des Organismus nicht definiert, unter demselben genau dasselbe, was Jellinek unter seiner Verbandseinheit. Gewiß ist Organismus kein Begriff, der „außerhalb unseres urteilenden Bewußtseins" existiert, kein Begriff, der in der Welt der Wahrnehmung bereits gegeben ist. Aber auf dem „Boden der Metaphysik", wie Jellinek meint, befinden wir uns mit dem Organismusbegriff noch keineswegs. Dieser Begriff ist durch unseren menschlichen, der Welt des Willens entstammenden Zweckbegriff bedingt und kommt überall dort in Frage, wo das Wirken von Teilen eines Ganzen, die aber auch selbständig als Willenseinheit gedacht werden, durch eine Zweckverbundenheit auf den Willen jenes Ganzen bezogen wird. Im Grunde dürfte auch Jellinek seinen Verbandsbegriff nicht viel anders definieren können. In jedem „Organismus" liegt notwendigerweise etwas Anthropomorphistisches, selbst wenn wir von Organismen, was Jellinek für durchaus zulässig hält [2]), auch außerhalb der menschlichen Gesellschaft sprechen. Kelsen ist im Unrecht, wenn er aus seiner an sich richtigen Feststellung, es müßten „sämtliche Versuche, einen Organbegriff unter Eliminierung des Zweckmoments zu bilden, scheitern," den Schluß ziehen zu können glaubt, daß ein nichtjuristischer Organbegriff wertlos sei (offenbar doch für das Problem Staat und Recht), ein juristischer aber stets auf einen vorausgegangenen Rechtssatz zurückführe [3]), mithin also

---

1) a. a. O. S. 178, 179, 181.

2) a. a. O. S. 542, wo er die Organisation einer Affenherde behandelt.

3) Kelsen, Hauptprobleme S. 450 ff., insbesond. S. 458 u. 464 f. Die Kelsensche Argumentation erklärt sich hier dadurch, daß er eine unbegründete Scheidung „zwischen juristisch-formaler und soziologisch-substanzieller Betrachtung" macht (S. 455) und daß er die Soziologie (vermöge der „psychologischen Kausalität") zu den explikativen Seinswissenschaften rechnet. Die Soziologie ohne den Zweckbegriff, der, wie oben gezeigt, keineswegs in der Kette Ursache und Wirkung auflösbar ist, ist völlig undenkbar. Die Ver-

nach seiner Auffassung für das Problem Staat und Recht ebenfalls nichts biete. Dem kann nicht zugestimmt werden. Das Wesen des Organbegriffs, der einheitlich zu fassen ist (Kelsen [1]) selber gibt heute zu, daß „ein und derselbe Erkenntnisgegenstand nicht durch zwei voraussetzungsgemäß völlig auseinanderfallende Erkenntnisrichtungen . . bestimmt werden kann), liegt nicht in der rechtlichen Regelung, sondern vor dem Rechte. Er ist mit der Willensverbindung an sich gegeben — mit anderen Worten: er ist noch kein juristischer ohne damit aber schon ein naturwissenschaftlicher zu sein. Wird er auf Dinge der Natur, d. h. auf eine außerhalb der Welt des Wollens, der Zwecksetzung liegende Sphäre angewandt, so geschieht das allein kraft eines anthropomorphistisch abgestellten Analogieschlusses. Aber mit dem sozialen Leben ist er jedenfalls gegeben, wie das aus der obigen Begriffsbestimmung folgt. Alles soziale Leben trägt ein Minimum von Organisation in sich [2]). Die Tragweite dieser Feststellung muß sich weiterhin zeigen.

Die Organismustheorie hat in Deutschland neuerdings einen Modeapostel in dem bereits oben erwähnten Rud. Steiner [3]) gefunden, der in der Gesellschaft dreierlei

---

wendung des „substantiellen Zweckmomentes bei der Konstruktion dieses formalen Rechtsbegriffs" wäre nur dann der „gröbste methodische Fehler" Gierkes (S. 456), wenn der Zweckbegriff tatsächlich ein substantieller im Kelsenschen Sinne wäre.

[1]) a. a. O. Vorrede zur 2. Aufl. S. XX.

[2]) E. Kaufmann gibt in seiner Schrift Über den Begriff des Organismus in der Staatslehre des 19. Jhdts., 1908, zwar einen Überblick über die Geschichte der Organismustheorie, den Begriff des Organismus aber beschreibt er nur, eine erkenntnistheoretische Untersuchung desselben fehlt in jener Schrift. Wesentlich ist dort allerdings der Hinweis (S. 5ff.), daß der Organismusbegriff erst von Kant in Gegensatz gebracht worden ist zum Begriff des Mechanismus, was die Leibnizsche Lehre noch vermissen läßt. Nach Kant (Kritik der Urteilskraft) wird die Einheit des Organismus durch die Beziehung der Teile auf das Ganze hervorgebracht, während der Mechanismus auf der Beziehung auf einen außerhalb der zu verknüpfenden Teile stehenden Zentralpunkt beruht. Nur in der Hinsicht kann Kant nicht beigepflichtet werden, daß er den Organismusbegriff noch kausal, nicht aus der Zwecksetzung heraus konstruiert.

[3]) R. Steiner, Die Kernpunkte der sozialen Frage, 1919.

Organisationsformen unterscheidet: wirtschaftliche, geistige und Rechtsorganisationen. Er fordert die Zusammenfassung derselben in drei zentralen Organismen, an deren Spitze ein Wirtschafts-, ein Kultur-, ein Rechtsparlament stehen sollen. Diese drei Glieder des sozialen Organismus will er voneinander völlig unabhängig machen: Wirtschafts-, Geistes- und Rechtsleben sollen sich jedes selbständig verwalten und zwar durch die auf jedem der drei Gebiete Berufstätigen. Sache des Staats ist aber nach Steiner allein das Rechtsleben. Auf das methodologisch Falsche dieser Selbständigkeit des Rechts gegenüber dem Stoffe des sozialen Lebens ist schon oben hingewiesen worden. Für die Auffassung vom Staate ist hier von Interesse, daß der Staat, wenn er auch auf die Rechtsfunktion beschränkt wird, dennoch begrifflich auf den gesellschaftlichen Organismus zurückgeführt wird. — Ähnliche Gedanken entwickelte übrigens W. Rathenau [1]), wenn er neben dem — allerdings übergeordneten — „politischen Staat" einen Wirtschafts-, Kunst-, Bildungs- und religiösen Staat postulierte.

Vielleicht niemand aber hat einen entscheidenderen Einfluß zu Gunsten der organischen Staatsauffassung geübt, als der schwedische Staatswissenschaftler Rud. Kjellén. Kjellén betrachtet den Staat vorwiegend im Lichte der Weltpolitik, wodurch er eine glückliche Ergänzung zu den älteren Organismustheorien bietet — es ist überhaupt ein Mangel der meisten und vornehmlich der juristischen Staatskonstruktionen, daß sie den Staat — um mit Nietzsche zu reden — nur aus der Froschperspektive betrachten. Kjellén betont vor allem die Unmöglichkeit, das Wesen des Staats allein juristisch zu erfassen, er übt schärfste Kritik an der herrschenden juristischen Staatstheorie, wie sie etwa Rud. Gneist in seinem Buche „Der Rechtsstaat" vertreten hat. Kjellén leugnet entschlossen das logische Primat des Rechtsbegriffs dem Staate gegenüber [2]). In seinen zwei lebensprühenden Büchern „Die Großmächte der Gegenwart" (1905) und „Der

[1]) W. Rathenau, Der neue Staat, 1919.

[2]) Der Staat als Lebensform, deutsche Ausgabe von 1916, S. 1 ff. Vgl. auch Rich. Schmidt, Allg. Staatslehre II, S. 829.

Staat als Lebensform" (1908) begründet er seine Auffassung an den Erscheinungen, die uns das Leben der modernen Staaten vor Augen führt. Ihm sind „die Staaten, wie wir sie in der Geschichte verfolgen und uns in der Wirklichkeit täglich unter ihnen bewegen müssen, sinnlich-vernünftige Wesen, genau wie die Menschen"[1]). Der Staat „ist vor allem Leben, mit dem Risiko des Lebens, den Anforderungen des Lebens und dem Rechte des Lebens"[2]). Gebiet und Volk geben dem Staat seinen natürlichen, ihm ganz individuell eigenen Charakter — diese zwei Elemente bezeichnet Kjellén als spezielle Naturseite des Staats, während Wirtschaft, Gesellschaft und Herrschaft seine Kulturseite bilden[3]).

Abschließend wird man über die nichtjuristischen Staatstheorien sagen dürfen, daß zwar die religiös-theologischen wissenschaftlich unbrauchbar sind, da sie uns Erkenntnis zu bringen nicht imstande sind, indem sie von einem Satze des Glaubens ihren Ausgangspunkt nehmen, daß aber die Macht- und Organismuslehren in bezug auf eine Reihe ihrer Elemente jedenfalls nicht ohne eingehendere Prüfung von der Hand zu weisen sind.

b) Was ist nun von den juristischen Staatstheorien zu sagen? Sie beherrschen heute entscheidend die deutsche Staatswissenschaft. Sie konstruieren den Staat entweder als Rechtsobjekt (v. Seydel, Bornhak), als Rechtsverhältnis (Loening), oder, was das häufigste ist, als Rechtssubjekt, juristische Person (Jellinek, Laband, Anschütz) oder personifizierte Rechtsordnung (Kelsen und seine Schule). Stammler bezeichnet den Staat als eine besonders geartete rechtliche Ordnung (Rechtsordnung), nämlich eine solche,

---

1) a. a. O. S. 30.

2) a. a. O. S. 41.

3) Dementsprechend unterscheidet Kjellén fünf Zweige der Wissenschaft vom Staate: Geopolitik und Demopolitik; Wirtschafts-, Herrschafts- und Soziopolitik (a. a. O. S. 43, 46 ff.). Die zwei ersteren Zweige haben in Deutschland im Sinne einer politischen bzw. Anthropogeographie insbesondere Friedr. Ratzel (Anthropogeographie 1882/99, Polit. Geographie, 1897) und Walter Vogel (Polit. Geographie, 1922 und Das neue Europa, 1923) entwickelt.

die für fest angesiedelte Menschen eines gewissen Gebietes gilt [1]). Stammlers Definition vermeidet einen logischen Fehler, den fast sämtliche juristischen Staatstheorien aufweisen, d. h. sofern sie von dem Rechtsbegriffe der objektiven Rechtstheorien ausgehen. Diese letzteren setzen für den Rechtsbegriff den Staatsbegriff voraus; damit berauben sie sich aber der logischen Möglichkeit, den Staatsbegriff seinerseits auf das Recht zurückzuführen. Das bedeutet notwendigerweise einen logischen circulus vitiosus: das Recht wird begrifflich auf den Staat zurückgeführt, der Staat auf das Recht. Das ist unwissenschaftlich, kann keineswegs befriedigen. Jellinek bezeichnet als Recht Normen für das äußere Verhalten der Menschen, die von einer anerkannten äußeren Autorität ausgehen und deren Verbindlichkeit durch äußere Mächte garantiert ist [2]). Fragt man, was das denn für äußere Mächte sind, die die Verbindlichkeit des Rechts garantieren, so findet man, wenn Jellinek auch versucht, die Geltung des Rechts (in seinem Sinne = Verbindlichkeit) in der Hauptsache auf die Überzeugung von seiner Verbindlichkeit zurückzuführen [3]), daß es in letzter Linie die staatlichen Institutionen und die staatliche Zwangsgewalt sind [4]), die doch ihrerseits den Staat voraussetzen. Der Staat aber ist ihm vor allem ein Rechtsbegriff und zwar die mit ursprünglicher Herrschergewalt ausgestattete Gebietskörperschaft [5]) — Körperschaft (Korporation) ist ein Rechtsbegriff. Gewiß macht Jellinek nach beiden Seiten Einschränkungen, die sich in bezug auf den Staat darin zeigen, daß er dem juristischen Begriff jenen bereits besprochenen sozialen, wonach der Staat eine Verbandseinheit darstellt [6]), vorausschickt. Jene Einschränkungen und die in bezug auf den Rechtsbegriff platzgreifende Unbestimmtheit der Aus-

---

[1]) Theorie der RWiss. S. 384 ff. und 397, Lehrb. d. RPhil. S. 278.

[2]) Vgl. oben S. 482.

[3]) Allg. Staatslehre S. 334.

[4]) a. a. O. S. 343.

[5]) a. a. O. S. 183.

[6]) a. a. O. S. 174—181. Vgl. dazu die Kritik Kelsens, Der soziolog. und der jurist. Staatsbegriff, § 21.

drücke geben jedoch seiner Darstellung etwas stark Schwankendes. Wissenschaftlich befriedigend kann es nur sein, wenn ein Ding auf eine und nicht auf zwei Weisen bestimmt wird. Die Ausführungen Anschütz'[1]) aber erscheinen so geschlossen, weil er gar nicht in die Lage kommt, zugleich mit dem Staate auch den Rechtsbegriff zu bestimmen. Kelsen erkennt zwar die Gefahr des circulus vitiosus[2]) in historischer Hinsicht, vermag aber demselben in logischer Hinsicht nicht dadurch zu entgehen, daß er Staat und Recht ursprünglich als zwei Seiten eines und desselben Dinges — welches? — bezeichnete[3]), jetzt aber den Staat als Personifikation der Rechtsordnung bestimmt[4]), denn seine Rechtsdefinition[5]) setzt ja den Staatsbegriff bereits voraus. — Eine logisch einwandfreie Bezugnahme des Staatsbegriffs auf den Rechtsbegriff ist nur für die subjektiven Rechtstheorien gegeben. Daher ist der Stammlerschen Staatsdefinition vom Standpunkte seiner Rechtslehre aus logisch nichts anzuhaben.

Es fragt sich jedoch — und damit soll die Stammlersche Methode auch für die Feststellung des Staatsbegriffs fruchtbar gemacht werden —, ob eine logische Fundierung des Staats auf den Rechtsbegriff sich mit demjenigen Bewußtseinsinhalt verträgt, den wir mit dem Begriffe Staat verbinden. Ist tatsächlich jedesmal, wenn wir den Staat denken, diese Vorstellung mit den Begriffe Recht verbunden? Ist überall dort, wo wir den Staat wirken sehen — denn der Staat ist durch seine Elemente Land und Leute ein Ding der äußeren Erscheinungswelt —, der Begriff Recht bereits gegeben? Kelsen, jener konsequenteste und dialektisch kunstreichste Repräsentant der juristischen Staatstheorien, behauptet ja allerdings, daß der Staat nicht unrecht handeln

---

[1]) Anschütz, Deutsches Staatsrecht a. a. O. S. 4—11.

[2]) Hauptprobleme S. 405 f. u. 434 f., desgl. Vorrede zur 2. Aufl. S. XVI.

[3]) a. a. O. S. 434 u. Vorrede zur 2. Aufl. S. XX.

[4]) Der soziolog. u. d. jurist. Staatsbegriff u. Vorrede zur 2. Aufl. der Hauptprobleme S. XVI. Allgem. Staatslehre, vor allem S. 71.

[5]) Vgl. oben S. 483 f.

könne [1]). Hier muß aber ernstlich bezweifelt werden, ob die in diesem Ausspruche zu Tage tretende Konstruiertheit der Kelsenschen Lehre überhaupt noch mit den aus der Geschichte bekannten und den täglich von jedem beobachteten Erscheinungen auch nur in allerelementarster Weise in Einklang zu bringen ist. Gegen jene Auffassung spricht vor allem zweierlei. Es gibt einen Staat ohne Recht, von dem doch niemand behaupten könnte, daß er kein Staat wäre. Sind etwa die orientalischen Satrapenstaaten, die griechischen Despotien des Altertums Rechtsstaaten gewesen? Waren es die Mongolenreiche des Dschingis-Chan und des Tamerlan? Ist der heutige Bolschewikenstaat ein Rechtsstaat? — man denke nur an die Ausrottung und Entrechtung der Bourgeoisie, an die Tscheka (heute GPU.), an die Prozeßführung der sogenannten ordentlichen Gerichte Ssowjetrußlands [2]), an die Willkür aller östlichen „Verwaltung" dem Individuum gegenüber! Die Beispiele ließen sich beliebig vermehren. — Dann aber zweitens: ist selbst der „Rechtsstaat" unserer westeuropäischen Staatenordnung in all seinem Tun, seinem Wirken mit dem Rechte zu indentifizieren? Ist nicht vielmehr ein großer Teil jener handelnden Staatsgewalt, die da unter dem Namen „Verwaltung i. w. S." nach Ausscheidung der Gesetzgebung und Rechtsprechung als „Rest aller Staatstätigkeit" übrigbleibt, rechtlich überhaupt nicht qualifizierbar? Seit altersher hat man sich genötigt gesehen, aus jener Verwaltung i. w. S. den Begriff der Regierung auszuscheiden als einer Tätigkeit des Staats, die vom Rechte frei ist, die von den allgemeinen für die Verwaltung maßgebenden Rechtssätzen nicht erfaßt wird. Man denke an den Lockeschen Begriff der Prärogative, man denke an den Gegensatz im französischen Verwaltungsrechte zwischen gouvernement und administration. Mit dem Problem der „Regierung" hat sich neuerdings Rud. Smend in geistvoller Weise befaßt. Er versteht darunter treffend denjenigen Teil der Verwaltung

---

[1]) So z. B. Hauptprobleme S. 246 oder 446.

[2]) Urteil im Prozeß Kindermann in Moskau, Frühjahr 1925. Vgl. das oben S. 512 Anm. 2 Ausgeführte.

i. w. S., der in den Kreis der Politik fällt, mit Politik aber meint er diejenige Staatstätigkeit, in der der Staat sich und sein Wesen bestimmt und durchsetzt — kurz alle „Vorgänge der staatlichen Integration". Die innere Politik (Wahlen, Parlamentsverhandlungen, Programmfeststellungen usw.) wie die äußere (Regelung des Verkehrs von Staat zu Staat, Kriegführung usw.) fallen darunter[1]). Früher half man sich hier häufig mit dem Begriff der Staatshoheitsakte[2]). Aber auch bezüglich der Verwaltung i. e. S. stellt Anschütz sehr treffend fest, daß für das Tun der Verwaltung nicht jedesmal ein Wollen der Legislative erforderlich ist, sondern „daß das Tun der Verwaltung durch das Gesetz beschränkt ist" [3]). Ohne den Begriff der Ermessensfreiheit vermag auch das moderne Verwaltungsrecht nicht auszukommen. Den handelnden Staatsorganen der Verwaltung muß notwendigerweise sogar im westeuropäischen Rechtsstaat ein Bereich freien Ermessens eingeräumt werden, für den das Gesetz bloß die Schranke bildet. Gewiß sucht man im Rechtsstaat diesen Bereich durch Gesetze fest abzustecken, aber das ändert nichts an der Freiheit jenes Ermessens. — Und erst die ganze östliche Staatenwelt Europas: hier herrscht tatsächlich weitestgehende administrative Willkür. Und dennoch: ist dieses Handeln der Verwaltung etwa nicht ein Handeln des Staats? Dann aber erst das Handeln eines jeden Staats nach außenhin, seine ganze durch kein Recht gebundene sogenannte diplomatische Sphäre, sein Sichhinwegsetzen — besonders im Falle einer einseitig behaupteten Notlage, eines einseitig postulierten Behauptungsrechts — über die Normen nicht nur des Völkerrechts sondern auch der eigenen Rechtsordnung.

---

[1]) Rud. Smend, Die politische Gewalt im Verfassungsstaat und das Problem der Staatsform in der Festgabe der Berliner jurist. Fakultät für Wilh. Kahl, 1923, insbesondere III S. 16, 17.

[2]) Vgl. dazu insbesondere Hatschek, Lehrb. des deutsch. u. preuß. Verwaltungsr., 3. u. 4. Aufl., 1924, § 7 bzgl. des preuß. ALR. §§ 5—16 II 13, dazu das Publikandum vom 26. 12. 1808, § 35 ff. (Stier-Somlo, Sammlung preuß. Gesetze staats- und verwaltungsrechtl. Inhalts, 4. Aufl., Bd. I S. 58).

[3]) G. Anschütz, Justiz u. Verwaltung in der Kultur der Gegenwart, T. II Abt. VIII, Systemat. Rechtswiss. 1913, S. 381.

Man denke an die Gewaltherrschaft Frankreichs im Ruhrgebiet unter Bruch des Versailler Vertrages, der anerkannten Normen des Völkerrechts, der Verwaltungsnormen sowohl des französischen als des deutschen Rechts! Man denke an das Handeln Polens seinen nationalen Minderheiten gegenüber unter Bruch der eigenen Verfassung! Es bedeutet ein völliges Verschließen der Augen gegen die reale Wirklichkeit, wollte man hier die These aufrecht erhalten, der Staat könnte nicht Unrecht tun. Es handelt sich aber in allen erörterten Fällen nicht um eine bloße einmalige Verletzung von Normen, sondern um ein Etwas, ohne das jene menschliche allzumenschliche Erscheinung, die wir Staat nennen, einfach nicht zu denken ist, um ein Etwas, das zwar einzudämmen, nicht aber wegzudenken ist.

Diese Betrachtung führt uns zum Ergebnis, daß eine rein juristische Konstruktion des Staats notwendigerweise etwas Weltfernes, Dialektisches haben muß. Es soll nun hier — zum Schlusse — auf Grund der gewonnenen Erkenntnis der Versuch gemacht werden, den Staat unter Zergliederung des mit dem Gedanken an ihn verbundenen Bewußtseinsinhalts in primärer Weise zu konstruieren. Es wird hierbei dem Gierkeschen Gedanken gefolgt, daß Rechtsbegriff und Staatsbegriff sich „zueinander ebenbürtig" verhalten, Recht und Staat „mit- und durcheinander gewachsen seien": keines sei primär, keines sekundär [1]. Freilich kann hier nicht mehr als der Entwurf einer metarechtlichen Begründung des Wesens des Staats gegeben werden. Die nähere Ausführung — weil sie den Rahmen dieser Studie sprengen würde — muß der Zukunft vorbehalten bleiben [2].

2. a) Wie verschieden auch die einzelnen Staatstheorien sein mögen, eine Erkenntnis ist aller modernen Staatsauffassung gemeinsam: der Staat ist ebenso wie das Recht eine Erscheinungsform des s o z i a l e n L e b e n s. Alles

---

[1]) Gierke, Grundbegriffe des Staatsrechts a. a. O. S. 105 u. 30.

[2]) Die Erörterung dieses Problems in einem weiteren Rahmen soll demnächst meine im Verlage von Quelle & Meyer erscheinende Allgemeine Staatslehre bringen.

soziale Leben aber beruht, wie oben nachgewiesen, auf einer **Willens**verbindung der Individuen.

b) Es zeigte sich bereits bei der Analyse des Rechtsbegriffs, daß der Mensch, sobald er nicht mehr allein ist, bei der Befriedigung seiner leiblichen und geistigen Bedürfnisse auf den Willen anderer stößt, mit dem er sich auseinandersetzen muß. Ihm geht es nicht wie dem einsamen Robinson, der es nur mit Hindernissen der äußeren Natur zu tun hat, zu deren Bewältigung es allein auf die richtige Erkenntnis der Naturgesetze ankommt; ihm steht als Hindernis vor allem der andere Mensch entgegen, dessen Leib zwar der äußeren Erscheinungswelt angehört, dessen Wille aber in gleicher Weise wie sein eigener handelnder Wille nicht durch die Kette Ursache und Wirkung, sondern durch die Kette Zweck und Mittel bestimmt wird. Das erheischt notgedrungen eine Auseinandersetzung des Wollens. Innerlich zeigt sich diese Auseinandersetzung in der Willens**verbindung**, die auf dem Wege der Objektivierung im Endergebnis zum Normenkomplex des Rechts führt.

Aber das Wollen bleibt nicht im Innenleben stecken, darin unterscheidet es sich vom Wünschen, vom bloßen Begehren [1]). Es ist zwar von dem Vollbringen begrifflich zu scheiden, aber im sozialen Leben ist das Wollen nur durch die Auswirkung, durch das Tun der Menschen erkennbar. Alles soziale Leben und damit der Begriff der Gesellschaft ist zusammengesetzter Art: außer der Willensverbindung ist ihm, wie Stammler richtig feststellt, das Element der „zusammenfassenden Tätigkeit der Verbundenen" eigen [2]). In der Welt der äußeren Erschei-

[1]) Stammler bezeichnet dieses als ein Wollen ohne äußere Mittel (Theorie der RWiss. I 10, Lehrb. d. RPhil., § 32 Anm. 2), diese Begriffsbestimmung ist freilich mehr eine Beschreibung, da mit dem Wollen bereits der Begriff der bewußten Wahl eines bestimmten Mittels für einen bestimmten Zweck gegeben ist.

[2]) Lehrb. d. RPhil. S. 76. Es wäre aber falsch, alle Sozialwissenschaft in Naturwissenschaft auflösen zu wollen (vgl. Kelsen, Hauptprobl.), weil aller Gesellschaft das Moment des verbundenen Wollens eigen ist, das Wollen aber auf die Zweckvorstellung zurückführt und in der Kette von Ursache und Wirkung nicht auflösbar ist. Dagegen kennt die Natur keine Zwecke.

nungen löst eine jede Willensauseinandersetzung, wie sie die Voraussetzung der Willensverbindung ist, zugleich äußere Kraft aus. Entweder der eine Wille übermannt den anderen in herrschaftlicher Weise, oder, den Streit der zwei Willen, die sich gegenseitig banden, überwindend, tritt ein neuer Wille auf den Plan, dessen äußere Kraft durch jene Streiterledigung frei wurde — er ist nun stärker, als ein jeder der verbundenen, weil er nun als ihre Verbindung über ihnen steht. In gewissem Sinne zeigt sich hier, was Kelsen, wenn auch nicht ganz berechtigterweise, Stammler entgegenhält: daß nämlich der menschliche Wille äußerlich zur Ursache des Geschehens wird — zunächst der eigenen Körperbewegung, dann der fremden — ohne daß freilich, wie Kelsen glaubt, jener bewegende Wille selbst auf eine Ursache zurückgeführt werden kann. Oft siegt dabei nicht die physische Gewalt (vis absoluta), sondern der geistige Zwang (vis compulsiva). — Nun denke man sich das ins große übertragen. Es handelt sich in der Gesellschaft nicht um zwei Menschen, sondern um Unzählige. Die Menschen werden bei ihren gegenseitigen Auseinandersetzungen zu Gruppen gepaart. Auch aus dem Zusammenprall solcher Menschengruppen entsteht durch die Auseinandersetzung äußere Kraft. Auch hier trägt den Sieg oft nicht die physische Gewalt, sondern der Zwang davon, der in der seelischen Kraft eines starken Wollens liegt, jener Zwang, der weitgehende massenpsychologische Wirkungen auszulösen vermag. Freilich, wie jene innerliche Welt des Wollens ihre Brücken zur Welt des äußeren Geschehens (Welt der Wahrnehmung) schlägt, in der das Handeln sich auswirkt, das ist das große Geheimnis, das eigentliche Mysterium alles gesellschaftlichen Lebens, das nie durch das Gesetz von Ursache und Wirkung erklärt werden kann. Hier liegt das eigentliche Geheimnis der Persönlichkeiten.

c) Nun würde aber ein solches ungeordnetes Wollen, ein solcher Kampfzustand der Gesellschaft dem dem Menschen innewohnenden elementaren Zug nach Ordnung, d. h. nach einem einheitlichen Denken aller seiner Vorstellungen, zuwiderlaufen. Dem stände eben ein sozialer Kampfzustand im Wege. Daraus muß notgedrungen der Wunsch aller im sozialen Leben Wirkenden erwachsen, in jene Unordnung des Kämpfens der Interessen eine einheitliche Richtung hineinzutragen. Es kommt darauf an, daß die Entscheidung des Kampfes nicht von Fall zu Fall erfolge, sondern daß ein Zentrum einheitlich gesammelter Gewalt, gesammelten Zwangs entstehe, das den Kampf aller in **selbstherrlicher** Weise zu entscheiden imstande ist. Es gilt die Überwindung der Anarchie. Aus jenem, dem Menschen innewohnenden Zug nach Ordnung des Bewußtseins heraus begünstigt jeder einzelne bis zu einem gewissen Grade neben der Verfolgung seiner Interessen durch die eigene Kraft — vielleicht z. T. unbewußt — die Herausbildung eines selbstherrlichen Machtzentrums in der Gesellschaft. Das ist selbst dem Starken nützlich.

d) Es kommt darauf an — ganz unabhängig von der Entstehung eines Rechts —, die durch die Willensverbindung in der Außenwelt ausgelöste Kraft der Menschenmassen zu sammeln. Auch wenn in der Gesellschaft Recht entsteht, vermag dieses sich doch erst dann völlig wirksam durchzusetzen, wenn es nicht allein auf die eigenen geistigen Werte angewiesen ist, sondern auch die gesammelte Kraft eines Machtzentrums zu seiner Verfügung hat. Nur zu oft wäre ohne ein stabilisiertes Machtzentrum auch das beste Recht „ein tönendes Erz und eine klingende Schelle". Macht ist gesammelte Gewalt: physische Gewalt und geistiger Zwang (d. h. Zwang i. e. S.). Macht stellt in gewissem Sinne einen Akkumulator dar und bedeutet die Fähigkeit der Einwirkung auf Menschen. Der Begriff der gesellschaftlichen Macht setzt seinem Wesen nach den Begriff der Organisation voraus — der Begriff der Organisation ist, wie oben (S. 527 f.) nachgewiesen, bereits mit der Willensverbindung gegeben. Es entspricht dem Zuge des menschlichen Wesens zur Ordnung und Harmonie, daß im sozialen Leben eine über die Massen herrschende Macht zur Entstehung gelangt, die in selbstherrlicher

Weise, d. h. unabhängig vom Wollen der verbundenen Unterstellten jeden Kampf zu entscheiden und das Recht der Gesamtheit zur Geltung zu bringen vermag. — Dazu bedarf es aber, daß diese Macht zur höchsten, d. h. zur souveränen werde, der keine andere Macht dreinzureden vermöchte. Der von Bodin in bezug auf das französische Königtum des 16. Jahrhunderts geprägte Begriff der Souveränität bedeutet **höchste einheitliche Herrschermacht.** Mit diesem Merkmale ist, sofern sich diese Herrschermacht auf die **Menschen** eines bestimmten geographischen **Gebiets** erstreckt, der Begriff des Staats gegeben. Seiner Idee nach erfüllt der Staat seine Aufgabe allerdings nur, wenn er zugleich zur Synthese der miteinander ringenden Mächte wird. Aber selbst die Willkürherrschaft eines Tyrannen als Inbegriff höchster Herrschermacht ist Ausdruck der selbstherrlichen Willensverbindung — hier hat sich eben ein einzelner Wille dazu aufgeschwungen, jene Verbindung herzustellen. Und auch die Tyrannis ist noch eine Erlösung gegenüber der Anarchie. In Wirklichkeit entsteht der Staat in der Weise immer von neuem, daß eine der vorhandenen großen Menschengruppen sei es durch ihre Massenorganisation, sei es durch einen Führer ihre überragend ausgebildete Machtkonzentration zur Beherrschung des Ganzen ausnutzt, dadurch Ordnung schafft und aufrecht erhält[1]).

Aus dem dargelegten Gedankengang ergibt sich nun, daß der Staatsbegriff ein zusammengesetzter ist. Es ist bei der obigen Erörterung kein besonderes Gewicht darauf gelegt worden darzutun, daß mit dem Begriffe des Staats die Merkmale Land und Leute in bestimmt begrenzter Weise gegeben sind. Das steht in der Wissenschaft fest, es ist die communis opinio. Problematisch konnte in dieser Hinsicht höchstens die Frage sein, ob die Bindung der Menschen zum Volk, ihre Bindung an ein bestimmtes Gebiet eine juristische oder eine tatsächliche ist. Diese Frage

---

[1]) Vgl. Tatarin-Tarnheyden, Die Berufsstände S. 19.

konnte hier nicht Gegenstand näherer Untersuchung sein. Aus unserer Erörterung ergibt sich jedoch, daß diese Bindung eine rein machtpolitische, vor dem Rechte liegende sein muß. Die Herrschermacht über die Menschen eines bestimmten geographischen Gebiets ist das dritte, der Welt der äußeren Erscheinung angehörige Merkmal des Staatsbegriffs, denn seine Machtmittel sind direkt sichtbar und fühlbar. Aber zugleich, da alle Macht des Staats auf die Menschen zurückführt, leitet dieses Merkmal bereits auf die Welt des Wollens hin. Jedenfalls aber bilden jene drei Elemente der Staatsdefinition — Menschen, Gebiet und Herrschermacht die Naturseite des Staats. Sie gehören der Welt der Wahrnehmung, der Welt der Ursache und Wirkung an. Daß aber das Merkmal der Herrschermacht in der Kette Ursache und Wirkung nicht völlig auflösbar ist, bildet den eigentlichen Grund dessen, daß jene oben (S. 523) erwähnte gewöhnliche Grunddefinition des Staats nicht befriedigen kann.

3. Zum Verstehen des Wesens jener Herrschermacht bedarf es des Eingehens auf die Willensgrundlage des Staats. Da hat sich uns nun in der obigen Erörterung gezeigt, daß diese Herrschermacht, die im Zentrum des Staatsbegriffs steht, sich als eine Verkörperung der selbstherrlichen Willensverbindung der Menschen eines bestimmten geographischen Gebiets darstellt. Danach gelangt man zu folgender Begriffsbestimmung: Der Staat ist die in höchster einheitlicher Herrschermacht verkörperte selbstherrliche Willensverbindung der Menschen eines bestimmten geographischen Gebiets. Diese Begriffsbestimmung zeigt deutlich das Janusantlitz des Staats: durch seine Merkmale Menschen, Gebiet und Herrschermacht ist er ein Ding der äußeren Erscheinungswelt, durch den Urgrund jener in ihm zu Tage tretenden Herrschermacht aber ein Begriff aus der Welt des Wollens. Das logische Verhältnis der Begriffe Recht und Staat läßt sich auf Grund alles Dargelegten in der folgenden graphischen Darstellung veranschaulichen.

(Tafel 2.)

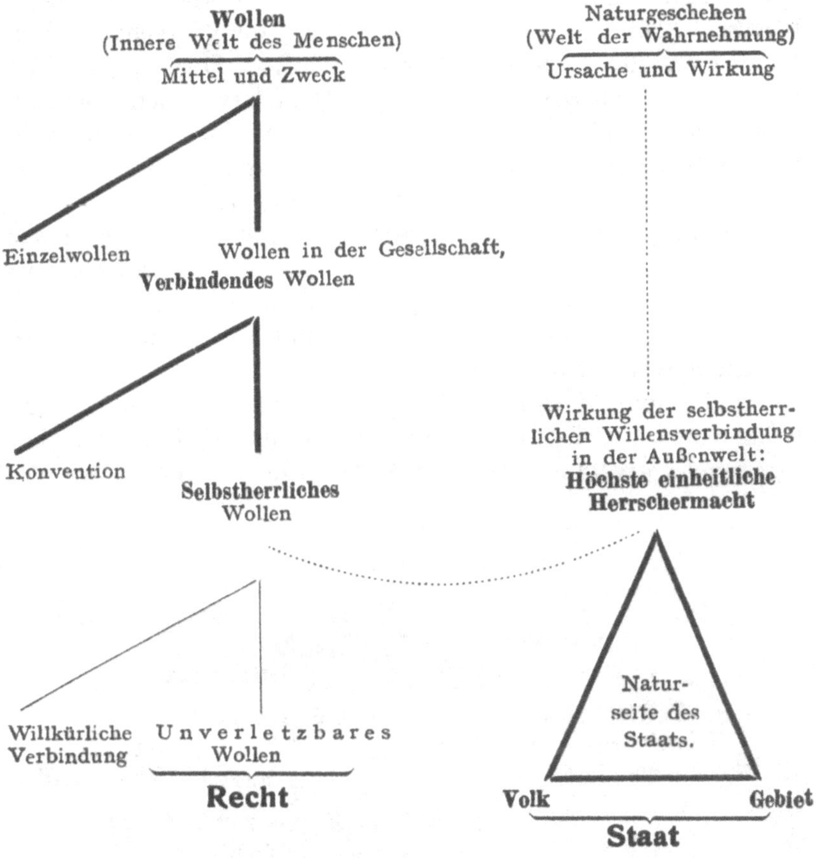

Darin findet das Problem Staat und Recht seine Lösung. Vergleicht man die zwei aufgestellten Definitionen miteinander, so ergibt sich, daß Staat und Recht drei Begriffsmerkmale miteinander teilen. Beide stellen eine Verbindung des Wollens dar und zwar eine selbstherrliche. Es fehlt aber dem Staate das Merkmal der Unverletzbarkeit. Auch der Tyrannen-, der Willkürstaat ist ein Staat. Dafür aber gehört er im Gegensatz zum Recht der Welt der äußeren Erscheinungen an. In ihm wird der Wille zur äußeren Macht. Der Staat ist vor allem Macht, äußere

Macht — darin haben die Machttheorien recht — aber doch nicht entfesselte Naturgewalt, sondern diejenige höchste Machtentfaltung, die aus dem menschlichen Wollen selber herausgeboren wird. Der Staat ist h ö c h s t e m e n s c h l i c h e M a c h t o r g a n i s a t i o n (Machtverband) und damit nicht mehr eine innermenschliche Form des Wollens wie das Recht, sondern eine soziale Erscheinung, die zugleich der Welt der äußeren Erscheinungen angehört. Wilson meinte das eigentliche Wesen des Staats, wenn er im Januar 1918 in die Welt hinausschrie: Gewalt, Gewalt bis zum äußersten, Gewalt ohne Maß und Grenzen! . . . Freilich — mit Recht und Gerechtigkeit hatte das nicht das geringste zu tun. . . .

4. Es folgt daraus, daß S t a a t u n d R e c h t s i c h z u e i n a n d e r v e r h a l t e n , wie zwei runde Scheiben, die sich mit einem großen Teil ihres Umkreises decken[1]).

(Tafel 3.)

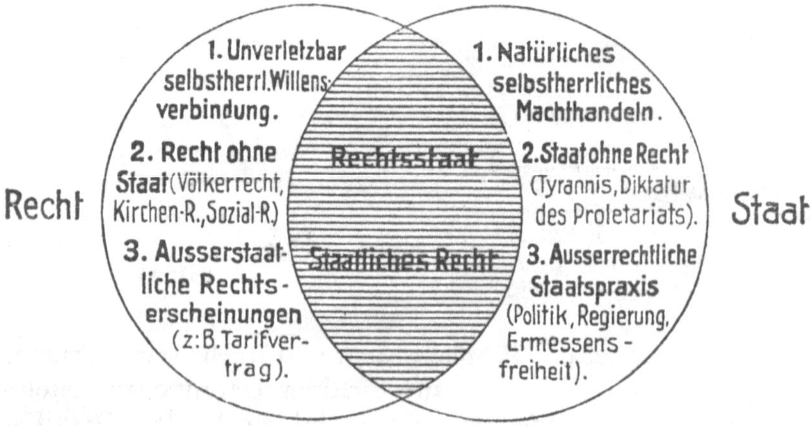

Das bewährt sich in einem dreifachen Sinne. 1. Zunächst, wie dargelegt, rein b e g r i f f l i c h. Wo sich die Scheiben überschneiden, da liegen die drei identischen Begriffsmerkmale von Staat und Recht. Im ungedeckten Teile

[1]) Anklänge an eine ähnliche Auffassung des Verhältnisses von Staat und Recht finde ich neuerdings bei Sauer, Grundlagen der Gesellschaft, insbesondere S. 407, 421 ff.

der Staatsscheibe liegen die Naturmerkmale des Staats, im überspringenden Teile der Rechtsscheibe das Begriffsmerkmal der Unverletzbarkeit, das dem Staate fehlt: der Staat handelt machtvoll nach Willkür und bleibt doch Staat, wenn er dem sozialen Ideal im Einzelfalle auch noch so ferne stehen mag. — 2. Es bewährt sich ferner bei der Betrachtung der Erscheinungsformen von Staat und Recht. Wo sich die Scheiben überschneiden, da liegt die Vermählung des Staats mit der Rechtsordnung. Der schraffierte gemeinsame Teil der Scheiben bedeutet den Rechtsstaat, der auf dem Staatsrecht, dem Verfassungsgesetz der staatlichen Rechtsordnung beruht. Der Rechtsstaat ist die heute in der Kulturwelt überwiegende Staatsform. Für den Rechtsstaat gilt tatsächlich die neuerdings von Kelsen aufgestellte These, daß der Staat Personifikation der Rechtsordnung sei. Er ist tatsächlich juristische Person und all sein Recht wird als vom Staate herstammend gedacht. Aber im Grunde ist der Rechtsstaat nur ein Ideal, an dessen Verwirklichung allerdings Wilh. v. Humboldt, Kant und Fichte geglaubt haben. Auch im Rechtsstaat ist das Wesen des Staats nicht völlig durch Rechtsregeln auszuschöpfen, und auch im Rechtsstaate, wenn er nicht verknöchern will, vermag die Rechtsbildung nicht völlig vom Staate monopolisiert zu werden [1]). Nun

[1]) Der Rechtsstaat im obigen Sinne ist das Ergebnis einer langen Kulturentwicklung (Kant, Humboldt und heute Steiner verstehen den Terminus Rechtsstaat allerdings in einem anderen Sinne, und zwar in dem Sinne, daß der Staat sich allein auf den Schutz vor Unrecht zu beschränken habe). Es hat lange gedauert, bis sich im Staate die Forderung durchsetzte, daß eine jede Handlung des Staats und seiner Verwaltung an das Recht gebunden sein müßten. (Kelsen glaubt an die Stelle dieses politischen Postulats eine Realität setzen zu dürfen). Dieser Weg führt von der absoluten Monarchie über den konstitutionellen Staat zum Volksstaat. Erst in der konstitutionellen Monarchie war die Grundlage dafür gegeben, denn solange der absolute Herrscher noch Quell der Gesetzgebung war, konnte er auch stets für die gewollte Handlung ein willkürliches Gesetz schaffen. Im konstitutionellen Staat aber teilte der Monarch die höchste Staatsgewalt mit dem Volke, das er an der Gesetzgebung beteiligte. Damit band er sich selber. Der Vater dieser Staatsauffassung war Montesquieu. Erst Rousseau aber legte in seinem System der Volkssouveränität die Grundlage für eine demokratische Staats-

zeigt sich aber im überspringenden Teile der Scheiben, daß es einen Staat ohne Recht, wie auch ein Recht ohne Staat gibt. Das erstere sehen wir im Willkürstaat, im reinen Machtstaat; Beispiele desselben finden wir in der alten Despotie, im heutigen Ssowjetstaat. Aber auch ein Recht ohne Staat gibt es: das oben (S. 486) erwähnte Sozialrecht, das Kirchenrecht, das Völkerrecht. Die entwickelten Gesichtspunkte zeigen besonders beachtliche Konsequenzen hinsichtlich des Völkerrechts; freilich muß hier auf eine eingehendere Stellungnahme zur begrifflichen Begründung des Völkerrechts verzichtet werden. Soviel aber sei doch ausgesprochen. Das Völkerrecht ist zweifellos Recht, es ist wie schon oben dargelegt, eine Rechtsordnung über den Staaten. Die Schwierigkeit des Völkerrechts sich durchzusetzen hängt damit zusammen, daß seiner Rechtsordnung eine koordinierte höchste Herrschgewalt fehlt und daß es, sofern die Staatsgewalt der an ihm beteiligten, von ihm verbundenen Staaten[1]) es im Stiche läßt, allein auf psychische Wirkungen angewiesen ist. — 3. Endlich bewährt sich jenes Gleichnis der Scheiben auch praktisch. Es wurde bereits oben (S. 532ff.) gezeigt, daß die Tätigkeit des Staats durch Rechtsregeln nicht restlos normiert werden kann: der Begriff der Regierung, die staatliche Politik, das Wesen der administrativen Ermessensfreiheit

und Rechtsauffassung, wie sie heute auch die Wissenschaft beherrscht. Aber es ist nicht gesagt, daß nicht auch in der Demokratie Willkür möglich wäre. Es findet durch künstliche Mehrheiten der herrschenden Parteien eine Vergewaltigung nicht nur der Minderheiten, sondern oft auch der tatsächlichen Volksmehrheit statt.

[1]) Hier ist die Feststellung Wenzels (a. a. O. S. 356 ff.) zutreffend, daß wir heute eine Vielheit von Völkerrechten haben. Nur darf nicht verkannt werden, daß das völkerrechtliche Ideal das Weltrecht ist (vgl. den Standpunkt Stammlers zum Weltrecht im Lehrb. d. RPhil. § 138) und daß wir besonders im völkerrechtlichen Gewohnheitsrecht immerhin ein universelles Völkerrecht besitzen, das teilweise nicht auf die Staaten, sondern auf den Willen der Menschen selber zurückführt. Darin gleicht das Völkerrecht dem Recht des Bundesstaats, das ebenfalls doppelter Natur ist — unitarischer und noch föderativer. Ich hoffe, diesen Gedanken demnächst noch näher zu begründen.

ragen über die Idee des Rechtsstaats hinaus, aber auch die Praxis des Rechts entschlüpft der staatlichen Normierung — man denke hier bloß an das Wesen des modernen Betriebsrechts, oder an den Tarifvertrag, der doch in Deutschland schon lange eine Rechtserscheinung war, bevor ihn die Revolutionsverordnung vom 23. 12. 18 staatlich regelte[1]).

Und damit hätte sich der Kreis dieser Untersuchung geschlossen. Es ist das Wesentliche der modernen Auffassung von Staat und Recht, daß sie sowohl das Recht als den Staat als eine soziale Erscheinung erkennt. In bezug auf den Staat zeigt sich das in der von Anschütz stammenden hübschen Antithese, die das bekannte Wort Ludwigs des Vierzehnten heute durch die Feststellung ersetzt: „Wir sind der Staat" — wir, darf man hinzufügen, die wir ihn mit unserem Willen bilden. Aber zu klarer wissenschaftlicher Erkenntnis des begrifflichen Verhältnisses von Staat und Recht vermag uns erst die Stammlersche Methode der Besinnung auf unseren Bewußtseinsinhalt zu verhelfen und das Zuendedenken der von ihm begonnenen Gedankenreihen. Stammler selbst hat das mit einer bis dahin ungekannten Konsequenz und Tiefe in bezug auf die Fragen des Rechts getan. Und von ihm sollen auch diejenigen lernen, die das Problem des Staats ergründen wollen.

Die Erkenntnis, daß für den, dem das grüngoldne Leben nicht hinter einem Dunst von Theorien entschwinden soll, eine Konstruktion des Staatsbegriffs unter Bezugnahme auf den Rechtsbegriff ebenso unmöglich ist, wie die erst von Stammler voll überwundene Bezugnahme des Rechtsbegriffs auf den Staat, muß gerade für die Rechtswissenschaft von

[1]) Um die Konstruktion des Tarifvertrags auf Grund des staatlichen Privatrechts hat sich Phil. Lotmar in seinem bedeutenden Werke Der Arbeitsvertrag, 1902/08 vergeblich abgemüht. Nicht ganz verständlich mag hier auch die Stellungnahme Stammlers erscheinen, der den Tarifvertrag als einen rein zivilrechtlichen Vertrag zu konstruieren sucht (vgl. Stammler, Gutachten über die rechtlichen Folgen von Vertragsbruch und Ausstand nach Abschluß eines TV., 1920, Verlag der Gastwirts-Zeitung). Gerade der normative Teil des TV. als Rechtsquelle aufgefaßt wäre aber das beste praktische Beispiel für die Stammlersche Rechtstheorie.

befreiender Bedeutung sein. Erst dadurch wird eine Jurisprudenz ermöglicht, die, ohne auch nur das Geringste von ihrer spezifisch juristischen Methode aufgeben zu müssen, ihre Grundbegriffe aus dem hellspringenden Lebensquell der allgemeinen wissenschaftlichen Erkenntnis herzuleiten vermag.

V.

Es kann nicht Aufgabe dieser Studie sein, auch noch das Problem der Rechtsidee — jenen Kernpunkt der Stammlerschen Lehre zu erörtern. Es bedarf dessen auch weniger, weil merkwürdigerweise gerade dieser tiefste Teil der Stammlerschen Rechtsphilosophie, einem innerlichen Bedürfnis unserer Zeit entgegenkommend, in gewissem Sinne Schule zu machen beginnt. Aber einige Worte über die Tragweite jener Lehre in bezug auf unser Problem dürfen hier nicht fehlen.

Die heutige Rechtsphilosophie stellt nach dem Vorbilde Stammlers neben das Problem des Rechtsbegriffs die Erörterung der Frage nach der Idee des Rechtes. Gerade die Stammlersche formale Begriffsbestimmung schließt einen inhaltlich gefüllten Rechtsbegriff aus. Das Recht zeigt sich danach als eine konfliktregelnde formale gesellschaftliche Funktion, die eine Auseinandersetzung des menschlichen Wollens untereinander bedeutet. Über das, was im tiefsten innersten Kerne gerecht ist, vermag der gewonnene Rechtsbegriff uns nichts zu sagen. Darin wendet sich ja die moderne kritische Richtung gerade gegen den Rechtsbegriff des Naturrechts. Es gibt kein absolutes inhaltlich bestimmtes Recht für alle Zeiten. Aber der deutsche kritische Idealismus bleibt insofern seinen von Königsberg und Weimar übernommenen Traditionen getreu, als er zwar auf ein absolutes Recht verzichtet, aber dem Rechtsbegriffe ein Rechtsideal, der Erkenntnis des formalen Wesens des Rechts einen Maßstab zur Beurteilung, zum Richten des Rechtsinhalts zur Seite stellt. Es gilt, die Prinzipienlehre durch eine Wertlehre zu ergänzen. Die Idee, die in dem Ideal verwirklicht gedacht wird — ohne daß dieses doch je erreicht werden könnte —, wird hier im Sinne Kants verstanden als ein notwendiger Vernunftbegriff, dem kein kongruierender Gegenstand in den Sinnen gegeben werden kann. Jenen Maßstab für ein richtiges Recht, d. h. für ein unvollkommenes positives Recht, dessen Inhalt aber wenigstens von der Rechtsidee erfolgreich geleitet wird, erblickt Stammler[1]) darin, daß der Inhalt eines rechtlichen Wollens „nicht in dem nächsten Zwecke, den es verfolgt", sein „letztes Ende finden darf", sondern „im Sinne der in das Unendliche führenden geraden Linie des reinen Wollens", d. h. „nach dem Blickpunkte reiner Gemeinschaft" gelenkt werden muß[2]). Nur wenn alles menschliche Wollen in der Gesellschaft als eine Einheit, d. h. als verbunden gedacht wird, wenn also jene einzelnen oben (S. 518) erwähnten Rechtskreise aufhören, kann das Ideal der Gerechtigkeit als verwirklicht gedacht werden. Und M. E. Mayer bezeichnet als Rechtsidee die Humanität; erst der Gedanke einer Kultur, die die gesamte Menschheit verbindet, kann zur Idee des Rechts führen[3]). Somit sei dem positiven Rechte die Aufgabe gestellt, „immer mehr Menschen zu einer Einheit und unter einer Ordnung zusammenzufassen." Die praktische Folgerung ist ihm die Expansion des Gemeinschaftsgedankens[4]). Danach würde derjenige Staat am ehesten Aussicht haben ein Rechtsstaat im höheren Sinne der Gerechtigkeit zu sein, der es verstünde, wenigstens innerhalb seiner selbst die Gegensätze auszugleichen und eine wahre Gemeinschaft seiner Bürger herzustellen. Dem Rechtsideale aber kann das staatliche Recht überhaupt nicht nahe kommen. Denn die Allheit des Wollens ist im Staate überhaupt nicht als Einheit denkbar, es sei denn, daß einmal der alte Menschheitstraum des Weltstaats verwirklicht würde — aus diesem Gesichtswinkel gesehen, hat auch der Imperialismus seine innere Berechti-

---

1) Lehrb. d. RPhil. S. 205.
2) a. a. O. S. 170 u. 198.
3) Rechtsphilosophie S. 89, 31, 69.
4) a. a. O. S. 95.

gung. Das einzige Recht, das den Keim der Rechtsidee implicite in sich trägt, ist das Völkerrecht. Alles Völkerrecht strebt zur Universalität und zur Überwindung des Staatsgedankens. So ergibt sich das Paradoxon, daß das Völkerrecht zwar der Rechtsidee so nahe steht wie kein anderes, daß es aber zugleich das schwächste Recht ist, weil es einerseits den Staat zu überwinden sucht, andererseits aber einer koordinierten Machtordnung entbehrt und daher, um sich durchzusetzen, eben auf die unter ihm stehenden miteinander hadernden Machtordnungen der Staaten angewiesen ist. Das Staatsideal ist schrankenlose Macht, das Rechtsideal — die Verbindung alles nur denkbaren sozialen Wollens zu einer Einheit. Der Staat strebt nach dem Weltreich, das Recht nach dem Weltrecht. Es ist nun des Eigentümliche, daß das Staatsideal nur durch das Rechtsideal, das Rechtsideal nur durch das Staatsideal zu verwirklichen ist. Hier im Reich der Ideale gilt allerdings der Kelsensche Gedanke: daß Staat und Recht nur zwei Seiten ein und desselben seien. Es gilt jedoch eben nur in der Idee. Die Idee der Gerechtigkeit, in der Staatsidee und Rechtsidee einswerden, ist aber erst wahrhaft zu denken, wenn nicht mehr das Wort des Hobbes gilt: homo homini lupus, sondern jenes Schillerwort der Freude, dem unser deutscher Beethoven in seiner unsterblichen Neunten die höchste dithyrambische Weihe gegeben hat:

Alle Menschen werden Brüder. . . .

Kolibri 360 GmbH
Ferdinand-Jühlke-Straße 7
99095 Erfurt, Deutschland
produktsicherheit@kolibri360.de